Eisenwerkstoffe - Stahl und Gusseisen

4. bearbeitete Auflage

Hans Berns · Werner Theisen

Eisenwerkstoffe - Stahl und Gusseisen

4. bearbeitete Auflage

 Springer

Professor Dr.-Ing. Hans Berns
Professor Dr.-Ing. Werner Theisen
Ruhr-Universität Bochum
Lehrstuhl Werkstofftechnik
44780 Bochum
Deutschland
Email: berns@wtech.rub.de
        wth@wtech.rub.de

ISBN 978-3-540-79955-9 (Hardcover)
ISBN 978-3-642-31923-5 (Softcover)

e-ISBN 978-3-540-79957-3

DOI 10.1007/978-3-540-79957-3

Bibliografische Information der Deutschen Nationalbibliothek
Die Deutsche Nationalbibliothek verzeichnet diese Publikation in der Deutschen Nationalbibliografie; detaillierte bibliografische Daten sind im Internet über http://dnb.d-nb.de abrufbar.

© 2008, 2006, 1993, 1991 Springer-Verlag Berlin Heidelberg, Softcover 2013

Die Autoren übernehmen keine Gewähr für die Aktualität, Korrektheit, Vollständigkeit oder Qualität der bereitgestellten Informationen. Haftungsansprüche gegen den Autor, welche sich auf Schäden materieller oder ideeller Art beziehen, die durch die Nutzung oder Nichtnutzung der dargebotenen Informationen bzw. durch die Nutzung fehlerhafter oder unvollständiger Informationen verursacht wurden, sind grundsätzlich ausgeschlossen, sofern seitens der Autoren kein nachweislich vorsätzliches oder grob fahrlässiges Verhalten vorliegt.

Dieses Werk ist urheberrechtlich geschützt. Die dadurch begründeten Rechte, insbesondere die der Übersetzung, des Nachdrucks, des Vortrags, der Entnahme von Abbildungen und Tabellen, der Funksendung, der Mikroverfilmung oder der Vervielfältigung auf anderen Wegen und der Speicherung in Datenverarbeitungsanlagen, bleiben, auch bei nur auszugsweiser Verwertung, vorbehalten. Eine Vervielfältigung dieses Werkes oder von Teilen dieses Werkes ist auch im Einzelfall nur in den Grenzen der gesetzlichen Bestimmungen des Urheberrechtsgesetzes der Bundesrepublik Deutschland vom 9. September 1965 in der jeweils geltenden Fassung zulässig. Sie ist grundsätzlich vergütungspflichtig. Zuwiderhandlungen unterliegen den Strafbestimmungen des Urheberrechtsgesetzes.

Die Wiedergabe von Gebrauchsnamen, Handelsnamen, Warenbezeichnungen usw. in diesem Werk berechtigt auch ohne besondere Kennzeichnung nicht zu der Annahme, dass solche Namen im Sinne der Warenzeichen- und Markenschutz-Gesetzgebung als frei zu betrachten wären und daher von jedermann benutzt werden dürften.

Satz: Digitale Druckvorlage der Autoren
Herstellung: le-tex publishing services oHG
Einbandgestaltung: eStudioCalamar S.L., F. Steinen-Broo, Girona, Spain

Gedruckt auf säurefreiem Papier

9 8 7 6 5 4 3 2 1

springer.com

Vorwort

Die Weltjahresproduktion von Eisenwerkstoffen ist in den letzten zehn Jahren um mehr als 60 % auf rund 1.3 Milliarden Tonnen angestiegen. Sie übertrifft die Summe der Erzeugung aller anderen metallischen Werkstoffe um mehr als eine Größenordnung. Die Bedeutung der Eisenwerkstoffe beruht unter anderem auf der Vielzahl unterschiedlicher Eigenschaften, die sich durch Legieren und Verarbeiten einstellen lassen. Diese Zusammenhänge sollen im vorliegenden Buch dargestellt werden, und zwar für Stahl und Gusseisen gemeinsam. Im Teil A werden die Grundlagen durch die Kapitel *Konstitution, Gefüge, Wärmebehandlung* und *Eigenschaften* vorgestellt. Der umfangreichere Teil B befasst sich mit der Verarbeitung und Anwendung von Normwerkstoffen und neueren Entwicklungen. Es geht um *unlegierte* und *hochfeste Werkstoffe*, um *Werkstoffe für die Randschichtbehandlung* und für *Werkzeuge*, sowie um *chemisch beständige, warmfeste* und *Funktionswerkstoffe*.

Das Buch richtet sich an Ingenieurinnen und Ingenieure, die mit Eisenwerkstoffen zu tun haben, ihre Kenntnisse vertiefen möchten oder einen Rat suchen. Die Autoren schaffen aufgrund ihrer langjährigen Industrietätigkeit die nötige Praxisnähe. Aber auch Studierende greifen zu diesem Buch, wie die vorangehenden Auflagen gezeigt haben.

Die Redaktion bis zur druckfähigen LaTeX-Version wurde im Lehrstuhl Werkstofftechnik von Herrn Dr.-Ing. Markus Karlsohn geleitet. Ihm und weiteren Mitwirkenden wie Dipl-Ing. Stephan Huth, Dipl.-Ing. Tanja Macher und cand.-ing. Marius Weber danken wir von Herzen.

Bochum, Frühjahr 2008

Hans Berns   *Werner Theisen*

Hinweis: Soweit nicht anders angegeben, stehen die Legierungsgehalte in % für Masseprozent.

Inhaltsverzeichnis

A Grundlagen der Eisenwerkstoffe   **3**
H. BERNS
A.1 Konstitution   3
    A.1.1 Reines Eisen   5
    A.1.2 Eisen-Kohlenstoff   9
        A.1.2.1 System Eisen-Zementit 11
        A.1.2.2 System Eisen-Graphit 13
    A.1.3 Legiertes Eisen 14
A.2 Gefüge 21
    A.2.1 Gleichgewichtsnahes Gefüge 26
        A.2.1.1 Stahl 26
        A.2.1.2 Gusseisen 31
    A.2.2 Gleichgewichtsfernes Gefüge 36
        A.2.2.1 Formgebung 37
        A.2.2.2 Austenitumwandlung 38
        A.2.2.3 Morphologie nach Abschrecken 42
        A.2.2.4 Wiedererwärmen von Abschreckgefügen 48
    A.2.3 Morphologie von Zementit und Graphit 53
A.3 Wärmebehandlung 57
    A.3.1 Glühverfahren 58
        A.3.1.1 Wasserstoffarmglühen 58
        A.3.1.2 Spannungsarmglühen 58
        A.3.1.3 Weichglühen von Stahl 59
        A.3.1.4 Weichglühen von Gusseisen 60
        A.3.1.5 Normalglühen 62
        A.3.1.6 Temperglühen von Gusseisen 63
        A.3.1.7 Lösungsglühen 63
        A.3.1.8 Diffusionsglühen 63
    A.3.2 Härten und abgeleitete Verfahren 64
        A.3.2.1 Härten 64
        A.3.2.2 Anlassen 68
        A.3.2.3 Vergüten 69
        A.3.2.4 Umwandeln in der Bainitstufe 70
    A.3.3 Randschichtbehandlung/Beschichtung 71

A.3.4   Nebenwirkungen 73
     A.3.4.1   Thermische Nebenwirkungen 73
     A.3.4.2   Thermochemische Nebenwirkungen 74
A.4   Eigenschaften 79
  A.4.1   Mechanische Eigenschaften 79
     A.4.1.1   Beanspruchung 79
     A.4.1.2   Verhalten von Stahl 82
     A.4.1.3   Verhalten von grauem Gusseisen 99
     A.4.1.4   Verhalten von weißem Gusseisen 102
  A.4.2   Tribologische Eigenschaften 103
     A.4.2.1   Reibung 104
     A.4.2.2   Verschleiß 105
  A.4.3   Chemische Eigenschaften 109
     A.4.3.1   Nasskorrosion 109
     A.4.3.2   Hochtemperaturkorrosion 115
  A.4.4   Besondere physikalische Eigenschaften 118
     A.4.4.1   Magnetische Eigenschaften 118
     A.4.4.2   Wärmeausdehnung 120
     A.4.4.3   Leitfähigkeit 121

B   Eisenwerkstoffe und ihre Anwendung   125
B.1   Werkstoffe für allgemeine Verwendung 125
  B.1.1   Unlegierte Baustähle 125
  H. BERNS
     B.1.1.1   Eigenschaften 126
     B.1.1.2   Sorten und Anwendungen 134
  B.1.2   Gusseisen 144
  W. THEISEN
     B.1.2.1   Zusammensetzung von grauem Gusseisen . . . 144
     B.1.2.2   Gusseisen mit Lamellengraphit 147
     B.1.2.3   Gusseisen mit Kugelgraphit 150
     B.1.2.4   Gusseisen mit Vermiculargraphit 152
     B.1.2.5   Temperguss 154
     B.1.2.6   Verarbeitung und Anwendung von Gusseisen . 157
B.2   Höherfeste Werkstoffe 165
  B.2.1   Schweißgeeignete Walzstähle 165
  H. BERNS
     B.2.1.1   Feinkornstähle 165
     B.2.1.2   Mehrphasenstähle 168
     B.2.1.3   Anwendung der schweißgeeigneten Stähle . . . 175
     B.2.1.4   Leichte Stähle 182
     B.2.1.5   Perlitische Walzstähle 184
  B.2.2   Stähle wärmebehandelt aus der Schmiedehitze 184
     B.2.2.1   Martensitische Stähle 185
     B.2.2.2   Ferritisch-perlitische Stähle 188

B.2.3 Baustähle für durchgreifende Wärmebehandlung 190
    B.2.3.1 Vergütungsstähle 190
    B.2.3.2 Höchstfeste Stähle 200
    B.2.3.3 Harte Stähle 204
B.2.4 Gusseisen für durchgreifende Wärmebehandlung 207
W. THEISEN
    B.2.4.1 Vergüten 207
    B.2.4.2 Umwandlung in der Bainitstufe / ADI 208
B.3 Werkstoffe für die Randschichtbehandlung 217
H. BERNS
    B.3.1 Werkstoffe für das Randschichthärten 217
        B.3.1.1 Verfahrensaspekte des Randschichthärtens . . 217
        B.3.1.2 Werkstoff und Randschicht 219
        B.3.1.3 Anwendungen 223
    B.3.2 Nitrierstähle 224
        B.3.2.1 Verfahrensaspekte des Nitrierens 224
        B.3.2.2 Werkstoff und Randschicht 228
        B.3.2.3 Anwendungen 232
    B.3.3 Einsatzstähle 234
        B.3.3.1 Verfahrensaspekte des Einsatzhärtens 234
        B.3.3.2 Werkstoff und Randschicht 241
        B.3.3.3 Anwendungen 246
B.4 Werkzeuge für die Mineralverarbeitung 251
W. THEISEN
    B.4.1 Beanspruchung und Werkstoffkonzepte 251
        B.4.1.1 Hartphasen 252
        B.4.1.2 Metallmatrix 254
    B.4.2 Werkzeuge aus warmgeformtem Stahl 256
    B.4.3 Gegossene Werkzeuge 259
        B.4.3.1 Perlitischer Hartguss 260
        B.4.3.2 Ledeburitisch-martensitische Gusseisen 260
        B.4.3.3 Martensitische Chromgusseisen 261
    B.4.4 Beschichtete Werkzeuge 264
        B.4.4.1 Auftragschweißen 264
        B.4.4.2 PM-Beschichten 267
        B.4.4.3 Verbundgießen 270
B.5 Werkzeuge für die Werkstoffverarbeitung 273
W. THEISEN
    B.5.1 Kaltarbeitswerkzeuge 274
        B.5.1.1 Eigenschaften 277
        B.5.1.2 Beschichtete Werkzeuge 283
        B.5.1.3 Anwendungen von Kaltarbeitswerkzeugen . . . 288
    B.5.2 Werkzeuge für die Kunststoffverarbeitung 292
    B.5.3 Warmarbeitswerkzeuge 294
        B.5.3.1 Eigenschaften 294

         B.5.3.2 Anwendungen 297
   B.5.4 Werkzeuge für die spanende Bearbeitung 300
         B.5.4.1 Eigenschaften 301
         B.5.4.2 Anwendungen 304
 B.6 Chemisch beständige Werkstoffe 309
 H. BERNS
   B.6.1 Allgemeine Hinweise 309
         B.6.1.1 Legierungskonzept 309
         B.6.1.2 Matrixeigenschaften 311
   B.6.2 Nichtrostende Stähle 317
         B.6.2.1 Eigenschaften 319
         B.6.2.2 Anwendung 332
   B.6.3 Hitzebeständige Stähle 337
         B.6.3.1 Eigenschaften 337
         B.6.3.2 Anwendung 340
   B.6.4 Gusseisen 342
         B.6.4.1 Ferritische Gusseisen 343
         B.6.4.2 Austenitische Gusseisen 344
         B.6.4.3 Weiße Gusseisen / karbidreiche Stähle 346
 B.7 Warmfeste Werkstoffe 349
 H. BERNS
   B.7.1 Eigenschaften 352
         B.7.1.1 Normalgeglühte und vergütete Stähle 352
         B.7.1.2 Austenitische Stähle 358
         B.7.1.3 Gusseisen 360
   B.7.2 Anwendungen 361
         B.7.2.1 Dampfkraftwerk 361
         B.7.2.2 Gasturbine 362
         B.7.2.3 Lebensdauerabschätzung 363
         B.7.2.4 Petrochemie 365
         B.7.2.5 Ventile 366
 B.8 Funktionswerkstoffe 369
 H. BERNS
   B.8.1 Weichmagnetische Werkstoffe 369
   B.8.2 Hartmagnetische Werkstoffe 373
   B.8.3 Nichtmagnetisierbare Werkstoffe 374
   B.8.4 Werkstoffe mit besonderer Wärmeausdehnung 375
   B.8.5 Werkstoffe mit Formgedächtnis 378
   B.8.6 Heizleiterlegierungen 380

C Anhang   383
 C.1 Bezeichnung von Stahl und Gusseisen 383
 W. THEISEN
   C.1.1 Regelwerke 383
   C.1.2 Bezeichnung für Stahl und Stahlguss 384

Unlegierte Stähle 386
Legierte Stähle 386
Hochlegierte Stähle 387
Schnellarbeitsstähle 387
C.1.3 Bezeichnung von Gusseisen 388
C.2 Zur Geschichte des Eisens 392
H. BERNS
C.2.1 Vom Renn- zum Schachtofen 392
C.2.2 Die Ausbreitung der Eisengewinnung 395
C.2.3 Gusseisen und Frischfeuer 395
C.2.4 Flussstahl 397
C.2.5 Eisenwerkstoffe 397
C.3 Schriftumsangaben zu Bildern und Tabellen 400

Schlagwortverzeichnis   403

Liste der Legierungs- und Begleitelemente   415

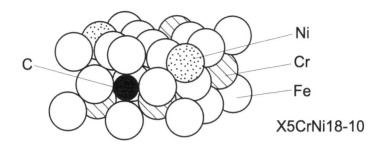

X5CrNi18-10

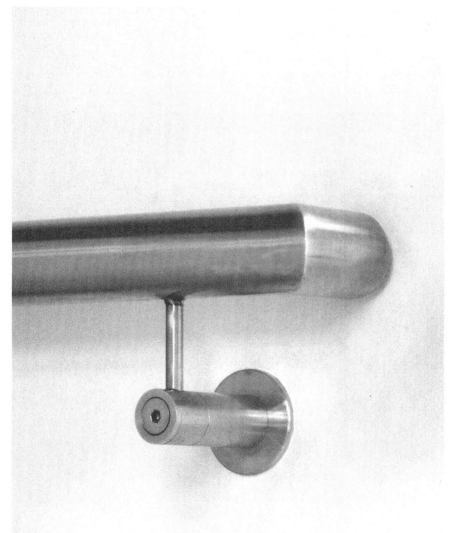

Handlauf aus nichtrostendem austenitischem Stahl

A

Grundlagen der Eisenwerkstoffe

A.1 Konstitution

Dieses Kapitel beschreibt, in welcher Verfassung bzw. in welchem Zustand sich Eisenwerkstoffe befinden können. Gemeint ist der Ordnungszustand der Atome. Oberhalb der Siedetemperatur schwirren sie im gasförmigen Zustand ungeordnet und weit voneinander entfernt durch den Raum. Zwischen Siede- und Erstarrungstemperatur bewegen sie sich im flüssigen Zustand ungeordnet aber eng beieinander. Unterhalb der Erstarrungstemperatur liegen sie im festen Zustand kristallin geordnet vor und ihre Bewegung ist auf Schwingungen um Fixpunkte im Kristallgitter begrenzt. Es gibt mehr als nur eine kristalline Anordnung der Atome. Bereiche mit einem einheitlichen Ordnungszustand werden als Phase bezeichnet. In Eisenwerkstoffen können gleichzeitig mehrere Phasen auftreten z. B. im Übergang flüssig/fest oder in Form unterschiedlich geordneter Kristallarten. Der Zustand gilt als homogen, wenn nur eine Phase vorliegt und als heterogen, wenn es mehr sind.

    Welche Phasen sich bilden, hängt von drei Zustandsgrößen ab: Temperatur, Druck und Konzentration. Im Vergleich zur bereits genannten Auswirkung der Temperatur kommt dem Druck auf den ersten Blick weniger Bedeutung zu, da inkompressible flüssige und feste Phasen nur bei hohem Druck mit einer Zustandsänderung antworten, die meisten Fertigungsschritte und Anwendungen jedoch bei rund 1 bar Normaldruck ablaufen. Auf den zweiten Blick sind aber Phasenumwandlungen häufig mit einer Volumenänderung verbunden, die örtlich zu hoher Druckänderung führen kann. Durch steigenden Druck wird die dichtere Phase begünstigt, also stabilisiert. Die kompressible Gasphase reagiert bereits auf eine geringe Druckerhöhung, so z. B. mit einem Anstieg der Siedetemperatur, d. h. mit einer Stabilisierung der dichteren Flüssigphase. In der Umkehrung wird Unterdruck bei der Bedampfung von Oberflächen oder zur Entgasung von Schmelzen genutzt. Trotz dieser Beispiele für einen Einfluss des Druckes auf den Zustand von Eisenwerkstoffen, ist die Annahme eines konstanten Normaldrucks in der Praxis meist gerechtfertigt. Dagegen ist die Konzentration eine ebenso variable

Zustandsgröße wie die Temperatur und vor allem für die Vielfalt fester Phasen verantwortlich. Gemeint ist die Konzentration an Begleit- und Legierungselementen. Die unbeabsichtigten Begleitelemente stammen aus der Erzeugung. Die Legierungselemente werden in der Absicht zugegeben, durch die Einstellung bestimmter Ordnungszustände die Voraussetzungen für gewünschte Eigenschaften zu schaffen. Sieht man von geringfügigen Verunreinigungen wie z. B. Oxiden und Sulfiden ab, so beginnt die Erzeugung mit einer homogenen Schmelze, bestehend aus Eisen und gelösten anderen Elementen, die durch Gießen von Blöcken, Strängen und Formstücken oder durch Zerstäuben zu Pulver und Halbzeug in den festen Zustand überführt wird. Bei gegebener Legierungskonzentration und konstantem Druck hängt die Zustandsänderung während der Erstarrung und der weiteren Abkühlung oder Wiedererwärmung allein von der Temperatur ab.

Voraussetzung für die Ausführungen zur Konstitution der Eisenwerkstoffe ist eine äußerst langsame zeitliche Temperaturänderung, die die Einstellung eines thermodynamischen Gleichgewichts zwischen unterschiedlichen Phasen erlaubt. Es gibt den Atomen Zeit, sich durch Diffusion zu Phasen zusammenzufinden und hält die Waage zwischen Bildung und Rückbildung von Phasen, die zu einer gegebenen Temperatur gehören. Zeit wird auch für die Zu- oder Abführung latenter Wärme benötigt, die mit einem Phasenübergang verbunden ist. Wegen der größeren Bewegungsenergie gasförmiger Atome ist z. B. die Kondensationswärme größer als die Erstarrungswärme. Aber auch

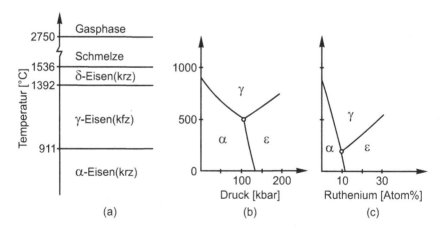

Bild A.1.1 Konstitution des Eisens: (a) Ordnungszustand in Abhängigkeit von der Temperatur bei Normaldruck, (b) Einfluss von Druck und Temperatur nach F.P. Bundy, (c) Einfluss von Binnendruck nach H. Schumann, hervorgerufen durch die größeren Atome des zum Eisen homologen, d. h. in der äußeren Elektronenschale vergleichbaren Rutheniums (Atomdurchmesser Ru = 0.268, Fe = 0.248 nm). Durch Außen- und Binnendruck werden die dichter gepackten Eisenphasen kfz-γ und hd-ε stabilisiert.

die Umwandlung von festen in andere feste Phasen ist in der Regel von einer Wärmetönung begleitet. Zustands- bzw. Phasengleichgewichte werden in Fertigungsabläufen meist nur angenähert erreicht, z. B. beim Abkühlen eines dickwandigen Gussstücks in der wärmeisolierenden Sandform oder beim Erwärmen eines schweren Schmiedeblocks im gasbefeuerten Ofen. Im Gegensatz zu diesen gleichgewichtsnahen Fertigungsschritten verlaufen das Zerstäuben oder das Schweißen mit ihrer raschen Temperaturänderung gleichgewichtsfern. Die dabei erreichten Ungleichgewichtszustände werden durch Wärmebehandlung, wie z. B. Härten, bewusst eingestellt, aber erst in nachfolgenden Kapiteln besprochen. Welcher Gleichgewichtszustand in Abhängigkeit von den drei Zustandsgrößen erreicht wird, ist in Zustandsschaubildern festgehalten. Sie bilden die Grundlage der nachfolgenden Erörterung.

A.1.1 Reines Eisen

Die Konstitution von Reineisen ist in Bild A.1.1 dargestellt. Bei Normaldruck beschränkt sich das Zustandsschaubild auf die Temperaturachse (Bild A.1.1a). Den ungeordneten Zuständen in der gasförmigen und der flüssigen Phase folgen bei langsamer Abkühlung zwei kristallin geordnete feste Phasen, die beide eine kubische Einheitszelle als kleinstes Strukturelement aufweisen. Im kubisch flächenzentrierten (kfz) Kristallgitter sind die durch acht Eckatome gebildeten sechs Würfelflächen mittig mit je einem Atom besetzt, im kubisch raumzentrierten befindet sich dagegen ein Atom in der Würfelmitte (Bild A.1.2). Die kfz Anordnung der Atome wird als γ-Eisen bezeichnet. Die krz Struktur kommt in zwei Temperaturbereichen vor, die als δ- und α-Eisen unterschieden werden. Aus dem kfz bzw. krz Ordnungszustand der Eisenatome lassen sich Unterschiede im Kristallaufbau ableiten, die in Tab. A.1.1 zusammengefasst sind. Da Eckatome mit $\frac{1}{8}$ und Flächenatome mit $\frac{1}{2}$ zu einer Einheitszelle gehören, enthält die kfz Zelle doppelt so viele Eisenatome wie die krz Zelle. Entsprechend ist ihre Kantenlänge, der Gitterparameter a, größer, wie sich aus dem Zusammenhang zwischen a und dem Atomdurchmesser d nach Bild A.1.2 ergibt. Wird das Volumen der Einheitszelle a^3 auf die Anzahl der darin enthaltenen Atome bezogen, so zeigt sich für γ-Eisen, bezogen auf α-Eisen und Raumtemperatur, ein um $\approx 8\,\%$ geringeres Atomvolumen. Als Folge dieser dichteren Atompackung ist die Wärmeausdehnung im γ-Eisen größer, so dass der Übergang vom α- zum γ-Eisen bei 911°C nur einen Volumenschwund von $\approx 1\,\%$ verursacht. Die höhere Packungsdichte der Atome im γ-Eisen kommt auch in der höheren Koordinationszahl (Zahl der berührenden Nachbarn eines Atoms) zum Ausdruck. Zwischen den Eisenatomen bleiben Gitterlücken, die in Oktaeder- und Tetraederlücken unterschieden werden (Bild A.1.3). Das γ-Eisen besitzt die größeren Lücken, worauf z. B. seine höhere Löslichkeit für kleine Atome wie Kohlenstoff, Stickstoff und Wasserstoff beruht. Das α-Eisen verfügt dagegen über mehr Lücken, was zu seiner lockereren Atompackung passt und z. B. die Diffusion erleichtert. Wie schon in Bild A.1.2 zu erkennen, gibt es im kubischen Kristall dicht gepackte Richtungen, in denen sich die Atome berühren. Richtungen werden durch Miller'sche Indizes in spitzen Klammern, Ebenen durch geschweifte, markiert (Bild A.1.4). In der {100} krz Würfelfläche sind die Atome locker gepackt, weshalb sie als Spaltfläche für spröden Bruch gilt. Dagegen liegen in der {111} kfz Ebene die Atome dicht auf Lücke gepackt vor und fördern die duktile Gleitung.

Durch steigenden Druck wird die dichtere Phase stabilisiert. Schmelz- und Siedetemperatur steigen daher an und im Temperatur/Druck-Zustandsschaubild weitet sich das Phasenfeld des γ-Eisens zu Lasten des α-Eisens aus (Bild A.1.1 b). Oberhalb von ≈ 100 kbar kommt eine hexagonal dicht (hd) geordnete, kristalline Eisenphase hinzu. Dieses ε-Eisen ist aber technisch nur insoweit von Interesse, als Legierungselemente durch Binnendruck (s. Bild A.1.1 c) oder Veränderung der Konzentration an freien Elektronen das

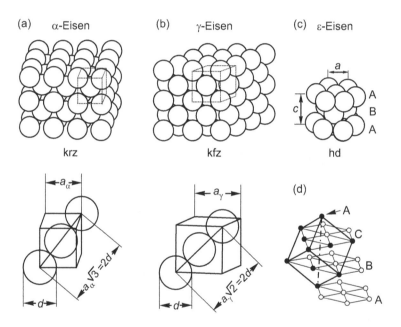

Bild A.1.2 Kristallaufbau des Eisens: (a) α-Eisen mit kubisch-raumzentrierer (krz) Anordnung der als Kugeln dargestellten Fe-Atome. In der Einheitszelle (gestrichelt) berühren sich die Atome mit Durchmesser d in Richtung der Raumdiagonale, woraus sich die Kantenlänge a_α (Gitterparameter) des Einheitswürfels ergibt. (b) γ-Eisen mit kubisch-flächenzentrierter (kfz) Anordnung und Atomberührung in der Flächendiagonalen. (c) Einheitszelle des hexagonal dicht (hd) gepackten ε-Eisens, bestehend aus hexagonalen Atomebenen, die in der Stapelfolge ABAB... auf Lücke übereinander gelegt sind, wodurch sich die Gitterparameter a und c ergeben. (d) Durch die Stapelfolge ABCA... entsteht dagegen ein kfz Kristall (dunkle Atommittelpunkte).

Tabelle A.1.1 Eisen, Eigenschaften und Gitteraufbau: Die Angaben beziehen sich auf Raumtemperatur und Normaldruck. Das Atomvolumen des γ-Eisens wurde unter der Annahme konstanter Wärmeausdehnung aus Messwerten im Existenzbereich des γ-Eisens $> 911°$C berechnet. Zum Vergleich steigt die Wärmeausdehnung des α-Eisens bis 911°C auf $15.5 \cdot 10^{-6}\ K^{-1}$ an und liegt im Mittel bei $14.8 \cdot 10^{-6}\ K^{-1}$

	α-Eisen	γ-Eisen
Ordnungszahl	26	
rel. Atomgewicht [g]	55.85	
Dichte $[\frac{g}{cm^3}]$	7.875	
E-Modul [GPa]	215.55	
therm. Ausdehnungsk. α $[\frac{1}{K}]$	$12 \cdot 10^{-6}$	$23 \cdot 10^{-6}$
Atomdurchmesser[1] d [nm]	0.2482	
Gittertyp	krz	kfz
Gitterparameter a	$d \cdot (\frac{2}{\sqrt{3}})$	$d \cdot \sqrt{2}$
Atome je Einheitszelle EZ	$\frac{8}{8} + 1 = 2$	$\frac{8}{8} + \frac{6}{2} = 4$
Atomvolumen $[10^{-3}\ nm^3]$	$\frac{a^3}{2} = 11.77$	$\frac{a^3}{4} = 10.81$
Koordinationszahl	8	12
Oktaederlücken je EZ	$\frac{6}{2} + \frac{12}{4} = 6$	$1 + \frac{12}{4} = 4$
Tetraederlücken je EZ	$\frac{24}{2} = 12$	8
Größe der Lücke[2] [nm]		
oktaedrisch		0.103
- Diagonale	(0.156)	
- Höhe	0.038	
tetraedrisch	0.072	0.056

[1] Geringster Abstand nächster Atommitten

[2] Durchmesser einer lückenfüllenden Kugel

hexagonale Gitter begünstigen können (vergl. ε-Martensit). Der Vollständigkeit halber scheint die hd Struktur in Bild A.1.2 c auf. Werden Atomkugeln in einer Ebene auf Lücke dicht gepackt, so ist eine sechseckige Anordnung zu erkennen. Stapelt man solch hexagonale Ebenen so auf Lücke übereinander, dass jeweils die dritte über der ersten liegt (ABAB ...), so kommt eine hd Anordnung heraus. Die andere mögliche Stapelfolge bringt die vierte über die erste Ebene (ABCA ...) und führt auf eine kfz Anordnung, die ebenso dicht gepackt ist (Bild A.1.2 d).

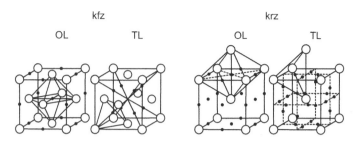

Bild A.1.3 Gitterlücken im Eisen: Eine Lücke wird von Eisenatomen umgeben, die entweder ein Oktaeder oder Tetraeder bilden. Ihre Größe wird als Durchmesser einer gerade hineinpassenden Kugel angegeben. Aus Gründen der Übersichtlichkeit sind nur die Mitten der Eisenatome (Kreise) und Lücken (Punkte) dargestellt (OL, TL = Oktaeder-, Tetraederlücken).

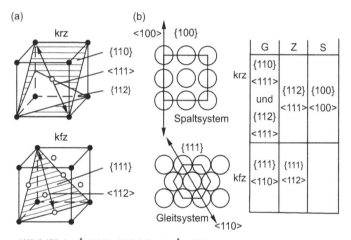

Würfelfläche ≙ {100} ; Würfelkante ≙ <100> ;
Flächendiagonale ≙ <110> ; Raumdiagonale ≙ <111>

Bild A.1.4 Wichtige Ebenen und Richtungen im Eisenkristall: (a) Bestimmte Verformungs- und Bruchvorgänge sind an Vorzugsrichtungen und -ebenen gebunden. Ihre Bezeichnung erfolgt durch Miller'sche Indices (vergl. metallkundliche Handbücher) und zwar bei Ebenen durch geschweifte und bei Richtungen durch spitze Klammern. Darin sind gleichwertige Ebenen und Richtungen zusammengefasst, also z. B. alle Würfelflächen oder -kanten. (b) Spaltung S läuft in dünn besetzten Würfelflächen in Kantenrichtung ab, Gleitung G in dicht besetzten Ebenen in Richtung berührender Atome. Zwillingsbildung Z ermöglicht bleibende Verformung vor allem bei niedriger Temperatur, wo Gleitung durch Versetzungsbewegung erschwert ist.

A.1.2 Eisen-Kohlenstoff

Durch die Reduktion des Eisenerzes mit Kohlenstoff ist dieses Element seit jeher Eisenbegleiter und bis zu ungefähr 4 % in Eisenwerkstoffen enthalten. In der Schmelze liegt Kohlenstoff gelöst vor. Bei der Erstarrung entsteht eine feste Lösung von Kohlenstoffatomen in den Gitterlücken des Eisens. Sie sind nach Bild A.1.5 nicht groß genug, um die im Vergleich zu Eisen kleineren C-Atome ohne Gitterverspannung aufzunehmen, so dass die Löslichkeit begrenzt bleibt. Wegen seiner größeren Oktaederlücken übertrifft die maximale Löslichkeit des γ-Eisens die des α-Eisens um zwei Größenordnungen. Durch die Einlagerung bzw. Interstition von Kohlenstoffatomen in die Gitterlücken des Eisens entstehen Eisenmischkristalle, für die sich folgende Bezeichnungen eingebürgert haben.

α-Mischkristall = Ferrit (ferrum = Eisen)
γ-Mischkristall = Austenit (nach W.C. Roberts-Austen)
δ-Mischkristall = δ-Ferrit

Der Ordnungszustand der Eisenatome wird durch das Einzwängen von C-Atomen nur lokal leicht verzerrt, bleibt aber insgesamt erhalten, so dass z. B. α-Eisen und Ferrit zur gleichen Phase gehören. Neue Phasen entstehen, wenn der Werkstoff mehr Kohlenstoff enthält, als im Mischkristall gelöst werden kann. Der Überschuss wird dann als Graphit oder als Eisenkarbid der Zusammensetzung Fe_3C (Zementit) mit ≈ 6.7 % C ausgeschieden. Graphit weist ein hexagonales Schichtgitter auf und Zementit besitzt eine orthorhombische Struktur. Graphit gilt im System Fe-C als die stabilere Gleichgewichtsphase. Da aber dort, wo sich C-Atome zu einer Ausscheidung versammeln wollen, Fe-Atome durch Diffusion Platz machen müssen, bildet sich bei beschleunigter Erstarrung eher der metastabile Zementit. Hinzu kommt, dass die graphitische Erstarrung mit einer Volumenzunahme verbunden ist und daher der Zementit durch erhöhten Druck stabilisiert wird. Er kann z. B. dadurch entstehen, dass die schon erstarrte äußere Schale auf den noch flüssigen Kern schrumpft. Wie

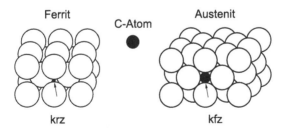

Bild A.1.5 Mischkristall: Größenvergleich von Gitterlücke und Kohlenstoffatom in Fe-C Mischkristallen Ferrit und Austenit.

später noch gezeigt, wird in der Praxis die Erstarrung durch Legierungselemente beeinflusst: Si, Ni ... zur Unterstützung der Graphitbildung, Mn, Cr ...
zur Stabilisierung des Zementits. Im festen Zustand lässt sich Zementit bei
entsprechendem Si-Gehalt durch Langzeitglühen oberhalb 900°C in den stabilen Graphit umwandeln. Bei Temperaturen darunter friert diese Reaktion
allmählich ein.

Die Stabilitätsbereiche der Phasen sind im Zustandsschaubild Fe-C
(Bild A.1.6) als Phasenfelder wiedergegeben. Aufgetragen sind die

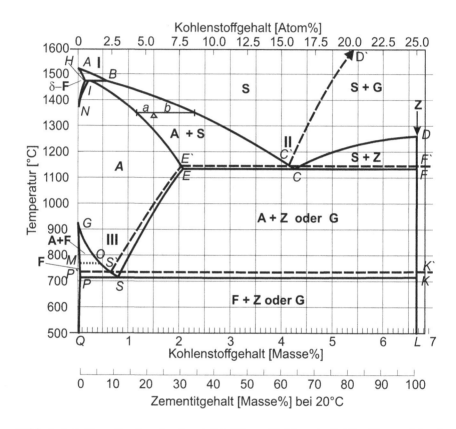

Bild A.1.6 Das Zustandsschaubild Eisen-Kohlenstoff für Normaldruck
(s. Tab. A.1.2):
— metastabiles System Eisen Zementit
- - stabiles System Eisen-Graphit
··· magnetische Umwandlung
I Peritektikum, II Eutektikum, III Eutektoid
a,b Hebelarme des Hebelgesetzes für 1.5 Masse% C bei 1350°C (Beispiel)
Phasen: Schmelze (S), δ-Ferrit (δ-F), Austenit (A), Ferrit (F), Zementit (Z),
Graphit (G)

Zustandsgrößen Temperatur und Kohlenstoffkonzentration bei Normaldruck. Charakteristische Punkte werden mit Buchstaben kursiv bezeichnet (Tab. A.1.2).

Tabelle A.1.2 Ergänzung zum Zustandsschaubild Fe-C (Bild A.1.6): Lage der mit Buchstaben bezeichneten Punkte. A bis S: metastabiles System Eisen-Zementit. Gestrichen: stabiles System Eisen-Graphit (nach E. Schürmann und R. Schmid)

	Temperatur [°C]	C-Gehalt [Masse%]
A	1536	0.0
B	1493	0.533
C , C'	1147 , 1153	4.302 , 4.256
D , D'	1252 , 4000	6.689 , 100
E , E'	1147 , 1153	2.140 , 2.098
F , F'	1147 , 1153	6.689 , 100
G	911	0.0
H	1493	0.086
I	1493	0.160
K , K'	727 , 736	6.689 , 100
M , O	769 , —	— , —
N	1392	0.0
P , P'	727 , 736	0.034 , 0.032
Q	≤ 20	≈ 0.0
S , S'	727 , 736	0.758 , 0.688

A.1.2.1 System Eisen-Zementit

Wenden wir uns zunächst dem metastabilen System Eisen-Zementit (ausgezogenen Linien) zu. Mit zunehmendem Kohlenstoffgehalt fällt die obere Schmelztemperatur (Liquidustemperatur) entlang der Linie ABC, weshalb Gusseisen geschichtlich viel früher erzeugt werden konnte als Flussstahl. Die untere Schmelztemperatur (Solidustemperatur) verläuft entlang $AHIEF$. Kohlenstoff erzeugt also ein Erstarrungsintervall, in dem links des bei C liegenden Eutektikums neben flüssiger Phase feste Eisenkristalle vorliegen (δ-Ferrit oberhalb und Austenit unterhalb HB) oder feste Zementitkristalle rechts davon zwischen CD und CF. Die gleiche stabilisierende Wirkung wie auf die Schmelze übt Kohlenstoff auch auf den Austenit aus: die Linie GOS fällt, die Linie NI steigt und sein Phasenfeld weitet sich auf. Dagegen wird der krz Beständigkeitsbereich durch Kohlenstoff destabilisiert, da er schon bei einem geringen Gehalt zum Abschnüren der Zustandsfelder des Ferrits und δ-Ferrits führt. Die Löslichkeit für Kohlenstoff im δ-Ferrit steigt entlang NH

auf ≈ 0.09 Masse%, im Ferrit aufgrund der niedrigeren Temperaturlage entlang QP nur auf $\approx 0.03\,\%$. Entlang PS nimmt sie mit der Umwandlung zu Austenit sprunghaft (diskontinuierlich) auf $\approx 0.76\,\%$ zu und SE zeigt die weitere kontinuierliche Zunahme mit der Temperatur an. Mit dem beginnenden Aufschmelzen steigt die Löslichkeit entlang EC diskontinuierlich von ≈ 2.1 auf $4.3\,\%$ an, um dann in der Schmelze wieder kontinuierlich entlang CD zu wachsen. In den Dreiecken NHI und GPS treten die krz und kfz geordneten Eisenphasen nebeneinander auf und in der Fläche $QPSEFL$ neben einer weichen Metallphase (kfz Austenit oberhalb, krz Ferrit unterhalb SK) die Hartphase Zementit mit einer Härte von $\approx 850\,\mathrm{HV}$. Bei der langsamen Abkühlung einer Schmelze aus Eisen mit z.B. 5 % Kohlenstoff scheidet sich der Zementit aufgrund der geschilderten Löslichkeiten nacheinander in folgenden Schritten aus:

primär:	kontinuierlich entlang DC aus der Schmelze
eutektisch:	diskontinuierlich von C nach E gekoppelt mit
	Umwandlung von Schmelze in Austenit
sekundär:	kontinuierlich entlang ES aus dem Austenit
eutektoid:	diskontinuierlich von S nach P gekoppelt mit
	Umwandlung von Austenit zu Ferrit
tertiär:	kontinuierlich entlang PQ aus dem Ferrit

Die Hervorhebung von Schmelzlinien (Liquidus und Solidus), Löslichkeitslinien (kontinuierlich für eine Phase, diskontinuierlich gekoppelt mit Phasenumwandlung), einphasigen Mischkristallgebieten und zweiphasigen festen Bereichen (zwei Eisenphasen oder Eisenphase mit Karbid) macht dieses komplizierte Zustandsschaubild etwas übersichtlicher, das aus drei Teilbereichen zusammengesetzt ist: I. Peritektikum, II. Eutektikum und III. Eutektoid. Der erste betrifft die Erstarrung von Baustählen, der zweite die des Gusseisens. Der dritte ist vor allem für die Wärmebehandlung von Stahl und Gusseisen wichtig. Kohlenstoffstahl enthält meist $< 1.3\,\%\,\mathrm{C}$, Gusseisen zwischen 2 und 4 %. In der Praxis interessiert die Zustandsänderung eines bestimmten Werkstoffes. Als Beispiel soll daher die Erstarrung einer Eisenschmelze mit 1.5 % C bei langsamer Abkühlung verfolgt werden (Bild A.1.6). Um 1415°C Liquidus bilden sich die ersten Austenitkristalle mit 0.7 % C. Bei 1350°C zeigt die horizontale Hilfslinie (Konode), dass der Austenit (A) um 1.15 % C enthält und mit einer Schmelze (S) im Gleichgewicht steht, die sich auf 2.3 % C angereichert hat. Das wirft die Frage nach dem Mengenverhältnis der beiden Phasen auf, die mit dem Hebelgesetz beantwortet werden kann. Die Konode gilt als Waagebalken, der bei 1.5 Masse% C unterstützt und an den Enden mit den Massen M der Phasen A und S belastet wird. Gleichgewicht herrscht, wenn $a \cdot M_\mathrm{A} = b \cdot M_\mathrm{S}$, wobei $M_\mathrm{A} + M_\mathrm{S} = 1$ bzw. 100 % gesetzt wird. Es folgt $M_\mathrm{A} = \frac{b}{(a+b)} = \frac{0.8}{1.15} \rightarrow 70\,\%$. Bei 1290°C Solidus erreicht die letzte Restschmelze 3.0 Masse% C. Zwischen Liquidus und Solidus ändert sich das Verhältnis $\frac{a}{b}$ der Hebelarme kontinuierlich zu Gunsten von M_A. Das Beispiel zeigt, dass der in der homogenen Schmelze gleichmäßig verteilte Kohlenstoff im heterogenen Erstarrungsintervall zu erheblicher Aufspaltung zwischen beiden Phasen neigt, von denen die feste die geringere Löslichkeit aufweist. Kurz unterhalb von Solidus müssen im homogenen Austenit durch Diffusion die Unterschiede zwischen 0.7 und 3.0 wieder auf 1.5 % C ausgeglichen sein. Dazu steht bei technischer Abkühlung nicht genug Zeit zur Verfügung, so dass sich Seigerungen bilden. Unterhalb des Austenitgebietes ist der Kohlenstoff wieder heterogen auf eine Mischkristallphase und die Karbidphase Zementit (Z) aufgeteilt. Schließlich steht nach mehreren Phasenumwandlungen bei Raumtemperatur ein fast kohlenstofffreier Ferrit im Gleichgewicht mit kohlenstoffreichem Zementit, dessen Menge nach dem Hebelgesetz $M_Z = \frac{a}{(a+b)} = \frac{1.5}{6.7} \to 22.4\,\%$ beträgt. Wie das Beispiel lehrt, gibt das Zustandsschaubild im konkreten Fall Auskunft über Anzahl, Ordnungszustand, Menge und Zusammensetzung der bei gegebener Temperatur vorliegenden Phasen sowie über die Phasenumwandlung bei langsamer Abkühlung oder Erwärmung.

Die bei 769°C verlaufende Linie MO kennzeichnet die Curie-Temperatur des Ferrits, der sich oberhalb paramagnetisch und darunter ferromagnetisch verhält. Diese magnetische Umwandlung beruht auf der Ausrichtung des magnetischen Momentes von Atomen ohne Änderung ihres geometrischen Ordnungszustandes. Im Dilatometer wird beim Erwärmen die thermische Ausdehnung im Bereich der Curie-Temperatur geringfügig durch Magnetostriktion gebremst. Eine schwache Umwandlung zeigt auch der Zementit bei einer Curie-Temperatur von 210°C. Austenit verhält sich paramagnetisch.

A.1.2.2 System Eisen-Graphit

Wie aus Bild A.1.6 hervorgeht, verschiebt sich durch den Übergang vom metastabilen zum stabilen System nur ein Teil der Phasenfelder und zwar wenig, wenn man von dem hohen Schmelzpunkt des reinen Graphits absieht. Die Bezeichnung der Zementitausscheidung als primär, eutektisch usf. wird sinngemäß auf Graphit übertragen. Für die Erstarrung der Kohlenstoffstähle ändert sich nichts, aber für ein Gusseisen mit 3.5 % C verringert sich der hohe Zementit- auf einen deutlich geringeren Graphitgehalt, z. B. von 52 auf 11 Volumen% bei Raumtemperatur (Tab. A.1.3).

Stähle enthalten schon zur Abbindung des Begleitelementes Schwefel geringe Gehalte an Mangan, die das metastabile System stabilisieren. Außerdem erfolgt die Abkühlung nach der Warmumformung bis unter 900°C meist so rasch, dass eine unerwünschte Graphitausscheidung unterdrückt wird. Für Stähle gilt daher in der Regel das metastabile Zustandsschaubild. Für Gusseisen kommen je nach Abkühlverlauf (Wanddicke) und Legierungszusatz (Mn/Si-Verhältnis) die metastabile oder stabile Erstarrung in Betracht, ggf. auch nacheinander im rascher abkühlenden Rand und nachhinkenden Kern. Ein solcher Schalenhartguss verbindet eine durch hohen Anteil an Zementit verschleißbeständige Randschicht mit guter Bearbeitbarkeit durch Graphit im Kern. Aber auch die Reihenfolge aus stabiler Erstarrung und nachfolgendem metastabilen Verlauf

Tabelle A.1.3 Phasenanteile in einem Gusseisen mit 3.5 Masse% C bei zwei Temperaturen nach dem Hebelgesetz für das stabile oder metastabile System Fe-C. Die Hebelarme a und b sind Bild A.1.6 entnommen. Zur Berechnung der Volumengehalte wurden folgende Dichten in g/cm^3 zugrunde gelegt: Graphit = 2.26; Zementit = 7.66; Grauguss = 7.1; Hartguss = 7.6

Temperatur [°C]	a [%]	b [%]	Zementit Masse [%]	Zementit Volumen [%]	Graphit Masse [%]	Graphit Volumen [%]	Rest
1100	3.5–1.9	6.7–3.5	33.3	30	—	—	Austenit
	3.5–1.8	100–3.5	—	—	1.76	5.5	
20	3.5–0	6.7–3.5	52.3	52	—	—	Ferrit
	3.5–0	100–96.5	—	—	3.5	11	

im Bereich des Eutektoids ist gängig, so dass für Gusseisen beide Teilschaubilder von Bedeutung sind.

A.1.3 Legiertes Eisen

Legierungselemente bilden mit dem Eisen eine homogene Schmelze. Im festen Zustand entstehen aus den im Vergleich zu Eisen kleineren Atomen von Kohlenstoff, Stickstoff und Wasserstoff durch Einlagerung in die Gitterlücken Interstitionsmischkristalle. Größere Legierungsatome ersetzen Eisenatome im Gitter und bilden Austausch- oder Substitionsmischkristalle (Bild A.1.7). Ih-

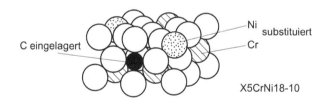

Bild A.1.7 Eisenmischkristall: Interstition und Substitution am Beispiel eines nichtrostenden austenitischen Stahles. Aufweitung der Gitterlücke durch eingelagertes C-Atom. Austausch der Fe- durch Cr- und Ni-Atome.

re Löslichkeit im festen Eisen geht stark zurück, wenn der Durchmesser des substituierten Atoms um mehr als 15 % von dem des Eisens abweicht (Beispiel Blei, Tab. A.1.4).

Metalle mit krz Struktur, wie z. B. Chrom, lösen sich besser in krz Eisen, kfz Metalle wie Nickel besser in kfz Eisen (Tab. A.1.4). Die Löslichkeit des Eisens für Legierungselemente nimmt mit der Temperatur zu, da die Atomabstände wachsen, was mit einem steigenden Gitterparameter einhergeht. Wird

Tabelle A.1.4 Eisenbegleiter und Legierungselemente

Kurz-bez.	Atomdurch-messer [nm]	Gitter-aufbau	rel. Atom-gewicht [g]	maximale Löslichkeit *)		Misch-kristall 4)
				α-Eisen [%]	γ-Eisen [%]	
Pb	0.350	kfz	207.20	≈ 0	≈ 0	—
Sb	0.322	3)	121.75	10	2.2	S
Sn	0.316	3)	118.69	16	2.0	S
Ti	0.294	hd	47.90	8	0.7	S
Nb	0.294	krz	92.91	1.2	1.6	S
Al	0.286	kfz	26.98	29	0.6	S
W	0.282	krz	183.85	35	4.7	S
Mo	0.280	krz	95.94	31	1.7	S
Mn	0.274	kfz	54.94	3.5	100	S
V	0.270	krz	50.94	100	1.3	S
Cr	0.258	krz	52.0	100	12.5	S
Cu	0.256	kfz	63.54	2.1	12	S
Co	0.250	hd	58.93	76.0	100	S
Ni	0.250	kfz	58.71	6	100	S
Fe	0.248	krz	55.85	—	—	—
As	0.242	3)	74.92	11	2.0	S
Si	0.234	1)	28.09	11	1.7	S
P	0.220	2)	30.97	2.4	0.3	S
S	0.208	3)	32.06	0.02	0.05	S
B	0.178	3)	10.81	0.002	0.005	I/S
C	0.154	5)	12.01	0.03	2.1	I
N	0.148	—	14.01	0.1	2.8	I
O	0.148	—	16.0	0.0008	0.0007	—
H	0.074	—	1.01	0.0003	0.0009	I

1) Diamantgitter 4) S Substitution *) bei erhöhter Temperatur
2) kubisch I Interstition
3) komplex 5) Graphitgitter

die Löslichkeit z. B. durch Abkühlen kontinuierlich oder durch Phasenumwandlung diskontinuierlich begrenzt, so kommt es zur Ausscheidung, in der die Legierungsatome angereichert sind, einen anderen Ordnungszustand einnehmen und daher als neue Phase vorliegen. Die Ausscheidung von Elementen ist selten (Graphit, Blei, Kupfer). Meist tritt eine chemische Verbindung des überschüssigen Elementes mit Eisen oder anderen Elementen auf. Nichtmetallische Ausscheidungen wie Karbide, Nitride, Boride, Oxide und Sulfide zeigen sich überwiegend keramisch hart und spröde. Die intermetallischen Ausscheidungen aus Eisen und/oder metallischen Legierungselementen sind meist weniger hart.

Eine Ausscheidung beginnt mit Keimbildung. Dazu müssen sich örtlich Atome in der neuen Ordnung versammeln. Da sich die Bildungsenergie mit dem Volumen eines Keimes ändert, die Energie der neuen Grenzfläche zum umgebenden Mischkristall aber mit seiner Oberfläche, braucht der Keim eine Mindestgröße, um gegen Wiederauflösung stabil zu werden. Die Zahl der dazu erforderlichen Atome liegt in der Größenordnung von 100. Die Keime wachsen dann durch Diffusion weiter bis bei gegebener Temperatur ein Phasengleichgewicht erreicht ist. Die kleinen interstitiellen Atome von C, N, H bewegen sich sprunghaft entlang von Gitterlücken. Das geht um Größenordnungen schneller, als es die größeren substituierten Atome im Wechselspiel mit Leerstellen schaffen und lässt sich am Diffusionskoeffizienten D in Bild A.1.8 ablesen, der für die Sprunghäufigkeit der Atome beim Vorrücken in Richtung des Konzentrationsgefälles steht. Wegen der Gitteraufweitung und höheren Leerstellenkonzentration nimmt D mit der Temperatur zu. Die Einstellung des Gleichgewichtes verläuft für Verbindungen des Typs Fe-X mit X = C, N deutlich schneller als für Verbindungen mit einem Legierungsmetall M des Typs M-X, bei denen oft ungleichgewichtige Vorstufen gebildet werden. In chrom- und kohlenstoffhaltigem Eisen kann sich z. B. Fe_3C mit Cr zu $(Fe, Cr)_3C$ anreichern, ohne dass seine orthorhombische Struktur verloren geht, um schließlich

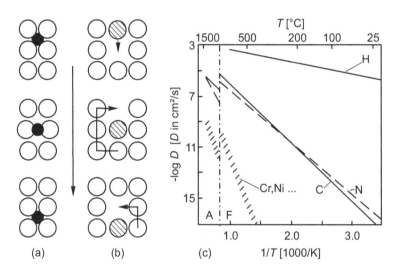

Bild A.1.8 Diffusion: (a) Eingelagerte Atome diffundieren rascher über Lücken als (b) substituierte über Leerstellen (schematisch). Die wichtigste Ursache der Wanderung liegt in einem Aktivitäts- bzw. Konzentrationsgefälle. (c) Der Diffusionskoeffizient D ist ein Maß für die Beweglichkeit bzw. für die Häufigkeit der Sprünge pro Zeit. Aus der Auftragung von $\log D$ über $1/T$ ergibt sich die Aktivierungsenergie Q der Diffusion. Im dichter gepackten Austenit A ist die Diffusion rund 100 mal langsamer als im Ferrit F.

in das hexagonale Gleichgewichtskarbid $(Cr, Fe)_7C_3$ überzugehen. Der Metallanteil solcher Verbindungen wird gerne zu M zusammengefasst, so dass die Phasen als M_3C bzw. M_7C_3 bezeichnet werden. Auch im X-Anteil kann Mischbarkeit auftreten, z. B. in der kubischen Karbonitridausscheidung (V, Fe)(C, N), kurz MX oder allgemein M_aX_b.

Die Legierungselemente können sich in den Eisenphasen Ferrit und Austenit lösen (Bild A.1.7) oder eine Vielzahl neuer nichtmetallischer oder intermetallischer Mischphasen bilden, die zur Einstellung bestimmter Werkstoffeigenschaften genutzt werden oder als schädlich zu vermeiden sind. Legierungszusätze reichen von weniger als 0.1 bis zu einigen 10 Masse% und geben den Eisenwerkstoffen die enorme Bandbreite von Gebrauchs- und Fertigungseigenschaften: hochfest, warmfest, tieftemperaturzäh, korrosionsbeständig, nichtmagnetisierbar, gießbar, spanbar, schweißbar, kaltumformbar usw. Für die Darstellung der komplexen Konstitution von legierten Eisenwerkstoffen bieten sich folgende Wege an: Die Zustandsfelder des Zweistoffsystems aus den Komponenten Fe und C gehen in Zustandsräume über, wenn im Dreistoffsystem ein Legierungselement als dritte Komponente hinzukommt. Die erschwerte Darstellung kann durch Temperaturschnitte umgangen werden (Bild A.1.9 a). In Mehrstoffsystemen sind Konzentrationsschnitte gebräuchlich. Eine Grundzusammensetzung wird konstant gehalten und nur ein weiteres Element geändert (Bild A.1.9 b). Thermodynamische Grunddaten und experimentelle Ergebnisse zur Konstitution von Eisenwerkstoffen fließen laufend in Datenbanken ein und werden durch Rechenprogramme für die Erstellung von Zustandsschaubildern aufbereitet. Weil sie für reine Komponenten und äußerst langsame Temperaturänderungen gelten, treffen sie in der Praxis nur angenähert zu.

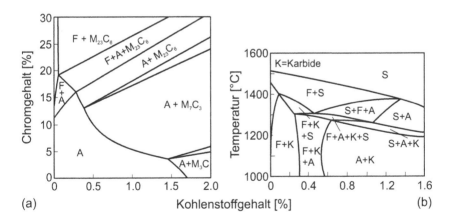

Bild A.1.9 Beispiele zur Darstellung von Mehrstoffsystemen: (a) Temperaturschnitt durch das Dreistoffsystem Fe-Cr-C bei 1050°C, (b) Konzentrationsschnitt durch das Mehrstoffsystem Fe - 6 % W - 5 % Mo - 4 % Cr - 2 % V - C nach E. Horn u. H. Brandis, das bei 0.9 % C den Schnellarbeitsstahl HS 6-5-2 wiedergibt.

Da sich die Phasengleichgewichte mit steigender Temperatur rascher einstellen, wächst in der Regel auch die Übereinstimmung zwischen Schaubild und Praxis.

Alle Fe-C Werkstoffe durchlaufen bei langsamem Abkühlen kurz oberhalb von 700°C eine Phasenumwandlung von Austenit zu Ferrit (Bild A.1.6), die durch geringe Legierungszusätze nur verschoben wird. Es besteht aber durch Zugabe von ausreichenden Mengen an ferritstabilisierenden Elementen wie Cr, Mo, V, Si ... oder austenitstabilisierenden Elementen wie Mn, Ni, N, C ... auch die Möglichkeit, diese Umwandlung zu unterdrücken. Im ersten Fall verbinden sich die Phasenräume von Ferrit und δ-Ferrit unter Ausschluss des Austenits. Im zweiten Fall bleibt der Austenit bis auf Raumtemperatur beständig und Ferrit entfällt. Solch umwandlungsfreie Eisenwerkstoffe werden z. B. für nichtrostende, nicht magnetisierbare oder kaltzähe Bauteile verwendet.

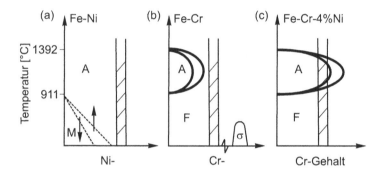

Bild A.1.10 Umwandlungsfreie Stähle: Der Einfluss austenit- und ferritstabilisierender Legierungselemente ist am Beispiel der Zustandsschaubilder Fe-Ni und Fe-Cr schematisch dargestellt. (a) Durch > 30 % Ni kann das Austenitgebiet bis unter Raumtemperatur aufgeweitet werden. Es entsteht eine umwandlungsfreie austenitische Legierung (schraffierter Balken). Durch Tiefkühlen erfolgt eine Umwandlung zu Martensit (M, s. Kap. A.2, S. 42). Sie entspricht nicht dem Gleichgewicht (Fe-Ni Realschaubild). Zwischen der Hinumwandlung beim Abkühlen (Pfeil nach unten) und der Rückumwandlung beim Wiedererwärmen (Pfeil nach oben) ensteht eine Temperaturhysterese. (b) > 12 % Chrom schnüren das Austenitgebiet ab, so dass ein umwandlungsfreier ferritischer Stahl vorliegt. (c) Durch Kombination von Cr und Ni ergibt sich wieder ein umwandelnder Stahl.

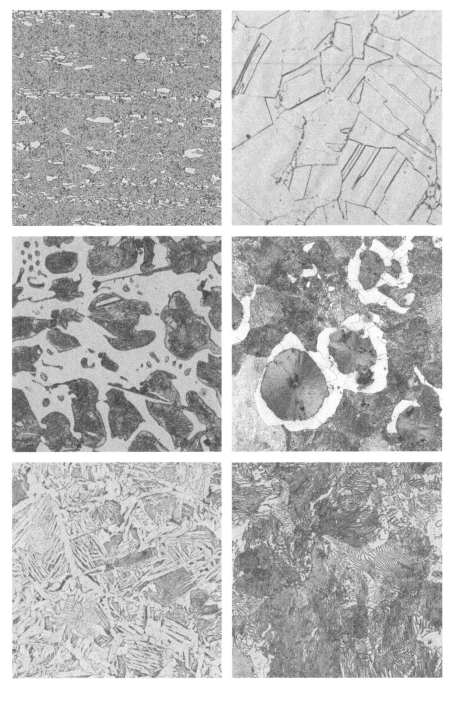

Gefüge von Eisenwerkstoffen

A.2 Gefüge

Die in Zustandsschaubildern aufgezeigte Konstitution von Eisenwerkstoffen beschreibt die Art und Menge der im thermodynamischen Gleichgewicht stehenden Phasen, macht aber keine Aussagen über ihre Gestalt und räumliche Verteilung. Diese morphologischen Aspekte werden unter dem Begriff Gefüge behandelt, dessen Bausteine die Phasen sind. Sie enthalten Fehlordnungen, sind durch Grenzflächen verbunden und werden von Anisotropien und Seigerungen überlagert. Von dem durch langsame Temperaturänderungen entstandenen, gleichgewichtsnahen Gefüge ist das gleichgewichtsferne Gefüge zu unterscheiden, wie es z. B. durch rasche Selbstabkühlung einer Laserschweißnaht entsteht oder gezielt durch Abschrecken bei der Wärmebehandlung eingestellt wird.

Die **Phasenbausteine** bestehen in der Regel aus kleinen Kristallen, Kristallite oder Körner genannt, die durch Korngrenzen verbunden sind. In Bild A.2.1 sind die Körner der Eisenphasen Ferrit und Austenit einzeln oder gemischt in umwandlungsfreien nichtrostenden Stählen zu erkennen. Neben der gestreckten, zeiligen Anordnung des Ferrits in Bild A.2.1 a treten auch Netz-, Dualphasen- oder Duplexgefüge aus Eisenphasen auf (Bild A.2.2).

Bei geringem Anteil ($\approx 10\%$) finden wir Körner einer Phase (I, dunkel) z. B. als zusammenhängendes Netz bzw. räumliche Schale um die Körner der anderen Phase (II, hell) angeordnet oder in deren Kornzwickeln dispergiert. Beim Netzgefüge gibt es keine Kontakte bzw. Korngrenzen zwischen den Körnern der Phase II. Beim Dualphasengefüge fehlen die Phasengrenzen zwischen den Körnern der Phase I. Ein Duplexgefüge besteht angenähert je zur Hälfte

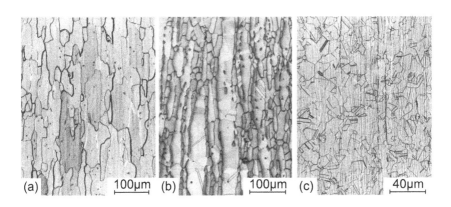

Bild A.2.1 Ferrit- und Austenitgefüge (Walzstahl im Längsschliff): (a) gestreckte Ferritkörner im Stahl X6CrTi12 mit punktförmigen MX-Ausscheidungen, (b) Ferrit/Austenit-Duplexgefüge im Stahl X2CrNiMoN22-5-3, die Austenitzeilen sind an den Zwillingslinien erkennbar. (c) gleichachsige Austenitkörner mit Zwillingslinien im Stahl X5CrNi18-10; es sind schmale Einschlusszeilen und eine Zeiligkeit durch streckverformte Mikroseigerungen zu sehen.

aus den Phasen I und II, die in sich Korn- und zwischen sich Phasengrenzen ausbilden.

Die Eisenphasen stellen die Grundmasse (Matrix), in der nichtmetallische oder intermetallische Phasen ausgeschieden sind. Am Beispiel von karbidischen Hartphasen sind die morphologischen Aspekte in Bild A.2.3 dargestellt. Kugelige, voneinander separierte Karbide bilden in der Matrix eine Dispersion, die auch bei wachsender Karbidmenge erhalten bleiben kann. Steigt der

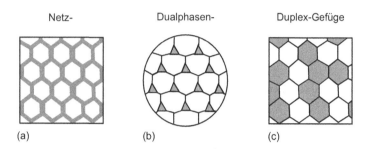

Bild A.2.2 Anordnung zweier Eisenphasen in der Matrix (schematisch): (a) Netz aus Ferritkörnern um Perlitkörner oder um Austenitkörner in einem nichtrostenden Stahl, (b) Dualphasengefüge aus Martensitkörnern dispergiert im Ferrit, (c) Ferrit- und Austenitkörner in einem Duplexstahl

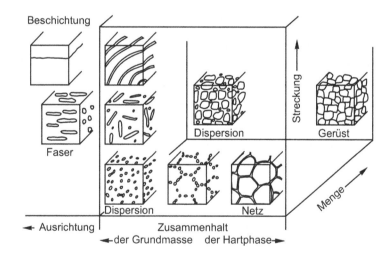

Bild A.2.3 Anordnung harter Ausscheidungen in einer Eisenmatrix (schematisch): Zusammenhalt (Dispersion → Netz), Streckung (Kugel → Stab → Platte) und zeilige Ausrichtung (Faser, s. Bild A.2.6) von Karbiden bestimmen neben der Ausscheidungsmenge das Gefüge.

Zusammenhalt der Karbidkörner, so entsteht ein Karbidnetz bzw. ein Karbidgerüst. Die Karbidkugeln lassen sich zu Stäbchen oder Plättchen strecken und ggf. ausrichten. Es liegt nahe, der Karbidmorphologie einen Einfluss auf die Eigenschaften einzuräumen. Auch wird deutlich, dass zur Beschreibung des Gefüges Angaben über Art, Menge, Größe, Form, Verteilung und Ausrichtung der Phasenbausteine gehören.

Der ideale Ordnungszustand der Atome in den Eisenphasen ist durch null- bis dreidimensionale **Fehlordnungen** gestört (Bild A.2.4). Ihre Häufigkeit (Konzentration) wird gezielt durch Umformung und Wärmebehandlung variiert, um das Gefüge z. B. weich oder hart einzustellen. Substituierte Atome

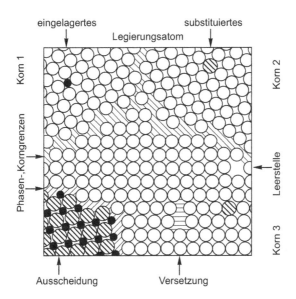

Bild A.2.4 Fehlordnungen in Eisen (schematisch): Die in Bild A.1.2 gezeigte regelmäßige Ordnung erstreckt sich nur über winzige Kristallbereiche und wird durch Störungen unterbrochen. Diese Fehlordnungen lassen sich nach ihren Dimensionen einteilen. **Punktförmig:** Im Eisen gelöste Atome (z. B. eingelagertes Kohlenstoffatom, substituiertes Niobatom) oder Leerstellen; **linienförmig:** Stufenversetzung senkrecht zur Bildebene entlang einer auslaufenden Gitterebene (Halbebene) des Eisens. Die Schraffur deutet die elastische Aufweitung des Gitters im Bereich der fehlenden Halbebene an. Diese Versetzungslinien laufen an der Oberfläche aus oder werden über Schraubenversetzungen zu Ringen geschlossen; **flächenförmig:** Korngrenzflächen zwischen den unterschiedlich orientierten Körnern oder Phasengrenzflächen zwischen der Eisenphase und einer ausgeschiedenen Phase, wie z. B. Niobkarbid. Genau betrachtet handelt es sich um eine ungeordnete (amorphe) Zone von mehreren Atomen Dicke; **räumlich:** Feine Ausscheidung einer anderen Phase, wie z. B. Niobkarbidteilchen mit < 10 nm Durchmesser. Grobe Ausscheidungen einer anderen Phase (z. B. > 1 µm) zählen nicht mehr zu den Fehlordnungen.

oder Leerstellen gehören zu den punktförmigen Fehlordnungen. Endet eine Gitterebene im Kristallit, so entsteht entlang der Halbebene eine linienförmige Fehlordnung, die als Stufenversetzung bezeichnet wird. Die Körner der Eisenmatrix sind regellos orientiert, d. h. ihre Gitter treffen unter einem Winkel aufeinander, so dass ein gestörter Saum, die Korngrenze, als flächenförmige Fehlordnung entsteht. Bei Ausscheidungen liegt eine andere Gitterstruktur der Atome vor, die nur im Sonderfall der Kohärenz zu der der Matrix passt (Bild A.2.5). Weicht sie völlig ab, so entsteht eine inkohärente Grenzfläche.

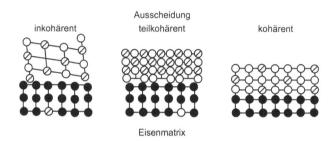

Bild A.2.5 Kohärenz von Ausscheidungen (schematisch): Mit steigender Fehlpassung der Kristallgitter von Stahlmatrix und Ausscheidung nimmt die Kohärenz (Zusammenhang) ab und die Energie der Fehlordnung zu (s. a. Tab. A.2.1).

Außerdem kommen teilkohärente Grenzflächen vor, in denen die Fehlpassung zwischen den unterschiedlichen Kristalliten z. B. durch Versetzungen ausgeglichen wird. Mit **Anisotropie** bezeichnet man die Richtungsabhängigkeit von Eigenschaften. Ein einzelnes Kristallkorn ist anisotrop, da die Atome sich z. B. nur in bestimmten Richtungen berühren (Bild A.1.2, S. 6), die deshalb einen höheren Elastizitätsmodul oder eine größere Wärmeausdehnung ausweisen. Der technische Vielkristall mittelt die Anisotropie der einzelnen Körner, ist also quasiisotrop. Gelingt es, die regellose Orientierung der Körner einer polykristallinen einphasigen Matrix in eine Vorzugsrichtung zu drehen, so entsteht eine Kristallanisotropie (Textur). Sie wird z. B. bei Tiefzieh- oder Trafoblechen genutzt. Ist dagegen eine zweite Phase in einer Richtung orientiert, wie z. B. Sulfide im Walzstahl, so liegt eine Gefügeanisotropie (Zeiligkeit) vor (Bild A.2.6). Auch die faserförmig ausgerichteten Karbide in Bild A.2.3 stellen eine Gefügeanisotropie dar. Als Folge ergibt sich z. B. quer zur Umformrichtung eine geringere Zähigkeit. Die **Seigerung** stellt eine Abweichung des örtlichen vom mittleren Gehalt an Legierungs- und Begleitelementen dar. Der mittlere Abstand zwischen den Konzentrationsmaxima oder -minima heißt Seigerungsabstand. Er kann um viele Größenordnungen variieren, was die Unterscheidung in Makro-, Mikro- und Fehlordnungsseigerung zur Folge hat (Bild A.2.7). Durch Umformung werden Makro- und Mikroseigerungen zu Zeilen gestreckt und damit Teil der Gefügeanisotropie.

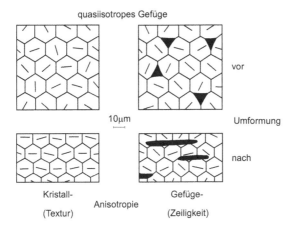

quasiisotropes Gefüge

10µm

vor

Umformung

nach

Kristall-   Gefüge-

Anisotropie

(Textur)   (Zeiligkeit)

Bild A.2.6 Anisotropie durch Warmumformung: In den linken Teilbildern wird die regellose Orientierung der Stahlkörner in eine Vorzugsrichtung gedreht (angedeutet durch die Striche, die z. B. in Richtung einer Würfelkante nach Bild A.1.4 weisen). Die rechten Teilbilder machen die Streckung einer zweiten Phase (z. B. Sulfide) deutlich. Die Stahlkörner sind durch Rekristallisation gleichachsig geblieben. Ihre Streckung ist aber auch möglich (s. Bild A.2.1 a), ohne dass damit eine Textur verbunden sein muss.

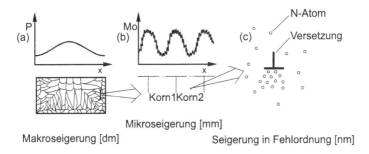

Makroseigerung [dm]

Mikroseigerung [mm]

Seigerung in Fehlordnung [nm]

Bild A.2.7 Seigerung: Legierungs- und Begleitelemente sind im Stahl nicht völlig gleichmäßig verteilt. (a) Unter Makroseigerung versteht man die Konzentrationsunterschiede zwischen Rand und Kern eines Erstarrungsquerschnittes (Beispiel: Begleitelement Phosphor). (b) Die Mikroseigerung betrifft Unterschiede im Bereich einzelner Primärkörner (Beispiel: Legierungselement Molybdän). (c) Fehlordnungen wie Stufenversetzungen und Grenzflächen ziehen interstitielle Atome (C, N, H) an, weil u. a. mehr Platz vorhanden ist (schraffierte Bereiche in Bild A.2.4). Im Symbol für die Stufenversetzung steht die Halbebene auf der Gleitebene. In den eckigen Klammern sind Größenordnungen für Seigerungsabstände zwischen Orten größter Konzentrationsunterschiede in einem Gussblock genannt. Durch Warmumformung werden Makro- und Mikroseigerungen zu Zeilen gestreckt.

A.2.1 Gleichgewichtsnahes Gefüge

Bei dickem Querschnitt und mäßigem Wärmeübergang (Luftabkühlung, Gasbeheizung, Sandform) verlaufen die Phasenumwandlungen nahe am thermodynamischen Gleichgewicht, wie es im Zustandsschaubild festgehalten ist. Im Mittelpunkt der Betrachtung stehen Fe-C Werkstoffe mit niedrigem Legierungsgehalt. Zunächst werden Stähle mit < 1.3 Masse% C in Anlehnung an Bild A.1.6 betrachtet und dann Gusseisen mit 2 bis 4 Masse% C.

A.2.1.1 Stahl

(a) Erstarrung

Schweißbare Baustähle mit $< 0.09\,\%$ C erstarren zu δ-Ferrit (Bild A.1.6, Punkt H, S. 10) und wandeln durch Abkühlung zu Austenit um. Bis rund $0.5\,\%$ C (Punkt B) bildet sich aus der Schmelze sowohl Austenit wie δ-Ferrit, der im Rahmen der peritektischen Umsetzung in Austenit übergeht. Die δ-Ferrit/Austenit-Umkörnung reduziert die Korngröße, die dann im Austenit aufgrund der langsamen Diffusion (Bild A.1.8) weniger rasch wächst als im δ-Ferrit. Ursache des Kornwachstums ist der Abbau von Grenzflächenenergie, die in den Korngrenzen gespeichert ist und im System einem Minimum zustrebt. Ein Feinkorngefüge dient dagegen der Verbesserung mechanischer Eigenschaften.

Mikro- und Makroseigerungen entstehen im Verlauf der Erstarrung durch Abweichung vom Gleichgewicht (Bild A.2.8). Die Erstarrung beginnt durch heterogene Keimbildung an der kälteren Formwand. Ihre Wachstumsfront ist im Erstarrungsintervall stark zerklüftet. Dendriten mit einem Abstand λ wachsen von der Kokillenwand in die Schmelze hinein. Sie sind eisenreicher als die Nennzusammensetzung, so dass sich die Restschmelze zwischen ihnen mit anderen Elementen anreichert. Daraus ergibt sich nach Bild A.2.8 eine Mikro- und in deren Folge eine Makroseigerung. Je kleiner λ, umso kürzer werden die Diffusionswege für einen Legierungsausgleich z. B. beim Diffusionsglühen oder Erwärmen zum Warmwalzen. Zwischen λ und der örtlichen Abkühlgeschwindigkeit v besteht der Zusammenhang $\lambda \sim \frac{1}{\sqrt{v}}$. Eine dünnwandige Erstarrung ist daher für die Beseitigung der Mikroseigerung durch Glühen günstig, entfernt sich aber bereits vom Gleichgewicht und wird daher in Abschn. A.2.2 angesprochen.

Die Makroseigerung kann im Kern als Mittellinienseigerung besonders ausgeprägt sein. Dieser horizontalen Makroseigerung überlagert sich im Block eine vertikale. Durch Konvektion werden aus dem Dendritenwald einzelne Dendritenarme abgelöst und mit dem „Fallwind" nach unten getragen, wo sie sich in einem Schüttkegel anlagern. Da die Dendritenarme reiner sind als die Restschmelze, ist auch die Konzentration im Schüttkegel zunächst niedriger. Mit fortschreitender Erstarrung nimmt die Konzentration nach oben hin zu. Im Bereich des Schüttkegels kann es zu V-förmig angeordneten Seigerungskanälen kommen. Eine mögliche Erklärung für diese örtlichen Makroseigerungen sind Heißrisse durch Schrumpfungen im erstarrenden Schüttkegel, in die angereicherte Restschmelze gesaugt wird. Im oberen Teil von großen Blöcken werden daneben noch A-förmig verlaufende Seigerungsstreifen beobachtet. Makroseigerungen lassen sich nachträglich wegen der weiteren Diffusionswege nicht mehr beseitigen.

Die Ausbildung der Körner im Querschnitt eines Blockes lässt meist drei Bereiche erkennen: eine schmale feinkörnige äußere Zone, die stängelige mittlere und eine globulare Kernzone mit gleichachsigen Körnern (Bild A.2.7 a). Die Randzone besteht aus regellos orientierten Körnern mit dendritischem Aufbau, von denen die günstigst orientierten dem Wärmestrom als Stängelkristalle entgegen wachsen. Jedes stängelige Korn besteht aus einem Dendrit, der aber besonders bei hoher Abkühlgeschwindigkeit viele primäre Dendritenarme enthalten kann. Das erwähnte Loslösen von Dendritenarmen durch

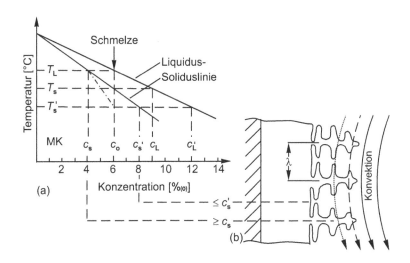

Bild A.2.8 Entstehung von Makro- und Mikro-Seigerung: (a) zu Beginn der Erstarrung scheidet sich nach einem schematischen Zustandsschaubild bei Liquidustemperatur T_L ein Mischkristall MK der Konzentration c_s aus, die unter der Schmelzzusammensetzung c_0 liegt. Bis zum Ende der Erstarrung sollte sich MK auf c_0 anreichern. Bei technischen Abkühlgeschwindigkeiten kommt jedoch die Diffusion im festen Zustand nicht nach. Die Soliduslinie nimmt den strichpunktierten Verlauf. Die Solidustemperatur sinkt von T_S auf T'_S. Das Erstarrungsintervall wird auf T_L - T'_S erweitert. Der Seigerungsgrad $S = c_{max}/c_{min}$ beträgt $1 < S < c'_S/c_S$. (b) Ein Teil der Mikroseigerung kommt nicht zum Tragen, weil die zwischen den Dendriten angereicherte Restschmelze durch Konvektion weggetragen und in der übrigen Schmelze verteilt wird. Deren Konzentration steigt dadurch mit wachsendem Volumenanteil von MK allmählich an, so dass im Erstarrungsquerschnitt zum Kern hin eine Makroseigerung entsteht.

Konvektion während der Erstarrung reichert die Restschmelze mit Kristallteilchen an, die mit fortschreitender Abkühlung wachsen, schließlich die stängelige Erstarrung bremsen und zu einer Kernzone aus regellos orientierten Körnern mit dendritischem Aufbau führen.

Durch Mikro- und Makroseigerung verstärkt kann es vor und während der Erstarrung zur Übersättigung der Restschmelze und Ausscheidung von nichtmetallischen Einschlüssen, Gasen und anderen Phasen, z. B. eutektischen Karbiden, kommen. Primär erstarrte Einschlüsse wie Tonerde und Silikate bilden sich bereits vor der Erstarrung des Stahles, können sich zusammenballen und aufsteigen oder sich von der Erstarrungsfront geschoben in interdendritischen Räumen ansammeln. Sekundär erstarrte Einschlüsse, wie z. B. Oxisulfide, entstehen während der Erstarrung durch Mikroseigerung und werden von den wachsenden Dendritenarmen eingefangen. Die Größe der sekundären Einschlüsse nimmt mit sinkender Abkühlgeschwindigkeit und durch Makroseigerung zu. Gase wie Wasserstoff oder Kohlenmonoxid scheiden sich durch den Löslichkeitssprung bei der Erstarrung ab und steigen entweder auf oder bleiben in Form von Blasen und Kanälen im Stahl zurück. Gemeinsam mit Schrumpflunkern durch örtlich mangelnde Dichtspeisung bilden sie ein Hohlraumvolumen, das besonders die Eigenschaften von Gussstücken beeinträchtigen kann. In ledeburitischen Stählen, wie Schnellarbeitsstählen und Chromstählen, steigt die maximale Karbidgröße und die Maschenweite ihrer netzförmigen Anordnung mit der Abkühldauer d. h. dem Blockquerschnitt an.

Zusammenfassend ist festzustellen, dass durch raschere Erstarrung die einzelnen Gefügeparameter, wie Einschlussgröße, Dendritenarmabstand und Korngröße abnehmen. Der ausgeprägten Mittellinienseigerung wird im Strangguss durch elektromagnetisches Rühren während der Erstarrung begegnet. Die Pulvermetallurgie vermeidet jede Makroseigerung.

(b) Warmumformung

Die Erwärmung zum Umformen bewirkt einen gewissen Abbau der Mikroseigerung, Ausscheidungen gehen in Lösung. Durch die Umformung werden Poren und Lunker verschweißt, sofern sie nicht durch Kontakt mit der Außenluft verzundert sind. Auch bietet sich im Gegensatz zu Stahlguss bei Walz- und Schmiedestahl die Möglichkeit einer weiteren Kornfeinung. Die Aktivierung der Gleitsysteme nach Bild A.1.4 bringt eine hohe Konzentration energiereicher Versetzungen (Bild A.2.4) mit sich, die die Bildung von Keimen mit ungestörtem Gitter auslöst. So wachsen unter Minimierung der Systemenergie aus einem verformten viele rekristallisierte, versetzungsarme Körner. Diese Rekristallisation läuft während (dynamisch) oder unmittelbar nach jedem Walzstich bzw. Pressenhub (statisch) ab. Bei hoher Endtemperatur der Umformung ($> 1000°C$) geht das Feinkorngefüge durch spontanes Kornwachstum wieder verloren. Deshalb kommen bei Baustählen meist Walzendtemperaturen von $< 900°C$ zur Anwendung. Durch gesteuerte Warmumformung und Rekristallisation lassen sich auch gewünschte Texturen einstellen (Bild A.2.6).

Diesen Vorteilen der Warmumformung steht der Nachteil gegenüber, dass durch die Streckung von nichtmetallischen Einschlüssen und Mikroseigerungen Zeiligkeit entsteht. Durch diese Gefügeanisotropie wird die Zähigkeit quer zur Umformrichtung beeinträchtigt. Bei übereutektoiden Stählen mit Kohlenstoffgehalten rechts vom Punkt S in Bild A.1.6 birgt die langsame, gleichgewichtsnahe Abkühlung die Gefahr von netzförmigen Karbidausscheidungen auf den Austenitkorngrenzen (s. Bild A.2.3), die sich versprödend auswirken.

(c) Austenit/Ferrit-Umwandlung

Nach dem Erstarren und Warmumformen besteht das Gefüge niedriglegierter Stähle aus Austenitkörnern, die bei weiterer Abkühlung der eutektoiden Umwandlung zu Ferrit und Zementit entgegen gehen. Dieser auch für die Wärmebehandlung wichtige Bereich des Zustandsschaubildes Fe-C (Bild A.1.6, S. 10), lässt sich schematisch für einen niedrigen Legierungsgehalt abwandeln (Bild A.2.9). Neben gewissen Verschiebungen der Phasenfelder und Eckpunkte taucht in diesem Konzentrationsschnitt Fe-C-L ein Dreiphasenfeld F+A+M₃C auf. Der Legierungszusatz L wird hier nicht spezifiziert, kann aber in thermodynamische Rechnungen eingefügt werden, so dass dieses schematische in ein angepasstes Schaubild übergeht. Wichtige Umwandlungslinien bzw. Temperaturen sind mit A_1 bis A_4 bezeichnet. Der Zusatz r für refroidissement deutet auf eine Versuchsführung mit langsamer Abkühlung hin. Meist wird die Messung bei langsamer Erwärmung (Zusatz c für chauffage) bevorzugt. Dann beginnt die Umwandlung bei Ac_{1b} mit dem Eintritt in den Dreiphasenraum,

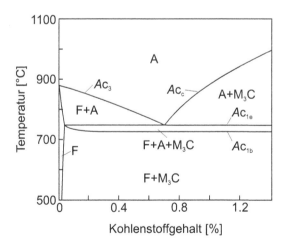

Bild A.2.9 Austenitumwandlung: Ausschnitt aus dem Zustandsschaubild Fe-C-L eines niedriglegierten Stahles (schematisch, s. Bild A.1.6, S.10). Das Legierungselement L ist im Ferrit (F), Austenit (A) und Karbid (M₃C) gelöst. Es entsteht ein Dreiphasenfeld.

dessen Ende bei Ac_{1e} erreicht wird. Für untereutektoide Stähle, links vom eutektoiden Punkt ist die Umwandlung bei Ac_3 abgeschlossen, rechts davon bei Ac_c. A_2 steht für die magnetische Umwandlung entlang der Linie MO (Bild A.1.6) und A_4 für die Umwandlung von Austenit zu δ-Ferrit.

Kehren wir zur Abkühlung des Austenits zurück und betrachten als Beispiel einen unlegierten Stahl mit 0.4 Masse% C, bei dem Ar_{1e} und Ar_{1b} zusammenfallen (Bild A.1.6). Die Umwandlung beginnt bei Ar_3 mit der Bildung von kohlenstoffarmen Ferritkörnern. Dadurch reichert sich der verbleibende Austenit mit Kohlenstoff an und erreicht bei Ar_1 die eutektoide Zusammensetzung von 0.76% C. In diese Austenitkörner wachsen von den Korngrenzen Ferritlamellen, zwischen denen der Kohlenstoffüberschuss als eutektoider Zementit ebenfalls lamellar ausgeschieden wird. Durch diese gekoppelte Reaktion von Umwandlung und Ausscheidung erspart sich der Kohlenstoff lange Diffusionswege. Die diskontinuierliche Ausscheidung geht von den Korngrenzen aus, weil diese Fehlordnung der Keimbildung Grenzflächenenergie zur Verfügung stellt. Das lamellare Gefüge wird als Perlit bezeichnet, da es nach einer Ätzung perlmuttartig glänzt. Nach langsamer Abkühlung vom Schmieden liegt der Durchmesser der Karbidlamellen in der Größenordnung $\approx 10\,\mu\mathrm{m}$. Im vorliegenden Fall besteht das Gefüge bei Raumtemperatur fast zur Hälfte aus Ferrit- und aus Perlitkörnern. Unlegierte Stähle mit weniger Kohlenstoff enthalten mehr Ferritkörner, solche mit 0.76 % C nur Perlitkörner. Im Stahl C105 scheidet sich beim Abkühlen kontinuierlich Sekundärzementit entlang der Korngrenzen aus, bis der Kohlenstoffgehalt des Austenits auf 0.76 % gesunken ist. Danach erfolgt die eutektoide Umwandlung zu Perlit (Bild A.2.10).

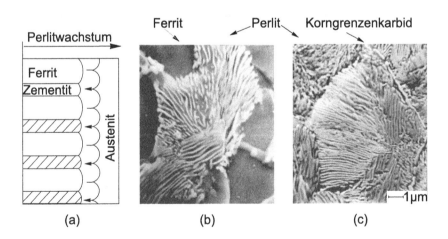

Bild A.2.10 Ferrit/Perlit-Gefüge (REM): Entstanden bei langsamer Abkühlung aus dem Austenitgebiet. (a) Durch die lamellare Umwandlung ergeben sich kurze Diffusionswege für den Kohlenstoff (s. Pfeile), (b) untereutektoider Stahl C45, (c) übereutektoider Stahl 100Cr6.

A.2.1.2 Gusseisen

Als Zementit ausgeschiedener Kohlenstoff verleiht dem Bruchgefüge ein metallisch helles Aussehen (weißes Gusseisen). Graphit färbt den Bruch grau ein (graues Gusseisen). Weitere Gefügemerkmale sind die Form der Graphitausscheidung (Lamelle bis Kugel) und das stahlartige Grundgefüge aus Perlit und Ferrit. Da das graue Gefüge durch Legieren mit 1 bis 3 % Si eingestellt wird, zeigt Bild A.2.11 in Erweiterung von Bild A.1.6 einen Konzentrationsschnitt durch das Zustandsschaubild Fe-Si-C für das Beispiel 2.5 Masse% Si. Die Kohlenstoffaktivität steigt mit dem Siliziumgehalt, so dass beide zu folgendem Kohlenstoffäquivalent zusammengefasst werden: $C_{\ddot{a}} = \% \, C + \frac{1}{3} \, \% \, Si$.

(a) Erstarrung

Am Beispiel eines Gusseisens mit 3 % C und 2.5 % Si ist die graue Erstarrung an Bild A.2.11 abzulesen. Diese untereutektische Zusammensetzung liegt um $\approx 0.5 \, \%$ C links vom Eutektikum E und damit im gleichen Abstand wie $C_{\ddot{a}} \approx 3.8 \, \%$ im binären System (Bild A.1.6). Die Erstarrung beginnt bei Liquidustemperatur T_{L} mit der Ausscheidung von Austenit, der dendritisch in die Schmelze wächst, während sich die Restschmelze in den Zwischenräumen mit Kohlenstoff anreichert, bis bei der eutektischen Temperatur T_{E} die Ausscheidung von Graphit beginnt. Oxide und Sulfide wirken als Keimbildner für Lamellen, die in dicht gepackter Richtung a des hexagonalen Schichtgitters wachsen, während ihre Verdickung in c-Richtung durch den mitwachsenden Austenit der eutektischen Zelle begrenzt wird. Zur Unterstützung der Keimbildung enthält das zugesetzte Ferrosilizium Oxid- und Sulfidbildner wie Al, Ca,

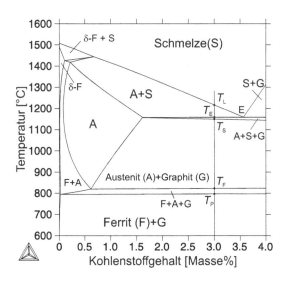

Bild A.2.11 Zustandsschaubild Fe - 2.5 % Si - C (s. Bild A.1.6, S.10)

Ce, Ti, Zr u. a. Diese Impfung dient der Beeinflussung von Lamellengröße und -verteilung, wozu auch die Bindung des Restschwefels an Mn gehört. Während der Erstarrung kommt es wie bei Stählen (s. Abschn. A.2.1.1) zu Seigerungen. Dabei kann sich eine Anreicherung von Substitionselementen wie z. B. Mn und Si in getrennten Seigerungszonen ergeben, die ihrerseits die C-Verteilung beeinflusst. Mangan senkt die Kohlenstoffaktivität, zieht C-Atome an und erhöht ihre Löslichkeit, während Si die Kohlenstoffaktivität anhebt und C sozusagen aus der Lösung drängt. Mit Erreichen der Solidustemperatur ist die Erstarrung abgeschlossen. Obwohl die Lamellen im metallographischen Schliff kaum miteinander verbunden erscheinen, bilden sie räumlich eine zusammenhängende Struktur. Sie führt zu optimaler Dämpfung von Schwingungen, was z. B. bei Maschinenbetten erwünscht ist, beeinträchtigt aber die Zähigkeit. Daher wird durch Magnesiumzusatz (ggf. auch Ca, Ce) bei niedrigem Gehalt an Mn und S und höherem $C_\text{ä}$-Wert (4.3 bis 4.5) ein kugeliges Wachstum des Graphits in der naheutektischen Schmelze ausgelöst. Im Gegensatz zum Gusseisen mit zusammenhängendem Lamellengraphit (Grauguss) bildet sich im Gusseisen mit Kugelgraphit (Sphäroguss) eine Dispersion von Graphitkugeln aus. Sie wachsen schalenförmig mit radial ausgerichteter c-Achse in eine teilflüssige Schale, die die allseitige Verdickung ermöglicht. Der Wechsel von Lamellen zu Kugeln bringt einen erheblichen Gewinn an Zähigkeit, setzt aber die Dämpfungsfähigkeit herab. Um zwischen beiden Eigenschaftprofilen zu mitteln, sind Varianten mit kompakter Graphitausbildung in Gebrauch, die ebenfalls durch Behandlung der Schmelze mit Mg, Ca, Ce erzeugt wird. Ziel ist die Unterbrechung des räumlichen Zusammenhangs von Graphitlamellen (Zähigkeit) bei möglichst großer Oberfläche der Graphitausscheidungen (Dämpfung). Damit steigt auch die Oxidationsbeständigkeit, da Sauerstoff bei erhöhter Temperatur entlang durchgehender Graphitlamellen rasch vordringen kann. Als Bezeichnung hat sich Gusseisen mit Vermiculargraphit eingebürgert (vermicular = wurmförmig). In Bild A.2.12 sind die drei unterschiedlichen Graphitausbildungen dargestellt. Die Zahl der Ausscheidungen je Schliffläche hängt von der Erstarrungsgeschwindigkeit sowie den Impf- und Legierungszusätzen ab. Auch werden Mischformen beobachtet. Als typische Spanne für die Oberfläche von Graphitausscheidungen gemessen in mm^2 je mm^3 Gusseisen gilt: Gusseisen mit Lamellengraphit > 100, Gusseisen mit Vermiculargraphit 40 bis 70 und Gusseisen mit Kugelgraphit 20 bis 30.

Der Übergang von grauer zu weißer Erstarrung wird durch folgende Faktoren begünstigt: (1) Ein steigendes Mn, Cr, Mo/Si Verhältnis senkt die Kohlenstoffaktivität und fördert die Karbidbildung. (2) Durch raschere Erstarrung wird die Schmelze unterkühlt, die Diffusion des Kohlenstoffes eingeschränkt und die Ausscheidung einer Phase mit 6.7 % C (Fe$_3$C) einer mit 100 % C (Graphit) vorgezogen, bei deren Bildung auch Volumenarbeit geleistet werden muss. Die Unterkühlung führt unter die metastabile Solidustemperatur EF (Bild A.1.6) und wird zur Erzeugung einer verschleißbeständigen karbidischen Randschicht genutzt. (3) Druck hemmt die mit Volumenzunahme verbundene Graphitausscheidung. Kagawa u. a. haben gezeigt, dass in einem Gusseisen mit 3.6 % C und 2 % Si der grau/weiß-Übergang oberhalb von 200 MPa erfolgt und im Kern eines ausreichend dicken Erstarrungsquerschnittes Druck in dieser Höhe erwartet werden kann, wenn z. B. die relativ feste, bereits erstarrte Schale aus perlitischem Sphäroguss auf den noch flüssigen Kern aufschrumpft. Druck kann daher an der unerwünschten Weisseinstrahlung im Kern von grauem Gusseisen beteiligt sein.

Weißes Gusseisen enthält weniger Si (0.5 bis 1.5 %) als graues und erreicht die metastabile Erstarrung durch Abschrecken gegen Kühleisen in der Form (Schalenhartguss) oder durch dünne Querschnitte. Mit zunehmender Wandstärke ist eine Stabilisierung der weißen Erstarrung durch Mn, Cr, Mo (um 1 %) angezeigt. Der Kohlenstoffgehalt bewegt sich meist zwischen 2.5 und 3.5 %, so dass auch hier primäre Austenitdendriten wachsen. Um sie legt sich das eutektische Gefüge aus Austenit und Zementit schalenförmig (s. Bild. A.2.3), wobei letzterer den Austenit weitgehend einschließt. Der eutektische Gefügeanteil wird nach A. Ledebur als Ledeburit bezeichnet. Dieses durchgehende Hartphasenskelett macht Hartguss zwar verschleißbeständig, aber auch spröde (Bild A.2.13). Durch Zugabe von > 8 % Cr kommt es zur Ausscheidung eutektischer M_7C_3 Karbide, die härter und weniger zusammenhängend sind als M_3C, was sich vorteilhaft auf die Eigenschaften auswirkt. Diese und andere hochlegierte Gusseisen werden in den Abschnitten B.4.3, S. 259 und B.6.4, S. 342 behandelt.

Für die Erstarrung von Gusseisen und das entstehende Gefüge ist der Abstand einer Schmelze von der eutektischen Zusammensetzung wichtig. Neben C und Si nehmen andere Elemente wie P, S, Mn darauf Einfluss. Der $C_ä$ - Wert greift daher zu kurz. In der Praxis hat sich ein carbon equivalent CE

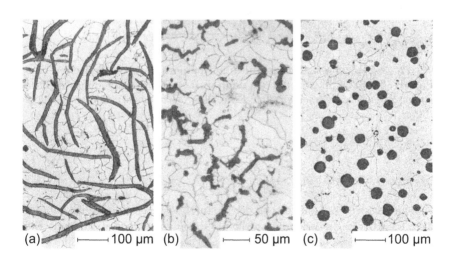

(a) ⊢———⊣100 µm (b) ⊢——⊣ 50 µm (c) ⊢———⊣100 µm

Bild A.2.12 Typische Graphitausbildung in ferritischem Gusseisen nach grauer Erstarrung: (a) lamellar, (b) vermicular (kompakt), (c) kugelig.

bewährt, das um den Einfluss von P erweitert wurde.

$$CE = \%\mathrm{C} + \frac{1}{3}(\,\%\mathrm{Si} + \%\mathrm{P}) \tag{A.2.1}$$

Ein Vergleich mit dem eutektischen C-Gehalt von 4.3 % im System Fe-C führt auf eine untereutektische Schmelze mit $(CE-4.3){<}0$ oder auf eine übereutektische mit $(CE-4.3){>}0$. Anstatt einer Differenz kann auch ein Verhältnis gebildet werden, das als Sättigungsgrad S_c bekannt ist.

$$S_c = \frac{\%\mathrm{C}}{4.3 - \frac{1}{3}(\,\%\mathrm{Si} + \%\mathrm{P})} \tag{A.2.2}$$

$S_c{<}1$ bedeutet untereutektische, $S_c{>}1$ übereutektische Schmelze.

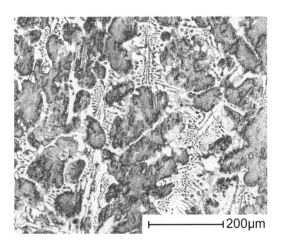

⊢—————⊣200µm

Bild A.2.13 Typische Karbidausbildung in einem untereutektischen Gusseisen mit (%) 3.2 C, 0.9 Si, 0.4 Mn nach weißer Erstarrung: dunkel: primärer Austenit, zu Perlit umgewandelt, hell: Eutektikum aus Zementit und eingeschlossenem Perlit.

(b) Zementit/Graphit-Umwandlung

Die Abhängigkeit des Gefüges von der Erstarrungsgeschwindigkeit kann dazu führen, dass bei Gussstücken aus grauem Gusseisen rascher abkühlende Kanten oder dünnere Bereiche weiß erstarren. Dieser unerwünschte Effekt lässt sich durch nachträgliches Glühen (Tempern) dem stabilen Gleichgewicht zuführen. Die Zementitkristalle wandeln zu Graphit (Temperkohle) um.

Weitaus wichtiger ist diese Wärmebehandlung aber für das Tempergusseisen. Es ist so zusammengesetzt, dass sich in meist dünnwandigen Gussstücken gerade eine weiße Erstarrung einstellt, deren Zementit durch mehrstündiges Tempern bei 900 bis 950°C in Graphit überführt wird. Dabei kommt es zu kompakten Teilchen von Temperkohle mit unregelmäßigem Umriss, die in der stahlartigen Grundmasse dispergiert sind. Mit 80 bis 150 solcher Kohlenstoffcluster je mm^2 Schlifffläche kommt Temperguss dem Sphäroguss nahe, für den etwa 150 Graphitkugeln je mm^2 angestrebt werden. Dabei ist der niedrigere $C_{\ddot{a}}$-Wert von Temperguss (2.5 bis 3.5) zu berücksichtigen, der für eine weiße Erstarrung erforderlich ist. Ein relativ hoher Si-Gehalt (1.5 %) beschleunigt den Tempervorgang und spart Glühkosten, birgt aber die Gefahr gemischter weiß/grau-Erstarrung. Die wird zugunsten der weißen Erstarrung durch 0.01 % Bi bei einem C-Gehalt von z. B. 2.4 % unterdrückt. Wenige tausendstel Prozent B oder Al unterstützen den Karbidzerfall.

Findet das Tempern in oxidierender Atmosphäre statt, so entsteht ein entkohlter Rand, der bei dünnwandigen Gussstücken auch den Kern erfasst. Die Temperkohle verschwindet, das Gusseisen geht in Stahl über. Die helle, graphitfreie Zone prägte die Bezeichnung weißer Temperguss im Gegensatz zu schwarzem Temperguss, der beim Glühen in neutraler Umgebung seine dunklen Nester aus Temperkohle behält. Weißer Temperguss wurde 1722 von R.A.F. de Réaumur entwickelt, als Gusseisen verbreitet, aber Flussstahl wegen der höheren Schmelztemperatur noch nicht darstellbar war. Auf dem Umweg des Temperns gelangte er erstmals zu Gussstücken mit Stahleigenschaften (s. Kap. C.2, S. 397). Heute interessiert uns auch die Schweißeignung des entkohlten Tempergusses.

(c) Austenit/Ferrit-Umwandlung

Die Ausbildung des Graphitgefüges geschieht bei der Erstarrung oder beim Tempern, ist also bei 900°C abgeschlossen. Die Matrix besteht dann aus Austenit, der nach Bild A.2.11 bei weiterer Abkühlung die Temperatur T_F erreicht, bei der die Umwandlung zu Ferrit beginnt und sich der darin nicht lösliche Kohlenstoffanteil an die vorhandenen Graphitausscheidungen anlagert. Diese Umwandlung ist bei T_P abgeschlossen. Das so entstandene Ferrit/Graphit-Gefüge ist weich. Um die Härte zu steigern, empfiehlt es sich, bei T_F durch Beschleunigung der Abkühlung auf die metastabile Umwandlung umzusteigen, wie sie in Bild A.2.9 für Stähle vorgestellt wurde, aber auch auf die stahlartige Matrix von Gusseisen anwendbar ist. Anstatt mit Graphit befindet sich der Ferrit im Gleichgewicht mit Zementit und aus dem eutektoiden Austenit entsteht der härtere Perlit. Die Perlitisierung wird durch Legieren mit Cu und kleinen Zugaben von Sn und Sb unterstützt, die für den Kohlenstoff auf dem Wege zum Graphit eine Diffusionsbarriere aufbauen. Es erscheint im Hinblick auf eine einheitliche Nomenklatur in der Wärmebehandlung von Stahl und Gusseisen sinnvoll, die im metastabilen System gebräuchlichen Kürzel Ac_c, Ac_{1b} und Ac_{1e} (Bild A.2.9) sinngemäß auf das stabile System zu übertragen (Bild A.2.11). In Ac_c wird der Index c dann nicht als Grenze zu „cementite" sondern als maximal im Austenit löslicher C-Gehalt verstanden. T_P und T_F entsprechen Ac_{1b} bzw. Ac_{1e}.

A.2.2 Gleichgewichtsfernes Gefüge

Steigt die Geschwindigkeit der Temperaturänderung, so entfernt sich das Legierungssystem vom thermodynamischen Gleichgewicht. Neben rascher Erwärmung, wie z. B. beim Schweißen oder Flammhärten, steht vor allem der Einfluss rascher Abkühlung auf das Gefüge im Vordergrund. Wenn die latente Umwandlungswärme nicht schnell genug abgegeben werden kann, wird die fällige Umwandlung einer Phase unter die Gleichgewichtstemperatur T_g gesenkt. Sind bei langsamer Abkühlung zu Beginn der Umwandlung nur wenige Keime der neuen Phase stabil, so steigt ihre Zahl mit wachsender Unterkühlung. Gleichzeitig verlangsamt sich ihr Wachstum und „friert" schließlich ein. Wird eine Phase um bestimmte Beträge ΔT_u unterkühlt und dann die Zeit bis zum Beginn oder bis zur Hälfte der Umwandlung gemessen, so ergibt sich in halblogarithmischer Auftragung in der Regel eine C-förmige Kurve oder Nase (Bild A.2.14). In diesem schematischen isothermen Zeit-Temperatur-Umwandlungsschaubild (ZTU) kommt die Bedeutung der Zeit für die Gefügeausbildung zum Ausdruck. Meist herrscht vor der raschen Abkühlung z. B. in einer Schmelze oder bei Härtetemperatur Gleichgewicht. Im Scheitelpunkt der C-Kurve sind die aus mehr Keimen gebildeten Phasenbausteine feinkörniger und wachsen langsamer als bei T_g. Auch deutet sich an, dass durch extreme Unterkühlung die anstehende Umwandlung völlig unterdrückt werden kann.

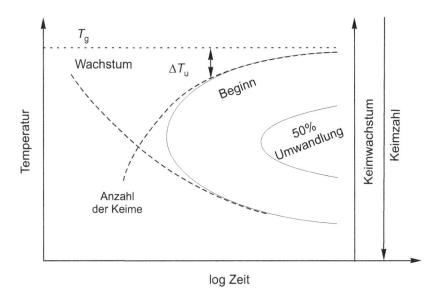

Bild A.2.14 Isotherme Umwandlung: Durch Unterkühlung um ΔT_u unter die Gleichgewichtstemperatur T_g nimmt die Anzahl von Keimen der neuen Phase zu, ihre Wachstumsgeschwindigkeit jedoch ab. Daraus ergibt sich in der Regel ein C-förmiger Kurvenverlauf für die Umwandlungsnase (s. Bild A.2.23).

A.2.2.1 Formgebung

Der Übergang von Blockguss zu Strangguss mit möglichst dünnem Querschnitt (Dünnbramme bis Band) hat z. B. das Ziel, mit weniger Umformaufwand Warmband aus schweißgeeigneten Stählen zu erzeugen. Die dabei erreichte Feinung der Primärkorngröße durch Unterkühlung der Schmelze wird anschließend durch thermomechanisches Walzen bis unter 900°C und Rekristallisation des unterkühlten Austenits weiter vorangetrieben. Bei grauem Gusseisen verbietet sich eine zu große Unterkühlung der Schmelze wegen des Umschlagens in eine weiße Erstarrung. Sie wird jedoch bei Schalenhartguss durch die Abschreckwirkung einer Stahlkokille bewusst eingeleitet oder durch Laser- bzw. Lichtbogenumschmelzen in äußerst feinkörniger Ausbildung als Randschicht auf Grauguss erzeugt. Am Beispiel untereutektischer Legierungen lässt sich der Zusammenhang zwischen Erstarrungsquerschnitt und Korngröße besonders gut zeigen, da sich um die primären Austenitdendriten ein Netz aus Karbideutektikum legt, dessen Maschenweite d_N im Schliff leicht vermessen werden kann. Wie Bild A.2.15 zeigt, geht d_N vom Blockguss zum Schmelzverdüsen um Größenordnungen zurück. Im verdüsten Pulver ist das Karbidnetz so fein, dass es sich beim Heißkompaktieren zu kleinen Karbidkugeln zusammenzieht, die viel feiner sind als in geschmiedetem Blockguss. Daraus ergeben sich z. B. einige Vorteile bei pulvermetallurgischen (PM) Werkzeugstählen. Zum Vergleich ist d_N in der Schicht oder Randschicht nach funkenerosivem Bearbeiten oder Schweißen aufgeführt, bei denen es zum lokalen Umschmelzen kommt.

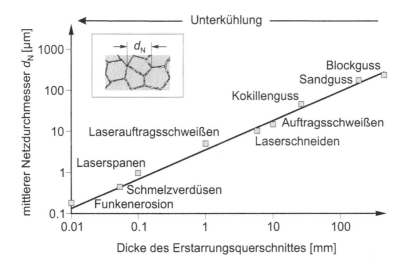

Bild A.2.15 Primärkorngröße: Der gemessene Durchmesser d_N der eutektischen Netzmaschen in untereutektischen Hartlegierungen kennzeichnet die Größe der Gefügebestandteile in Abhängigkeit vom Erstarrungsquerschnitt im Fertigungsverfahren.

Wie das untereutektische Beispiel zeigt werden durch Unterkühlung nicht nur die Körner der Eisenphase gefeint, sondern auch die der Karbidphase. Im gleichen Zuge kommt es zur Verkleinerung der aus der Schmelze ausgeschiedenen nichtmetallischen Einschlüsse (Oxide, Sulfide). Diesem Zweck dient auch das Umschmelzen eines Blockes, den eine Schmelzzone axial durchwandert. Das gängigste Verfahren ist das Elektro-Schlacke-Umschmelzen (ESU, Bild A.2.16), bei dem die raschere Erstarrung des kleineren Zonenvolumens durch eine wassergekühlte Kupferkokille nicht nur die Größe von Einschlüssen reduziert, sondern deren Gehalt durch eine mitwandernde Schlackenzone verringert. Durch das axiale Wachstum des Kerns werden Makroseigerungen und Kernlunker abgebaut, was sich gerade bei größeren Schmiedeblöcken bezahlt macht.

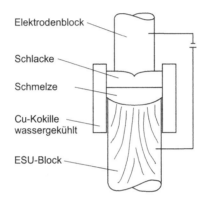

Elektrodenblock

Schlacke

Schmelze

Cu-Kokille
wassergekühlt

ESU-Block

Bild A.2.16 Elektro-Schlacke-Umschmelzen (ESU): Gütesteigerung von legierten Stählen

A.2.2.2 Austenitumwandlung

Nach der Warmformgebung oder im Rahmen einer Wärmebehandlung kommt es zu einer bewussten Unterkühlung des Austenits unter die Linie GSK (graues Gusseisen $S'K'$, Bild A.1.6), mit dem Ziel die gleichgewichtsnahe Perlitbildung (Bild A.2.10) zu unterdrücken und neue Gefüge wie Bainit (nach E.C. Bain) und Martensit (nach A. Martens) zu erzeugen, die vor allem eine höhere Härte bieten. Am Beispiel des niedriglegierten, untereutektoiden Stahles 42CrMo4 mit 0.42 Masse% C wird gezeigt, dass bei 850°C ein gleichgewichtsnahes Austenitgefüge vorliegt (Bild A.2.9), das nun beschleunigt abgekühlt wird. Diese natürliche Abkühlung in Luft, Pressluft, Öl oder Wasser folgt einem Exponentialgesetz, das in der Praxis vereinfacht durch die Abkühldauer $t_{8/5}$ von 800 bis 500°C beschrieben wird oder auch als Abschreckparameter $\lambda = t_{8/5}/100$. Je schroffer die kontinuierliche Abkühlung einer Probe, d. h. je kürzer $t_{8/5}$, umso deutlicher ändern sich Umwandlung und Gefüge, wie aus dem kontinuierlichen ZTU-Schaubild hervorgeht (Bild A.2.17). Für langsame Abkühlung ($t_{8/5} \approx 70\,000\,s$, Kurve I) läuft die Umwandlung gleichgewichtsnah entsprechend Bild A.2.9 ab. Bis zu $t_{8/5} \approx 1000\,s$, (Kurve II) geht die Bildung des Ferrits zurück, da sie wegen der kürzeren Diffusionswege für den Kohlenstoff von der Perlitreaktion überholt wird. Aus dem gleichen Grunde werden die Lamellen des Perlits dünner. Die Härte steigt. Der S-Schlag in einigen Abkühlkurven weist auf die Freisetzung latenter Umwandlungswärme hin. Eine weitere Beschleunigung der Abkühlung führt zu dem neuen Gefügebaustein Bainit. Er erreicht bei $t_{8/5} \approx 200\,s$, (Kurve III) einen Volumenanteil von 85 %, der mit zunehmender Abkühlgeschwindigkeit zugunsten von Martensit zurückgeht. Unterhalb der kritischen Abkühldauer von $t_{8/5} \approx 3\,s$, (Kurve IV) entsteht aus dem unterkühlten Austenit zwischen den Temperaturen M_s und M_f (start und finish) ein martensitisches Gefüge mit einer Härte von 675 HV. Die Umwandlung des unterkühlten Austenits zu Ferrit bzw. Perlit folgt einer C-Kurve (Bild A.2.14), friert unterhalb von 550°C ein und wird durch die C-Kurve der Bainitumwandlung abgelöst. Sie stößt an die darunter

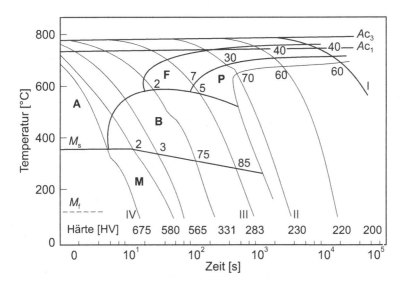

Bild A.2.17 Kontinuierliches Zeit-Temperatur-Umwandlungs (ZTU)-Schaubild, Stahl 42CrMo4, austenitisiert 850°C / 10 min (n. F. Wever et al.): Mit abnehmender Abkühldauer geht das Gefüge von einem gleichgewichtsnahen Ferrit / Perlit-Gefüge in ein gleichgewichtsfernes Bainit- und Martensitgefüge über. Die Konzentration an Fehlordnungen steigt enorm und damit die Härte. M_s und M_f bezeichnen die Temperatur für Beginn (start) und Ende (finish) der Martensitbildung. A steht für Austenit und F, P, B, M für die Bereiche der Ferrit-, Perlit-, Bainit-, und Martensitbildung. Die Gefügemengen in Prozent sind entlang der Abkühlkurven vermerkt.

liegende Martensitumwandlung, die nicht C-förmig verläuft, sondern zunächst zeitunabhängig bei M_s beginnt. Durch Verdrängung von Kohlenstoff aus dem Bainit in den Austenit während der Umwandlung kann M_s mit steigender $t_{8/5}$ abnehmen, wie am Beispiel des untereutektoiden Stahles in Bild A.2.17 zu erkennen. Der Austenit wird durch gelösten Kohlenstoff stabilisiert.

Bei übereutektoiden Stählen mit einem Kohlenstoffgehalt rechts vom Eutektoid wird die C-Kurve des Ferrits durch eine Linie voreutektoider Karbidausscheidung ersetzt. In Gusseisen folgt der Gehalt an gelöstem Kohlenstoff im Austenit der Linie SE (weiß) bzw. $S'E'$ (grau, Bild A.1.6) und beträgt unter Berücksichtigung des Si-Gehaltes (Bild A.2.11) bei < 900°C weniger als 1 %. Der größere Anteil am Gesamtkohlenstoffgehalt liegt bereits als Zementit oder Graphit vor, die sich an der Umwandlung zu Perlit → Bainit → Martensit nicht beteiligen. Gusseisen besitzt somit eine stahlartige Matrix, die sich bei Unterkühlung wie übereutektoider Stahl verhält. Die voreutektoide Ausscheidung von Kohlenstoff verringert den gelösten Kohlenstoffgehalt des übereutektoiden Austenits. Er wird destabilisiert, so dass M_s steigt (Bild A.2.18). Wird der Dreiphasenraum Si-haltiger grauer Gusseisen (Bild A.2.11) rasch durchlaufen, so kommt es zur Unterdrückung der Ferritbildung zugunsten von Perlit

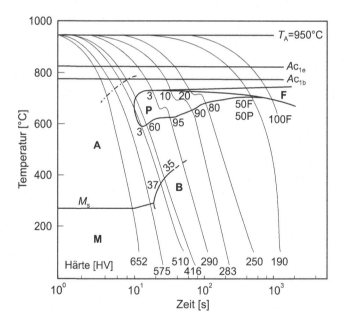

Bild A.2.18 Kontinuierliches ZTU-Schaubild eines Gusseisens mit Kugelgraphit, das (in %) 3.7 C, 2.3 Si, 0.25 Mn enthält und bei 950°C austenitisiert wurde (Bezeichnungen s. Bild A.2.17). Die strichpunktierte Linie deutet eine voreutektoide Ausscheidung von Kohlenstoff an, wodurch M_s steigt (nach K. Röhrig, W. Fairhurst ergänzt).

mit metastabilem Zementit. Nimmt die $t_{8/5}$-Zeit zu, so lagert sich der Kohlenstoff als stabiler Graphit an die vorhandenen eutektischen Graphitpartikel an und der Ferritanteil wächst zu Lasten des Perlitanteils.

Um die Härte zu steigern, muss die Abkühldauer reduziert werden. Ein entsprechendes Abschrecken führt im Bauteil zu einer vom Kern zum Rand fallenden Temperatur. Die damit verbundene Verringerung des spezifischen Volumens ruft thermische Spannungen hervor. Sie werden von Umwandlungsspannungen überlagert, die aus der Volumenzunahme beim Übergang des kfz Austenits in krz Gefüge entstehen (s. Tab. A.1.1, S. 7 und Bild A.3.7 a, S. 73). Lokale Volumenänderungen resultieren in einer hydrostatischen Spannung, die dem Mittel der Hauptnormalspannungen entspricht (s. Bild A.4.1 S. 80). Deren Differenzen ergeben Schubspannungen, die bei Überschreiten der Warmfließgrenze einer Phase plastisches Fließen und damit Verzug bewirken. Der hydrostatische Anteil innerer Spannungen wirkt sich als Zustandsgröße *Druck* auf die Gleichgewichtslage einer Umwandlung aus (s. Bild A.1.1 b S. 4). Ist er negativ, so wird der dichter gepackte Austenit stabilisiert. Eine positive hydrostatische Spannung erleichtert dagegen seine Umwandlung. Innere Schubspannungen unterstützen, unabhängig vom Vorzeichen, die bei der Martensitbildung auftretende Gitterscherung (Bild A.2.19) und erleichtern die Martensitbildung. Durch Aufprägen äußerer Spannungen während der Umwandlung konnte gezeigt werden, dass das Fließen bereits bei Spannungen unterhalb der Warmfließgrenze der beteiligten Phasen abläuft. Diese Umwandlungsplastizität geht auch von inneren Spannungen aus, entzieht sich aber der Messung. Sie wird heute durch Finite Elemente Modellierung erfasst und neben der klassischen, nicht umwandlungsbedingten Plastizität bei der Berechnung der Austenitumwandlung berücksichtigt. Die Simulation verschafft Einblicke in das Wechselspiel von Umwandlung und inneren Spannungen von denen nach der Abkühlung nur die Eigenspannungen übrig bleiben und der Verzug. Die Umwandlungsplastizität wird im Englischen als *transformation induced plasticity* bezeichnet. Die Abkürzung TRIP wird uns noch in anderem Zusammenhang begegnen.

Bei der Austenitumwandlung ändern sich auch die magnetischen Eigenschaften (s. Kap. A.4, S. 118). Mit heute verfügbaren supraleitenden Magneten lässt sich im Labormaßstab bei einer Feldstärke von 10 bis 15 T eine deutliche Beschleunigung der Umwandlung erreichen, weil die ferromagnetischen Umwandlungsgefüge weitaus intensiver angesprochen werden, als der paramagnetische Austenit. Die M_s und M_f Temperaturen steigen, die Bainitumwandlung wird zu kürzeren Zeiten verschoben und auch die Ferrit/Perlit-Umwandlung verläuft rascher, sodass z. B. die Gefügezeiligkeit aus Ferrit und Perlit weniger ausgeprägt auftritt. Es bleibt abzuwarten, ob die magnetische Beeinflussung, z. B. im Durchlaufverfahren, einen Platz in der Wärmebehandlung erringen kann.

A.2.2.3 Morphologie nach Abschrecken

Während bei gleichgewichtsnaher Abkühlung praktisch der gesamte Kohlenstoff ausgeschieden als Zementit im Perlit vorliegt (Bild A.2.10), verhindert das gleichgewichtsferne Abschrecken einer Messerklinge in Salzwasser jede Zementitbildung. Der im kfz Austenit gelöste Kohlenstoff bleibt im krz Martensit gelöst, obwohl die Gitterlücken viel kleiner sind (Bild A.1.5). Diese Zwangslösung führte zur Verspannung des Eisengitters und erhöht die Härte. Der Temperaturbereich zwischen Perlit und Martensit erlaubt im Bainit (früher Zwischenstufe) Zwangslösung und Karbidausscheidung nebeneinander.

(a) Martensit

Dieser Gefügebaustein entsteht durch eine diffusionslose Schiebungsumwandlung des unterkühlten Austenits (Bild A.2.19). Mit steigendem Kohlenstoff- und Legierungsgehalt sinkt M_s und die Morphologie ändert sich vom oberen zum unteren Martensit.

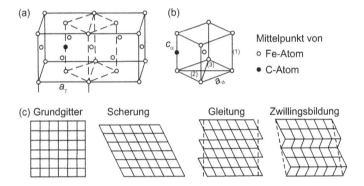

Bild A.2.19 Austenit-Martensit-Umwandlung: (a) In kfz-Einheitszellen des Austenits sind die für eine krz-Martensitzelle infrage kommenden Atome gestrichelt verbunden. (b) Dieser Quader muss in der Höhe (1) auf a_α schrumpfen und in den Flächendiagonalen (2, 3) auf $a_\alpha\sqrt{2}$ wachsen, um eine Würfelform zu erreichen. Aus Bild A.1.2 entnehmen wir $a_\alpha\sqrt{3} = a_\gamma\sqrt{2}$.
– Schrumpfen (1): $a_\alpha = (\sqrt{2}/\sqrt{3})\,a_\gamma$; Faktor 0.816
Erweiterung mit $\sqrt{2}$ ergibt
– Wachsen (2, 3): $a_\alpha\sqrt{2} = (2/\sqrt{3})\,a_\gamma$; Faktor 1.155
Ein in der kfz-Oktaederlücke gelöstes Kohlenstoffatom findet sich in der krz-Oktaederlücke wieder (s. Bild A.1.3). Sie wird dadurch aufgeweitet (s. Bild A.1.5), so dass mit steigendem Kohlenstoffgehalt eine tetragonale Verzerrung $c_\alpha > a_\alpha$ des raumzentrierten Gitters spürbar wird (trz). (c) Die Gesamtverformung der Umwandlung äußert sich in einer Volumenzunahme (s. Bild A.3.7 a, S. 73) und in einer Gitterscherung. Sie kann durch Gleiten von Versetzungen oder – vor allem bei niedriger M_s-Temperatur – durch Zwillingsbildung in bleibende Verformung überführt werden.

Der obere Martensit wird als *Lanzett–* (*Latten–, Massiv–*) *Martensit* bezeichnet. Er ist vorherrschend in unlegierten und niedriglegierten Stählen mit weniger als $\approx 0.4\,\%$ C zu finden, aber auch in Legierungen aus Eisen mit $< 25\,\%$ Ni. Er wächst in Form von Paketen aus parallelen $< 1\,\mu$m breiten Latten in den Austenit ohne Restaustenit zurückzulassen (Bild A.2.20 a). Filmaufnahmen haben gezeigt, dass die Latten eine neben der anderen und

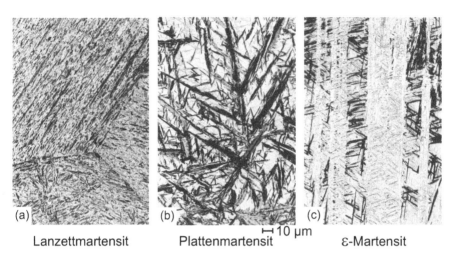

Lanzettmartensit   Plattenmartensit $\longmapsto 10\,\mu$m   ε-Martensit

Bild A.2.20 Martensitgefüge (LiMi): (a) niedriglegierter Stahl mit 0.17 % C, 1200°C/W, (b) überkohlter Rand eines Einsatzstahles 1100°C/W, (heller Untergrund = Restaustenit), (c) entkohlter Rand des Manganhartstahles X120Mn12 (dunkle Anteile = α-Martensit).

jede für sich schlagartig wachsen, bis ein Paket ein anderes oder die ehemalige Austenitkorngrenze erreicht. Die Anpassung zwischen kfz– und krz–Gitter erfolgt durch Versetzungen, deren Gesamtlänge bis zu $10^{12}\,$cm/cm^3 erreicht. Oberhalb von $\approx 0.2\,\%$ C wird eine leichte tetragonale Verzerrung (trz) des kubisch raumzentrierten Gitters durch gelöste Kohlenstoffatome beobachtet.

Der untere Martensit heißt *Plattenmartensit* weil er in Form von gegeneinander geneigten Platten wächst. In niedriglegierten Stählen tritt er ab 0.4 % C zunächst gemeinsam mit Lattenmartensit auf und bestimmt oberhalb von $\approx 0.8\,\%$ C das Bild allein. Daneben treffen wir diese Martensitform in Legierungen des Eisens mit mehr als 30 % Ni nach Tiefkühlen an. Die Martensitplatten zerteilen das Austenitkorn in immer kleinere Bereiche (Bild A.2.20 b) und stabilisieren den Austenit aufgrund von Druckspannungen aus der Volumenzunahme in der Martensitplatte. Die Umwandlung erfolgt autokatalytisch, indem das mit annähernd Schallgeschwindigkeit ablaufende Wachstum einer Platte die Bildung wachstumsfähiger Keime im umgebenden Austenit auslöst. Die Größe der mit fortschreitender Abkühlung gebildeten Platten nimmt ab und in den Restzwickeln kann die Umwandlung des Austenits unvollständig verlaufen und Restaustenit zurückbleiben. Zur Anpassung kommen neben Versetzungen mit sinkender Temperatur Zwillinge ins Spiel (Bild A.1.4), deren Streifung im Martensit erkennbar ist (Bild A.2.21 a). Härte und tetragonale

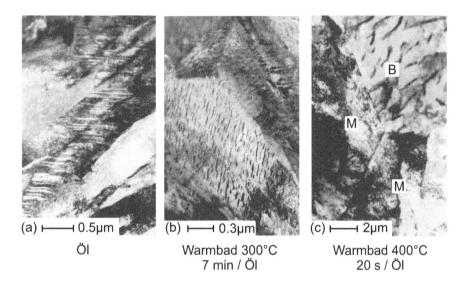

(a) ⊢——⊣ 0.5µm   (b) ⊢——⊣ 0.3µm   (c) ⊢——⊣ 2µm

Öl   Warmbad 300°C   Warmbad 400°C
       7 min / Öl   20 s / Öl

Bild A.2.21 Martensit- und Bainitgefüge (TEM, 55Cr3, 860°C, 20 min): (a) Martensitplatte mit Zwillingsstreifen (hell), (b) unterer Bainit mit feinen, orientierten Karbidausscheidungen (dunkel), (c) ein Korn oberen Bainits (B) mit groben Zementitausscheidungen (vgl. Maßstab) neben zwei Körnern Martensit (M).

Verzerrung nehmen mit dem Kohlenstoffgehalt zu. Dagegen ist der Plattenmartensit in Substitionsmischkristallen, wie z. B. Eisen-Nickel, kubisch raumzentriert und weich. In hochkohlenstoffhaltigen Stählen mit grobem Austenitkorn kann das Auftreffen einer Martensitplatte auf eine bereits gebildete Mikrorisse in Länge der Plattendicke auslösen. Durch die Umwandlung vom kfz- zum trz-Gitter wird die Diffusionsgeschwindigkeit des Kohlenstoffs erhöht. Während bei kohlenstoffhaltigen Stählen ein Halten kurz oberhalb M_s-Temperatur die Martensithärte nicht verändert, führt eine langsamere Abkühlung unterhalb M_s zu Karbidausscheidungen, besonders in den zuerst gebildeten Martensitbereichen und damit zu einer Härteabnahme. Dieser Vorgang wird als Selbstanlassen bezeichnet (Bild A.2.22). Wird er durch Tiefkühlen dünner Proben völlig unterdrückt, so kann sich der Martensit bei z. B. -70°C zäher verhalten, als nach Auslagern bei Raumtemperatur. In Zusammenhang mit Mikroeigenspannungen im Gefüge wird in diesem immer gegebenen Auslagern eine weitere Ursache für Mikrorisse gesehen.

Neben den als α-Martensit bezeichneten krz/trz-Varianten tritt in einigen Mangan- und Chrom-Mangan-Stählen hexagonal dicht gepackter (hd) *ε-Martensit* auf (Bild A.2.20 c). Legierungselemente verringern die Stapelfehlerenergie, wodurch die Bildung dieser, dem ε-Eisen (s. Bild A.1.2 c, S. 6) verwandten, Phase begünstigt wird. Sie ist nicht magnetisierbar und entsteht aus dem Austenit unter geringer Abnahme des Volumens und Zunahme des elektrischen Widerstandes, was im Gegensatz zu α-Martensit steht. Die Stabilisierung durch substituierte Elemente macht ε-Martensit weich. Andererseits ist er durch seine hexagonale Struktur spröder als ein gleichharter α-Martensit. ε-Martensit findet daher nur in Funktionswerkstoffen, wie z. B. Formgedächtnislegierungen, Anwendung oder in der Verformungsverfestigung austenitischer Stähle.

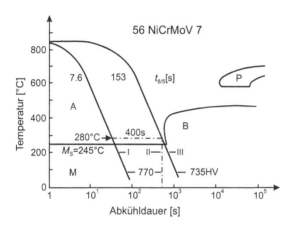

Bild A.2.22 Selbstanlassen: Abkühlung I: Nach dem Austenitisieren bei 860°C wird durch $t_{8/5} = 7.6\,$s Martensit mit einer Härte von 770 HV erzielt. Abkühlung I/II: Nach einer Haltedauer von 400 s kurz oberhalb M_s und weiterer Abkühlung II = I (logarithmischer Maßstab!) stellt sich die gleiche Härte ein. Abkühlung III: $t_{8/5} = 153\,$s führt zu geringerer Härte. Wird die Abkühlung ab 280°C entsprechend II beschleunigt, so liegt die Härte wieder höher. Die Messungen lassen darauf schließen, dass der Kohlenstoff im unterkühlten Austenit gelöst bleibt. Im Martensit kommt es dagegen bei langsamer Abkühlung zu Karbidausscheidungen durch Selbstanlassen.

(b) Bainit

In der Morphologie von Martensit und Bainit zeigen sich Ähnlichkeiten. Im Unterschied zur Martensitbildung ist die Bainitumwandlung diffusionsbehaftet und mit Karbidausscheidungen sowie einer geringeren Versetzungsdichte verbunden. Bainitbildung ist daher wie Perlit auf kohlenstoffhaltige Stähle begrenzt. Im *oberen Bainit* wird der Kohlenstoff auf den Lattengrenzen angereichert und führt dort zu Restaustenit oder Zementitbändern. Sie erreichen z. B. nach isothermer Umwandlung des Stahles 55Cr3 bei 400°C rund 2 µm Länge. Bei 300°C entsteht dagegen *unterer Bainit*. In seinen Platten werden die orientiert ausgeschiedenen Zementitteilchen nur etwa 0.2 µm groß (Bild A.2.21 b, c). Gegenüber Martensit bleibt weniger Kohlenstoff in Zwangslösung und die Härte niedriger.

Zusammenfassend zeigt Bild A.2.23 schematisch den Einfluss wachsender Unterkühlung auf das Gefüge eines niedriglegierten untereutektoiden Stahles anhand eines isothermen ZTU-Schaubildes. In der Perlitnase nimmt der Lamellenabstand mit der Unterkühlung ab, in der Bainitnase die Karbidlänge, die beim Selbstanlassen noch geringer ausfällt. Insgesamt lassen sich die Karbide durch Unterkühlung um zwei Größenordnungen feinen.

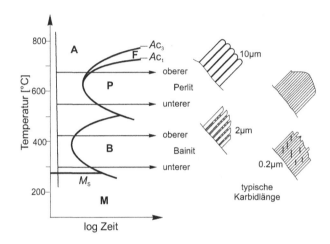

Bild A.2.23 Isotherme Umwandlung des Austenits (schematisch): Eine dünne Stahlprobe wird austenitisiert, sehr schnell auf eine Umwandlungstemperatur abgekühlt und dort isotherm gehalten. Mit sinkender Haltetemperatur nimmt die Größe der ausgeschiedenen Karbide ab und geht im Martensit gegen null.

(c) Legierungseinfluss

Stickstoffatome sind nach Tab. A.1.4 etwas kleiner als Kohlenstoffatome und in den Gitterlücken des Austenits besser löslich. Im Ferrit scheiden sich Nitride wie $Fe_{16}N_2$ oder $Fe_{2-3}N$ aus (s. Tab. A.2.1), und zwar mit ähnlicher Kinetik wie Karbide. Mit stickstofflegierten Stählen lassen sich daher nach dem Austenitisieren in Abhängigkeit von der Unterkühlung Martensit sowie bainit- und perlitähnliche Gefüge einstellen. Der Verwendung von Stickstoff zur Härtesteigerung steht seine geringe Löslichkeit in einer Eisenschmelze entgegen. Sie kann durch hohe Zusätze an Mangan, Chrom u. a. sowie durch Druck- und

Pulvermetallurgie verbessert werden. Durch den erhöhten Aufwand bleibt das Legieren mit Stickstoff speziellen Anwendungen vorbehalten.

Die Unterkühlbarkeit des Austenits hängt vom Legierungsgehalt ab. Durch Zusatz von Legierungselementen lässt sich eine Verschiebung der Umwandlungslinien des ZTU-Schaubildes zu längeren Zeiten erreichen. Martensit kann dann auch bei milderer Abkühlung, d. h. in dickeren Querschnitten gebildet werden. Gleichzeitig bewirkt die höhere Festigkeit des legierten Austenits einen höheren Widerstand gegen die martensitische Umwandlung. Er wird erst durch größere Unterkühlung überwunden, so dass der Bereich der Martensitbildung zwischen M_s und M_f zu tieferen Temperaturen verschoben wird. Rutscht die M_f Temperatur unter Raumtemperatur, so bleibt ein Teil des Austenits als Restaustenit von der Umwandlung verschont. Unterschreitet bei höherem Legierungsgehalt auch M_s die Umgebungstemperatur knapp, so haben wir ein instabiles austenitisches Gefüge vor uns. Durch weitere Steigerung des Legierungsgehaltes kann schließlich die M_s-Temperatur so weit gesenkt werden, dass man von einem austenitischen Stahl spricht.

Wie die Legierungselemente auf gleichgewichtsferne Gefügebestandteile wirken, zeigt das Schaeffler-Diagramm (Bild A.2.24). Es wurde ursprünglich

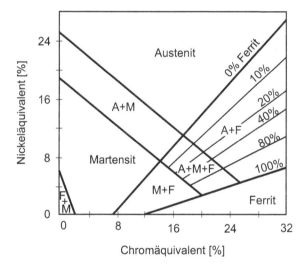

Bild A.2.24 Schaeffler-Diagramm für rasche Abkühlung von sehr hoher Temperatur (z. B. Schweißgut): Nickel und äquivalente Elemente stabilisieren den Austenit, chromäquivalente den Ferrit (s. Bild A.1.10, S. 18). Beide zusammen erweitern das Austenitgebiet. Die Gewichtungsfaktoren nach A.L. Schaeffler und W.T. Delong lauten für niedriggekohlte Stähle

— Ni-Äquivalent = % Ni + 30 · % (C + N) + 0.5 · % Mn

— Cr-Äquivalent = % Cr + 1.4 · % Mo + 1.5 · % Si + 0.5 · %Nb + 2 · % Ti

Mit steigendem C- und N-Gehalt nimmt der Faktor 30 ab

für Schweißgut entwickelt, entspricht also einer raschen Abkühlung aus hoher Temperatur. Die ferrit- und austenitstabilisierenden Legierungselemente sind mit empirischen Gewichtungsfaktoren versehen und zu einem Äquivalent zusammengefasst. Vom Ni- und Cr-Äquivalent hängt ab, ob Martensit, Austenit oder Ferrit in abgeschreckten Stählen vorherrschen. Ähnlich wie man sich zur Vorhersage langsam abgekühlter Gefügebausteine an ein Zustandsschaubild hält, bedient man sich nach rascher Abkühlung des Schaeffler-Diagramms.

A.2.2.4 Wiedererwärmen von Abschreckgefügen

Bei rascher Abkühlung aus dem Austenitgebiet entstehen in Stählen und Gusseisen ähnliche Abschreckgefüge. Die gleichgewichtsfernen Gefügebausteine Martensit und Bainit können durch Wärmezufuhr wieder dem Gleichgewichtszustand angenähert werden. Dieser Vorgang heißt Anlassen. Je nach Konstitution des Eisenwerkstoffes strebt das Anlassgefüge mit steigender Anlasstemperatur dem stabilen oder metastabilen Gleichgewicht zu. In siliziumhaltigem Gusseisen ist mit Anlassgraphit zu rechnen, in Stählen dagegen nur mit Anlasskarbiden.

(a) Stahl

Mit steigender Temperatur der Anlassbehandlung erfolgt ein stufenweiser Abbau der übersättigten Lösung des Kohlenstoffs im Martensit. In der Anlassstufe Null kommt es schon bei Temperaturen unter 100°C zur Seigerung von Kohlenstoff in die Fehlordnungen (s. a. Bild A.2.7 c). Nach mehrwöchigem Halten bei 120°C wird in kohlenstoffreichen Stählen orthorhombisches η-Fe_2C-Karbid ausgeschieden. Darüber setzt bei allen Stählen in der ersten Anlassstufe die Bildung von hexagonalem ε-Fe_2C-Karbid ein. Bis 300°C ist in der zweiten Anlassstufe die Umwandlung von Restaustenit zu Bainit abgeschlossen und in der dritten Anlassstufe erfolgt oberhalb 300°C der Übergang von Fe_2C zu orthorhombischem Zementit Fe_3C. Die Zementitbänder formen sich mit weiter steigender Temperatur ein. Bei ≈ 500°C erreichen sie gerade die Kugelform mit etwa 0.1 µm Durchmesser. Bei noch höherer Temperatur beginnen sie, sich durch Ostwald-Reifung zu vergröbern. Im Sinne einer Senkung von Grenzflächenenergie lösen sich dabei die kleineren Karbide zugunsten der größeren auf. Die Anlassvorgänge in Eisen-Stickstoff-Legierungen vollziehen sich unter Ausscheidung von Nitriden ähnlich aber in etwas anderen Stufen.

   In der Matrix werden mit steigender Anlasstemperatur Eigenspannungen abgebaut. Oberhalb von ≈ 400°C setzt Erholung ein und oberhalb von ≈ 600°C die Rekristallisation innerhalb der Martensitplatten. Sie führt jedoch erst nach weiterer Temperaturerhöhung zu einem gleichachsigen Ferritkorn. Die Martensitmorphologie verliert sich also erst bei Temperaturen nahe Ac_1. Die hohe Versetzungsdichte des Martensits ermöglicht der Rekristallisation an vielen Stellen die Keimbildung. Aus einem ehemaligen Austenitkorn entstehen mehrere Ferritkörner und damit ein Feinkorneffekt. Im Bereich von 300°C

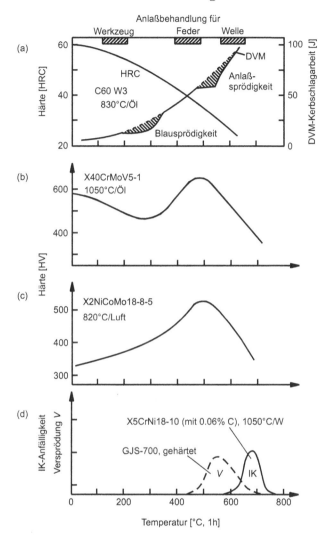

Bild A.2.25 Wiedererwärmen von Abschreckgefüge: (a) Anlassschaubild eines unlegierten Stahles nach martensitischer Härtung. Je nach Anlasstemperatur kann der Stahl für dünnwandige Werkzeuge, Federn oder zähe Maschinenbauteile eingesetzt werden. Dabei sind die Bereiche der 300°C (Blau-) und 500°C (Anlass-) Versprödung zu meiden. (b) wie vor, jedoch für einen sekundärhärtenden Warmarbeitsstahl. Die Aushärtung des Martensits erfolgt durch MC- und M_2C-Karbide (4. Anlassstufe). (c) Der martensitaushärtende Nickelstahl verfestigt durch Ausscheidung von Ni_3Ti und Fe_2Mo. (d) Anfälligkeit für interkristalline Korrosion (IK) durch $M_{23}C_6$-Korngrenzenkarbid bzw. Versprödung (V) durch Anlassgraphit.

kommt es zur Blauversprödung durch Zementitbildung und eine Änderung im Verfestigungsverhalten (Bild A.2.25 a). Bei 500°C können Phosphor, Zinn, Arsen, und Antimon durch Anreicherung an den Korngrenzen zu Anlassversprödung führen. Diese Korngrenzenseigerung ruft energiearme interkristalline Bruchanteile hervor.

Durch Legierungselemente kann die Temperaturlage der Anlassvorgänge verschoben werden. Silizium behindert z. B. das Karbidwachstum, da es im Zementit nicht löslich ist. So verschiebt es die Anlassstufen und die Blauversprödung zu höheren Temperaturen. In Stählen mit sonderkarbidbildenden Legierungselementen, wie Chrom, Molybdän, Niob, Vanadium und Wolfram, kommt oberhalb von 450°C eine vierte Anlassstufe hinzu, die das Sekundärhärten auslöst (Bild A.2.25 b). In praktisch kohlenstofffreien hochlegierten Stählen lässt sich im Bereich von ≈ 500°C eine Reihe von intermetallischen Phasen oder metallisches Kupfer in so feiner Verteilung ausscheiden, dass eine Aushärtung des relativ weichen Martensits einsetzt (Bild A.2.25 c).

Das Abschrecken erzeugt einen versetzungsreichen martensitischen Mischkristall. Bei einer Wiedererwärmung heilen die Versetzungen in der Matrix rasch aus. Die ausgeschiedenen Karbide brauchen dagegen in legierten Stählen länger, um eine dem Gleichgewicht entsprechende Zusammensetzung zu erreichen. Die Ausscheidung von Sonderkarbiden kann über mehrere Vorstufen ablaufen. In einem warmfesten martensitischen Stahl mit 12 % Chrom werden z. B. nacheinander die Karbidphasen

$$M_3C \rightarrow M_7C_3 \rightarrow M_{23}C_6 \qquad (A.2.3)$$

beobachtet. In dieser Reihenfolge steigt der Chrom- zu Lasten des Eisengehaltes im Karbid an. Die Dauer des Vorganges wird von der Diffusionsgeschwindigkeit des Chroms bestimmt. M_7C_3 kann (in situ) aus einem M_3C-Teilchen wachsen oder durch Keimbildung neu entstehen. In diesem Falle löst sich M_3C zugunsten des M_7C_3 auf.

Bei Wiedererwärmung lösungsgeglühter und abgeschreckter, nicht umwandelnder Austenit- und Ferritgefüge (siehe Schaeffler-Diagramm) hängen die Veränderungen von dem Gehalt an rasch diffundierenden interstitiellen Elementen, wie Kohlenstoff und Stickstoff, ab. Sie werden sich in Form von Karbiden und Nitriden ausscheiden. Dadurch kann der Austenit korrosionsanfällig (Bild A.2.25 d) oder soweit destabilisiert werden, dass er teilweise zu Ferrit oder Martensit umwandelt. Hinzu kommt die Ausscheidung intermetallischer Phasen. Wie bei den legierten martensitischen Stählen können auch hier auf dem Weg zum Gleichgewicht Ausscheidungsfolgen auftreten. Dabei ändert sich nicht nur die Zusammensetzung der Karbide und Nitride, sondern auch die der intermetallischen Phasen. Die Auftragung des Ausscheidungsbeginns der einzelnen Phasen in Abhängigkeit von Zeit und Temperatur führt zu C-Kurven wie im ZTU-Schaubild (Bild A.2.14). Wegen der geringeren Diffusionsgeschwindigkeit laufen die Ausscheidungsvorgänge im Austenit langsamer ab. Bei den nicht umwandelnden Stählen besteht kaum ein Unterschied

zwischen C-Kurven, die beim Wiedererwärmen und solchen, die beim Abkühlen bestimmt wurden.

Die Verteilung der Ausscheidungen nach dem Wiedererwärmen hängt von
den Keimbildungsmöglichkeiten ab. Die neue Phase besitzt definitionsgemäß
eine andere atomare Ordnung. Um den ersten Keim entsteht daher eine Phasengrenze (Bild A.2.4), deren Bildung Energie verbraucht. Sie kann z. T. aus
Fehlordnungen entnommen werden. Eine Korngrenze stellt unmittelbar die
benötigte Grenzflächenenergie zur Verfügung und ist daher ein bevorzugter
Ausscheidungsort. Eine hohe Versetzungsdichte begünstigt dagegen die Keimbildung im Korninneren. Daneben spielt aber auch der Energieverbrauch beim
Aufbau der Phasengrenze eine Rolle. Ist die Fehlpassung zwischen Matrix und
Keim gering und damit die Kohärenz groß (Bild A.2.5), so bedarf die Keim-
bildung im Korn kaum der Energie aus Fehlordnungen.

Viele Ausscheidungen in wiedererwärmten Stählen sind inkohärent. Bei
den kohärenten verliert sich die Passung mit zunehmender Größe. Mit der Annäherung an das Gleichgewicht wird Kohärenz rar. Für die Verteilung einer
Ausscheidung ergeben sich damit folgende Möglichkeiten: Inkohärente Teilchen werden bevorzugt als Korngrenzennetz ausgeschieden. Es sei denn, eine hohe Versetzungsdichte fördert ihr Wachstum im Korninneren. Sie kann
durch martensitische Wärmebehandlung sowie durch Halbwarm- oder Kaltumformung erzeugt werden. Kohärente Teilchen können sich leichter auch ohne diese Behandlung als Dispersion im Korn verteilt ausscheiden. In Tab. A.2.1
ist eine Reihe von Ausscheidungen zusammengestellt. Die Gestalt eines ausgeschiedenen Teilchens reicht von der Kugel bis zu Scheibe oder Band. Sie ergibt
sich aus einem Minimum von Grenzflächen- und Verzerrungsenergie. Die Kugel ruft die größte Verzerrung aufgrund von Volumenunterschieden zwischen
Matrix und Ausscheidung hervor. Die Scheibe erfordert bei gegebenem Teil-
chenvolumen die größere Grenzfläche. Mit zunehmender Kohärenz geht die
Grenzflächenenergie zurück.

(b) Gusseisen

Der Zerfall des Martensits beim Anlassen von Si-haltigem grauen Gusseisen
beginnt zunächst wie bei Stählen mit einer Karbidausscheidung. Je länger
die Dauer der Wiedererwärmung und je höher der Si-Gehalt, bei umso tieferer Anlasstemperatur beginnt die Umwandlung von metastabilem Zementit
in feinverteilten Graphit (450 bis 600°C), wodurch Festigkeit und Zähigkeit
beeinträchtigt werden (Bild A.2.25 d). Bei hoher Anlasstemperatur (700 bis
760°C) verschwinden die feinen Graphitteilchen wieder und lagern sich an die
groben eutektischen an. Während dieser Glühung steht Graphit im Gleichgewicht mit Ferrit, der entlang der Löslichkeitsgrenze QP' in Bild A.1.6 bzw.
A.2.11 nur wenig Kohlenstoff enthält. Das steht im Gegensatz zum Temper-
glühen bei 900 bis 950°C, wo der Austenit entlang $S'E'$ knapp 1% C löst. In
der um rund 200°C höheren Glühtemperatur spiegelt sich für eine gegebene
Glühdauer auch die langsamere Diffusion im dichter gepackten kfz Austenit
im Vergleich zum krz Ferrit wieder (s. Bild A.1.8, S. 16).

Tabelle A.2.1 Ausscheidungen beim Erwärmen abgeschreckter Gefüge: Es bedeutet X = C,N und M = Metallanteil. Fe-X und M-X sind Ausscheidungen mit interstitiellen Elementen (Karbide, Nitride), M - M intermetallische Ausscheidungen. Die Diffusion von X ist um Größenordnungen schneller als die von M und außerdem im Ferrit oder Martensit größer als im Austenit (Bild A.1.8). Daraus ergeben sich grobe Anhaltstemperaturen für einen spürbaren Ausscheidungseffekt (Aushärtung, Versprödung, Korrosionsangriff) bei einer Haltedauer von $\approx$ 1 h. Die Übereinstimmung der Kristallgitter von Matrix und Ausscheidung wird grob unterteilt in inkohärent (–), teilkohärent (+) und kohärent (++). Die Übergänge sind fließend. So kann z. B. der Gitterparameter kubischer Ausscheidungen dem Ein– (γ'-Phase), Zwei– (α" -Nitrid), Drei– ($M_{23}C_6$) oder Vierfachen (G-Phase) der Matrix entsprechen. Bei einer hexagonalen Ausscheidung, wie z. B. ε-Karbid ist die Atomanordnung dagegen nur in einer Richtung ähnlich (s. a. Bild A.2.5 und Ausscheidungsatlas der Stähle).

Ausscheidung			Matrix	
			krz	kfz
Fe - X			$>150°$C	$>250°$C
Fe_2C	hex	ε-Karbid	+	
Fe_3C	orh	Zementit	+	–
$Fe_{16}N_2$	trz	α"-Nitrid	++	
Fe_4N	kfz	γ-Nitrid	+	++
M - X			$>450°$C	$>600°$C
MC	kfz	V, Nb, Ti	+	–
M_2C	hex	Mo, V	+	
M_7C_3	hex	Cr	–	–
$M_{23}C_6$	kfz	Cr	–	+
M_6C	kfz	Mo, W	–	–
MN	kfz	Cr	+	
MN	hex	Al	–	–
M_2N	hex	Cr	–	
M - M			$>450°$C	$>700°$C
NiAl	krz	B_2-Phase	++	
Ni_3Al	kfz	γ'-Phase		++
Ni_3Ti	hex	η-Phase		–
$Fe_7(Mo,W)_6$	rh	μ-Phase	–	
$Fe_2(Mo,W)$	hex	Laves-Phase	–	+
FeCr	tetr	σ-Phase	–	–
$Fe_{36}Cr_{12}Mo_{10}$	krz	χ-Phase	–	–
(Fe, Ni)$_{16}$Ti$_6$Si$_7$	kfz	G–Phase	+	

Beim Wiedererwärmen von perlithaltigem grauen Gusseisen kann die mit einer Volumenzunahme (Wachsen) verbundene Zementit-Graphit Umwandlung die Maßstabilität im Warmbetrieb beeinträchtigen. Durch Legieren mit Cr $\leq$ 1 % lässt sich der Zementit im Perlit und Anlassgefüge stabilisieren. Das trifft auch auf weißes Gusseisen zu, das jedoch aufgrund des geringen

Si-Gehaltes weniger zum Zementitzerfall neigt. In seiner Matrix laufen beim Wiedererwärmen ähnliche Anlassvorgänge ab wie im Stahl.

A.2.3 Morphologie von Zementit und Graphit

In Kap. A.1, S. 12 wurde anhand einer kohlenstoffreichen Gusseisenschmelze gezeigt, dass Zementit mit abnehmender Temperatur in mehreren Stufen von primär bis tertiär ausgeschieden wird. Sie haben entscheidenden Einfluss auf die Größe und Morphologie der Karbide. Frei in die Schmelze wachsende primäre Zementitkristalle können aufgrund der hohen Temperatur und der raschen Diffusion im flüssigen Zustand bei Sandguss z. B. 100 bis 1000 µm lang werden. Auch die Karbide des Ledeburiteutektikums wachsen aus der Schmelze, erreichen jedoch wegen der niedrigeren Temperatur zwischen 10 und 100 µm Länge. Ähnliches gilt für primären und eutektischen Graphit. Nach der Erstarrung führt die Ausscheidung des Kohlenstoff wegen der langsameren Diffusion im festen Zustand zu dünneren Zementit- oder Graphitgebilden, die aber noch eine erhebliche Länge aufweisen können. Im Gusseisen lagert sich die sekundäre Ausscheidung in der Regel an die vorhandenen primären und eutektischen an, was keine Keimbildung erfordert. Die niedriglegierten Stähle durchlaufen dagegen nach der Erstarrung ein homogenes Austenitgebiet (Bild A.1.6, S. 10 und A.2.9, S. 29) und die sekundäre Zementitausscheidung übereutektoider Stähle erfolgt mangels Eigenkeimen entlang der Austenitkorngrenzen, deren Fehlordnung die Keimbildung erleichtert. Dieser Korngrenzenzementit ist nur zehntel Mikrometer dick aber langgestreckt, da er die Körner z. T. als durchgehende Schale umschließt, d. h. ein versprödendes Karbidnetzwerk bildet (s. Bild A.2.3 und A.2.10 c). Die eutektoiden Zementitlamellen des Perlits erreichen eine typische Länge von 10 µm (Bild A.2.23) und die geringe Menge von tertiärem Zementit oder Graphit wählt wiederum die Korngrenze, sofern keine Eigenkeime vorhanden sind. Ein wichtiges Ziel von Warmumformung und Wärmebehandlung liegt in der Reduzierung der größten Karbidabmessung von niedriglegierten Stählen auf unter 1 µm. Diesen „feinen" Zementitausscheidungen stehen die „groben", aus der Schmelze ausgeschiedenen Zementit- oder Graphitteilchen des Gusseisens gegenüber, die größer als 10 µm ausfallen. Aus dem übereutektoiden Austenit von weißem oder grauem Gusseisen mit kompaktem Graphit werden über eine durchgreifende Wärmebehandlung mit martensitischer oder bainitischer Umwandlung in der Matrix ähnlich feine Karbide erzeugt, wie in Stahl. Aufgrund der Gefügelage ist zu erwarten, dass Eigenschaftsunterschiede zwischen Stahl und Gusseisen mit den groben Partikeln in letzterem zusammenhängen, da die Austenitphase in beiden vergleichbar ist. Bei gegebenem Kohlenstoffgehalt ist der Volumengehalt der groben Graphitpartikel in grauem Gusseisen deutlich kleiner als der der groben Zementitpartikel in weißem (Tab. A.1.3, S. 14). Die Unterscheidung nach grober Ausscheidung aus der Schmelze und feiner Ausscheidung aus dem Mischkristall ist bestenfalls eine nützliche Vereinfachung für konventionell erzeugte Eisenwerkstoffe. Durch Sonderverfahren, wie

z. B. die Schmelzverdüsung, lassen sich bei weißen Gusseisen und ledeburitischen Kaltarbeitsstählen die primären und eutektischen Ausscheidungen so weit verfeinern, dass sie in die Größenordnung der feinen fallen (Bild A.2.15). Auf hochlegierte Eisenwerkstoffe trifft die grob/fein-Unterscheidung nur sinngemäß zu.

Lösungsglühen eines Gehäuses aus nichtrostendem austenitischem Stahlguss

A.3 Wärmebehandlung

Bezogen auf die Gesamterzeugungsmenge der Eisenwerkstoffe wird der größere Teil nicht einer gesonderten Wärmebehandlung unterzogen, sondern erhält sein Gefüge durch die Erstarrung sowie die gesteuerte Umformung und Abkühlung. Bei Stahlhalbzeug (Band, Profil, Rohr, Draht) kommt es im Rahmen der thermomechanischen Behandlung zu einer Kombination von Warmumformung und Wärmebehandlung. Die Wärmebehandlung aus der Warmumformhitze finden wir z. B. auch bei Gesenkschmiedestücken. Für Gusseisen führt die Abstimmung der Schmelzenzusammensetzung auf den Erstarrungsquerschnitt, d. h. die Abkühlrate in der Form, vielfach zum Ziel. Dabei wird auch ein Warmausleeren aus der Sandform angewendet, um z. B. die Perlitbildung anzuregen.

Häufig lohnen sich jedoch die Aufwendungen für eine gesonderte Wärmebehandlung, da die Formgebung durch Gießen, Umformen, Schweißen, Sintern usw. auch ein Gefüge mit sich bringen kann, das die Forderung nach optimalen Fertigungseigenschaften (z. B. Spanbarkeit) oder Gebrauchseigenschaften (z. B. Schwingfestigkeit) nicht erfüllt. Deshalb wird die Wärmebehandlung, losgelöst von der Formgebung, zur Einstellung eines gewünschten Gefüges in den Fertigungsablauf eingefügt und ggf. der späteren Bauteilbeanspruchung angepasst. So wirken z. B. Zug- und Druckspannungen über den ganzen Querschnitt, während Biegung und Torsion sowie chemische und tribologische Beanspruchungen sich auf die Randschicht von Werkstücken konzentrieren. Entsprechend wird eine gleichmäßig durchgreifende oder randschichtbetonte Wärmebehandlung gewählt. Wir unterscheiden: (a) Glühverfahren, die z. B. Fehlordnungen und Seigerungen abbauen bzw. den Werkstoffzustand in Richtung Gleichgewichtslage verändern. (b) Härteverfahren, die vom Gleichgewicht wegführen, Fehlordnungen erzeugen und dadurch die Härte anheben. Ein großer Vorteil ist darin zu sehen, dass Stahl zur Erleichterung der Verarbeitung zuerst weichgeglüht und anschließend für den Gebrauch gehärtet werden kann. Glühen wirkt in der Regel durchgreifend während man die Härtesteigerung sowohl durchgreifend als auch auf den Rand beschränkt auslegt.

Gusseisen enthält neben eutektischen Graphit- oder Zementitausscheidungen eine stahlartige Matrix, die im Prinzip ähnliche Wärmebehandlungen zulässt wie Stahl. Einschränkungen ergeben sich z. B. durch die Instabilität des Zementits, durch die eutektikumsbedingte Rissgefahr bei rascher Temperaturänderung und durch die mangelnde Oxidationsbeständigkeit von Grauguss. Daher werden die Wärmebehandlungsverfahren für Stahl vorgestellt und auf die Besonderheiten von Gusseisen eingegangen, beginnend mit Glühprozessen nach steigender Behandlungstemperatur geordnet. Im Vordergrund stehen niedriglegierte Eisenwerkstoffe. Für die hochlegierten finden sich ergänzende Hinweise in den Kapiteln über einzelne Werkstoffgruppen. Die Begriffe der Wärmebehandlung von Eisenwerkstoffen sind in DIN EN 10052 aufgeführt. DIN 17022 gibt Auskunft über einige Härteverfahren.

A.3.1 Glühverfahren

A.3.1.1 Wasserstoffarmglühen

Ziel: Vermeidung einer Wasserstoffschädigung. Der Wasserstoff stammt z. B. aus der Fertigung (Schweißen, Beizen, Galvanisieren) oder entsteht durch Korrosion (s. Kap. A.4, S. 115 und Kap. B.2, S. 178). Der Wasserstoffgehalt bezieht sich auf die atomar im Stahl gelöste Menge H oder die durch Heiß- bzw. Schmelzextraktion gemessene molekulare Menge H_2:

$1\,ppm\,H = 1\,\mu g\,H\,/\,1\,g\,Fe = 10^{-4}\,\%\,H = 1.11\,cm^3\,H_2\,/\,100\,g\,Fe.$

Das erste Verfahren liefert einen Anhaltswert für den diffusionsfähigen Anteil an Wasserstoff, das zweite den Gesamtgehalt.

Weg: Bauteile von der Oberflächenbehandlung, wie z. b. dem Verchromen bei 65°C, sofort warm übernehmen und einige Stunden bei 200 bis 250°C glühen. Durch die starke Bindung der H-Atome an die Fehlordnungen erreicht die Diffusionsgeschwindigkeit im Martensit bei Raumtemperatur nur ein Hundertstel der im Ferrit. Bei 200°C verlassen die *H*-Atome ihre Senken und diffundieren zur Oberfläche.

Anwendung: Werkzeuge und hochfeste Verbindungselemente mit niedrig angelassenem Martensitgefüge. Ein Schmiedegesenk platzte eine Woche nach der Hartverchromung vor der Inbetriebnahme. Cadmierte Schießnägel einer Deckenaufhängung begannen Monate nach dem Einbau zu reißen. Galvanisch verzinkte, hoch vorgespannte Schrauben versagten nach kurzem Betrieb. Eine Wasserstoffarmglühung kann solche Schäden einschränken. Früher war diese Wärmebehandlung in abgewandelter Form zur Vermeidung von Flocken im Halbzeug gebräuchlich. Diese pfennigförmigen Anrisse entstehen durch Wasserstoffaufnahme bei der Erschmelzung. Seit Einführung der Stahlentgasung ist diese Art der durch rekombinierten Wasserstoff (H_2) induzierten Rissbildung selten geworden (s. HIR, Kap. A.4, S. 115). Sie wurde aber in der scharf abgesetzten Kernseigerung von Strangguss aus höher legiertem Stahl beobachtet.

A.3.1.2 Spannungsarmglühen

Ziel: Abbau innerer Spannungen und Vermeidung von Verzug bei nachfolgender Wärmebehandlung oder Bearbeitung durch Abbau oder Umlagerung von Eigenspannungen. Besonders abträglich sind unsymmetrisch verteilte Eigenspannungen aus vorherigen Umform-, Richt- oder Schweißoperationen, da sie bei Erwärmung Formänderungen auslösen.

Weg: Senken der Fließgrenze durch Erwärmen ohne nennenswerte Änderung von Gefüge und Festigkeit. Die elastische Eigendehnung wird in plastische Verformung umgesetzt, der Verzug vorweggenommen. Falls das Aufmaß nicht ausreicht, muss nachgerichtet und erneut spannungsarmgeglüht werden. Die Behandlungstemperaturen werden so hoch wie möglich gewählt z. B.

- weichgeglühte Stähle: dicht unter Ac_{1b}

- ferritisch/perlitische Stähle: 600 – 650°C
- vergütete Stähle: ≈ 30°C unter Anlasstemperatur
- nicht umwandelnde Stähle: wegen versprödender und korrosionsauslösender Ausscheidungen sind keine allgemein verbindliche Angabe möglich. Häufig werden ≈ 580°C zur Vermeidung der 475°C– und σ–Versprödung wie auch des IK-auslösenden Bereiches gewählt (s. Bild B.6.7, S. 317 und Bild B.6.4, S. 314)
- graues Gusseisen: die Temperatur hängt von der Zementitstabilität ab, Si hoch → < 500°C, Si niedrig → < 600°C, Cr Zusatz → < 650°C.

Anwendung: (a) Schlanke Bauteile und Werkzeuge. So verzieht sich eine Antriebswelle aus kalt gerichtetem Stabstahl entweder schon beim Vordrehen oder beim Anwärmen auf Härtetemperatur, wenn die Richteigenspannungen nicht vorher durch Spannungsarmglühen entfernt wurden. (b) Schwingbeanspruchte Bauteile mit ungünstigen Zugeigenspannungen, die die Mittelspannung erhöhen. (c) Bauteile, die durch Spannungsrisskorrosion gefährdet sind.

A.3.1.3 Weichglühen von Stahl

Ziel: Einstellung einer niedrigen Härte für die anschließende Kaltumformung oder spanende Bearbeitung von Stahl. Gedacht ist an kohlenstoffhaltige umwandelnde Stähle, die nach Warmformgebung oder Schweißung härtere Gefügebestandteile wie Perlit oder Bainit (Martensit) enthalten.

Weg: Der Härteabbau wird in vier metallkundlichen Teilschritten erreicht.

I Abbau der Mischkristallhärte des Ferrits durch Abzug gelöster Elemente aus der Matrix in die Karbide. Chrom, Molybdän, Vanadium u. a. lösen sich in Eisenkarbid oder bilden eigene Karbide. Außerdem schnüren sie das Austenitgebiet ein, wodurch die Ac_1–Temperatur steigt. Dies erlaubt höhere Glühtemperaturen und beschleunigt den Prozess.

gelöst in	Ac_1-Temperatur	
	gesenkt	erhöht
Matrix	Ni	Si
Karbid	Mn	Cr, Mo, V

CrMo-legierte Vergütungs- oder Werkzeugstähle lassen sich daher erfolgreicher weichglühen als Ni-legierte.

II Einformung band- oder plattenförmiger Karbide zu Kugeln. Treibende Kraft ist die Verringerung der Grenzflächenenergie. Eine Abnahme der Grenzflächenkonzentration lässt den Versetzungen längere Laufwege bis zum nächsten Hindernis und senkt die Härte. Die dickeren Karbidlamellen des oberen Perlits formen sich schlechter ein, als die schmaleren des unteren. Ähnlich verhält es sich mit den Karbidbändern des oberen Bainits. Durch eine Kalt- oder Halbwarmumformung (dicht unter Ac_1) wird die Einformung beschleunigt. Durch eine thermomechanische Umformung des Austenits kann sie umgangen werden, da die Karbidausscheidung bei langsamer Abkühlung durch die Perlitstufe unmittelbar kugelig ausfällt. Eine vorangehende Härtung führt beim Weichglühen ebenfalls zu einer kugeligen Karbiddispersion (Bild A.3.1).

III Vergröberung der Kugelkarbide durch Ostwald-Reifung mit der Zeit t ($c = $ Konstante).

$$r^3 - r_o^3 = ct \qquad (\text{A.3.1})$$

Ist der mittlere Ausgangsradius r_o im Vergleich zum geglühten Radius r klein, so wird $r \approx (ct)^{1/3}$. Es folgt, dass lange Glühdauern unwirtschaftlich werden. Die Ursache der treibenden Kraft und Absenkung der Härte entspricht II. Die technische Obergrenze der Karbidgröße wird durch die verzögerte Auflösung von groben Karbiden beim späteren Härten gesteckt. Sie liegt bei einem mittleren Karbiddurchmesser von 0.4 bis 1 μm.

IV Abbau der Versetzungsdichte des Ferrits durch Erholung und Rekristallisation. Über Kaltumformung eingebrachte oder in Bainit und Martensit vermehrt vorliegende Fehlordnungen heilen aus, die Härte fällt.

Durchführung: Kohlenstoffarme und nickellegierte Stähle werden dicht unter Ac_{1b} mehrere Stunden geglüht mit langsamer Abkühlung bis 500°C zur Vermeidung von Verzug. Kohlenstoffreiche Stähle lassen sich effektiver dicht oberhalb Ac_{1e} glühen, da die kleinen Karbide im Austenit gelöst werden. Beim langsamen Abkühlen mit z. B. 10°C/h bis 600°C scheidet sich der gelöste Kohlenstoff an den nichtaufgelösten Karbiden aus. So fällt die Karbidvergröberung bei üblichem Ausgangsgefüge deutlicher aus als durch Ostwald-Reifung allein. Das ergibt sich aus dem Vergleich von Bild A.3.1 a und b. Wiederholte Temperaturzyklen um Ac_1 werden als Pendelglühen bezeichnet.

Anwendung: Kohlenstoffarme Stähle, wie z. B. Einsatz- und Vergütungsstähle, werden weichgeglüht, um die Kaltumformbarkeit zu verbessern. Manche kalteingesenkten oder kaltfließgepressten Formen sind nur mit ganz weichen Stählen zu verwirklichen. Zum Spanen ist dieser Zustand dagegen zu weich. Es bildet sich ein Fließspan. In der Kurzbezeichnung finden wir z. B. 34Cr4 A (annealed = geglüht) oder 34Cr4 AC (geglüht auf kugeligen Zementit, bisher GKZ). Kohlenstoffreiche Stähle, wie z. B. Wälzlager- und Werkzeugstähle, werden jedoch zur Verbesserung der Spanbarkeit weichgeglüht. Schnittgeschwindigkeit und Werkzeugstandmenge können dadurch angehoben werden. Daneben kommt ein flüchtiges Weichglühen unterhalb Ac_{1b} auch als Zwischenbehandlung in der Kaltumformung zum Abbau der Kaltverfestigung vor.

A.3.1.4 Weichglühen von Gusseisen

Beim Weichglühen von Stahl geht es um die Einformung von Perlit und den Abbau von Kaltverfestigung. Beides ist für graues Gusseisen nicht von Belang.

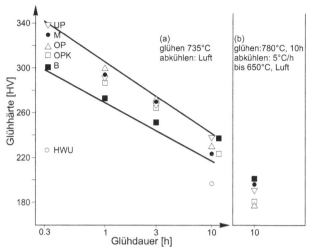

Ausgangszustände			weichgeglüht, 10 h	
Gefüge	Behandlung		[1]AC [%]	[2]d_K [µm]
M (Martensit)	1100°C, 30 min/Öl	(a)	100	0.48
		(b)	100	0.38
B (oberer Bainit)	1100°C, 30 min/	(a)	60	0.30
	400°C, 80 min/Luft	(b)	100	0.40
UP (unterer Perlit)	1100°C, 30 min/	(a)	100	0.38
	550°C, 60 min/Luft	(b)	100	0.41
OP (oberer Perlit)	1100°C, 30 min/	(a)	35	0.35
	700°C, 15 min/Luft	(b)	100	0.50
OPK (kaltumgeformt)	OP + 50 %			
	kaltstauchen			
HWU (halbwarm	880°C, 15 min /	(a)	100	0.76
umgeformt)	warmstauchen			
	750°C, 50 % / 735°C			

[1] Flächenanteil von kugeligem Zementit im Schliff, Rest lamellare oder stabförmige Karbide, [2] mittlerer Durchmesser der Kugelkarbide

Bild A.3.1 Weichglühen: Einfluss des Ausgangszustandes auf die Glühhärte am Beispiel des Stahles 100Cr6 mit Ac_{1b}, Ac_{1e}, $Ac_c \approx 740, 775, 945°C$. Ein grobkörniger Austenit und eine vollständige Auflösung der Karbide erleichtern die nachfolgende Gefügeauswertung. Daher wurde zur Einstellung der Ausgangszustände, außer bei HWU, eine Austenitisierungstemperatur von 1100°C gewählt. Sie liegt im Bereich der Warmumformtemperatur. (a) Glühen bei 735°C im Ferrit / Karbid-Gebiet dicht unterhalb Ac_{1b}, (b) Glühen bei 780°C im Austenit / Karbid-Gebiet dicht oberhalb Ac_{1e}.

Nach DIN EN 10052 bedeutet Weichglühen im weiteren Sinne eine Wärmebehandlung zum Vermindern der Härte und so wird der Begriff z. B. wie folgt verwendet:

(a) Ferritisierendes Glühen

Ziel: Abbau des Perlitanteiles in grauem Gusseisen.
Weg: Glühen dicht unterhalb Ac_{1b} (T_P in Bild A.2.11, S. 31) bei 700 bis 760°C, wodurch sich der instabile Zementit des Perlits in Graphit umwandelt und die Spanbarkeit verbessert wird. Die Härte nimmt ab, aber durch einen anderen Effekt als beim Weichglühen von Stählen.
Anwendung: Graues Gusseisen und Temperguss, z. T. auch als geregelte Abkühlung durch den genannten Temperaturbereich nach vorhergehendem Tempern zur Umwandlung des weißen Eutektikums.

(b) Karbidglühen

Ziel: Auflösen und Umlagern von Karbiden in austenitischem Gusseisen mit Kugelgraphit.
Weg: Glühen zwischen 950 und 1040°C.
Anwendung: Verringerung der Härte von Gussstücken bei gleichzeitiger Erhöhung der Bruchdehnung und damit auch der Zugfestigkeit.

Bei chromlegiertem weißen Gusseisen kann wie bei Stahl ein Härteabfall durch Karbideinformung und -vergröberung erzielt werden, ohne dass eine Umwandlung vom Karbid zu Graphit wie unter (a) eintritt.

A.3.1.5 Normalglühen

Ziel: Einstellung einer gleichmäßigen und feinen Korngröße in Ferrit/Perlit–Gefügen. In Gussstücken, Walzstahl und Schmiedeteilen ist wegen unterschiedlicher Umform- oder Abkühlbedigungen mit ungleichmäßiger Korngröße zu rechnen. In den erwärmten, aber nicht umgeformten Bereichen partiell geschmiedeter, z. B. kopfgestauchter Teile oder in der Wärmeeinflusszone (WEZ) von Schweißverbindungen können Grobkornzonen vorliegen.
Weg: Durch Erwärmen auf eine Temperatur wenig oberhalb Ac_3 (bei übereutektoiden Stählen und Gusseisen oberhalb Ac_{1e} und Abkühlen an ruhender Luft kommt es zu einer $\alpha/\gamma/\alpha$–Umwandlung, bei der durch Bildung und Wachstum von Keimen die Zahl der Körner deutlich erhöht wird.
Anwendung: Unlegierte und niedriglegierte, d. h. umwandlungsfreudige Stähle, die nicht zur Lufthärtung neigen. Die Kurzbezeichnung lautet z. B. C35 N. In Erweiterung des Normbegriffes kommen auch geregelte Abkühlungen infrage. Bei höherem Legierungsgehalt und dünnen Abmessungen wird die Abkühlung verzögert, um Bainit– oder Martensitanteile zu vermeiden. Naheutektoide Stähle können durch bewegte Luftabkühlung zur Umwandlung in der unteren Perlitstufe gezwungen werden, um ein feinlamellares Perlitgefüge zu

erhalten. Beim Patentieren von Draht und Band wird dies durch isotherme Umwandlung in einem Warmbaddurchlauf erreicht. Im grauen Gusseisen enthält der Austenit bei einer Normalglühtemperatur von 870 bis 900°C entsprechend Ac_c in Bild A.2.11 bis zu 0.8 % C in Lösung. Beim Abkühlen wird bis Ac_{1e} ein Teil als Graphit ausgeschieden und der eutektoide Rest anschließend als Perlit. So werden Ferritanteile beseitigt, die sich vorher durch langsamere Abkühlung in der Form gebildet hatten, was die Festigkeit hebt.

A.3.1.6 Temperglühen von Gusseisen

Ziel: Umwandlung von Zementit in Graphit.
Weg: Glühen bei einer Temperatur zwischen 900 und 950°C.
Anwendung: (a) Umwandeln von unerwünschtem weißen Eutektikum in dünnen Bereichen oder an Kanten von Gussstücken aus grauem Gusseisen. (b) Umwandeln des weiß erstarrten Eutektikums von Temperguss in kompakten Tempergraphit.

A.3.1.7 Lösungsglühen

Ziel: Einstellung eines Mischkristallgefüges durch Lösen von Ausscheidungen.
Weg: Erwärmen auf eine Temperatur oberhalb der Ausscheidungsnase und ein- bis mehrstündiges Halten z. B.
- Austenitische Stähle: 1000 bis 1100°C/Wasser
- Martensitaushärtende Nickelstähle: 820 bis 840°C/Luft
Anwendung: Die Behandlung kommt für nicht umwandelnde Stähle und Gusseisen oder ausscheidungshärtende Stähle infrage.

A.3.1.8 Diffusionsglühen

Ziel: Abbau von Mikroseigerung und Gefügeanisotropie sowie Verbesserung der Querzähigkeit von Stahl.
Weg: Durch Glühen bei 1200 bis 1300°C über 10 bis 20 Stunden wird ein Konzentrationsausgleich angestrebt. Wegen der starken Randentkohlung und der Grobkornbildung wird die Behandlung an Blöcken und Brammen vorgenommen, obwohl der Seigerungsabstand λ nach einer Vorverformung kleiner und damit der Effekt größer wäre.
Anwendung: Ganz allgemein wird ein gewisser Diffusionsausgleich beim Halten auf hoher Walz- oder Schmiedeanfangstemperatur erreicht. Speziell wird die Diffusionsglühung eingesetzt zur
- Auflösung eutektischer Karbide, die durch Seigerung in Kaltarbeits- und Wälzlagerstählen entstehen können und die Zähigkeit sowie die Schwingfestigkeit beeinträchtigen.
- Verbesserung der Querzähigkeit in Warmarbeitsstählen durch Verringerung des Seigerungsgrades und der Sulfidlänge (Bild A.3.2).

Wichtig ist bei der nachfolgenden Warmumformung eine niedrige Endtemperatur, um versprödende Karbidausscheidungen auf den Austenitkorngrenzen zu unterdrücken.

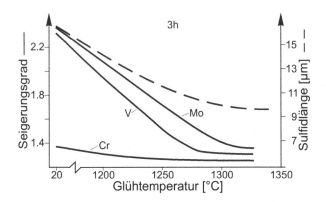

Bild A.3.2 Abbau einer Mikroseigerung durch Diffusionsglühen: Am Beispiel des Warmarbeitsstahles X40CrMoV5-1 wird der Einfluss einer steigenden Glühtemperatur auf den mit der Mikrosonde gemessenen Seigerungsgrad S gezeigt (s. Bild A.2.8, S. 27). Die Konzentrationsunterschiede nehmen ab und ausgewalzte Sulfide werden durch Einformung kürzer.

A.3.2 Härten und abgeleitete Verfahren

A.3.2.1 Härten

Ziel: Erhebliche Härtesteigerung durch Martensitbildung bis zu mehr oder weniger großer Tiefe des Querschnittes.

Weg: Austenitisieren und Abkühlen mit einer solchen Geschwindigkeit, dass das Ziel ohne übermäßigen Verzug und ohne Rissbildung erreicht wird. Im Falle einer langsamen Ofenerwärmung erfolgt die Austenitisierung bei einer Härtetemperatur wenig oberhalb Ac_3 (Ac_{1e} bei übereutektoiden Stählen und Gusseisen). Für Schnellerwärmung steigt die Härtetemperatur entsprechend dem ZTA-Schaubild an (Bild A.3.3). Für die Abkühlung gilt: So schnell wie zur Härtung nötig, aber wegen Verzug- und Rissgefahr so langsam wie möglich. Je nach Härtbarkeit (s. u.) werden Wasser, Öl, Druckgas oder ruhende Luft — auch im Wechsel — als Abkühlmittel verwendet. Die unterbrochene Härtung in einem Warmbad beginnt mit einer hohen Abkühlgeschwindigkeit zur Vermeidung von Perlit, bewirkt einen Temperaturausgleich über den Querschnitt und bei nachfolgender Luftabkühlung eine langsame Umwandlung zu Bainit und/oder Martensit. Bei kohlenstoffreichen oder höherlegierten Stählen mit niedriger M_s-Temperatur kann sie zur Vermeidung von Härterissen beitragen (Bild A.3.4).

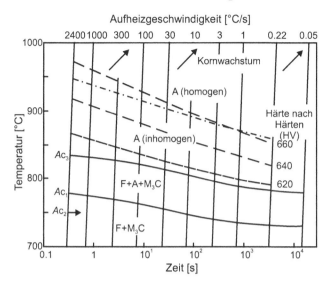

Bild A.3.3 Kontinuierliches Zeit-Temperatur-Austenitisierungs (ZTA)-Schaubild, Stahl 42CrMo4, vergütet (n. J. Orlich, A. Rose, P. Wiest): Mit steigender Aufheizgeschwindigkeit wird die Umwandlung zu höheren Temperaturen verschoben. Im inhomogenen Austenit haben sich die Karbide zwar gerade aufgelöst, die in ihnen enthaltenen Atome sich aber noch nicht gleichmäßig verteilt. Die strichpunktierte Linie markiert den Übergang zu homogenem Austenit.

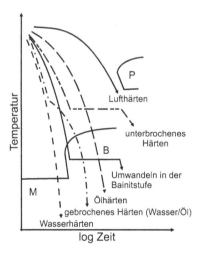

Bild A.3.4 Abkühlarten beim Härten: Das Schaubild enthält kontinuierliche wie isotherme Umwandlungsteile und ist daher nur schematisch gedacht.

Wichtig ist der Abmessungseinfluss wie das Beispiel eines untereutektoiden Stahles zeigt (Bild A.2.17, S. 39). Mit steigendem Härtequerschnitt nimmt die $t_{8/5}$-Zeit in Rand und Kern und der Unterschied zwischen beiden zu (Bild A.3.5 a). Ein gegebener Stahl wird daher z. B. in Öl nur bis zu einer bestimmten Abmessung martensitisch durchhärten. Werden zunehmend dickere Bauteile aus diesem Stahl gefertigt, so tritt im Kern zunächst Bainit und dann Perlit auf. Die weichere Kernzone breitet sich aus und schließlich wird bei sehr dicker Abmessung auch im Rand keine Härtung mehr erreicht. Es müsste ein höher legierter Stahl mit besserer Härtbarkeit verwendet werden. Sie fasst die Auf- und Einhärtbarkeit zusammen (Bild A.3.5 b). Die Aufhärtbarkeit gibt die unter optimalen Bedingungen bei einem Stahl erreichbare Härte an (die Aufhärtung, die unter realen Bedingungen an einem Bauteil erreichte). Sie wird vorwiegend durch die im Austenit gelöste Kohlenstoffmenge bestimmt. Die Einhärtbarkeit ist ein Maß für die unter optimalen Bedingungen erreichbare

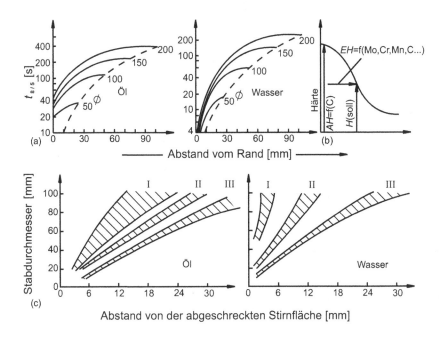

Bild A.3.5 Abkühl- und Härteverlauf beim Härten: (a) Die $t_{8/5}$-Zeit nimmt in einem Rundstab zum Kern hin zu (nach Röchling Handbuch der Baustähle). (b) Dadurch steigt bei einem nicht durchhärtenden Stahl die Härte zum Rand hin an. Aus der geforderten Sollhärte ergibt sich die Tiefe der Einhärtung EH. Sie steigt mit dem Legierungsgehalt. Die Aufhärtung AH ist durch den Kohlenstoffgehalt bestimmt. (c) Gleiche $t_{8/5}$-Zeit und Ansprunghärte einer Schmelze ergeben sich im Abstand von der wasserabgeschreckten Stirnfläche einer Jominy-Probe und für einen Rundstab nach Härten in Wasser oder Öl innerhalb der Streubänder für I, II, III = Oberfläche, 3/4-Radius, Kern (SAE J406c).

Einhärtungstiefe und hängt von der im Austenit gelösten Legierungsmenge (einschließlich Kohlenstoff) ab. Die Einhärtung beschreibt die unter realen Bedingungen an einem Bauteil erreichte Einhärtungstiefe einer geforderten Mindesthärte.

Anstatt nun den Erfolg der Härtung anhand aufwendiger Gefügeauswertungen zu beurteilen, kann stellvertretend die einfachere Härteprüfung herangezogen werden. Der Härtungsgrad R_H setzt die im Abstand x vom Rand erreichte Härte H_x zur erreichbaren Höchsthärte H_{max} in Beziehung

$$R_H = H_x / H_{max} \leq 1 \qquad (A.3.2)$$

Für Vergütungsstähle wird die Höchsthärte in HRC angenähert nach $H_{max} = 20 + 60\sqrt{\%C}$ berechnet oder aus dem Stirnabschreckversuch (nach DIN EN ISO 642) als $H_{max} = J_o$ entnommen. Da die örtliche Abkühlgeschwindigkeit in einem Bauteil mit der in einem Abstand y vom abgeschreckten Ende der Stirnabschreckprobe in Beziehung steht, lässt sich der Härtungsgrad auch aus J_y / J_o abschätzen.

Will man z. B. wissen, bis zu welcher Tiefe eines Bauteiles ein bestimmter R_H-Wert oder ein reines Martensitgefüge möglich ist, so benötigt man Angaben über die örtliche Abkühldauer $t_{8/5}$. Sie entscheidet, ob die Perlitbildung vermieden und Härtungsgefüge wie Bainit und Martensit erreicht wird. In Bild A.3.5 a ist $t_{8/5}$ in Abhängigkeit vom Durchmesser und vom Abkühlmedium wiedergegeben.

Welche $t_{8/5}$ Dauer bei einem gegebenen Stahl eingehalten werden muss, um Perlit und Bainit zu vermeiden, geht aus dem ZTU-Schaubild hervor (s. Bild A.2.17, S. 39). Aus dem Vergleich dieses Wertes mit dem $t_{8/5}$-Verlauf über dem Radius der Rundabmessung ergibt sich die Einhärtungstiefe für vollständige Martensitumwandlung. Diese Abschätzung ist ungenau, weil Bauteil und ZTU-Proben nicht aus der gleichen Schmelze stammen und die Abkühlart (Wasser, Öl, Luft) sehr pauschal definiert ist.

Die Schmelzenabhängigkeit kann berücksichtigt werden, wenn die Härte entlang einer Stirnabschreckprobe der interessierenden Schmelze herangezogen wird (Bild A.3.5 c). Der dabei gemessene Zusammenhang zwischen Abkühlgeschwindigkeit und Härte lässt sich rechnerisch auf Bauteilquerschnitte übertragen. Inzwischen ist die verfügbare Datenmenge so groß, dass die Härtbarkeit aus der Schmelzenanalyse berechnet und der Härteverlauf in Werkstücken abgeleitet werden kann.

Für übereutektoide Stähle und für Gusseisen liegt die Härtetemperatur meist bei $Ac_{1e} + 50°C$ um seigerungsbedingte Legierungsschwankungen zu überspielen und die Austenitisierung in vertretbarer Zeit (< 1 h) zu vollziehen. Daraus ergibt sich nach Bild A.2.9, s. S.29 bzw. A.2.11 s. S.31 entlang Ac_c ein Gehalt an gelöstem C von 0.7 bis 0.8 %, der mit der Temperatur weiter zunimmt. Das führt zu wachsendem Gehalt an Restaustenit im gehärteten Martensitgefüge.

Anwendung: Bei Einsatzstählen, randschichthärtenden Stählen, Wälzlagerstählen, Kaltarbeitsstählen und Gusseisen wird die Aufhärtung durch hohe Kohlenstoffgehalte genutzt. Daher ist auch die nachfolgende Anlasstemperatur niedrig (meist < 250°C), um die hohe Härte zu erhalten. Die Kurzbezeichnung lautet z. B. 100Cr6 Q (quenched).

In den übrigen Anwendungen dient das erstrebte Martensitgefüge eigentlich nicht der „Härtung", sondern wird aufgrund seiner hohen Konzentration an Fehlordnungen zur Keimbildung einer feinen Dispersion von Ausscheidungen beim Wiedererwärmen (s. Kap. A.2, S. 48 und Abschn. A.3.2.3) genutzt.

A.3.2.2 Anlassen

Ziel: Verbesserung der Zähigkeit und Maßstabilität von gehärteten Werkstücken. Da Zähigkeit und Härte sich beim Anlassen gegenläufig verändern, richtet sich der einzugehende Kompromiss nach dem Anwendungsfall, *z. B.*: Werkzeuge → *niedrige* Anlasstemperatur → *hart*, Bauteile → *hohe* Anlasstemperatur → *zäh*.

Weg: Die zu einer gewünschten Härte passende Anlasstemperatur lässt sich aus dem Anlassschaubild ableiten. Dabei bleiben Schmelzeneinfluss und Härtungsgrad unberücksichtigt. Genauere Angaben liefert das stufenweise Anlassen der Stirnabschreckprobe einer Schmelze. Aus Bild A.3.6 a und der am gehärteten Bauteil gemessenen Härte ergibt sich sein Härtungsgrad im Rand und nach Bild A.3.6 b die geeignete Anlasstemperatur.

Die Kernhärte stellt sich entsprechend des dortigen Härtungsgrades ein. Kann der Härtungsgrad im Rand eines Bauteiles nicht gemessen oder

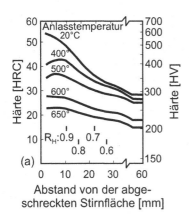
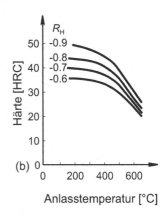

Bild A.3.6 Einfluss des Härtungsgrades R_H beim Anlassen: Stahl 42CrMo4, Anlassdauer 2 h, (a) Änderung der Härte durch stufenweises Anlassen einer von 850°C gehärteten Stirnabschreckprobe (n. F. Wever et al.). (b) Aus (a) gewonnenes Anlassschaubild für unterschiedliche Härtungsgrade.

abgeschätzt werden, so empfiehlt sich eine gegenüber dem Anlassschaubild niedrigere Anlasstemperatur. Aus dem Vergleich der gemessenen Anlasshärte mit der Sollwertspanne bzw. Bild A.3.6 b ergibt sich, ob eine weitere Anlassbehandlung erforderlich ist und bei welcher Temperatur. So lässt sich vermeiden, dass der Sollwert unterschritten und eine Neuhärtung erforderlich wird.

Da der Anlassvorgang diffusionsgesteuert ist, muss neben der Temperatur auch die Dauer der Behandlung Berücksichtigung finden. Beide lassen sich in einem Anlassparameter P_A zusammenfassen.

$$P_A = T(C + \log\ t) \qquad (A.3.3)$$

Für un– bis mittellegierte Stähle ist $C \approx 20$, wenn T in K und t in h eingesetzt werden. Die Auftragung der Härte über P_A wird als Anlasshauptkurve bezeichnet. Ein vollständiges Anlassschaubild müsste die Härte und Zähigkeit als Funktion von R_H und P_A darstellen. Erst dann wären Versprödungsbereiche zu erkennen und zu vermeiden. Häufig sind derart genaue Angaben aber nicht verfügbar.

Anwendung: Alle gehärteten Stähle und Gusseisen, z. B. 100Cr6 T (tempered).

A.3.2.3 Vergüten

Ziel: Erzielen guter Zähigkeit bei gegebener Festigkeit.
Weg: Härten und danach Anlassen im oberen möglichen Temperaturbereich. Das unter Abschn. A.3.2.1 und A.3.2.2 Gesagte wird zu einer Behandlung zusammengefasst, die eine Verbesserung der Güte mit sich bringt, daher „Vergüten". Die Ursache liegt in einer Kornfeinung und Überführung von plattenförmigen (Perlit-) und bandförmigen (Bainit-) Karbiden in eine Dispersion von kugeligen Karbiden. So werden Zementitlamellen mit z. B. 10 μm Durchmesser in Kugeln mit 0.1 bis 0.5 μm Dicke umgewandelt. Die dazu nötigen Anlasstemperaturen liegen bei den un- und niedriglegierten Stählen zwischen 580°C und 680°C. Der Bereich der Anlassversprödung wird möglichst vermieden (s. Bild A.2.25 a, S. 49). Die Vergütung macht sich vor allem in der Kerbschlagbiegearbeit bemerkbar (Tabelle A.3.1). Aber auch die Streckgrenze steigt an, da die karbidfreien, weichen Ferritkörner eines Ferrit/Perlit-Gefüges verschwinden.

Wie die bandförmigen Anlasskarbide des Martensits formen sich auch die Karbide des unteren Bainits zu Kugeln ein. Die bei mangelnder Einhärtung anfallenden Anteile an oberem Bainit und Perlit erfahren diese Karbideinformung erst bei einer höheren Anlass- bzw. bei Weichglühtemperatur. Die Durchvergütung hängt daher mit der Einhärtung zusammen. Je höher die Festigkeit, umso wichtiger ist die Vermeidung grober Band- oder Lamellenkarbide im Härtegefüge. Das gilt besonders für Anlasstemperaturen < 500°C (z. B. bei Federstählen), wo selbst die feinen bandförmigen Anlasskarbide kaum noch eingeformt werden.

Tabelle A.3.1 Einfluss einer Vergütung: Bei praktisch gleicher Zugfestigkeit und Härte ergibt die Vergütung von Proben eine höhere Dehngrenze ($R_{p0.2}$) und eine Verdoppelung der Zähigkeit (K_u) gegenüber einem normalgeglühten Ferrit/Perlit-Gefüge.

Werkstoffkennwerte des Stahles C60	normalgeglüht 850°C/Luft	vergütet 850°C/Öl + 650°C 2 h
Zugfestigkeit R_m [MPa]	820	810
Dehngrenze $R_{p0.2}$ [MPa]	480	560
Verhältnis $R_{p0.2}/R_m$	0.59	0.69
Dehnung A [%]	19	19
Einschnürung Z [%]	51	63
Kerbschlagarbeit K_u [DVM, J]	41	89
Härte [HB]	241	239

Anwendung: Vergütungsstähle, warmfeste Baustähle, Federstähle und einige martensitische nichtrostende Stähle. Als Kurzbezeichnung ist z. B. 42Cr-Mo4 QT gebräuchlich. Übereutektoide Stähle und weiße Gusseisen werden in der Regel nicht vergütet. Eine Ausnahme stellt das Vorvergüten von Stählen wie z. B. 100Cr6 dar, um den Härteverzug einzuschränken oder die Einhärtetiefe beim Randschichthärten zu erhöhen. Von den grauen Gusseisen eignet sich legierter Sphäroguss, wobei die Graphitisierung beim Anlassen durch Molybdän verzögert wird.

A.3.2.4 Umwandeln in der Bainitstufe

Die Ziele dieser Wärmebehandlung richten sich nach dem Kohlenstoffgehalt des Werkstoffes. Bezüglich der Anwendung wird auf nachfolgende Kapitel verwiesen.
(a) Mikrolegiertes Warmband mit $\approx 0.1\,\%\mathrm{C}$ wird nach dem Warmwalzen so rasch abgekühlt, dass eine Perlitbildung unterbleibt. Nach dem Haspeln verläuft die Abkühlung im Coil langsam durch die Bainitstufe. Die gegenüber Perlit feineren Bainitkarbide wirken sich günstig auf Festigkeit und Zähigkeit aus. (b) Liegt die Walzendtemperatur von Warmband mit $\approx 0.2\,\%$ C unter Ac_3, so bewirkt ein isothermes Halten im interkritischen Ferrit/Austenit-Bereich zwischen Ac_3 und Ac_1 eine C-Anreicherung im Austenit. Bei weiterer Abkühlung in die Bainitstufe wandert in Gegenwart von $\approx 1.5\,\%$ Si der Kohlenstoff z. T. aus dem Bainit in den Austenit, der sich bis auf 1.5 % C anreichert und als Restaustenit zurückbleibt. Seine Umwandlungsplastizität (s. Kap. A.2.2.4, S. 41) wird bei der Kaltumformung oder auch beim Fahrzeugcrash genutzt, um den Umformgrad und die Umformenergie zu erhöhen (s. Kap. B.2, S. 170, TRIP-Stahl). (c) Bei einem naheutektoiden Stahl wie z. B. 71Si7 beiwirkt die Umwandlung in der unteren Bainitstufe durch

feinverteilte Restaustenitanteile mit TRIP-Effekt eine Verbesserug der Duktilität bei hoher Härte (s. Kap. B.2, S. 201). (d) Übereutektoider Stahl wie 100Cr6 lässt sich durch Umwandlung in der unteren Bainitstufe verzugsärmer und mit geringerer Härterissgefahr als beim martensitischen Härten auf vergleichbare Härte bringen, weil die Umwandlung bei flacherem Temperaturgradienten im Werkstück abläuft (s. Kap. B.2, S. 204). (e) Werden kohlenstoffreiche Stähle mit Silizium legiert, oberhalb von Ac_c austenitisiert und in der unteren Bainitstufe isotherm umgewandelt, so kann sich der Restaustenit (RA) bis auf 2 % C anreichern und bei einem Volumenanteil $> 10\,\%$ zu einer erstaunlich hohen TRIP-unterstützten Bruchdehnung (A) im Zugversuch führen (Tabelle A.3.2). Die Härte erreicht fast 700 HV und die Druckfestigkeit

Tabelle A.3.2 Eigenschaften eines gehärteten Stahles ($\approx$ 80MnCoSiAlCrMo8-6-6-1-1) nach Umwandlung in der Bainitstufe durch Halten bei T_B (nach H.K.D.H. Bhadeshia)

T_B [°C]	RA [%]	$R_{p0.2}$ [MPa]	R_m [MPa]	A [%]
300	21	1400	1930	9.4
200	17	1410	2260	7.6

> 3000 MPa. Bei $T_B = 200$°C wachsen die Bainitplatten auf eine Dicke von nur 20 bis 40 nm. Der langen Umwandlungsdauer wird durch Legieren mit Al und Co entgegengewirkt. (f) Gusseisen mit Kugelgraphit enthält um 2.5 % Si, wodurch beim isothermen Umwandeln in der Bainitstufe die Auscheidung von Karbiden aus dem Bainitferrit unterdrückt und der Austenit auf 1.5 bis 2.5 % C angereichert wird, sodass 20 bis 40 % Restaustenit zurückbleiben. Dessen Umwandlungsplastizität liefert bei Beanspruchung einen noch deutlicheren TRIP-Effekt als im Fall (e). Wird die isotherme Umwandlungstemperatur des Gusseisens von 400 auf 250°C gesenkt, verlängert sich die nötige Haltedauer, die Streckgrenze steigt, Restaustenitgehalt und Duktilität nehmen ab. Bei z. B. 350°C und zu kurzer Haltedauer entsteht beim Abkühlen auf Raumtemperatur spröder Martensit, bei zu langer führen Karbidausscheidungen zur Versprödung (s. Kap. B.2, S. 208). Im Englischen wird von Austempered Ductile Iron (ADI) gesprochen, im Deutschen von bainitischem bzw. ausferritischem Gusseisen. Die Behandlung findet auch bei dünnwandigem Gusseisen mit Lamellengraphit Anwendung (Austempered Gray Iron, AGI).

A.3.3 Randschichtbehandlung/Beschichtung

Ziel: Bewusste Einstellung von Gefügeunterschieden zwischen Randschicht und Kern von Werkstücken zum Vorteil

- der Fertigung z. B. (a) durch Verringerung des Verzuges und der Rissgefahr, (b) durch Einsparung von Legierungs- und Energiekosten, (c) durch Integrierbarkeit in die Fertigungskette, (d) durch Zeitgewinn.
- des Gebrauchs (a) durch Verbesserung der tribologischen Eigenschaften (Verschleißwiderstand) mittels hoher Randhärte, (b) durch Verbesserung der chemischen Eigenschaften (Korrosionswiderstand) über die Einstellung eines hohen Lösungszustandes oder die Eindiffusion von Chrom bzw. Aluminium, (c) durch Erhöhung der Schwingfestigkeit mit Hilfe von Druckeigenspannungen im Rand.

Weg: Die Randschicht wird aufgeschmolzen bzw. im festen Zustand wärmebehandelt oder ohne Wärmeeinwirkung verändert

- Randschichtumschmelzen und -umschmelzlegieren durch Laser oder Lichtbogen zur Feinung der Erstarrungsstruktur bzw. Änderung der chemischen Zusammensetzung
- Thermische Wärmebehandlungsverfahren, bei denen nur die Randschicht erwärmt wird (z. B. Flamm- oder Induktionshärten, s. S. 217)
- Thermochemische Wärmebehandlungsverfahren, bei denen durchgreifend erwärmt und die chemische Zusammensetzung der Randschicht durch Diffusion verändert wird (z. B. Einsatzhärten, s. S. 234 und Nitrieren, s. S. 224).
- Physikalische Randschichtverfahren, bei denen ohne äußere Erwärmung die chemische Zusammensetzung der Randschicht verändert wird (Ionenimplantieren).
- Mechanische Randschichtverfahren, bei denen ohne äußere Erwärmung die Randschicht kaltverfestigt und mit Druckeigenspannungen versehen wird (z. B. Kugelstrahlen, s. S. 199 und Festwalzen).

Ergänzend zur Randschichtbehandlung verfolgt eine Fülle von Beschichtungsverfahren, mit oder ohne Erwärmung des Grundkörpers (Substrat), ähnliche Ziele. Man unterscheidet

- Beschichtungen, die mit einer Wärmebeeinflussung des Substrates verbunden sind (Einbrennlackieren $\approx 170°C$, s. S. 131, Feuerverzinken $\approx 450°C$, s. S. 128, 136, PVD-Hartbeschichtung $\approx 500°C$, s. S. 286, Emaillieren $\approx 800°C$, s. S. 128, 137, CVD-Hartbeschichtung $\approx 1000°C$, s. S. 283)
- Beschichtungen, die ohne nennenswerte Erwärmung auskommen (chemische und elektrochemische Abscheidung, s. S. 137, 175). Sie bleibt auch beim Schichtaufbau durch Pulverspritzen meist gering. Beim thermischen Spritzen werden die Pulverkörner z. B. durch Flamme oder Plasma erwärmt oder geschmolzen und auf die Werkstückoberfläche geschleudert. Beim Kaltspritzen erfolgt die Verdichtung der Spritzschicht durch eine extrem hohe Auftreffgeschwindigkeit der Pulverkörner.

Anwendung: Es ist hier nicht der Platz auf die Vielzahl der Verfahren in ihren vielfältigen Anwendungen einzugehen. Sie werden daher dort behandelt, wo die entsprechenden Werkstoffe auftauchen, z. B. Einsatzhärten bei den Einsatzstählen, Kugelstrahlen bei den Federstählen oder Randschichtumschmelzen bei Gusseisen.

A.3.4 Nebenwirkungen

Die Begleiterscheinungen der Wärmebehandlung lassen sich unterteilen in
- thermische Nebenwirkungen (Verzug, Rissbildung, Eigenspannungen)
- thermochemische Nebenwirkungen (Entkohlung, Verzunderung, Salzkorrosion).

A.3.4.1 Thermische Nebenwirkungen

Die Ursache von Verzug und Rissbildung liegt in Volumenänderungen durch Wärmeausdehnung und Gefügeumwandlung (Bild A.3.7).

Mit steigendem Temperaturgradienten entstehen daraus in einem Werkstück vor allem beim Abschrecken innere Spannungen. Ihr Abbau durch örtliches Fließen bewirkt Verzug. Als Folge bleiben nach der Wärmebehandlung meist Eigenspannungen zurück. Übersteigen die inneren Spannungen die Bruchgrenze, kommt es zu Rissbildung oder Bruch. Verzug setzt sich aus zwei Anteilen zusammen: Maßänderung $\varepsilon = \Delta l/l$ entsteht aus Temperaturgradient und Phasenumwandlung. Formänderung ist an unsymmetrisches Fließen gebunden und durch Änderung der Gestalt im Sinne von Krümmungs- und Winkeländerungen gekennzeichnet.

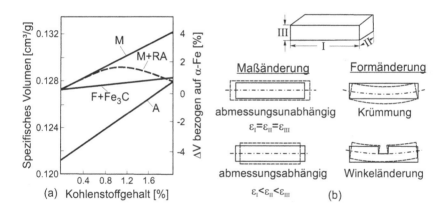

Bild A.3.7 Verzug beim Härten: (a) Im Martensit M oder Austenit A (RA = Restaustenit) gelöster Kohlenstoff erhöht nach B. Lement das Volumen stärker als aus dem Ferrit F als Zementit ausgeschiedener. Die Martensitbildung ist daher mit einer positiven Maßänderung verbunden. (b) Bei langsamer Abkühlung eines lufthärtenden isotropen Stahles ist die Maßänderung abmessungsunabhängig. Durch rasche Abkühlung (Wasserhärten) überlagern sich Wärmespannungen. Sie beginnen mit Oberflächenzugspannungen, die bei gedrungener Form zur Kugelgestalt drängen: Lange Achsen schrumpfen, kurze wachsen. Die Maßänderung wird abmessungsabhängig. Eine Formänderung macht sich durch einen Rückgang an Symmetrie bemerkbar (ausgezogene Linien vor, gestrichelte nach dem Härten).

Die Maßänderung kann auf einige Zehntelprozent ansteigen. Sie spielt besonders beim Härten kohlenstoffreicher oder aufgekohlter Stähle eine Rolle, wenn ohne oder aus Kostengründen nur mit geringem Aufmaß gearbeitet wird. Sie ergibt sich aus dem Verhältnis von Temperaturgradient zu Härtbarkeit und muss daher von Fall zu Fall überlegt werden. Erschwerend kommt hinzu, dass die Maßänderung durch Härten von der Werkstückgestalt, der Gefügeanisotropie und der Zeit abhängt. Letzteres fällt unter die Maßstabilität. Anlassvorgänge bei Raumtemperatur oder leicht erhöhten Betriebstemperaturen können im Laufe der Zeit ein Schrumpfen des Martensits oder ein Wachsen durch Restaustenitzerfall auslösen.

Von der Formänderung sind vor allem schlanke Werkstücke betroffen. Ihre Maßabweichung kann die durch Maßänderung erheblich übertreffen und einige Prozent ausmachen. Die Ursachen der Formänderung liegen im Abbau vorhandener, unsymmetrischer Eigenspannungen, in einseitiger Auf- oder Entkohlung, in ungleichmäßiger Erwärmung oder Abkühlung, im Kriechen durch Eigengewicht bei ungleichmäßiger Lagerung im Ofen oder in außermittiger Entnahme aus einem seigerungsbehafteten Walz- oder Schmiedestab.

Bei Durchhärtung bleiben in der Regel Zugeigenspannungen im Rand zurück, da die Martensitbildung außen beginnt, während der warme Kern noch zu fließen vermag. Die anschließende, mit Volumenzuwachs verbundene Umwandlung im Kern setzt den harten Rand unter Zug. Hohe Zugeigenspannungen im Rand bedeuten Rissgefahr auch bei der weiteren Bearbeitung oder im betrieblichen Einsatz. Eine geringe Einhärtung (Schalenhärtung) zieht die Perlitbildung im Kern der Martensitbildung im Rand vor, so dass im Rand Druckeigenspannungen entstehen. Auch beim Randschicht- und Einsatzhärten bilden sich in der Regel Druckeigenspannungen im Rand aus, ebenso beim Nitrieren durch die Stickstoffaufnahme. Sie setzen die Mittelspannung bei Biege- und Torsionsschwingungen herab und erhöhen die Schwingfestigkeit.

Beim Härten von übereutektoiden Stählen und Gusseisen bewirkt der hohe Gehalt an gelöstem Kohlenstoff neben großer Volumenänderung auch eine hohe Härte. Dadurch treffen große innere Spannungen auf eine spröde Matrix. Die Rissgefahr steigt mit zunehmendem Temperaturgradienten im Werkstück (Luft-, Öl-, Wasserhärten, wachsender Querschnitt) weiter an. Bei Gusseisen kommt eine weitere Versprödung durch die vergleichsweise groben eutektischen Ausscheidungen hinzu. In weißem Gusseisen bilden die Karbide ein sprödes Gerüst (Bild A.2.13). Bei grauem Gusseisen wirkt der Graphit als Kerb auf innere Zugspannungen, wobei die Kerbschärfe von Kugel- über Vermicular-/Temper- zum Lamellengraphit ansteigt. Um Härtespannungsrisse zu vermeiden, bieten sich die isotherme Umwandlung (s. ADI, S. 208) oder das Randschichthärten an.

A.3.4.2 Thermochemische Nebenwirkungen

Durch den Zutritt von Sauerstoff oder oxidierenden Gasen kann bei der Wärmebehandlung von Stählen das Eisen wie auch der Kohlenstoff oxidiert werden. Die resultierende Verzunderung und Entkohlung (ermittelt nach DIN EN ISO 3887) treten meist gleichzeitig auf und beeinflussen sich gegenseitig.

Bis 570°C bildet sich eine zweilagige Zunderschicht aus Magnetit Fe_3O_4 (innen) und Hämatit Fe_2O_3 (außen). Die Zunderrate ist gering. Oberhalb 570°C kommt innen als dritte Schicht Wüstit FeO hinzu. Durch Metalldefizit ist im Wüstit eine rasche Eisendiffusion über Kationenleerstellen möglich, so dass diese Schicht im Kontakt mit der Werkstoffoberfläche schnell wächst und bei der Wärmebehandlung bedacht werden muss. Die Schichtdicke s nimmt bei gegebener Temperatur mit der Zeit t nach

$$s = c \cdot t^q \; ; 1/3 < q < 1 \qquad (A.3.4)$$

zu. Eine abklingende Zunderrate ($q \to 1/3$) stellt sich für Massetransport durch die wachsende Zunderschicht ein. Erhält das oxidierende Gas durch Poren und Risse im Zunder unmittelbar Zutritt zur Stahloberfläche, so folgt ein rascheres, oft lineares Wachstum ($q \to 1$).

Oberhalb von $\approx 700°C$ zieht das thermodynamische Gleichgewicht die CO–der FeO–Bildung vor. Trotzdem wird auch weiter Eisen oxidiert, da der Kohlenstofftransport zur Oberfläche nicht nachkommt. Zudem wird die Entkohlung über den Abtransport des an der Stahloberfläche gebildeten CO durch die Zunderschicht gebremst. Poren und Risse im Zunder beschleunigen daher auch die Entkohlung.

Wasserdampfhaltige Atmosphären, wie z. B. in gasbeheizten Öfen, erhöhen die Zunderporosität, erleichtern den Massetransport und treiben die Oxidation von Eisen und Kohlenstoff an. Das Eisen wird aus der Stahloberfläche durch H_2O oxidiert. Der entstehende Wasserstoff verbindet sich an der Porenwand im Zunder mit Sauerstoff wieder zu H_2O. So bewirkt ein stets aktives H_2/H_2O–Gemisch einen schnellen Sauerstofftransport innerhalb der Poren. Die Bedeutung der Wassergasreaktion für einen raschen Kohlenstoffübertritt finden wir z. B. bei der Aufkohlung zum Einsatzhärten. Im Falle der Entkohlung verläuft sie in die andere Richtung.

Legierungselemente beeinflussen die Oxidation. Silizium bildet das Eisensilikat Fayalit und Chrom mit Eisen einen Spinell. Die Cr- und Si-Oxidation hat Vorrang vor der des Eisens. Es bilden sich daher an der Metalloberfläche Fayalit– und/oder Spinellbereiche, die mit steigendem Legierungsgehalt allmählich flächendeckend zusammenwachsen. Dieser Oxidsaum ist dichter und undurchlässiger. Er bremst den Stoffaustausch zwischen Stahloberfläche und Wüstit.

Auf die Entkohlung wirken Chrom und Silizium unterschiedlich. Chrom verringert die Aktivität und Diffusionsgeschwindigkeit des Kohlenstoffs. Es bremst die Entkohlung, wenn der Kohlenstoffnachschub zum geschwindigkeitsbestimmenden Teilschritt der Entkohlung wird. Silizium senkt die Beweglichkeit des Kohlenstoffs zwar ebenfalls, doch überwiegt die Erhöhung seiner Aktivität, so dass die Entkohlung mit dem Siliziumgehalt ansteigt (Bild A.3.8).

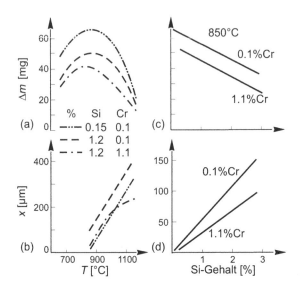

Bild A.3.8 Zunderverlust Δm und Entkohlungstiefe x bei der Wärmebehandlung (nach R. König): Stähle mit 0.55 % C, 0.9 % Mn sowie Zusätzen von Cr und Si, die 30 min unter feuchtem Stickstoff (25 g H_2O/kg N_2) geglüht wurden. (a) Verzunderung und Entkohlung beeinflussen sich gegenseitig. Bei 700°C hat die Eisenoxidation Vorrang. Der verdrängte Kohlenstoff reichert sich unter der Stahloberfläche bis auf 1 % an. Bei 1150°C läuft die Kohlenstoffoxidation bevorzugt ab. Der Kohlenstoffnachschub aus dem Inneren ist groß. Die durch Risse im Zunder abdiffudierenden CO/CO_2-Gase behindern das unmittelbare Vordringen der Ofenatmosphäre an die Stahloberfläche. Die Verzunderung ist geringer als bei 700°C. Dazwischen stellt sich kurz oberhalb Ac_3 ein Maximum der Verzunderung ein. Die Ursache liegt im Rückgang der Diffusionsgeschwindigkeit des Kohlenstoffs bei der Ferrit- Austenitumwandlung um zwei Größenordnungen. Der Kohlenstoffnachschub und der Schutz durch CO/CO_2-Gase ist geringer als bei 1150°C. (b) Im Gegensatz zur Verzunderung nimmt die Entkohlung mit der Temperatur stetig zu. (c,d) Silizium bremst die Verzunderung und beschleunigt die Entkohlung. Chrom wirkt dagegen auf beide hemmend.

Eine Verzunderung beeinträchtigt die Rauheit und Maßgenauigkeit. Sie stört meist auch im späteren Betrieb. Die Entkohlung führt vor allem bei höhergekohlten Stählen zu unerwünschter Weichhaut nach dem Härten. Innere und äußere Oxidation sowie Entkohlung können durch Wärmebehandeln unter Schutzgas oder im Vakuum vermieden bzw. durch Nacharbeiten eines Aufmaßes entfernt werden. Beim Glühen von Grauguss wird mit Schutzgas gearbeitet, um den Abbau des Graphits in den zusammenhängenden Lamellen zu unterbinden. Weißer Temperguss erhält dagegen durch oxidierendes Glühen sein kohlenstoffarmes Gefüge.

Kunststoffform aus nichtrostendem Werkzeugstahl zur Herstellung von Verschlussdeckeln für Getränkeflaschen

A.4 Eigenschaften

Die Eigenschaften der Eisenwerkstoffe beruhen auf dem Gefüge, das durch die chemische Zusammensetzung und den Fertigungsablauf entsteht. Die geforderten Gebrauchseigenschaften richten sich bei Stahl und Gusseisen als Strukturwerkstoff nach der Beanspruchung. Sie tritt als mechanische, tribologische und/oder chemische Beanspruchung auf. Bei der Verwendung als Funktionswerkstoff stehen besondere physikalische Eigenschaften im Vordergrund.

Auf Fertigungseigenschaften wie z. B. Schweißeignung, Tiefziehfähigkeit, Spanbarkeit wird in den Kapiteln über die einzelnen Werkstoffgruppen eingegangen.

A.4.1 Mechanische Eigenschaften

A.4.1.1 Beanspruchung

(a) Mehrachsigkeit

Eine mechanische Beanspruchung entsteht durch die Einwirkung von Kräften auf einen Körper. Meist wird eine Kraft F auf eine Fläche A im Bauteil bezogen und als Spannung ausgedrückt. Ein Kraftangriff in bzw. senkrecht zu der Bezugsebene ergibt eine Schubspannung $\tau = F/A$ bzw. Normalspannung $\sigma = F/A$. Die vier Grundarten des Kraftangriffs — Zug, Druck, Biegung und Torsion — können in einem Bauteil mehrfach und kombiniert auftreten. Um die aus unterschiedlichen Richtungen angreifenden Kräfte zu ordnen, werden sie auf drei senkrecht zueinander stehende Ebenen bezogen und zu Normal- und Schubspannungen zerlegt. Durch Drehung dieser Bezugsebenen lässt sich immer eine Stellung finden, bei der die Schubspannungen in ihnen null sind, aber unter 45° Oktaederebenen aufspannen. Für dieses Hauptspannungssystem werden in Bild A.4.1 kennzeichnende Größen des Schubspannungs- und des Normalspannungszustandes unter mehrachsiger Beanspruchung als Vergleichsspannung σ_v und hydrostatische Spannung σ_h abgeleitet. Es handelt sich um invariante Spannungen, was bedeutet, dass sie in allen Richtungen, d. h. bezogen auf alle Kristallebenen, wirksam sind.

(b) Verteilung

Während in glatten Zug- und Druckproben die Spannungen homogen über den Querschnitt verteilt sind, liegt bei Biegung und Torsion eine inhomogene Spannungsverteilung mit zum Rand ansteigenden Spannungen vor. Weitere Ursachen inhomogener Spannungsverteilung sind Kerben durch Querschnittsänderungen, z. B. an Bohrungen, Nuten und Absätzen, sowie Risse als Extremfälle scharfer Kerben. In Bild A.4.2 ist ein Kerbfall als Beispiel dargestellt. Eine Erhöhung der Kerbschärfe ($\rho \rightarrow 0$) in Bild A.4.2 führt vom Kerb zum Riss und schafft die Verbindung zur Bruchmechanik. Ihr Spannungsintensitätsfaktor $K_I = \sigma\sqrt{\pi a}$ beschreibt die Intensität des elastischen Spannungsfeldes vor einem Riss der Länge a und löst die Formzahl α_k ab. Mit steigendem K_I bildet sich eine plastische Zone vor der Rissfront. Bei zunehmender Scheibendicke B breitet sich im Kern ein ebener Dehnungszustand EDZ aus. Neben einer inhomogenen Verteilung bewirken Kerben und Risse eine Erhöhung des Mehrachsigkeitsgrades σ_h/σ_v der Beanspruchung.

(c) Energie und zeitlicher Verlauf

Eine Erhöhung der Wirklänge angreifender Kräfte, wie z. B. beim Übergang von einem harten zu einem weichen System, vergrößert die gespeicherte elastische Energie, die im Versagensfall der Rissausbreitung zur Verfügung steht. So wird es in einer Wasserleitung durch raschen Druckverlust eher zum Rissstopp kommen, als in einer Gasleitung. Ein Teil der Bruchenergie wandelt sich in Wärme um. Mit steigender Verformungsgeschwindigkeit $\dot\varepsilon$ wird ihre

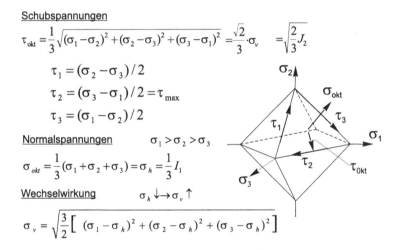

Schubspannungen

$$\tau_{okt} = \frac{1}{3}\sqrt{(\sigma_1-\sigma_2)^2+(\sigma_2-\sigma_3)^2+(\sigma_3-\sigma_1)^2} = \frac{\sqrt{2}}{3}\cdot\sigma_v = \sqrt{\frac{2}{3}J_2}$$

$$\tau_1 = (\sigma_2-\sigma_3)/2$$

$$\tau_2 = (\sigma_3-\sigma_1)/2 = \tau_{max}$$

$$\tau_3 = (\sigma_1-\sigma_2)/2$$

Normalspannungen $\quad \sigma_1 > \sigma_2 > \sigma_3$

$$\sigma_{okt} = \frac{1}{3}(\sigma_1+\sigma_2+\sigma_3) = \sigma_h = \frac{1}{3}I_1$$

Wechselwirkung $\quad \sigma_h \downarrow \rightarrow \sigma_v \uparrow$

$$\sigma_v = \sqrt{\frac{3}{2}\left[\,(\sigma_1-\sigma_h)^2+(\sigma_2-\sigma_h)^2+(\sigma_3-\sigma_h)^2\,\right]}$$

Bild A.4.1 Mehrachsiger Spannungszustand: Die Hauptschubspannungen τ_1 bis τ_3 rufen im Kristallgitter Scherung und Gleitung ohne Volumenänderung hervor (s. Bild A.2.19, S. 42). Sie werden zu einer Oktaederschubspannung τ_{Okt} zusammengesetzt, die der Vergleichsspannung σ_v und der Wurzel der zweiten Invarianten des Spannungsdeviators J_2 proportional ist. Positive Hauptnormalspannungen σ_1 bis σ_3 führen unter Volumenänderung zu Dilatation des Gitters bis zur Spaltung von Atombindungen. Sie sind in der Oktaedernormalspannung σ_{Okt} zusammengefasst, die der hydrostatischen Spannung σ_h und der ersten Invarianten des Spannungstensors I_1 proportional ist. σ_v fördert die Gleitung und damit die plastische Verformung, σ_h die Spaltung und damit den Sprödbruch. Ihre Wechselwirkung lässt erwarten, dass Eisenwerkstoffe sich mit abnehmender hydrostatischer Spannung duktiler verhalten. Das wird bei den Druckumformverfahren genutzt ($\sigma_h < 0$).

Dissipation unterdrückt und die Temperatur steigt in der Bruchzone an (z. B. um mehr als 100°C beim Zerlegen einer zähen Kerbschlagbiegeprobe).

Außer der langsamen (quasistatischen) oder schlagartigen (dynamischen) einsinnigen Beanspruchung, gibt es die schwingende. Hier bewegt sich der Spannungsausschlag σ_a um eine konstante Mittelspannung σ_m oder folgt wiederkehrenden bzw. völlig freien Belastungszyklen. Sie können mehrachsig, phasenverschoben und inhomogen verteilt auftreten. Bei höherer Frequenz kann sich durch mikroplastische Verformung auch in diesem Falle eine Erwärmung einstellen.

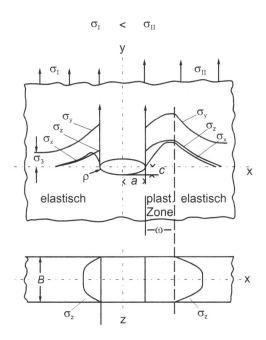

Bild A.4.2 Kerbspannungen: Bei einer Nennspannung $\sigma = \sigma_I$ (linke Bildhälfte) baut sich im Kerbgrund mit dem Radius $\rho = c^2/a$ eine elastische Spannungskonzentration auf, die durch die Formzahl $\alpha_k = \sigma_{y\,max}/\sigma$ beschrieben wird. Im Kern der Scheibe herrscht ein ebener Dehnungszustand (EDZ), der durch das Verschwinden von σ_z an der Oberfläche in einen ebenen Spannungszustand (ESZ) übergeht. In dünnen Scheiben ($B \to 0$; $\sigma_z \to 0$) liegt nur ESZ vor. Hier ist $\alpha_k = 1 + 2a/c$. Für ein Kreisloch ($a = c$) ergibt sich dann $\alpha_k = 3$ und $\sigma_{x\,max} = \sigma$. Bei einem ovalen Loch mit z. B. $a/c = 3$ beträgt die elastische Spannungsüberhöhung bereits $\sigma_y = 7\,\sigma$. Steigt die Nennspannung auf $\sigma = \sigma_{II}$ an (rechte Bildhälfte), so wird örtlich die Fließgrenze überschritten, und es bildet sich vor dem Kerbgrund eine plastische Zone der Tiefe ω aus (teilplastischer Zustand). Sie kann bei begrenzter Scheibengröße das gesamte Ligament erfassen (vollplastischer Zustand).

(d) Abgrenzung

Bei der Berechnung von Art, Höhe und Verteilung der in einem Körper wirkenden Spannungen wird zunächst ein makroskopisches Kontinuum angenommen. In einem zweiten Schritt ist dann zu betrachten, wie die Spannungen mikroskopisch im Diskontinuum zerlegt werden, aus dem Eisenwerkstoffe auf atomarer Ebene (Kristallinität), aber auch auf Gefügeebene (Phasen und Fehlordnungen) bestehen. Gerade auf letzterer sticht zwischen Stahl und Gusseisen der bedeutsame Unterschied hervor, dass Gusseisen eutektische Phasen (Graphit, Karbid) enthält, die aus der Schmelze gröber gewachsen sind, als in der restlichen Matrix, die Stahl ähnlich ist (s. Kap. A.2, S. 53). Die "groben" Graphit- oder Karbidpartikel stellen aufgrund ihres höheren Elastizitätsmoduls (E-Modul) einen Steifigkeitssprung dar, der eine innere Kerbwirkung ausübt. Es erscheint daher sinnvoll, das mechanische Verhalten von Eisenwerkstoffen zunächst anhand eutektikumsfreier Stähle zu betrachten und dann auf Gusseisen einzugehen, bei dem, vereinfacht betrachtet, ein stahlähnliches Gefüge mit inneren Kerben vorliegt.

Die folgenden Ausführungen über Verformung, Bruch und Festigkeit konzentrieren sich auf die Vorgänge bei quasistatischer und dynamischer Beanspruchung im Temperaturbereich < 200°C. Ergänzende Betrachtungen finden sich an anderer Stelle: z. B. Schwingende Beanspruchung siehe Federstähle und Wälzlagerstähle, Zeitstandbeanspruchung siehe warmfeste Stähle, Spannungsrisskorrosion siehe Nasskorrosion.

A.4.1.2 Verhalten von Stahl

Eine einsinnige mechanische Beanspruchung beginnt mit elastischen Verformungen. Im Falle von Normalspannungen sind sie mit Gitterdehnung und Volumenänderung verbunden. Bei Schubspannungen wird das Kristallgitter ohne Volumenänderung verzerrt. Wächst die Belastung über das elastisch ertragbare Maß, so hat der Stahl mikroskopisch gesehen nur zwei Möglichkeiten der Reaktion: Spalten oder Gleiten. Spalten bedeutet Reißen von überdehnten Bindungen zwischen Atomen des Gitters. Es folgt den dünn mit Atomen besetzten krz-Würfelebenen. Gleiten heißt Verschieben von Atomen gegeneinander durch Versetzungsbewegung in dicht besetzten Gitterebenen (Bilder A.1.4, S. 8 und A.2.4, S. 23).

(a) Spalten oder Gleiten?

Das Spalten ruft schon bei kleiner Überlast Risskeime hervor, die sich mit geringem Energieverbrauch und hoher Geschwindigkeit ausbreiten. Dieses spröde Verhalten ist gefährlich. Das Gleiten durch Versetzungsbewegung in vielen Gleitebenen ist dagegen mit großem Energieverbrauch verbunden. Das Bauteil verformt sich plastisch und bricht nicht gleich, sondern erst nach größerer Überlast und Verformung. Dieses zähe Verhalten schafft Sicherheit. In

Bild A.4.3 ist die Situation am Beispiel eines Ferritkornes unter monoton ansteigender Zugspannung dargestellt. Es stellt sich die Frage, unter welchen Bedingungen die Gleitung im Nachbarkorn und damit die plastische Verformung eingeleitet und die Spaltung vermieden werden kann. Die Antwort liegt in der Beanspruchungsart und im Werkstoff.

Beanspruchungsarten, die eine Versetzungsbewegung durch Abbau ihrer thermischen Aktivierung behindern, fördern das Spalten. Das geschieht durch tiefe Temperaturen, wie auch durch hohe Verformungsgeschwindigkeit. Ein hoher Mehrachsigkeitsgrad σ_h/σ_v, z. B. vor Kerben und Rissen, dehnt das Gitter bis zur Spaltung und verringert gleichzeitig die Verzerrung und Neigung zur Gleitung. So findet man bei gegebenem Werkstoffzustand allein durch Änderung des Prüfverfahrens sowohl sprödes wie zähes Versagen (Bild A.4.4). Je höher σ_h/σ_v und $\dot{\varepsilon}$ und je niedriger die Temperatur, desto eher kommt es zum Spaltbruch.

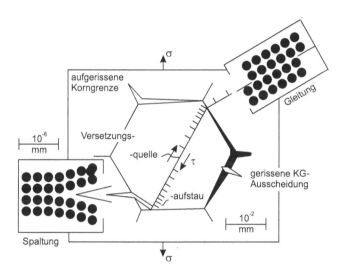

Bild A.4.3 Spalten oder Gleiten (schematisch): Bei steigender Nennspannung σ beginnt in einem günstig orientierten Korn (größte Schubspannung τ unter 45° zu σ fällt mit Gleitrichtung zusammen, s. Bild A.1.4, S. 8) eine Quelle mit dem Ausstoß von Versetzungen, die sich vor dem nächsten Hindernis, hier der Korngrenze, aufstauen. Im Kopf dieses Aufstaus entsteht durch die eingeschobenen Halbebenen (durch Striche senkrecht zur Gleitebene angedeutet) eine Spannungskonzentration. Sie kann zu einem Anriss durch Spaltung von Atombindungen (s. Vergrößerung) oder zur Gleitung im Nachbarkorn führen. Anrisse können auch durch den Bruch von Ausscheidungen oder das Versagen von Grenzflächen entstehen.

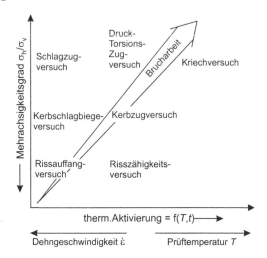

Bild A.4.4 Einfluss der Prüfbedingungen auf die Zähigkeit (Brucharbeit):
In dieser schematischen Einordnung von Prüfverfahren steigt der Mehrachsigkeitsgrad vom Druck- zum Zug- oder Biegeversuch mit glatter, gekerbter oder angerissener Probe. In Schlagversuchen oder solchen mit schnell laufenden Rissen ist die Zeit t für eine thermische Aktivierung kurz, in Kriechversuchen dagegen lang.

(b) Übergangstemperatur

Der Übergang von der Tieflage der Zähigkeit oder Duktilität zur Hochlage lässt sich in deren Auftragung über der Prüftemperatur deutlich erkennen. Mit zunehmender Kerbschärfe und Verformungsgeschwindigkeit verschiebt sich die Übergangstemperatur $T_{\ddot{u}}$ nach oben und damit in den klimabedingten Temperaturbereich (Bild A.4.5).

Zwischen den Eisenatomen im Kristallgitter herrschen gerichtete *atomare Bindungen* (vorwiegend durch d-Elektronen) und ungerichtete (vorwiegend durch s-Elektronen). Erstere tendieren bei Überlastung zu sprödem Versagen, letztere fördern metallisch duktiles Verhalten. Die ungerichtete Bindung belässt den Elektronen Beweglichkeit. Diese freien Elektronen prägen nicht nur den mechanisch duktilen Charakter von Metallen, sondern ermöglichen auch ihre gute elektrische und thermische Leitfähigkeit. Legierungsmetalle wie Ni und Co, die im Periodensystem rechts vom Eisen stehen, erhöhen die Konzentration an freien Elektronen im Mischkristall und senken $T_{\ddot{u}}$. Daher gelten z. B. martensitische Einsatzstähle mit 3.5 % Ni oder nichtrostende austenitische Stähle mit 10 % Ni als besonders zäh. Elemente wie Mn und Cr, die links vom Eisen stehen, üben einen entgegengesetzten Einfluss auf den Mischkristall aus. Im Gegensatz zu C mit zwei p-Elektronen enthält N ein ungepaartes drittes p-Elektron, wodurch die Konzentration an freien Elektronen im Mischkristall steigt. Eine Nutzung findet sich z. B. bei nichtrostenden Stählen.

Das *Gefüge* beeinflusst die Lage von $T_ü$ ebenfalls. Das beginnt mit der Ferritkorngröße . Je kürzer die Aufstaulänge von Versetzungen vor einem Hindernis, umso eher bringt die Rückwirkung der Spannungskonzentration im Aufstau die Emission von Versetzungen aus der Quelle zum Versiegen. Für Bild A.4.3 bedeutet dies, dass mit abnehmender Korngröße die lokale Spannung im Kopf des Aufstaus bei gegebener äußerer Spannung abklingt. Feinkornstähle nutzen diesen Effekt zur Senkung von $T_ü$.

Wichtig ist der Bruch von *Sprödphasen* für die Auslösung der Spaltung. Theoretische Überlegungen haben gezeigt, dass in der Regel die so gebildeten Risskeime die Spaltung des Ferrits auslösen. In Bild A.4.3 ist der Beginn des Spaltens durch Bruch eines Korngrenzenkarbides dargestellt. Je dünner die Hartphase, umso kürzer der Risskeim, dessen Ausbreitung in den Ferrit damit unwahrscheinlicher wird. Steigende Perlitgehalte erhöhen die Übergangstemperatur, desgleichen eine Zunahme der Karbidlamellendicke. Silizium wird im Ferrit gelöst und hebt $T_ü$ an. Auch eine Festigkeitssteigerung führt in der Regel zur Erhöhung von $T_ü$. Ausnahmen sind die Feinkornhärtung und die Mischkristallverfestigung durch Nickel.

(c) Hochlage

In der Hochlage erzeugt die Gleitung innere Hohlräume. Sie entstehen durch Bruch oder Ablösung von Ausscheidungen oder nichtmetallischen Einschlüssen bzw. durch Interaktion von Versetzungen im Eisengitter. Durch weitere

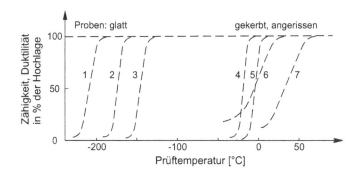

Bild A.4.5 Hochlage/Tieflage-Übergang: Trägt man die Duktilität oder Zähigkeit bezogen auf die Hochlage über der Prüftemperatur auf, so ergeben sich für einen Stahl mit $\sim 0.2\,\%$ C angenähert folgende Übergangskurven (1) Verdrehung bis zum Bruch im Torsionsversuch, (2, 3) Bruchdehnung im Zugversuch bei zügiger bzw. schlagender Belastung, (4, 5) Kerbschlagbiegearbeit für Rund- bzw. Spitzkerbproben, (6, 7) Bruchzähigkeit für zügige bzw. schlagende Belastung. Beim Kerbschlagbiegeversuch liegt der Übergang im klimatisch bedingten Temperaturbereich, so dass er im Hinblick auf gekerbte Bauteile zur Ermittlung einer Übergangstemperatur $T_ü$ herangezogen wird.

plastische Verformung wächst der Hohlraumdurchmesser exponentiell mit dem Mehrachsigkeitsgrad σ_h/σ_v an. Die verbleibenden Metallbrücken werden allmählich abgeschert, einzelne Hohlräume verbinden sich zu einem Riss, der wächst und schließlich den Gleitbruch auslöst. Wieviel Bruchverformung örtlich nötig ist, hängt ab von der Größe und Menge der Hartphasen und von der Verformbarkeit der Metallbrücken. In Bild A.4.6 ist der Ablauf des Gleitbruches an einem Beispiel dargestellt. Daraus geht auch der Unterschied zwischen einer Beanspruchung längs und quer zur Walzrichtung von Stahl hervor (s. Bild A.4.11, S. 93).

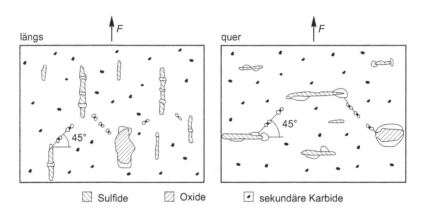

Bild A.4.6 Gleitbruch: In einem hochfesten Stahl beginnt die Ablösung und Hohlraumbildung im Zugversuch an groben nichtmetalllischen Einschlüssen oder Karbiden. Letztere entstehen bei der Desoxidation, wie z. B. Ti(C,N) oder durch Seigerung, wie z. B. M_7C_3 im Stahl X40CrMoV5-1. In Längsproben reißen die Sulfide auf halber Länge durch und die Hälften dann wieder in der Mitte. Unter 45° werden in Gleitrichtung nach weiterer Verformung Hohlräume um die feineren sekundären Karbide erzeugt. Durch Hohlraumvereinigung entstehen innere Anrisse, die stabil bis zum Bruch wachsen. In Querproben ergeben sich bei gleicher Dehnung senkrecht zur Kraft F längere elliptische Hohlräume mit größerer Kerbwirkung (s. Bild A.4.2), so dass die Brucheinschnürung geringer ausfällt.

(d) Bruchverlauf

Spalt– und Gleitbruch gehen durch die Körner, sind also transkristallin. Bietet sich ihnen an Korngrenzen ein Weg des geringeren Widerstandes, so schlagen sie diesen interkristallinen Pfad ein (Bild A.4.7). Er kann durch Spalten von atomaren Bindungen gebahnt werden oder mit Gleiten und Hohlraumbildung verbunden sein, die sich jedoch auf die Flanken der Korngrenzflächen beschränkt. Der interkristalline Bruch ist daher in der Regel energiearm.

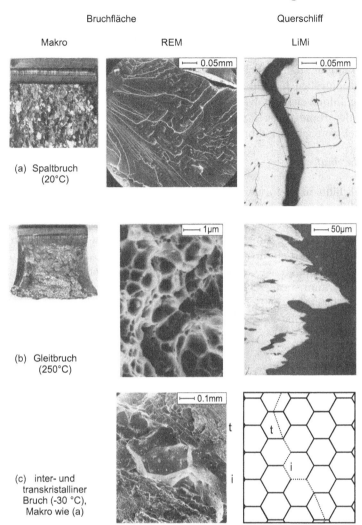

Bild A.4.7 Risspfad: Als Beispiel wird der ferritische Chromstahl X6CrTi12 mit Grobkorn von ≈ 1 mm Durchmesser im Kerbschlagversuch geprüft ($T_{\ddot{u}} \approx 140°C$). (a) Der Spaltbruch unterhalb $T_{\ddot{u}}$ verläuft transkristallin und praktisch ohne Verformung entlang einer Würfelebene (s. Bild A.1.4, S. 8), die in jedem Korn anders orientiert ist. (b) Der Gleitbruch oberhalb $T_{\ddot{u}}$ geht mit Verformung einher, die sich makroskopisch als laterale Breitung der Probe bemerkbar macht und mikroskopisch durch Waben bzw. Grübchen. Sie entstehen durch Abscherung der Brücken zwischen den Hohlräumen. (c) Bei tiefer Temperatur bilden sich interkristalline Bruchanteile (i), die ähnlich spröde sind wie transkristalline Spaltanteile (t).

Von diesem mikroskopischen Bruchverlauf ist der makroskopische zu unterscheiden. Liegt die Bruchfläche normal zur größten Zugspannung, handelt es sich um einen Normalspannungsbruch. Verläuft der Bruch unter 45° zur Normalspannung, d. h. in Schubspannungsrichtung, so spricht man von einem Schubspannungsbruch (Bild A.4.8).

Häufig bildet sich im Kern unter EDZ ein Normalspannungsbruch aus, während der Rand unter ESZ in Form einer Schublippe durch Schubspannungsbruch versagt (Mischbruch).

(e) Bruchablauf

Der Bruch läuft in drei aufeinanderfolgenden Stadien ab:
- Rissbildung (wenn nicht schon in der Fertigung angerissen)
- stabiles Risswachstum (langsam, stoppt wenn Belastung endet)
- instabiles Risswachstum (schnell, in weichen Systemen kaum zu stoppen)

Folgen alle drei bei einer einmaligen Belastung unmittelbar aufeinander, so spricht man von einem Gewaltbruch. Wächst dagegen ein Riss über einen längeren Zeitraum stabil, so handelt es sich um einen Zeitbruch. Dazu kommt es, wenn die mechanische Beanspruchung chemisch oder thermisch unterstützt bzw. schwingend abläuft.

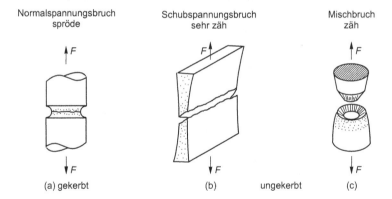

Bild A.4.8 Zähigkeit von Gewaltbrüchen: Bei gegebenem Stahl und Werkstoffquerschnitt hängt das verformte Volumen (gepunktet) und damit die Brucharbeit im Zugversuch von der Probenform ab. (a) Im Kerbgrund entsteht ein Riss, der nur eine kleine plastische Zone durch die Probe treibt. Die plastische Verformung bleibt auf die Bruchränder beschränkt. (b) In einer dünnen Flachprobe herrscht überwiegend ebener Spannungszustand ESZ. Der geringere Mehrachsigkeitsgrad begünstigt die plastische Verformung eines großen Werkstoffvolumens. (c) Im Kern der Rundprobe bildet sich ein ebener Dehnungszustand EDZ aus. Aufgrund des höheren Mehrachsigkeitsgrades entsteht innen ein Normalspannungsbruch. Er geht nach außen durch ESZ als Schublippe in einen Schubspannungsbruch über.

(f) Gewaltbruch

Die Zerlegung eines Werkstückes durch Gewaltbruch erfordert Energie. Diese Brucharbeit bedeutet Zähigkeit. Sie steht mit dem plastisch verformten Volumen in Beziehung. Die Bruchverformung wird als Duktilität bezeichnet (Bild A.4.8).

Die Zähigkeit des Gewaltbruches hängt maßgeblich von der bis zur Instabilität geleisteten plastischen Verformung ab. Sie wird als Einschnürung, Biegung, Stauchung oder Verdrehung auf der Mantelfläche erkennbar. Durch Kerben kommt es zu einer Lokalisierung der Verformung. Das verformte Volumen geht zurück und damit auch die Brucharbeit. Das instabile Risswachstum verbraucht vergleichsweise wenig Energie. Es wird nur eine kleine plastische Zone vor der Rissfront durch den Werkstoff getrieben. Sie ist im ESZ- größer als im EDZ-Bereich. Das äußert sich als Schublippe am Bruchrand. Im Schadensfall wird die Zähigkeit von Gewaltbrüchen nach makroskopischen Gesichtspunkten beurteilt, d. h. nach der Verformung der Mantelflächen und dem Anteil der Schublippen an der Bruchfläche. Die mikroskopische Bruchflächenuntersuchung lässt keinen eindeutigen Rückschluss auf die gesamte Brucharbeit zu. So kann in ungekerbten Bauteilen dem spröden Spaltbruch eine plastische Verformung vorausgehen. In gekerbten Bauteilen mag die Gleitung auf die Bruchflanke begrenzt sein und der Gleitbruch insgesamt wenig Energie verbrauchen. Ein Sprödbruch tritt makroskopisch als Normalspannungsbruch und mikroskopisch als Spalt- oder energiearmer Gleitbruch ggfs. auch interkristallin auf. Ein Zähbruch ist makroskopisch durch Schubspannungs- oder Mischbruch gekennzeichnet und mikroskopisch von Gleitung in einem größeren Volumen und von Grübchen begleitet.

(g) Zeitbruch

Durch Schwingbeanspruchung, Spannungsrisskorrosion oder Kriechen wächst ein Riss stabil, bis die durch Rissverlängerung freiwerdende Energie gerade mit der verbrauchten gleichzieht. Die äußere Spannung σ, der Spannungsintensitätsfaktor K_I und die Risslänge a nehmen für diesen Fall eine kritische Größe an

$$K_c = \sigma_c \sqrt{\pi a_c} \cdot Y \qquad (A.4.1)$$

Für EDZ wird K_c als Bruchzähigkeit K_{Ic} bezeichnet (DIN EN ISO 12737). Der Geometriefaktor Y berücksichtigt die Rissform und -anordnung. Die Zeit bis zum Eintritt des instabilen (Restgewalt-)Bruches stellt die Lebensdauer des Bauteiles dar. Während es beim Gewaltbruch eines Werkstückes um die bis zu Instabilität aufgenommene plastische Verformung geht, zählt beim Zeitbruch die bis dahin abgelaufene Betriebsdauer. Der Zeitbruch ist die häufigste Versagensart durch mechanische Beanspruchung. Daraus erklärt sich auch die Bedeutung der Bruchzähigkeit als Werkstoffkennwert.

(h) Festigkeitseigenschaften

Bei einsinniger mechanischer Beanspruchung des Stahles geht es um den Widerstand gegen bleibende Verformung und den Widerstand gegen Bruch. Beide sind durch eine Grenzspannung gekennzeichnet. An der Fließgrenze beginnt die plastische Verformung, an der Bruchgrenze der instabile Bruch. Zwischen beiden Grenzspannungen verfestigt sich der Werkstoff durch Bildung von Fehlordnungen wie Versetzungen und Stapelfehler. Eine diskontinuierliche Fließgrenze wird als Streckgrenze bezeichnet und eine kontinuierliche als Dehngrenze angegeben (Bild A.4.9). Die Bruchgrenze heißt

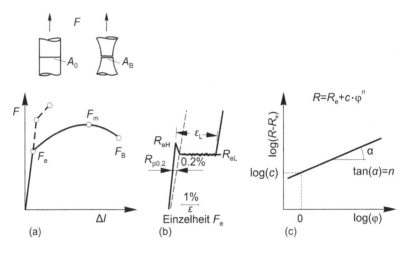

Bild A.4.9 Kennwerte des Zugversuches: (a) Kraft/Verlängerung-Kurven für einen weichen Stahl und einen harten (gestrichelt). Der Konstrukteur bezieht die Kraft F auf den Ausgangsquerschnitt A_0 und die Verlängerung Δl auf die Ausgangslänge l_0 (technisches Spannungs/Dehnungs-Diagramm). Es ist $\sigma = F/A_0$ und $\varepsilon = \Delta l/l_0$. Die Brucharbeit$=\int F\,dl$ entspricht der Fläche unter der Kurve. Die Zugfestigkeit $R_m = F_m/A_0$ stellt die Bruchgrenze dar. Die wahre Bruchspannung in der Einschnürung $R_B = F_B/A_B$ liegt zwar darüber, ist aber in einer Konstruktion nicht verwertbar. (b) Die Fließgrenze $R_e = F_e/A_0$ wird als obere oder untere Streckgrenze R_{eH} oder R_{eL} bzw. als 0.2-Dehngrenze $R_{p0.2}$ angegeben. Die ausgeprägte Streckgrenze ist mit einer Lüders-Dehnung ε_L verbunden. Die kontinuierliche Streckgrenze(gestrichelte Kurve) wird bei 0.2 % bleibender Dehnung abgegriffen. (c) Den Fertigungstechniker interessiert für die Kaltumformung welche Maschinenkraft F vorgehalten werden muss, um den aktuellen verfestigten Querschnitt A zu weiterem Fließen zu bringen. Die wahre Fließspannung $R = F/A$ steigt durch Kaltverfestigung gemäß der Fließkurve mit der wahren Dehnung $\varphi = \ln(l_1/l_0)$ an (wahres Spannungs/Dehnungs-Diagramm). R wird auch als Formänderungsfestigkeit k_f und φ als logarithmische Formänderung bezeichnet. Oberhalb der Gleichmaßdehnung $\varphi \approx n$ ist bei der Aufnahme der Fließkurve eine Korrektur für die Mehrachsigkeit in der Einschnürung erforderlich.

auch Bruchspannung oder Bruchfestigkeit, worin Druck-, Torsions-, Biege-, Zug- und Kerbzugfestigkeit zusammengefasst sind. In rissbehafteten Proben und Bauteilen ergibt sich die Bruchgrenze vereinfacht aus (Gl. A.4.1) als $\sigma_c \sim K_c/\sqrt{\pi a_c}$. Die Bruchgrenze stellt somit die größte ertragbare Kraft bezogen auf den kleinsten Ausgangsquerschnitt einer Probe oder eines Bauteiles dar. In der Umformtechnik kommt es dagegen auf die zur weiteren Verformung nötige Kraft im jeweiligen Querschnitt an. Diese wahre Spannung wird Fließspannung oder Formänderungsfestigkeit genannt.

Bei gegebenem Gefüge hängen die Festigkeitseigenschaften von den Beanspruchungsbedingungen d. h. vom Mehrachsigkeitsgrad und von der thermischen Aktivierung ab. Nach Bild A.4.1 beträgt σ_h/σ_v im Druckversuch $-1/3$, im Torsionsversuch 0, im Zugversuch $1/3$ und erreicht im Kerbzugversuch mit wachsender Kerbschärfe noch höhere Werte. Fließ- und Bruchgrenze nähern sich einander in dieser Reihenfolge und die plastische Verformung geht zurück. So bricht ein Baustahl auch nach großer Stauchung nicht, während er im Kerbzugversuch spröde versagen kann. Diese Tendenz wird durch eine sinkende Temperatur verstärkt, da die Fließgrenze dabei stärker ansteigt als die Bruchgrenze. Beide treffen bei der Übergangstemperatur $T_{\ddot{u}}$ zusammen. Die makroskopische Verformung geht gegen null. Eine Steigerung der Verformungsgeschwindigkeit verringert die Zeitdauer der thermischen Aktivierung und erhöht die Übergangstemperatur. Unterhalb von $T_{\ddot{u}}$ kann die Bruchgrenze unter die ursprüngliche Fließgrenze fallen (Bild A.4.10). Die Härteprüfung arbeitet langsam und mit Druckspannungen, $\dot{\varepsilon}$ und σ_h/σ_v sind klein. Das Verfahren bleibt auch bei harten Stählen in der Regel frei von Rissbildung und unabhängig von $T_{\ddot{u}}$. Damit ist die Härte ein einfach zu ermittelnder Messwert für das, was an Festigkeit in einem Gefüge steckt. Wieviel davon nutzbar gemacht werden kann, hängt von den Beanspruchungsbedingungen ab. Unterhalb $T_{\ddot{u}}$ ist der Stahl zwar noch hart, aber u. U. nicht mehr fest (Bild A.4.10).

(i) Probenlage

Die durch Streckung von Mikroseigerungen und nichtmetallischen Einschlüssen entstandene Gefügezeiligkeit (s. Bild. B.1.1, S. 126) führt zu Unterschieden in den mechanischen Eigenschaften, wenn längs oder quer zur Faser (Zeiligkeit) des Walzstahles geprüft wird. Die Festigkeitskennwerte (R_{eH}, $R_{p0.2}$, R_m nach DIN EN 10002) sind davon weniger betroffen als die Duktilität (Bruchdehnung A, Brucheinschnürung Z) und die Zähigkeit (ISO-V Kerbschlagbiegearbeit KV nach DIN EN 10045). In Bild A.4.11 ist die Lage von Zug und Kerbschlagbiegeproben in Rund- und Flachstahl skizziert. Der Bezeichnung von Richtungen mit X, Y, Z entspricht in den USA die Verwendung von L (longitudinal), T (transvers) und S.

Für Walzprofile und Freiformschmiedestücke (Scheiben, Ringe u. a.) ergibt sich ein komplexer Faserverlauf, dem die Probelage anzupassen ist. Wie in Bild B.1.5 (s. S. 132) gezeigt, kann die Kerbschlagzähigkeit in Flachstahl beim Wechsel von Probelage XZ zu ZX im ungünstigsten Fall auf ein Zehntel zurückgehen. Zur Prüfung in Dickenrichtung Z werden bei dünnem Flachstahl senkrecht zur Oberfläche Hilfsstücke angeschweißt, um Proben herausarbeiten zu können. Der Beanspruchungsfall ZX entsteht z. B. dann, wenn an die Rückseite eines senkrechten U-Profils ein horizontaler Biegebalken angeschweißt wird und eine Einbrandkerbe vorliegt.

Wie in Bild A.2.7 a, S. 27 gezeigt, addiert sich die Mikroseigerung zum Kern des Erstarrungsquerschnittes hin zu einer Makroseigerung auf, so dass gerade bei dickeren Block- bzw. Schmiedeabmessungen auch die Lage von Längs- und Querproben im Querschnitt von Bedeutung ist. Sie wird daher, wie der gesamte Prüfumfang, bei Bestellung vereinbart. Das gilt auch für Stahlgussstücke, die zwar keine Schmiedefaser enthalten, aber eine Anisotropie, z. B. längs und

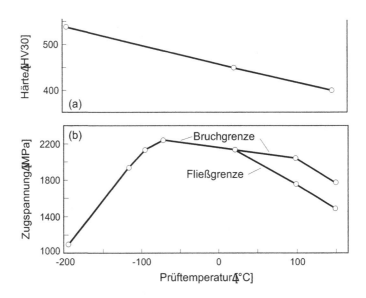

Bild A.4.10 Härte und Bruchgrenze: Stahl 50CrV4 vergütet 860°C/Öl + 460°C 2 h auf eine Härte nach EN ISO 6507 von 450 HV, was nach DIN EN ISO 18265 einer Zugfestigkeit von R_m=1455 MPa entspricht. (a) Mit abnehmender Prüftemperatur nimmt die Beweglichkeit der Versetzungen ab und die Härte steigt. (b) Im Kerbzugversuch an Proben mit 4 mm Durchmesser und einem 0.5 mm tiefen umlaufenden Spitzkerb wird die Kraft auf die Fläche unter dem Kerb bezogen. Der hohe Mehrachsigkeitsgrad am Kerb bewirkt eine Fließbehinderung und hebt die Bruchgrenze über R_m. Im oberen Temperaturbereich zeigt sich der Beginn messbarer Gesamtdehnung als Fließgrenze. Die lokale Dehnung im Kerbquerschnitt liegt höher und wächst bis zur Bruchgrenze. Im mittleren Temperaturbereich fallen Fließ- und Bruchgrenze zusammen, steigen aber weiter an. Das bleibend verformte Volumen nimmt ab und zieht sich auf den Kerbgrund zurück. Im unteren Temperaturbereich ist der plastische Abbau der Spannungskonzentration im Kerb soweit eingeschränkt, dass die Spannungsüberhöhung α_k (s. Bild A.4.2) zum Tragen kommt. Die Bruchgrenze fällt unter R_m, während die Härte weiter ansteigt.

quer zu den Stängelkristallen (s. Bild A.2.7 a), aufweisen können und natürlich Mikro- und Makroseigerung enthalten. Bei ungenügender Speisung sind im Kern z. T. auch Mikrolunker anzutreffen. Die Proben werden entweder aus Bearbeitungszugaben dem Gussstück entnommen oder aus angegossenen bzw. separat gegossenen Probestücken.

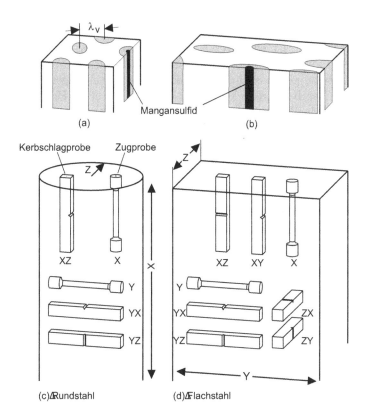

Bild A.4.11 Probenlage: (a) Volumenelement aus einem gewalzten Rundstab mit schematisch angedeuteten Seigerungszeilen (grau) und Sulfiden (schwarz), die in Walzrichtung (=Längsrichtung) gestreckt sind. Der Dendritenabstand λ nach Bild A.2.8 (=Seigerungsabstand, s. S. 27) ist durch Streckverformung auf λ_V reduziert. (b) In Flachstahl (Blech) ist die Seigerung wie in (a) gestreckt aber zusätzlich gebreitet, d. h. bandförmig ausgebildet. (c) Nach DIN EN ISO 3785 wird die Richtung der Hauptstreckumformung (Zeiligkeit) mit X bezeichnet und eine Längsprobe daher ebenso. Radial entnommene Querproben tragen den Buchstaben Z und tangential entnommene den Buchstaben Y. Bei dickeren Stäben kann die außermittige Lage der Probe z. B. mit 1/2 Radius angegeben werden. Bei gekerbten oder angerissenen Proben kommt die Risswachstumsrichtung im zweiten Buchstaben zum Ausdruck. (d) In Flachstahl unterscheiden wir Querproben Y in Breitenrichtung und Z in Dickenrichtung sowie drei Rissausbreitungsrichtungen.

(k) Festigkeitssteigerung

Reines Eisen ist weich. Es wird durch den Einbau von Fehlordnungen
(s. Bild A.2.4, S. 23) verfestigt. Mit steigender Konzentration an Fehlordnungen nimmt die Störung des regelmäßigen Gitteraufbaus zu. Die Bewegung von
Versetzungen wird erschwert, die Fließgrenze steigt. Bei der Mischkristallhärtung des Ferrits wirken interstitiell gelöste Kohlenstoff- und Stickstoffatome
viel stärker als die substituierten Chrom-, Mangan- oder Nickelatome. Phosphor zeigt sich als sehr effektiver Ferrithärter. Mittels Kalt- oder Halbwarmumformung wird eine Verfestigung durch Erhöhung der Versetzungsdichte erreicht, die zu gegenseitiger Behinderung der Versetzungen führt. Durch
Verringerung der Korngröße kommt es ebenfalls zu einer Festigkeitssteigerung. Die Ausscheidungshärtung ist am ausgeprägtesten für eine Dispersion
harter Teilchen, deren Größe so fein wie möglich, jedoch gerade nicht mehr
durch Versetzungen schneidbar ist (Anhaltswert: 10 nm). In gewissen Grenzen ist die Wirkung der null- bis dreidimensionalen Fehlordnungen addierbar
(Bild A.4.12). Sie treten auch in Wechselwirkung. So reichern sich interstitielle

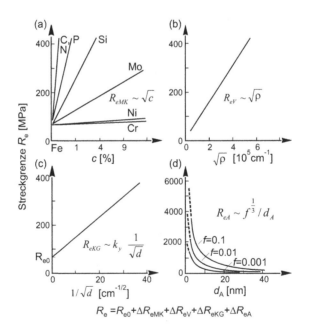

Bild A.4.12 Verfestigung von α-Eisen durch Fehlordnungen (nach E. Hornbogen, G. Lütjering): (a) Mischkristallhärtung (MK), c = Konzentration eines gelösten Elementes, (b) Kaltverfestigung durch Versetzungen (V), ρ = Versetzungsdichte, (c) Feinkornhärtung (KG), d = Ferritkorndurchmesser, k_y = Korngrenzen-
widerstand, (d) Aushärtung (A), d_A, f = Durchmesser und Volumenanteil harter
Ausscheidungen.

Atome in Stufenversetzungen und Korngrenzen an. Die in Versetzungen und Korngrenzen elastisch gespeicherte Verformungsenergie dient der Keimbildung von Ausscheidungen.

Fehlordnungen sind besonders reichhaltig in gleichgewichtsfernen Gefügen vertreten. Das trifft vor allem auf den Martensit zu. Über den Umweg der Austenitisierung werden Kohlenstoffgehalte im krz Gitter gelöst, die weit über seine eigentliche Löslichkeit von maximal 0.03 % hinausgehen. Zu dieser Mischkristallhärtung kommt die Erhöhung der Versetzungsdichte durch die Schiebungsumwandlung des Austenits. Sie entspricht einer starken Kaltverformung. Diesen punkt- und linienförmigen Fehlordnungen überlagern sich die flächenförmigen als Paket- oder Latten- bzw. Plattengrenzen.

Außer durch Fehlordnungen kann auch durch Einbau einer anderen — im Vergleich zu den feinen Ausscheidungen — *groben* Phase eine Festigkeitssteigerung erzielt werden. Durch die Mischung von weichen Ferritkörnern und härteren Perlitkörnern ergeben sich z. B. mittlere Härten für das Gefüge. Im Perlitgefüge ist die Konzentration von Phasengrenzen extrem hoch und die freie Weglänge s für Versetzungsbewegung in den Ferritlamellen sehr kurz. Die Streckgrenze steigt mit $s^{-1/2}$ (Bild A.4.13). Man erkennt die Ähnlichkeit mit der Feinkornhärtung, wo die freie Weglänge bis zur Korngrenze reicht und $R_e \approx d^{-1/2}$ (s. Bild A.4.12 c). Die relativ großen Karbidplatten des Perlits neigen jedoch unter Zugspannungen zum Reißen, wodurch Zähigkeit und

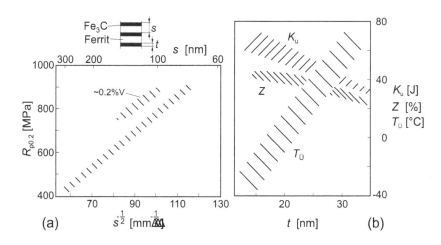

Bild A.4.13 Mechanische Eigenschaften von Perlitgefüge: Die Angaben von J. Flügge, W. Heller und R. Schweitzer beziehen sich auf un- und niedriglegierte perlitische Stähle mit 0.55 bis 0.99 % C. (a) Die Dehngrenze $R_{p0.2}$ steigt mit der Verringerung des Lamellenabstandes s. Durch Mikrolegieren mit Vanadium kann die Dehngrenze erhöht werden. (b) Die Kerbschlagbiegearbeit K_u für DVMF-Proben in der Hochlage und die Brucheinschnürung Z fallen mit wachsender Karbidlamellendicke t ab, die Übergangstemperatur $T_ü$ steigt an.

Duktilität leiden. Daher werden in modernen Mehrphasenstählen weniger
spröde Gefügebestandteile wie Bainit–, Martensit– und Restaustenitkörner
zur Verfestigung des Ferrits erzeugt. Eine feine Korngröße verleiht diesen
Dualphasen– bis Duplexgefügen (Bild A.2.2, S. 22) eine niedrige Übergangstemperatur. Der geringe Kohlenstoffgehalt fördert die Schweißeignung
(s. Kap. B.2, S. 168). Durch Erzeugung einer Anisotropie (Bild A.2.6, S. 25)
kann die Festigkeit in einer Richtung erhöht werden. Beispiele sind die gerichtete Erstarrung von Turbinenschaufeln oder die Walztextur in Tiefziehblech.

(l) Verschiebung der Übergangstemperatur

Eine Verfestigung von duktilen Stählen durch Mischkristallbildung, Kaltverformung oder Ausscheidungshärtung hebt die Fließgrenze stärker an als die
Bruchgrenze. Dadurch rutscht $T_{\ddot{u}}$ nach oben (s. Bild A.4.10). Bei der Fein-
kornhärtung ist es umgekehrt. Gerade bei höherfesten Baustählen gehört die
Feinkornhärtung immer dazu, um die $T_{\ddot{u}}$-Anhebung anderer Verfestigungsmechanismen zu kompensieren. Je ausgeprägter die Gefügezeiligkeit, umso mehr
wird $T_{\ddot{u}}$ beim Übergang von Längs- zu Querproben angehoben.
Durch dickere Karbidlamellen im Perlit steigt $T_{\ddot{u}}$ (Bild A.4.13). Bei harten
Stählen, z. B. für Werkzeuge und Wälzlager, neigt das niedrig angelassene
Martensitgefüge mit steigender Härte schon im ungekerbten Zug- oder Biegeversuch zum Sprödbruch. Erst bei reiner Druckbeanspruchung kann die höhere Härte voll ausgenutzt werden. Der Härteanstieg in Bild A.4.14 wirkt ähnlich wie die Temperatursenkung in Bild A.4.10. Der Abfall der Bruchgrenze

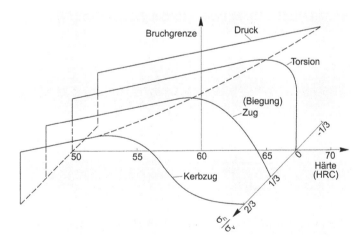

Bild A.4.14 Bruchgrenze harter Stähle(schematisch): Mit steigendem Mehrachsigkeitsgrad σ_h/σ_v verschiebt sich der Abfall der Bruchgrenze zu niedrigerer Härte.

bei höherer Härte in Bild A.4.14 hängt vom Gefüge ab. Grobe Karbide und Einschlüsse, aber auch Mikrolunker und Sinterporen (hier Defekte genannt) verschieben ihn nach links. Geht man davon aus, dass sich an den Defekten Anrisse bilden, deren Länge der Defektgröße proportional ist, so hilft eine qualitative bruchmechanische Betrachtung weiter (Bild A.4.15). Sie zeigt, dass gerade in harten Stählen eine geringe Defektgröße erforderlich ist, um die hohe Härte überhaupt nutzen zu können.

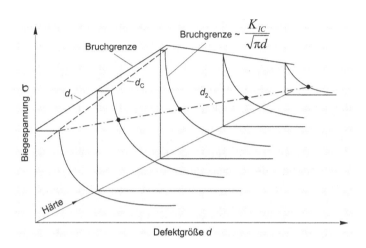

Bild A.4.15 Einfluss von Gefügedefekten in harten Stählen (schematisch): Solange die Defektgröße d unter der kritischen liegt ($d_1 < d_c$), steigt die Bruchgrenze im Biegeversuch mit der Härte an. Kritische Defekte ($d_2 > d_c$) ziehen Anrisse nach sich, die gemäß (Gl. A.4.1, S. 89) zu einem hyperbolischen Abfall der Bruchgrenze führen.

(m) Einfluss des Prüfverfahrens

Der zäh/spröd-Übergang ist eine Eigenheit der Eisenwerkstoffe, die neben dem Werkstoffzustand von den Beanspruchungsbedingungen abhängt. Mit zunehmendem Mehrachsigkeitsgrad (z. B. durch Kerben) und abnehmender thermischer Aktivierung (durch fallende Temperatur und steigende Beanspruchungsgeschwindigkeit) gelangt ein gegebener Stahl von der Hoch- in die Tieflage der Zähigkeit. Die Bruchverformung geht zurück und damit auch die Brucharbeit, ohne dass sich der Werkstoffzustand ändert. Auch der zäheste Baustahl kann spröde versagen, wenn er durch äußere Bedingungen von der Hoch- in die Tieflage kommt (Bilder A.4.4 und A.4.5). Selbst die Festigkeit wird durch den Übergang in die Tieflage beeinträchtigt (Bilder A.4.10 und A.4.14). Diesem Einfluss der Beanspruchungsbedingungen überlagert sich der

Einfluss des Werkstoffzustandes (Härte, Reinheitsgrad, Gefügezeiligkeit usw.) auf den zäh/spröd-Übergang.

Zur Charakterisierung des Werkstoffzustandes wird vorwiegend auf die Prüfung glatter Zugstäbe bei Raumtemperatur zurückgegriffen, weil sich damit der Widerstand gegen Verformung und Bruch (Festigkeit) in der Hochlage verfolgen lässt, abgesehen von sehr harten Stählen (Bild A.4.14). Die im Zugversuch ermittelte Brucharbeit (Fläche unter dem Kraft/Verlängerungs-Schrieb) ist z. B. als Zähigkeit für crash-resistente, glatte Fahrzeugteile von Bedeutung. Mit dem Kerbschlagbiegeversuch gelingt es die im kryogenen Bereich liegende Übergangstemperatur des Zugversuches für einen Baustahl in den klimabedingten Temperaturbereich zu heben (Bild A.4.5). Mit steigender Werkstoffhärte wird die Kerbschärfe, bis hin zu ungekerbten Flachschlagproben für Warmarbeitsstähle, reduziert, um den zäh/spröd-Übergang in den gewünschten Temperaturbereich zu legen. So lässt sich mit zwei Prüfverfahren viel über den Werkstoff in der Hochlage und seinen Übergangsbereich aussagen.

In den Prüfverfahren werden Gewaltbrüche erzeugt, während beim Bauteilversagen Zeitbrüche vorherrschen. Das hat zur Prüfung rissbehafteter Proben und zur Ermittlung der Bruchzähigkeit geführt. Bei dieser Zähigkeit geht es nur um die Arbeit bis zum Beginn der instabilen Ausbreitung eines bereits vorhandenen Risses. Das verformte Volumen bleibt klein und beschränkt sich auf die plastische Zone vor der Rissspitze und die Rissflanken. Im Gegensatz dazu erfährt das vergleichsweise große Volumen einer Zugprobe eine erhebliche Verformung bis zur Rissbildung im Kern der Einschnürung. Die Zähigkeit steckt ganz überwiegend in der Brucharbeit vor der Entstehung des Risses. Im Kerbschlagbiegeversuch wird das verformte Volumen durch Lokalisierung unter dem Kerb verringert, u. z. umso deutlicher je näher die Tieflage rückt. Gleichzeitig geht der Anteil der Brucharbeit vor der Rissbildung zurück und die Bedingungen nähern sich denen der rissbehafteten Probe. Die Zähigkeit unterscheidet sich je nach Prüfverfahren nicht nur erheblich im Betrag der geleisteten Brucharbeit, sondern reagiert auch unterschiedlich auf Änderungen im Werkstoffgefüge. Ein guter Reinheitsgrad kann z. B. die Brucharbeit im Zugversuch erhöhen, die Bruchzähigkeit aber unverändert lassen, weil die Wahrscheinlichkeit gering ist, in einem kleinen Prüfvolumen grobe nichtmetallische Einschlüsse anzutreffen.

In den sogenannten Werkstoffkennwerten steckt meist auch ein Beitrag der Beanspruchungsbedingungen und sei es z. B. nur der Unterschied im Versagen einer Zugprobe mit Rund- und einer mit Flachquerschnitt (Bild A.4.8). Die Übertragung der Kennwerte auf Bauteile erfordert geeignete Modelle und gelingt meist besser für die Festigkeitskenngrößen als für die Zähigkeit. Deshalb wird die Werkstoffprüfung durch Bauteilprüfung ergänzt. In die Zugprüfung eines Gewindebolzens geht die Kerbwirkung des Gewindes, aber auch die Druckeigenspannung im kaltgerollten Gewindegrund ein. Der Berstversuch eines Rohres unter Innendruck erfasst die Mehrachsigkeit des Spannungszustandes und den Einfluss einer Schweißnaht.

A.4.1.3 Verhalten von grauem Gusseisen

(a) Kerbwirkung des Graphits

Ein ferritisches Gusseisen enthält rund 11 Volumen% Graphit (Tab. A.1.3, S. 14), der lamellar, vermicular oder kugelförmig in einer Matrix verteilt vorliegt, die kohlenstoffarmem Stahlguss, allerdings mit erhöhtem Si-Gehalt, entspricht. Unter einachsiger Druckspannung wird die Mischkristallverfestigung durch Si (Bild A.4.12 a) zu einer Anhebung der Fließgrenze beitragen, aber die weitere Stauchung zunächst ähnlich duktil verlaufen wie bei Stahlguss. Ein anderes Bild ergibt sich bei einachsiger Zugspannung, die durch das Schichtgitter des Graphits praktisch nicht übertragen wird. Die Graphitausscheidungen wirken fast wie Hohlräume, behindern aber deren Einschnürung. Aus Bild A.4.2 entnehmen wir, dass eine zylindrische Bohrung durch eine Scheibe für ESZ eine lokale elastische Spannungsüberhöhung um $\alpha_k = 3$ bewirkt, die bei flach ovaler Form leicht auf mehr als 10 ansteigen kann. An einer Kugelpore ergibt sich $\alpha_k \approx 2$ und durch Abplattung auf eine linsenförmige Lamelle quer zur Zugspannung steigt α_k um mehr als eine Größenordnung, wodurch anrissähnliche Verhältnisse entstehen. Die elastische Spannungsüberhöhung um eine Kugelpore klingt innerhalb einer Zone von zwei- bis dreimal Porendurchmesser vollständig ab. Bei einer Lamelle ist die Zone dagegen kleiner als der Lamellendurchmesser. Es genügt hier die qualitative Feststellung, dass von Graphitausscheidungen eine innere Kerbwirkung ausgeht, die von der Kugel zur Lamelle drastisch ansteigt. Der global einachsige Spannungszustand wird am Kerb lokal mehrachsig, was den Mehrachsigkeitsgrad σ_h/σ_v deutlich erhöht. Als Folge steigt in der Matrix die Übergangstemperatur $T_\ddot{u}$ für Sprödbruch an (s. Bild A.4.5) und die Brucharbeit (Zähigkeit) nimmt ab (s. Bild A.4.4). Erschwerend kommt hinzu, dass $T_\ddot{u}$ durch Si weiter angehoben wird und Guss ohne die bei Walzstahl gebräuchliche Feinkornrekristallisation auskommen muss.

Der Kerbfaktor α_k hängt von der Form der Graphitausscheidung ab. Deren Größe kommt z. B. nach Gleichung A.4.1 ins Spiel, sobald sich an rissähnlichen Lamellen ein scharfer Anriss gebildet hat. Im Zugversuch wird nur lokal vor der Rissspitze eine kleine plastische Zone entwickelt, ohne dass globales Fließen einsetzt. Die Bruchgrenze σ_c sinkt mit steigender Ausscheidungs- bzw. Rissgröße a_c. Da die Lamellen nicht nur einzeln sondern auch zusammenhängend vorkommen, geht die Bruchgrenze weiter zurück. Als typisch gilt z. B. für gegossene Probestäbe aus ferritischem Grauguss mit einer Härte von 156 HB eine Zugfestigkeit von nur $R_m = 152$ MPa. Die Angabe der Streckgrenze entfällt. Die Bruchdehnung beträgt A < 1 % (Tab. A.4.1). Der makroskopisch spröde Bruch wird mikroskopisch durch spröden Spaltbruch der Matrix (Bild A.4.7 a) charakterisiert. Die Druckfestigkeit erreicht mit 572 MPa fast das Vierfache der Zugfestigkeit.

Tabelle A.4.1 Mechanische Eigenschaften von ferritischem Gusseisen. Anhaltswerte zur groben Unterscheidung des Einflusses von kugeligem oder lamellarem Graphit.

Kennwert		Kugel	Lamelle
Härte	[HB]	160	120
$R_{p0.2}$	[MPa]	315	—
R_m	[MPa]	440	130
A	[%]	18	0.6
$KV^{1)}$	[J]	15	3
K_{Ic}	[MPa$\sqrt{m}$]	$70^{2)}$	35
E-Modul	[GPa]	170	90
rel. Dämpfung$^{3)}$		6.4	53

[1)] ISO-V Kerbschlagarbeit

[2)] ermittelt nach J-Integral: K_{Jc}

[3)] kohlenstoffarmer Stahl $= 1$

Bei Gusseisen mit Kugelgraphit beträgt α_k unabhängig vom Kugeldurchmesser ungefähr zwei, doch wächst bei gegebenem Graphitvolumen der Kugelabstand mit dem -durchmesser, d. h. die Matrixbrücken zwischen den Ausscheidungen werden dicker. Die lokale Spannungsüberhöhung wird im Zugversuch durch plastisches Fließen der ferritischen Matrix abgebaut und nach Überschreiten der Streckgrenze kommt es zu weiterer Verformung und Verfestigung, bei der sich die Matrix von den Graphitkugeln löst und die Kugelporen sich, ähnlich wie bei nichtmetallischen Einschlüssen im Stahl (Bild A.4.6), weitgehend durch Gleitbruch (Bild A.4.7 b) vereinen, was schließlich zu einem makroskopisch duktilen Bruch führt. Typische Kennwerte für ferritisches Gusseisen mit Kugelgraphit sind in Tab. A.4.1 genannt. Bei vergleichbarer Härte liegt die Zugfestigkeit für Kugelgraphit rund dreimal so hoch wie für Lamellengraphit. Hinzu kommt der Gewinn an Sicherheit durch die duktile Verfestigung zwischen $R_{p0.2}$ und R_m, die stahlähnlich ausfällt.

(b) Brucharbeit

Der in Bild A.4.4 gezeigte Einfluss der Prüfbedingungen auf die Brucharbeit (Zähigkeit) wird für Gusseisen von der inneren Kerbwirkung des Graphits überlagert. Die Bruchzähigkeit von ferritischem Gusseisen mit Kugelgraphit liegt nur um rund Faktor 2 über der mit Lamellengraphit, da der scharfe äußere Anriss die innere Kerbwirkung überspielt. Für die Kerbschlagarbeit beträgt der Unterschied schon ungefähr Faktor 5 und für den Zugversuch ergibt sich aus der Fläche unter der Kraft / Verlängerungs-Kurve ein Faktor > 50 für die Brucharbeit. Der Einfluss von Vermiculargraphit liegt dazwischen, da einerseits der Kerbfaktor den des Kugelgraphits übertrifft, andererseits die durchgehenden Verbindungen des Lamellengraphits unterbrochen sind.

(c) Steifigkeit und Dämpfung

In Gusseisen mit Lamellengraphit kommt es aufgrund des hohen inneren Kerbfaktors schon bei geringer äußerer Zugspannung zu lokalem plastischem Fließen, so dass sich keine Hooke'sche Gerade ausbildet. Dadurch hängt die Ermittlung des Elastizitätsmoduls E von den Prüfbedingungen ab. So wird u. a. die Sekante zu $1/4$ der Zugfestigkeit vermessen. Für Gusseisen mit Kugelgraphit besteht diese Schwierigkeit kaum (Tab. A.4.1). Die mikroplastische Verformung an den Lamellenrändern trägt auch zur Dämpfung von mechanischen Schwingungen bei. Sie wird durch weiches Ferritgefüge, zumindest als Saum um die Lamellen, gefördert. Der wesentliche Beitrag zur Dämpfung kommt jedoch aus der Versetzungsbewegung innerhalb der Graphitlamellen, die mit der Lamellengröße zunimmt. Die innere Reibung bewirkt einen raschen Abbau der Schwingungsamplitude. Für Kugelgraphit ist die Wirkung deutlich geringer, aber im Vergleich zu Stahl immer noch bedeutend (Tab. A.4.1).

(d) Festigkeitssteigerung

Mit abnehmendem Durchmesser der Graphitkugeln werden die Matrixbrücken schmaler, die Dehnungsbehinderung durch Mehrachsigkeit wächst und die Streckgrenze steigt leicht an. Durch Vergrößerung der Kugeln legt dagegen die Bruchzähigkeit wegen der zunehmenden freien Matrixweglänge ein wenig zu. Feinere Graphitlamellen begünstigen die Rissverzweigung, was sich vorteilhaft auf die Bruchzähigkeit auswirken kann. Der entscheidende Beitrag zur Festigkeitssteigerung geht jedoch von der Verfestigung der Matrix aus, die bis hierher als ferritisch weich angenommen wurde. Wie bei untereutektoiden Stählen steigt die Zugfestigkeit mit dem Perlitgehalt und dessen Feinstreifigkeit. In Gusseisen mit Lamellengraphit kann die Zugfestigkeit bei dünnem Gießquerschnitt mit vollperlitischer Matrix auf fast den dreifachen Wert des ferritischen Gusseisens in Tab. A.4.1 ansteigen, ohne dass die Bruchzähigkeit abnimmt. Bei optimierter Fertigung ergab sich nach W. Glaß an gegossenen Proben mit 30 mm Durchmesser $R_{p0.2}$ um 360 MPa, A um 2.3 % und E um 150 GPa. Für perlitisches Gusseisen mit Kugelgraphit ist ungefähr eine Verdoppelung der Zugfestigkeit gegenüber Tab. A.4.1 möglich, doch steigt die Übergangstemperatur an, Bruchdehnung und Kerbschlagarbeit gehen zurück.

Die mit dem Perlitanteil einhergehende Härtesteigerung kann durch Wärmebehandlung weiter erhöht werden. Bei Gusseisen mit Lamellengraphit ist das Randschichthärten zur Erzielung eines harten Martensitgefüges verbreitet. Es wird auch auf Gusseisen mit Kugelgraphit angewendet, doch nimmt bei dieser Werkstoffgruppe die Umwandlung in der Bainitstufe wegen der günstigen Festigkeits- / Zähigkeits-Kombination breiten Raum ein.

(e) Probenentnahme

Wird Gusseisen mit Kugelgraphit durch Zug- und Kerbschlagbiegeversuche geprüft, so können die Proben aus getrennt gegossenen Probestücken oder aus dem Gussstück entnommen werden, wobei ein Serienteil zerstört wird oder angegossene Probestücke liefert. Bei vergleichbarem Gefüge geben die Proben die Eigenschaften des Gussstückes wieder. Abweichungen können sich durch Unterschiede in den Erstarrungsbedingungen oder Reaktionen mit dem Formstoff einstellen. Ist die Schmelze zu weit übereutektisch (hoher Sättigungsgrad S_c, s. Gl.A.2.2, S. 34), so bringt die Graphitflotation (Aufschwimmen des Primärgraphits) Gefügeunterschiede mit sich. Liegt S_c zu tief, so sind wegen Volumenschwindung Gefügeunterschiede durch Poren und Lunker zu erwarten. Die Probenlage im oder am Gussstück ist zu vereinbaren. Für die Probenbezeichnung kann auf Entwurf DIN EN ISO 3785 zurückgegriffen werden. Als getrennt gegossene Probestücke kommen nach DIN EN 1563 Stäbe $\emptyset$ 25 mm (Lynchburg-Probe) oder stehende Rechteckproben mit Speiser (Y-Probe) von angepasster Dicke in Frage (s. Kap. C.1, S. 389).

A.4.1.4 Verhalten von weißem Gusseisen

Das als Hartguss bekannte weiße Gusseisen besteht bis zu einem Drittel des Volumens aus eutektischem M_3C mit einer Härte von 900 bis 1100 HV (Bild A.4.16), das gerüstartig die zu Perlit umgewandelten Austenitzellen umschließt. Aufgrund der höheren Steifigkeit wird das Karbid beim Anlegen einer äußeren Zugspannung überproportional belastet. Berücksichtigt man seine gekerbte Form und hohe Sprödigkeit, so ist bereits bei niedriger Nennspannung mit ersten Anrissen im Karbid zu rechnen, die sich im durchgehenden Karbidgerüst leicht ausbreiten können (Bild A.2.13, S. 34). Daher wird keine Zugfestigkeit angegeben, sondern nur eine Makrohärte von 500 bis 600 HV, die für eine gute Druckfestigkeit und Verschleißbeständigkeit steht. Da sowohl das eutektische Karbid wie auch das eutektoide im Perlit bei Erwärmung viel weniger Härte einbüßen als die ferritische Matrix, eignet sich Hartguss auch für den Warmbetrieb.

Eine Erhöhung der Härte durch Wärmebehandlung wird wegen der Sprödigkeit von Hartguss in der Regel vermieden. Dagegen kann durch Legieren mit wenigen % Ni und Cr erreicht werden, dass es beim langsamen spannungsarmen Abkühlen in der Sandform zur martensitischen Umwandlung mit einer Makrohärte von $\geq$ 700 HV kommt. Solche weißen martensitischen Gusseisen mit M_3C Karbid sind z. B. unter dem Handelsnamen Nihard I und II bekannt. Um ein weißes Gusseisen zu erzeugen, das Spannungen beim nachträglichen Härten übersteht, muss das zusammenhängende M_3C-Gerüst in einzelne M_7C_3 Karbide überführt werden, was durch Legieren mit > 8 % Cr gelingt. Seine Mikrohärte steigt mit dem Cr-Gehalt von 1100 auf 1550 HV an. Im hochlegierten weißen Gusseisen mit M_7C_3 Karbid lässt sich durch Härten eine Matrix aus Martensit und Restaustenit erreichen und die Makrohärte des Gusseisens auf > 800 HV anheben, wobei meist eine Gasabkühlung gewählt wird, um Härterisse zu vermeiden. Der E-Modul für weiße Gusseisen liegt zwischen 180 und 210 GPa, die Bruchzähigkeit meist unter 20 MPa$\sqrt{m}$ und die Dämpfungsfähigkeit in der Nähe von Stahl.

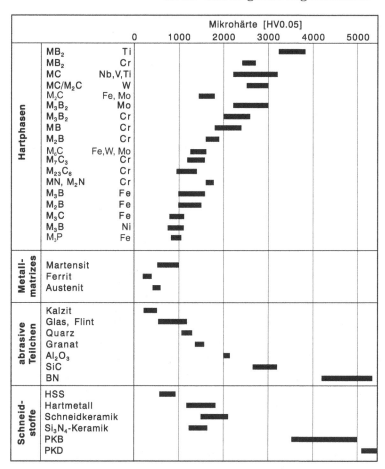

Bild A.4.16 Mikrohärte von Hartphasen, Metallmatrizes, Mineralen und Schneidstoffen bei Raumtemperatur. Rechts vom Hartphasentyp stehen die Elemente des M-Anteils.

A.4.2 Tribologische Eigenschaften

Unter Tribologie wird die Lehre von Reibung, Schmierung und Verschleiß verstanden. Sie beschreibt die Vorgänge an der Oberfläche eines Festkörpers im bewegten Kontakt mit einem Gegenkörper. Im Gegensatz zum vorangegangenen Kap. A.4.1 werden nur die oberflächennahen Krafteinwirkungen betrachtet. Sie verursachen Reibung zwischen Grund- und Gegenkörper und in der Folge Verschleiß. Schmierung dient der Reibungs– und damit auch der Verschleißminderung.

A.4.2.1 Reibung

Die Oberfläche von Festkörpern ist immer mit einer Rauheit behaftet. Die tatsächliche Gesamtfläche A_g nimmt mit der Auflösung des Rauheitsmessers zu. Über mechanische und optische Verfahren werden zunehmend die Feinheiten der Rauheit sichtbar. Annähernd atomare Auflösung erzielt man mit dem Rastertunnelmikroskop und dem Adsorptionsverfahren. Die zweidimensionale Oberfläche erhält eine dreidimensionale Komponente, ausgedrückt durch eine nicht ganzzahlige Dimension zwischen 2 und 3, auch Fraktal genannt. Treten zwei Festkörper über eine nominelle Fläche A in Kontakt, so beginnt die Berührung an Rauheitsspitzen. Sie werden durch die Normalkraft F_N solange verformt, bis die reale Kontaktfläche A_r auf eine tragfähige Größe angewachsen ist. Der Vorgang hängt ab von der Härte H des betrachteten Grundkörpers und der Anzahl n der in A entstehenden Kontaktpunkte.

$$A_r \sim F_N^m / H \tag{A.4.2}$$

Mit $n \to 1$ geht m gegen 2/3 (Hertz'scher Kontakt). Für geringe Rauheit ($n \gg 1$) bewegt sich m auf 1 zu. In diesem Falle überlagert sich der äußeren Kraft F_N eine Adhäsionskraft, die z. B. durch einen Faktor $(1 - \gamma_{ad}/H \cdot S)$ im Nenner von (A.4.2) berücksichtigt werden kann. Darin bedeuten γ_{ad} die spezifische Adhäsionsenergie und S die Standardabweichung der Rauheitshöhen. A_r wächst also bei starker Adhäsion weicher Körper. An plastisch verformten Kontaktpunkten kommt es zu Mikroverschweißungen. Baut man eine Tangentialkraft auf, so zeigt sich eine Ruhe- oder Haftreibung (DIN ISO 4378-2). Bei einem kritischen Wert der Kraft wird die Haftung durch Abscheren der Mikroverkrallungen und -verschweißungen überwunden. Danach stellt sich die Reibkraft F_R für Gleitreibung ein. Über die Reiblänge l erzeugt sie eine Reibenergie, die für Erwärmung, chemische Umsetzungen und die Bildung und Trennung von Mikroverschweißungen verbraucht wird. Ist τ_s die mittlere Schubfestigkeit der laufend gebildeten Adhäsionspunkte, so erhalten wir $F_R = A_r \cdot \tau_s$ und mit (A.4.2) den Reibungskoeffizienten

$$\mu = F_R / F_N \sim \tau_s / H \tag{A.4.3}$$

Eine hohe Härte und schwache Adhäsion senken μ. Die Grenzflächenenergie γ_{ad} ist proportional $\tau_s \cdot l$ und ergibt sich als Differenz der Oberflächenenergien γ_A und γ_B der Körper A und B zu der Energie ihrer gemeinsamen Grenzfläche γ_{AB}

$$\tau_s \sim (\gamma_A + \gamma_B - \gamma_{AB})/l \tag{A.4.4}$$

Die Oberflächenenergie nimmt in der Reihenfolge Metall- und kovalente Bindung, Ionenbindung, schwache Bindung (der Polymerwerkstoffe) ab, die Grenzflächenenergie mit der Andersartigkeit der Partner zu. Darauf beruht der niedrige Reibungskoeffizient von Stahl gegen PTFE (Teflon). Außer durch Adhäsion kann F_R auch durch Abrasion erhöht werden, die vom härteren

Partner, von kaltverfestigten gebrochenen Brücken oder abgelösten Partikeln ausgeht (Tab. A.4.2). Im Hochvakuum steigt μ um ein Vielfaches an, was

Tabelle A.4.2 Reibungskoeffizienten: μ_0, μ für Haft– bzw. Gleitreibung, trocken oder geschmiert(s), Anhaltswerte für langsame Versuchsdurchführung (nach Schrifttumangaben)

Stahl gegen		μ_0	μ
Stahl			
geschlichtet		0.30	0.23
poliert		0.15	0.12
	(s)	0.12	0.08
Grauguss		0.19	0.18
	(s)	0.10	0.06
Bronze		0.19	0.18
	(s)		0.07
Buchenholz		0.60	0.50
Graphit			0.10
Glas			0.60
PE			0.20
PTFE			0.04

z. B. in der Vakuumtechnik oder im Weltraum Probleme bereiten kann. Die Belegung der Grenzflächen an Luft mit Sauerstoff- und Wassermolekülen ist daher eine wichtige Voraussetzung, um den Reibungskoeffizienten in Stahlpaarungen unter 1 zu drücken. Tribochemische Reaktionen haben Schichtbildung zur Folge, die den unmittelbaren Kontakt der Festkörper unterbindet. Durch Einbringen von Schmierstoffen wird der trennende Effekt soweit verstärkt, dass Berührungen nur noch stellenweise stattfinden (Mischreibung). Bei grauem Gusseisen wirken die dünnen Graphitschichten als Festschmierstoff, der mit fortschreitendem Verschleiß freigelegt und in die Kontaktfläche eingetragen wird. In Gleitlagern kann z. B. bei hoher Drehzahl und entsprechender Ölzufuhr eine völlige Trennung von Welle und Lagerschale durch einen zusammenhängenden Schmierfilm erreicht werden (Flüssigkeitsreibung z. B. bei hydrodynamischer Schmierung).

A.4.2.2 Verschleiß

Nach DIN 50320 ist Verschleiß der fortschreitende Materialverlust aus der Oberfläche eines festen Körpers, hervorgerufen durch mechanische Ursachen. Gemeint ist meist die Reibung. Sie bewirkt Verformung und Bruch in einer Randschicht. Die dimensionslose Verschleißintensität W steigt mit der

Flächenpressung p$=$ F_N / A und fällt mit wachsendem Widerstand gegen
Verformung ausgedrückt durch die Härte.

$$W = k \cdot p/H = \Delta m/\rho\; A\; l \qquad\qquad (A.4.5)$$

Darin ist k der Verschleißkoeffizient, Δm der Masseverlust und ρ die Dichte. Der Härteanstieg durch Kaltverformung wird eingerechnet. W^{-1} gilt als
Verschleißwiderstand. Gl. A.4.5 stellt nur einen groben Ansatz zur Erfassung
des komplexen Verschleißgeschehens dar. Für den Masseverlust kommen vier
unterschiedliche Verschleißmechanismen infrage (Bild A.4.17).

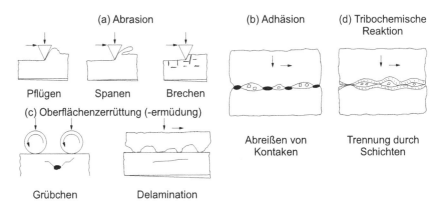

Bild A.4.17 Verschleißmechanismen: Abrasion, Adhäsion, Tribochemische Reaktion und Oberflächenzerrüttung (schematisch)

Abrasion tritt aufgrund einer ritzenden Beanspruchung durch einen härteren Gegenkörper ein (Bild A.4.17 a). Die Furchung wird durch eine Rauheits-
spitze, ein kaltverfestigtes Verschleißteilchen, eine ausgebrochene Hartphase
oder ein Mineralkorn hervorgerufen. Aus dem Furchenquerschnitt kann Material in einen Wulst verdrängt oder herausgespant werden. Man unterscheidet
daher Mikropflügen und Mikrospanen. Bei vielfachem Pflügen kommt Mikro-
ermüden hinzu und bei sehr harten karbidreichen Stählen und weißem Gusseisen ein geringer Anteil an Mikrobrechen, z. B. durch Herauslösen eutektischer
Karbide. Mikrospanen steht jedoch bei den Stählen und grauem Gusseisen im
Vordergrund. Durch eine hohe Härte wird die Furchentiefe und damit der Verschleiß verringert. Die martensitische Härtung kohlenstoffreicher Stähle bietet
dazu eine Möglichkeit. Ihre Maximalhärte von $\approx 900\,HV0.05$ wird jedoch von
vielen mineralischen Gegenkörpern übertroffen (Bild A.4.16).

In diesen Fällen hilft die Ausscheidung einer härteren Phase. Karbide
der Legierungselemente Chrom, Niob und Vanadium sind deutlich härter
als Eisenkarbide. Um wirksam zu sein, müssen sie härter als der Gegenkörper und von ausreichender Größe sein, die im Bereich der Furchenbreite

angesiedelt ist. Um diese klein zu halten wird die Matrix gehärtet. Zu kleine harte Phasen werden ausgespant. Eine gleichmäßige Dispersion der groben Hartphasen (Bild A.2.3, S. 22) führt gegenüber einer netzförmigen Anordnung zu den kleinsten Matrixritzlängen und dem niedrigsten Verschleißbetrag. Eine Erhöhung des Volumenanteils weist in die gleiche Richtung, doch kann der Verschleiß durch Mikrobrechen aufgrund wachsender Sprödigkeit wieder zunehmen. Ein anderer Weg ist die Erzeugung einer harten Nitrid- oder Boridschicht auf thermochemischem Wege bzw. die galvanische Beschichtung mit Hartchrom sowie das Abscheiden von Titankarbid- oder -nitridschichten aus der Gasphase. Dabei sind zwei Voraussetzungen zu beachten: a) ausreichende Härte des Grundkörpers zur Stützung der Schicht und b) Furchentiefe ≪ Schichtdicke.

Adhäsion umfasst die Ausbildung und Trennung von Haftpunkten (Kaltverschweißen, Fressen) in der Grenzfläche (Bild A.4.17 b). Je nach Festigkeit kann die Trennung in der Grenzfläche oder im Grund- bzw. Gegenkörper auftreten. So ist auch ein Materialübertrag möglich. Eine Adhäsion von Eisenwerkstoffen ist bei metallischem Gegenkörper besonders dann zu erwarten, wenn trennende Schichten fehlen. Ein Einfluss der Härte besteht mehr indirekt, indem Rauheiten weniger verformt werden und damit die wahre Kontaktfläche kleiner bleibt. Dadurch sind höhere Blitztemperaturen im Kontakt denkbar, die wiederum trennende Oxidschichten fördern. Bei Gleitverschleiß, z. B. an Umformwerkzeugen der Metallindustrie, wird die Neigung zum Kaltverschweißen durch Ausscheidung harter Phasen verringert. Zwischen den Karbiden im Werkzeugstahl und dem metallischen Werkstück kommt es nicht zur Adhäsion (s. Gl. A.4.4). Auch entsteht durch die Abnutzung der weicheren Matrix in der Werkzeugoberfläche ein Relief, was einem trennenden Schmierfilm entgegen kommt. Ähnliche Prinzipien wirken bei mehrphasigen Lagerwerkstoffen. Daher bewähren sich — zwar aus anderen Gründen — bei Verschleißarten mit Adhäsion zum Teil ähnliche Werkstoffgefüge wie bei vorherrschender Abrasion. Auch Schichten können zur Verringerung der Adhäsion beitragen. Die Adhäsionsneigung wird in weißem Gusseisen durch den hohen Karbidgehalt gesenkt, in grauem Gusseisen durch die Eigenschmierung des Graphits.

Oberflächenzerrüttung (Ermüdung) entsteht durch Rissbildung und -wachstum aufgrund einer zyklischen tribologischen Beanspruchung, die zu Materialtrennungen in der Oberfläche führt (Bild A.4.17 c). Bei wiederholten Überrollungen handelt es sich z. B. um eine Ermüdung unter Hertz'scher Pressung mit geringen Tangentialkräften. Eine hohe Matrixhärte erhöht den elastisch ertragbaren Anteil an der Beanspruchung und damit die Überrollebensdauer. Je härter die Matrix umso eher wirken aber die Spannungskonzentrationen um Hartphasen, wie z. B. nichtmetallische Einschlüsse und Karbide, rissauslösend. Die meist unter der Oberfläche entstehenden Risse wachsen unter Bildung von grübchenförmigen Ausbrüchen bis zur Oberfläche. Im Vergleich zum Furchungs- und Gleitverschleiß sind beim Wälzverschleiß feinere Hartphasen erwünscht (s. Bild A.4.14). Ist der wiederkehrende Punktkontakt von hohen reibungsinduzierten Tangentialkräften begleitet, wie z. B. beim Gleiten stumpfer Körper, so ist bei niedriger Härte mit einem Ablösen dünner Plättchen aus der stark verformten Oberfläche zu rechnen, was als Delamination bezeichnet wird.

Tribochemische Reaktionen führen zur Bildung von Reaktionsprodukten durch chemische Reaktion zwischen Grund- und Gegenkörper sowie angrenzenden Medien unter einer tribologischen Beanspruchung. Sie wirken häufig durch Trennschichtbildung verschleißmindernd (Bild A.4.17 d). Tribooxidationsschichten werden von einem harten Untergrund besser gestützt, so dass z. B. die Adhäsion beim Gleitverschleiß abnimmt.

In einem tribologischen System aus vier Elementen (Grundkörper, Gegenkörper, Zwischenstoff, Umgebungsmedium) treten die Verschleißmechanismen häufig kombiniert auf. In der Praxis führt eine Systemanalyse und die Beobachtung der Verschleißerscheinungsformen zur Verschleißart (Bild A.4.18).

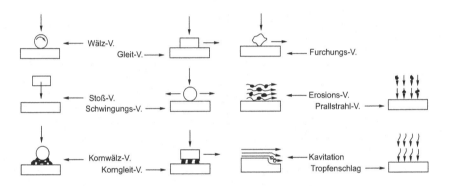

Bild A.4.18 Verschleißarten: Unterteilt nach Systemstruktur (z. B. Zwei- oder Dreikörperverschleiß bzw. Festkörper/Fluid ggf. mit Partikeln) und tribologischer Beanspruchung (z. B. Gleiten, Wälzen, Prallen).

Es ist einzusehen, dass z. B. die Abrasion in einer Schotterrutsche (Furchungsverschleiß) bzw. in einer Trübepumpe (Erosionsverschleiß) von sehr unterschiedlich tiefen Furchen begleitet sein wird. Daraus ergeben sich unterschiedliche Anforderungen an das Gefüge eines verschleißbeständigen Stahles. Der Verschleißwiderstand ist also keine Werkstoff- sondern eine Systemeigenschaft. Die Auswahl geeigneter Werkstoffe erfordert daher eine möglichst genaue Kenntnis des Verschleißsystems und die Erfahrung mit ähnlichen Systemen. Einige Anwendungen werden in den Kapiteln B.1 bis B.6 vorgestellt.

A.4.3 Chemische Eigenschaften

Im Folgenden wird die chemische Reaktion der Eisenwerkstoffe mit ihrer Umgebung betrachtet. Diese Korrosion ist nach DIN EN ISO 8044 und DIN 50900-2 eine von der Oberfläche ausgehende Veränderung eines Werkstoffes durch unerwünschten chemischen oder elektrochemischen Angriff. Sie beruht auf einer Oxidation des Eisenwerkstoffes unter Reduktion des Oxidationsmittels, das in flüssigen Elektrolyten (z. B. wässrige Lösungen, Salz- und Metallschmelzen) oder im festen Zunder enthalten ist. Wichtige Bereiche sind die Naßkorrosion in wässrigen Medien und die Hochtemperaturkorrosion in sauerstoffhaltigen Gasen. Die dagegen beständigen Eisenwerkstoffe werden in Kapitel B.6, S. 337 und 343 vorgestellt. Auf Korrosionsschutzschichten wird in Kapitel B.1, S. 136 und B.2, S. 175 hingewiesen. Die folgenden Ausführungen beziehen sich auf die Metallmatrix von Stählen und Gusseisen.

A.4.3.1 Nasskorrosion

Die Korrosion einer Eisenelektrode setzt sich aus zwei Teilreaktionen zusammen:

a) Anodische Teilreaktion (nach links: Oxidation)

$$Fe^{++} + 2\,e^- = Fe \qquad (A.4.6)$$

Elektrode nimmt Elektronen e^- auf (Pluspol) und gibt Fe^{++} in Lösung (Kationen)

b) kathodische Teilreaktion (nach rechts: Reduktion)
Elektrode gibt e^- ab (Minuspol) z. B. durch
  - Wasserstoffabscheidung in Säure

$$2H^+ + 2\,e^- = H_2 \qquad (A.4.7)$$

  - Sauerstoffreduktion in belüftetem Wasser

$$2H_2O + O_2 + 4\,e^- = 4(OH)^- \qquad (A.4.8)$$

Die anodische Auflösung des Eisens nach (A.4.6) kann nur dann ablaufen, wenn die dabei freiwerdenden Elektronen durch Redoxreaktionen verbraucht werden, wie z. B. durch die unter b) genannten, die häufig im Spiel sind. Wasserstoffionen bzw. Sauerstoff stellen dabei das Oxidationsmittel dar. Die Voraussetzung für das Fließen einer Ladungsmenge nF ist eine Potentialdifferenz ΔU der Gesamtreaktion, die sich aus den Potentialen U_K und U_A der kathodischen und anodischen Teilreaktion zusammensetzt.

$$\Delta U = U_A - U_K \qquad (A.4.9)$$

Aus den Teilreaktionen nach (A.4.6) und (A.4.8) entsteht z. B. die nach links verlaufende Gesamtreaktion

$$2 \, Fe^{++} + 4(OH)^- = 2 \, Fe + 2 \, H_2O + O_2 \qquad (A.4.10)$$

Allgemein ergibt sich mit der oxidierten Form des Metalls (ox) und den negativen Ladungen (e^-) auf der linken Seite und der reduzierten Form (red) auf der rechten Seite

$$ox + ne^- = red \qquad (A.4.11)$$

(a) Thermodynamik

Das Produkt aus Ladungsmenge nF (in Ah) und Potential U (in V) stellt eine Energie dar, und zwar die freie Enthalpie

$$\Delta G = -n \; F \; U \qquad (A.4.12)$$

Darin bedeutet n die Anzahl der je Atom oder Ion ausgetauschten Elektronen und F die Faraday-Konstante (F = 26.8 A · h · mol^{-1}). Für die Enthalpieänderung einer chemischen Reaktion gilt auch

$$\Delta G = \Delta G^0 + RT \; \ln(c_{red}/c_{ox}) \qquad (A.4.13)$$

wobei c_{red} und c_{ox} in Kurzform die Konzentrationen (bzw. Aktivitäten) der beteiligten Stoffe darstellen. Durch Division mit -nF erhält man die Temperatur- und Konzentrationsabhängigkeit des Nernst'schen Potentials

$$U = U^0 + \frac{RT}{nF} \ln(c_{ox}/c_{red}) \qquad (A.4.14)$$

Die Betrachtung von vier Fällen ordnet das Korrosionsgebiet.

$\Delta U > 0$: Korrosion ist möglich

$U = U^0$: Alle Konzentrationen betragen eins (gelöste Ionen = 1 mol/l, Gase = 1 bar, Wasser und Feststoffe = 1). Der logarithmische Term wird null. U^0 ist das Standardpotential unter Standardbedingungen.

$\Delta U = 0$: Korrosion kommt zum Stillstand. Mit Gl. A.4.14 ergibt sich das dazugehörende Konzentrationsverhältnis des dynamischen Massenwirkungsgesetzes $K = c_{red}/c_{ox} = \exp(U^0 nF/RT)$ für gleiche Geschwindigkeit der Hin- und Rückreaktion. Es wird in der Regel nicht erreicht.

$\Delta U < 0$: Kommt nicht vor. Die chemische Reaktion würde in die entgegengesetzte Richtung verlaufen, Anode und Kathode ihre Plätze tauschen. Die Metallabscheidung an der Kathode gehört zur Galvanotechnik.

Die Ermittlung von ΔU erfolgt zweckmäßig indirekt über (Gl. A.4.9) durch Bestimmung von U_A und U_K. Auf jedes Teilpotential kann Gl. A.4.14 entsprechend angewendet werden. $U_A{}^0$ und $U_K{}^0$ sind die Standardpotentiale der Metallauflösung bzw. der Redoxreaktion. Sie sind als Differenz zur Standardwasserstoffelektrode für Eisen und zum Vergleich für einige andere Metalle sowie für häufig vorkommende Redoxpotentiale in Tab. A.4.3 aufgeführt.

Tabelle A.4.3 Einige Standardpotentiale in Volt bezogen auf die Normalwasserstoffelektrode

Metallelektrode			Redoxelektrode		
Au	Au^{3+}	$+1.42$	$MnO_4^- + 8\,H^+$	$Mn^{2+} + 4\,H_2O$	$+1.52$
Ag	Ag^+	$+0.80$	Ce^{4+}	Ce^{3+}	$+1.44$
Cu	Cu^{2+}	$+0.34$	Cl_2	$2\,Cl^-$	$+1.36$
Pb	Pb^{2+}	-0.13	$HCrO_4^- + 7\,H^+$	$Cr^{3+} + 4\,H_2O$	$+1.36$
Ni	Ni^{2+}	-0.23	Fe^{3+}	Fe^{2+}	$+0.77$
Fe	Fe^{2+}	-0.44	I_2	$2\,I^-$	$+0.54$
Cr	Cr^{2+}	-0.56	$O_2 + 2\,H_2O$	$4\,OH^-$	$+0.41$
Zn	Zn^{2+}	-0.76	Cu^{2+}	Cu^+	$+0.17$
Mg	Mg^{2+}	-2.38	H_2	$2\,H^+$	$+0.00$
Na	Na^+	-2.71	Cr^{3+}	Cr^{2+}	-0.41

Sie geben bereits einen ersten Anhalt, ob Korrosion möglich ist. Während Eisen in belüftetem Wasser unter Standardbedingungen korrodiert, da $\Delta U = 0.41 - (-0.44) = 0.85\,V$, wird z. B. das edlere Gold nicht angegriffen. Bei verzinktem Stahl ist dagegen Eisen edler. Es wirkt als Kathode und ist daher kathodisch geschützt, während Zink anodisch in Lösung gehen kann.

(b) Kinetik

Ist Korrosion aus thermodynamischer Sicht möglich, so stellt sich die Frage nach ihrem zeitlichen und räumlichen Ablauf. Hier liegt in der Korrosionspraxis das Schwergewicht der Überlegungen. Ein Maß für den zeitlichen Ablauf ist der Abtrag in Mol pro Zeit t in Stunden. Er entspricht dem Strom $I = n\mathrm{F}/t$ in Ampere. Durch den Stromfluss ändern sich die Potentiale U_A und U_K der Teilreaktionen. Sie bewegen sich aufeinander zu (Polarisation) bis

$I_A = I_K$. Beim dazugehörenden Ruhepotential U_R beträgt daher der Korrosionsstrom $I_R = |I_A| = |I_K|$ (Bild A.4.19). Durch aktive Außenschaltung lässt

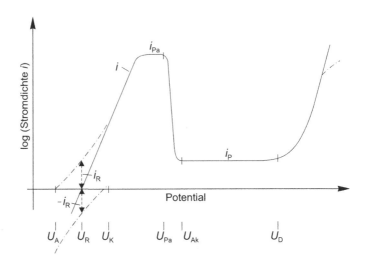

Bild A.4.19 Stromdichte-Potential-Kurve (Eisen in verdünnter Schwefelsäure, schematisch): **Strichpunktiert:** Polarisation der anodischen und kathodischen Potentiale (U_A, U_K) bis zum Ruhepotential (U_R), bei dem der nicht messbare Korrosionsstrom (I_R) fließt. **Ausgezogen:** Veränderung des Potentials durch aktive Außenschaltung und messbare Stromdichte i. Passivbereich zwischen Passivierungs– bzw. Aktivierungs– und Durchbruchspotential (U_{Pa}, U_{Ak}, U_D) mit der Passivierungsstromdichte i_{Pa} und der Passivstromdichte i_P (zum Einfluss von Chrom siehe Bild B.6.1 a, S. 310)

sich das Potential der Eisenanode und damit der Korrosionsstrom I steigern bis beim Passivierungspotential U_{Pa} der Strom I um Größenordnungen abfällt. Erst oberhalb des Durchbruchpotentials U_D steigt er im transpassiven Bereich wieder an. Diese Passivierung des Eisens durch Bildung einer dichten festhaftenden, meist oxidischen Deckschicht spielt eine wichtige Rolle im Korrosionsschutz. Zur Bildung und Aufrechterhaltung dieser Passivschicht gilt (ohne Außenschaltung) für das Redoxpotential U_{Red} der kathodischen Teilreaktion $U_{Ak} < U_{Red} < U_D$. Durch Legieren des Eisens z. B. mit Chrom, aber auch durch Zugabe von Inhibitoren zum Elektrolyten lässt sich die Passivierung beeinflussen und zur Senkung der Korrosionsgeschwindigkeit nutzen. Der räumliche Ablauf der Korrosion hängt von der Lage der anodischen und kathodischen Bereiche auf einer korrodierenden Oberfläche ab. Es ergeben sich zwei Grenzfälle. Im ersten wechseln Anoden und Kathoden dauernd den Ort, so dass die anodische Auflösung des Eisens gleichmäßig erfolgt. Eine solche homogene Mischelektrode kann durch die örtliche Polarisierung bedingt sein.

In der Auflösung begriffene Bereiche werden durch den Stromfluss edler, die Anode springt zu einem Nachbarort. Diese gleichmäßig abtragende Flächenkorrosion wird z. B. anhand von Beständigkeitsschaubildern beurteilt. Sie ist natürlich unerwünscht und kostenträchtig, aber gleichzeitig kalkulierbar. Ein Dickenverlust von 1 mm/Jahr entspricht unter Berücksichtigung der Werkstoffdichte je m^2 Oberfläche einem Materialverlust von z. B. $7.85 \cdot 10^3$ g, bzw. einem stundenbezogenem Flächenabtrag von $7.85/8.760 \approx 0.9 \ g/m^2h$. Im technischen Sinne gilt ein Werkstoff bis zu $0.3 \ g/m^2h$ als beständig. Weit gefährlicher ist die Lokalkorrosion einer heterogenen Mischelektrode mit festliegenden Anodenbereichen. Bei örtlich hoher Stromdichte und wenig aufgelöster Eisenmenge kann schon nach unerwartet kurzer Zeit das Versagen eines Bauteiles eintreten. Lokalkorrosion beeinträchtigt die Sicherheit und Lebensdauer von Chemieanlagen, Maschinen und Bauwerken.

Durch Ablagerung von Korrosionsprodukten kann es zu lockeren Deckschichten kommen, die die kathodische Teilreaktion hemmen. Mit steigender Strömungsgeschwindigkeit des Elektrolyten wird die Oberfläche gesäubert und unverbrauchtes Medium herangeführt, sodass die Korrosionsgeschwindigkeit wieder ansteigt. Von der Strömung mitgeführte Partikel beschleifen die Deckschichten und aktivieren die Oberfläche (Erosionskorrosion). Auf Gusseisen bildet sich durch Wechselwirkung von Schmelze und Sandform eine schützende Gusshaut. Bei durchgehendem Lamellengraphit entsteht nach anfänglicher Korrosion des Eisens eine weitgehend mit Graphit und Korrosionsprodukten bedeckte Oberfläche, die den weiteren Korrosionsfortschritt gerade in ruhender Flüssigkeit bremst. Ähnlich kann sich das Karbidgerüst in Hartguss auswirken. Graphit und Karbid sind aufgrund ihrer festen chemischen Bindung beständiger gegen Nasskorrosion als Eisen. In sauerstoffarmer wässriger Umgebung vermag die Potentialdifferenz von $\approx 1V$ zwischen dem edleren Graphit und der Matrix eine selektive Korrosion des Ferrits hervorzurufen, bei der nur das mit Korrosionsprodukten gefüllt Graphitgerüst stehen bleibt (Spongiose).

(c) Lokalkorrosion

Die örtliche Korrosion der Eisenwerkstoffe beruht auf Unterschieden im Werkstoff oder im Elektrolyten und auf der Verletzung von Deckschichten. Letztere kann chemisch oder mechanisch ausgelöst werden.

Steht Eisen mit einem edleren Metall in Berührung, so führt die Elementbildung im umgebenden Elektrolyten zur anodischen Auflösung des Eisens, d. h. zur *Kontaktkorrosion*. Legierungsunterschiede im Gefüge können die selektive Korrosion von unedleren Bereichen zur Folge haben. So beruht die *interkristalline Korrosion* (IK) entlang der Korngrenzen auf der Verarmung von Korngrenzensäumen an günstigen Elementen oder auf der Anreicherung von Korngrenzen mit ungünstigen Elementen oder Ausscheidungen. Seigerungsbedingte Legierungsunterschiede rufen *Seigerungskorrosion* hervor.

Unterschiede in der Elektrolytzusammensetzung ergeben sich z. B. in engen Spalten. Der Nachschub des bei der Korrosion verbrauchten Oxidationsmittels reicht nicht aus, um eine Passivschicht in der Spaltspitze aufrecht zu erhalten. Der Abtransport von Korrosionsprodukten ist ebenfalls gehemmt. Durch Hydrolyse, z. B. nach

$$Fe^{++} + 2\,H_2O = Fe(OH)_2 + 2\,H^+ \qquad (A.4.15)$$

kommt es zur Ansäuerung im Spalt. In legierten Stählen werden Nickel- und Chromhydroxide ausgefällt, deren Löslichkeit in saurer Umgebung gering ist, so dass sich im Spalt durch den OH^--Entzug pH-Werte unter 2 einstellen und die *Spaltkorrosion* intensiviert wird.

Die chemische Verletzung einer Passivschicht, z. B. durch Chloridionen, führt zu lokaler Auflösung des Eisens und damit über die Mulden- zur *Lochkorrosion* (*Lochfraß*). Der hohen anodischen Stromdichte im Loch steht eine geringe kathodische Stromdichte in der vergleichsweise großen unverletzten Oberfläche gegenüber. Eine Ansäuerung durch Hydrolyse, wie bei der Spaltkorrosion, treibt die Eisenauflösung an.

Die mechanische Verletzung einer Passivschicht durch Versetzungsbewegung mündet bei kritischen Systembedingungen in Spannungs- oder Schwingungsrisskorrosion. Bei der *anodischen Spannungsrisskorrosion* (SpRK) durch einsinnige Last- oder Eigenspannungen bricht eine Versetzungsbewegung bereits unterhalb der messbaren Fließgrenze die Passivschicht durch Bildung einer Gleitstufe auf. Als Folge schafft die örtliche Eisenauflösung einen Kerb, der die Zugspannung weiter erhöht. Der Kerb geht in einen Riss über, der entlang seiner Flanken passiviert ist, aber an seiner Spitze nicht zuletzt durch Ansäuerung über Hydrolyse aktiv bleibt. Beispiele sind die transkristalline SpRK nichtrostender austenitischer Stähle in chloridhaltigen Lösungen und die interkristalline SpRK unlegierter Stähle in nitrathaltigen Medien.

Bei der *Schwingungsrisskorrosion* (SwRK) kommt die Beschädigung der Passivschicht durch das Austreten von Gleitbändern infolge einer zyklischen Beanspruchung zustande. Die Kerb- und Rissbildung ähnelt der bei SpRK, jedoch ist eine Repassivierung der aktiven Verletzung durch die Schwingbeanspruchung erschwert. Es bedarf keiner spezifischen Angriffsmittel wie bei der SpRK. Die Dauerfestigkeit geht verloren, die Zeitfestigkeit nimmt mit der Frequenz zu. Von dieser SwRK im passiven Zustand ist die im aktiven zu unterscheiden.

Durch eine sehr niedrige Frequenz oder eine geringe Dehngeschwindigkeit kann in bestimmten Korrosionssystemen die Ausheilung der Passivschicht ausbleiben, so dass *dehnungsinduzierte Rissbildung* auftritt. Sie steht zwischen der klassischen SpRK und der SwRK. Daneben gibt es die *Wasserstoffschädigung*. Sie besitzt zwei Aspekte: 1. die *Wasserstoffversprödung* durch Herabsetzung der Bindungskräfte und damit der Spaltbruchspannung des Eisengitters aufgrund atomar gelösten Wasserstoffs. Neuere Untersuchungen weisen auf leichteres Gleiten von Versetzungen hin, sodass ihr Aufstau bereits bei niedrigerer Spannung zum Mikroriss führen kann (Versprödung durch Mikroplastizität), 2. die *wasserstoffinduzierte Rissbildung* (HIR) durch ausgeschiedenen Wasserstoff, der in Defekten, wie z. B. Einschlüssen, zu Molekülen rekombiniert und einen hohen inneren Druck aufbaut. Kommt eine Zugspannung aus Last-oder Eigenspannungen hinzu, so spricht man von kathodischer oder *wasser-stoffinduzierter Spannungsrisskorrosion* (HSpRK). Diese Rissbildung beginnt nach einer Inkubationszeit, in der der Wasserstoff zu Fehlordnungen und Defekten diffundiert. Danach zieht die Gitterdehnung vor der Rissspitze Wasserstoffatome an, so dass die höchste Konzentration an gelöstem Wasserstoff mit der höchsten Zugspannung zusammenfällt. Das Risswachstum hängt von der Nachdiffusion des Wasserstoffs zur Rissspitze ab. Der Wasserstoff stammt entweder aus der Fertigung (Schweißen, Beizen, Galvanisieren) oder entsteht durch Korrosion unmittelbar an der Rissspitze, wo er adsorbiert oder gelöst das Risswachstum vorantreibt (s. Kap. A.3, S. 58 und Kap. B.2, S. 178).

A.4.3.2 Hochtemperaturkorrosion

In der Energietechnik, der Petrochemie, dem Ofenbau u. a. wird die Werkstoff-oberfläche sauerstoffhaltigen, heißen Gasen wie Luft, Wasserdampf, Reaktions-und Verbrennungsgasen ausgesetzt. Ab welchem Sauerstoffdruck p_{O_2} im Gas eine Verzunderung des Eisens nach z. B.

$$2\,FeO = 2\,Fe + O_2 \qquad (A.4.16)$$

möglich ist, ergibt sich für thermodynamisches Gleichgewicht ($\Delta G = 0$) aus der Gleichgewichtskonstanten K. Da die festen Reaktionspartner Eisen und Zunder die Aktivität eins besitzen, ist $K = p_{O_2} = \exp{-(\Delta G^0 / RT)}$. Der Gleich-gewichtsdruck p_{O_2} des FeO steigt von $\approx 10^{-25}$ bei 600°C auf 10^{-15} bei 1000°C. Geringste Sauerstoffgehalte reichen für die Oxidation des Eisens schon aus.

(a) Kinetik

Das Schwergewicht der Überlegungen liegt daher bei der Kinetik der Oxidation. In einem Ionengitter, wie dem Zunder, werden Ionen anstatt neutraler Atome diffundieren. Der Transport positiver Ladungen in Form von Fe^{2+} Kationen geht deshalb mit einem Elektronenfluss einher bzw. mit der entge-gengesetzten Diffusion von O^{2-} Anionen. Daraus resultiert eine Abweichung dieser Halbleiter von der stöchiometrischen Zusammensetzung, die zu Leer-stellen im Teilgitter von Eisen oder Sauerstoff führt. Der dadurch entstehende Ladungsunterschied wird durch Änderung der Wertigkeit einzelner Ionen aus-geglichen (z. B. $Fe^{2+} \rightarrow Fe^{3+}$). Das eisenreichste Oxid FeO (Wüstit) besitzt ein großes Metalldefizit ($Fe_{0.85}O$ bis $Fe_{0.95}O$). Durch die hohe Konzentrati-on an Kationenleerstellen entsteht eine große Beweglichkeit für Eisenionen. Dieser p-Typ Zunder (positive Ladungsträger) wächst rasch. Da er oberhalb 570°C auftritt, ist ab dieser Temperatur mit einer Beschleunigung des Korro-sionsangriffs zu rechnen. Nach außen nimmt der Sauerstoffgehalt im Zunder über vergleichsweise dünne Schichten aus Fe_3O_4 (Magnetit) und Fe_2O_3 (Hä-matit) ab. In p-Typ Fe_3O_4 ist das Metalldefizit gering. Die Diffusion der je zur Hälfte vertretenen Fe^{2+} und Fe^{3+} Ionen läuft über Gitterlücken langsamer ab.

Fe_2O_3 ist nahezu stöchiometrisch aufgebaut. Dieser Zunder wird dem n-Typ zugerechnet, da O^{2-} Ionen als negative Ladungsträger diffundieren. Daneben wird aber auch die Wanderung von Fe^{3+} beobachtet (Bild A.4.20).

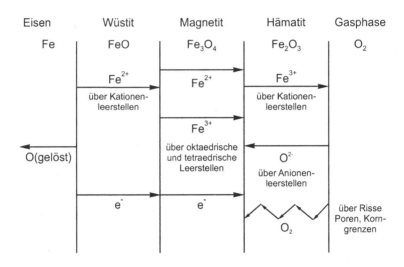

Bild A.4.20 Schichtaufbau und Massetransport in Eisenzunder (nach A. Rahmel, schematisch): Im p-Typ Wüstit und Magnetit diffundieren positive Ladungsträger (Fe-Kationen) im n-Typ Hämatit überwiegend negative (Sauerstoffionen).

Schon in Kap. A.3 wurde darauf hingewiesen, dass die Zunahme der Zunderdicke s zeitlich abklingen oder linear verlaufen kann (s. Gl. A.3.4, S. 75). Im ersten Fall ($q < 1$) bestimmt die Diffusion der Ionen durch die wachsende Schicht die Zundergeschwindigkeit. Im zweiten Fall ($q \to 1$) ermöglichen Risse, Poren und mangelnde Haftung einen direkten Zugang des Gases zur Werkstoffoberfläche. Sie entstehen durch Volumenzunahme, Temperaturschwankungen und die Oxidation des Kohlenstoffs im Stahl (CO/CO_2-Druck). Die Porigkeit nimmt mit dem Wasserdampfgehalt zu. Haftung und Rissbildung hängen mit Spannungen in der Zunderschicht zusammen. Für gleiche Temperatur in Schicht und Substrat sind Messwerte in Tab. A.4.4 wiedergegeben. Die in der Schicht vorherrschenden Druckspannungen erzeugen dazu senkrechte Zugspannungen im Übergang, die ein Ablösen der Schicht begünstigen. Bei ungleicher Temperatur, wie z. B. bei raschem Abkühlen, können sich in der Schicht Zugspannungen aufbauen. Risse senkrecht und parallel zur Oberfläche erhöhen nicht nur die Zundergeschwindigkeit, sondern tragen auch zu Zunderverlusten durch Abplatzen der Schicht bei.

Wie in Bild A.3.8, s. S. 76 gezeigt oxidiert neben Eisen auch der darin gelöste oder als Karbid gebundene Kohlenstoff. Bei grauem Gusseisen verbrennt der Graphit bei Kontakt mit Sauerstoff. Für durchgehenden Lamellengraphit bedeutet das eine tiefeindringende Korrosion mit gasförmig entweichendem Korrosionsprodukt. Gusseisen mit Vermicular- oder Kugelgraphit sind daher bei Warmbetrieb vorzuziehen.

Tabelle A.4.4 Spannungen in Oxidschicht: Geschliffene Proben wurden bei 600°C an Luft unter Normaldruck oxidiert und bis zu etwa 100 h durch Röntgendiffraktometrie vermessen sowie erneut nach Abkühlen auf Raumtemperatur. Die zu unterst liegende Wüstitschicht konnte nicht erfasst werden, dürfte aber unter Druckspannungen stehen (nach S. Corkovic und A. R. Pyzalla)

Werkstoff	Temperatur [°C]	Spannungen in der Schicht [MPa]	
		Magnetit	Hämatit
S355	600	100 → 200	-125
	20	135	-265
GJL 250	600	-120 / -400	-120 / -400
	20	-60	-420

→ steigt bzw. / schwankt zyklisch mit der Oxidationsdauer

(b) Legierungseinfluss

Von den edleren Metallen unterdrückt Ni die Wüstitbildung zugunsten des Spinells $FeNi_2O_4$. Dadurch geht die Zundergeschwindigkeit zurück. Die unedleren Legierungselemente Chrom, Silizium und Aluminium bilden auf der Stahloberfläche Inseln aus Spinell ($FeCr_2O_4$, $FeAl_2O_4$) oder Fayalit (Fe_2SiO_4), die den Sauerstofftransport bremsen und mit steigendem Legierungsgehalt zu einer inneren Zunderschicht zusammenwachsen. Bei hohem Legierungsgehalt entsteht daraus eine Cr_2O_3-, Al_2O_3- oder Fe_2SiO_4-Schicht. Sie sind besonders arm an Fehlordnungen und schränken die Ionendiffusion weiter ein. Nach außen diffundierende Eisenionen formen eine äußere Zunderschicht aus Eisenoxid. Durch selektive Oxidation der Legierungselemente kann die Randzone der Eisenwerkstoffe an Legierungsbestandteilen verarmen. Bei Beschädigung oder Reißen der schützenden inneren Zunderschicht kommt es dann zu örtlichem Ausblühen von FeO.

Geringe Legierungsgehalte an sauerstoffaffinen Elementen, wie Cer oder Yttrium, segregieren zu den Korngrenzen der Cr_2O_3 oder Al_2O_3 Schicht. Dadurch wird die Kationendiffusion eingeschränkt. Das Schichtwachstum läuft über die Diffusion von Sauerstoffionen zur inneren Grenzfläche ab und geht deutlich zurück.

Sauerstoff kann in die Werkstoffoberfläche diffundieren und dort Elemente wie Cr, Al, Si, Y oxidieren, deren Sauerstoffaffinität über der des Eisens liegt. Diese innere Oxidation folgt bevorzugt den Korngrenzen des Gefüges. Bei sehr hoher Temperatur schreitet sie mit gerader Front voran. Durch das Verwachsen von inneren und äußeren Oxiden kann es zu einer besseren Haftung der Zunderschicht kommen.

Außer Sauerstoff können H_2O, CO/CO_2, SO_2, NH_3 und andere Gase sowie Aschegehalte die Werkstoffoberfläche angreifen. Über einige Aspekte geeigneter Legierungszusammensetzung wird im Kap. B.6, S. 337 berichtet.

A.4.4 Besondere physikalische Eigenschaften

Magnetismus, Wärmeausdehnung und Leitfähigkeit bilden die Grundlage einer Vielzahl von Funktionswerkstoffen auf Eisenbasis (s. Kap. B.8, S. 369).

A.4.4.1 Magnetische Eigenschaften

Als Übergangsmetall besitzt Eisen in jedem Atom ein permanentes magnetisches Moment. Bei hoher Temperatur sind diese Momente regellos ausgerichtet (Paramagnetismus). Unterhalb der Curie-Temperatur ($T_C = 769°C$, MO in Bild A.1.6, S. 10) entsteht in kleinen durch Blochwände begrenzten Kristallbereichen (Weiß'schen Bezirken) eine parallele Ausrichtung der Momente, d. h. eine Polarisierung (Ferromagnetismus). Wegen der regellosen Orientierung dieser magnetischen Domänen ist äußerlich kein Moment spürbar. Eine andere Möglichkeit stellt die antiparallele Anordnung der Momente in Eisenlegierungen unterhalb der Néel–Temperatur T_N dar (Antiferromagnetismus). Hier kompensieren sich die Momente bereits auf atomarer Ebene.

Während im para- und antiferromagnetischen Zustand durch technisch übliche äußere Magnetfelder keine nennenswerte Polarisierung zu erreichen ist, gelingt dies im ferromagnetischen Zustand sehr leicht durch Wanderung der Blochwände und Drehung der Polarisationsrichtung der Domänen. Der Zusammenhang zwischen Feldstärke H und Polarisation J ist in Bild A.4.21 dargestellt. Wir unterscheiden nichtmagnetisierbare (unmagnetische), weichmagnetische und hartmagnetische (dauermagnetische) Eisenlegierungen.

Bei *nichtmagnetisierbaren* Werkstoffen wird der Paramagnetismus des Austenits durch Legieren mit Mn, Mn + C oder Cr + Ni bis auf Raumtemperatur und darunter stabilisiert. Der Anwendungsbereich austenitischer CrNi-Stähle ergibt sich durch die mit dem Nickelgehalt fallende M_s- und (oberhalb 20 % Ni) steigende Curie-Temperatur (Bild A.4.22).

Weichmagnetische Werkstoffe antworten schon auf ein schwaches Magnetfeld mit großer Polarisierung. Dabei lassen sich die einzelnen Domänen leicht in die der Feldrichtung nächstliegende krz-Würfelkante drehen. Von dieser Vorzugsrichtung abweichende Lagen, wie z. B. die Flächen- oder Raumdiagonale, werden erst durch zusätzliche Energie erreicht. Durch diese Anisotropieenergie weitet sich die Hysterese auf. Es entstehen Ummagnetisierungsverluste in Form von Wärme. Die Sättigungspolarisierung wird erst bei höherer

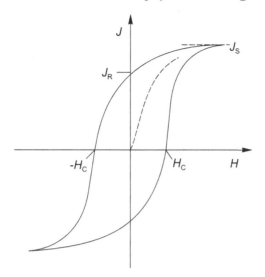

Bild A.4.21 Magnetisierungskurve ferromagnetischer Stähle (schematisch): Mit steigender Feldstärke H folgt die Polarisation J der gestrichelten Neukurve bis zur Sättigung J_S. Bei nachfolgenden Ummagnetisierungszyklen folgt J einer Hystereseschleife, deren Fläche sich mit zunehmender Verlustleistung aufweitet. H_C und J_R werden als Koerzitivfeldstärke bzw. Remanenz bezeichnet.

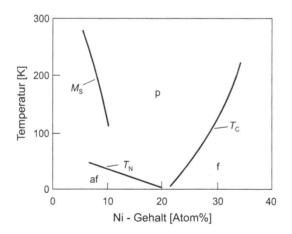

Bild A.4.22 Magnetische Umwandlung in Fe-Ni-Legierungen mit 20 Atom% Cr (nach W. Bendick und W. Pepperhoff): M_s = Martensitstarttemperatur, T_N = Néel-Temperatur, T_C = Curie-Temperatur, p = paramagnetisch, af = antiferromagnetisch, f = ferromagnetisch

Feldstärke eingeleitet. Die Anisotropieenergie kann durch eine hohe Blochwandbeweglichkeit gesenkt werden. Dazu trägt eine Verringerung des Gehaltes von Ausscheidungen der Elemente Kohlenstoff, Stickstoff, Sauerstoff und Schwefel und der Zusatz von Nickel bei. Auch Silizium verengt die Hysterese. Durch seine Erhöhung des elektrischen Widerstandes drückt es auch die Wirbelstromverluste. Vorteilhaft ist die Ausbildung einer Kristallanisotropie, bei der bevorzugt die Würfelkanten in Richtung des äußeren Feldes weisen. In *hartmagnetischen* Werkstoffen soll ein einmal aufgeprägter Magnetisierungszustand möglichst aufrecht erhalten werden. Neben hoher Sättigungspolarisierung soll eine große Koerzitivfeldstärke vorherrschen. Die Hystereseschleife erfährt eine extreme Aufweitung. Voraussetzung ist die Behinderung der Blochwandbewegung. Das lässt sich durch Ausscheidungen, wie z. B. Karbide in Dicke der Blochwände ($\approx 0.1\,\mu\mathrm{m}$) erreichen. Effektiver ist die Vermeidung von Blochwänden. Dazu werden einzelne Domänen in eine unmagnetische Matrix eingebettet. Die Dispersion von Domänen entsteht durch Entmischung, Ausscheidung oder pulvermetallurgisch.

Der Graphit des grauen Gusseisens nimmt an der Magnetisierung nicht teil. Die Karbide des weissen Gusseisen weisen je nach Zusammensetzung eine Curie-Temperatur auf, so z. B. 210°C für Zementit, unterhalb der sie schwach magnetisierbar werden. Für die Matrix von Gusseisen gilt das oben Gesagte.

A.4.4.2 Wärmeausdehnung

Die Wärmeausdehnung von α-Eisen nimmt mit der Temperatur zu und beträgt bei Raumtemperatur $12\,\mu\mathrm{m/mK}$. Im Beständigkeitsbereich des γ-Eisens bleibt der Wert weitgehend konstant bei $23\,\mu\mathrm{m/mK}$. Für Sphäroguss, Grauguss bzw. Hartguss liegt die Wärmeausdehnung bei Raumtemperatur um 11, 10 bzw. $9\,\mu\mathrm{m/mK}$.

Beim Abkühlen paramagnetischer Eisen-Nickel-Austenite stellt sich mit der ferromagnetischen Umordnung dicht unterhalb der Curie-Temperatur (Bild A.4.23) eine mit Gitterdehnung verbundene Volumenmagnetostriktion ein. Sie kompensiert über einen gewissen Temperaturbereich die Wärmekontraktion der Abkühlung. Dieser Invareffekt tritt am ausgeprägtesten bei Eisen mit 36 % Nickel auf (Invarlegierung). Er kann durch Kobaltzusatz weiter verstärkt werden (Superinvar). Da die Gitterdehnung den Elastizitätsmodul bestimmt, ergibt sich auch ein Temperaturbereich mit annähernd konstantem E-Modul (Elinvar). In Gusseisen mit Kugelgraphit und 35 % Ni wird bei Raumtemperatur eine Wärmedehnung um $5\,\mu\mathrm{m/mK}$ erzielt.

Über den Legierungsgehalt lassen sich gewünschte thermische Ausdehnungskoeffizienten einstellen, so z. B. als Einschmelzlegierung passend zu Glas. Die Verbindung von Legierungen mit großer und kleiner Wärmeausdehnung durch Walzplattieren ermöglicht Thermobimetalle (s. Kap. B.8, S. 378).

A.4.4.3 Leitfähigkeit

Die in Metallen frei beweglichen Leitungselektronen werden an Fehlordnungen im Kristallgitter gestreut. Stähle mit guter elektrischer Leitfähigkeit σ sollten daher weitgehend frei von Legierungs- und Begleitelementen sein. Insbesondere interstitiell gelöster Kohlenstoff beeinträchtigt die Leitfähigkeit und wird deshalb als Karbid ausgeschieden. Eine Kaltverfestigung fällt dagegen weniger ins Gewicht, so dass sie z. B. in Form kaltgezogener Telefondrähte Anwendung findet. Mit steigender Temperatur nimmt die Bremsung der Elektronen durch Gitterschwingungen und damit der elektrische Widerstand $\rho = 1/\sigma$ zu. Im Vergleich zum paramagnetischen Zustand liegt er im ferromagnetischen niedriger. Die Wärmeleitfähigkeit λ verläuft proportional zu σ. Für Siederohre in Dampferzeugern wird daher z. B. ein kohlenstoffarmer Stahl verwendet. Aus Gründen der Korrosionsbeständigkeit muss in Wärmetauschern aber trotz schlechterer Wärmeleitfähigkeit häufig auf höher legierte Stähle zurückgegriffen werden.

Ein hoher elektrischer Widerstand gepaart mit guter Zunderbeständigkeit wird von Heizleiterlegierungen erwartet. Nach Kap. A.4.3.2 senken Chrom und Aluminium die Hochtemperaturkorrosion. Gleichzeitig kann ρ um mehr als eine Größenordnung angehoben werden. Durch Nickelzusatz entstehen austenitische Legierungen mit höherer Warmfestigkeit.

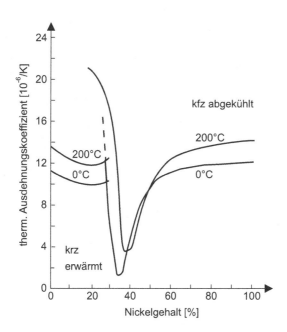

Bild A.4.23 Wärmeausdehnung von Eisen-Nickel-Legierungen (nach P. Chevenard).

Die höhere Wärmeleitfähigkeit von Graphit hebt λ von grauem Gusseisen gegenüber Baustahl an, und zwar bei Kugelgraphit um einen Faktor nahe 1.2 und bei Lamellengraphit um einen Faktor nahe 3. Die elektrische Leitfähigkeit geht dagegen von ungefähr Faktor 0.9 auf Faktor 0.3 zurück. Das auf der Elektronenbeweglichkeit beruhende Gesetz von Wiedemann-Franz zur Proportionalität von λ und σ verliert vor allem in Grauguss seine Gültigkeit.

Zerspanung eines Automatenstahles

B

Eisenwerkstoffe und ihre Anwendung

B.1 Werkstoffe für allgemeine Verwendung

Für die allgemeine Verwendung im Maschinen-, Fahrzeug- und Anlagenbau wie auch im Bauwesen werden „unlegierte" Eisenwerkstoffe herangezogen, die jedoch nach DIN EN 10020 gewisse Gehalte an Mangan, Silizium und anderen Legierungselementen aufweisen. Kohlenstoff wird ihnen nicht zugerechnet, bestimmt aber über den Perlitgehalt im Gefüge vor allem die mechanischen Eigenschaften dieser Werkstoffgruppe, die sich in unlegierte Baustähle und Gusseisen unterteilen lässt.

B.1.1 Unlegierte Baustähle

Die Stähle dieser Gruppe enthalten entweder $< 0.9\,\%$ C und werden nach ihrer chemischen Zusammensetzung bezeichnet (z. B. C45) oder sie weisen als schweißgeeignete Güten $\leq 0.22\,\%$ C auf und werden nach ihrer Streckgrenze unterteilt (z. B. S235). Ihr Gefüge besteht aus weicheren Ferritkörnern und härteren Perlitkörnern, deren Anteil bis zum eutektoiden Kohlenstoffgehalt auf $100\,\%$ zunimmt (s. Bild A.2.10, S. 30). Wie am Beispiel eines niedriglegierten Stahles in Bild A.2.17 s. S. 39 zu erkennen ist, wächst der Perlitgehalt auch mit der Abkühlgeschwindigkeit (im Beispiel von 60 auf $70\,\%$) und die Härte steigt (von 200 auf 230 HV). Das liegt neben dem größeren Anteil auch an der höheren Härte der Perlitkörner, die nun etwas weniger als den eutektoiden Kohlenstoffgehalt aufweisen, aber durch die beschleunigte Abkühlung feinstreifiger aufgebaut sind (s. Bild A.2.23, S. 46). Im Idealfall müssten die Perlitkörner von C10 ähnlich einem Dualphasengefüge (Bild A.2.2 b, S. 22) im Ferrit dispergiert vorliegen. Bei C40 sollte ungefähr ein Duplexgefüge aus Ferrit und Perlit entstehen und in C60 ein Ferritnetz um die Perlitkörner. Im Realfall überlagert sich jedoch eine walzbedingte Zeiligkeit (Gefügeanisotropie, Bild A.2.6, S. 25), die aus der unterschiedlichen Mikroseigerung von Mn und Si entsteht, wobei sich C in den Mn-reicheren Zeilen ansammelt. In

Walzrichtung liegen Ferrit- und Perlitzeilen nebeneinander vor (Bild B.1.1), deren Abgrenzung mit dem Umformgrad deutlicher hervortritt.

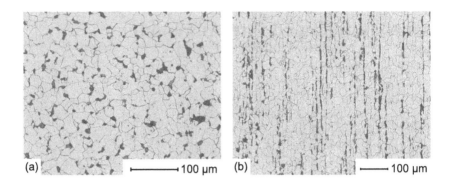

Bild B.1.1 Gefüge aus Ferrit (hell) und Perlit (dunkel) des Stahles C15, ∅30 mm: (a) Querschliff, (b) Längsschliff

B.1.1.1 Eigenschaften

Die Gebrauchs- und Fertigungseigenschaften der unlegierten Baustähle sind eng mit dem Kohlenstoffgehalt verknüpft. Mit diesem kostengünstigen Element lässt sich eine erstaunliche Variationsbreite einstellen.

(a) Mechanische Eigenschaften

Mit dem Kohlenstoff steigt der Perlitgehalt und damit die Zugfestigkeit. Neben dieser grob zweiphasigen Verfestigung durch die härteren Perlitkörner wird die Feinkornhärtung sowie die Mischkristallhärtung durch z. T. erzeugungsbedingte Silizium- und Mangangehalte genutzt. Die Streckgrenze nimmt mit dem Perlitgehalt weniger zu als die Zugfestigkeit, da die Gleitung in den weicheren Ferritkörnern beginnt. Durch Legieren mit rd. 1.5 % Mangan liegen die schweißgeeigneten Güten in Bild B.1.2 über den anderen Stählen. Mit zunehmender Dicke sinkt die Abkühlgeschwindigkeit bei Luftabkühlung nach dem Walzen. Dadurch verringert sich die Perlitmenge (s. Bild A.2.17, S. 39) und der Karbidlamellenabstand nimmt zu. Beides senkt die Festigkeit. Gleichzeitig fällt wegen der dickeren Karbidlamellen die Duktilität (s. Bild A.4.13, S. 95). Die Übergangstemperatur steigt mit der Perlitmenge, der Karbidlamellendicke und dem Siliziumgehalt. Dieser unerwünschten Verschiebung kann mit einer Kornfeinung (s. Kap. A.4, S. 85 und S. 96) durch Normalglühen oder normalisierendes Walzen entgegengewirkt werden.

(b) Verschleißwiderstand

Mit steigendem Gehalt an härteren Perlitkörnern nehmen der furchende Verschleiß und auch die Neigung zur Adhäsion ab. Dünne Zementitlamellen lassen sich auch von Mineralkörnern furchen oder brechen, die weicher sind. Ein groblamellarer Perlit ist daher für diese Verschleißart günstig. Beim Wälzverschleiß kommt es dagegen auf eine hohe Fließgrenze an, um der Oberflächenermüdung zu begegnen. Ein feinlamellares Gefüge aus unterem Perlit ohne Ferritkörner erfüllt diese Forderung. Bei furchendem Verschleiß durch Minerale bietet sich z. B. die Hartauftragung durch Fülldrahtschweißen als Verschleißschutz an. In eng tolerierten Maschinenelementen wird das Hartverchromen und -vernickeln eingesetzt, was auch vor Korrosion schützt. Wegen der geringen Tragfähigkeit des Substrates müssen hohe Punktbelastungen vermieden werden, damit die dünne Hartschicht nicht einbricht.

(c) Korrosionswiderstand

Die atmosphärische Korrosion an feuchter Luft führt zur Bildung einer porösen Rostschicht aus Fe_3O_4 und $FeOOH$. Durch geringe Zugaben von Kupfer (und auch Phosphor, Chrom und Nickel) wird die Dichtigkeit und Haftung der Schicht deutlich erhöht und die Korrosionsrate gesenkt (wetterfeste Stähle z. B. S355J2WP nach DIN EN 10025-5). Schwefeldioxid bildet mit

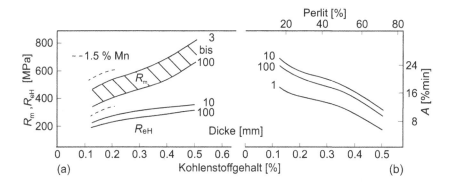

Bild B.1.2 Mechanische Eigenschaften der allgemeinen Baustähle nach DIN EN 10025: (a) mit steigendem Kohlenstoffgehalt wächst die Menge der härteren Perlitkörner und damit die Zugfestigkeit R_m und in geringerem Maße die obere Streckgrenze R_{eH}. Je dünner die Abmessung, umso höher die Abkühlgeschwindigkeit von Normalglühtemperatur und umso feinstreifiger, d. h. fester, der Perlit, dessen Menge dabei etwas zunimmt. In S235 bis S355 wird durch Mangan eine Mischkristallhärtung herbeigeführt und der Perlit noch feinstreifiger ausgebildet. (b) Ausgehend von der Dicke 100 mm steigt die Bruchdehnung A aufgrund dünnerer Karbidlamellen mit abnehmender Dicke des Werkstoffs zunächst trotz steigender Festigkeit an, um dann mit einem weiteren Zuwachs an Festigkeit wieder abzufallen.

Sauerstoff und Wasser Schwefelsäure, die das Eisen zu Sulfat umsetzt und selbst durch Hydrolyse zurückgebildet wird. So erfährt die gleichmäßig abtragende oder muldenartige Korrosion von Baustählen schon durch kleine SO_2-Gehalte in Industrieluft eine Beschleunigung. In Trinkwasserrohren bildet sich eine Kalkschutzschicht, sofern das Wasser ausreichend hart und neutral ist. Bewehrungsstähle verhalten sich in der basischen Umgebung des Betons (pH = 11 bis 13) passiv. Wird jedoch durch CO_2 und SO_2 das beim Abbinden des Zements entstandene $Ca(OH)_2$-Depot aufgezehrt, so beginnt der Stahl zu rosten. Durch die damit verbundene Volumenzunahme wird die äußere Betonschicht abgesprengt und der Vorgang wiederholt sich.

Neben Lacken und Polymerbeschichtungen wird vor allem das Verzinken zum Korrosionsschutz eingesetzt. Zink bildet mit Luftfeuchtigkeit und Kohlendioxid eine schützende Deckschicht aus basischem Zinkkarbonat. Außerdem bietet es als Opfer-Anode einen kathodischen Schutz, da es unedler ist als Eisen (s. Tab. A.4.3, S. 111) und deshalb vor ihm in Lösung geht. Der Schutz überbrückt Schichtunterbrechungen bis $\approx 1.5\,\text{mm}$, wie z. B. Verletzungen, Schnittkanten und Laser-Schweißungen.

Das Schmelztauchen (Feuerverzinken) bei $\approx 450°C$ kann die mechanischen Eigenschaften verändern und Eigenspannungen in Verzug umsetzen, während die elektrolytische Auftragung bei $< 80°C$ eine Wasserstoffaufnahme ermöglicht. Die höhere Temperatur bringt eine innere Fe/Zn-Verbindungszone zwischen Stahl und Zinkschicht mit sich. Durch Emaillieren bildet sich bei $\approx 800°C$ eine glashaltige oxidkeramische Schicht, die sowohl korrosions- wie verschleißbeständig ist. Für das Substrat bedeutet dies eine Erwärmung bis in den Austenit/Ferrit-Bereich.

(d) Schweißeignung

Beim Schmelzschweißen werden in der Wärmeeinflusszone (WEZ) mit Annäherung an die Schmelzlinie steigende Spitzentemperaturen bis nahe an die Schmelztemperatur erreicht (Bild B.1.3 a). Trotz der hohen Aufheizgeschwindigkeit und geringen Verweildauer kommt es im ZTA-Schaubild zu einem mit der Spitzentemperatur ansteigenden Kornwachstum (Bild B.1.3 b). Der hohe Lösungszustand verschiebt bei anschließender Abkühlung (vor allem in legierten Stählen) die Umwandlungslinien des ZTU-Schaubildes zu längeren Zeiten. Daher erfolgt die Abschätzung des Gefüges einer WEZ anhand von Schweiß-ZTU- Schaubildern (Austenitisierungstemperatur $\geq 1300°C$). Die Abkühlgeschwindigkeit durch Wärmeleitung im Stahl (Selbstabschreckung) ist beim Mehrlagenschweißen dicker Verbindungen besonders hoch. Es kann zu Anteilen von Martensit und Bainit kommen und damit zur Aufhärtung gegenüber dem normalgeglühten Ferrit/Perlit-Gefüge (Bild B.1.3 c). Unterhalb M_f ($\approx 250°C$ für S355) gerät der aus grobem Austenitkorn entstandene grobnadelige Martensit bei weiterer Abkühlung unter mehrachsige Schrumpfspannungen. Vor allem bei starrer Einspannung der Naht und ggf. einer Einbrandkerbe kommen dann alle Voraussetzungen für spröden Spaltbruch zusammen. Die Neigung zu dieser Kaltrissbildung kann aus empirischen Formeln für das Kohlenstoffäquivalent CEV abgeschätzt werden. Nach DIN EN 10025 beträgt

$$CEV = C + \frac{Mn}{6} + \frac{Cr + Mo + V}{5} + \frac{Ni + Cu}{15} \qquad (B.1.1)$$

und sein zulässiger Grenzwert steigt mit der Streckgrenze und der Nenndicke von 0.35 auf 0.49.

Da der Kohlenstoffgehalt sich als besonders rissfördernd erweist, wird er in schweißgeeigneten Stählen auf $\leq 0.22\%$ begrenzt. Höher gekohlte Stähle bedürfen beim Schweißen besonderer Vorkehrungen, wie z. B. einer Vorwärmung. Sie senkt die Aufhärtung der WEZ und verringert die Schrumpfspannungen, die zudem bei höherer Temperatur, d. h. oberhalb $T_{ü}$ erreicht werden. Die Vorwärmung dient auch der Effusion von Wasserstoff, der versprödend wirkt (s. Kap. A.4, S. 114). Im Schweißgut wird CEV durch die Zusammensetzung des Schweißzusatzwerkstoffes ausreichend niedrig eingestellt. Ein geringer Stickstoffgehalt kann zusammen mit z. B. 0.02 % Ti unter bestimmten Fertigungsbedingungen zu einer Ausscheidung von ≈ 20 nm großen TiN-Teilchen führen, die das Kornwachstum in der WEZ behindern und ein höheres Wärmeeinbringen zulassen. Dadurch werden größere Schweißgeschwindigkeiten möglich.

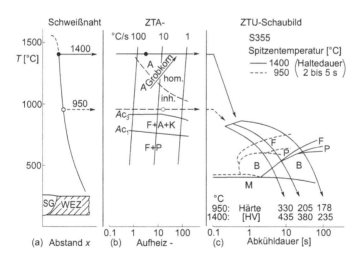

Bild B.1.3 Aufhärtung in der Wärmeeinflusszone (WEZ) beim Schweißen: (a) Temperaturverlauf über der Schweißnaht, SG = Schweißgut, (b) Lage im ZTA - Schaubild, (c) Umwandlung in der WEZ, ausgezogen = nahe der Schmelzlinie, gestrichelt = weiter entfernt (ZTU - Schaubilder nach J. Ruge, R. Müller und H.J. Peetz)

(e) Alterung

Gelöste Kohlenstoff- und Stickstoffatome reichern sich in Versetzungssenken an. Diese Fehlordnungsseigerung (s. Bild A.2.7 c, S. 25) erfordert höhere Spannungen, um Versetzungen loszureißen. Die obere Streckgrenze steigt, die Übergangstemperatur auch. Diese zeitabhängige Veränderung der Eigenschaften wird als Alterung bezeichnet. Bei klimabedingten Temperaturen dauert die Diffusion Monate bis Jahre, wobei der Stickstoff bis zu einer Größenordnung schneller ist und daher die natürliche Alterung bestimmt. Aus der Cottrell-Wolke von interstitiellen Atomen um eine Versetzung kann sich mit der Zeit α''-Nitrid ausscheiden (s. Tab. A.2.1, S. 52). Bei erhöhten Temperaturen von z. B. 150 bis 200°C läuft die künstliche Alterung innerhalb von Minuten bis Stunden ab. Dabei kommt es zur Ausscheidung von ε-Karbid.

Es gibt zwei Ausgangszustände für eine Alterung: Gleichverteilung der eingelagerten Atome durch Lösungsglühen des Ferrits dicht unter Ac_1 und Abschrecken (Abschreckalterung) oder Erzeugung neuer Versetzungen ohne C,N-Wolken durch Kaltumformen (Verformungsalterung). In beiden Fällen liegt keine ausgeprägte Streckgrenze vor. Sie bildet sich erst durch anschließende Alterung aus (Bild B.1.4). Die Sprödbruchgefahr durch Abschreckalterung

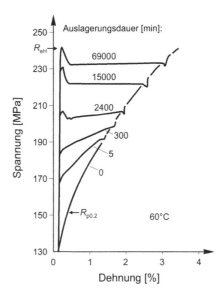

Bild B.1.4 Alterung: Ausbildung einer ausgeprägten Streckgrenze in Eisen mit 0.01 % C nach dem Abschrecken von 720°C durch Auslagern bei 60°C (nach W. Dahl und E. Lenz). $R_{p0.2}$ des Ausgangszustandes steigt in 48 Tagen auf R_{eH}. Nach ≈ 3 % Lüders-Dehnung wird die Ausgangskurve wieder erreicht.

nach dem Schweißen wird durch Abbinden von Stickstoff mit > 0.02 % Aluminium zu AlN gebannt. Das "bake-hardening" nutzt die künstliche Verformungsalterung durch Kohlenstoff zur Festigkeitssteigerung von Tiefziehteilen beim Einbrennlackieren.

(f) Anisotropie

Eine Zeiligkeit durch Streckung von Mikroseigerungen und nichtmetallischen Einschlüssen (s. Bild A.4.11, S. 93) beeinträchtigt die Zähigkeit quer zur Umformrichtung. In Längsproben sind die Zeilen nach Bild B.1.1 b parallel geschaltet. Gegen Ende des Zugversuches entstehen kurze Anrisse in den härteren Perlitzeilen, die vom weicheren Ferrit noch aufgefangen werden. Querproben mit einer Reihenschaltung von Zeilen ermöglichen den Anrissen in den Perlitzeilen (senkrecht zur Bildebene in Bild B.1.1 a) zu wachsen, so dass der Bruch nach geringerer Dehnung eintritt. Es zeichnet sich eine gewisse Analogie zu gestreckten Einschlüssen ab (s. Bild A.4.6, S. 86). Mangansulfide sind bei Warmformgebungstemperatur sehr duktil und werden z. B. beim Walzen von Flachzeug gestreckt und gebreitet (s. Bild A.4.11, S. 93). Dadurch kann die Kerbschlagbiegearbeit in Dickenrichtung auf ein Zehntel der Längsrichtung absinken. So entsteht die Gefahr eines Terrassenbruches in Schweißstößen (Bild B.1.5) bzw. von Rissen beim Abkanten von Blech mit der Kante in Walzrichtung oder beim Kopfstauchen von Draht. Durch Zugabe von Kalzium, Seltenerdmetall, Zirkon oder Titan lassen sich schwer umformbare kompakte Sulfide erzeugen. Zusammen mit einer Absenkung des aus der Verhüttungskohle stammenden Schwefelgehaltes auf wenige Tausendstelprozent hilft diese Sulfidformbeeinflussung, die Gefügeanisotropie abzubauen. Die Ermittlung der Sulfidform geschieht nach Stahl-Eisen-Prüfblatt 1575. Zur Vermeidung von Terrassenbrüchen sind in DIN EN 10164 Einschnürungen in Dickenrichtung genannt, die als Zusatz bei der Bestellung vereinbart werden können, z. B. Z35 für $Z \geq 35 \%$. In Feinblechen wirkt sich eine Bevorzugung von Körnern mit <111> gegenüber <100> Lage in der Blechebene (s. Bild A.1.4, S. 8) günstig auf die Tiefzieheigenschaften aus. Die senkrechte Anisotropie r wird an Flachzugproben aus dem Verhältnis von Breiten- zu Dickenformänderung bestimmt, $r = \varphi_b/\varphi_s$. Die Mittelung von Proben mit unterschiedlicher Winkellage zur Walzrichtung ergibt

$$r_m = (r_{0°} + 2r_{45°} + r_{90°})/4 \qquad (B.1.2)$$

Durch Ausscheidung einer AlN-Dispersion beim rekristallisierenden Glühen nach dem Kaltwalzen lässt sich die günstige <111> Textur mit $r_m > 1$ einstellen.

(g) Spanbarkeit

Hartphasen wie Oxide und Karbide bewirken Schneidenverschleiß, doch verringern sie durch Rissbildung die Trennarbeit und damit die Schneidenerwärmung. Durch niedrige Kohlenstoffgehalte und Ausspülen der Oxide aus der Schmelze sinkt der Verschleiß. Gleichzeitig wird durch Zugabe von nicht abrasiven Spanbrechern die Erwärmung gebremst und eine kurzspanende Güte (ohne Fließspan) eingestellt. Am gebräuchlichsten ist Mangansulfid MnS. Schon wenige Hundertstelprozent Schwefel verbessern die Spanbarkeit. Bei Schwefelgehalten bis 0.4 % muss auch der Mangangehalt angehoben werden (Mn/S ≤ 4.5), um Rotbruch bei der Warmumformung durch niedrigschmelzende Eisensulfide zu vermeiden. Anstelle von Mangan verringern Selen und Tellur die Anisotropie. Deren Auswirkung ist aber z. B. in Stabstahl für Drehautomaten meist weniger gravierend als in Blech. Das wegen seines großen Atomdurchmessers im Stahl unlösliche Blei (s. Tab. A.1.4, S. 15) wirkt in feiner Dispersion ähnlich wie MnS. Bei der Verwendung von Se, Te und Pb ist die Toxizität dieser Elemente zu beachten. Durch Desoxidation der Schmelze mit sauerstoffaffinen Elementen können im Dreistoffsystem CaO-Al$_2$O$_3$-SiO$_2$ niedrigschmelzende Oxide entstehen, die bei der spanenden Bearbeitung mit geeigneter Schnittgeschwindigkeit auf titanhaltigen Hartmetallwerkzeugen oder Hartbeschichtungen eine glasige Schutzschicht bilden. Eine andere Entwicklung zielt auf die Umwandlung von Zementit in Graphit, durch Glühen von Stählen mit z. B. 1.5 % Si und 1.4 % Al bei 680°C. Beide Legierungselemente verschieben die Konstitution vom metastabilen zum stabilen System und eine feine Dispersion von Graphitausscheidungen verbessert die Spanbarkeit bei vertretbarer Einbuße an Duktilität (s. Bild A.2.25 d, S. 49).

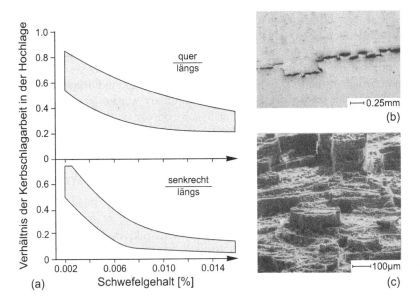

Bild B.1.5 Einfluss des Schwefelgehaltes im Flachstahl: (a) Anisotropie der Zähigkeit durch Sulfide (n. W. Haumann), (b) Terrassenbruch entlang der streckverformten Sulfide im Schliff, (c) Terassenbruchfläche.

(h) Tiefziehfähigkeit

In Bild B.1.6 sind die Vorgänge beim Tiefziehen anhand eines einfachen Rund-
napfes dargestellt.

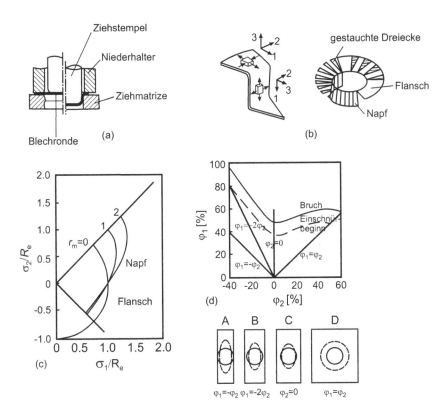

Bild B.1.6 Tiefziehen: (a) Eine zwischen Matrize und Niederhalter eingespann-
te Blechronde mit dem Durchmesser D wird durch einen Stempel zu einem Napf
mit dem Durchmesser d kaltgeformt, (b) der ebene Spannungszustand ($\sigma_3 \approx 0$) bewirkt Schubspannungen im Flansch ($\sigma_1 \approx -\sigma_2$) und zweiachsige Zugspannungen
im Napf ($\sigma_2 \approx \nu\sigma_1$). Die schraffierten Dreiecke müssen weggestaucht und in die
Napftiefe umgesetzt werden, (c) der Fließbeginn für ebene Spannung ergibt sich
nach Bild A.4.1, S. 80. Die elliptische Fließortkurve wird nach R. Hill durch die
senkrechte Anisotropie r_m beeinflusst. $R_e^2 = \sigma_v^2 = \sigma_1^2 + \sigma_2^2 - \sigma_1 \cdot \sigma_2 \cdot 2r_m/(r_m+1)$. Mit
steigendem r_m-Wert erfährt der Flansch eine Texturentfestigung und der Napf eine
Texturverfestigung. Letzteres wirkt einer unerwünschten Abnahme der Blechdicke
durch einachsiges Streckziehen im Napf entgegen, (d) Die Verformung kann durch
Kreismarkierung sichtbar gemacht werden, die sich bei der Umformung verändert.
Wir unterscheiden A= Zug/Druck-Umformen, B=Zugumformen und C bzw. D=
ein- bzw. zweiachsiges Streckziehen. C bringt die geringste Bruchverformung mit
sich und ist der Grund für Bodenreißer im Napf nahe zum Übergang zum Boden.

Als ein Maß für die Tiefziehfähigkeit kann das Grenzziehverhältnis $\beta_{max} = D/d$ gelten. Es steigt mit der Duktilität des Bleches. Kohlenstoffarme weiche Stähle stehen daher im Vordergrund. β_{max} wächst linear mit der senkrechten Anisotropie r_m. Gegen das Einschnüren des Bleches im Napf hilft ein hoher Verfestigungsexponent n (s. Bild A.4.9 c, S. 90). Er liegt vor, wenn Versetzungen im Korn leicht beweglich sind. Dazu bedarf es eines möglichst niedrigen Gehaltes an eingelagerten Kohlenstoff- und Stickstoffatomen, um ihre „Reibung" mit Versetzungen abzubauen. Der n-Wert steigt mit fallender Reibungsspannung R_{e0} (s. Bild A.4.12 c, S. 94). Die Nutzung von Grobkorn zur Streckgrenzensenkung verbietet sich wegen der Gefahr einer "Apfelsinenhaut". Eine ebene Anisotropie Δr führt zu unerwünschter Zipfelbildung.

$$\Delta r = (r_{0°}/2) + (r_{90°}/2) - r_{45°} = 2(r_m - r_{45°}) \qquad \text{(B.1.3)}$$

Bei $\Delta r > 0$ entstehen am Napfrand Zipfel unter 0° und 90° zur Walzrichtung, bei $\Delta r < 0$ unter 45°. Im Sinne einer guten Werkstoffausnutzung ist $\Delta r = 0$ anzustreben.

B.1.1.2 Sorten und Anwendungen

Die vielfältigen Einsatzgebiete der unlegierten Stähle werden anhand von Erzeugnisformen vorgestellt. Gerade in der Serienfertigung sind die Fertigungsden Gebrauchseigenschaften an Bedeutung mindestens ebenbürtig. Die Entwicklungsziele lauten „Kostensenkung ohne Qualitätsverlust" oder „Gütesteigerung kostenneutral". Meist steht der Stahlanwender unter dem Zwang, Gütesteigerung mit Kostensenkung zu verbinden. In Tab. B.1.1 sind einige Stahlbeispiele zusammengefasst.

(a) Flacherzeugnisse

Tafelbleche oder gewickelte Bänder kommen warmgewalzt (ver- bzw. entzundert) oder kaltgewalzt (blank) zum Einsatz. Sie werden nach DIN EN 10079 nach ihrer Dicke (mm) unterteilt in
< 0.5 Feinstblech und -band (z. B. für die Verpackungsindustrie)
< 3.0 Feinblech und -band (z. B. für die Fahrzeugindustrie)
≥ 3.0 Grobblech und -band (z. B. für den Hoch- und Schiffsbau)
In DIN EN 10029 sind Dicken von 3 bis 250 mm aufgeführt. Ab 25 mm wird vielfach auch von Dickblech, z. B. für schwere Druckbehälter, gesprochen.

Feinstblech und -band: Nach DIN EN 10205 wird aus kohlenstoffarmem Stahl einfach kaltgewalztes Band für die anschließende Beschichtung bereitgestellt, das unter Schutzgas einer kontinuierlichen oder Haubenglühung unterzogen und anschließend mit ≤ 5 % Dickenabnahme dressiert wurde, um eine kontinuierliche Fließgrenze einzustellen und Fließfiguren bei der Verarbeitung zu

Tabelle B.1.1 Beispiele unlegierter Stähle für allgemeine Verwendung

Kurzbe- zeichnung	R_e [1) [MPa]	R_m [MPa]	A [%]	Gehalt [%]	Verwendung	
TS230	≈ 230	≈ 325	≈ 0.06		Verpackungsblech DIN EN 10202	
TH620	≈ 620	≈ 625			S=hauben-, H=durchlaufgeglüht	
DD14	> 170 [2)	< 380	> 31	< 0.08C	Warmband DIN EN 10111	
DC04LC	> 210	< 350	> 38	< 0.08C	Kaltband DIN EN 10139	zum
					leicht nachgewalzt	Kalt-
DC06LC	> 180	< 350	> 38	< 0.02C	IF (interstitial free)	umfor-
				< 0.3Ti	leicht nachgewalzt	men
DX54D+Z	> 140	< 350	> 36		feuerverzinktes Band DIN EN	
					10142 zum Kaltumformen	
DC04ED	< 210	< 350	> 38	< 0.004C	Kaltband zum Direktemaillieren	
					DIN EN 10209	
S235	> 235	< 510	> 17	< 0.19C	warmgewalzte Erzeugnisse aus	
S275	> 275	< 580	> 14	< 0.21C	unlegierten Baustählen	
S355	> 355	< 680	> 14	< 0.23C	DIN EN 10025	
S355WP	> 355	< 680	> 16	< 0.12C	Wetterfester Baustahl	
				≈ 0.1P	DIN EN 10025-5	
GS240	> 240	< 600	> 22	< 0.23C	Stahlguss DIN EN 10293	
B500	≈ 500	≈ 540	≈ 5	< 0.22C	Betonstahl DIN EN 10080	
Y1030H		≈ 1030		≈ 0.7C	Spannstäbe DIN EN 10138	
R350HT	-	> 1175	> 9	≈ 0.76C	Schienen DIN EN 13674-1,>350 HB	
C22+N	> 240	> 430	> 24	≈ 0.22C	Kohlenstoffstähle	
C45+N	> 340	> 620	> 14	≈ 0.45C	DIN EN 10083-2	
C60+N	> 380	> 710	> 10	≈ 0.60C	normalgeglüht	
C2D1		< 360		< 0.03C	Draht zum Kaltziehen	
bis						
C92D		-		≈ 0.93C	nach DIN EN 10016	
11SMn37		> 370		< 0.14C	Automatenstahl DIN EN 10087	
				≈ 0.37S	112-169 HB	

[1) $>, <, \approx$: Unter-, Obergrenze, Richtwert, für geringe Erzeugnisdicke

[2) Querproben

vermeiden. Die Bezeichnung setzt sich aus dem Kennbuchstaben T für Feinstblech und dem Härtegrad zusammen, z. B. T61. Doppelt reduziertes Feinstblech erhält an Stelle des Dressierens eine höhere Dickenabnahme und verfestigt dadurch auf eine 0.2-Grenze, die hinter den Kennbuchstaben DR (doppelt
reduziert) genannt wird z. B. DR620 mit einem Härtegrad von 76. Aus diesem
Vormaterial entsteht nach DIN EN 10202 durch elektrolytisches Beschichten
mit Zinn, auch unterschiedlich dick auf Ober- und Unterseite (differenzver-
zinnt), das Weißblech bzw. durch Abscheiden von Chrom mit hydratisierter

Decklage der spezialverchromte Stahl (ECCS). Dem Kennbuchstaben T folgt ein S für Haubenglühen oder ein H für kontinuierliches Glühen und die 0.2-Grenze, die mit dem Kaltwalzgrad steigt (Beispiel: TS230, TH620). Aus diesen Güten lassen sich Verpackungen herstellen wie z. B. Einmach- oder Keksdosen.

Feinblech und -band: Warmband aus weichen Stählen mit einer Dicke von 1.5 bis 8 mm ist nach DIN EN 10111 für die Weiterverarbeitung durch Kaltumformen bestimmt. Die Kennbuchstaben lauten DD gefolgt von einer Kennzahl (z. B. DD14). Daraus leiten sich nach DIN EN 10120 z. B. kaltgewalzte Feinbleche mit glatter Oberfläche und engen Toleranzen ab. Für eine Breite < 600 mm gilt DIN EN 10139. Dieses Kaltband trägt die Kennbuchstaben DC mit angehängten Kennzahlen (z. B. DC04) und ist zum Kaltumformen gedacht. Daher schließt sich auch hier an das Kaltwalzen ein Schutzgasglühen und Dressieren an. Das Nachwalzen kann aber auch - wie bei den Feinstblechen - zur Steigerung der 0.2-Grenze genutzt werden (z. B. DC04 + C590). Die vollberuhigten Warm- und Kaltbandgüten weisen einen Aluminiumgehalt auf, der den Stickstoff weitgehend abbindet und damit zur Unterdrückung der Reckalterung führt (s. S. 130). Die mechanischen Eigenschaften gelten bis zu 6 Monaten, so dass man sich mit der Weiterverarbeitung mehr Zeit lassen kann, als bei schwach beruhigten Güten, deren Frist z. B. auf 1 Monat schrumpfen kann. Durch Zugabe von < 0.3 % Ti oder einer entsprechenden Menge von Nb wird neben N auch C abgebunden, so dass praktisch keine gelösten interstitiellen Atome mehr im Ferrit vorliegen. Dadurch werden in der IF (interstitial free) Güte DC 06 nicht nur Fließfiguren unbegrenzt ausgeschlossen (DIN EN 10130), sondern eine niedrigere Streckgrenze (≥ 120 MPa) und der höchste Verfestigungsexponent ($n \geq 0.22$) erreicht. Letzterer kommt über eine hohe Gleichmaßdehnung der Streckziehfähigkeit entgegen. Der gemeinsame erste Kennbuchstabe D von Warm- und Kaltband steht für Duktilität, d. h. Kaltumformbarkeit. So finden wir diese Produkte z. B. in tiefgezogenen Lampenschirmen, kaltprofilierten Rahmen von Autositzen, geprägten Gehäusedeckeln oder gestanzten Rahmen und Verkleidungen.

Ausgehend vom Fahrzeugbau hat sich der Anteil von oberflächenveredeltem Kaltband ständig erhöht. Es geht um Korrosionsschutz durch eine Beschichtung mit Metallen (Schmelztauchen oder elektrolytisch) und/oder mit Polymeren (Flüssig- bzw. Pulverlack oder Folie) vor der Verarbeitung durch Kaltumformen. Feuerverzinktes Band aus weichen Stählen nach DIN EN 10142 folgt weitgehend dem oben beschriebenen Fertigungsablauf für unbeschichtetes Band, das dann eine abschließende Behandlung durch Schmelztauchen im Durchlauf und ggf. ein Nachwalzen erfährt. Die Bezeichnung beginnt daher auch mit D (z. B. DX54 D), gefolgt von der Zusammensetzung der Schicht (Z = Zink, ZF = Zink und Eisen, z. B. DX54 D + ZF). Der Eisenanteil steigt, wenn nach der Behandlung im Zinkbad bei $\approx 450°C$ auf $\leq 550°C$ erwärmt wird (Galvannealed). Schon durch Zusatz von 0.2 % Al kann die Verbindungsbildung zwischen Eisen und Zink mit der Entstehung einer hauchdünnen Schicht Fe_2Al_5 eingeschränkt werden. Bei 5 % Al geht die Temperatur des

Zinkbades auf $\approx 420°C$ zurück und die Zn-Al Schicht besitzt in Industrieluft einen höheren Korrosionswiderstand (Galfan). Nach DIN EN 10327 lautet die Bezeichnung für Zn-Al-Überzüge z. B. DX54 D + ZA. Neben der Zn- oder ZnAl-Schichtdicke (7 bis 45 µm, gleich oder ungleich auf der Ober- und Unterseite des Bandes) ist die Oberflächengüte von Bedeutung, die von Klasse A nach C zulegt. Durch Abbau von Bleiverunreinigungen lässt sich die „Zinkblume" unterdrücken. Schmelztauchüberzüge aus Zn - 55 % Al -1.6 %Si (Galvalume) erweisen sich gegenüber Seeklima beständiger. Als Bezeichnung kommt nach DIN EN 10327 z. B. DX54 D + AZ infrage. Durch Feueraluminieren mit einer naheutektischen Al - 10 % Si - Legierung wird die Haltbarkeit von Abgassystemen im Fahrzeugbau verbessert (z. B. DX54 D + AS nach DIN EN 10327). Für die elektrolytische Verzinkung beträgt die Schichtdicke nach DIN EN 10152 zwischen 2.5 und 10 µm und die Bezeichnung lautet z. B. DC04 + ZE. Die elektrolytische Auftragung läuft wegen der niedrigen Temperatur ohne Bildung intermetallischer Phasen zwischen Stahlsubstrat und Schichtmetall ab und lässt sich besser kalt verarbeiten. Eine elektrolytische Pb - 7 % Sn Beschichtung bewährt sich für Kraftstofftanks.

Spielen neben dem Korrosionsschutz auch das dekorative Aussehen und die Farbgebung eine Rolle, so werden Feinbleche - auch solche mit Metallüberzug - organisch bandbeschichtet. Nach DIN EN 10169 heißt die allgemeine Bezeichnung z. B. DC04 + OC (organic coating). Für ein feuerverzinktes Band mit einer beidseitig gleich dicken Polyesterschicht (SP) von 25 µm ergibt sich z. B. DX 54 D + Z - SP 25/SP 25. Die organische Beschichtung bremst die Zinkkorrosion, das Zink vermeidet die Unterrostung des Lackes. Insgesamt stehen viele Varianten von bandbeschichtetem Flachzeug als Breitband, Spaltband oder Tafel zur Verfügung. Die Anwendung liegt z. B. im Bauwesen, in der Geräte- und Möbelindustrie sowie bei festen Verpackungen. Zwei verzinkte Deckbleche werden darüber hinaus durch eine dünne Polymerschicht zu einem schalldämpfenden Verbundblech so fest verbunden, dass sie sich wie ein Feinblech weiterverarbeiten lassen. Sie kommen z. B. bei der Kapselung von Motoren und Kompressoren zum Einsatz. Durch eine dicke Polymerschicht erschließen sich Anwendungen im Leichtbau. In der Fahrzeugindustrie besteht die Tendenz auf metallbeschichtetes Band bereits die Lackgrundierung aufzubringen, um nach der Verarbeitung die Fertiglackierung zu beschleunigen.

Sind neben dem Korrosionsschutz auch Kratz- und Verschleißbeständigkeit gefragt, so kann durch Emaillieren eine keramische Schicht bei einer Temperatur zwischen 800 und 850°C auf Teile aus kaltgewalztem Band wie z. B. DC 04 erzeugt werden. Nach DIN EN 10209 folgt bei konventioneller Zweischichtemaillierung aus Grund- und Deckschicht der Zusatz EK und bei Direktemaillierung der Zusatz ED, also z. B. DC 04 ED. Von Bedeutung ist die Beständigkeit des Stahles gegen Fischschuppen. Deren Ursache ist Wasserstoff, der aus Luftfeuchtigkeit oder Schichtmaterial stammt und, durch Fe reduziert, während des Emaillierens atomar im Stahl gelöst wird. Beim Abkühlen ist seine Effusion durch die Schicht behindert. In den Mikrohohlräumen der Grenzfläche kommt es zur Rekombination des atomaren H aus gesättigter

Lösung. Im Laufe der Zeit baut sich dort ein H_2-Druck auf, der im Betrieb zu halbkreisförmigen Schichtrissen, den Fischschuppen führen kann. Nichtmetallische Einschlüsse bilden beim Kaltwalzen in Umformrichtung Hohlraumzwickel. Durch gleichmäßige Verteilung dieser feinen Poren wird das H_2 Volumen gleichmäßiger verteilt und der H_2-Druck in der Grenzschicht Stahl/Emaille abgebaut. Ergänzend zu diesen kohlenstoffarmen Güten mit C-Gehalten von wenigen tausendstel Prozent sind auch IF-Güten mit einem Gehalt an Kohlenstoff von wenigen hundertstel Prozent erhältlich, der zusammen mit Stickstoff durch $< 0.3\,\%$ Ti (oder einen entsprechenden Gehalt an Nb) zu hartem MX abgebunden wird, das sich z. T. aus der Schmelze zu $< 10\,\mu m$ großen Teilchen ausscheidet. Wird Ti zur Desoxidation genutzt, so entstehen ähnlich große, harte Oxide. Die harten Teilchen brechen z. T. bei der Warmumformung, sodass H_2-Fallen entstehen. Neben Haushaltsgeräten mit farbiger und dekorierter Emailleschicht findet sich auch eine breite Anwendung in der Industrie z. B. bei Behältern oder bei Wärmetauschern, die mit feststoffbehafteten, erosiven Flüssigkeiten betrieben werden. Das trifft z. B. auf Komponenten in Rauchgasentschwefelungsanlagen (REA) zu, die bei Temperaturen bis 260°C laufen. Außer dem bisher erwähnten Feinblech und -band für das Kaltumformen und Beschichten sind auch andere unlegierte Stähle in diesem Abmessungsbereich erhältlich, die im folgenden unter Grobblech beschrieben werden.

Grobblech und -band: Die unlegierten Baustähle nach DIN EN 10025 kommen in vielen Erzeugnisformen vor, so auch als Grobblech. Die Stahlbezeichnung beginnt mit dem Kennbuchstaben S (Stahlbau) oder E (engineering, Maschinenbau) gefolgt von der Mindeststreckgrenze für die Nenndicke ≤ 16 mm, die von 235 bis 360 MPa reicht (z. B. S235, E360). Für die S-Güten wird eine Kerbschlagarbeit (J) bei Raumtemperatur (R), bzw. bei 0°C (0) oder -20°C (2) garantiert (z. B. S 355 J2). Mit der Gütegruppe G1 bis G4 steigt der Grad der Beruhigung mit Al und die P, S-Gehalte nehmen ab (z. B. S275 J2 G3). Weitere Buchstaben können für die Eignung zum Abkanten bzw. Walzprofilieren (C) oder für ein Normalglühen bzw. normalisierendes Walzen (+N) angehängt werden. Das Kohlenstoffäquivalent (CEV) ist auf Schweißeignung ausgelegt, doch gibt es Einschränkungen, u. a. durch den Grad der Beruhigung bzw. die Alterungsbeständigkeit. Beim Abkanten in Längsrichtung muss die Gefügezeiligkeit soweit eingeschränkt sein, dass keine Biegerisse entstehen. Die Anwendung dieser Stähle liegt z. B. im Fahrzeugbau (LKW, Eisenbahn), im Stahlhochbau (Hochhäuser, Brücken), im Schiffsbau sowie im allgemeinen Maschinen- und Anlagenbau. Sie werden dort nicht nur flach sondern auch zu Profilen gebogen oder als geschweißte H-Träger eingesetzt, die gegenüber Walzprofilen leichter ausfallen. Ähnliche Stähle finden wir im Druckbehälterbau (z. B. P355 G H nach DIN EN 10028-2), wo eine Kerbschlagarbeit in Querrichtung garantiert wird. Deshalb sind die Gehalte für P auf $\leq 0.025\,\%$ und für S auf $\leq 0.015\,\%$ eingeschränkt. Da die Umfangsspannung doppelt so hoch liegt wie die Längsspannung ist beim Rollbiegen der Behälterschüsse auf die Faserrichtung zu achten. An Stähle für sogenannte einfache Druckbehälter werden nach DIN EN 10207 geringere Anforderungen gestellt. Normalgeglühte (N) unlegierte Stähle mit einem C-Gehalt von 0.22 bis 0.60 % finden sich in DIN EN 10083-2 (z. B. C45E+N). Das E steht für max. 0.035 % S. Ein R bedeutet „resulferized" mit 0.02 % < S < 0.04 %, um die Spanbarkeit zu verbessern, was aber eher bei Stabstahl gefragt ist. Die mechanischen Eigenschaften dieser Stähle sind durch den Perlitgehalt bestimmt (s. Bild B.1.2). Der Stahl C50 E erreicht mit 0.7 % Mn eine Streckgrenze von 355 MPa, während dafür bei S355 nur 0.2 % C neben 1.6 % Mn ausreichen. Im Vergleich zu den S-Güten sind die C-Güten nicht für die schweißtechnische Verarbeitung gedacht, sondern eher für Schraub- und Nietverbindungen im Stahl- und Maschinenbau, für brenngeschnittene Maschinenständer oder im Vorrichtungsbau.

(b) Langerzeugnisse

Stabstahl und Profile: Warmgewalzte Stähle sind nach DIN EN 10058 bis 61 in Flach-, Vierkant-, Rund- und Sechskantform erhältlich, so z. B. aus unlegierten Baustählen wie S355 nach DIN EN 10025 oder wie C45 nach DIN EN 10083-2. Dafür gibt es im Maschinenbau eine breite Anwendung, wobei die spanende Verarbeitung im Vordergrund steht. Um sie zu erleichtern kommen Automatenstähle nach DIN EN 10087 zur Anwendung, wie z. B. 11SMn30 mit 0.3 % S und 1.1 % Mn oder 11SMnPb37 mit 0.37 % S, 1.25 % Mn und 0.3 % Pb. Bei geripptem Betonstahl wie z. B. B500 A nach DIN EN 10080 für schlaffe Bewehrung ist auf Schweißeignung Rücksicht zu nehmen, so dass die Streckgrenze durch Kaltrecken und künstliche Alterung aufgebessert wird. Die Duktilitätsklassen A, B und C in Teil 2 bis 4 beziehen sich auf die Gesamtdehnung bei Höchstkraft. Geschweißte Matten und Gitterträger sind in Teil 5 und 6 beschrieben. Der verwendete Draht kann durch Kaltziehen und nachträgliches Kaltverrippen verfestigt werden. Auch besteht die Möglichkeit von Walztemperatur so in Wasser abzuschrecken, dass sich außen ein Martensitgefüge bildet, was durch die Restwärme des Drahtkerns angelassen wird. Spannstähle sind dagegen nicht zum Schweißen bestimmt. Durch feinperlitisches Gefüge mit ≈ 0.7 % C, Kaltrecken und künstliche Alterung kommen sie z. B. auf eine Nennzugfestigkeit von 1030 MPa (Y1030 H nach DIN EN 10138-4). Ein ähnliches Gefüge liegt auch bei Schienen vor, die eine Härte von z. B. ≥ 260 HB (R 260) entsprechend ≈ 900 MPa Zugfestigkeit aufweisen. Durch 1.2 % Mn und beschleunigte Abkühlung des Schienenkopfes aus der Walzhitze lässt sich der Lamellenabstand weiter verringern. Diese wärmebehandelten Schienen erreichen z. B. 350 HB (R350 HT nach DIN EN 13674-1) entsprechend ≈ 1200 MPa Zugfestigkeit. Korngrenzenferrit ist unerwünscht, da dieser weiche Saum bei Überrollung stärker verformt wird als der Perlit und daher schneller ermüdet. Aus diesem Grunde ist auch die Entkohlungstiefe eingeschränkt, weil ein Verlust von Kohlenstoff zu einem Ferritnetz führt. Groblamellare perlitische Stähle wie 85Mn3 eignen sich für Verschleißteile. Für Tragelemente im Stahlbau wie I-, T-, U-, L- und Z-Profile, stehen Stähle nach DIN EN 10025 wie

z. B. S355 zur Verfügung. Alternativ werden nach DIN EN 10162 Profile aus kaltumformbarem Band durch Walzprofilieren hergestellt, so z. B. in U-Form aus S235 oder in Ω-Form verzinkt aus DX52D+Z. Aus drei Bändern für Obergurt, Untergurt und Steg werden I-Profile auch durch Schweißen gefertigt. Einige unlegierte Stähle wie z. B. E335 und S355 nach DIN EN 10025 oder C22 bis C60 nach DIN EN 10083-2 stehen auch als Blankstahl geschält (+SH) oder gezogen (+C) mit glatter Oberfläche für eng tolerierte Bauteile wie Wellen und Passstifte oder für eine galvanische Beschichtung bereit. Durch das Kaltziehen steigt die Streckgrenze, insbesondere bei geringem Durchmesser, so z. B. für S355 $\varnothing$ 10 mm auf $\geq$ 520 MPa. Der Oberflächengüte und der Alterungsbeständigkeit des Walzstahls kommen besondere Bedeutung zu.

Draht: Aus Kohlenstoffstahl C4D bis C92D wird Walzdraht (D) nach DIN EN 10016-2 erzeugt, der zur Kaltverarbeitung (C) bestimmt ist. Dazu gehört die Formgebung durch Kaltziehen und Kaltfließpressen auf Mehrstufen-Umformautomaten zu Schrauben, Muttern, Hülsen usw.. Dazu wird der C-Gehalt auf 0.2 % begrenzt und eine Glühung auf kugeligen Zementit (AC) vorgesehen (z. B. C15C+AC nach DIN EN 10263-2),um einen weichen Ausgangszustand zu erhalten. Der S-Gehalt liegt bei $\leq$ 0.025 %, um die Menge gestreckter Sulfide zu begrenzen, damit es beim Kaltstauchen nicht zu feinen Anrissen auf der Oberfläche kommt. Andere Oberflächenfehler, wie z. B. Walzfältelungen, sind ebenfalls zu vermeiden. Auch eine scharfe Kernseigerung kann aufreißen. Rundstahlketten werden aus Draht nach DIN EN 10025 (z. B. S355) durch Kaltbiegen und Widerstandspressschweißen der Glieder gefertigt. Als Spannstahl in Beton kommt feinperlitischer Draht mit $\approx$ 0.7 % C in Frage, der nach DIN EN 10138-2 durch Kaltziehen (C), mit abnehmendem Durchmesser steigend, auf eine Nennzugfestigkeit von über 1800 MPa gebracht wird (Y1850 C). Aus solchen Drähten, glatt oder profiliert, lassen sich nach DIN EN 10138-3 auch Litzen für Spannzwecke erzeugen. Für Seildraht bietet sich ein ähnlich feinperlitisches Gefüge an, das durch Patentieren (s. Kap. A.3, S. 63) eingestellt wird. Durch Kaltziehen kann nach DIN EN 10264-2 die Zugfestigkeit bis auf 2160 MPa angehoben werden. Dabei gehen die erreichbaren Biege- und Verwindezahlen zurück. Auch mit Zn oder ZnAl beschichteter Draht wird zu Seildraht verarbeitet. Ähnliches gilt für Federdraht, der sich nach dem Patentieren und Ziehen kalt zu Schraubenfedern wickeln lässt. Nach DIN EN 10270-1 sind Durchmesser bis herunter zu 0.05 mm lieferbar, deren Zugfestigkeit bis auf 3500 MPa ansteigen kann. Auch für Stahlcord mit z. B. 0.2 mm Durchmesser wird eine Zugfestigkeit um 3000 MPa eingestellt. Ein guter Reinheitsgrad mit nur sehr kleinen Oxideinschlüssen ist Voraussetzung für eine hohe Schwingfestigkeit und damit z. B. für die Lebensdauer und Sicherheit von Autoreifen. Ein Messing- oder Bronzeüberzug verbessert die Haftung der Armierung zum Gummi des Reifens, Transportbandes oder Riemens. Diese und andere metallische Überzüge auf Stahldraht regelt DIN EN 10244. Organische Überzüge wie PVC und PE werden von DIN EN 10245 erfasst.

Rohre: Diese Erzeugnisgruppe wird unterteilt nach ihrer Herstellung (geschweißt/nahtlos, warmgefertigt/kaltgezogen), ihrer Form (rund, vierkant und andere Profile), ihrer Verwendung (drucktragend für Leitungen, drucklos für Maschinen- und Stahlbau) und ihrer Beschichtung (innen/außen). In längs- oder spiralnahtgeschweißten Rohren ist der C-Gehalt auf $\leq 0.22\%$ eingeschränkt, in nahtlosen reicht er bis 0.6 %. Nahtlose (DIN EN 10216-1) und geschweißte (DIN EN 10217-1) Stahlrohre für druckbeanspruchte Leitungen steigen in der Streckgrenze bis zur Güte P265 TR 2, wobei P auf Druck und TR 2 auf Al-Gehalt und Kerbschlagarbeit hinweisen. Rohre (L) für Wasserleitungen (z. B. aus L355 nach DIN EN 10224) oder Gasleitungen (z. B. aus 360 GA nach DIN EN 10208-1) sind meist geschweißt, kommen aber auch nahtlos vor. Kann sich die Kalkschutzschicht in belastetem Wasser nicht bilden, so bewährt sich eine Auskleidung mit Zementmörtel nach DIN EN 10298. Für erd- und wasserverlegte Rohrleitungen geht es um Korrosionsschutz der Außenwand durch Beschichten mit Zink (DIN EN 10240), Polymeren (DIN EN 10288 bis 90) oder Teer/Bitumen (DIN EN 10300). Im Stahlbau finden wir Rohre in Stabwerken, Stützen und Gerüsten. Nach DIN EN 10210-1 kommen warmgefertigte Hohlprofile (H) mit kreisförmigem, quadratischem oder rechteckigem Querschnitt z. B. aus S355 J2 H zum Einsatz, die nahtlos oder geschweißt gefertigt werden. Daneben stehen kaltgefertigte geschweißte Hohlprofile nach DIN EN 10219-1 zur Verfügung. Der Maschinen- und Fahrzeugbau nutzt geschweißte Rohre nach DIN EN 10296-1 zur Gewichtseinsparung (z. B. Hohlwelle aus E355) oder nahtlose Rohre nach DIN EN 10297-1 zur Randschichthärtung (z. B. Laufrollen aus C60 E). Durch Maßwalzen oder Kaltziehen werden Oberflächenrauheit und Toleranzen eingeschränkt und die Streckgrenze angehoben. Diese Präzisionsstahlrohre nach DIN EN 10305 (z. B. E335) sind auch als Profilstahlrohre mit quadratischem oder rechteckigem Querschnitt erhältlich und finden im Leichtbau von Fahrzeugen und beweglichen Anlagen breite Verwendung.

(c) Andere Erzeugnisse

Neben den beschriebenen Flach- und Langerzeugnissen sind in DIN EN 10079 als weitere Gruppen Freiform- und Gesenkschmiedestücke sowie Gussstücke und pulvermetallurgische Erzeugnisse genannt.

Schmiedestücke: Zu den Freiformschmiedestücken gehören große Scheiben, Ringe, Büchsen, Wellen und Walzen für den Maschinenbau. Im Stahleisen Werkstoffblatt SEW 550 sind die Stähle C22 bis C60 für einen Durchmesser bis zu $d = 1$ m beschrieben und legierte Stähle bis zu $d = 2$ m. Für Abweichungen von der Zylinderform definiert DIN EN 10222-1 einen maßgeblichen Querschnitt mit vergleichbaren Abkühlbedingungen bei der Wärmebehandlung. Ausgangspunkt ist der Referenzquerschnitt einer Platte mit einer maßgeblichen Dicke t_R, einer Breite $> 2t_R$ und einer Länge $> 4t_R$. Für andere Querschnittsformen wird eine equivalente Dicke t_{eq} angegeben, so z. B. für einen Rundstab $t_{eq} = d \approx 1.5 t_R$ oder für einen Quadratstab $t_{eq} \approx 1.2 t_R$.

Die in der Norm festgelegten mechanischen Eigenschaften hängen von t_R ab. Sie fallen wegen der langsameren Abkühlung im dickeren Querschnitt in der Regel ab. Von $\varnothing\,250$ auf $\varnothing\,1000\,$mm nehmen z. b. für C45 N die Mindestwerte der Streckgrenze von 325 auf 295 MPa und die der Bruchdehnung in Längsrichtung von 18 auf 15 % ab. Nach DIN EN 10222-2 werden dickwandige Schmiedestücke aus Stahl für Druckbehälter erstellt, die länger als 5 m sein können. Beim Beispielstahl P245 GH steht P für pressure und H für Warmbeständigkeit bis 400°C. Für $t_R = 150\,$mm nimmt die Streckgrenze z. B. von $\geq 220\,$MPa (20°C) auf 120 MPa (400°C) ab.

Für unlegierte Gesenkschmiedestücke kommen C22 bis C60 nach DIN EN 10083-2 infrage oder Halbzeug nach DIN EN 10025 wie z. B. S355 oder E360. Im Bauwesen kann es sich z. B. um Verbindungselemente handeln, im Maschinenbau um die Tretkurbel am Fahrrad oder die Pleuel im Rasenmäher.

Stahlguss: Für allgemeine Verwendung bietet DIN EN 10293 schweißgeeignete Stähle mit einer Mindeststreckgrenze von 200 bis 300 MPa. Dem Kennbuchstaben S oder E für Stahl- oder Maschinenbau ist ein G für Guss vorangestellt (z. B. GS200 oder GE300). Im Gegensatz zu Walzstahl kommt ein erhöhter Mn-Gehalt in der Bezeichnung zum Ausdruck (17Mn5). In Anlehnung an Walzstahl finden wir Stahlguss für Druckbehälter nach DIN EN 10213 z. B. als GP280 GH mit garantierter Warmstreckgrenze, der in ISO 4991 unter G280 aufscheint. Beispiele großer Stahlgussstücke sind Ständer für Pressen und Walzgerüste, Aufnahmen für Stanzereigroßwerkzeuge und drucktragende Maschinengehäuse für Großkompressoren. Kleinere Serienteile finden wir z. B. als Verbindungs- und Befestigungselemente. Bei Gehäuseteilen und Magnetpolen für Gleichstrommotoren kommt es auf eine hohe Polarisation bzw. Induktion an (s. Bild A.4.21, S. 119). Dafür eignen sich kohlenstoffarme Sorten.

Sinterstahl: Durch Verdüsen einer Stahlschmelze, Reduktion von gemahlenem Eisenerz oder Ausscheidung aus der Gasphase (Eisencarbonyl) kann Stahlpulver gewonnen werden, das mit hohem Ausbringen durch Kaltpressen oder - vermengt mit Polymerwerkstoff - durch Spritzen zu Grünlingen geformt wird. Nach der kostengünstigen Schutzgassinterung bleibt eine Porosität (in Volumen%) zurück, die sich durch die Press- und Sinterbedingungen in weiten Grenzen einstellen und durch Sinterschmieden verringern lässt. Nach DIN 30910 ergeben sich folgende Werkstoffklassen und Anwendungen:

Sint-AF	$> 27\,\%$	Filter
Sint-A	$25\pm2.5\,\%$	Gleitlager, selbstschmierend
Sint-B	$20\pm2.5\,\%$	Gleitlager und Formteile mit Gleiteigenschaften
Sint-C	$15\pm2.5\,\%$	Gleitlager und Formteile
Sint-D	$10\pm2.5\,\%$	Formteile
Sint-E	$6\pm1.5\,\%$	Formteile
Sint-F	$< 4.5\,\%$	Formteile, sintergeschmiedet

Eine erste Anhängezahl charakterisiert die chemische Zusammensetzung, eine zweite dient der Unterscheidung (z.B. Sint-D35). Bei den Klassen AF bis C liegt offene Porosität vor, die bei Gleitlagern mit Schmierstoff getränkt wird, der durch Betriebserwärmung in die Lagerfläche austritt. Die Filterfertigung geht von nichtrostendem Stahlpulver oder Bronze aus. Für Formteile eignen sich gut pressbare weiche Pulver mit $< 0.33\,\%$ C. Durch Zusätze von 1 bis 5 % Kupferpulver wird die Sinterschwindung verringert. Das Kupfer löst sich bei den gebräuchlichen Sintertemperaturen von 1100 bis 1300°C vollständig im Eisen. Nickelpulver geht aufgrund seines niedrigeren Diffusionskoeffizienten nur zum Teil in Lösung und erhöht die Schwindung. Kupfer und Nickel verbessern die mechanischen Eigenschaften. Anwendungsgebiete sind kompliziert geformte Großserienteile wie Stoßdämpferkolben aus Sint-C10, Synchronringe aus Sint-F31, Kettenräder aus Sint-C21, innen und außen verzahnte Pumpenräder, Zahnriemenräder sowie Teile für Hydraulikmaschinen, Haustechnik und Schlösser.

(d) Sortenvielfalt

Die Zahl der Sorten und Bezeichnungen erscheint zunächst verwirrend, entspringt aber dem Umstand, dass neben den Gebrauchseigenschaften der späteren Anwendung die Fertigungseigenschaften in der Stahlverarbeitung von ausschlaggebender Bedeutung sein können. Das kommt auch in dem umfangreichen Normenwerk zum Ausdruck. So sind z.B. in DIN EN 10025 nicht nur die mechanischen Gebrauchseigenschaften festgelegt, sondern auch die für eine Verarbeitung wichtigen technologischen Eigenschaften und die Oberflächenbeschaffenheit. Der erste Teil steckt in der Grundbezeichnung z.B. S355 mit Zusätzen für abmessungs- und temperaturabhängige Festigkeits- und Zähigkeitseigenschaften. Der zweite Teil ist meist schwieriger zu definieren, was sich an Adjektiven wie schweißgeeignet, kaltstauchfähig, abkantbar oder emaillierbar ablesen lässt. Ein Teil dieser Festlegungen sind z.B. für spanend bearbeitete Vorrichtungen in einer Fertigungshalle nicht relevant, was durch E360 ausgedrückt wird. Als Druckbehälterstahl P355 kann dagegen ein erhöhter Prüfaufwand oder eine Wasserstoffbeständigkeit verlangt werden. Für Rohrleitungen muss L355 z.B. die Aufweitung von Muffenenden zulassen. Der Stahl 355 kommt also in vielen Varianten vor, die mit der Verarbeitung als Blech, Draht, Rohr usw. zusammenhängen. Wegen dieser Erzeugnisabhängigkeit, des jeweiligen Prüfumfangs und der damit zusammenhängenden Kosten ist es nicht sinnvoll, alle Attribute in einer Güte 355 vereinen zu wollen. Von der Komplexität der Stahlnormen insgesamt sind die verarbeitenden Unternehmen vielfach nicht betroffen, da der Schraubenhersteller von Draht, der Verpackungshersteller von Weißblech und ein Röhrenwerk von Warmband ausgeht.

B.1.2 Gusseisen

B.1.2.1 Zusammensetzung von grauem Gusseisen

In vielen Anwendungen steht die Endformnähe im Vordergrund, sodass Gussteile aus Grauguss zur Anwendung kommen. Diese Gusseisen sollen ihre Eigenschaften aus Kostengründen durch Abkühlung aus der Gießhitze erhalten. Dennoch schließen sich u. U. die bereits im Kapitel A.3 genannten thermischen Behandlungen wie das Weich- oder Normalglühen (s. S. 60) zur Einstellung von Fertigungs- oder Gebrauchseigenschaften an. Diese werden außer durch das Gefüge der stahlähnlichen Metallmatrix durch die Erstarrungsstruktur (Form, Menge und Verteilung der Graphitausscheidungen sowie Zahl und Größe der Metallzellen) bestimmt. Eine wichtige, das Gefüge von Gusseisen beschreibende Größe ist der Sättigungsgrad S_c (s. Gl. A.2.2, S. 34). Er ist ein Maß für die Entfernung einer Legierungskonzentration von der eutektischen Zusammensetzung (4.3 % Kohlenstoff im System Fe-C), die z. B. durch Silizium, Phosphor und Schwefel wegen deren, die Kohlenstoffaktivität erhöhenden Wirkung zu geringerem C-Gehalt verschoben wird (s. Kap. A.2, S. 31). Somit repräsentiert ein Sättigungsgrad von $S_c = 1.05$ eine knapp übereutektische ein Sättigungsgrad von $S_c = 0.7$ eine deutlich untereutektische Zusammensetzung. Er ist damit ein Kriterium, mit dem gießtechnische sowie anwendungstechnische Eigenschaften abgeschätzt werden können.

Unlegiertes graues Gusseisen enthält 2.5 bis 4 % Kohlenstoff sowie die Begleitelemente Silizium (0.5 - 3.5 % Si), Mangan (0.3 - 1.5 % Mn), Phosphor (< 0.2 % P) und Schwefel (< 0.2 % S). Die wichtigsten Legierungselemente sind Nickel und Kupfer (wie Si, P und S zur Förderung der Grauerstarrung), sowie die Karbid stabilisierenden Elemente Mangan, Chrom, Molybdän, Niob, Vanadium und Titan.

Neben der Wirkung der Elemente auf das Erstarrungsgefüge ist der Einfluss auf das Gefüge der Metallmatrix von Bedeutung. So hat das Austenit stabilisierende Kupfer (0.4 - 1.8 % Cu) eine stark perlitisierende Wirkung, insbesondere weil es die zur Ferritisierung notwenige Anlagerung des Kohlenstoffes an Graphit behindert. Auch Nickel (0.5 - 3 % Ni) erweitert das γ-Gebiet und begünstigt durch Unterdrückung der Ferritisierung die Entstehung von Perlit. Nickel erhöht zudem die Cu-Löslichkeit im Ferrit und verhindert so versprödende kupferreiche Ausscheidungen. Molybdän unter 0.3 % hat eine Ferrit stabilisierende Wirkung, verzögert aber in Gehalten zwischen 0.3 und 1 % die Perlitbildung. Chrom ist ein deutlich stärkerer Karbidstabilisator als Molybdän und führt schon bei Zugabe > 0.3 % Cr zu Karbidbildung, die zwar die Härte und den Verschleißwiderstand anhebt, die Zugfestigkeit und Zähigkeit aber senkt. Zinn ist ein starker Perlitbildner und sorgt selbst in der geringen Konzentration von 0.1 % für eine überwiegend perlitische Metallmatrix in Wandstärken bis 50 mm.

Eine besondere Gruppe von Elementen nimmt bereits in sehr geringer Konzentrationen Einfluss auf die Graphiteinlagerungen. Während Magnesium und Cer gezielt zur Ausscheidung von Graphitsphäroliten zugegeben werden, sorgen Elemente wie z. B. Titan, Antimon, Blei, Bismut, Selen und Tellur in Gehalten $< 0.01\,\%$ für eine Entartung des Kugelgraphits, die nur im Gusseisen mit Vermiculargraphit gewollt ist. Die Art der Graphitausbildung bietet schließlich die Basis für eine Unterteilung der grauen Gusseisen gemäß Euronorm in

- Gusseisen mit Lamellengraphit, GJL nach DIN EN 1561
- Gusseisen mit Kugelgraphit, GJS nach DIN EN 1563
- Gusseisen mit Vermiculargraphit, GJV nach VDG-Merkblatt W 50
- Schwarzer Temperguss GJMB nach DIN EN 1562
- Weißer Temperguss GJMW nach DIN EN 1562

In Tab. B.1.2 sind für ausgesuchte Legierungen die wichtigsten Eigenschaften der Werkstoffgruppen zusammengefasst. Eine nähere Erläuterung der Werkstoffbezeichnung nach Euronorm ist im Anhang C.1, S. 388 gegeben.

Tabelle B.1.2 Eigenschaften von Grauguss bei Raumtemperatur: Ausgesuchte graue Gusseisen für die allgemeine Verwendung

Bezeichnung	Zug-festigkeit [MPa]	0.2 % Dehn-grenze [MPa]	Bruch-dehnung [%]	Schlagzähig-keit[7] [J]	Kerbschlag-zähigkeit[8] [J]	E-Modul [GPa]	Dichte [g/cm³]	Wärmeleit-fähigkeit [W/(m·K)]	Graphitform	Matrix-gefüge
GJL-150[1]	150 - 250	98 - 165[2]	0.3 - 0.8	4	—	78 - 103	7.1	53[6]	lamellar	F / P
GJL-250[1]	250 - 350	165 - 228[2]	0.3 - 0.8	5	—	103 - 118	7.2	49[6]	lamellar	P / F
GJL-350[1]	350 - 450	228 - 285[2]	0.3 - 0.8	—	—	123 - 143	7.3	46[6]	lamellar	P
GJS-400	370 - 400	250	15 - 30	98 - 196	10 - 19	160 - 180	6.9	38.5	sphärolitisch	F
GJS-600	550 - 600	380	3 - 8	39 - 78	3.5 - 10	170 - 180	7.0	32.9	sphärolitisch	P / F
GJS-800	800	500	2 - 4	9 - 29	—	170 - 180	7.1	32	sphärolitisch	P
GJV-300[3]	300 - 375	220 - 295	1.5	15 - 35	3 - 6	140 - 160	7.0	44	vermicular	F
GJV-400[3]	400 - 475	300 - 375	1.0	6 - 10	≤ 3	150 - 170	7.0	41	vermicular	P / F
GJV-500[3]	500 - 575	380 - 455	0.5	—	—	160 - 180	7.1	38.5	vermicular	P
GJMB-350	350	200	10	90 - 130	≥ 14	170	7.2 - 7.5	45 - 63	Temperkohle	F
GJMB-600	600	390	3	25	3 - 5	175 - 195	7.2 - 7.5	45 - 63	Temperkohle	P
GJMB-800	800	600	1	—	30 - 70	—	7.2 - 7.5	45 - 63	Temperkohle	M
GJMW-360	280 - 370	170 - 200	7 - 16	130 - 180	14	175 - 195	7.8	42 - 63	graphitfrei	F
GJMW-550	490 - 570	310 - 350	3 - 5	30 - 80	6	175 - 195	7.3 - 7.8[5]	42 - 63	Temperkohle[4]	F / P

[1]: getrennt gegossene Proben mit ⌀ 30 mm

[2]: 0.1 % Dehngrenze

[3]: wegen fehlender Euronorm Bezeichnungen gemäß VDG-Merkblatt W 50 ohne „ EN “

[4]: im Kern, graphitfrei im Rand

[5]: abhängig vom Entkohlungsgrad

[6]: bei 100°C

[7], [8]: ungekerbte, gekerbte DVM-Proben

F = Ferrit
P = Perlit
M = Martensit

B.1.2.2 Gusseisen mit Lamellengraphit

Die lamellare Graphitausscheidung ist die natürliche Graphitform in untereutektischen Fe-C-Si-Legierungen (s. Bild A.2.12 a). Wie im Kapitel A.4, S. 99 ausgeführt, stellen die Graphitlamellen innere Kerben dar und wirken sich ungünstig auf die Zugfestigkeit und die Bruchdehnung aus. Somit ist dem Lamellenguss ein Festigkeitsbereich zwischen 100 MPa (GJL-100) und 350 MPa (GJL-350) vorbehalten, wobei die Bruchdehnung mit zunehmender Festigkeit von 0.8 auf 0.3 % sinkt. Hohe Festigkeiten erfordern einen niedrigen Sättigungsgrad (Bild B.1.7) und eine überwiegend perlitische Metallmatrix, die durch sinnvolle Kombination der genannten Elemente eingestellt werden können. Bei GJL liegt eine ausgeprägte Abhängigkeit der mechanischen Eigenschaften von der Wandstärke vor. In dünner Wand ist die Abkühlgeschwindigkeit hoch, so dass Dendriten und Graphitauscheidungen fein bleiben und die Matrix perlitisch wird (s. Bild A.2.18). Bei langsamer Abkühlung (z. B. bei großer Wandstärke) diffundiert der Kohlenstoff an die Graphitlamellen und lässt eine ferritische Matrix zurück, die ihre Festigkeit aus der Mischkristallhärtung mit Si und Mn bezieht. Die Euronorm trägt dem Wanddickeneinfluss und den Abkühlbedingungen Rechnung, indem sie Eigenschaften in unterschiedlichen Querschnitten von getrennt gegossenen, angegossenen sowie aus einem Gussstück entnommene Proben festschreibt. Ein Impfen der Schmelze

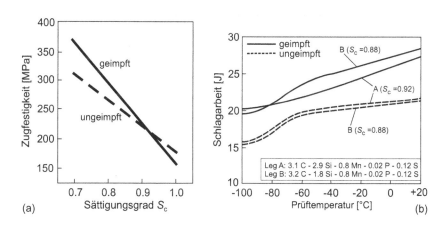

Bild B.1.7 Impfen von Gusseisen: Durch die Zugabe von 0.2 - 0.3 % FeSi oder CaSi (0.5 - 3 mm Körnung) unmittelbar vor dem Abguss wird die Zahl der Kristallisationskeime in der Schmelze erhöht. Sie sorgen für eine vermehrte Zahl kleiner eutektischer Metallzellen und fördern die Bildung lamellaren Graphits wodurch die Gefahr der Weißeinstrahlung reduziert und die mechanischen Eigenschaften verbessert werden.
(a) Der Gewinn an Zugfestigkeit ist umso ausgeprägter je kleiner der Sättigungsgrad S_c, d. h. je größer das Erstarrungsintervall ist, (b) Die feine Gefügeausbildung wirkt sich günstig auf die Schlagarbeit aus (nach R. Deike et al.)

z. B. mit FeSi erzeugt feinere Metalldendriten und Graphitausscheidungen, wodurch die Zugfestigkeit erhöht und die Härte reduziert wird. Durch Impfen wird infolge Gefügefeinung auch die Schlagzähigkeit angehoben, die bei Gusseisen mit Lamellengraphit an ungekerbten Proben ermittelt wird (Bild B.1.7 b). Stark versprödend wirken das oberhalb von 0.5 % Phosphor netzförmig ausgebildete ternäre Phospideutektikum (Steadit), Zementitausscheidungen auf den Korngrenzen sowie die mit Weißeinstrahlung bezeichnete lokale Fe_3C-Ausscheidung aus der Schmelze. Mangansulfide führen wegen der deutlich gröberen Graphitlamellen keine nennenswerte Verschlechterung der Zähigkeit herbei.

Wegen der auf Härte und Festigkeit häufig gegenläufig wirkenden Einflüsse des Gefüges darf die Brinellhärte bei Gusseisen mit Lamellengraphit anders als beim Stahl nicht in Zugfestigkeit umgewertet werden. Die Norm hält aber mit Blick auf Konstruktionseigenschaften nach Zugfestigkeit (z. B. GJL-150) und mit Blick auf Bearbeitbarkeit nach Härte (z. B. GJL-HB175) katalogisierte Gusslegierungen bereit.

Für die Anwendung bei erhöhter Temperatur bringt das Gefüge von grauem Gusseisen Vor- und Nachteile. Festigkeit und Härte zeigen oberhalb 400°C einen starken Abfall, weil der Perlit in Ferrit und feine Graphitteilchen zerfällt. Oberhalb von 600°C lösen sich diese auf und der Kohlenstoff lagert sich an den Graphitlamellen an (s. Kap. A.2, S. 51). Wegen des höheren spezifischen Volumens des Graphits (Faktor 3 gegenüber den Eisenphasen) führt dies zum Wachsen von Gussteilen, was bei vollperlitischem Ausgangsgefüge ein Längenwachstum von 0.5 % bedeuten kann. Während Silizium den Prozess beschleunigt, wirken die karbidstabilisierenden Elemente Mangan und Chrom dem entgegen. Da bereits eine geringe Molybdänzugabe die Warmfestigkeit des Ferrits durch Mischkristallhärte nennenswert erhöht, erzielen Gusseisen mit Molybdän und Chrom eine höhere Zeitstandfestigkeit bei 500°C als unlegierte Varianten.

Die Verzunderung von un- und niedriglegiertem GJL ist unterhalb 500°C im Wesentlichen durch die Oxidation des Eisens und Siliziums bestimmt. Geringe Chromzugaben ($< 1.2\,\%$) verbessern das Oxidationsverhalten durch Verringerung der Wachstumsrate der Oxidschicht. Oberhalb von 500°C kommt zur flächigen Oxidation auf der Oberfläche eine innere Oxidation entlang der Graphitlamellen hinzu, die mit dem Graphitanteil und der -lamellengröße zunimmt.

Gusseisen mit Lamellengraphit wird häufig wegen seiner hohen Wärmeleitfähigkeit eingesetzt. Ferritische Sorten erreichen mit steigendem Sättigungsgrad Werte bis zu $\lambda = 52\,W/mK$. Sie basiert auf der hohen Wärmeleitfähigkeit des Graphits ($80\text{-}85\,W/mK$ in Richtung der Lamellenlängsachse), der die Wärme wegen der räumlichen Durchdringung der Lamellen im GJL gut abführen kann. Mit zunehmendem Perlitanteil in der Metallmatrix nimmt λ ab, da das Eisenkarbid Fe_3C nur etwa einen Wert von $7\,W/mK$ aufweist.

Die hohe Wärmeleitfähigkeit ist auch verantwortlich für eine gute Temperaturwechselbeständigkeit. Thermische Spannungen (vereinfacht: $\sigma_{th} = E \cdot \alpha \cdot \Delta T$) bleiben vergleichsweise niedrig, weil der E-Modul und der thermische Ausdehnungskoeffizient durch Graphit verringert werden und die hohe Wärmeleitfähigkeit ΔT klein hält.

Gusseisen mit Lamellengraphit verfügt über ein außergewöhnliches Verschleißverhalten insbesondere unter Gleitverschleißbedingungen im geschmierten Metall-Metall-Kontakt. Hier stellen die Graphitlamellen ein internes Reservoir an Schmiermittel bereit, das bei äußerer Mangelschmierung gewisse Notlaufeigenschaften garantiert. Feine Graphitlamellen (Länge 100 - 250 μm, Dicke 2 - 3 μm) in homogener Verteilung wirken sich günstig aus, weil die „Schmierwege" kurz sind. Selbst wenn der oberflächennahe Graphit verbraucht ist, bilden die so entstandenen Hohlräume Taschen, die externes Schmiermittel aufnehmen können. Einen wichtigen Beitrag leistet darüber hinaus das Matrixgefüge. Während die weiche ferritische Matrix wenig Widerstand gegen Materialabtrag bietet, wird die Verschleißrate mit zunehmendem Perlitanteil und abnehmendem Perlitlamellenabstand gesenkt.

In die gleiche Richtung wirkt Phosphor, der in Gehalten oberhalb 0.5 % als netzförmiges Steadit-Eutektikum ausgeschieden wird, das die Perlithärte deutlich übertrifft (Bild B.1.8). Auch die hohe Wärmeleitfähigkeit von GJL wirkt sich verschleißmindernd aus, weil sie für eine schnelle Abfuhr der

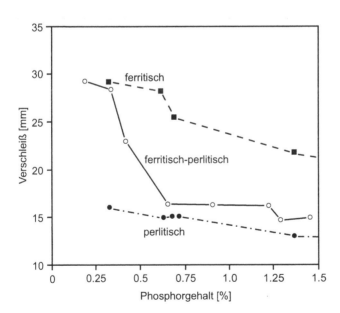

Bild B.1.8 Gleitverschleiß von GJL (nach E. Piwowarsky): Einfluss des Perlit- und Phosphorgehaltes auf den Verschleißabtrag bei Gleitverschleiß.

Reibungswärme verantwortlich ist und so der temperaturbedingten Abnahme der Fließgrenze entgegentritt.

B.1.2.3 Gusseisen mit Kugelgraphit

Durch gezielte Schmelzenbehandlung von Eisen-Kohlenstoff-Siliziumlegierungen mit Magnesium und Cer haben P. Gagnebin et. al. in den USA und gleichzeitig H. Morrogh und W.J. Williams in England auf der Basis eines Patentes von C. Adey erstmals 1948 Gusseisen mit kugeligen Graphitausscheidungen (englisch: ductile iron) hergestellt (s. a. Bild A.2.12 c., S. 33). Seither hat das gute Preis-Leistungs-Verhältnis und eine beherrschbare Gießtechnologie dem Kugelgraphitguss (auch Sphäroguss genannt) eine rasante Wachstumsrate auf heute etwa 20 Millionen Tonnen weltweit beschert. Gemäß Euronorm DIN EN 1563 wird diese Werkstoffgruppe als GJS bezeichnet (s. a. Anhang C.1, S. 383).

Wie in Kap. A.4, S. 99 ausgeführt, ist die innere Kerbwirkung der Graphitkugeln deutlich geringer als die der Lamellen, so dass der Sphäroguss den Lamellengraphitguss bezüglich der mechanischen Eigenschaften überragt. Die Kugelform wird durch eine Behandlung der Schmelze mit Magnesium, Calcium oder Cer erreicht. Zuvor muss mit Blick auf die Vermeidung versprödender Mg-Sulfide entschwefelt werden. Da Magnesium wegen seines hohen Dampfdruckes leicht abdampft, wird es wirkungsvoller in Form von Mg-Vorlegierungen (NiMg oder FeSiMg) in die Schmelze eingebracht. Eine anschließende Impfbehandlung mit 0.4 bis 0.7 % FeSi und anderen sauerstoffaffinen Elementen (Al, Zr) erhöht die Zahl der Sphäroliten, sorgt für eine ideale Graphitform und begegnet der Weißeinstrahlung bei geringer Wandstärke. Die Wirkung der Magnesium- und Impfbehandlung lässt mit der Zeit nach, so dass in größeren Wandstärken häufig große Graphitkugeln angetroffen werden.

Die Grundzusammensetzung von Kugelgraphitguss entspricht mit Einschränkungen im Phosphor- (max. 0.08 %) und Schwefelgehalt (max. 0.02 %) der Legierungskonzentration von GJL mit Si-Gehalten von 1.7 - 2.8%. Mit Blick auf eine gute Fließfähigkeit der Schmelze wird ein Sättigungsgrad von etwa 1 angestrebt. Die Eigenschaften von Sphäroguss werden überwiegend durch die Metallmatrix bestimmt. Sie kann über die bekannten Legierungselemente und die Abkühlgeschwindigkeit in ihrem Ferrit/Perlit-Anteil verändert werden. Langsame Abkühlung erhöht den Ferritanteil, der häufig als Saum um die Graphitsphäroliten angeordnet ist. Im Englischen wird diese Graphitausbildung „bulls eye" genannt.

GJS ist nach DIN EN 1563 in den Festigkeitsstufen GJS-350 bis GJS-900 genormt. Obgleich die Wanddickenabhängigkeit geringer als bei GJL ausfällt, werden Angaben für verschiedene Wanddicken und Abkühlbedingungen gemacht. In Tab. B.1.2 sind wichtige Eigenschaften ausgesuchter Sphärogusslegierungen aufgeführt. Demnach schließt sich GJS im Festigkeitsniveau an GJL an. Die ferritische Güte GJS-400 besitzt bei guter Festigkeit eine Bruchdehnung von 18 % und ist wegen ihrer niedrigen Härte gut spanend bearbeitbar.

Höherfeste Sorten enthalten zunehmend mehr Perlit, der die Bruchdehnung und die Zähigkeit sinken lässt, die bei höherer Festigkeit aber immer noch oberhalb von GJL liegen (Bild B.1.9). Die Erhöhung des Perlitanteiles von

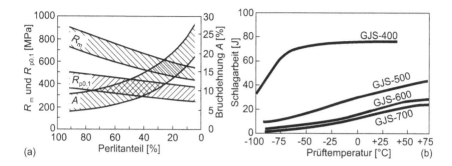

Bild B.1.9 Mechanische Eigenschaften von GJS: (a) Zugfestigkeit, 0.1 % Dehngrenze und Bruchdehnung von unlegiertem GJS in Abhängigkeit vom Perlitanteil in der Matrix (nach K. Peukert) (b) Schlagzähigkeit als Funktion der Prüftemperatur für ausgesuchte Sphärogusslegierungen (nach W.Siefer)

GJS-400 auf GJS-700 senkt die Schlagzähigkeit in der Hochlage und schiebt die Übergangstemperatur von -80°C auf Raumtemperatur. Wegen der geringeren Kerbwirkung der Graphitkugeln werden selbst für unlegierten Sphäroguss akzeptable Kerbschlagzähigkeiten gemessen. Die Norm schlägt zwei ferritische Sorten mit einer garantierten Kerbschlagzähigkeit (z. B. von 15 - 17 J bei Raumtemperatur für GJS350-22U-RT) vor, bei denen der Phosphorgehalt < 0.1 % und der Siliziumgehalt unter 2.6 % gehalten werden muss. Der Einfluss von Silizium und Phosphor auf die Kerbschlagzähigkeit kann dem Bild B.1.10 entnommen werden.

In legiertem Kugelgraphitguss wirken die Elemente Kupfer, Nickel, und Molybdän über den Perlitanteil festigkeitssteigernd. Dies geht mit einer Abnahme der Kerbschlagzähigkeit und einem Anstieg der Übergangstemperatur einher.

Zugfestigkeit und Dehngrenze von ferritischen Güten (z. B. GJS-400) steigen mit abnehmender Temperatur an, wobei das Streckgrenzenverhältnis $R_{p0.2} / R_m$ von 0.75 bei Raumtemperatur auf ≈ 1 bei -220°C zunimmt. Mit zunehmendem Perlitanteil wird der lineare Anstieg der Zugfestigkeit mit fallender Temperatur geringer und geht in einen degressiven Verlauf für Sorten mit einem Perlitgehalt > 50 Volumen% (z. B. GJS600) über, weil die Empfindlichkeit der höherfesten Güten gegenüber inneren Kerben zunimmt.

Bei Temperaturerhöhung zeigt Sphäroguss im Unterschied zum Gusseisen mit Lamellengraphit bereits unter 300°C infolge der Destabilisierung des Perlits einen starken Festigkeitsabfall (Zugfestigkeit, Dehngrenze und Härte). Das damit einhergehende Wachsen fällt deutlich geringer aus als bei GJL. Zur Stei-

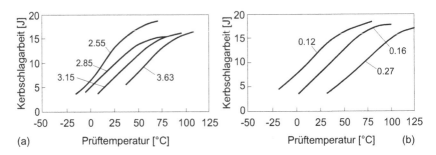

Bild B.1.10 Kerbschlagarbeit von GJS (nach Metals Handbook): Einfluss von (a) % Si und (b) % P auf die Kerbschlagzähigkeit (ISO-V-Proben) von Sphäroguss. Silizium und Phosphor erhöhen die Übergangstemperatur.

gerung der Warmfestigkeit werden bis 6 % Silizium, 3 % Nickel und 1 % Molybdän zulegiert. Die Oxidationsbeständigkeit gegenüber GJL ist erhöht, weil die innere Oxidation bei kugeligem Graphit geringer ist. Ferritischer Sphäroguss mit Siliziumgehalten oberhalb 4 % ist zunderbeständig bis zur Umwandlung in den Austenit und wird deshalb eingehender in Kap. B.6, S. 342 behandelt.

Bei schnellen Temperaturwechseln mit hoher Abkühlgeschwindigkeit kommt es infolge des höheren E-Moduls und der geringeren Wärmeleitfähigkeit gegenüber GJL zu höheren thermischen Spannungen und damit schneller zu thermisch induzierten Rissen. Wird die Abkühlgeschwindigkeit herabgesetzt, kann GJS wegen seiner höheren Festigkeit und der größeren Duktilität ein Vielfaches der Thermozyklen von GJL bis zum Bruch ertragen.

B.1.2.4 Gusseisen mit Vermiculargraphit

Basierend auf der Erfahrung, dass eine geringe Konzentration an Störelementen wie Titan, Antimon, Blei, Bismut, Selen und Tellur im Kugelgraphitguss für eine Graphitentartung verantwortlich ist, wurde um 1960 in Europa das Gusseisen mit Vermiculargarphit entwickelt. Die Herstellung erfolgt entweder durch Magnesiumzugabe, durch Zusatz von MgTiCeCa Vorlegierungen, oder durch Behandlung mit Cer-Mischmetall. Letztere erfordert ein Entschwefeln der Schmelze, was bei der Magnesiumbehandlung bei Einhaltung eines eng eingegrenzten Mg/S-Verhältnis nicht notwendig ist. Mit allen drei Methoden entsteht eine kompakte Graphitform (engl. compacted graphite cast iron), die zwischen der Kugel- und der Lamellenform anzusiedeln ist (s. Bild A.2.12 b). Anders als der räumlich stark zusammenhängende Lamellengraphit entstehen wenig verzweigte, gedrungene Graphitlamellen mit abgerundeten Enden neben einem geringen Anteil von Graphitkugeln. Bei Sättigungsgraden knapp unter 1 werden die Eigenschaften ähnlich wie bei GJL und GJS vom Ferrit/Perlit-Verhältnis und durch den Anteil an Vermiculargraphit bestimmt (s. Bild B.1.11).

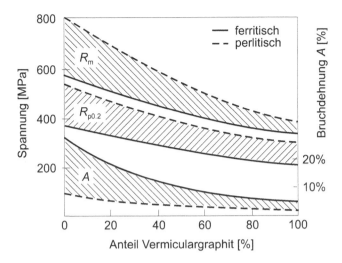

Bild B.1.11 Einfluss der Graphitausbildung auf die mechanischen Eigenschaften (nach K. Röhrig): Ausgehend von 100 % Graphitkugeln nehmen Zugfestigkeit, Streckgrenze und Bruchdehnung mit zunehmendem Vermiculargraphitanteil ab. Im perlitischen Zustand ist die Reduktion der Eigenschaften bis zu einem Vermiculargraphitanteil von 50 % deutlich, darüber nur noch gering.

Insgesamt stellen die Eigenschaften von Gusseisen mit Vermiculargraphit einen Kompromiss der Eigenschaften von GJL und GJS dar (s. a. Tab. B.1.2). Der Eigenschaftsvergleich in Tab. B.1.3 fasst die Vor- und Nachteile gegenüber GJL und GJS zusammen.

Für die Anwendung bei erhöhter Temperatur ist neben der Warmfestigkeit häufig die Wärmeleitfähigkeit von Interesse. GJV liegt mit einem Vermiculargraphitanteil von 90 % im Zugfestigkeitsniveau genau zwischen GJL und GJS,

Tabelle B.1.3 Vergleich der Eigenschaften von GJV mit GJL und GJS

GJV gegenüber GJL	GJV gegenüber GJS
- höhere Festigkeit	- bessere Temperaturwechselfestigkeit
- höhere Duktilität und Zähigkeit	durch höhere Wärmeleitfähigkeit und
- geringere Wanddickenabhängigkeit	geringeren Ausdehnungskoeffizienten
der Eigenschaften	- niedrigerer E-Modul
- höhere Oxidationsbeständigkeit	- geringere Verzugsneigung
- geringere Neigung zum Wachsen	- besseres Dämpfungsvermögen
im Warmbetrieb	- bessere gießtechnologische Verarbeitbarkeit

bezüglich der Wärmeleitfähigkeit aber, wegen der besseren räumlichen Durchdringung gegenüber GJS, näher am GJL (Bild B.1.12).

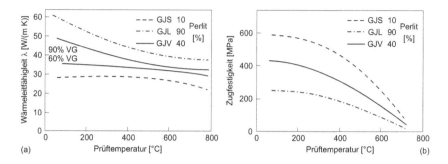

(a)   (b)

Bild B.1.12 Wärmeleitfähigkeit und Zugfestigkeit von grauen Gusseisen
(nach W. Renfang): Bei deutlich höherer Zugfestigkeit bleibt GJV-300 mit 90 %
Vermiculargraphitanteil (VG) in der Wärmeleitfähigkeit nur wenig unter GJL-200.

In sauerstoffhaltiger Umgebung kann oberhalb 550°C ein Oxidationsangriff
entlang der Grenzfläche Graphit/Metallmatrix beobachtet werden, der aber
weniger weit ins Innere vordringen kann als bei GJL. Für Anwendungen bei
hoher Temperatur hat sich ein GJV mit 4 % Si und 0.5 % Molybdän bewährt.
    Wegen der guten Duktilität und Dauerwechselfestigkeit bietet Gusseisen
mit Vermiculargraphit etwa den gleichen Widerstand gegen Temperaturwech-
selrisse wie Sphäroguss. Durch höhere Wärmeleitfähigkeit und niedrigeren E-
Modul fallen die Thermospannungen geringer aus und reduzieren so zusätzlich
die Brandrissgefahr sowie den Verzug von GJV (Tab. B.1.3).

B.1.2.5 Temperguss

Als Temperguss werden Gusswerkstoffe bezeichnet, die aus einer untereutektischen Fe-C-Si-Schmelze zunächst weiß, als sogenannter Temperrohguss
(s. Bild A.2.13), erstarren und anschließend einer Temperglühung unterzogen
werden (s. Kap. A.2, S. 34). Bei dieser in Richtung Gleichgewicht führenden
Glühbehandlung soll der Zementit zerfallen. Wenn die Glühung in neutraler
Atmosphäre durchgeführt wird, entsteht durch seine Umwandlung zu Graphit schwarzer Temperguss. Beim Glühen in sauerstoffhaltiger Umgebung
wird der Kohlenstoff oxidiert und aus der Randzone getrieben, so dass weißer Temperguss vorliegt. Nachdem das Prinzip des Entkohlens bereits im 18.
Jahrhundert aus der Umwandlung von Roheisen in Frischfeuern bekannt war,
wurde die industrielle Entwicklung des weißen Temperguss in der Mitte des
19. Jahrhunderts in Deutschland, die des schwarzen Temperguss in Amerika
betrieben. Beide Werkstoffgruppen sind heute in DIN EN 1562 genormt, in

der schwarzer Temperguss mit GJMB (B: black) und weißer Temperguss mit GJMW (W: white) bezeichnet wird (s. a. Anhang C.1, S. 390).

(a) Schwarzer Temperguss

Die Basis für schwarzen Temperguss bilden Fe-C-Si-Schmelzen mit 2.4 bis 3 % Kohlenstoff, deren Siliziumgehalt mit Blick auf die gewünschte weiße Erstarrung des Temperrohgusses zwischen 1.2 und 1.5 % liegt. Der Glühprozess zur Herstellung von schwarzem Temperguss wird zweistufig in neutraler Atmosphäre ausgeführt. In der ersten Glühstufe (900 - 970°C) zerfällt zunächst der Zementit. Ein feines Ausgangsgefüge, Silizium an der oberen Legierungsgrenze sowie die Zugabe von 0.002 bis 0.003 % B beschleunigen den Karbidzerfall, bei dem sich der freiwerdende Kohlenstoff an der Grenzfläche γ-Fe/Fe$_3$C als knoten- bis flockenförmige Temperkohle ausscheidet (Bild B.1.13 a). Das Gefüge der Metallmatrix ist von der Temperaturführung in der zweiten Glühstufe und der sich anschließenden Abkühlgeschwindigkeit abhängig. Durch zügige Abkühlung auf 740 - 760°C und anschließendes langsames Abkühlen mit 3 - 10°C/h wandelt der Austenit unter weiterer Anlagerung von Kohlenstoff an die vorhandenen Graphitpartikel in eine vollständig ferritische Matrix um. Die Eigenschaften des ferritischen schwarzen Temperguss werden durch den Graphitanteil (6 - 8 Volumen%), seine Verteilung sowie durch Mischkristallhärtung der Matrix mit Mn und Si bestimmt. Die ferritische Güte GJMB-350 bringt bei einer Zugfestigkeit von 350 MPa eine Bruchdehnung von 10 % und zählt damit zu den duktilen Gusseisen. Ein langsames Abkühlen aus der 1. Glühstufe auf ca. 870°C reduziert den C-Gehalt im Austenit (auf etwa 0.75 %), der bei Abkühlung in bewegter Luft in einen feinstreifen Perlit umwandelt. Die Sorte GJMB-600 kommt so auf eine Zugfestigkeit von 600 MPa. Wird von 870°C, in Öl abgeschreckt, entsteht eine martensitische oder martensitisch/bainitische Metallmatrix. Die anschließende Anlassbehandlung ermöglicht die Einstellung

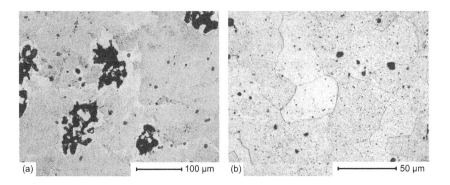

Bild B.1.13 Gefüge von Temperguss: (a) Schwarzer Temperguss GJMB, (b) Weißer Temperguss GJMW

eines Vergütungsgefüges, das dem schwarzen Temperguss eine maximale Festigkeit von 800 MPa (Tab. B.1.3) und eine für Verschleißanwendungen erforderliche hohe Härte verleiht.

Die Schlagzähigkeit ungekerbter und gekerbter Proben liegt wegen der zerklüfteten Form der Temperkohle knapp unterhalb der von Sphäroguss, wobei die Abhängigkeiten vom Silizium- und Phosphorgehalt ähnlich sind. Wie für Sphäroguss nimmt die Zugfestigkeit bei Temperaturen oberhalb 350°C infolge Perlit- bzw. Martensitzerfall und Ausscheidung von Tertiärgraphit spürbar ab. Das Dämpfungsvermögen von schwarzem Temperguss ist etwa doppelt so hoch wie das von Sphäroguss.

(b) Weißer Temperguss

Weißer Temperguss enthält zwischen 3.1 % und 3.4 % Kohlenstoff und entsteht durch ein mehrstündiges Glühen von Temperrohguss zwischen 1000 und 1050°C in schwach oxidierender Atmosphäre. Dabei zerfällt der Zementit gemäß der folgenden Reaktionsgleichung:

$$Fe_3C + O_2 \rightarrow 3Fe + CO_2 \qquad \text{(B.1.4)}$$

in der dem Sauerstoff zugänglichen Randzone, die dadurch entkohlt wird, während im Inneren Fe_3C zu Temperkohle umwandelt. Im Bestreben, den Kohlenstoffgradienten zwischen Rand und Kern auszugleichen, diffundiert der Kohlenstoff von innen nach, so dass weitere Oxidation stattfinden kann. Da ein hoher Siliziumgehalt die Graphitisierung fördert und die Diffusion von Kohlenstoff im Austenit verlangsamt, wird weißer Temperguss mit Blick auf endliche Glühzeiten mit nur 0.4 % bis 0.8 % Si gefertigt. Durch Erhöhung der Glühdauer findet eine zunehmende Entkohlung der Oberflächenrandzone statt, bis schließlich bei Glühzeiten von mehreren Tagen Gussteile mit geringen Wandstärken (< 15 mm) ein vollständig ferritisches Gefüge aufweisen (Bild B.1.13 b). Bei größerer Wandstärke bleibt im Kern Temperkohle in überwiegend perlitischer Matrix zurück, so dass in diesen Bauteilen die Eigenschaften stark wanddickenabhängig werden. Im Anschluss an die Haltezeit auf Temperatur hat sich bei größerer Wandstärke eine beschleunigte Abkühlung an Luft mit nachfolgendem Weichglühen bei 700°C bewährt. Auf diese Weise formt sich der Zementit in der perlitischen Kernzone ein und verbessert die Duktilität merklich.

Weißer Temperguss deckt einen Zugfestigkeitsbereich zwischen 280 MPa (GJMW-360-12, vollständig ferritisch) bis 570 MPa (GJMW-550-4, mit perlitischem Kern) ab, wobei die Bruchdehnung zwischen 16 und 3 % beträgt (Tab. B.1.2). Die rein ferritische Matrix ohne Graphitausscheidungen verleiht dem weißen Temperguss eine Schlagzähigkeit zwischen 150 und 200 J, die auf dem Niveau von unlegiertem Stahlguss liegt.

B.1.2.6 Verarbeitung und Anwendung von Gusseisen

(a) Gießtechnische Verarbeitbarkeit

Die Nähe zum Eutektikum verleiht dem grauen Gusseisen ein geringes Erstarrungsintervall bei niedriger Schmelz- bzw. Erstarrungstemperatur. Dies ist der Grund dafür, dass Gussteile aus Gusseisen wesentlich kostengünstiger hergestellt werden können als Stahlgussteile, die häufig eine aufwändige Speisungstechnik mit einem hohen nicht nutzbaren Schmelzgewicht im Angusssystem benötigen. Das gute Formfüllungsvermögen der Gusseisenschmelzen bei Sättigungsgraden nahe $S_c = 1$ erlaubt die Herstellung komplexer, filigraner Konturen bei dünner Wandstärke. Die Zugabe von Phosphor bis etwa 1 % bewirkt eine weitere Verbesserung der Fließfähigkeit durch Bildung des niedrigschmelzenden ternären Fe-C-P-Eutektikums und wird deshalb zum Teil bei Grauguss mit Lamellengraphit praktiziert.

Der scheinbare Umweg über das zunächst weiße Erstarren von Temperrohguss mit der anschließenden lang dauernden Temperglühung bedeutet keinen Kostennachteil gegenüber Stahlguss, da insbesondere die in weißem Temperguss ausgeführten Kleinteile mit dünner Wand nur mit aufwändiger Speisungstechnik als kohlenstoffarmes Stahlgussteil dargestellt werden können.

Die Volumenabnahme bei der Erstarrung ist aufgrund des geringen Erstarrungsintervalls klein und wird durch den sich ausscheidenden Graphit wegen seines großen spezifischen Volumens weiter verringert. Bei großer Graphitmenge kann die Erstarrungskontraktion der metallischen Phase sogar vollständig kompensiert werden. Die Schwindung im festen Zustand ist wegen des den thermischen Ausdehnungskoeffizienten senkenden Einflusses der Graphiteinlagerungen geringer als beim Stahlguss, so dass auch der Verzug insgesamt kleiner bleibt.

(b) Spanende Bearbeitung

Trotz der Endformnähe von Gussteilen müssen Funktionsflächen und Anschlussmaße durch Bearbeitung hergestellt werden. Graues Gusseisen ist gut spanend bearbeitbar, weil die Graphitausscheidungen kurzbrechende Späne erzeugen und gleichzeitig auf den Wirkflächen des Zerspanungswerkzeuges als Schmiermittel agieren. Wegen der geringeren räumlichen Durchdringung der Graphitausscheidungen nimmt die Kurzbrüchigkeit in der Reihenfolge GJL→GJV→GJS ab. Gusseisen mit feinen Metalldendriten und Graphitausscheidungen, wie sie durch Impfen erzeugt werden, lassen sich leichter bearbeiten als grobkörnige Gefüge. Wie bei den Stählen und Stahlguss wird die Bearbeitung mit steigender Festigkeit der Metallmatrix erschwert. Zur Beurteilung der Zerspanbarkeit von Gusseisen hat sich wegen der Abhängigkeit der Zugfestigkeit von der Art der Graphiteinlagerung die Härte als geeigneter erwiesen. Die mit wachsendem Perlitanteil steigende Härte wirkt sich wie bei den Stählen negativ auf den Schneidstoffverschleiß aus. Sphäroguss ist besser bearbeitbar als Grauguss mit Lamellengraphit gleicher Härte und Stahl gleicher Festigkeit. Mit Chrom legierte Gusseisen enthalten Karbide, die sich mit zunehmender Größe der Bearbeitung widersetzen. Ähnliche Auswirkungen haben Titankarbonitride, die sich in Gusseisen mit Vermiculargraphit bilden können, wenn diese mit MgTi-CeCa-Vorlegierungen behandelt wurden.

Die Bearbeitbarkeit von weißem Temperguss ist excellent, weil die ferritische Matrix weich ist und die eingelagerten Mangansulfide sowie die Temperkohle kurzbrechende Späne produzieren, die für niedrigen Werkzeugverschleiß und geringe Zerspankräfte verantwortlich sind. Dies resultiert in einer um ungefähr 25 % verbesserten Bearbeitbarkeit im Vergleich zu Automatenstählen.

Ein Vergleich der leistungsführenden Schnittkraft F_c im Drehversuch mit verschiedenen grauen Gusseisen und Stahl zeigt einen Kraftanstieg mit steigender Festigkeit, wobei an grauen Gusseisen stets geringere Kräfte als bei vergleichbarem Stahl gemessen werden. Die Oberflächengüte nimmt mit der Festigkeit zu, ist aber wegen der Graphitauscheidungen etwas geringer als die von Stahl oder Stahlguss, weil durch plastische Verformung herausgelöste Graphitpartikel aufgetrennte Kavernen zurücklassen.

In neueren Untersuchungen wird von einem positiven Einfluss von Alterung auf die Bearbeitbarkeit von Gusseisen berichtet. Trotz vieler, die Alterungserscheinungen überdeckender Einflussgrößen wie Wanddickenabhängigkeit, Sättigungsgrad, Erstarrungsgeschwindigkeit, chemische Analyse etc. konnte ein statistisch abgesicherter Einfluss von Alterung auf die Bearbeitbarkeit von Kupplungs- und Bremsscheiben aus GJL beobachtet werden. Bei natürlicher Alterung bis zu 1000 Stunden wurde eine signifikante Verbesserung der Bearbeitbarkeit nachgewiesen (Bild B.1.14 a). Sie geht mit einem Anstieg der Zugfestigkeit einher, deren Niveau vom Stickstoffgehalt abhängt (Bild B.1.14 b), wobei die durch Stickstoff verursachte Festigkeitssteigerung proportional zum freien, nicht am Titan gebundenen Stickstoffgehalt ist. Dieser reichert sich in Versetzungssenken an, wo sich mit Neutronenbeugung und kalorimetrischen Untersuchungen nach einer Auslagerungszeit von 30 Tagen bei Raumtemperatur 2 - 4 nm große α''-Nitridausscheidungen nachweisen lassen (s. Kap. B.1, S. 130). Sie bewirken eine Festigkeitssteigerung bis zu 13 %. Der Effekt kann auch anhand von Mikrohärtemessungen (190 auf 260 HV in 30 Tagen) in den ferritischen Höfen um die Graphitkugeln im Sphäroguss beobachtet werden. Die mit zunehmender Festigkeit einhergehende Versprödung wird als Grund für kürzere Späne angesehen, die den Schneidstoffverschleiß senken.

(c) Anwendungen

Die Anwendungsbereiche von Gusseisen sind breit gefächert und reichen von der Bau- und Haustechnik über den allgemeinen Maschinenbau bis hin zur Kraftfahrzeugtechnik.

In der Bautechnik werden überwiegend GJL und GJS eingesetzt. Während die mechanischen Eigenschaften von lamellarem Gusseisen für Straßenschachtabdeckungen, Bodenabläufe und Baumroste zufriedenstellend sind, werden

Wasser- und Gasrohre aus Sphäroguss hergestellt. Sie müssen bei Durchmessern bis 1000 mm Druckstöße und Bewegungen im Erdreich ertragen können. Im Unterschied zu den früher in Sand gegossenen GJL-Rohren, die aus der Gusshaut eine korrosionshemmende Silikatschicht aufbauen konnten, müssen die heute in Kokillen gegossenen Rohre durch Außenanstrich und Zementinnenauskleidung vor Korrosion geschützt werden.

Im Maschinenbau waren in den letzten Jahren stets zunehmende Produktionsmengen an Gusseisen zu verzeichnen, die insbesondere auf die Weiterentwicklung der Fertigungstechniken in den Gießereien zurückzuführen sind. Mit modernen Gießanlagen lassen sich heute komplexe Gussteile herstellen, deren Eigenschaften zielgerecht und mit hoher Wiederholgenauigkeit eingestellt werden. Argumente für den Einsatz von Gusseisen sind neben der Endformnähe, der guten Gießbarkeit und der geringen Herstellkosten die besonderen Gebrauchseigenschaften wie hohe Wärmeleitfähigkeit, Thermoschockbeständigkeit, das außerordentliche Dämpfungsvermögen und das für den Leichtbau von Fahrzeugen bedeutsame geringe spezifische Gewicht (s. Tab. B.1.2). Die vielfältigen Gefügeausprägungen der vorgestellten Sorten bieten dabei teilweise einzigartige Eigenschaftskombinationen, die mit anderen metallischen Werkstoffen nicht erreicht werden können.

Ein großes Anwendungsgebiet stellen die Gehäuse für Getriebe, Armaturen, Pumpen und Verdichter sowie deren Laufräder dar, die in Stückgewichten bis zu mehreren Tonnen wegen der zum Teil komplexen Raumstrukturen und wegen des guten Dämpfungsvermögens aus Grauguss mit Lamellengraphit gefertigt werden. Das überragende Dämpfungsvermögen von GJL hat darüber hinaus eine Vielzahl von Anwendungen als Maschinenbetten oder

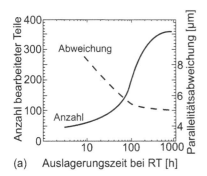
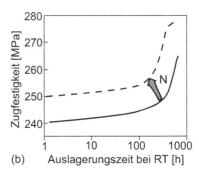

(a) Auslagerungszeit bei RT [h]   (b) Auslagerungszeit bei RT [h]

Bild B.1.14 Alterungserscheinungen in Gusseisen (nach L. Richards): (a) Die Anzahl der mit einem Werkzeug bearbeiteten Bremsscheiben aus GJL nimmt signifikant zu, wenn die Teile zuvor bei Raumtemperatur ausgelagert werden. Gleichzeitig verbessert sich die Abweichung von der Parallelität. (b) Zugfestigkeit von GJL über der Auslagerungszeit bei RT. Stickstoff verschiebt den Verlauf auf ein höheres Niveau.

Maschinenrahmen für Werkzeugmaschinen zur spanenden Bearbeitung und für Umformmaschinen mit Stückgewichten bis zu 200 Tonnen hervorgebracht. Wenn die Festigkeit von GJL nicht mehr ausreicht, kommt Sphäroguss unter Einbußen im Dämpfungsvermögen zur Anwendung. In neuen Windenergieanlagen mit bis zu 5 MW Leistung werden Rotornaben mit Stückgewichten bis 50 t aus ferritischem GJS-400-18 gefertigt.

Die geringen Legierungs- und Fertigungskosten sowie die niedrige Dichte machen die Gusseisen zu einem interessanten Werkstoff für Serienteile im Kraftfahrzeug, die inzwischen 40 % der Gesamtproduktion von Gusseisen ausmachen. Traditionell werden Motorblöcke aus GJL hergestellt. Die Forderung nach steter Gewichtsreduktion hat jedoch trotz etwa doppelt so hoher Kosten zu Aluminiumlegierungen geführt, die den europäischen Markt wegen möglicher Gewichtseinsparungen bis zu 40 % zunehmend erobern. In den höher beanspruchten Dieselmotoren kann sich das Gusseisen wegen seiner höheren Festigkeit, des größeren Dämpfungsvermögens und der höheren Steifigkeit jedoch behaupten. Hier steht GJL im Wettbewerb mit GJV. Beim lamellaren Gusseisen geht die Entwicklung in Richtung Festigkeitserhöhung durch Legieren mit Cu, Ni, Cr, Ti, Mo und V, Reduktion von P und S bei gleichzeitigem Eingrenzen der Festigkeitsstreuungen durch eine genaue Qualitätskontrolle. Gießtechnisch wird versucht die Enden der Graphitlamellen weniger scharfkantig zu gestalten, so dass sich diese GJL-Sorten mit Zugfestigkeiten um 300 MPa dem Vermicularguss nähern.

An das Tribosystem Zylinderlaufbahn/Kolben/Kolbenring wird mit der Forderung nach niedrigem Ölverbrauch sowie geringem Verschleiß und Reibungsverlust ein hoher Anspruch gestellt, der von Grauguss im Zusammenwirken mit besonderer Oberflächenbearbeitung erfüllt wird. Sie zielt auf die Schaffung von isolierten Hohlräumen zur hydrodynamischen Schmierung ab, in denen der Schmierstoff nicht wie in den üblichen Kreuzriefen nach dem Hohnen verdrängt wird. Wird einem GJL ein geringer Ti-Gehalt zugegeben (≈ 0.04 %) bilden sich ca. 5 μm große Nitride und Karbide, die den Reibungskoeffizienten der Paarung senken und die Adhäsionsneigung verringern. Bei der spanenden Bearbeitung werden sie zusammen mit dem umgebenden Grundmaterial bis zur nächsten Graphitlamelle herausgelöst. Dadurch entstehen ≈ 40 μm große Krater, die als isolierte Schmiertaschen in der Oberfläche regelmäßig verteilt sind und ein „Mikrodruckkammersystem" darstellen. Ein ähnlicher Effekt kann durch Laseroberflächenveredlung erzielt werden. Dabei werden die Zylinderlaufbahnen aus GJV in großvolumigen PKW-Dieselmotoren mit Hilfe eines UV-Pulslasers ($\lambda = 300$ nm) gehont. Beim Umschmelzen der Oberfläche bis in eine Tiefe von ≈ 2 μm legt die Schmelze wegen der Oberflächenspannungen die Graphitausscheidungen frei, die später als Schmiertaschen funktionieren. Beim Anschmelzen bildet sich darüber hinaus ein Metalldampfplasma unter dessen Druck ca. 18 % Stickstoff in die Schmelzzone eindringen, so dass sich beim Ausschalten des Laserpulses eine nanokristalline, keramische Schicht bildet. Schließlich konditioniert sich die Oberfläche im Betrieb in Verbindung mit der hohen Verbrennungstemperatur unter

Bildung einer 200 nm dicken Schicht aus Eisennitriden und -karbiden selbst gegen Verschleiß.

In größeren Motoren für PKW und Nutzfahrzeuge wird GJV-300-4 wegen der höheren Festigkeit, Duktilität sowie Wachstumsbeständigkeit für Zylinderkurbelgehäuse eingesetzt und die schlechtere Wärmeleitfähigkeit durch kühlungstechnische Maßnahmen kompensiert. Zylinderköpfe moderner Vierventilmotoren sind durch hohe mechanische Schwingbelastung und thermische Wechsellasten stärker beansprucht als Kurbelgehäuse. Hierfür wird die durch Legieren mit 0.8 % Cu und 0.06 % Sn vollperlitische Güte GJV-450 vorgeschlagen. Sie hat unter Temperaturzyklen von 50-420°C und vollständiger Dehnungsbehinderung die doppelte Bruchlastspielzahl wie der überwiegend ferritische GJV-350 ertragen. Ein leicht legierter GJL-250 wird sogar um Faktor 5 übertroffen.

Für derartige Anwendungen ist Sphäroguss mit seinem geringeren Dämpfungsvermögen, der starken Verzugsneigung und der schlechten Wärmeleitfähigkeit keine Alternative. Er kommt aber bei überwiegend mechanisch belasteten Kfz-Komponenten zum Zuge. Hier sind neben Gehäusen für Scheibenbremsen, Lenkgetrieben, Hinterachsen vor allem Träger für Motoren, Achsschenkel und Bremsbacken für Nutzfahrzeuge zu nennen. Eine Weiterentwicklung von GJS400-15 kommt als Querlenker und Schwenklager zur Anwendung und erzielt durch Anheben des Si-Gehaltes und Legieren mit Bor eine Dehngrenze von 320 MPa und damit eine um 25 % höhere Schwingfestigkeit. Eine bedeutende Rolle spielt GJS als Werkstoff für Kurbel- und Nockenwellen. Sie werden nicht zuletzt wegen der geringen Kerbempfindlichkeit von Sphäroguss bei Wechselbeanspruchung aus GJS-600 gefertigt und auf den Laufflächen zusätzlich randschichtgehärtet (s. Kap. B.3, S. 222). Inzwischen sind erste hohl gegossene Nockenwellen in einigen hochklassigen PKW-Dieselmotoren im Einsatz. Dabei werden die Nocken gegen Kokille gegossen, so dass die Randschicht als Schalenhartguss weiß erstarrt und keine weitere Wärmebehandlung erforderlich ist. Dieser naturharte Zustand der Randzone mit einer Härte von 50 bis 55 HRC hat sich als günstig erwiesen, weil er diese Härte auch bei höchsten Öltemperaturen beibehält.

Zur kostengünstigen Herstellung von Steuerblöcken für Hydrauliken werden endformnahe stranggegossene Halbzeuge aus grauem Gusseisen (GJL-250 bis GJS-600) verwendet. Stranggegossene Gusseisen verfügen wegen der gegenüber Sandguss höheren Erstarrungsgeschwindigkeit über ein feinkörnigeres und dichteres Gefüge, das die für diese Anwendung notwendige hohe Druckdichtigkeit mitbringt. Strangdurchmesser bis ≈ 450 mm erlauben darüber hinaus die Verwendung der Halbzeuge zur Herstellung von Zahnrädern und Zahnkränzen, sowie als Werkzeug im Glasformenbau.

Als einziges für Konstruktionsschweißungen geeignetes Gusseisen wird der entkohlend geglühte Temperguss eingesetzt. Die speziell auf Schweißbarkeit optimierte Sorte GJMW-380-12 mit ihrer kohlenstoffarmen Randzone (< 0.3 % C) eröffnet die Möglichkeit, komplex geformte Gussteile mit Umformteilen aus Stahl durch Schweißen ohne Vorwärmen zu einer Komponente zu verbinden. Beispiele für Gusseisen-Stahl-Verbindungen sind Hinterachs-schräglenker für PKW der oberen Leistungsklasse sowie Stabilisatoren und Federlager für LKW. In diesen Fällen wird GJMW-380-12 mit einem schweiß-baren Baustahl verschweißt. Darüber hinaus findet GJMW-400-5 Anwendung für Kleinteile wie Fittings, Flügelmuttern, Rohrverbinder und Haken sowie Verbindungselemente für den Gerüst- und Schalungsbau, die mit Blick auf Korrosionsschutz häufig zusätzlich verzinkt werden.

Auch der schwarze Temperguss eignet sich eher für Kleinteile mit Stückge-wichten bis etwa 2 kg. So werden beispielsweise Schwerlastspreizdübel sowie Wohnungs- und Möbelschlüssel aus GJMB-350-10 gefertigt. Für Handwerk-zeuge wie Klemmzangen, verstellbare Schraubenschlüssel und Schraubzwingen eigenen sich eher höherfeste Sorten wie GJMB-650-2. Bei Bedarf können de-ren Arbeitsflächen randschichtgehärtet werden.

Die wenigen ausgewählten Beispiele zeigen, dass die Gusseisen eine leistungs-fähige, variantenreiche Werkstoffgruppe darstellen, die unter Ausnutzung der vielfältigen Fertigungs- und Veredlungsmethoden optimal auf eine Anwen-dung zugeschnitten werden können. Sie dürfen deshalb in Anlehnung an die im Kapitel B.2 vorgestellten tailored blanks, tailored strips und tailored tubes (siehe S. 180) mit Recht als tailored castings bezeichnet werden.

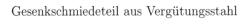
Gesenkschmiedeteil aus Vergütungsstahl

B.2 Höherfeste Werkstoffe

Legierungszusatz und Wärmebehandlung sind einzeln oder in Kombination geeignet, die Festigkeit von Eisenwerkstoffen anzuheben. Bei Stählen kommt die gesteuerte Warmumformung und Abkühlung hinzu, die als thermomechanisches Walzen bezeichnet wird. Die dabei angestrebte niedrige Endtemperatur der Umformung verbietet sich beim Gesenkschmieden meist wegen zu hoher Werkzeugbelastung. Es wird aber vielfach aus der Schmiedehitze abschreck- oder ausscheidungsgehärtet und so ein nachträgliches Austenitisieren eingespart. Bei Gusseisen steht die Umwandlung in der Bainitstufe im Vordergrund.

B.2.1 Schweißgeeignete Walzstähle

B.2.1.1 Feinkornstähle

Der kostengünstige Weg einer Festigkeitssteigerung durch Kohlenstoff (s. Bild B.1.2, S. 127) endet wegen Schweißeignung und Übergangstemperatur bei S355 bzw. bei 0.22 % C. Durch ein normalisierendes oder thermomechanisches Umformen lässt sich eine Feinkornhärtung erzielen, die sowohl die Streckgrenze anhebt, als auch die Übergangstemperatur senkt (s. Kap. A.4, S. 85 und S. 96). Durch niedrigere Kohlenstoffgehalte wird der CEV-Wert beim Schweißen (s. Gl. B.1.1, S. 129) soweit gesenkt, dass kleine Zugaben von Vanadium, Niob und Titan (zwischen 0.03 und 0.3 % in Summe) verträglich sind. Diese Mikrolegierung erzeugt während des Warmwalzens und bei der weiteren Abkühlung eine feine Dispersion von Karbid/Nitrid-Ausscheidungen des Typs MX nach Tab. A.2.1, s. S.52. Im Austenitgebiet behindern die Ausscheidungen das Kornwachstum und die Rekristallisation. Damit steigen die Chancen, dass ein feinkörniger, unrekristallisierter Austenit in die γ/α-Umwandlung eintritt. Als Folge entsteht ein Ferritkorndurchmesser $< 10\,\mu\mathrm{m}$, so dass $T_{\ddot{u}}$ sinkt. In der Umwandlungsfront, aber auch bei der anschließenden langsamen Abkühlung scheiden sich erneut MX-Teilchen aus, die noch feiner sind und eine Ausscheidungshärtung des Ferrits bewirken. $T_{\ddot{u}}$ steigt dadurch wieder etwas an. Man spricht von perlitarmen mikrolegierten Feinkornbaustählen oder HSLA (high strength low alloy) . Schließt sich unmittelbar an das Walzen eine Schnellabkühlung bis in die Bainitstufe an, so entstehen bainitische Feinkornstähle.

Am Beispiel der Warmbanderzeugung sind in Bild B.2.1 unterschiedliche Fertigungswege dargestellt. Während konventionelles Walzen einer anschließenden Normalglühung bedarf, wird die Kornfeinung beim normalisierenden Walzen (N) durch eine Absenkung der Walzendtemperatur erreicht. Der Austenit rekristallisiert bevor er umwandelt. Beim thermomechanischen Walzen (M) unterbleibt die Rekristallisation des Austenits. Um feine

Tabelle B.2.1 Streckgrenze und Kaltrissneigung im Vergleich: Bei gleichem CEV-Wert erreicht der thermomechanisch gewalzte Stahl (M) die doppelte Streckgrenze. Für gleiche Streckgrenze steigt CEV beim Schweißen des normalgeglühten Stahles (N) in den rissanfälligen Bereich (nach L. Meyer).

Chemische Zusammensetzung	CEV =	0.3	$R_e = 400\,\mathrm{MPa}$	
[%]	N	M	N	M
C	0.16	0.06	0.18	0.08
Si	0.30	0.30	0.30	0.30
Mn	0.85	1.40	1.40	1.20
Al	0.03	0.03	0.03	0.03
N	-	0.04	0.03	0.03
V	-	0.08	-	-
	Streckgrenze in MPa		CEV-Äquivalent	
	240	480	0.44	0.28

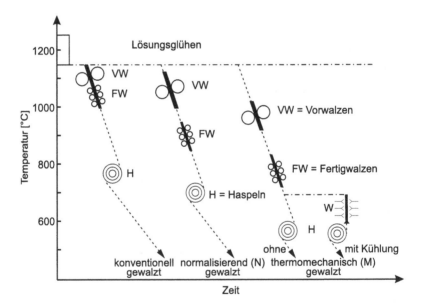

Bild B.2.1 Warmbandfertigung: Die schematische Darstellung zeigt die ungefähre Walzend- und Haspeltemperatur, die von der konventionellen über die N- zur M-Fertigung hin abnehmen. Durch Wasserkühlung kann die Perlit- zugunsten der Bainitumwandlung unterdrückt werden (gestrichelt = Luftabkühlung; W= Wasserabkühlung).

MX-Teilchen ausscheiden zu können, müssen die Mikrolegierungselemente vorher bei Warmumformtemperatur weitgehend in Lösung gebracht werden. Dazu sind in der Reihenfolge V, Nb, Ti steigende Temperaturen erforderlich, die sich mit dem Stickstoffgehalt noch erhöhen. Eine völlige MX-Auflösung würde rasches Kornwachstum in der Bramme auslösen und damit auch die Endkorngröße im aufgehaspelten Band etwas vergröbern. Titan reagiert mit Sauerstoff, Stickstoff, Kohlenstoff und Schwefel, und zwar bei gleichzeitiger Anwesenheit in der angegebenen Reihenfolge. An diesem Beispiel wird deutlich, wie schwierig die genaue Einstellung einer ausscheidbaren Menge von Titan sein kann.

Die schwer löslichen Verbindungen erweisen sich nach der Wiederausscheidung als besonders effektive Austenitkornfeiner (Bild B.2.2). Kleine Gehalte

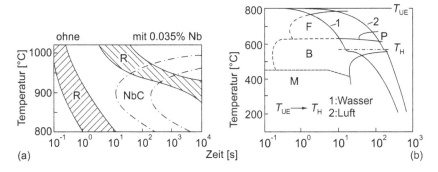

Bild B.2.2 Metallkundliche Vorgänge bei der Warmbandfertigung: (a) Einfluss von $\approx$0.035 % Nb in Stählen mit $\approx$0.1 % C und $\approx$1.3 % Mn. Nach M.G. Akben et al. wird die Rekristallisation R während der Warmumformung durch NbC-Ausscheidung verzögert. (b) Nach der Warmumformung des mikrolegierten Stahles führt die Luftabkühlung vom Umformende bei (T_{UE}) auf Haspeltemperatur (T_H) zu einem feinkörnigen Ferrit-Perlit-Gefüge. Durch Wasserabkühlung wird die Perlitzugunsten der Bainitbildung unterdrückt. Bei (T_H) kann eine Aushärtung des Gefüges im langsamer abkühlenden Coil einsetzen.

an Nb und Ti sind also wirksamer als V. Da es auf die Atomkonzentration ankommt, ist das schwerere Niob (s. Tab. A.1.4, S. 15) im Nachteil, aber dennoch effektiv. Die Bindung von Stickstoff an Titan oder Zirkon hält Bor in Lösung, so dass es seine härtbarkeitssteigernde Wirkung in schnellabgekühlten Stählen ausspielen kann (s. S. 191). Mit sinkender Umformtemperatur steigt die Beanspruchung der Walzwerke, aber auch die Festigkeit des Bandes. Durch die Umformung wird die Keimbildung erleichtert und die Umwandlung beschleunigt. Bei Walzendtemperaturen bis in die Nähe von Ar_1 ($\approx$ 700°C) erstreckt sich die Umformung auch auf das umgewandelte Ferrit / Karbid-Gefüge. Wenn es nicht mehr rekristallisiert, kann die gestreckte Kornform zu

Bruchaufspaltungen (separations) z. B. in Kerbschlagbiegeproben führen. Bei höheren Walzendtemperaturen ($\approx 800°C$) sind für gleiche Festigkeit größere Gehalte an Mikrolegierungselementen erforderlich oder eine beschleunigte Kühlung von Walz- auf Haspeltemperatur. Im ersten Fall durchläuft eine Luftabkühlung mit z.b. 0,5°C/s eine Ferrit/Perlit-Umwandlung. Im zweiten Fall verschiebt eine Sprühkühlung mit z.b. 15°C/s die Umwandlung in die Bainitstufe (Bild B.2.2 b). In beiden Fällen bewegt sich die Haspeltemperatur zwischen 600 und 550°C. Die dann folgende langsame Abkühlung im Coil ermöglicht eine Ausscheidungshärtung durch MX-Teilchen (Bild B.2.3). Das Bainitgefüge wird meist noch angelassen, das Ferrit/Perlit-Gefüge nicht.

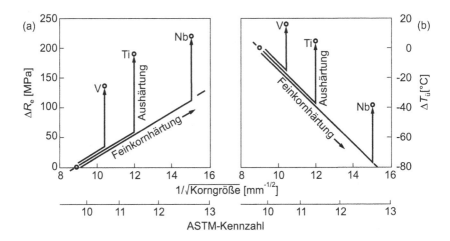

Bild B.2.3 Verfestigung durch Mikrolegierung: (a) Anteile von Feinkornhärtung und Aushärtung am Streckgrenzenanstieg ΔR_e und (b) an der Änderung der Übergangstemperatur $\Delta T_{\ddot{u}}$ (nach C. Straßburger).

B.2.1.2 Mehrphasenstähle

Während die mikrolegierten Stähle ihre Festigkeit aus Fehlordnungen wie Mischkristall, Feinkorn und feiner Ausscheidung ziehen, greifen die Mehrphasenstähle zusätzlich auf grob-zweiphasige Verfestigung zurück, d. h. auf ein Gemisch aus zwei oder mehr unterschiedlichen Kornarten wie Ferrit, Bainit, Martensit oder Restaustenit. Das ähnelt der Festigkeitssteigerung durch zunehmenden Anteil an Perlitkörnern in Bild B.1.2. Perlit enthält aber fast 0.8 % C, der in Form spröder Karbidlamellen vorliegt, so dass mit erhöhter Festigkeit die Duktilität und Schweißeignung verloren gehen. Hochfeste Mehrphasenstähle sind jedoch vor allem für Bleche im Karosseriebau gedacht, wo Tief- und Streckziehen sowie Schweißen und Hydroformen zu überstehen sind.

Aus diesem Grunde werden Feinkorngemische aus den genannten zäheren Phasen eingestellt. Um die Gefügeentwicklung steuern zu können, kommen zwei Ergänzungen zu den in Bild B.2.1 gezeigten Walzabläufen ins Spiel. Die erste betrifft das Ende des Walzvorgangs, die zweite den Abkühlvorgang.

(a) Interkritisch gewalzte Stähle

Führt das Vor- und Fertigwalzen bis unter Ac_3, so kann sich durch kurzes Halten im Ferrit/Austenit-Zweiphasengebiet eine Entmischung der Legierungselemente einstellen. Kohlenstoff reichert sich aufgrund seiner hohen Diffusionsgeschwindigkeit rasch nach dem Hebelgesetz im Austenit an (Bild B.2.4 und Bild A.1.8, S. 16). Aber auch die substituierten Elemente bewegen sich, so z. B. Mangan zum Austenit, Si zum Ferrit. Durch dieses interkritische Walzen bzw. Halten werden bis zu 90 % Ferrit eingestellt, wobei mit dessen Gehalt der C-Gehalt im verbleibenden Austenit ansteigt. Dieser angereicherte Austenit geht beim anschließenden Abkühlen in die Umwandlung. Bei einem Ferrit/Austenit-Verhältnis von z. B. 80/20 führt eine Wasserkühlung zu einem Dualphasengefüge (DP) aus Ferrit und Martensit (s. Bild A.2.2 b, S. 22). Liegt das Verhältnis nach dem interkritischen Walzen z. B. bei 55/45, so ergibt ein Abkühlen und isothermes Halten zwischen 500 und 350°C eine Bainitumwandlung, bei der Kohlenstoff im noch nicht umgewandelten Austenit soweit angereichert wird, dass bei weiterer Abkühlung auf

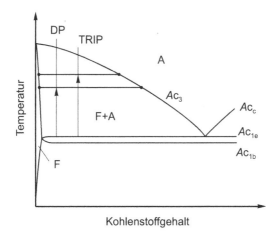

Bild B.2.4 Interkritische Gefügeeinstellung (schematisch): Durch Halten im Zweiphasengebiet stellen sich nach dem Hebelgesetz gleichgewichtsnahe Anteile von Ferrit F und Austenit A ein, deren Menge durch Legierungsgehalt und Temperatur variiert werden kann. In einem Dualphasenstahl mit ≈ 0.1 % C soll überwiegend Ferrit entstehen, in einem TRIP-Stahl mit ≈ 0.2 C nur zur Hälfte. Da im Ferrit wenig Kohlenstoff gelöst wird, reichert er sich im Austenit an.

Raumtemperatur Restaustenit (RA) zurückbleibt. Dies wird durch Silizium unterstützt, das die Karbidausscheidung im Bainit unterdrückt und Kohlenstoff in den Austenit drängt. Da geringe Anteile des Austenits nicht die nötige Anreicherung erfahren, wandeln sie beim Abkühlen von isothermer Haltetemperatur zu Martensit um. Neben Ferrit aus der interkritischen Umwandlung liegt Ferrit aus der Bainitumwandlung vor, sowie Martensit aus der nachfolgenden Abkühlung und eben RA, der diesen Mehrphasenstählen die Bezeichnung TRIP-Stähle verleiht.Transformation Induced Plasticity (Umwandlungsplastizität, s. Kap. A.2, S. 41) entsteht aus der teilweisen Umwandlung des RA bei Kaltverformung, weil sich an den Orten der beginnenden Umwandlung härterer Martensit unter Volumenzunahme bildet. Dadurch erhöht sich an diesen Stellen der Widerstand gegen Verformung. Daher werden die umgebenden Bereiche des Gefüges von der Gleitung erfasst und verfestigen durch RA-Umwandlung usw. So beginnt dieser TRIP Effekt mit einer niedrigen Fließgrenze und bewirkt eine gleichmäßige Verformung und Verfestigung. Genau das kommt der Blechverarbeitung entgegen. Neben diesem TRIP Vorteil in der Fertigung zahlt sich TRIP aber auch beim Unfallcrash aus bzw. ganz allgemein im Betrieb eines Bauteils. In dieser Funktion wirkt TRIP z. B. auch in bainitischem Gusseisen (ADI, s. Kap. A.3, S. 71 und 208).

Außer den DP- und TRIP-Stählen mit $> 50\,\%$ Ferrit, gibt es auch PMs-Stähle (partially martensitic) mit $> 50\,\%$ Martensit. Allen Varianten ist gemein, dass die Gefügebestandteile möglichst fein und gleichmäßig verteilt vorliegen müssen, um ein hohes Produkt aus Festigkeit und Duktilität zu erzielen. Dazu wird auf die Feinkornrekristallisation und z. T. auch auf ein Mikrolegieren mit Niob zurückgegriffen, wie in Abschn. B.2.1.1 beschrieben. Neu hinzu kommt die Nutzung der Kohlenstoffentmischung zwischen Ferrit und Austenit bei zwei Temperaturniveaus: (a) bei hohem interkritischem Niveau im Zweiphasenraum zwischen Ac_3 und Ac_1, (b) bei niedrigem Niveau im Bereich der Bainitnase. Die Entmischung nach (a) verläuft gleichgewichtsnah, die nach (b) betrifft den unterkühlten Austenit. DP- und PMs-Stähle nutzen (a), TRIP-Stähle (a) und (b).

Die betriebliche Übertragung eines aus Walz-, Halte- und Abkühlschritten bestehenden Fertigungsablaufes auf die kontinuierliche Warmbandherstellung stellt höchste Anforderung an die Prozesstechnik. Zu bedenken ist erstens die Oberflächengüte, da sich ein anschließendes Kaltwalzen von Mehrphasengefüge verbietet, und zweitens die Art der vorgesehenen Beschichtung, die z. B. beim Feuerverzinken für den Stahl eine Wärmebehandlung darstellt. Neben der Warmbandfertigung mit einer Verknüpfung aus Walzen und Wärmebehandeln gibt es daher auch eine Kaltbandfertigung, bei der Walzen und Wärmebehandeln getrennt ausgeführt werden. Warmband wird nach dem Beizen kaltgewalzt, unter Schutzgas auf interkritische Temperatur erwärmt, wo es zur Feinkornrekristallisation und Phaseneinstellung von Ferrit und Austenit kommt. Danach folgt die rasche Abkühlung unter M_s-Temperatur

(DP-, PMs-Stähle) oder die isotherme Umwandlung in der Bainitstufe (TRIP-Stähle). Die unterschiedlichen Fertigungswege sind in Bild B.2.5 skizziert. Bei Warmband gehen die schematischen ZTU-Schaubilder von 100 % Austenit aus. Mit der Ferritbildung fällt die M_s-Temperatur durch C-Anreicherung des verbleibenden Austenits. Bei Kaltband bezieht sich die Umwandlung auf den Austenitanteil nach interkritischer Glühung. Dessen M_s-Temperatur nimmt durch die Entmischung in der Bainitstufe von TRIP-Stahl ebenfalls ab.

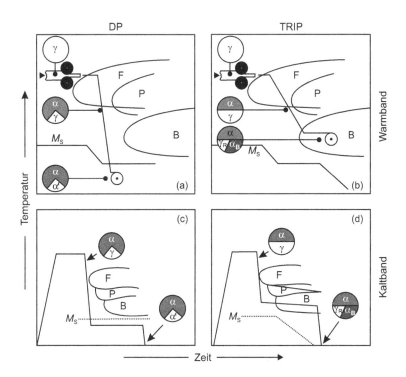

Bild B.2.5 Fertigung von Mehrphasenstählen (schematisch, nach W. Bleck): (a) und (b) Warmbandfertigung durch Walzen und Gefügeeinstellung aus der Walzhitze, (c) und (d) Kaltbandfertigung durch Kaltwalzen von entzundertem Warmband und Gefügeeinstellung durch Abkühlen von interkritischer Glühtemperatur, (a) und (c) Dualphasenstahl, (b) und (d) TRIP-Stahl. Die ungefähren Phasenmengen sind als Kreissegmente dargestellt: γ, γ_R=Austenit, Restaustenit, α, α_B, α'= Ferrit, Bainitferrit, Martensit.

Dualphasenstähle: Das Gefüge besteht aus Ferrit mit einer Dispersion von 10 bis 25 % Martensit, dessen Korngröße zwischen 1 und 4 µm beträgt. Die Volumenzunahme bei der Austenit/Martensit-Umwandlung führt zu einer lokalen Verformung des umgebenden Ferrits, so dass sich keine ausgeprägte, sondern eine kontinuierliche Streckgrenze ausbildet. Ein Optimum des Produktes aus Zugfestigkeit und Bruchdehnung wird nahe 15 % Martensit gefunden. Bei diesem Gehalt ergibt sich aus Bild B.2.4 eine beträchtliche C-Anreicherung der austenitischen Ausgangsphase, die aber nicht zu spröderem Plattenmartensit hoher Härte führen soll (s. Kap. A.2, S. 42). Dem lässt sich durch C < 0.1 % und Anheben der interkritischen Temperatur begegnen. Die Umwandlungsnasen für Perlit und Bainit in Bild B.2.5 a, c werden durch Legieren mit Mn ≤ 1.5 % und Si ≤ 0.5 % soweit zu längeren Zeiten verschoben, dass Martensit entstehen kann. Der Legierungsgehalt liegt für Warmband wegen der größeren Dicke und schwierigeren Temperaturführung in der Regel etwas höher als für Kaltband und kann geringe Gehalte von Cr und Mo umfassen. Da Si zur Oberfläche diffundiert und sein Oxid beim Feuerverzinken stört, wird sein Gehalt für diese Nachbehandlung abgesenkt und z. T. durch P < 0.1 % ersetzt. Zugaben von Cr + Mo < 1 % fangen den Härteverlust des Martensits im Zinkbad z. T. auf. Ein Zusatz von ≈ 0.05 % Al dient der Alterungsbeständigkeit, einer von ≥ 0.03 % Nb der Feinkörnigkeit. Wird bei knapper Legierung die Bainitnase doch berührt, so kann sich etwas Bainit und sogar Restaustenit bilden, der jedoch instabiler ist als der in TRIP-Stählen bewusst erzeugte. Beim Einbrennlackieren wird das Bake-Hardening (BH, s. Kap. B.1, S. 131) genutzt.

TRIP-Stähle: Neben 50 bis 60 % Ferrit und 25 bis 35 % Bainitferrit finden sich im Gefüge 5 bis 15 % Restaustenit und < 5 % Martensit. In einem Stahl mit 0.2 % C steigt der C-Gehalt des Austenits während des interkritischen Haltens z. B. auf 0.5 % und bei einem Legierungsgehalt von 1.5 % Si während der Bainitumwandlung auf ≥ 1.5 %. Durch 1.5 % Mn wird die Perlitbildung verzögert und die Stabilität des Restaustenits erhöht, die auch von seiner Korngröße und Verteilung abhängt. Das isotherme Halten in der Bainitstufe kann mit dem Feuerverzinken in einem Zn- oder Zn-Al-Bad zwischen 460 und 420°C kombiniert werden, wobei der Austausch des Legierungselementes Si gegen Al störende Oxide in der Stahloberfläche vermeiden hilft. In Stählen mit ≈ 0.2 % Si und 1.8 % Al ist auch 0.1 % P anzutreffen, das wie Si zur Verzögerung der Karbidausscheidung im Bainit beiträgt. Einige Zehntelprozent Cr und Mo erlauben eine geringere Abkühlgeschwindigkeit und erleichtern die Prozessführung. Gegenüber Dualphasenstählen erreichen TRIP-Stähle ein größeres Produkt aus Zugfestigkeit und Bruchdehnung, liegen aber in der 0.2-Dehngrenze etwas höher.

(b) Complexphasenstähle

Wie bei den mikrolegierten Feinkornbaustählen wird der Austenit bis zur Ac_3-Temperatur oder knapp darunter gewalzt und dann in der Absicht abgekühlt, daraus mehr als eine Kornart zu erzeugen. Der erste Kühlschritt besteht in einer raschen Wasserkühlung des Warmbandes beim Auslauf aus der Walzstraße, der zweite in der Wahl der Haspeltemperatur mit langsamer Abkühlung

des Coils. Für eine Kühlrate von 30°C/s zwischen Walzend- und Haspeltemperatur ist die erzielte Gefügezusammensetzung nach Abkühlung des Coils mit
50°C/h am Beispiel eines schwachlegierten Stahles in Bild B.2.6 dargestellt,
dazu die sich daraus ergebenden mechanischen Eigenschaften. Da die Nutzung von löslichem Bor zur Umwandlungsverzögerung eine Abbindung von
N mit Ti voraussetzt, um eine BN Ausscheidung zu vermeiden (s. S. 191),
bleibt zum Walzbeginn überschüssiges Ti in Lösung und trägt mit einem geringen Nb-Zusatz durch MX-Ausscheidung zu Feinkörnigkeit und Aushärtung
des Ferrits bei höherer Haspeltemperatur bei. Mit sinkender Haspeltemperatur fördert Martensit die Verfestigung des Gefüges und die Ausbildung einer

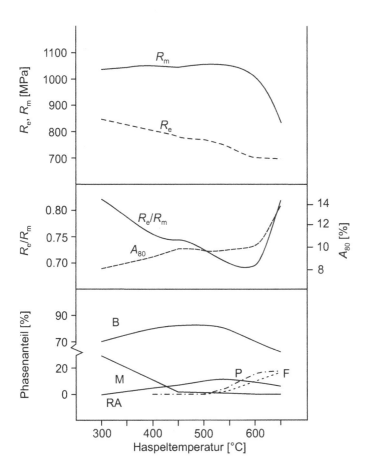

Bild B.2.6 Einfluss der Haspeltemperatur: auf Gefüge und mechanische Eigenschaften eines Stahles mit (%) 0.16 C, 1.5 Mn, 0.2 Mo, 0.43 Cr, 0.002 B, 0.06 Nb,
0.04 Ti. F, P, B, M, RA = Ferrit, Perlit, Bainit, Martensit, metastabiler Restaustenit
(nach Y. Pyshmintsev et al.).

kontinuierlichen Streckgrenze. Der Restaustenit ist instabiler als in TRIP-Stählen. Um Legierungsgehalt zu sparen wurde die Kühlrate bis zur Haspel-temperatur durch Zubau einer Hochgeschwindigkeits-Kühlstrecke mit 300°C/s (für 4 mm dickes Band) gesteigert. Diese zweistufige Kühlung eröffnet durch die Wahl der Zwischentemperatur für den Beginn der Schnellstufe eine wei-tere Möglichkeit zur Beeinflussung der Gefügezusammensetzung. Betriebsver-suche an einem unlegierten Stahl ergaben die in Bild B.2.7 gezeigte Auswahl von Eigenschaftskombinationen. Die Gruppe der Complexphasenstähle (CP) besteht vorwiegend aus unterschiedlichen Bainitarten und Martensit mit ge-ringen Anteilen von Ferrit und instabilem Restaustenit. Mit abnehmender Haspeltemperatur steigt der Martensitanteil und es schließt sich die Gruppe der Martensitphasenstähle (MS) an.

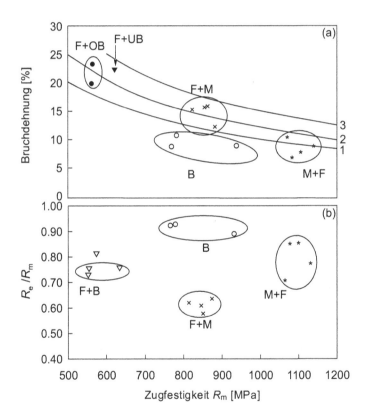

Bild B.2.7 Hochgeschwindigkeitskühlung und Haspeltemperatur: verän-dern Gefüge und mechanische Eigenschaften eines unlegierten Stahles mit 0.14 % C und 1.5 % Mn in weiten Grenzen. Die Linien in (a) stehen für das Produkt aus Streckgrenze [MPa] und Bruchdehnung [%] 1 = 10000, 2 = 12500, 3 = 15000. Es be-deuten F, OB, UB, B, M = Ferrit, oberer Bainit, unterer Bainit, praktisch vollständig bainitisch, Martensit (nach A. Lucas et.al.).

B.2.1.3 Anwendung der schweißgeeigneten Stähle

Es ist nicht leicht, bei den höherfesten, schweißgeeigneten Walzstählen den Überblick zu behalten, weil ihre Eigenschaften weniger durch die chemische Zusammensetzung als durch den Walz- und Kühlprozess bestimmt werden, u. z. umso ausgeprägter je dünner der Nennquerschnitt. Historisch begann die Entwicklung mit den mikrolegierten perlitarmen Feinkornbaustählen (HSLA = high strength low alloy), deren Ferrit durch Ausscheidungshärtung verfestigt wurde. Voraussetzung war der Bau von Walzgerüsten für höhere Walzkräfte, die beim thermomechanischen Umformen des Austenits erforderlich waren. Da diese Fertigung auch bei milder Abkühlung zu guten Eigenschaften führt, ist sie u. a. für dickere Nennquerschnitte in Gebrauch. Der Einbau einer Wasserkühlung erlaubte dann eine Umwandlung zu Bainit oder bei entsprechendem Legierungsgehalt zu Martensit. Die Fortführung dieser Entwicklung ist in den neueren Complexphasenstählen zu sehen, die nach thermomechanischem Umformen des Austenits bei schroffer Abkühlung des Bandes und langsamer Abkühlung im Coil ein perlitfreies Phasengemisch aufsammeln, das vor allem auf höherfeste Güten ausgerichtet ist. Zwischen den perlitarmen und den CP-Stählen entstanden die DP und TRIP-Stähle, bei denen die Walzendtemperatur bis in das interkritische Zweiphasengebiet aus Ferrit und Austenit gesenkt wurde, so dass zunächst Ferrit entsteht und der Rest perlitfrei umwandelt. Das trifft auch auf die PMs-Stähle (partially martensitic) zu, während MS (Martensitphasen)-Stähle durch Abschrecken eines austenitischen Ausgangszustandes ferritfrei bleiben. Diese Abgrenzung der einzelnen Stahlgruppen ist sicher nicht völlig scharf zu sehen, sondern weist Überlappungen auf und es bleibt abzuwarten, wie sich die weitere Aufnahme in die Normung gestaltet.

Je höher die Festigkeit, umso eher wird sie durch nachträgliche Erwärmung beim Feuerverzinken oder Schweißen beeinträchtigt. Es bieten sich folgende Abhilfemöglichkeiten: Durch geringe Streckenenergie des Laserschweißens bleibt die Wärmeeinflusszone schmal, die Fließbehinderung nimmt zu und ein lokaler Härteabfall kommt bei der Belastung weniger zum Tragen. Je schmaler die Schweißnaht umso besser wird sie von der intakten Verzinkung neben der Naht kathodisch geschützt. Eine Aufnahme von Wasserstoff aus dem Schweißprozess lässt sich vermeiden. Ein Wechsel vom Feuerzinken zur galvanischen Abscheidung senkt die Prozesstemperatur von $\approx 450°C$ auf $< 100°C$, so dass selbst eine Festigkeit von 1500 MPa erhalten bleibt. Als nachteilig ist die Aufnahme von Wasserstoff zu sehen, da sein Entweichen beim Wasserstoffarmglühen durch die galvanische Schicht behindert wird. Hier steht die galvanische Abscheidung einer $\approx 10\,\mu m$ dicken AlMg-Schicht aus wasser- und halogenidfreien, metallorganischen Verbindungen bereit, die in aromatischen Kohlenwasserstoffen wie Toluol oder Xylol gelöst sind. Der Prozess kommt ohne Schwermetallionen aus, vermeidet eine Wasserstoffbeladung und ggf. -versprödung hochfester Stähle, lässt aufgrund der Betriebstemperatur von 95°C ihre Festigkeit unbeeinflusst, stellt aber z. Zt. seine hohe Schutzwirkung nur für Gestellware (Blechtafeln) zur Verfügung. Ist Wasserstoff aus der Fertigung verbannt, so muss mit Blick auf die hochfeste Anwendung jede Bildung und Aufnahme von Korrosionswasserstoff ausgeschlossen werden. Gegen atmosphärische Korrosion hilft eine Verzinkung. In aggressiverer Umgebung ist im Vorgriff auf Bild B.2.10 bei hoher Festigkeit Vorsicht geboten. Bei hochfesten Stählen für den Fahrzeugbau dient daher der Korrosionsschutz gegen Industrieluft, Streusalz und Krustenbildung nicht nur zur Vermeidung von Rost, sondern auch von Wasserstoffversprödung. Vor diesem Hintergrund kommt der Verbesserung von Schutzschichten besondere Bedeutung zu.

Ein neues Bandbeschichtungssystem, bestehend aus einer 3.5 µm dicken elektrolytischen Verzinkung und einer gleichdicken Bedampfung mit Magnesium, soll eine zu hohe Erwärmung vermeiden, die Korrosionsbeständigkeit verbessern und den kathodischen Schutz unbedeckter Schneidkanten erhöhen. Auch werden Auswurfkrater beim Laserschweißen vermieden, die durch Verdampfen einer dicken Zn-Schicht entstehen können. Intakte Beschichtung und Erhalt der Festigkeit sind, neben Fertigungsgesichtspunkten und Kosten, Gründe für die Weiterentwicklung des Fügens durch Nieten, insbesondere unter Verwendung der Stanzniete und des Impulsnietens. Das ist mit einem Rückgang des Punktschweißens verbunden. Im Vergleich zu diesen Punktverbindungen erhöht das Kleben die Steifigkeit und kommt mit geringerer Blechdicke aus. Neue Klebstoffe erweitern den Anwendungsbereich und führen neben dichten Verbindungen zur Einsparung von Gewicht und Kosten.

Wie aus den vorangehenden Abschnitten hervorgeht, sind bei dem Ziel, durch Leichtbau mit hochfesten Stählen den Treibstoffverbrauch von Fahrzeugen zu senken, neben den mechanischen auch die chemischen Eigenschaften zu bedenken sowie ihre Verquickung mit der Fertigung durch Beschichten, Kaltformen und Fügen. Es bleibt auszuloten, welches Festigkeitsniveau mit welchem Fertigungsweg zu welchen Kosten in einem Bauteil erfolgreich sein kann.

Feinkornbaustähle: Normalgeglühte oder normalisierend gewalzte (N) Feinkornbaustähle nach DIN EN 10113-2 reichen von S275N bis S460N (Bild B.2.8). Als Druckbehälterstahl nach DIN EN 10028-3 kommen sie im selben Streckgrenzenbereich mit definierter Warmdehngrenze oder Kaltzähigkeit vor (Bild B.2.9). Die Erzeugnisdicke erstreckt sich bis 250 mm. Für dünnere, zum Kaltumformen bestimmte Flacherzeugnisse stehen nach DIN EN 10149-2 die thermomechanisch (M) gewalzten Stähle S315MC bis S700MC bereit oder Rohre aus S275M bis S460M nach DIN EN 10219-1. Wie aus dem Beispiel in Tab. B.2.1 hervorgeht, lässt sich durch Übergang von N zu M bei gleicher Schweißeignung bzw. gleichem *CEV*-Wert die Streckgrenze verdoppeln oder bei gleicher Streckgrenze der *CEV*-Wert senken. Höherfeste Rohre bis P690Q kommen nach DIN EN 10216-3 vergütet zum Einsatz und Stähle bis S960Q sind nach DIN EN 10137-2 als Blech und Breitflachstahl erhältlich (Tab. B.2.2). Im Fahrzeugbau reicht die Zugfestigkeit borlegierter, vergüteter Bleche bereits bis zu 1500 MPa. Neben Anwendungen im Feinblechbereich

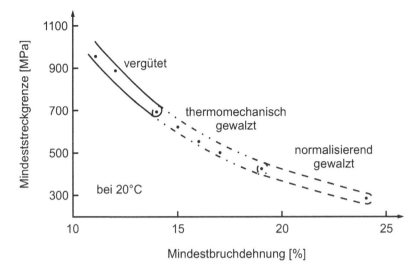

Bild B.2.8 Höherfeste Feinkornstähle: Mindestwerte von Streckgrenze und Bruchdehnung der Stähle S275 bis S960 nach DIN EN 10113-2, 10149-2 und 10137-2.

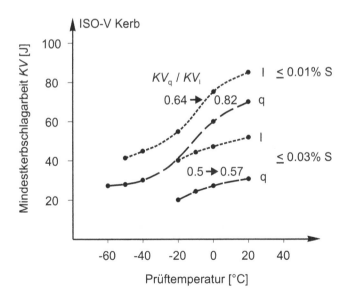

Bild B.2.9 Zähigkeit von Feinkornstählen: Abhängigkeit von Prüftemperatur und Schwefelgehalt am Beispiel des Stahles S355N nach DIN EN 10113-2 und des schwefelärmeren Stahles P355NL2 nach DIN EN 10028-3. l, q = Längs-, Querprobe.

liegt ein Schwerpunkt der Feinkornbaustähle im Grob- und Dickblechbereich des Stahl-, Maschinen- und Anlagenbaus. Beispiele sind Gebäude, Brücken, Schleusentore, Wassertanks, Lagerbehälter, Mobilkrane.

Tabelle B.2.2 Beispiele höherfester, schweißgeeigneter Stähle: Die Druckbehälterstähle (P) enthalten weniger P und S, insbesondere in der Stufe L2 (low). Die Mindeststreckgrenze von 355 bis 960 MPa wird durch thermomechanisches Walzen (M), normalisierendes Walzen bzw. Normalglühen (N) oder Vergüten (Q) eingestellt. Mikrolegieren (m_1) dient der Feinkornbildung und der Aushärtung. Mit der Anpassung des Legierungsgehaltes (m_2) an die Erzeugnisdicke lässt sich die Unterdrückung von Perlit zugunsten von höherfestem Bainit/Martensit steuern. Ein Al-Gehalt von $> 0.02\%$ trägt zusammen mit Ti zur Beruhigung und Alterungsbeständigkeit bei (s. Bild B.2.8).

Kurzbe-	Chemische Zusammensetzung (Obergrenze in %)							
zeichnung	C	Si	Mn	P	S	N	m_1	m_2
S355M	0.14	0.5	1.6	0.035	0.030	0.015	0.20	0.90
P355NL2	0.18	0.5	1.7	0.020	0.010	0.012	0.12	0.95
S460 M	0.16	0.6	1.7	0.035	0.030	0.025	0.22	1.05
P460NL2	0.20	0.6	1.7	0.020	0.010	0.025	0.22	1.90
P690Q	0.20	0.8	1.7	0.025	0.015	0.015	0.23	5.0
P960Q	0.20	0.8	1.7	0.025	0.015	0.015	0.23	4.7*

$m_1 = $ Nb+Ti+V, $m_2 = $ Cr+Cu+Mo+Ni, * <0.005B

Korrosionswiderstand: Bei der Anwendung höherfester Stähle ist die Wasserstoffschädigung von Bedeutung (s. Kap. A.3 S. 58 und s. Kap. A.4, S. 114). Die Adsorption und Absorption lässt nur dann schädliche Mengen atomaren Wasserstoffs im Stahl erwarten, wenn Promotoren wie H_2S, saure wässrige Lösungen (pH < 3) oder reine, aktive Oberflächen die Wasserstoffaufnahme unterstützen. Aktive Oberflächen entstehen durch plastische Verformungen aufgrund einer schwingenden Beanspruchung oder durch langsame Dehnung z. B. an Kerben.

Der aufgenommene Korrosionswasserstoff kann ohne äußere Zugspannungen Risse auslösen, wenn er z. B. an bandförmigen Sulfiden zu H_2 rekombiniert und dadurch örtlich Druck aufbaut. Die Risse können sich unter äußerer Last zu einem Terrassenbruch vereinigen (s. Bild B.1.5 c, S. 132). Durch abgesenkten Schwefelgehalt und Sulfidformbeeinflussung lässt sich die H-induzierte Rissbildung (HIR) wirksam bekämpfen, die nach DIN EN 10229 geprüft wird. Schweißwasserstoff führt in der grobkörnigen und aufgehärteten WEZ zu verzögerter Rissbildung, wobei Schweißeigenspannungen mitwirken. Durch geeignete Schweißbedingungen muss die Aufnahme des Wasserstoffs eingeschränkt und seine Effusion z. B. durch Vorwärmen ermöglicht werden.

Durch äußere Zugspannungen entsteht in Anwesenheit des H_2S-Promotors eine wasserstoffinduzierte Spannungsrisskorrosion (HSpRK). Das Verhältnis

von kritischer Zugspannung für HSpRK-Auslösung zur Streckgrenze
(Bild B.2.10) zeigt, dass gerade bei hochfesten Feinkornstählen eine hohe
Streckgrenze in dieser Umgebung nicht genutzt werden kann. Bei hochfesten

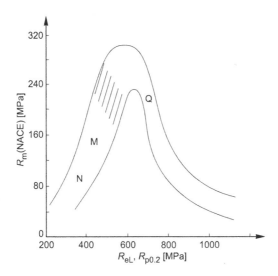

Bild B.2.10 Wasserstoffinduzierte Spannungsrisskorrosion (HSpRK):
Schweißgeeignete Baustähle N, M, Q = normalgeglüht, thermomechanisch gewalzt,
vergütet. Mit steigender Streckgrenze (ermittelt an Luft) durchläuft die Bruchgrenze R_m für 1000 h Versuchsdauer in einer wässrigen NACE Prüflösung (2.5 g H_2S/l,
pH = 3) ein Maximum (nach W. Haumann et al.).

Stählen mit z. B. $R_{p0.2} > 1200$ MPa kommt HSpRK auch ohne Promotoren
zum Tragen. Einer dehnungsinduzierten Rissbildung kann durch konstruktive
Maßnahmen zur Senkung von Schwing- und Kerbspannungen begegnet werden und durch Vermeidung von Korrosionskerben.
    Für Erdgas- und Ölleitungen werden bevorzugt perlitarme mikrolegierte
Stähle vom Typ X70 ($\approx$S460M) herangezogen. Durch Sauergas mit H_2S besteht HIR Gefahr, der durch Verringerung und Einformung der Sulfide und
durch Verbesserung des oxidischen Reinheitsgrades begegnet wird. Für Leitungen mit 100 bar Innendruck sind schnellabgekühlte bainitische Stähle vom
Typ X80 ($\approx$S550M) vorgesehen. Dabei werden Kohlenstoffgehalte < 0.03 %
und Schwefelgehalte um 0.001 % angestrebt. Steigt jedoch die angelegte Spannung, so kann auch in Stählen mit hohem Reinheitsgrad eine Form von HIR
auftreten, die mit SOHIC (stress oriented hydrogen induced cracking) abge-
kürzt wird. Je nach Blechdicke dienen Bor und andere Elemente der Härtbarkeitssteigerung. Die Unterdrückung von härteren Perlitzeilen verringert
die HIR-Gefahr. Das Bainitgefüge bleibt ohne ausgeprägte Streckgrenze, wodurch beim Kaltbiegen zum Rohr keine Lüders-Verformung auftritt und der

Bauschinger-Effekt zurückgeht. Er bewirkt, dass durch bleibende tangentiale Stauchung der Blechinnenseite beim Biegen die Fließgrenze beim Dehnen unter Betriebsdruck in diesem Bereich geringer ausfällt. Durch Kaltaufweiten (Expandieren) kann die Tragfähigkeit gesteigert und die Rundheit längsnahtgeschweißter Großrohre verbessert werden.

Mehrphasenstähle: Die Anwendung der Mehrphasenstähle hat ihren Schwerpunkt bei Feinblechen für die Kaltverarbeitung im Fahrzeugbau. Eine niedrige Streckgrenze gekoppelt mit hoher Dehnung und Verfestigung erweist sich als vorteilhaft bei der Verarbeitung aber auch beim Unfall, wo es um eine hohe Energieaufnahme in der Knautschzone geht (crash worthiness). Diese Zone muss sich jedoch auf einen höchstfesten, steifen Unterbau abstützen, wofür Stähle mit einer Festigkeit bis zu 1500 MPa eingesetzt werden, deren Kaltformbarkeit natürlich eingeschränkt ist. Daher ist vielfach eine Warmformgebung mit Härten aus der Umformhitze, anschließendem Beizen, Verzinken und Richten erforderlich (z. B. Seitenaufprall-Träger). Die Kaltformgebung aus verzinktem Band bringt Kostenvorteile und wird z. T. schon durch Complexphasenstähle (CP) und Martensitphasenstähle (MS) möglich, die ein äußerst feinkörniges Phasengemisch enthalten. Sie zeigen ein ausgeprägtes Bake-Hardening beim Einbrennlackieren. Die hohe Verformungsgeschwindigkeit eines Aufpralls führt in der Regel nicht zur Versprödung.

Neben den mikrolegierten Feinkornstählen (HSLA) und den aus der Walzhitze vergüteten Feinkornstählen, steht mit den Mehrphasenstählen eine neue Gruppe von Werkstoffen für den Fahrzeugbau zur Verfügung, die sich z. T. noch im Erprobungsstadium befindet. Sie zeigt, wie es durch ausgefeilte Walz- und Kühltechnik zu einer Kombination aller Verfestigungsmechanismen kommt und dennoch eine ausreichende Duktilität für die Kaltverarbeitung und den Unfallcrash bleibt. Die hochfesten Werkstoffe dienen der Gewichtsreduzierung von Fahrzeugen und damit der Senkung des Kraftstoffverbrauches. Ihre Einordnung gibt Bild B.2.11 wieder. Eine weitere Möglichkeit zur Gewichtseinsparung liegt darin, die Blechdicke und -festigkeit nach der lokalen Beanspruchung eines Bauteiles zu wählen. So werden unterschiedliche Blechzuschnitte durch Laserschweißen mit hoher Geschwindigkeit zu einer Platine gefügt, die dann durch Tiefziehen, Biegen, Beschneiden usw. verarbeitet wird. Beispiel ist eine PKW-Tür mit Verstärkung im Bereich des Schlosses und der Scharniere. Solche maßgeschneiderten Platinen (tailored blanks) kommen auch der Kaltformgebung entgegen, indem z. B. dort ein Stück hochverformbaren IF-Stahles eingefügt wird, wo örtlich eine hohe Ziehtiefe erreicht werden muss. Ausgehend von maßgeschneiderten, z. B. konischen Rohren (tailored tubes), entstehen durch Innenhochdruck-Umformen gewichtsarme Bauteile, wie z. B. Längsträger im PKW. Auf einem anderen Fertigungsweg entsteht dieses Bauteil aus verzinktem Breitband, das periodisch auf unterschiedliche Dicke kaltgewalzt und nach dem Ablängen einer Periode zu einem Tunnelprofil gebogen wird (tailor rolled blanks). Als weitere Alternative werden zwei oder drei Stahlbänder unterschiedlicher Dicke und/oder Festigkeit nebeneinander geführt und zu einem

breiteren Band lasergeschweißt, aus dem durch Rollprofilieren oder Gesenk-
biegen Blechteile entstehen (tailored strips). Für enge Radien und Bleche mit
hoher Festigkeit kommt das Rollformen zur Anwendung, so z. B. für das Tor-
sionsprofil einer Verbundlenkerachse aus DP- bzw. CP-Stahl mit 600 bzw.
800 MPa Zugfestigkeit. Durch die hohe Festigkeit und die Gestaltung des
walzprofilierten Querschnitts ergibt sich eine deutliche Gewichtseinsparung.
Sie ist ganz besonders beim PKW-Rad von Bedeutung, weil sie die Federung
entlastet. Durch rollprofilierte Felge, abgemagerte Schüssel und Verwendung
eines DP-Stahles mit 600 MPa Zugfestigkeit kommt man an das Gewicht eines
Aluminiumgussrades heran, u. z. zu geringeren Kosten.

Einrichtungen zum Transport und zur Lagerung mineralischer Güter sind
aus schweißgeeigneten Blechen gefertigt. Da die Tiefe der Furchung durch harte Körner mit der Blechhärte abnimmt, erweisen sich hochfest vergütete Feinkornstähle als beständiger (s. Kap. A.4, S. 106). Aber auch Dualphasenstahl
kommt infrage, insbesondere bei einem auf 0.2 % angehobenen Kohlenstoffgehalt, da die hochharten Martensitinseln in der ferritischen Grundmasse der
Furchung Widerstand entgegensetzen.

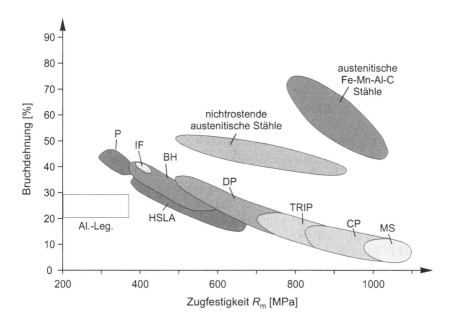

**Bild B.2.11 Einordnung höherfester schweißgeeigneter Stähle im Ver-
gleich zu austenitischen Stählen und Aluminiumlegierungen:** P = phos-
phorlegiert, IF = interstitial free, HSLA = high strength, low alloy, BH = bake
hardening, DP = dual phase, TRIP = transformation induced plasticity, CP =
Complexphasen, MS = Martensitphasen (nach U. Brüx und G. Frommeyer).

B.2.1.4 Leichte Stähle

Neben der Verwendung hochfester Stähle sowie Tailored Blanks und - Tubes besteht auch die Möglichkeit, das Gewicht von Fahrzeugen durch den Einsatz leichterer Stähle zu reduzieren, die durch Legieren mit leichteren Elementen entstehen. Für ferritische Stähle fällt die Wahl auf Al, für austenitische auf Al und Si.

Eisen kann 6.5 % Al bis auf Raumtemperatur in Lösung halten und dadurch rund 9 % leichter werden. Durch einen C-Gehalt um 0.01 % und Abbinden des Restes mit je 0.05 % Ti und Nb bleiben die Korngrenzen ausscheidungsfrei. Ergänzt durch 1.5 % Mn und ggf. 0.002 % B ergibt sich eine Kornfeinung und Verbesserung der Walztextur. Gegenüber einer reinen Fe-Al-Legierung werden die Eigenschaften im Zugversuch deutlich verbessert. Oberhalb von 8 % Al kommt es zur vollständigen Passivierung des Eisens durch Bildung einer Al_2O_3 Deckschicht. Aber auch bei 6 % Al stellt sich bereits eine Zunahme der Korrosionsbeständigkeit ein.

Wird in Eisen mit je 3 % Al und Si der Mangangehalt von 15 auf 20 % erhöht, so geht ein Duplexgefüge aus je rund 50 % Ferrit und Austenit in ein zu 95 % austenitisches Gefüge über, das aufgrund seiner niedrigen Stapelfehlerenergie beim Kaltumformen zur Bildung von Zwillingen und ε-Martensit neigt. In den Schnittstellen unterschiedlich orientierter ε-Bänder oder unmittelbar aus dem Austenit entsteht α-Martensit. Oberhalb von 25 % Mn überwiegen Verformungszwillinge und bei 30 % Mn unterbleibt die verformungsinduzierte Entstehung von ε- oder α-Martensit mit TRIP-Effekt. Der TRIP-Effekt geht in einen TWIP-Effekt über (twinning induced plasticity). Bei einem spezifischen Gewicht von $7.2\,g/cm^3$ (-8.5 % bezogen auf Eisen) wurde, je nach Verformungsmechanismus, eine Zugfestigkeit von 600 bis 1100 MPa bei einer Bruchdehnung von 95 bis 50 % gefunden. Die hohe Dehnung hängt damit zusammen, dass bei beginnender Einschnürung die lokal erhöhte Verformung über vermehrte Zwillingsbildung eine Verfestigung hervorruft, die der weiteren Einschnürung Einhalt gebietet und die Gleichmaßdehnung A_g anhebt. Das Produkt aus R_m in MPa und A in % erreicht Werte bis 50000 und liegt damit doppelt so hoch wie bei den auf S. 172 beschriebenen TRIP-Stählen. Aus Bild B.2.12 geht hervor, dass die Duktilität eines TWIP-Stahles selbst bei höchster Verformungsgeschwindigkeit erhalten bleibt, was für die Knautschzone beim Fahrzeugunfall relevant ist.

Durch Kohlenstoff wird die Löslichkeit für Al erhöht und es kommt nach Lösungsglühen und Abschrecken durch Warmauslagern zu einer spinodalen Entmischung in C-arme und C-reiche Zonen, aus denen sich 30 nm große κ-Karbide der Zusammensetzung $(FeMn)_3AlC$ bilden, die zu einer erheblichen Steigerung der Dehngrenze führen (Bild B.2.13). Dieser Triplex-Stahl (austenitische Matrix mit Karbid und δ-Ferrit) erreicht eine Gewichtseinsparung von gut 15 %, die neben der geringeren Atommasse von Al und Mn auf deren größerem Atomdurchmesser beruht (s. Tab. A.1.4, S. 15). Mit $R_m \cdot A \approx 60000$ und einer spezifischen Brucharbeit im Zugversuch von $450\,J/cm^3$ wird das

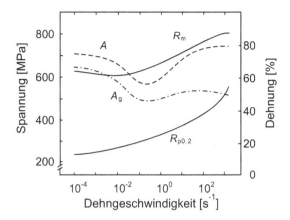

Bild B.2.12 Einfluss der Dehngeschwindigkeit auf die mechanischen Eigenschaften des austenitischen TWIP-Leichtbaustahles X3MnSiAl25-3-3 im Zugversuch (nach O. Grässel et al.)

Niveau der niedriglegierten hochfesten Stähle weit übertroffen. Allerdings muss beim Erschmelzen und Vergießen Al-reicher Stähle der Kontakt mit oxidierender Umgebung vermieden werden, um Abbrand und Oxideinschlüsse zu vermeiden. Diese hochlegierten Stähle leiten zu den nichtrostenden austenitischen Stählen über, die in Kap. B.6, S. 323 beschrieben sind. Die leichten Stähle befinden sich noch in der Entwicklung.

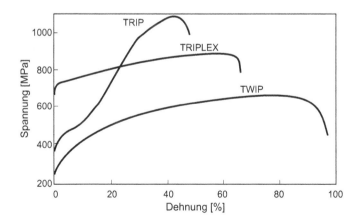

Bild B.2.13 Typische Kurven beim Zugversuch hoch manganhaltiger TRIP, TRIPLEX und TWIP Stähle (nach U. Brüx und G. Frommeyer)

B.2.1.5 Perlitische Walzstähle

Bei den schweißgeeigneten Stählen ist die Wirkung des Mikrolegierens mit V, Nb, Ti besonders effektiv, weil der niedrige C-Gehalt ($\leq 0.22\,\%$) die Auflösung der MC-Karbide bei Warmumformtemperatur erleichtert, was eine Voraussetzung für ihre feinverteilte Wiederausscheidung im Austenit (Kornfeinung) und Ferrit (Ausscheidungshärtung) ist. Die Entwicklung der ausscheidungshärtenden ferritisch/perlitischen Stähle (AFP, S. 188) zeigte, dass auch bei C-Gehalten bis zu $0.5\,\%$ durch Mikrolegieren eine Festigkeitssteigerung möglich ist. Schließlich konnte der Effekt auch auf vollperlitische Stähle mit $\approx 0.7\,\%$C ausgedehnt werden. Schienen, Spannstäbe und hochfeste Drähte bauen auf ein lamellares Perlitgefüge (s. Kap. B.1, S. 139).

Auch in diesen Anwendungsfällen ist eine Festigkeitssteigerung durch Mikrolegierung möglich (s. Bild A.4.13, S. 95). In Schienenstählen kommt neben Vanadium auch Niob zur Anwendung, das der Kornfeinung dient. Beide tragen zur Ausscheidungshärtung der Ferritlamellen durch feinste MC-Teilchen bei. Durch weiteres Legieren mit $\approx 1\,\%$ Chrom und Aluminium werden für den Schwerlastverkehr feinstlamellare Gefüge mit Festigkeiten bis $> 1400\,\mathrm{MPa}$ eingestellt. Mikrolegierte Spannbetonstähle erreichen ähnlich hohe Werte (Y1230) und nach dem Kaltziehen und Anlassen die Güte Y1860. Bei mikrolegiertem kaltgezogenem Stahlcord werden Festigkeiten um $4000\,\mathrm{MPa}$ erzielt.

B.2.2 Stähle wärmebehandelt aus der Schmiedehitze

Die erfolgreiche Verbindung von Warmumformung und Wärmebehandlung bei Walzstahl findet auch für Schmiedestahl Anwendung. Ziel ist die Einstellung geeigneter Eigenschaften von Formstücken zu möglichst geringen Kosten. Während bei den gewalzten Flacherzeugnissen die Schweißeignung im Vordergrund steht, geht es bei endformnahen Gesenkschmiedestücken eher um Verzug, Spanbarkeit oder die Eignung zum Randschichthärten. Beim Härten aus der Schmiedehitze ist aufgrund der - gegenüber üblichem Härten - höheren Temperatur mit mehr Kornwachstum zu rechnen, aber auch mit mehr Härtbarkeit aufgrund des höheren Lösungszustandes: Reste von legierten Karbiden und AlN gehen in Lösung und seigerungsbedingte Unterschiede werden abgebaut. Im Gegensatz zum gewalzten Rund- oder Flachstahl liegen im geschmiedeten Formstück unterschiedliche Umformgrade vor. Die Schmiedeendtemperatur kann deshalb und wegen der Werkzeugbelastung meist nicht so gleichmäßig und weit abgesenkt werden. Daher bleibt die Feinkornrekristallisation weniger ausgeprägt als beim thermomechanischen Walzen. Über das Mikrolegieren mit Nb/Ti kann das Austenitkornwachstum beim Erwärmen auf Schmiedetemperatur durch MC-Karbide gebremst werden. Dabei löst sich ein Teil und dämmt durch Wiederausscheidung beim Schmieden das nachfolgende Kornwachstum ein. Die Wirkung lässt jedoch mit steigendem C-Gehalt nach, da sich entweder unerwünscht grobes MC aus der Schmelze bildet oder zu wenig in Lösung geht.

Für die Abkühlung aus der Schmiedehitze bieten sich zum Gebrauch der Schmiedestücke zwei Zielgefüge an: Martensit und Ferrit/Perlit. Ein Mehrphasen- oder Complexphasengefüge lässt sich wegen der Querschnittsunterschiede kaum gleichmäßig einstellen und würde seine Vorzüge nur bei äußerst feiner Korngröße ausspielen. Die Art der Abkühlung muss auf die Gegebenheiten eines Schmiedebetriebes mit wechselndem Programm abgestellt sein. Ein Wasserbecken fügt sich besser ein als ein Ölbecken mit Kühler, fördert aber den Verzug. Beide führen zu kurzer Kühl- und Verweildauer im Vergleich zur Luftabkühlung.

Neben der Erzielung von Gebrauchseigenschaften kann die Abkühlung aus der Schmiedehitze aber auch der Einstellung bestimmter Fertigungseigenschaften dienen. In niedriggekohlten Stählen lässt sich die Spanbarkeit durch ein Gefüge aus Ferrit und lamellarem Perlit verbessern, der als Spanbrecher Fließspäne vermeidet. In übereutektoiden Stählen steigt Ac_c durch Legieren mit Cr, Mo, V. Liegt die Schmiedeendtemperatur darunter, so scheiden sich im Korn kugelige Karbide aus, die bei langsamer Abkühlung weiter wachsen und die Weichglühung auf kugeligen Zementit (AC) und damit die Spanbarkeit erleichtern.

B.2.2.1 Martensitische Stähle

Eine Biegeumformung erfordert in der Regel weniger Presskraft als eine Massivumformung. Daher kann die Temperatur für das Warmbiegen der einzelnen Lagen geschichteter Blattfedern für Nutzfahrzeuge auf die Härtetemperatur von Federstählen abgesenkt werden. Nach dem Biegen bleibt das lamellar aufgebaute Gesenk beim Härten in Öl als Quette geschlossen, lässt aber dem Öl zwischen den Lamellen Zutritt zum Federblatt, das nach dem Abkühlen auf Federhärte angelassen wird. Während dünne Schraubenfedern kalt aus patentiert gezogenem oder bereits vergütetem Draht gewickelt werden (DIN EN 10270), erfolgt das Wickeln von dickerem Draht oder Stab um einen Dorn bei Härtetemperatur mit nachfolgendem Abkühlen in Öl und Anlassen. Bei Verwendung von geschliffenen Stäben bleibt die unerwünschte Entkohlung in Grenzen und damit die Schwingfestigkeit hoch. Zudem fördert das Abschrecken im Biege- oder Wickelwerkzeug die Maßgenauigkeit.

Beim Übergang von viellagigen Trapezfedern auf zwei- oder dreilagige Parabelfedern werden die Lagen zu beiden Enden hin ausgewalzt. Um die Entkohlung gering zu halten und Feinkorn zu erzielen, liegt die Endtemperatur der Warmformgebung im Bereich der Härtetemperatur, gefolgt vom Ölhärten und Anlassen. Für diese thermomechanische Umformung scheint sich ein Rückgang der Anlassversprödung beim Stahl 50CrV4 höchster Festigkeit abzuzeichnen.

Während sich das Biegetauchen von Federblättern in Öl gut in eine Durchlaufanlage aus Härte- und Anlassofen einfügt, bietet sich in einer

Gesenkschmiede das Wasserhärten aus der Schmiedehitze an. Randschichthärtbare Vergütungsstähle wie z. B. 41Cr4 können reißen, wenn sie in Wasser
zu kalt werden. Da die Gefahr mit dem C-Gehalt abnimmt, wurden Stähle
wie 10MnB6 entwickelt, die in Wasser hochfesten und duktilen Lanzettmartensit ausbilden, der nicht mehr angelassen werden muss (Bild B.2.14 b). Das
stellt neben dem Einsparen eines separaten Härtens einen weiteren Kostenvorteil dar. Die Streckgrenze steigt jedoch mit jedem hundertstel Prozent C um
rund 30 MPa, so dass die Festigkeitskennwerte deutlich schmelzenabhängiger
ausfallen, als bei hochangelassenen Vergütungsstählen. Aus Gründen der Gewichtseinsparung und auch wegen der Werkzeugbelastung sind Gesenkschmiedestücke für den PKW-Bereich vielfach ausreichend dünnwandig, um durch
1.5 % Mn und 0.002 bis 0.005 % B eine genügende Einhärtung zu gewährleisten. Die Wirkung von gelöstem B auf die Ferritunterdrückung kann sich bei
dem niedrigen C-Gehalt voll entfalten, setzt aber ein Mikrolegieren mit Ti
zur Abbindung von N voraus, um die Ausscheidung von BN zu vermeiden
(s. S. 191). Als Nebeneffekt wird das Kornwachstum bei Schmiedetemperatur
verringert. Wegen der hohen M_s-Temperatur kommt mit abnehmender Abkühlgeschwindigkeit das Selbstanlassen zum Tragen (s. Bild A.2.22, S. 45), so
dass in dickeren Querschnittsbereichen eine geringere Härte gefunden wird.
Wann Bainit dazu beiträgt, ist schwierig zu beurteilen und bedarf der TEM-
Untersuchung.

Ein Teilaustausch von Mn gegen Cr soll Seigerungen abbauen und die
Kaltscherfähigkeit verbessern. Der Stahl 5CrB4 mit 0.9 % Mn eignet sich
auch für die Kaltumformung. Mit dem Stahl 7CrMoBS5 mit 0.25 % Mo und
0.09 % S werden dickere Wandstärken bedient und die Spanbarkeit verbessert.
In C-armem Lanzettmartensit fehlen geeignete Spanbrecher, so dass ein zäher
Fließspan einige Bearbeitungsabläufe erschwert. Für 8MnCrMoB5-4 mit
0.1 % Mo soll sich durch Wasserabkühlen von Schmiedeendtemperatur mit
< 250°C/s ein reines Bainitgefüge einstellen, doch fehlt der TEM-Beleg.

Das Halbwarmumformen nutzt die geringere Zunder- und Entkohlungsnei-
gung bei abgesenkter Temperatur (meist nahe Ac_1), um endformnahe Formteile mit engeren Toleranzen und besserer Oberflächengüte herzustellen als beim
üblichen Gesenkschmieden. Eine Entwicklungsrichtung zielt auf die Anhebung
der Halbwarmtemperatur bis knapp oberhalb Ac_3, um thermomechanisches
Umformen mit anschließendem Wasserhärten zu kombinieren und die Oberflächengüte möglichst zu bewahren (Bild B.2.14 c). Vorteilhaft dürfte sich die
niedrige Warmfließgrenze des C- und legierungsarmen Austenits (z. B. 5CrB4)
auswirken und der im Vergleich zu üblichem Schmieden geringere Verzug beim
Abschrecken.

Je nach Bauteilgestalt kämpfen die schmiedemartensitischen Stähle mit
Verzug. Dem kann durch Anhebung des substituierten Legierungsgehaltes
begegnet werden, so dass sich die gute Festigkeits-/Zähigkeits-Kombination
von Lanzettmartensit durch mildere Abkühlung erreichen lässt (Beispiel:
X3CrMnNiMo2-2-1-1). Durch den niedrigen C-Gehalt werden versprödende Korngrenzenkarbide vermieden. Eine thermomechanische Umformung bei

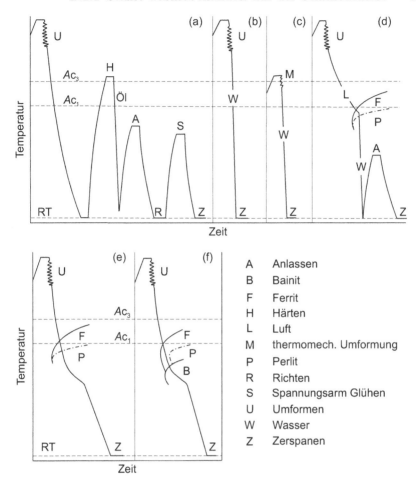

Bild B.2.14 Verknüpfung von Schmieden und Wärmebehandeln. Konzepte in schematischer Darstellung:(a) Schmieden und nachfolgendes Vergüten schlanker Bauteile, z. B. aus 42CrMo4, mit Richten und Spannungsarmglühen. (b) Wasserhärten eines schmiedemartensitischen Stahles wie z. B. 10MnB6 aus der Umformhitze, der bei geeigneter Gestalt und Bearbeitungszugabe ohne Anlassen zur Zerspanung geht. (c) Wie (b) jedoch nach Absenken der Schmiedetemperatur in den halbwarmen Bereich thermomechanischer Umformung, soweit Umformkraft und Werkzeuglebensdauer es zulassen (nach V. Ollilainen, E. Hocksell). (d) Gebrochenes Härten von z. B. 30MnVS6 mit Luftabkühlung bis zur beginnenden Ferritbildung und nachfolgendem Wasserhärten und Anlassen (nach I. Gonzalez-Baquet et al.), leitet über zu (e) AFP Stählen wie z. B. 30MnVS6 mit kontrollierter Luftabkühlung, die nach der Ferrit/Perlit-Umwandlung verzögert wird, um die Aushärtung des Ferrits zu ermöglichen (nach S. Engineer). (f) Ähnlich (e), jedoch mit Zusatz von Mo zur Unterdrückung von Perlit (38MnSiMoVS5 nach K.W.Wegner).

750°C reduzierte die Lanzettlänge von 10 auf 0.2 µm, wodurch sich neben einer erheblichen Festigkeitssteigerung eine deutliche Absenkung der Übergangstemperatur ergab. Das versetzungsreiche Gefüge eignet sich mit seiner thermischen Stabilität zur Ausscheidungshärtung durch die G-Phase (s. Tab. A.2.1, S. 52). Dazu werden Si und Ti zulegiert und ihrer Ferritstabilisierung durch mehr Mn und Ni entgegengewirkt (X2MnNiSiTi4-3-2-1). Mit einer leichten Überalterung kann der Schneidbarkeit dieser kohärenten Ausscheidungen und so einer Versprödung durch grobe Gleitverteilung begegnet werden.

Die gleichzeitige Anhebung von Auf- und Einhärtung verfolgt der schmiedemartensitische Stahl 21CrMnCu8-6 mit 0.5 % Cu, der durch Mikrolegieren mit Ti/Nb der Grobkornbildung gegengesteuert und auch als Einsatzstahl infrage kommt. Nach Lufthärten aus der Schmiedehitze entfällt das Anlassen. Die mechanischen Eigenschaften übertreffen die AFP-Stähle (s. nächsten Abschnitt), bleiben aber unter denen nach üblichem Vergüten 950°C/W + 190°C/Luft, bei dem sich Martensit mit 5 % Restaustenit in Form dünner Filme bildet. Schließlich stehen auch lufthärtende Stähle wie z. B. 40SiMnCrMo7-6-6-4 zur Verfügung, die hoch angelassen werden. Der höhere C-Gehalt ermöglicht ein Randschichthärten ohne Wasserbrause. Der Cr, Mo-Gehalt hebt die Härte nach Gasnitrieren in der Regel auf über 700 HV bei unveränderter Kernfestigkeit an. Auch für diese Stähle kommt, alternativ zur Behandlung aus der Schmiedehitze, ein nachgeschaltetes Vergüten zur Anwendung.

B.2.2.2 Ferritisch-perlitische Stähle

Aus Bild B.1.2, S. 127 geht hervor, dass die raschere Luftabkühlung einer dünneren Abmessung die Zugfestigkeit und Dehnung von C45 verbessert, jedoch ein niedriges Streckgrenzenverhältnis erhalten bleibt. Das liegt am weicheren Ferrit im Ferrit/Perlit-Gemisch. Um die Fließgrenze des Ferrits anzuheben, wird er durch Mikrolegierungselemente ausscheidungshärtbar gemacht. Die Löslichkeit ihrer Karbide bei Schmiedetemperatur nimmt in der Reihenfolge V, Nb, Ti ab, so dass bei 0.45 % C die Wahl auf V fällt. Nach zügiger Luftabkühlung vom Warmumformen auf etwa 650°C ist die Bildung von Ferrit mit feinstreifigem Perlit abgeschlossen und es folgt durch verzögerte Luftabkühlung zwischen 600 und 500°C die Ausscheidung von VC-Karbid. Durch kostengünstiges Legieren mit Mn (und Si) kann der feinstreifige Perlit auch in dickeren Abmessungen erreicht werden (Bild B.2.14 e). Zur Verbesserung der Spanbarkeit wird die Schmelze geschwefelt. Als Ergebnis finden wir in DIN EN 10267 die Stähle 46MnVS3 und 46MnVS6, die beim Randschichthärten in der Regel um 55 HRC erreichen. Durch Absenken des C- bzw. Perlitgehaltes steigt die Duktilität in drei Stufen bis hin zu 19MnVS6 unter Einbuße von Festigkeit an (Tab. B.2.3). Je niedriger der C-Gehalt, umso effektiver lässt sich durch Mikrolegieren mit Nb/Ti das Kornwachstum bei Schmiedetemperatur eingrenzen. Auch macht sich der Einfluss von z. B. 0.02 % N stärker bemerkbar, dem über die Ausscheidung von MX eine festigkeitssteigernde Wirkung zugesprochen wird. Die V-legierten Stähle werden als ausscheidungshärtend ferritisch-perlitisch (AFP) bezeichnet und der Zustand nach der gesteuerten Abkühlung aus der Umformhitze mit BY. Er wird auch auf V-freie schmiedeperlitische Stähle bezogen. Dazu zählt der ferritisch-perlitische Stahl 38MnS6, der die Streckgrenze von 38MnVS6 nicht erreicht, aber weniger kostet. Der vollperlitische Stahl C70S6 umgeht die weicheren Ferritkörner, bezahlt den Zuwachs an Streckgrenze aber mit einem Verlust an Duktilität. Im Zustand BY erweist er sich als bruchtrennfähig, was für Pleuel bedeutet, dass ihr großes Auge an den beim Schmieden eingeprägten Kerben durch Brechen bei Raumtemperatur kostengünstig geteilt werden kann. Die luftabgekühlten schmiedeperlitischen Stähle sind den wassergekühlten schmiedemartensitischen durch den geringen Verzug überlegen, in Bezug auf die Streckgrenze jedoch unterlegen. Um gleichzuziehen wurde vorgeschlagen, durch Mo-Zusatz zu 38MnVS6 und zügige Luftabkühlung bis in die Bainitstufe ein verzugsarm gehärtetes Gefüge ohne weiche Ferritkörner einzustellen, das auch mit höherer Warmfestigkeit ausgestattet ist (Bild B.2.14 f). Ein anderer Vorschlag zielt auf die Unterdrückung von Perlit zur Steigerung der Duktilität. Dazu wurde 30MnVNbTi6 von Schmiedetemperatur an Luft bis in die Ferritnase abgekühlt. Nach Erreichen von 660°C hatten sich ca. 10 % Ferrit gebildet und beim anschließenden Abschrecken in Wasser entstand Martensit, der durch Anlassen bei 420°C aushärtete und zu einem hohen Produkt aus $Z \approx 50\%$ und $R_{p0.2} \approx 1000$ MPa führte (Bild B.2.14 d). Da erst in der unteren Hälfte der Temperaturspanne, d. h. bei höherer Warmfestigkeit auf schroffe Abkühlung umgeschaltet wird, ist mit geringerem Verzug zu rechnen, als bei unmittelbarem Wasserhärten von Schmiedetemperatur.

Tabelle B.2.3 Mechanische Eigenschaften von AFP-Stählen: Die Werte gelten für Schmiedestücke nach dem Ausscheidungshärten. Die Stähle nach DIN EN 10267 enthalten neben C und Mn noch [%] 0.15 - 0.80 Si, $\leq$ 0.025 P, 0.02 - 0.06 S, 0.01 - 0.02 N, $\leq$ 0.3 Cr, $\leq$ 0.08 Mo, 0.08 - 0.20 V wobei letzteres z. T. durch Nb ersetzt werden kann.

Kurzbe- zeichnung	R_e [1] [MPa]	R_m [MPa]	A [1] [%]	Z [1] [%]
19MnVS6	420	650-850	16	32
30MnVS6	470	750-950	14	30
38MnVS6	520	800-1000	12	25
46MnVS6	570	900-1.100	8	20
46MnVS3	470	750-950	10	20

[1] Mindestwerte

Die AFP-Stähle finden breite Anwendung im Fahrzeugbau. Am deutlichsten wird die Kostenreduzierung am Beispiel von Kurbelwellen, die ursprünglich nach dem Schmieden auf Raumtemperatur abgekühlt wurden und anschließend gehärtet, angelassen, gerichtet sowie spannungsarmgeglüht (Bild B.2.14 a). Diese vier energie- und zeitaufwendigen Fertigungsschritte entfallen durch Verwendung von AFP- anstelle von Vergütungsstählen. Das nachfolgende Randschichthärten verlangt nach den höhergekohlten AFP-Stählen. Im Bereich der Radaufhängung kommen eher die kohlenstoffarmen und damit duktileren Güten zum Einsatz.

B.2.3 Baustähle für durchgreifende Wärmebehandlung

Die Verquickung von Warmumformung und Wärmebehandlung in den vorangehenden Abschn. B.2.1 und B.2.2 entfällt bei Gusseisen und Stahlguss. Für die spanende und spanlose Formgebung von Stählen ist vielfach ein weichgeglühtes Gefüge erwünscht, so dass erst die endformnahen Bauteile durch eine Wärmebehandlung ihre Gebrauchseigenschaften erhalten. Nachfolgend werden Behandlungen besprochen, die eine möglichst gleichmäßig durchgreifende Festigkeitssteigerung in Bauteilen aus Stahl und Gusseisen (nächster Abschnitt) bewirken. Werkstoffe für die Randschichtbehandlung zielen dagegen auf Rand/Kern-Unterschiede ab und werden in Kapitel B.3 vorgestellt.

B.2.3.1 Vergütungsstähle

(a) Härtbarkeit und Eigenschaften

Es geht um bruchsichere zähe Bauteile, die einer hohen, dynamischen oder schwingenden Beanspruchung unterliegen. Bruchsicherheit bedeutet, dass einerseits hohe mechanische Spannungen vom Bauteil elastisch aufgenommen werden und andererseits bei einer Überlast nur eine bleibende Verformung ohne Bruch auftritt: Beim Durchfahren eines Schlagloches darf ein Achsschenkel sich höchstens verbiegen, aber nicht brechen. In Tab. B.2.4 sind mechanische Eigenschaften ausgewählter Stähle zusammengefasst.

Gefragt ist ein großes Produkt aus makroskopischer Fließgrenze und Duktilität ($R_{p0.2} \cdot Z$) oder für gekerbte Bauteile aus Fließgrenze und Zähigkeit ($R_{p0.2} \cdot KV$). Bei schwingender Beanspruchung kommt es darauf an, dass die Spannungsausschläge σ_a unterhalb der mikroskopischen Fließgrenze bleiben. Sie werden dann auf Dauer elastisch ertragen: Das Bauteil ist dauerfest. Geht ein Teil der Spannungsamplituden über diese Höhe hinaus, so sollte der Werkstoff die kleinen plastischen Verformungen möglichst lange ohne Rissbildung ertragen: $(R_{p0.1} \cdot Z)\uparrow$. Ist ein Schwingungsriss entstanden, so wird die kritische Risslänge umso später erreicht, je höher die Bruchzähigkeit ist. Ein großes Produkt aus Feinfließgrenze und Bruchzähigkeit ($R_{p0.01} \cdot K_{Ic}$) wirkt sich daher ebenfalls günstig auf die Zeitfestigkeit aus. Um diese Eigenschaftskombinationen zu erreichen, werden nach den Überlegungen in Kapitel A.4.1

Tabelle B.2.4 Mechanische Eigenschaften einiger Vergütungsstähle: Der Zusammenhang von Legierungsgehalt und maßgeblicher Erzeugnisdicke wird exemplarisch erkennbar.

Kurzbe-zeichnung	Regel-werk	Dicke [mm]	$R_{p0.2}$ [1] [MPa]	R_m [MPa]	A [1] [%]	Verwendung
G17CrMo5-5	DIN EN 10293	100	315	490-690	20	geschweißte
20MnMoNi5-5	SEW 640	400	390	560-680	18	Bauteile
26NiCrMoV14-5	SEW 555	1000	850	950-1100	15	schwere Schmiedestücke
C35E	∧	8	430	630-780	17	unlegiert
30MnB5	DIN EN	20	650	800-950	13	zum Kalt-stauchen
34CrNiMo6	10083	100	700	900-1100	12	hohe Einhärtung
42CrMo4	∨	60	650	900-1100	12	mittlere Einhärtung
51CrV4	DIN EN 10089	15	1200	1350-1650	6	Federstahl

[1] Mindestwerte

folgende Maßnahmen getroffen: Vermeidung grober Hartphasen durch guten Reinheitsgrad und Feinung der Karbide. Dadurch wird die Bildung von Risskeimen sowohl unter einsinniger wie schwingender Beanspruchung gebremst. Die Übergangstemperatur sinkt. Ein guter Reinheitsgrad ist umso wichtiger, je höher die Härte (s. Bild A.4.15, S. 97). Die Entfernung der nichtmetallischen Einschlüsse geschieht bei der Stahlnachbehandlung vor der Erstarrung. Die gröberen Karbide des Perlits oder oberen Bainits werden durch geringe Seigerung und ausreichende Härtbarkeit vermieden. Die erforderlichen Legierungszugaben richten sich auch nach den Kosten. Einen Anhaltswert bietet der Quotient aus dem Preis der Legierungselemente und ihrer Wirksamkeit im Stirnabschreckversuch (Bild B.2.15). Eine Sonderstellung nimmt das Element Bor ein, da es bereits bei einem Gehalt zwischen 0.0008 und 0.005 % mit geringen Kosten zur Härtbarkeitssteigerung beiträgt. Nach Tab. A.1.4 (s. S. 15) gehen im Austenit höchstens 0.005 % B in Lösung, u. z. als Grenzfall von Interstition und Substitution. Das Platzangebot der Austenitkorngrenze zieht die Boratome an. Diese Korngrenzenseigerung senkt die Energie der Grenzflächen und verzögert so die Keimbildung des Ferrits beim Abkühlen: Die Ferrit-Perlit-Umwandlung wird im ZTU-Schaubild zu längeren Zeiten verschoben, die Härtbarkeit nimmt zu. Damit Bor wirksam werden kann, muss beim Austenitisieren eine ausreichende Menge in Lösung gehen, was durch seine

Bindung an Kohlenstoff oder - mehr noch - an Stickstoff behindert werden kann. Borlegierte Stähle enthalten daher meist <0.35 % C. In schweißgeeigneten Stählen kann sich die härtbarkeitssteigernde Wirkung des Bors besonders gut entfalten. Wegen der geringeren Löslichkeit von Bornitrid muss Stickstoff durch Vorbehandeln der Schmelze mit Al und Ti gebunden werden, bevor der Borzusatz erfolgt.

Die überragende Bedeutung des Härtungsgrades (s. Gl. A.3.2, S. 67) geht aus Bild B.2.16 hervor. Die Feinkornbildung beim Vergüten steigert die Streckgrenze und senkt $T_{ü}$. Höhere Nickelgehalte verbessern die Kaltzähigkeit noch weiter. Zur Festigkeitssteigerung wird der Kohlenstoffgehalt bis auf ≈ 0.6 % erhöht und die Anlasstemperatur gesenkt. Der Bereich der Anlassversprödung sollte dabei möglichst vermieden werden (s. Bild A.2.25 a, S. 49). Molybdän und Spuren von gelöstem Bor verringern die Empfindlichkeit zur Anlassversprödung. Mangan und Silizium erhöhen sie.

Von den Fertigungseigenschaften gehen z. T. entgegengesetzte Forderungen an die Stahlreinheit aus. So wird der Schwefelgehalt in die obere Hälfte des zulässigen Gehaltes gelegt, um die Spanbarkeit zu verbessern (z. B. 41CrS4 mit 0.02 bis 0.04 % S neben 41Cr4 mit <0.035 % S). Calziumsilikateinschlüsse dienen der schützenden Belagbildung beim Drehen (s. Kap. B.1, S. 132). Für das Weichglühen zur Kaltumformung sind Ni- und Si-arme Stähle zu bevorzugen (s. Kap. A.3, S. 59). Wasserhärten erhöht die Einhärtung, aber auch den Verzug und mit steigendem Kohlenstoffgehalt die Rissgefahr (s. Kap. A.3, S. 74). Es eignet sich für kompakte Bauteile mit ausreichendem Aufmaß. Schlanke, unsymmetrische Bauteile sollten so legiert sein, dass sie mit milderer Abkühlung auskommen (s. Bild A.3.4 S. 65). Die Entfernung von Masse z. B. durch Vorbohren von Hohlteilen verbessert die Einhärtung.

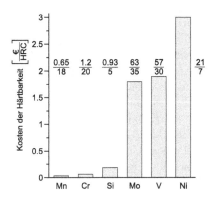

Bild B.2.15 Kosten der Härtbarkeit: Kosten in Euro je kg Legierungselement (mittlerer Preis) bzw. je Prozent Legierungsgehalt in 100 kg Stahl bezogen auf den Härtezuwachs für J20 in HRC je Prozent Legierungsgehalt (s. a. E. Just).

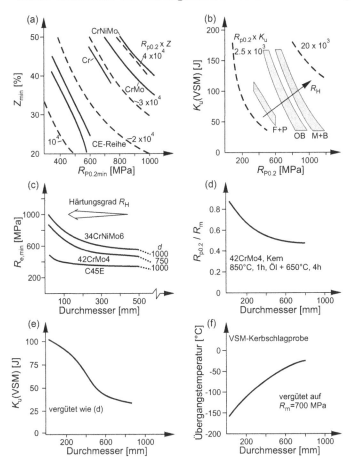

Bild B.2.16 Mechanische Eigenschaften von Vergütungsstählen: (a) Einfluss der Legierung nach DIN EN 10083 bis 16 mm Durchmesser (CrNiMo-Stähle bis 40 mm Durchmesser) auf die Mindestwerte von Streckgrenze $R_{p0.2}$ und Brucheinschnürung Z, zum Vergleich gestrichelte Linien gleichen Produktes $R_{p0.2} \cdot Z$, (b) Einfluss des Gefüges und des Härtegrades R_H auf die Kerbschlagarbeit K_u bei gegebener Streckgrenze $R_{p0.2}$ von CrMo- und CrNiMo-Stählen mit 0.25 bis 0.35 % C, F + P = Ferrit + Perlit, OB = oberer Bainit, M + B = Martensit + Bainit, (c) Einfluss des Durchmessers d auf die Mindeststreckgrenze R_e nach DIN EN 10083 und SEW 550, (d-f) Eigenschaften im Kern des Stahles 42CrMo4 ohne Seigerungs- und Umformeinfluss, da alle Proben aus Stäben mit 30 mm Durchmesser entsprechend der Ölhärtung anderer Durchmesser abgekühlt wurden, die Produkte aus Streckgrenze $R_{p0.2}$ mal Kerbschlagarbeit K_u für 30 bzw. 800 mm Durchmesser verhalten sich wie 5/1 (b und d bis f ausgewertet nach F. Hengerer et al.).

(b) Anwendung

Stähle mit <0.25 % C: Ein niedriger Kohlenstoffgehalt kommt der Schweißeignung entgegen. Hochfeste Förderketten für den Bergbau werden aus Rund-
stahl 23MnNiMoCr6-4 gliedweise kalt ineinander gebogen, abbrennstumpfge-
schweißt und entgratet. Danach erfolgt eine Wasservergütung auf
$R_m > 1100$ MPa. In der off-shore Technik finden vergütete Gussstücke (z. B.
Knoten) aus G13MnNi6-4 Verwendung, die mit Tragelementen aus S355 in Öl-
bohrplattformen verschweißt werden. Für die Anbindung an S500 eignet sich
G12MnMo7-4 nach SEW 520, der aufgrund einer gewissen Ausscheidungshärtung durch Molybdänkarbide beim Anlassen die dem Walzstahl entsprechende
Streckgrenze auch in dickeren Wandstärken erreicht. Dickwandige Druckge-
fäße für Leichtwasser-Kernreaktoren müssen eine hohe Anfangszähigkeit besitzen, da sie im Laufe des Betriebes durch Neutronenbestrahlung verspröden.
Hier ist u. a. der Stahl 20MnMoNi5-5 im Einsatz, der innen durch eine zweilagige Unter-Pulver-Bandauftragschweißung mit einem nichtrostenden, austenitischen CrNi-Stahl als Schweißzusatzwerkstoff gegen Korrosion geschützt
wird.

Mit sinkendem Kohlenstoffgehalt nimmt die Menge und Größe der Anlasskarbide ab und auch die Übergangstemperatur (Bild B.2.17 a). Durch die
Kornfeinung beim Vergüten fällt sie weiter (Bild B.2.17 b). Die Zugabe von Nickel erschließt das Gebiet der Kältetechnik (Bild B.2.17 c). Weitere Maßnahmen zur Verbesserung der Tieftemperaturzähigkeit kaltzäher Stähle sind ein
guter Reinheitsgrad und ein thermomechanisches Walzen - auch kombiniert
mit einer Mikrolegierung - zur Feinung des Austenitkornes. Die vergüteten
Stähle mit 3.5 bis 9 % Nickel (vgl. DIN EN 10222-3) liegen bezüglich der An-
wendungstemperaturen zwischen den kaltzähen perlitarmen Feinkornstählen
nach DIN EN 10025-4 (z. B. S 355 ML) und den stabilaustenitischen Stählen
(Bild B.2.17 d). Ein Anwendungsschwerpunkt sind Anlagen für die Erzeugung
und den Transport von Flüssiggasen. Die dort geforderte Schweißeignung ist
bei Beachtung einiger Regeln gegeben.

Stähle mit 0.25 bis 0.50 % C: Für Gesenkschmiedestücke und spanend geformte Bauteile hält DIN EN 10083-2, -3 Legierungsreihen mit steigender Einhärtung (z. B. C45, 41Cr4, 42CrMo4 und 34CrNiMo6) oder steigender Aufhärtung (C22 bis C60 oder 25CrMo4 bis 50CrMo4) bereit. So kann einerseits der
Wandstärke und andererseits dem Wasserhärten (% C ↓) oder Randschichthärten (% C ↑) Rechnung getragen werden. DIN 17021 gibt Hilfestellung bei
der Stahlauswahl. Breite Anwendung finden diese Stähle im dynamisch und
schwingend hochbelasteten Antriebsstrang sowie in der Radaufhängung und
Lenkung von Nutzfahrzeugen. Pulvergeschmiedete PKW-Pleuel aus CrNiMo-
legiertem Sint-F30 (s. Kap. B.1, S. 142), vergütet auf $R_m \approx 1000$ MPa, sind
ein Beispiel für den Einsatz von Sinterstahl bei hochbeanspruchten Bauteilen.
Geschmiedete Antriebsachsen für Eisenbahnloks werden z. B. aus 34CrNiMo6
gefertigt. Vorgeschmiedete und nachgewalzte Vollräder aus $\approx$ C60 für Wag-
gons erfahren z. T. eine partielle Vergütung des Laufkranzes. Dazu wird das

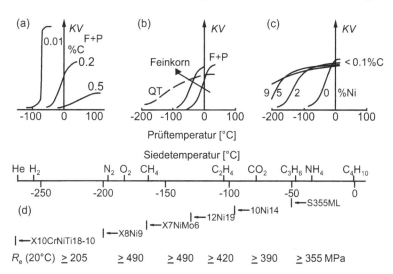

Bild B.2.17 Kaltzähe Stähle: (a-c) Einfluss von Karbidgehalt, Kornfeinung, Vergütung und Nickelzusatz auf die Kerbschlagarbeit KV und die Übergangstemperatur, (d) Siedetemperatur verflüssigter Gase bei Normaldruck und ungefähre Anwendungsbereiche kaltzäher Stähle.

austenitisierte Rad am Umfang abgebraust, während die Radscheibe an Luft abkühlt. Nach dem Anlassen ist der Laufkranz vergütet, die Scheibe normalgeglüht. Leichtlauffräder bestehen aus einer vergüteten Radscheibe mit aufgeschrumpftem Radreifen. Auch im allgemeinen Maschinenbau und in der Bohrtechnik ergeben sich vielfache Anwendungsmöglichkeiten, so z. B. für Rohrverbinder. Mit diesen Gewindemuffen aus 34CrNiMo6 werden Gestänge für Erdölbohrungen zusammengesetzt. Im Bergbau finden wir Gussstücke aus G42CrMo4 nach DIN EN 10293 als Werkzeughalter im Kohlehobel oder als Maschinenelemente im Kettenförderer.

Schrauben und Muttern sind nach DIN 267 in Festigkeitsklassen eingeteilt. In den Klassen 8.8 bis 14.9 ($R_{\mathrm{m}} = 800$ bis $1400\,\mathrm{MPa}$) ist ein Vergüten erforderlich. Die Formgebung erfolgt bis $\approx 25\,\mathrm{mm}$ Durchmesser kalt aus Draht, für den eine gute Kaltstauchbarkeit verlangt wird. Neben einem niedrigen Schwefelgehalt ist vor allem eine AC-Glühung (s. Kap. A.3, S. 59) sinnvoll. Durch beschleunigte Abkühlung aus der Walzhitze wird ein bainitisch/martensitisches Drahtgefüge angestrebt, um die Bildung von kugeligem Zementit beim Weichglühen zu erleichtern. Mit steigendem Kohlenstoff- und Legierungsgehalt verschieben sich die Fließkurven zu höheren Spannungen (Bild B.2.18), die Kaltumformung wird erschwert. Die in DIN EN 10263-4 genannten Vergütungsstähle für das Kaltstauchen und -fließpressen entsprechen in der Mehrzahl denen der DIN EN 10083. Günstig wirken sich geringe Zusätze von Bor (0.0008

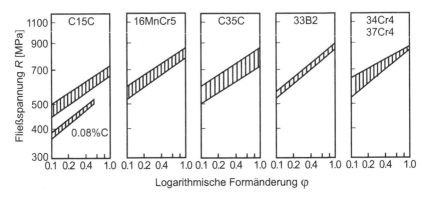

Logarithmische Formänderung φ

Bild B.2.18 Fließkurvenstreubänder: Unlegierte und niedriglegierte Kalt-fließpreßstähle im weichgeglühten Zustand, Auswertung nach der gegenüber Bild A.4.9 c, s. S. 90 vereinfachten Gleichung $R = c \cdot \varphi^{n'}$ (nach G. Robiller, W. Schmidt, C. Straßburger).

bis 0.005 %) aus (s. S. 191). Es kommt zu einer deutlichen und kostengünstigen Steigerung der Härtbarkeit, ohne dass die Glühfestigkeit zunimmt, wie es etwa durch Chrom und Molybdän der Fall wäre (Tab. B.2.5).

Tabelle B.2.5 Einfluss von Bor in Vergütungsstählen zum Kaltstauchen und Kaltfließpressen. Im weichgeglühten Zustand liegt die Zugfestigkeit borlegierter Stähle niedriger als die CrMo bzw. CrNiMo legierter mit vergleichbarer Härtbarkeit (vgl. Stähle 2 und 3 bzw. 5 und 6), die eine höhere Umformkraft erfordern. Die Beispiele sind DIN EN 10263-4 entnommen.

Stahl		R_m (AC)[1]	Durchmesser[2]	Kernhärte[3]
Nr.	Bezeichnung	[MPa]	[mm]	[HRC]
1.	23B2	490	9	40
2.	23MnB4	520	14	40
3.	25CrMo4	580	13	41
4.	33B2	550	11	45
5.	32CrB4	550	30	46
6.	34CrNiMo6	720	31	46

[1] geglüht auf kugeligen Zementit, Höchstwert
[2] d_{max} für $\geq 90\%$ Martensit im Kern (Q)
[3] Kernhärte von d_{max}

Neben der Schlussvergütung umgeformter Befestigungselemente kommt auch eine Kaltformgebung aus vergütetem Draht zur Anwendung. Die höhere Festigkeit vergrößert die Werkzeugbelastung. Dafür ergibt sich aber ein Gewinn an nutzbarer Festigkeit aus der Kaltumformung und durch Druckeigenspannungen z. B. im gerollten Gewindegrund. Für die stanztechnische Verarbeitung steht nach DIN EN 10132-3 Kaltband, geglüht und ggf. leicht nachgewalzt bereit, das für ein Vergüten nach der Kaltformgebung bestimmt ist. Nach DIN EN 10277-5 sind unlegierte und legierte Vergütungsstähle auch als vergüteter Blankstahl gezogen, geschält oder geschliffen erhältlich.

Für den Großmaschinenbau werden schwere Schmiedestücke aus Stählen hoher Härtbarkeit nach SEW 550 und 555 gefertigt. Als typisches Beispiel sei eine Generatorwelle von mehr als 1m Durchmesser für die Stromerzeugung genannt. Die erforderlichen großen Blöcke neigen zur Makroseigerung (s. Bild A.2.8, S. 27) und speziell zu ihren lokalen Erscheinungsformen. Durch Stahlnachbehandlung (u. a. Spülen und Entgasen der Stahlschmelze in der Pfanne) erreicht man eine Verbesserung des oxidischen und sulfidischen Reinheitsgrades, eine Sulfidformbeeinflussung, niedrige Wasserstoffgehalte zur Vermeidung von Flocken (s. Kap. A.3, S. 58) und niedrigste Phosphorgehalte. Letzteres dämpft die Anlassversprödung. Sie wird beim langsamen Durchlaufen des versprödenden Temperaturbereiches (um 500°C) während des Abkühlens von Anlasstemperatur > 600°C ausgelöst (Bild B.2.19). Im Ferrit gelöstes Mo bremst die P-Seigerung in Korngrenzen und damit die Versprödung. Niedrige Gehalte an Sn, As und Sb senken die Anlassversprödung und lassen sich durch den Einsatz von entsprechend reinem Roheisen oder Schrott erzielen. So ergeben sich hochreine Stähle (clean steels) mit niedrigsten Gehalten an den Begleitelementen O, S, Mn, Si, H, P, Sn, Sb, As, deren Anreicherung in den Lokalseigerungen entsprechend geringer ausfällt. Hohe Legierungsgehalte wie z. B. im Stahl 26NiCrMoV14-5 und eine Wassersprühhärtung der langsam rotierenden schweren Welle garantieren eine weitgehende Durchhärtung. Gegenüber einem Tauchbecken lässt sich die Sprühintensität so regeln, dass durch innere Spannungen bedingte Härterisse vermieden werden.

Stähle mit 0.5 bis 0.6 % C: Eine hohe Aufhärtung durch Kohlenstoff verbunden mit niedrigen Anlasstemperaturen zwischen der Blau- und Anlassversprödung (s. Bild A.2.25 a, S. 49) erbringen Festigkeiten von 1300 bis über 2000 MPa. Durch einen Härtungsgrad nahe 1 ergeben sich Streckgrenzenverhältnisse $R_{p0.2}/R_m > 0.9$. Damit eignen sich Stähle wie 51CrV4, 55Cr3 und 61SiCr7 nach DIN EN 10089 für Blatt-, Schrauben-, Drehstab- und Tellerfedern. Im Nutzfahrzeugbau hat der Übergang von der geschichteten Trapezfeder zur Parabelfeder zu dickeren Einzellagen geführt. Um Durchhärtung zu erzielen, muss der Legierungsgehalt erhöht werden: 52CrMoV4. Für schwere Schraubenfedern bis zu 80 mm Stabdurchmesser z. B. für die Schwingungsdämpfung in Fundamenten oder bei Explosionen kommt der Stahl 56NiCrMoV7 infrage. Durch thermomechanisches Walzen von Parabelfedern kann ein versprödender Einfluss von Phosphor gerade bei höchster Festigkeit (> 2000 MPa) und entsprechend niedriger Anlasstemperatur (< 300°C) zum

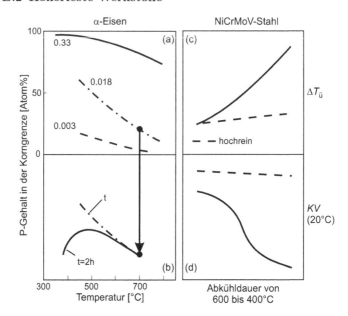

Bild B.2.19 Anlassversprödung: (a) Korngrenzenseigerung des Phosphors im Eisen bis zum Gleichgewicht. (b) Die dazu erforderliche Haltedauer t nimmt mit fallender Temperatur zu (nach H.J. Grabke). Nach Anlassen bei 700°C und zweistündigem Halten bei tieferer Temperatur stellt sich schematisch ein Maximum des P-Gehaltes in der Korngrenze ein. (c) Eine langsame Abkühlung von Anlasstemperatur bewirkt eine ähnliche Anreicherung des Phosphors. Dadurch werden die Korngrenzen geschwächt und die Übergangstemperatur steigt um $\Delta\,T_{ü}$. (d) Mit steigendem $T_{ü}$ bewegt sich die Kerbschlagbiegearbeit KV bei Raumtemperatur auf die Tieflage zu. In hochrein erschmolzenen Stählen mit bainitischem Gefüge ist die Anlassversprödung gering.

Vorteil der Schwingfestigkeit eingedämmt werden. Die Oberfläche der Federn bleibt nach der Warmformgebung und Vergütung in der Regel aus Kostengründen unbearbeitet. Die rauere und leicht entkohlte Randschicht begünstigt die Bildung von Schwingungsrissen. Deshalb ist ein Kugelstrahlen zur Einbringung von Druckeigenspannungen in eine wenige Zehntelmillimeter dicke Randschicht zur Verzögerung der Anrissbildung in Gebrauch (Bild B.2.20). Die Bestimmung der Entkohlungstiefe erfolgt nach DIN EN ISO 3887.

Für kleinere Federelemente steht Kaltband aus unlegierten und legierten Federstählen nach DIN EN 10132-4 bereit, u. z. bis 6 mm Dicke weichgeglüht und ggf. leicht nachgewalzt oder bis 3 mm Dicke bereits vergütet. Die Federstähle eignen sich auch für verschleißbeanspruchte Teile wie Baggerzähne, Mischerflügel, Shredderhämmer und Abbruchmeißel. Hier werden z. T. härtere Schneiden auf zäherem Körper verlangt und durch partielles Härten oder Anlassen erreicht (Bild B.2.21).

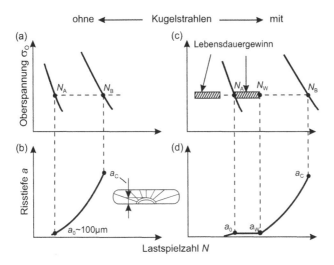

Bild B.2.20 Einfluss des Kugelstrahlens auf die Schwingfestigkeit : Abschnitte $100 \cdot 15 \cdot 400$ mm aus 51CrV4 im Vierpunktbiegeschwellversuch. (a) Zeitfestigkeitsschaubild, (b) durch Ultraschall messbarer Anriss $a_0 \approx 0.1$ mm bei der Anrisslastspielzahl N_A, stabiles Risswachstum auf kritische Tiefe a_c bei der Bruchlastspielzahl N_B, Restgewaltbruch, (c) verzögerter Anrissbeginn aufgrund von Druckeigenspannungen in der Oberfläche durch Kugelstrahlen, Rissstopp zwischen N_A und N_W aufgrund eines Druckeigenspannungsmaximums in 0.2 bis 0.3 mm Tiefe unter der Oberfläche, (d) stabiles Wachstum ab N_W nach Abbau des Eigenspannungsmaximums durch zyklische mikroplastische Verformung, Restgewaltbruch bei a_c (nach L. Weber).

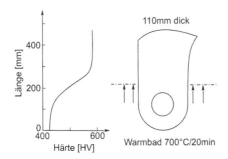

Bild B.2.21 Partielles Anlassen: Shredderhammer aus G55NiSiCrMoV6 für die Schrottzerkleinerung, vergütet 890°C/Öl + 300°C/Luft. Augenende zur Erhöhung der Zähigkeit im Warmbad auf niedrigere Härte angelassen, zur Verschiebung der Blauversprödung betrug der Siliziumgehalt 1.5 % (s. Bild B.2.22).

B.2.3.2 Höchstfeste Stähle

Auf S. 140 und S. 184 haben wir patentiert gezogene Drähte mit Festigkeiten von 2500 bis 4000 MPa kennengelernt, jedoch nur bei geringer Dicke. Für größere Bauteilquerschnitte bieten sich die in Tab. B.2.6 zusammengestellten Stähle an. Sie erreichen ungefähr 3 bis 6 % Bruchdehnung. Mit zunehmendem Anwendungsquerschnitt steigen die Legierungskosten und die Gefahr einer Zähigkeitsminderung durch Seigerungen.

(a) Eigenschaften

Eine isotherme Umwandlung kohlenstoffreicher Stähle zu unterem Bainit ohne Anlassbehandlung führt durch feinverteilte Restaustenitanteile zu guter Duktilität bei hoher Festigkeit. Damit die Bainitbildung in vertretbarem Zeitraum abgeschlossen ist, bleibt das Verfahren auf niedriglegierte Stähle wie

Tabelle B.2.6 Beispiele höchstfester Stähle: d = Durchmesser, in dem die Zugfestigkeit R_m erreicht wird; C und D mit Härtungsgrad $R_H \rightarrow 1$; E auch für größere Durchmesser, jedoch fortschreitende Abnahme der Zähigkeit; K = relative Halbzeugkosten (Legierungsgehalte in Masse%)

Stahlart		d [mm]	R_m [MPa]	K
A.	Stahl mit 0.7 bis 0.8 C (ggf. mikrolegiert) isotherm umgewandelt zu unterem Perlit, kalt gezogen (patentiert gezogener Draht)			
	Reifencord	<0.25	>3000	1
	Federdraht	1.0	2500	1
B.	71Si7 (W.Nr.1.5029) 0.7 C; 1.7 Si; 0.7 Mn bei 270°C isotherm umgewandelt zu unterem Bainit	<10	2100	1
C.	41SiNiCrMoV7-6 (W.Nr.1.6928) 0.4 C; 1.7 Si; 0.6 Mn; 0.8 Cr; 0.4 Mo; 1.5 Ni; 0.1 V, von 900°C gehärtet und angelassen bei ≈ 300°C	<50	2000	4
E.	X41CrMoV5-1 (W.Nr.1.7784) 0.4 C; 1 Si; 5 Cr; 1.3 Mo; 0.5 V von 1020°C gehärtet und sekundär angelassen bei ≈ 550°C	<100	2000	6
D.	X2NiCoMoTi18-9-5 (W.Nr.1.6358) 18 Ni; 9 Co; 5 Mo; 0.7 Ti; 0.1 Al lösungsgeglüht 820°C und warmausgelagert bei ≈ 500°C s. Bild B.2.23	<200	2100	20

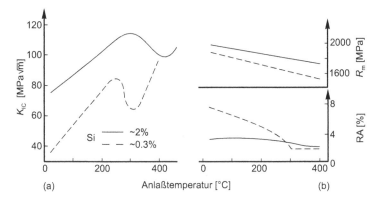

(a)   Anlaßtemperatur [°C]   (b)

Bild B.2.22 Einfluss des Siliziums auf das Anlassverhalten: CrNiMo legierter Vergütungsstahl mit ≈0.3 % C (nach E.R. Parker). (a) durch Zugabe von Silizium wird der Blauversprödungsbereich zu höheren Temperaturen verschoben, Silizium feint die Anlasskardbide und erhöht die Bruchzähigkeit K_{Ic}, (b) aufgrund der feineren Karbiddispersion hebt Silizium die Anlassbeständigkeit an und damit die Festigkeit R_{m}. Die Ausscheidung von Zementitbändern aus dem Restaustenit RA trägt zur Blauversprödung des siliziumarmen Stahles bei.

z. B. 71Si7 begrenzt (s. ADI S. 208). Durch eine niedrige Anlasstemperatur von z. B. 350°C erreichen Federstähle Zugfestigkeiten von ≈ 2100 MPa. Eine weitere Absenkung der Anlasstemperatur führt in die Blauversprödung (s. Bild A.2.25 a). Silizium verschiebt diesen Versprödungsbereich zu höheren Temperaturen, so dass unter 350°C angelassen werden kann (Bild B.2.22).

Die Ursache liegt in einer Behinderung der versprödenden Zementitausscheidung entlang der Restaustenitsäume, vermutlich aufgrund der geringen Löslichkeit von Silizium im Zementit. Auch bei Kohlenstoffgehalten unter dem der Federstähle lässt sich so eine Festigkeit von ≈ 2000 MPa erreichen: 41SiNiCrMoV7-6. Durch Sulfidformbeeinflussung und thermomechanisches Umformen steigt die Zähigkeit. Das Sekundärhärten durch Ausscheiden von Sonderkarbiden wie VC und Mo_2C beim Anlassen ermöglicht bei gleicher Festigkeit eine Erhöhung der Anlasstemperatur um ≈ 250°C (s. Beispiel: X40CrMoV5-1, Bild A.2.25, S. 49). Dadurch werden Eigenspannungen abgebaut und die Zähigkeit verbessert. Gleichzeitig bietet sich die Möglichkeit eines Warmbetriebes, bei dem erst nach längerer Zeit mit einer Erweichung gerechnet werden muss. Nach Gl.A.3.3, S. 69 entspricht die Anlasswirkung einer Betriebstemperatur von z. B. 450°C über ≈ 2000 h gerade einer Anlassbehandlung von 550°C, 3 h. Erfolgt die Aushärtung des Martensits nicht durch Sonderkarbide sondern durch intermetallische Phasen, so spricht man von martensitaushärtenden Stählen (Bild B.2.23).

Im Legierungssystem Fe-Ni besteht zwischen Abkühlung (K) und Wiedererwärmen (E) eine Umwandlungs-/Temperaturhysterese. Bei 18 % Ni und

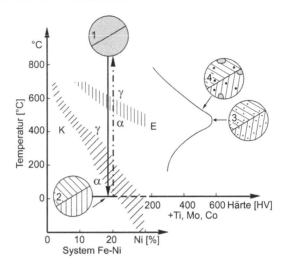

Bild B.2.23 Martensitaushärtung von Nickelstahl (schematisch): (1) Lösungs-geglühter Austenit, (2) weicher Nickelmartensit, (3) Martensitaushärtung durch feine intermetallische Ausscheidungen beim Warmauslagern, (4) Überalterung und Austenitrückbildung. Umwandlungsstreubänder K für Kühlen, E für Erwärmen.

Lösungsglühtemperatur 820°C liegt Austenit (1) vor, dessen Umwandlung zu weichem Nickelmartensit (2) kurz oberhalb Raumtemperatur abgeschlossen ist. Seine Rückumwandlung zu Austenit beginnt jedoch erst bei > 500°C, so dass eine Martensitaushärtung durch intermetallische Phasen z. B. durch Auslagern bei 480°C, 4 h möglich wird. Voraussetzung sind entsprechende Legierungszusätze wie z. B. Ti und Mo, um durch feinverteilte Ausscheidung von Ni_3Ti, Fe_2Mo u. a. eine Härtesteigerung (HV) zu erreichen (3) (s. Tab. A.2.1, S. 52 und Bild A.2.25 c, S. 49). Kobalt unterstützt die Aushärtung indirekt. Oberhalb von 500°C fällt die Härte durch Vergröbern (Überaltern) der Ausscheidungen und ihre Auflösung im rückgebildeten Austenit wieder ab (4). Im martensitaushärtenden (maraging) Stahl X2NiCoMoTi18-9-5 mit 0.7 % Ti und 0.1 % Al steigt die Zugfestigkeit nach Lösungsglühen und spanender Bearbeitung durch Warmauslagern verzugsarm von rund 1000 auf 2100 MPa an.

(b) Anwendungen

Der Leichtbau verlangt nach einem höheren Verhältnis von Fließgrenze zu Dichte. Schmiedestücke und Drehteile aus höchstfesten Stählen verbinden im Flugzeug Triebwerk mit Flügel und Flügel mit Rumpf. Einige Stähle sind als Luftfahrtwerkstoffe (LW) im Werkstoffhandbuch der deutschen Luftfahrt beschrieben. Im Triebwerksbereich ist die Warmfestigkeit sekundärhärtender Stähle von Vorteil, ebenso in der Anwendung als warmfeste Federn

(s. a. DIN 17225). Eine Kornfeinung durch thermomechanische Umformung wirkt sich günstig auf das Produkt $R_{p0.2} \cdot A$ oder $R_{p0.2} \cdot K_{Ic}$ aus. Der Stahl X41CrMoV5-1 eignet sich wegen des umwandlungsträgen Bereiches zwischen Perlit- und Bainitnase zum Austenitformhärten (Bild B.2.24). Eine Anwendung besteht in der Herstellung fließgedrückter Rohrkörper mit einer Zugfestigkeit bis zu 2800 MPa.

In der Raumfahrt haben die martensitaushärtenden Nickelstähle Bedeutung für die Herstellung der Raketenhülle, da sie gut schweißbar sind und eine verzugsarme Wärmebehandlung ermöglichen. Nach einem Lösungsglühen bei $\approx 820°C$ reicht eine langsame Abkühlung aus. Die geringe Kaltverfestigung lässt in diesem Zustand hohe Kaltumformgrade zu. Danach erfolgt das verzugsarme Warmauslagern. So werden durch Fließdrücken hochgenaue Rohre von z. B. 150 mm Durchmesser mit einer Wanddicke von < 0.4 mm hergestellt. An den Enden durch Elektronenstrahlschweißen mit Deckeln versehen, dienen sie als Ultrazentrifuge mit > 50.000 Upm der Anreicherung des Uranisotopes 235 aus einem UF_6-Gas. Bei einem Titangehalt von $\approx 1.5\%$ sind durch Kaltumformen und Warmauslagern Zugfestigkeiten von > 3000 MPa möglich. Die hohe Festigkeit der Stähle kann nur dann ausgenutzt werden, wenn bezüglich Korrosion und Ermüdung Vorkehrungen getroffen werden. Es besteht eine Anfälligkeit für Wasserstoffversprödung und Spannungsrisskorrosion. Dem wird durch Wasserstoffarmglühen und Oberflächenschutz - zur Vermeidung von Korrosionswasserstoff im Betrieb - entgegengewirkt.

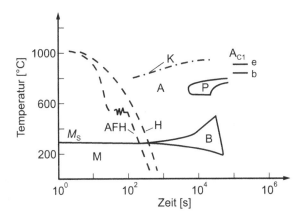

Bild B.2.24 Austenitformhärten: Stahl X41CrMoV51 austenitisiert 1020°C, H = Ölhärten, AFH = Austenitformhärten, d. h. Umformen nach Abkühlen im Warmbad auf $\approx 500°C$, gefolgt von Luftabkühlen. AFH feint das Korn und die Ausscheidungen beim Anlassen.

B.2.3.3 Harte Stähle

Die Härte der höchstfesten Stähle liegt in der Regel unter 58 HRC und ist mit wenigen Prozent Bruchdehnung verbunden. Harte Stähle erreichen durch Lösen von 0.7 % C beim Austenitisieren nach dem Härten > 60 HRC. Wie aus Bild A.4.14, s. S. 96 hervorgeht, lässt die Übergangstemperatur bei dieser Härte einen Betrieb unter Druckspannung geraten erscheinen. Aus Bild A.4.15 ist abzulesen, dass kleine Gefügedefekte wie z. B. nichtmetallische Einschlüsse die zulässige Spannung herabsetzen. Härtere Stähle werden daher besonders für Maschinenelemente verwendet, die im Hertz'schen Kontakt hohe Druckkräfte übertragen müssen. Das herausragende Beispiel sind die niedriglegierten, durchhärtenden Wälzlagerstähle mit 1 % C nach DIN EN ISO 683-17.

(a) Eigenschaften

Die Härtbarkeit des Standardstahles 100Cr6 wird durch Legierungsänderung auf dickere Querschnitte eingestellt, z. B. 100CrMnSi6-6 oder 100CrMo7-3. Nach einer Austenitisierung dicht oberhalb Ac_{1e} bleiben unaufgelöste Glühkarbide zurück (s. Bild A.2.9 S. 29). Beim Härten entsteht daher wenig Restaustenit, dessen Gehalt durch Tiefkühlen weiter fällt. Das Anlassen bei 150 bis 180°C baut Mikroeigenspannungen ab und verbessert die Maßstabilität (s. Kap. A.3, S. 74). Zur Verringerung von Härtespannungen und Verzug kommt auch eine isotherme Umwandlung zu unterem Bainit infrage (s. Kap. A.3 S. 71). Der geringe Gehalt an Restaustenit fördert die Maßstabilität im Betrieb. Durch Abschrecken in einem Salzbad auf Bainittemperatur entwickeln sich vorteilhafte Druckeigenspannungen im Rand. Als mögliche Erklärung bietet sich eine plastische Dehnung der rascher abkühlenden Randzone an. Mit fortschreitender Abkühlung des Bauteils wandelt der sich zusammenziehende Kern die anfängliche Zugspannung des Randes in eine Druckspannung um, die bei der nachfolgenden Umwandlung erhalten bleibt. Im Gegensatz zu dieser isothermen Bainitumwandlung führt die martensitische Durchhärtung mit kontinuierlicher Abkühlung auf Zugeigenspannungen im Rand (s. Kap. A.3, S. 74). Die Flächenpressung reicht in hochbeanspruchten Lagern bis 3000 MPa. Die Wälzbeanspruchung legt die höchste Werkstoffanstrengung unter die Oberfläche. Dies löst dort plastische Verformung aus, wodurch sich mit wachsender Anzahl an Überrollungen in dieser Zone Eigenspannungen aufbauen, der Martensit erweicht, Karbide umgelöst werden und Risse entstehen. Sie wachsen zur Oberfläche und führen zu kleinen Ausbrüchen (Grübchen, Pittings, s. Bild A.4.17 c, S. 106). Dieser Wälzverschleiß (s. Bild A.4.18, S. 108) begrenzt die Lebensdauer oder löst den Bruch des Bauteiles aus. Spröde Hartphasen wie nichtmetallische, insbesondere oxidische Einschlüsse, grobe Seigerungskarbide und Titankarbonitride stellen rissauslösende innere Kerben im Sinne von Bild A.4.15, S. 97 dar. Sie verringern mit zunehmender Menge und Größe die Anzahl der Überrollungen bis zum Anriss und insgesamt die Lebensdauer (Bild B.2.25). Mit steigender Matrixhärte verschärft sich ihr

Einfluss auf die untere Zeit- und die Dauerfestigkeit. Ein guter Reinheitsgrad ist daher bei Wälzlager- und anderen harten Stählen wie Randschich-
ten besonders wichtig. Titan wird z. B. als Verunreinigung des Ferrochroms
eingeschleppt, dessen Kosten mit seiner Reinheit steigen. Es bildet eckige
Ti(C,N)-Teilchen, die scharfe innere Kerben darstellen. Neben der Erfassung des mikroskopischen Reinheitsgrades dient der Stufendrehversuch nach
SEP 1580 und die Blaubruchprobe nach SEP 1584 der Beurteilung des ma-
krokopischen Reinheitsgrades, d. h. der Auffindung gröberer Einschlusszeilen. Durch fortgeschrittene Analysentechnik eröffnet sich der kostengünstigere
Weg einer Sauerstoffbestimmung, deren Ergebnisse in Korrelation zum mikroskopischen Reinheitsgrad stehen. Nachteilig wirken sich auch voreutektoid
ausgeschiedene Korngrenzenkarbide (s. Bild A.2.10, S. 30) auf die Lebensdauer aus, die z. B. durch niedrige Walzendtemperatur mit beschleunigter Abkühlung vermieden werden können. Den im Stahl 100Cr6 nach dem Härten zu-
rückbleibenden, knapp 1 µm großen Kugelkarbiden wird eine Verringerung des
Metallkontaktes zwischen den Wälzelementen nachgesagt, was im Falle von
Schlupf bei Beschleunigung vorteilhaft ist. Vom Standpunkt der Ermüdung
stellen sie jedoch, wenn auch kleine, innere Kerben dar. Es hat deshalb auch
immer wieder Vorschläge gegeben, übereutektoide Wälzlagerstähle durch naheutektoide zu ersetzen. Die Zusammensetzung eines Beispielstahles lautet (%)
0.68 C, 1.5 Si, 1.5 Mn, 1.1 Cr und 0.25 Mo. Beim Austenitisieren führt ein Über-
hitzen, z. B. während des Randschichthärtens, nicht zum Härteabfall durch
erhöhten Restaustenitgehalt. Für übliche Wanddicken reicht eine spannungs-
und verzugsarme Luftabkühlung aus. Der höherlegierte Restaustenit erweist
sich als thermisch stabiler, so dass bereits eine niedrige Anlasstemperatur für
gute Maßstabilität sorgt.

(b) Anwendungen

Da die Kernseigerung der Block- oder Strangerstarrung bei Kugeln in der
Wälzfläche austritt, entscheidet die Reinheit und Gleichmäßigkeit dieser Zone
mit über die Lebensdauer. Wegen seiner meist schärferen Kernseigerung hat
Strangguss daher zunächst Eingang in Ringe, Zylinder, Tonnen und Kegel
gefunden. Kugeln mit Durchmessern zwischen 0.05 und 35 mm aus durchhärtenden Stählen, wie z. B. 100Cr6, werden durch Kaltstauchen von Drahtab-
schnitten geformt. Der Walzdraht wird im kugelig geglühten Zustand (AC
nach Kap A.3, S. 59) auf enge Maßtoleranz gezogen, um eine genaue Formfül-
lung der Werkzeuge mit wenig Grat zu erreichen. Für die zugehörigen Ringe
der Rillenkugellager lässt sich durch Warmpressen eines Stababschnittes aus
100Cr6 eine Vorform erzielen, aus der mit geringem Materialverlust Innen-
und Außenring gespant werden können. Auch für die spanende Formgebung
eignet sich eine AC-Glühung. Dabei dürfen die Karbide nicht zu fein (Glühhärte ↑) und nicht zu grob (Härtbarkeit, Zähigkeit ↓) ausfallen. Beim Härten und
Anlassen auf 59 bis 63 HRC werden die Ringe meist etwas weicher gehalten
als die Wälzkörper. Wälzlager aus durchhärtenden Stählen sind praktisch in

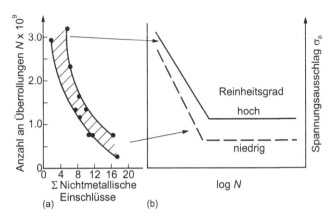

Bild B.2.25 Reinheitsgrad und Lebensdauer von Wälzlagern: (a) Anzahl an Überrollungen N bis zum Versagen von Schrägkugellagern unter einer Hertz´schen Pressung von $p_0 \approx 2600\,\mathrm{MPa}$. Ausgewertet wurden 11 Schmelzen 100Cr6, deren nichtmetallische Einschlüsse nach SEP 1570 gewichtet und zu einer Summe zusammengefasst wurden. (b) schematisches Wöhler-Schaubild für konventionellen und hochreinen Stahl (nach H. Schlicht, E. Schreiber und O. Zwirnlein).

allen Bereichen der Technik zu finden. Die stetige Verbesserung des Reinheitsgrades hat dazu geführt, dass heute die Schädigung der überrollten Flächen vielfach von eingeschleppten harten Staubpartikeln ausgeht, die kleine Eindrücke hinterlassen. Ein erhöhter Gehalt an Restaustenit wandelt lokal zu Martensit um, wodurch Druckeigenspannungen um die Eindrücke entstehen und die Rissbildung gehemmt wird. Da aber die Maßstabilität unter steigendem Restaustenitgehalt leidet, bietet sich ein Carbonitrieren an, um nur in einer dünnen Schicht z. B. 20 % Restaustenit einzustellen (s. Kap. B.3, S. 238). In größeren Kegellagern können die tangentialen Zugspannungen durch ringgewalzte, einsatzgehärtete Ringe aufgenommen werden. Auch für große Pendelrollenlager mit z. B. 2.5 m Durchmesser eignet sich Einsatzstahl, und zwar 18NiCrMo14-6. Wegen der einfachen Zylinderform ist die Hartbearbeitung des verzugsbedingten Aufmaßes weniger aufwendig als bei großen Getrieberädern. Für Großlager bis $\approx 7\,\mathrm{m}$ Durchmesser in Baggern, Tunnelvortriebsmaschinen und Erdölübergabetürmen in der Off-Shore-Technik werden gewalzte Ringe aus Vergütungsstählen wie 48CrMo4 oder 45CrNiMoV5 einer Randschichthärtung unterzogen. Dabei endet die Vorschubhärtung der Ringbahn kurz vor ihrem Beginn, um Risse durch Überlappung beim Härten zu vermeiden. Die verbleibende schmale Weichzone kann durch Schrägstellung der Brenner von einer parallelen Ausrichtung zur Lagerachse in eine 45°C Lage gedreht werden. Dadurch schrumpft die Berührung zwischen Weichzone im Ring und dem Wälzkörper von einer Linie zu einem Punkt. Durch eine leichte örtliche Schleifabnahme wird die Weichzone weiter entlastet. Bei noch größeren

Lagern von z. B. 15 m Durchmesser für das Drehgestell von Großbaggern im Braunkohletagebau kommen geteilte Ringe aus randschichthärtenden Stählen zum Einsatz.

Wälzlager für Pumpen in der chemischen Industrie oder für Aggregate im Einflussbereich von Meeresluft (Schifffahrt, Off-Shore-Technik, Transatlantik-Flugzeuge) verlangen nach martensitischen nichtrostenden Stählen mit hohem Chromgehalt (s. Kap. B.6, S. 325). Viele Ergebnisse zeigen Vorteile des durch Druckmetallurgie erzeugten Stahles X30CrMoN15-1 mit 0.35 % Stickstoff gegenüber den gebräuchlichen Stählen X65Cr14 und AISI440C ($\approx$ X108CrMo17). Bereits bei den hochfesten Stählen hatten wir den Vorteil der höheren Anlassbeständigkeit sekundärhärtender Stähle für den Betrieb bei erhöhten Temperaturen kennengelernt. Wird z. B. ein Wälzlager aus 100Cr6 längere Zeit in heißem Hydraulik- oder Motorenöl unterhalb der Anlasstemperatur betrieben, so leidet die Maßstabilität. Lager in Flugturbinen müssen Temperaturen bis $\approx$ 400°C aushalten. Damit sie nicht erweichen, werden WMoV-reiche Stähle wie X82WMoCrV6-5-4 ($\approx$ HS6-5-2, s. Tab. B.5.5, S. 301) mit ausgeprägter Sekundärhärte und Anlasstemperaturen > 550°C eingesetzt (s. Bild A.2.25 b, S. 49). Bei sehr hoher Drehzahl werden aufgrund der Fliehkraft die tangentialen Zugspannungen in den Ringen so groß, dass Druckeigenspannungen durch Einsatzhärten zum Ausgleich dienen. Dazu wird der Kohlenstoffgehalt der WMoV-Stähle z. B. auf 0.12 % gesenkt und der Bildung von δ-Ferrit durch 4 % Nickel entgegengewirkt. Für die Tieftemperaturbereiche wie Kältetechnik und Raumfahrt sind keine speziellen, sondern bereits genannte Stähle im Einsatz.

Ein anderes Anwendungsgebiet harter Stähle betrifft den Druckkontakt zwischen Nockenwelle und Ventiltrieb. Zur Gewichtsreduzierung besteht die gebaute Welle aus einem Rohr S355J2G3, auf das Nockenringe aus 100Cr6 aufgepresst werden. Dabei greift die Kerbverzahnung der Ringbohrung in die lokal rollierte Oberfläche des Rohrs. Wird der Tassenstößel durch einen Schlepphebel mit Rollenabgriff ersetzt, so entstehen geringere Reibungsverluste und zwischen Rollen und Nocken Überrollungen mit Linienkontakt.

B.2.4 Gusseisen für durchgreifende Wärmebehandlung

Im Zuge endformnaher Herstellung werden Bauteile aus grauem Gusseisen gegossen und anschließend zur Verbesserung der mechanischen Eigenschaften vergütet oder durch Umwandlung in der Bainitstufe wärmebehandelt.

B.2.4.1 Vergüten

Ein Härten mit durchgreifendem Austenitisieren und rascher Abkühlung ist nur mit Sphäroguss gebräuchlich, weil andere Graphitausbildungen als innere Kerben Härterisse beim Abschrecken zur Folge haben. Vergütbare Gusseisen sind legiert, da bei unlegiertem Gusseisen nur mit extrem kurzer Abkühldauer ($t_{8/5} \leq 6\,s$) ein perlitfreies, martensitisches Gefüge möglich ist

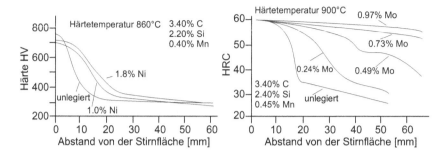

Bild B.2.26 Härtbarkeit legierter Gusseisen: Einfluss von Nickel und Molybdän auf die Härtbarkeit von GJS mit etwa gleicher Zusammensetzung im Stirnabschreckversuch (nach S. Hasse)

(s. Bild A.2.18, S. 40). Ni ($< 3\,\%$), Cu ($< 1.5\,\%$) und Molybdän ($< 1\,\%$) vergrößern die kritische $t_{8/5}$ Abkühldauer signifikant, wobei $0.4\,\%$ Molybdän eine größere Einhärtung bewirkt als $2\,\%$ Ni (s. Bild B.2.26). Beim Einsatz legierter Gusseisen darf die Wirkung dieser Elemente auf die Gefügeausbildung während der Erstarrung nicht außer Acht gelassen werden. Ni und Cu begünstigen die graue Erstarrung, während Molybdän schwach karbidstabilisierend wirkt. Zusätzlich verhindert Nickel versprödende Ausscheidungen des Kupfers, indem es die durch Magnesium stark gesenkte Kupferlöslichkeit in Fe-C-Si-Schmelzen signifikant erhöht. Als positiv hat sich eine Kombination von Nickel und Molybdän erwiesen, da Nickel die karbidbildende Wirkung des Molybdäns kompensiert. Molybdän stabilisiert den Ferrit und ist dafür verantwortlich, dass auch in martensitisch / bainitischen Matrices Ferrithöfe um die Graphitsphäroliten auftreten können.

Martensitische Gusseisen mit Kugelgraphit erreichen nach dem Härten von 900 bis 950°C eine Ansprunghärte von bis zu 60 HRC, die beim Anlassen in Folge von Karbidausscheidung aus dem Martensit mit zunehmender Temperatur abnimmt. Die gegenüber Stahl höheren Phosphor- und Antimongehalte fördern die Anlassversprödung, der bereits mit $0.15\,\%$ Mo wirksam begegnet werden kann. Durch seine Karbid stabilisierende Wirkung verzögert Molybdän zudem die in unlegierten Gusseisen bei etwa 450°C beginnende Graphitausscheidung (s. Bild A.2.25 d, S. 49). Dies ermöglicht dem gehärteten Gusseisen einen Anlassbereich zwischen 450°C und 550°C, in dem eine maximale Zugfestigkeit von 1000 MPa bei einer Bruchdehnung von $1\,\%$ erreicht werden kann (Bild B.2.27 a).

B.2.4.2 Umwandlung in der Bainitstufe / ADI

Wird Gusseisen nach dem Autenitisieren in der Bainitstufe umgewandelt, entsteht ein austenitisch-ferritisches Matrixgefüge, auch Ausferrit genannt

(s. Kap. A.3, S. 70). Diese Behandlung definiert die bainitischen Sphärouss-legierungen nach DIN EN 1564 als eigene Werkstoffgruppe, die im Englischen „austempered ductile iron", ADI, genannt wird. Sie ist gekennzeichnet durch höchste Festigkeit bei guter Duktilität (s. Bild B.2.27, b). Wegen der Fähigkeit des Austenits, verformungsinduziert umzuwandeln und dabei einen TRIP-Effekt (s. Kap A.2, S. 41) zu zeigen, bestehen Parallelen zu den TRIP-Stählen (s. Kap.B.2, S. 170). So erreicht ADI bei einer Zugfestigkeit von 1000 MPa eine Bruchdehnung von mindestens 5 % und macht damit dem vergüteten Stahlguss Konkurrenz. Der Werkstoff erfreut sich deshalb einer stetig steigenden Verbreitung mit einer Verdopplung der weltweiten Jahrestonnage in nur 5 Jahren.

Unlegierter bainitischer Sphäroguss enthält etwa 3.2 bis 3.8 % C und 2 bis 2.5 % Si. Er erhält seine Eigenschaften durch Austenitisieren, Abschrecken und isothermes Halten in der Bainitstufe (s. a. Kap. A.3, S. 70). Bei einer Austenitisierungstemperatur zwischen 900 und 1000°C wird der Austenit mit Kohlenstoff angereichert, der sowohl aus der Auflösung von Karbiden als auch aus den primären Graphitsphäroliten stammt. Eine schnelle Karbidauflösung im perlitischen Ausgangsgefüge und kurze Diffusionswege bei feiner Sphärolitausbildung erlauben Haltezeiten deutlich unter 60 Minuten, so dass die Matrixkorngröße fein bleibt. Die Abkühlung muss so rasch erfolgen, dass die

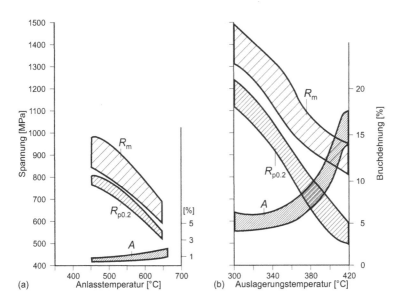

Bild B.2.27 Mechanische Eigenschaften von Gusseisen mit Kugelgraphit: (a) nach dem Härten von 900°C als Funktion der Anlasstemperatur (nach S. Hasse) (b) nach dem Austenitisieren in Abhängigkeit von der isothermen Haltetemperatur zur Umwandlung in der Bainitstufe (nach E. Dorazil et al.)

Perlitbildung unterdrückt wird, was durch die üblichen Legierungselemente Ni, Cu und Mo in den bereits genannten Konzentrationen erleichtert wird. Ein alleiniger Molybdänzusatz ist ungünstig, weil seigerungsbedingt schlecht lösliche Karbide an Korngrenzen entstehen können. Als Abschreckmittel haben sich flüssige Medien (Salzbad) bewährt, da sie einen homogenen Wärmeübergang bieten und die gewünschte Temperatur bei der isothermen Behandlung in engen Grenzen konstant halten.

Bei Umwandlungstemperaturen oberhalb 350°C wachsen von den Austenitkorngrenzen ausgehend zunächst kohlenstoffarme Ferritlatten in das Austenitkorn hinein. Silizium unterdrückt die Karbidausscheidung, so dass der Austenit mit zunehmender Auslagerungszeit durch steigenden Kohlenstoffgehalt stabilisiert wird. Zu diesem Zeitpunkt besteht das Gefüge neben den Graphitsphäroliten aus Ferrit und 20 % bis 40 % Restaustenit und wird deshalb Ausferrit genannt (Bild B.2.28).

Das Gefüge ist abgesehen von den Graphitsphäroliten dem der TRIP-Stähle ähnlich (s. Kap. A.3, S. 70 und A.2, S. 41). In diesem Zustand verfügt ADI bei hoher Festigkeit über eine exzellente Bruchzähigkeit K_{Ic} (Tab. B.2.7), die mit der spannungsinduzierten Martensitumwandlung vor der Rissspitze erklärt werden kann. Sie ruft infolge einer Volumenzunahme Druckeigenspannungen hervor, die sich mit den Zuglastspannungen überlagern. Der Effekt ist darüber hinaus für eine hohe Biegewechsel- und Wälzfestigkeit dieser Werkstoffgruppe verantwortlich. Mit zunehmender Auslagerungszeit kann Silizium die Karbidbildung nicht mehr unterdrücken und es kommt zur Ausscheidung von Karbiden, die mit einer Härtesteigerung und einem Verlust an Duktilität einhergeht. Unterhalb 350°C wandelt ein Teil des Restaustenits nach kurzer Haltezeit beim Abkühlen in Martensit um, der die Härte erhöht aber auch stark versprödend wirkt. Der Einfluss der Austenitisierungs-, der Umwandlungstemperatur   und   der   Haltezeit   auf   die   mechanischen

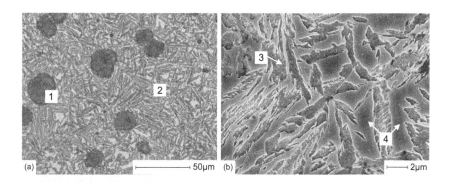

Bild B.2.28 Gefüge von bainitischem Sphäroguss (ADI): (a) Graphitsphärolite (1) in einer metallischen Grundmasse (2) aus Austenit und Ferrit, (b) Metallische Grundmasse: Ferrit (3), Austenit (4)

Tabelle B.2.7 Mechanische Eigenschaften von grauem Gusseisen nach Umwandlung in der Bainitstufe (DIN EN 1564)

	R_m [MPa]	$R_\mathrm{p0.2}$ [MPa]	A [%]	Härte [HB]	Schlagarbeit bei RT [J][3]	K_Ic [MPa$\sqrt{m}$][3]
GJS 800	800	500	8	260 - 320	100	62
GJS 1000	1000	700	5	300 - 360	80	58
GJS 1200	1200	850	2	340 - 440	60	54
GJS 1400	1400	1100	1	380 - 480	35	50
GJS 1600[1]	1600	1300	1	400 - 510	20	40
GJL 350[2] (AGI)	400	–	0.5	350 - 370	6	–

[1] nach ASTM 897, [2] Werkstoff nicht genormt, [3] Literaturwerte

Eigenschaften ist in Bild B.2.29 zusammengefasst. Beste Zähigkeitskennwerte werden durch Halten bei 400°C für 15 bis 60 Minuten infolge hohen Restaustenitgehalts erreicht (Bild B.2.29 a, unten), wobei ein mittlerer Si-Gehalt von 2.6 % günstig ist. ADI weist selbst bei hoher Festigkeit einen beachtlichen Widerstand gegen Rissausbreitung auf (Tab. B.2.7). So werden bei einer 0.2 % Dehngrenze von 1100 MPa für GJS 1400 K_Ic-Werte von 50 MPa$\sqrt{m}$ gemessen, die um Faktor 3 höher liegen als für perlitischen Sphäroguss mit einer Streckgrenze von nur 500 MPa. Infolge des hohen Austenitanteils existiert keine ausgeprägte Übergangstemperatur der Schlagarbeit, die bei -60°C für GJS 800 etwa 60 J und für GJS 1200 immerhin noch 25 J beträgt. Von Bedeutung ist dabei die thermische und mechanische Stabilität des Austenits. Während Auslagerungsversuche bei -100°C eine nur geringe Reduktion im Restaustenitgehalt bewirken, wandelt der mit Kohlenstoff unzulänglich gesättigte Austenit unter geringen Spannungen bereits bei Raumtemperatur in α'-Martensit um. Die Umwandlung kann bei großen Gussteilen durch Eigengewicht oder Umlagerung von Eigenspannungen bei der spanenden Bearbeitung ausgelöst werden und infolge Volumenzunahme zu einer unerwünschten Maßänderung führen.

Das hohe Produkt aus Streckgrenze und Bruchdehnung verleiht ADI verglichen mit den ferritisch-perlitischen Gusseisen eine doppelt so hohe Dauerfestigkeit. Im direkten Vergleich erreicht GJS 1000 gegenüber dem Vergütungsstahl 42CrMo4 eine um Faktor 4 höhere Wälzfestigkeit und stößt damit in die Region randschichtgehärteter Stähle vor. Weitere Steigerungen sind durch Oberflächen verfestigende Maßnahmen wie Kugelstrahlen und Festwalzen möglich. Die Kaltverformung des Austenits und die spannungsinduzierte Martensitbildung sorgen an der Oberfläche für Druckeigenspannungen.

Kaltverfestigung und spannungsinduzierte Martensitbildung sind auch der Grund für einen hohen Verschleißwiderstand bei Gleit- und Furchungsverschleiß. So kann die Ausgangshärte von 400 HV in der Legierung GJS 1400 durch Verschleißbeanspruchung auf 600 HV in Oberflächennähe erhöht werden.

Neben dem aus dem speziellen Matrixgefüge resultierenden besseren Festig-
keits-Zähigkeitsverhältnis gegenüber ferritisch-perlitischem Sphäroguss hat
ADI auch Vorteile gegenüber Stahlguss. Das gute Fließvermögen der ADI-
Schmelzen beim Gießen sowie die kurze Auslagerungszeit bei der Wärmebehandlung halten die Herstellungskosten niedrig. Das geringere spezifische Gewicht erlaubt leichtere Konstruktionen ohne Festigkeitsverlust bei gleichzeitig
höherer Dauerfestigkeit und besserem Dämpfungsverhalten. Damit eignet sich
ADI besonders für Anwendungsbereiche in der Automobilindustrie, wo Kurbelwellen und Radnaben in PKW sowie Federlagerungen, Differenzialgehäuse
und Steuerzahnräder in Nutzfahrzeugen aus ADI eingesetzt werden. In großen
Planetengetrieben schließt der Werkstoff die Lücke zwischen Zahnrädern aus
Vergütungsstahl und einsatzgehärteten Rädern. Nachdem sich ADI in Laufrä-
dern für schienengebundene Krane bewährt hat, sind einige Eisenbahngesell-
schaften bei den Rädern für Lokomotiven und Reisewagen zum kostengünsti-
geren ADI gewechselt. Die guten Verschleißeigenschaften haben Anwendungen

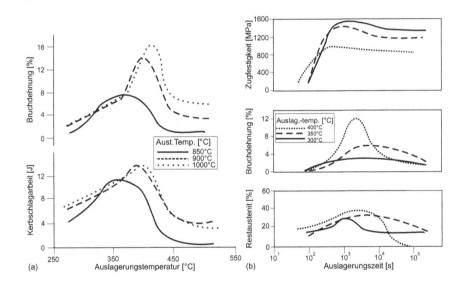

Bild B.2.29 Wärmebehandlung und mechanische Eigenschaften von ADI
(nach E. Dorazil): (a) Austenitisierungs- und Auslagerungstemperatur: Durch Austenitisieren zwischen 850°C und 1000°C (30 min) wird ein Kohlenstoffgehalt knapp
oberhalb 1 % in Lösung gebracht. Mit Ausscheidung von Ferrit erhöht sich der C-
Gehalt bei der Auslagerung um 400°C im Austenit auf ca. 2 %. Dadurch bleibt
Restaustenit zurück, der für ein Maximum an Duktilität und Zähigkeit sorgt. (b)
Auslagerungstemperatur und -zeit: Das Prozessfenster zur Herstellung von ADI wird
durch die Auslagerungszeit eingeengt. Zu kurze Haltezeit versprödet durch Martensitbildung, zu lange durch Karbidausscheidung. Silizium verschiebt das Fenster zu
längeren Zeiten

bei abrasiver Beanspruchung als Kettenräder und -glieder in Förderanlagen, als Laufräder und Deckel in Schlammpumpen sowie als Zähne und Schneidkanten für Bagger und landwirtschaftliche Maschinen hervorgebracht.

Der Widerstand von ADI gegen mineralischen Verschleiß kann durch gezielte Karbidausscheidung gesteigert werden. Unter dem Namen CADI ist ein karbidisches ADI bekannt, bei dem durch Zulegieren von Chrom und Molybdän etwa die Hälfte des Kohlenstoffes in Form von eutektischen Karbiden gebunden ist. Obwohl ein Teil dieser Karbide (Bild B.2.30) bei der anschließenden Wärmebehandlung zerfällt, stellt sich ein Verschleißwiderstand auf dem Niveau zwischen weißem Gusseisen und normalem ADI ein. Wenn bei hoher Dämpfungsfähigkeit die erreichbare Festigkeit der ferritisch/ perlitischen GJL-Werkstoffe nicht mehr ausreicht, kann auch Grauguss mit Lamellengraphit in der Bainitstufe umgewandelt werden. Das entstehende Austempered Grey Iron (AGI) findet nicht zuletzt wegen des guten Verschleißverhaltens Anwendung als Zylinderlaufbuchse in Dieselmotoren amerikanischer Hersteller.

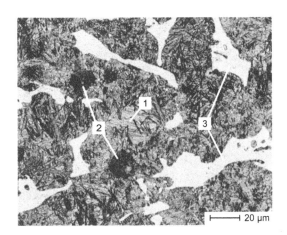

Bild B.2.30 Lichtmikroskopische Aufnahme von karbidischem ADI:
1: Ausferrit; 2: Graphit; 3: Fe_3C

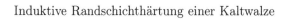

Induktive Randschichthärtung einer Kaltwalze

B.3 Werkstoffe für die Randschichtbehandlung

In der Oberflächentechnik kommt eine Vielzahl von Verfahren zur Randschichtbehandlung oder Beschichtung zum Einsatz (s. Kap. A.3, S. 71). Für einige Verfahren stehen optimierte Werkstoffe zur Verfügung. Im folgenden werden eine thermische und zwei thermochemische Wärmebehandlungen zur Randschichtbeeinflussung beschrieben und geeignete Werkstoffe vorgestellt. Die drei Verfahren verfolgen ein gemeinsames Ziel: Über einem duktilen Werkstückkern sollen durch Steigerung der Härte und Ausbildung von Druckeigenspannungen im Rand der Verschleißwiderstand und die Schwingfestigkeit erhöht werden.

Die Härte nimmt von Oberflächennähe zum Kern hin allmählich ab, so dass eine Grenzhärte festzulegen ist, bis zu der die maßgebliche Tiefe der Randschicht reicht. Für das Randschichthärten gilt nach DIN EN 10328: Grenzhärte $= 0.8 \times$ Mindestwert der geforderten Oberflächenhärte, gemessen in HV1. Die Einhärtungstiefe DS (bisher Rht) wird in mm angegeben. Die Nitrierhärtetiefe Nht in mm bezieht sich nach DIN 50190-3 auf Grenzhärte $=$ gemessene Kernhärte $+ 50\,(\text{HV0.5})$. Beim Einsatzhärten liegt die Grenzhärte bei $550\,\text{HV1}$ und die Einsatzhärtungstiefe lautet CHD nach DIN EN ISO 2639 in mm (bisher Eht nach DIN 50190-1 bzw. DC nach EURONORM 105). Sonderregelungen sind nach Norm zu vereinbaren. Die tatsächliche Einwirkung der Erwärmung oder der chemischen Veränderung reicht tiefer als die durch die Grenzhärte festgelegte maßgebliche Randschichtdicke.

B.3.1 Werkstoffe für das Randschichthärten

B.3.1.1 Verfahrensaspekte des Randschichthärtens

Bei diesen thermischen Verfahren wird die Werkstückrandschicht durch Flamme, elektromagnetische Induktion, Plasma, Laser oder Elektronenstrahl so rasch aufgeheizt und austenitisiert, dass eine nennenswerte Erwärmung des Kerns unterbleibt. Für eine dünne Schicht oder höherlegierte Werkstoffe reicht die Selbstabschreckung durch den kalten Kern zum Härten der Randschicht aus. Meistens kommt jedoch eine Wärmeabfuhr nach außen durch ein Abschreckmedium hinzu. Die Einhärtetiefe reicht z. B. von $< 0.1\,\text{mm}$ (Laserstrahl mit Selbstabschreckung) bis zu $50\,\text{mm}$ (Induktion mit Wasserbrause). Wir unterscheiden das Vorschub- und das Gesamtflächenhärten (Bild B.3.1). Bei der Überlappung von vorschubgehärteten Bahnen droht Rissgefahr. Es werden deshalb meist geringe Abstände gewahrt, in denen keine Härtung zustande kommt. Die Gesamtflächenhärtung wird von diesem Problem nicht berührt. Sie erlaubt neben der Wasser- auch die mildere Ölabschreckung, die sich wegen der Entflammbarkeit bei der Vorschubhärtung verbietet.

Die Aufheizgeschwindigkeit reicht z. B. von $10^{1}\,°\text{C/s}$ beim Gesamtflächenhärten durch eine Azetylen/Sauerstoff-Flamme bis zu $10^{4}\,°\text{C/s}$ beim Vorschubhärten durch Laser- oder Elektronenstrahl. Im Gegensatz zu einer gleichgewichtsnahen Austenitisierung in einem Ofen mangelt es bei rascher Randschichterwärmung an Diffusionsdauer zur Ferrit/Austenit-Phasenumwandlung und Auflösung der Karbide. Die Austenitisierung wird zu höherer Temperatur verschoben, wie anhand des Zeit-Temperatur-Austenitisierungsschaubildes (ZTA) in Bild A.3.3, S. 65 für den Stahl 42CrMo4 gezeigt. Die Temperaturen Ac_1 und Ac_3 steigen mit der Aufheizgeschwindigkeit an. Oberhalb Ac_3 sind die Karbide zwar im Austenit gelöst, aber die darin angereicherten Legierungselemente noch inhomogen verteilt, da sie viel langsamer diffundieren als Kohlenstoff. Mit steigender Temperatur wird der Austenit homogener und gewinnt an Härte, aber gleichzeitig wächst die Korngröße. Für die Praxis des Randschichthärtens ergibt sich mit wachsender Aufheizgeschwindigkeit eine Erhöhung der Härtetemperatur um rund 50 bis 250°C über die für Ofenerwärmung vorgesehene. Je höher die Energiedichte der Wärmequelle, umso steiler bildet sich der Temperaturgradient in der erwärmten Randschicht aus. Mit wachsender Dicke der austenitisierten Schicht steigt daher an der Oberfläche die Gefahr der Überhitzung bis hin zum Anschmelzen. Je nach Wärmequelle werden unterschiedliche Strategien verfolgt, um die Einhärtetiefe ohne Schädigung zu erhöhen. Für das Flamm- und Induktionshärten kommt ein durchgreifendes Vorwärmen auf z. B. 500°C infrage. Beim Induktionshärten dringt die Erwärmung mit abnehmender Frequenz tiefer in das Werkstück ein. Für Bauteile mit stark konturierter Form bringt das Zweifrequenz-Simultan-Verfahren eine gleichmäßigere Härtetiefe. So lässt sich bei Zahnrädern durch

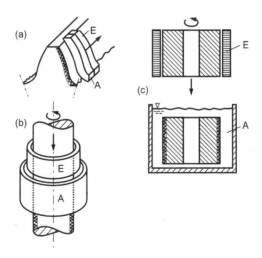

Bild B.3.1 Randschichthärten: (a) Vorschubhärten einer Zahnflanke, Erwärmung E mit Gasbrenner, Abkühlung A durch Wasserbrause. (b) Umlaufvorschubhärten einer Welle oder Walze, Erwärmung durch Induktionsspule oder Gasbrenner, Abkühlung durch Wasserbrause. (c) Gesamtflächenhärten mit Erwärmung wie (b), Abkühlen durch Eintauchen z. B. in ein Ölbad.

die gleichzeitige Einwirkung einer Mittelfrequenz zur Erwärmung der Zahnfüße und einer Hochfrequenz für die Zahnspitzen eine konturnahe Randschicht im Rahmen einer Gesamtflächenhärtung erzielen. Da das Leistungsverhältnis beider Schwingkreise (z. B. 10 bis 25 kHz und 150 bis 350 kHz) regelbar ist, bietet sich zusammen mit dem wählbaren Frequenzverhältnis eine Vielzahl von Möglichkeiten zur Steuerung des lokalen Energieeintrages, u. z. mit deutlich geringerem Energieverbrauch als beim Einsatzhärten. Beim Laserhärten bewährt sich ein Pulsbetrieb zur Vermeidung einer Überhitzung. Eine Pulsperiode setzt sich aus Pulsdauer und Pause zusammen. Das Verhältnis von Pulsdauer zur Dauer der Pulsperiode heißt Tastverhältnis und die Anzahl der Perioden je Sekunde ergibt die Pulsfrequenz. Bei einer Pulsfrequenz von 50 Hz und einem Tastverhältnis von 20 % beträgt die Pulsdauer z. B. 4 ms. Im Standbetrieb lässt sich durch Variation der beiden Parameter die gewünschte mittlere Oberflächentemperatur ohne Anschmelzen erreichen. Der Pulsbetrieb kann auch durch Ablenken des Laserstrahls (Scannen) im cw-Modus (continuous wave) erreicht werden. Beim Umlaufvorschubhärten im cw-Modus steigt die Pulsfrequenz mit der Anzahl der Umdrehungen je Sekunde. Für den Stahl 42CrMo4 stellte sich z. B. eine deutlich größere Härtetiefe nach zehnfacher Wiederholung folgender Pulsperiode ein: Aufheizen mit 1000°C/s auf 1150°C und Abschrecken auf eine Temperatur dicht oberhalb M_s. Unabhängig von der Art der Erwärmung beschleunigt eine geringe Größe und gleichmäßige Verteilung der Karbide im Ausgangszustand die Austenitisierung der Randschicht und erhöht die Einhärtetiefe. Durch den Übergang vom kugelig geglühten zum ferritisch-perlitischen und zum vergüteten Ausgangsgefüge werden die Temperaturen Ac_3 und Ac_c durch Schnellerwärmung weniger erhöht (Bild B.3.2).

B.3.1.2 Werkstoff und Randschicht

Durch die Fortschritte bei der Stahlreinheit und bei der Verfahrenstechnik des Randschichthärtens konnte DIN 17212 (Stähle für das Flamm- und Induktionshärten) aufgelassen bzw. in DIN EN 10083 (Vergütungsstähle) eingearbeitet werden. In Teil 2 sind unlegierte Stähle (C35E bis C55E) sowohl im normalgeglühten wie auch im vergüteten Zustand beschrieben. Teil 3 behandelt legierte Vergütungsstähle (37Cr4 bis 50CrMo4). Die Oberflächenhärte dieser, für das Randschichthärten bestimmten Güten (Tab. B.3.1) steigt mit dem C-Gehalt und erreicht nach dem Entspannen bei 150 bis 180°C Werte von 48 bis 58 HRC (Bild B.3.3).

Die AFP-Stähle 38MnVS6 und 46MnVS6 nach DIN EN 10267 (s. Tab. B.2.3, S. 189) reihen sich in diese Härtespanne ein. Neben dieser Aufhärtbarkeit gewinnt mit zunehmender Randschichtdicke die Einhärtbarkeit an Bedeutung und damit der Legierungsgehalt. Er wird bei den legierten Vergütungsstählen so gewählt, dass sich beim Vergüten eine tiefe Einhärtung oder Durchhärtung einstellt (s. Bild A.3.5, S. 66). Daraus ergibt sich in der Regel eine ausreichende Einhärtbarkeit für das Randschichthärten, wo

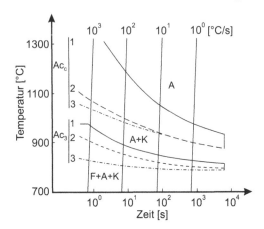

Bild B.3.2 Einfluss des Ausgangsgefüges beim Randhärten: Stahl 50CrMo4, Zustand 1 = kugeliger Zementit durch Pendelglühen bei 745 ± 20°C, 7 h, Zustand 2 = oberer Perlit durch Austenitisieren bei 850°C und isothermes Umwandeln bei 650°C, Zustand 3 = Vergütungsgefüge durch Härten von 850°C und Anlassen bei 500°C (ZTA-Schaubild nach J. Orlich, A. Rose, P. Wiest).

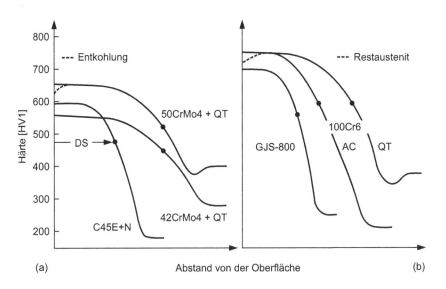

Bild B.3.3 Härteverlauf nach Induktionshärten und Anlassen bei 160°C: (a) Einfluss von Kohlenstoffgehalt, Legierungsgehalt und Wärmebehandlungszustand untereutektoider Stähle, (b) übereutektoider Stahl, weichgeglüht oder vorvergütet, und perlitisches Gusseisen mit Kugelgraphit.

Selbstabschreckung nach innen und Wasserbrause von außen zusammen kommen. Bei Verwendung einer milderen Wassersprüh- oder Ölabkühlung zur Vermeidung von Härterissen ist auf ausreichende Härtbarkeit zu achten. Risse können entstehen, weil steile Temperaturgradienten, hohe Kohlenstoffgehalte und z. T. auch gekerbte Konturen vorliegen (s. Kap. A.3, S. 73). Je höher die Vergütefestigkeit im Ausgangszustand, umso eher macht sich im Übergang von der Randschicht zum Kern ein Härteabfall bemerkbar, weil dort die Anlasstemperatur des vorangegangenen Vergütens von der Randtemperatur überschritten wird. Die Volumenzunahme durch Martensitbildung bewirkt in der Randschicht Druckeigenspannungen. Ihre Superposition mit Lastspannungen führt besonders bei Biegeschwingbeanspruchung zu einer Absenkung der rissauslösenden Zugspannungsamplitude im Rand und damit zu einer Erhöhung der Schwingfestigkeit. Bei großer Randhärtetiefe und geringer Selbstabschreckung (zu dünner Kernquerschnitt, Vorwärmung) kann der

Tabelle B.3.1 Stähle für das Randschichthärten (I) und Nitrieren (II):
N = normalgeglüht, QT = vergütet, P = ausscheidungsgehärtet (AFP-Stahl)

	Stahl	DIN EN	Kern [1]			Rand [2]	
			$R_{p0.2}$	R_m	A	Härte	
			[MPa]	[MPa]	[%]	[HV]	[HRC]
	C45E+N	10083-2	305	580	16	(596)	55
	C55E+N		330	640	12	(655)	58
I	37Cr4+QT	10083-3	510	750	14	(527)	51
	42CrMo4+QT		650	900	12	(560)	53
	50CrMo4+QT		700	900	12	(655)	58
	46MnVS6+P	10267	580	900	10	(578)	54
	31CrMo12+QT	10085	785	980	11	800	(64)
II	33CrMoV12-9+QT		850	1050	12	900	(67)
	34CrAlNi7-10+QT		650	850	12	950	(68)
	41CrAlMo7-10+QT		720	900	13	950	(68)

[1] Mindestwerte für eine Rundabmessung von 40 bis 100 mm

[2] Anhaltswerte für die Oberfläche: I nach Randschichthärten und Anlassen bei 150 bis 180°C, II nach Nitrieren, Umwertung nach DIN EN ISO 18265 in Klammern

äußere Bereich der Randschicht wegen der von außen nach innen fortschreitenden Martensitbildung unter unerwünschte Zugeigenspannungen geraten. Wie oben erwähnt, werden die Bauteile nach dem Randschichthärten entspannt, um Mikroeigenspannungen im Gefüge abzubauen, ohne die Makroeigenspannungen im Bauteil und ihre Randhärte wesentlich zu verringern. Nach induktiver Härtung kann unmittelbar anschließend auch induktiv entspannt werden, wodurch die Fertigungslinie nicht durch ein Ofenanlassen unterbrochen wird.

Neben den bisher erwähnten untereutektoiden Baustählen werden auch naheutektoide Stähle, wie z. B. C70 oder 85CrMo7 randschichtgehärtet. Die Matrix von Gusseisen liegt unter- bzw. naheutektoid vor. Für das in Bild A.2.11, s. S. 31 gezeigte Beispiel beträgt der eutektoide Kohlenstoffgehalt rund 0.6 %. Nur der im Perlit gebundene Anteil geht bei Schnellerwärmung in Lösung. Für eine nennenswerte Auflösung von Graphit im Austenit fehlt die Zeit. Der für die Aufhärtung verantwortliche C-Gehalt im Austenit steigt daher mit dem Perlit/Ferrit-Verhältnis des Ausgangszustandes an. Da auch die Festigkeit von Gusseisen mit diesem Verhältnis zunimmt, ist von den höherfesten Sorten wie z. B. GJL-350, GJV-500 und GJS-800 (s. Tab. B.1.2, S. 146) die höhere Randschichthärte zu erwarten. Die weicheren perlitarmen Sorten und weißer Temperguss sind für das Randschichthärten nicht geeignet, können aber durch eine perlitisierende Glühung verwendbar gemacht werden (s. Kap. A.3, S. 63). Die erzielte Oberflächenhärte von Gusseisen reicht von $\approx$ 45 bis 60 HRC. In der Regel wird bei 160 bis 200°C entspannt. Die Einhärtbarkeit richtet sich nach dem Legierungsgehalt, der aber der Kurzbezeichnung nicht zu entnehmen ist. Es geht um Mn, Si, Cu und ggf. geringe Anteile von Cr und Mo. Bei GJL mit höherem P-Gehalt ist zu beachten, dass das Phosphideutektikum (Steadit) um 950°C schmilzt und diese Temperatur zur Vermeidung einer Schädigung nicht erreicht werden sollte.

Die durch Temperaturgradienten beim Aufheizen und Abkühlen bedingten inneren Spannungen werden um Graphitausscheidungen konzentriert, deren Kerbwirkung von Lamellen- über Vermicular- bis zu Kugelgraphit zurückgeht. In dieser Reihenfolge ist daher eine abnehmende Rissanfälligkeit beim Randschichthärten zu erwarten. Weit verbreitet ist die induktive Erwärmung, da sie die Wärme in der Randschicht erzeugt und mit flacheren Aufheizgradienten auskommt als bei Anstrahlung der Oberfläche. Für das Abschrecken wird eine vorgewärmte Wasser-Polymer-Emulsion empfohlen.

So wie im Gusseisen der Graphit beim Randschichthärten nicht in Lösung geht, liefern auch die eutektischen Karbide in Kalt- und Schnellarbeitsstählen wie z. B. X153CrMoV12 und HS 6-5-2 keinen Beitrag zur Austenitisierung. Nur die sekundären Karbide der kugelig geglühten Matrix lösen sich im Austenit. Im Gegensatz zu untereutektischen Stählen besteht jedoch die Gefahr, dass sich zu viel Kohlenstoff und Legierungselemente im Austenit lösen, die M_f-Temperatur unter Raumtemperatur abfällt, ein hoher Restaustenitgehalt zurückbleibt und die gewünschte Härte nicht erreicht wird. Bei zu hoher Temperatur an der Oberfläche bildet sich dann darunter, innerhalb der Randschicht, ein Härtemaximum aus. Das kann auch bei nichtrostenden

Stählen wie X46Cr13 oder X70CrMo15 auftreten. Zwischen gehärteten und nicht gehärteten Bereichen können sich Unterschiede im Korrosionswiderstand ausbilden. Dann wirkt sich ein höheres Cr/C-Verhältnis wie z. B. bei X39CrMo17-1 günstig aus. Die genannten hochlegierten Stähle härten an Luft. Eine auf alle Werkstoffe zutreffende Ursache für eine zur Oberfläche hin wieder abfallende Randhärte liegt in einer Entkohlung. Eine aus der Warmformgebung resultierende Kohlenstoffverarmung der Randschicht sollte durch Vorbearbeiten entfernt werden. Mit zunehmender Härtetiefe steigt die Verweildauer bei hoher Temperatur und es kann sich eine Weichhaut durch das Randschichthärten einstellen, die erst durch Nachbearbeiten verschwindet.

B.3.1.3 Anwendungen

An Kurbelwellen erhöht das induktive Randschichthärten der Lagerflächen den Verschleißwiderstand. Wird der Übergang zu den Wangen mit erfasst, steigt auch die Schwingfestigkeit. An Steuernocken und Kulissen erweist sich das partielle Härten von begrenzten Oberflächenbereichen als vorteilhaft. Kettenräder für Verbrennungsmotoren erhalten im Zweifrequenz-Verfahren eine gleichmäßige Einhärtetiefe. Bei großen Getrieberädern werden die Zahnflanken einzeln induktiv oder mit der Flamme im Vorschub gehärtet. In schlanken Bauteilen ist die Einschränkung der Formänderung von Bedeutung, um Richtkosten und Ausschuss zu minimieren. So werden Gleitleisten für Werkzeugmaschinen entweder vorgebogen oder beidseitig randschichtgehärtet. Bei Kugelumlaufspindeln stellt sich ein Steigungsfehler durch Längenzunahme ein. Wird sie als Unterlänge berücksichtigt, so kann während des induktiven Umlaufvorschubhärtens die Längenzunahme gemessen und die Einhärtetiefe so geregelt werden, dass die Steigung der Vorgabe entspricht. In Zahnstangen für die PKW-Servolenkung ist die stärkste Durchbiegung für eine Härtung von Zahnflanke und -grund zu erwarten. Deshalb kommt auch hier meist ein induktives Umlaufvorschubhärten infrage, wodurch auch die der Zahnreihe gegenüberliegende Fläche eine Einhärtung erfährt. Dadurch verringert sich nicht nur die Formänderung, sondern es steigt auch die Bauteilfestigkeit, was beim Anfahren eines Bordsteins vor bleibender Verformung schützt. Bei geschmiedeten oder gegossenen Kranlaufrädern oder Laufrollen für Raupenketten kommt es durch Flamm- oder Induktionshärten zu einer Verbesserung von Wälzfestigkeit und Verschleißwiderstand. Schwere Kaltwalzen werden z. B. vorvergütet und vorgewärmt durch induktives Umlaufvorschubhärten (s. Bild B.3.1 b) bis zu 50 mm tief randschichtgehärtet. Auch nicht kreisförmige Bauteile, wie z. B. schwere Exzenter und Steuerscheiben, lassen sich einer Gesamtflächenhärtung des Umfangs unterziehen, indem die am Umfang verteilten Gasbrenner über eine konturgleiche Steuerscheibe der umlaufenden Oberfläche in konstantem Abstand radial nachgeführt werden. Die Schienenenden eines Stoßlückengleises erhalten durch induktive Erwärmung mit Selbstabschreckung ein feinstlamellares Perlitgefüge, um Verformungen und Ausbrüche zu vermeiden.

Neben dem Mittelfrequenzhärten schwerer Bauteile ist das Hochfrequenz-härten für Kleinteile z. B. in der Feinmechanik verbreitet, wo Härtetiefen von Zehntelmillimetern verlangt werden. Hier bietet sich auch das Laserhärten an. Das Innenhärten von Großzylindern bedient sich der einfachen Handhabung des Laserlichts durch optische Spiegel und Linsen. Ein achsialer Strahl wird radial umgelenkt und fokussiert. Durch Drehen und/oder achsiales Verfahren entstehen auf der Innenfläche gehärtete Längs- oder Spiralspuren von z. B. 1 mm Tiefe. Mit der Entwicklung von leistungsstarken Diodenlasern (z. B. 5 kW) hat das Laserhärten zugenommen, u. z. wegen der kompakten Bauform, der rechteckigen Intensitätsverteilung im Brennfleck und der geringen Wellenlänge, die gegenüber Nd-YAG und CO_2 Lasern zu einer höheren Absorption der Strahlenergie führt. Mussten früher die Schneidkanten von gegossenen Stanzereigroßwerkzeugen der Kfz-Industrie von Hand mit der Flamme im Vorschub gehärtet werden, so wird das heute von einem, auf einem Mehrachsen-Roboterarm sitzenden, Laser erledigt. Die Ziehform für ein PKW-Dach kann aus Gusseisen hergestellt und an den Ziehkanten durch Laserhärten gegen Verschleiß geschützt werden. In großen Kunststoff-Spritzformen dient das Vorschublaserhärten dem Schutz der oft meterlangen Schließkanten gegen Verschleiß und plastische Verformung.

Seit Entwicklung des Hochgeschwindigkeits-Scanbetriebes hat der Elektronenstrahl (EB = electron beam) Eingang in das Randschichthärten gefunden. Bei einer Randschichtdicke von < 1 mm wird eine hohe Randschichthärte erzielt, so z. B. knapp 1000 HV 0.1 bei 50CrV4 QT – auch weil auf das Entspannen verzichtet werden kann. Interessant, aber kostenintensiv ist die Kombination mit anderen Randschichtverfahren: (a) Durch EB-Härten wird ein hoher Lösungszustand in der Randschicht von ledeburitischem Cr-Kaltarbeitsstahl eingestellt, so dass sich durch anschließendes Nitrieren eine höhere Nitrierhärte ergibt. (b) Unter einer Borierschicht kann durch EB-Härten die Stützwirkung des Grundwerkstoffes verbessert werden. Die dünne Boridschicht bleibt weitgehend unbeeinflusst. (c) In einer nitrocarburierten Schicht bringt das EB-Härten C und N in Lösung und erhöht die Härte.

B.3.2 Nitrierstähle

B.3.2.1 Verfahrensaspekte des Nitrierens

Bei diesem thermochemischen Verfahren wird das Werkstück durchgreifend auf Nitriertemperatur $T_N < 590°C$ erwärmt und nimmt aus der umgebenden Gasatmosphäre Stickstoff in seine Randschicht auf. Da im System Fe-N (s. Bild B.3.9 a) die mit A_1 vergleichbare Temperatur 590°C beträgt, liegt der Stahl im krz Zustand vor, der nur < 0.1 % N löst. Es kommt zur Bildung von Nitriden, die an der Oberfläche zu einer geschlossenen, harten Verbindungsschicht zusammenwachsen und darunter eine Ausscheidungs- bzw. Diffusionsschicht schaffen, in der sich eine Härtesteigerung durch Aushärtung einstellt. Wegen der festen Dreifachbindung im N_2 Molekül ist dessen thermische Dissoziation im Temperaturbereich des Nitrierens gleich null und Stickstoffgas nur nach Aufspalten in einem Plasma als N-Spender geeignet. Ammoniak NH_3 zeigt dagegen im Kontakt mit der Stahloberfläche eine passende Dissoziationsrate und findet als Prozessgas breite Anwendung. Durch Zusatz von Wasserdampf (Oxinitrieren) oder CO (Nitrocarburieren) lassen sich die Randschichteigenschaften weiter beeinflussen. Für die Reaktionsgleichungen werden nach dem Massenwirkungsgesetz Kennzahlen aus den Partialdrücken p der beteiligten Gaskomponenten gebildet, die das chemische Potenzial bzw. die Nitrieraktivität des Prozessgases beschreiben.

$$NH_3 \rightarrow [N] + \frac{3}{2} H_2 \qquad\qquad K_N = p(NH_3)/p(H_2)^{3/2} \qquad \text{(B.3.1)}$$

$$H_2O \rightarrow [O] + H_2 \qquad\qquad K_O = p(H_2O)/p(H_2) \qquad \text{(B.3.2)}$$

$$CO + H_2 \rightarrow [C] + H_2O \qquad K_C = p(CO) \cdot p(H_2)/p(H_2O) \quad \text{(B.3.3)}$$

Als weitere Aufkohlungsreaktion kommt das CO/CO_2 Boudouard-Gleichgewicht infrage. Die Bildung von Methan bleibt in technischen Anlagen in der Regel vernachlässigbar gering. Die Nitrierkennzahl K_N, die Oxidationskennzahl K_O sowie die Kohlungskennzahl K_C der heterogenen Wassergasreaktion hängen über H_2 und CO zusammen und bestimmen gemeinsam die Schichtzusammensetzung an der Oberfläche, wo ein lokales Gleichgewicht zwischen der Aktivität von N, O und C im Gas und im Stahl herrscht. Innerhalb der Randschicht fällt die Konzentration der Elemente auf die Kernzusammensetzung ab (Bild B.3.4). Für das Nitrieren in NH_3 ist die Zusammensetzung der Eisenoberfläche im Lehrer-Diagramm, abhängig von K_N und T_N, wiedergegeben (Bild B.3.5a). Zur Ausscheidung kommen das kubische γ'-Nitrid Fe_4N oder das hexagonale ε-Nitrid $Fe_{2-3}N$ (auch Fe_2N_{1-x}). Durch Messung von $p(H_2)$ mit einem Wasserstoffsensor im Ofen kann auf K_N geschlossen werden, wenn zusätzliche, zur Verdünnung eingeleitete H_2-Mengen einer Durchflussmessung unterliegen. Beim Nitrocarburieren wird die Durchflussmessung auf weitere Zusätze ausgedehnt und auch eine Sonde zur Messung von $p(H_2O)/p(H_2)$ verwendet. Wie aus Bild B.3.5b hervorgeht, bewirkt der Zusatz von Kohlenstoff eine Stabilisierung von ε-Carbonitrid gegenüber γ'. Das Oxinitrieren findet Anwendung in der Zerstörung von passivierenden Oxidschichten, die die Stickstoffaufnahme behindern. Wird K_O über einen Sauerstoffsensor so gewählt, dass Eisen oxidiert, Eisennitrid aber nicht, so lässt sich selbst bei niedriger Nitriertemperatur eine gleichmäßige Randschicht erzielen, da sich Oxide in Nitride umwandeln und die Schicht schneller wächst. Als Nachoxidierung finden wir das Sauerstoffangebot gegen Ende des Nitrocarburierens, um eine hohe Korrosionsbeständigkeit zu erzielen. Die in Gl. B.3.1 bis B.3.3 genannten Kennzahlen gelten angenähert auch für niedriglegierte Nitrierstähle, da der an Legierungselemente gebundene Stickstoffanteil gegenüber dem an Eisen gebundenen klein bleibt. Durch den Einsatz von Gassensoren, die

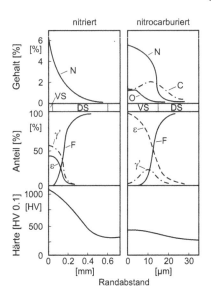

Bild B.3.4 Nitrierschicht: Anhaltswerte für die chemische Zusammensetzung, Gefügemengen und Mikrohärteverläufe nach dem Nitrieren eines Stahles mit $\approx 1\,\%$ Al in Ammoniak bzw. nach dem Kurzzeit-Nitrocarburieren eines unlegierten Stahles mit $0.15\,\%$ C im Salzbad. (VS = Verbindungsschicht; DS = Diffusionsschicht; N, C, O = Stickstoff, Kohlenstoff, Sauerstoff; γ', ε = Eisennitride; F = Ferrit).

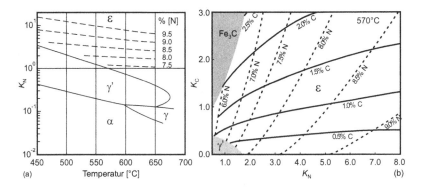

Bild B.3.5 Einfluss der Nitrierkennzahl K_N und der Kohlungskennzahl K_C auf die Oberfläche von Eisen nach H.-J. Spies et al.: (a) Zustandsschaubild für das Nitrieren in NH_3/H_2 - Gemischen nach E. Lehrer und Stickstoffgehalte berechnet nach J. Kunze, (b) Stickstoff- und Kohlenstoffgehalte für das Nitrocarburieren berechnet nach J. Kunze.

rechnergestützte Ermittlung der Kennzahlen und die Regelung der Gasmengen ist das Gasnitrieren (-nitrocarburieren, -oxinitrieren) zu einem kontrollierten Randschichtverfahren gereift. Bei einer Nitrierdauer von z. B. 2 bis 50 h werden zwischen 500 und 580°C Nitriertiefen von 0.1 bis 0.8 mm erreicht. Die spröde Verbindungsschicht kann durch entsprechende Regelung dünner eingestellt, aber nicht völlig vermieden werden. Nicht zu nitrierende Bereiche der Oberfläche müssen durch Verzinnen abgedeckt werden.

Beim Plasmanitrieren in $N_2(+H_2)$ lassen sich die Bedingungen der Glimmentladung so einstellen, dass Material durch Sputtern von der Oberfläche abgestäubt wird. Dadurch kann dem Maßzuwachs aus der Stickstoffaufnahme entgegengewirkt und die Verbindungsschicht weitgehend vermieden werden. Ein partielles Nitrieren ist durch Abschirmen der übrigen Bereiche einfacher zu erreichen. Die durchgreifende Erwärmung der Werkstücke erfordert eine hohe Plasmaleistung, die gerade bei konturierter Gestalt zu Temperaturunterschieden führt. Dieser Nachteil konnte einerseits durch Beheizen der Ofenwand und andererseits durch Pulsen der Plasmaleistung abgebaut werden (Plasmapulsnitrieren). Durch anfängliches Sputtern werden Passivschichten, auch bei nichtrostenden Stählen, entfernt und eine gleichmäßige Schicht erreicht. Wird zwischen die positiv gepolte Ofenwand und den negativ gepolten Werkstückträger in Wandnähe ein ebenfalls negativ gepoltes Gitter angebracht, so entsteht die Glimmentladung an diesem Aktivgitter. Ein reaktives Gemisch aus geladenen Teilchen bewegt sich unter der anliegenden Biasspannung auf das Werkstück zu und bewirkt auch bei hochlegierten Stählen eine gleichmäßige Aufstickung, da sich passivierende Schichten ohne Sputtern entfernen lassen. Es wird vermutet, dass es sich bei den erstaunlich langlebigen Teilchen z. B. um FeN^+ oder $NH_x^{(+)}$ handelt und aus den chemisorbierten Teilchen in den Teilschritten FeN $\rightarrow$ Fe$_{2-3}$ N $\rightarrow$ Fe$_4$N Stickstoff in die Oberfläche diffundiert. Das Plasmanitrieren mit Aktivgitter ist auch als ASPN (active screen plasma nitriding) bekannt.

Für das Salzbadnitrocarburieren werden carbonathaltige neutrale Salze so gemischt, dass sie im Bereich der Prozesstemperatur von z. B. 560 bis 585°C als Schmelze vorliegen, die mit Kalium- oder Natriumcyanat angereichert wird. Der Cyanatzerfall

$$3CNO^- \rightarrow CO_3^{--} + CN^- + C + 2N \qquad (B.3.4)$$

ist bei üblichem Betrieb in einem beheizten Tiegel an Luft vom Cyanat/Cyanid-Gleichgewicht überlagert, das sich im Temperaturbereich des Nitrocarburierens in Richtung des ungiftigen Cyanats verschiebt.

$$CN^- + \frac{1}{2}O_2 \rightarrow CNO^- \qquad (B.3.5)$$

Durch Oxidation des Cyanats lässt sich Stickstoff ohne Kohlenstoff an der Werkstoffoberfläche freisetzen. Die Sauerstofflöslichkeit der Schmelze hängt wiederum von der Kationenzusammensetzung (K$^+$, Na$^+$, Li$^+$) der Schmelze ab, die damit Einfluss auf das N/C-Verhältnis in der Schicht nimmt. Die Salzbadbehandlung ist sehr flexibel einsetzbar und kommt deshalb mit einer häufig wechselnden Folge unterschiedlicher Werkstücke gut zurecht. Das anschließende Waschen stellt allerdings einen zusätzlichen Aufwand dar.

B.3.2.2 Werkstoff und Randschicht

Bei Nitrierstählen nach DIN EN 10085 handelt es sich um legierte Vergütungsstähle (Tab. B.3.1). Wir unterscheiden Cr- und Cr, Al-legierte Sorten. Im Vergleich zu einer Oberflächenhärte von z. B. 300 HV0.1 für den nitrierten Stahl C10 können beide Elemente eine Steigerung auf über 1000 HV0.1 bewirken (Bild B.3.6). Zudem verbessern sie die Einhärtung, so dass auch in Bohrun-

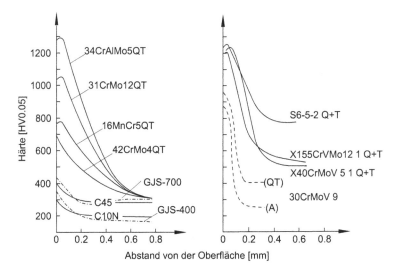

Bild B.3.6 Mikrohärteverlauf nach dem Nitrieren: Ausgangszustand A = weichgeglüht, N = normalgeglüht, QT = vergütet, Q+T = gehärtet und sekundär angelassen, ausgezogene Kurven: gasnitrieren in NH$_3$, 520°C, 50 h, gestrichelte Kurven: Salzbad-Nitrocarburieren 570°C, 2 h, strichpunktierte Kurven: wie vor, 580°C, 3 h, + Oxidieren 370°C, 10 min.

gen durch den Kern ein Vergütungsgefüge vorliegt, das zu gleichmäßigeren Schichteigenschaften führt als z. B. ein Ferrit/Perlit-Gefüge. Gehalte an Mo und V wirken in die gleiche Richtung wie Cr, heben aber zusätzlich die Anlassbeständigkeit an. Das ist für Werkstücke mit hoher Kernfestigkeit von Bedeutung. Soll z. B. der Stahl 42CrMo4 mit einer Vergütefestigkeit von 1100 MPa ($\approx$ 35 HRC) eingebaut werden, so ist nach Bild A.3.6, S. 68 für R_H=0.85 eine

Anlasstemperatur von $\approx$ 530°C vorzusehen. Nach dem Nitrieren bei 570°C wäre die Kernfestigkeit abgefallen. Durch die Verwendung von Stählen wie 33CrMoV12-9 mit Sekundärhärte lässt sich die Anlasstemperatur oberhalb von der Nitriertemperatur einstellen und die Kernfestigkeit beim Nitrieren erhalten. Das kommt auch der Warmfestigkeit zu Gute, die bei längerer Betriebsdauer kaum abfällt, wenn die Anlasstemperatur z. B. 50°C über der Betriebstemperatur lag. In Verbindung mit der guten Warmhärte einer Nitrierschicht erschließt sich die Anwendung im Warmbetrieb bis 500°C. Die nach dem Vergüten in den Anlasskarbiden angereicherten Cr, Mo, V-Anteile fehlen im Rand zum Ausscheidungshärten der Matrix. Aluminium ist davon nicht betroffen, da es Karbide meidet. Für eine hohe Randhärte wäre ein niedriger C-Gehalt günstiger, doch hebt ein hoher Gehalt die Kernfestigkeit. Durch den eindringenden Stickstoff kommt es aber zu einer Anreicherung von Kohlenstoff unter der Verbindungsschicht, in deren Folge sich auf den Korngrenzen, parallel zur Oberfläche, versprödender Zementit ausscheidet.

Durch die Erzeugung von Strangguss über Tundish und Tauchrohr wird der Luftsauerstoff ferngehalten und der Reinheitsgrad, insbesondere der sauerstoffaffinen Al-legierten Güten, verbessert. Meist reicht die Erzeugungsmenge für diesen Fertigungsweg nicht aus und bei Blockguss ist der Reinheitsgrad der Al-freien Stähle besser zu beherrschen. Gerade bei polierten Oberflächen bilden sich an nichtmetallischen Einschlüssen sogenannte Polierschwänze, die weit größer ins Auge fallen, als der Einschluss selbst. Durch Nitrieren wird in der Regel das Polierergebnis verbessert, weil der Härteunterschied zwischen Oxideinschlüssen und umgebender Fläche zurückgeht. Vielfach ist es zweckmäßig, die Verbindungsschicht durch Polieren oder eine Kombination aus Kugelstrahlen und Polieren zu entfernen, da sie bei hohem N (+C)-Gehalt eigenspannungsbedingt parallel zur Oberfläche Anrisse enthalten kann. Breiten sie sich im Betrieb aus, so entstehen Abplatzungen und eine geraute Oberfläche, die aufgrund ihrer hohen Härte den Gegenkörper in Reibpaarungen von Maschinenelementen rasch verschleißt. Die Verbindungsschicht kann auch durch einen Porensaum geschwächt sein. Bei seiner Entstehung scheint der beim Ammoniakzerfall frei werdende Wasserstoff eine gewisse Vorarbeit zu leisten, da er als kleinstes Atom im Stahl sehr beweglich ist, in kleinsten Fehlstellen zu H_2 rekombiniert und die Porenkeime so vergrößert, dass der langsamer diffundierende Stickstoff an ihrer Innenwand zu N_2 rekombinieren kann. Der damit verbundene Druckaufbau weitet den Porenkeim dann zur Mikropore.

In der Regel werden die Werkstücke nach dem Nitrieren langsam abgekühlt, was den Verzug mindert. Bei langsamer Abkühlung können sich aber Veränderungen im Randschichtgefüge und bei den Eigenspannungen ergeben. Für unlegierte Stähle bewährt sich ein Abschrecken in Wasser oder Öl, um durch einen höheren Anteil aus gelöstem Stickstoff die Schwingfestigkeit zu verbessern. Die Entwicklung von Eigenspannungen in der Randschicht eines legierten Stahles während des Nitrierens und langsamen Abkühlens ist in Bild B.3.7 wiedergegeben. Der in die Oberfläche diffundierende Stickstoff bewirkt eine Volumenzunahme und Druckeigenspannungen, die mit der

Ausscheidung von Nitriden in der Diffusionszone wieder abnehmen. Während des Abkühlens führen Unterschiede im Wärmeausdehnungskoeffizienten zwischen den einzelnen Schichten und dem Kern zu weiteren Veränderungen im Eigenspannungszustand. Das Maximum der Druckeigenspannungen liegt in der Regel unterhalb der Oberfläche und schwächt sich mit steigender Nitriertemperatur ab (Bild B.3.8). Darin kommt zum Ausdruck, dass die Kriechgrenze sinkt und die während des Nitrierens in der Randschicht entstehenden Spannungen stärker relaxieren. So nimmt das Spannungsmaximum ab, wenn die Warmhärte vor Ort zurück geht (Bild B.3.8 a). Sie bleibt jedoch umso höher, je größer der warmfestigkeitssteigernde Legierungsgehalt ist. Abweichend vom bisher besprochenen Prozess bei einer Temperatur $T_N < A_1$ kommt im begrenzten Umfang auch ein Nitrieren bei $T_N > A_1$ zur Anwendung. Im Zustandsdiagramm Fe-N bildet die Abszisse den vom Kern zum Rand ansteigenden Stickstoffgehalt der Randschicht ab und die Austenitisierung beginnt bei $A_1 = 590°C$ (Bild B.3.9 a). Für die gewählte Temperatur von 620°C enthalten die Austenitkörner im Zweiphasengebiet $\alpha + \gamma$ rund 2 % N und im Bereich $\gamma + \gamma'$ ungefähr 2.5 % N, so dass in unlegierten Stählen nach dem Abschrecken neben Martensit vorwiegend Restaustenit zu erwarten ist, der durch gelöste N-Atome stark mischkristallverfestigt vorliegt (Bild B.3.9 b). Durch Anlassen bzw. eine oxidierende Nachbehandlung bei z. B. 380°C entsteht aus dem Restaustenit hochfester Bainit, der die äußere Nitridschicht stützt. Die Dicke der Stützschicht steigt zwar mit T_N, bleibt aber meist unter der der

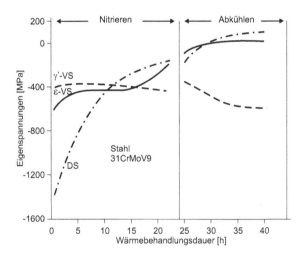

Bild B.3.7 Ausbildung von Eigenspannungen 1. Art, gemessen nach dem Erwärmen auf $T_N = 520°C$ während des Nitrierens (24 h, $K_N = 1.7$) und langsamen Abkühlens in der Verbindungsschicht VS und der äusseren Diffusionsschicht DS anhand der Interferenzlinien $\{200\}$ γ' - Fe$_4$N, $\{102\}$ ε - Fe$_{2-3}$N für VS und $\{211\}$ α - Fe für DS (nach D. Günther et al.).

Verbindungsschicht. Trotz dieser geringen Dicke sorgt sie für einen allmählichen Übergang der Härte von der harten Nitridschicht zum weichen Kern.

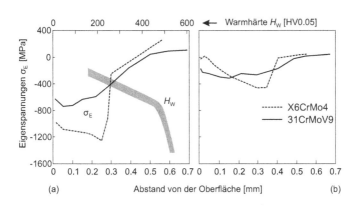

Bild B.3.8 Verlauf der Eigenspannungen in der Nitrierschicht: (a) nitriert bei 500°C, 96 h, $K_N = 9$, (b) nitriert bei 570°C, 32 h, $K_N = 3$. Ergänzend ist in (a) der Zusammenhang eingetragen zwischen dem Maximum der Druckeigenspannung unterschiedlich legierter Stähle und der im gleichen Abstand von der Oberfläche bei Nitriertemperatur 500 bzw. 570°C gemessenen Warmhärte (nach H. J. Spies et al.).

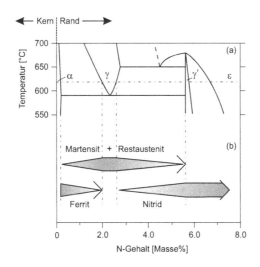

Bild B.3.9 Austenitisierendes Nitrieren von Eisen oberhalb 590°C: (a) Zustandsschaubild Fe-N, (b) Veränderung der Phasenmengen (schematisch) nach Abschrecken von 620°C.

B.3.2.3 Anwendungen

Während bei dem im Abschn. B.3.1.1 besprochenen Randschichthärten die Maßänderung durch Begrenzung des erwärmten Volumens klein gehalten wird, erstreckt sich die Erwärmung beim Nitrieren auf das gesamte Volumen. Durch langsames Aufheizen und Abkühlen erfährt der Kern jedoch wegen fehlender Phasenumwandlung keine nennenswerte Maßänderung. Sie beschränkt sich auf den Dickenzuwachs der Schicht, der bei unlegierten Stählen z. B. $\frac{1}{5}$ der ε-Verbindungsschichtdicke erreicht und bei 30 % Porenvolumen auf $\frac{1}{2}$ ansteigen kann. In legierten Stählen wächst das Verhältnis auch auf > 1. Bezogen auf die Bauteildicke bleibt die Maßänderung aber gering. Durch Spannungsarmglühen vor dem Nitrieren und milde Abkühlung danach hält sich auch die Formänderung in Grenzen. Neben der hohen Härte stellt der geringe Verzug einen Vorteil für die Anwendung dar. Das gilt nicht mehr, wenn die Werkstückoberfläche im Verhältnis zum -volumen groß wird wie z. B. bei Blechteilen oder Lochplatten. Auch das Abschrecken unlegierter Stähle fördert den Verzug.

Zu den verzugsgefährdeten Werkstücken gehören schlanke Bauteile wie Zylinder und Schnecken für Kunststoffextruder, Kalanderwalzen für die Folien-, Papier- und Vliesstoffherstellung sowie Gewindespindeln, aber auch schwere Kurbelwellen für Nutzfahrzeuge und Dieselloks. Dafür kommt wegen seines guten Reinheitsgrades z. B. der Al-freie Stahl 31CrMo12 infrage, der in diesen Anwendungen hängend im Gas nitriert wird. Auch PKW Kurbelwellen waren in nitrierter Ausführung verbreitet, doch blieb der Kostenvorteil randschichtgehärteter AFP Stähle (s. Tab. B.2.3, S. 189) nicht ungenutzt. Große Kurbelwellen erfordern wegen der Einhärtung höherlegierte Vergütungsstähle, die aufgrund ihres geringeren Kohlenstoffgehaltes zu wenig Aufhärtung für die Randschichthärtung bereitstellen und zum Verschleißschutz nitriert werden. Für eine nennenswerte Erhöhung der Schwingfestigkeit ist die druckspannungsbehaftete Nitrierschicht im Vergleich zum Bauteilquerschnitt zu dünn, d. h. die Biege- und Torsionsspannungen sind unterhalb der Schicht noch nicht deutlich abgeklungen. Für schwere Kalanderwalzen mit Ballenmaßen von z. B. $\varnothing\,500 \times 4000$ mm bietet sich wegen Legierungskosten und Verfügbarkeit der Stahl 42CrMo4 an. Die Rundlaufgenauigkeit von z. B. $< 10\,\mu$m wird nach dem Nitrieren durch Warmschleifen bei der Betriebstemperatur von z. B. 220°C erreicht. In Druckspindeln von Friktionsspindelpressen finden wir u. a. den Stahl 34CrAlNi7-10. Hier ist durch Endbearbeitung zu gewährleisten, dass es in der Verbindungsschicht nicht zu Ausbrüchen kommt, da die Aufrauung der Spindeloberfläche im Betrieb die Rotgussmutter zerstören würde. Mit zunehmender Schlankheit von Extruderschnecken und steigender Viskosität der Kunststoffmasse wächst das erforderliche Drehmoment, so dass die Verwendung von sekundärhärtenden Stählen mit hoher Kernfestigkeit wie 33CrMoV12-9 oder X40CrMoV5-1 geboten ist. Aus Verzugsgründen endet die Fertigung einsatzgehärteter Zahnräder meist bei 2.5 m Durchmesser. Dagegen sind gasnitrierte Zahnräder mit einem Durchmesser von rund 4 m hergestellt worden.

Neben den genormten Nitrierstählen werden in großem Umfang kleine Stanz- und Drehteile aus unlegierten Stählen einem Nitrieren oder Nitrocarburieren (z. B. 580°C, 2 h / Wasser) bzw. einem Oxinitrieren unterzogen, um den Verschleiß- und Korrosionswiderstand sowie die Schwingfestigkeit zu verbessern. Bei erhöhter Hertz'scher Pressung, wie z. B. in Rollenführungen von PKW Sitzen bringt das austenitisierende Nitrieren bei 620 bis 680°C eine tiefere Einhärtung und Abstützung der Nitrierschicht. Bei den aus unlegiertem Band profilierten Sitzrahmen kann eine leichte Durchstickung auch die Kernfestigkeit anheben. In Bauteilen aus Sintereisen sind die Porenkanäle bei einer Porosität von < 8 Volumen% in der Regel geschlossen, so dass ein Durchsticken vermieden wird. Die Matrix von Gusseisen verhält sich beim Nitrieren ähnlich wie unlegierte Stähle (Bild B.3.6). Ein hoher Si-Gehalt fördert aber die Passivierung. Schon geringe Cr, Mo-Gehalte steigern die Randhärte. Während die AFP-Stähle (s. Kap. B.2.3, S. 189) mit höherem Kohlenstoffgehalt für das Randschichthärten ausgelegt sind, kann in kohlenstoffärmeren Güten wie 27MnSiVS6 die Oberflächenhärte durch Nitrieren oder Oxinitrieren bei 550°C auf rund 600 bis 650 HV0.3 angehoben werden, wobei die Kernhärte nur wenig abnimmt.

Breite Anwendung findet das Nitrieren auch zur Verbesserung des Verschleißwiderstandes von Werkzeugen. Dazu gehören Kunststoffspritzformen aus Vergütungsstahl, Druckgießformen, Strangpressmatrizen und Schmiedegesenke aus Warmarbeitsstahl, Stanzwerkzeuge aus Kaltarbeitsstahl und Pressstempel aus Schnellarbeitsstahl für das Halbwarmumformen. Dabei kommt auch die gute Warmfestigkeit der Nitrierschicht zur Geltung und die Sekundärhärte des Stahles sorgt für eine hohe Kernhärte. Die keramikähnliche Nitrieroberfläche behindert das unerwünschte Verschweißen von metallischen Werkstücken und Werkzeugen. Ledeburitische Kaltarbeitsstähle wie X153CrMoV12 nitriert finden wir auch in feingegossenen Verschleißteilen für Fadenführer und in Mahlplatten. Bedingt durch den hohen Cr-Gehalt erreichen martensitische nichtrostende Stähle wie X20Cr13 eine hohe Nitrierhärte. Die Abbindung des Chroms kann aber die Korrosionsbeständigkeit beeinträchtigen.

Für austenitische nichtrostende Stähle wie X5CrNi18-10 kommt das Niedertemperaturnitrieren um 400°C infrage, wo der Ammoniakzerfall träger wird. Deshalb erfolgt die Behandlung meist im Plasma, auch mit Aktivgitter. Stickstoff wird in der Randschicht gelöst und weitet das Austenitgitter auf (expanded austenite). Der Gehalt kann an der Oberfläche auf rund 10 % ansteigen, ohne dass innerhalb der Nitrierdauer von < 30 h Nitride ausgeschieden werden. Dieser übersättigte Austenit wird auch als S-Phase bezeichnet. Er erreicht eine Oberflächenhärte von 1100 bis 1500 HV0.1 ohne an Korrosionsbeständigkeit einzubüßen. Der Widerstand gegen Lochkorrosion wird meist sogar erhöht. Aufgrund der niedrigen Temperatur bleibt die Nitrierschichtdicke in der Regel auf < 25 μm begrenzt. Bei $T_N > 450°C$ wird die Bildung von CrN so beschleunigt, dass sie während des Nitrierens eintreten kann und die besonderen Eigenschaften der S-Phase verloren gehen. Eine ähnliche Randschicht kann auch durch die Aufnahme von rund 6 % C oder eine Kombination von N und C gebildet werden.

B.3.3 Einsatzstähle

B.3.3.1 Verfahrensaspekte des Einsatzhärtens

Bei diesem thermochemischen Verfahren werden Werkstücke aus Stahl mit niedrigem Kohlenstoffgehalt vollständig austenitisiert und in der Randschicht durch ein Aufkohlungsmittel mit Kohlenstoff angereichert. Aufgrund des diffusionsbedingten Kohlenstoffprofils fällt nach dem Härten die Härte von der Oberfläche zum Kern ab. Die Dicke der Randschicht beträgt meist $< 3\,\text{mm}$, kann aber $10\,\text{mm}$ erreichen.

Ursprünglich kam als festes Kohlungsmittel ein Gemisch aus Holzkohle und einem Aktivator wie Bariumcarbonat zur Anwendung. Die Werkstücke wurden in Kästen, von Pulver umgeben, eingesetzt, in denen sich ein CO/CO_2-Kohlungsgas ausbildete. Die träge Erwärmung in der Pulverschüttung und die mangelnde Regelbarkeit des Randkohlenstoffgehaltes beeinträchtigten das Verfahren. Durch die Aufkohlung in Salzbädern ließ sich die Aufheizdauer vorgewärmter Werkstücke entscheidend verkürzen, doch blieb die direkte Regelung ungelöst. Das änderte sich mit der Aufkohlung in einer Gasatmosphäre und der Entwicklung entsprechender Mess- und Regeltechnik.

(a) Gasaufkohlen

Weit verbreitet ist heute das Gasaufkohlen in einem Trägergas, das z. B. durch katalytische Spaltung von Erdgas und Luft bei $\approx 1000°C$ gewonnen wird und aus N_2, CO und H_2 mit wenig CO_2 und H_2O besteht (Endogas). Durch Zuführung eines Anreicherungsgases wie Methan (CH_4) oder Propan (C_3H_8) lässt sich die Kohlenstoffaktivität a der heterogenen Wassergasreaktion

$$CO + H_2 \rightarrow [C] + H_2O \qquad a \sim p(CO) \cdot p(H_2)/p(H_2O) \qquad (B.3.6)$$

regeln. Sie ist mit einer sehr viel größeren Kohlenstoffübergangszahl für den Transfer von C aus dem Gas in die Stahloberfläche verbunden, als der Methanzerfall $CH_4 \rightarrow 2H_2 + [C]$ oder die Boudouardreaktion $2CO \rightarrow CO_2 + [C]$. Daher liegt das Verhältnis der Partialdrücke $p(H_2)/p(CO)$ in der Praxis vielfach in der Nähe von 1. Die Regelung des Kohlenstoffgehaltes in der Stahloberfläche C_R beruht auf der Einstellung gleicher Kohlenstoffaktivität im Gas und im Stahl. Nach Bild B.3.10 a wächst a im Austenit mit dem Gehalt an gelöstem Kohlenstoff bis zur Graphit- bzw. Karbidgrenze auf 1 an. Für den Beispielpunkt entspricht $a = 0.4$ ungefähr $C_R = 0.7\,\%$. Das entsprechende Aufkohlungsgas wird meist nicht durch eine Kohlenstoffaktivität, sondern durch sein Potential zur Einstellung eines Randkohlenstoffgehaltes, den sogenannten Kohlenstoffpegel $C_P = C_R$, charakterisiert. Durch Legierungselemente wie Mn, Cr, Mo und V sinkt die Aktivität des Kohlenstoffs im Austenit, während seine Löslichkeit steigt. Elemente wie Ni und Si haben eine gegenteilige Wirkung (Bild B.3.10 b). Bei gegebener Gasaktivität a erreicht z. B. ein chromlegierter Stahl einen höheren Randkohlenstoffgehalt C_L als Eisen, wo der Randkohlenstoffgehalt C_P entspricht. Daraus ergibt sich ein Legierungsfaktor $k_L = C_L / C_P$.

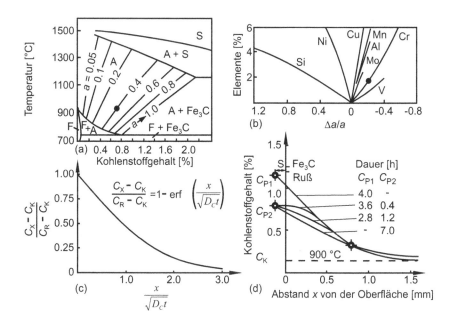

Bild B.3.10 Aufkohlen: (a) Ein gewünschter Randkohlenstoffgehalt C_R entspricht bei Aufkohlungstemperatur einer Kohlenstoffaktivität a im Eisen (Beispielpunkt: $a = 0.4$). (b) Nach F. Neumann und B. Person wird a durch Legierungselemente um Δa verändert. (Beispielpunkt: chromlegiert $\Delta a/a = -0.2$, d. h. $\Delta a = -0.08$ und a im Stahl $= 0.4 - 0.08 = 0.32$). Bei Mehrfachlegierung müssen Wechselwirkungen berücksichtigt werden. Um in der Oberfläche die Gleichgewichtskonzentration C_R zu erreichen, muss die Kohlenstoffaktivität im Aufkohlungsgas gleich der im Stahl sein. Das Gas besitzt den gewünschten Kohlenstoffpegel $C_P = C_R$. (c) Nach innen nimmt der Kohlenstoffgehalt C_X mit dem Abstand x von der Oberfläche gemäß dem 2. Fick'schen Diffusionsgesetz auf den Kernkohlenstoffgehalt C_K ab. (d) Hält der Übergang des Kohlenstoffes aus dem Gas in die Stahloberfläche mit der Diffusion ins Innere nicht Schritt, so wird C_P erst in einem gedachten Abstand $S \approx D_C/\beta$ vor der Oberfläche erreicht ($D_C/\beta =$ Diffusionskoeffizient/Übergangszahl für Kohlenstoff). Durch Überkohlen bei C_{P1} dicht unter der Zementit- und Rußgrenze mit anschließendem Ausgleich bei C_{P2} lässt sich nach J. Wünning $\approx 40\,\%$ Zeit sparen und auch ein von der Fick'schen Kurve abweichendes Kohlenstoffprofil einstellen.

In erweiterter Form beschreibt er die Veränderung des Randkohlenstoffgehaltes durch Legierungselemente in Einsatzstählen im Vergleich zu Eisen:

$$\lg k_L = -0.055 \cdot \% \, \text{Si} - 0.011 \cdot \% \, \text{Ni} - 0.123 \cdot \% \, \text{S}$$
$$+0.012 \cdot \% \, \text{Mn} + 0.043 \cdot \% \, \text{Cr} + 0.009 \cdot \% \, \text{Mo} \qquad \text{(B.3.7)}$$

Die Gasaufkohlung ist nach Gl. B.3.6 mit einem Platzwechsel des Sauerstoffs verbunden, so dass sie indirekt durch eine Sauerstoffsonde überwacht und durch Zufuhr von Anreicherungsgas geregelt werden kann. Zunächst vergeht eine gewisse Zeit bis $C_R = C_P$ erreicht ist. Mit zunehmender Aufkohlungsdauer wächst dann nur noch die Dicke der Diffusionszone, in der C_R nach dem 2. Fick'schen Diffusionsgesetz auf den Kernkohlenstoffgehalt C_K abfällt (Bild B.3.10 c). Da die Diffusionsgeschwindigkeit mit dem Konzentrationsgefälle zunimmt, wird zunächst C_{P1} bis auf einen Wert kurz unterhalb der Karbidbildung im Stahl oder der Rußbildung im Gas angehoben und die Überkohlung während einer nachfolgenden Haltedauer bei C_{P2} auf den gewünschten C_R-Wert abgebaut. In Bild B.3.10 d ist der Zeitgewinn anhand eines Beispiels dargestellt. Das aktuelle Kohlenstoffprofil wird fortlaufend berechnet und visualisiert. Der größte Zeitgewinn stellt sich durch eine Erhöhung der Aufkohlungstemperatur ein, doch sind durch die Grobkornbildung im Stahl Grenzen gesetzt. Die gebräuchliche Temperatur liegt meist zwischen 930 und 980°C.

Durch Nutzung eines Trägergases arbeitet die Gasaufkohlung bei Atmosphärendruck, so dass kostengünstige Atmosphärenöfen, wie Kammer-, Retorten-, Glocken- oder gut abgedichtete Durchlauföfen verwendet werden können, letztere mit schwachem Überdruck, um unkontrollierten Lufteintritt zu vermeiden. Die Abkühlung erfolgt in der Regel in Öl. Anstatt einen Endogasgenerator vorzuschalten, kann auch in einem mit Stickstoff gefüllten Ofen durch Einspritzen von Methanol (CH_3OH) ein Trägergas erzeugt werden, wodurch aber mehr Wasserstoff im Stahl gelöst wird. Ausgehend von z. B. 0.5 ppm im unbehandelten Zustand steigt der Gesamtwasserstoffgehalt durch Behandlung in Endogas auf rund 2 ppm und erreicht bei N_2/CH_3OH um Faktor 4 höhere Werte. Beim Anlassen entweichen in der Regel 50 bis 75 % des diffusionsfähigen Wasserstoffs wieder (s. Kap. A.3, S. 58), wobei eine wachsende Oxidschicht die Effusion behindert. Um bei dichter Ofenbeladung die hohe Kohlenstoffmenge im Trägergas bereitzustellen, werden auch flüssige Aufkohlungsmittel in den Ofen eingetropft, die je Molekül drei oder vier Kohlenstoffatome abgeben: Isopropanol (C_3H_7OH), Aceton ($CH_3\,COCH_3$) oder Äthylacetat ($CH_3COOC_2H_5$). Als Nachteil der Gasaufkohlung zeigt sich eine innere Oxidation der Legierungselemente vor allem entlang der Austenitkorngrenzen. Die Oxidbeläge schwächen die Korngrenzen und binden z. B. Cr und Mn, so dass die Härtbarkeit leidet und Perlit entstehen kann. Durch die Verarmung der Matrix kommt eine Nachdiffusion der Legierungselemente in Gang, sodass ihr Gesamtgehalt an der Oberfläche zunimmt (Bild B.3.11 a).

Die als Randoxidation bekannte, oft 5 bis 20 µm tiefe Schädigung der Oberfläche beeinträchtigt die Dauerfestigkeit. Als Abhilfe kommt die Einbringung von Druckeigenspannungen durch Kugelstrahlen zur Anwendung.

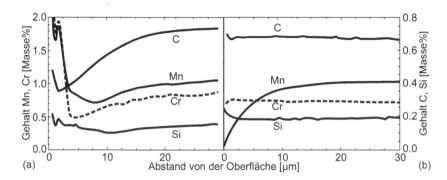

Bild B.3.11 Oberflächennahe chemische Zusammensetzung der Randschicht nach Einsatzhärten von 930°C auf CHD = 0.4 mm. (a) Gasaufkohlen in Stickstoff-Methanol, (b) Niederdruckaufkohlen in 8 mbar Propan (nach S. Laue et al.).

(b) Niederdruckaufkohlen

Die Entwicklung der Vakuumtechnologie zur zunderfreien Wärmebehandlung von Werkstücken wurde auch für das Einsatzhärten genutzt. Ein Beweggrund war die Vermeidung der Randoxidation, ein weiterer die Verkürzung der Prozessdauer. Durch Verwendung von reinen Kohlenwasserstoffen mit hohem Kohlenstoffangebot, wie Ethylen (C_2H_4), Propan (C_3H_8) oder Acetylen (C_2H_2) ließ sich die Oxidation vermeiden und ein hoher Kohlenstoffpegel einstellen. Um C_P in einen nutzbaren Bereich zu senken und Ruß weitgehend zu vermeiden, reicht ein Druck von z. B. 5 bis 10 mbar. Dieses Niederdruck- oder Unterdruckaufkohlen findet in einem Vakuumofen statt und wird deshalb auch als Vakuumaufkohlen bezeichnet, was in des Wortes Bedeutung unsinnig klingt. Trotz niedrigerer Kohlenstoffübergangszahl als bei der Gasaufkohlung ergibt sich aufgrund des höheren C_P-Wertes beim Niederdruckaufkohlen ein höherer Kohlenstoffstrom $J = \beta \, (C_P$ - $C_{R,t})$ in die Werkstückoberfläche. Dadurch wird der mit der Zeit ansteigende Kohlenstoffgehalt an der Oberfläche $C_{R,t}$ schneller auf den gewünschten Gehalt C_R und darüber hinaus angehoben. Um eine nicht mehr rückbildbar dicke Karbidschicht zu vermeiden, muss der Ofen rechtzeitig evakuiert und eine Diffusionsdauer eingefügt werden. Das gepulste Verfahren setzt sich aus Aufkohlungs- und Diffusionsperioden zusammen. Das aktuelle Kohlenstoffprofil des Randes wird aus vorher bestimmten Kennwerten der Aufkohlung laufend berechnet. Ein der Sauerstoffsonde entsprechender Messfühler für die Regelung im Gleichgewicht liegt nicht vor, doch lässt sich eine geringe Aufkohlungstiefe von z. B. 0.1 mm an Blechteilen nach den bisherigen Erfahrungen ebenso beherrschen wie eine von mehreren Millimetern an schweren Getrieberädern. Neben der Vermeidung von Randoxidation bietet das Niederdruckaufkohlen die Möglichkeit, Sacklochbohrungen und schlanke Durchbrüche gleichmäßig aufzukohlen, wobei Acetylen wirksamer aber teurer ist als Propan. Beim Gasaufkohlen bedeutet dagegen die geometriebedingte Behinderung des Zustroms von Frischgas viel eher eine verminderte Kohlenstoffaufnahme. Durch seinen niedrigen Gasdruck eignet sich das Niederdruckaufkohlen für eine Plasmaaktivierung. Das Verfahren heißt dann Plasmaaufkohlen. Es bietet mit der elektrischen Spannung und Stromstärke sowie deren Pulsdauer weitere Parameter zur Beeinflussung des Kohlenstoffstromes. Die Dissoziation des Gases und β werden erhöht. Das Niederdruckverfahren, ohne und mit Plasma, fördert die Abdampfung von Mangan aus der Oberfläche mit einer entsprechenden Abreicherung bis in eine Tiefe von 20 µm (Bild B.3.11 b). In einem Mikrowellenofen gelingt es, bei Atmosphärendruck im Plasma aufzukohlen. Die rasche Erwärmung erfolgt z. B. im Argonplasma, dem nach Erreichen der Aufkohlungstemperatur Azetylen zugemischt wird.

Vakuumöfen sind in der Regel für hohe Temperaturen ausgelegt, so dass sich ein Hochtemperaturaufkohlen bei über 1000°C zur Verkürzung der Prozessdauer anbietet. Um die Ofeneinbauten und Werkstücke beim Härten nicht der Oxidation durch Luft auszusetzen, erfolgt ein Hochdruckgasabschrecken im Ofen, der mit einer Gasumwälzung und -kühlung ausgerüstet ist. Neben Stickstoff mit einem Druck von 6 bis 20 bar kommt zur Verstärkung der Kühlwirkung auch Helium zur Anwendung. Im Vergleich zu diesem Einkammervakuumofen bieten neuere Mehrkammeröfen eine höhere Verfügbarkeit, da die Gasabkühlung in einer wechselbaren zweiten Kammer abläuft, während eine neu beladene evakuiert und an den Vakuumofen angekoppelt wird. Der Ofen bleibt heiß, die Kühlkammer kalt, was die Abkühlgeschwindigkeit beim Härten erhöht. Auch kann durch Einführung von flüssigem Stickstoff unter Raumtemperatur gekühlt werden, um Restaustenit zu Martensit umzuwandeln. Die nahezu konstante Abkühlrate während der Gasabkühlung verringert den Verzug der Werkstücke gegenüber der sehr ungleichmäßigen Abkühlrate einer Flüssigabkühlung mit einem Maximum um 600°C. Dieser Vorteil der Gasabkühlung wird dadurch beeinträchtigt, dass die $t_{8/5}$ Zeit oft nicht ausreicht, um bei niedriglegierten Einsatzstählen in dickeren Werkstückquerschnitten eine ausreichende Kernhärte zu erreichen. Das Einspritzen von flüssigem Stickstoff zwischen ungefähr 700 und 600°C kann zur Unterdrückung von Perlit beitragen.

(c) Carbonitrieren

Setzt man während des Gasaufkohlens der Ofenatmosphäre bis zu 10 % Ammoniak zu, so dringt umso mehr Stickstoff in die Oberfläche ein, je tiefer die Temperatur. Dadurch wird die Randschichtdicke verringert. Bei einer Behandlungstemperatur von 780 bis 870°C sollen sich in der Oberfläche Gehalte von

0.2 bis 0.4 % N und < 1 % (C+N) einstellen. Im Vergleich zu N_2 im Trägergas besitzt NH_3 an einer Metalloberfläche eine hohe Dissoziationsrate. Bei höherer Temperatur besteht die Gefahr, dass der NH_3 Zerfall bereits an den Ofeneinbauten abläuft, die Aufstickwirkung zurückgeht und die Effusion von bereits gelöstem Stickstoff zunimmt. Die Anreicherung der Randschicht mit C+N ist als Carbonitrieren bekannt. Stickstoff dient vor allem der Härtbarkeitssteigerung in der Randschicht unlegierter Stähle. Um die Randschichtdicke zu erhöhen, ist auch ein zweistufiger Prozess in Gebrauch, bei dem nach der Gasaufkohlung um 950°C auf Carbonitrieren bei z. B. 850°C umgestellt und nach entsprechender Haltedauer in Öl gehärtet wird.

Für das Niederdruckaufkohlen bietet sich ebenfalls ein zweistufiges Verfahren an, bei dem im ersten Schritt mit niedrigem Kohlenwasserstoffdruck aufgekohlt und im zweiten bei abgesenkter Temperatur durch Zuführung von NH_3 aufgestickt wird. Um durch ein Gleichgewicht von Eindiffusion und Effusion den gewünschten N-Gehalt zwischen 0.2 und 0.4 % zu erreichen, muss der NH_3 Druck bis auf fast 1 bar gebracht werden.

(d) Randaufsticken

Wie in den vorangegangenen Abschnitten (a) bis (c) gezeigt, lässt sich das Einsatzhärten durch Aufkohlen oder Aufkohlen + Aufsticken realisieren. Für nichtrostende Stähle wie z. B. X20Cr13 empfiehlt sich ein reines Aufsticken, da sich die maximale Löslichkeit des Austenits für Kohlenstoff durch Chrom so verringert, dass durch Aufkohlen keine ausreichende Aufhärtung zu erzielen wäre (Bild B.6.13 b, S. 327). Durch Kohlenstoff (im Stahl) und Stickstoff (aus dem Gas) ergibt sich dagegen ein erweitertes Phasenfeld des Austenits (Bild B.6.13 c) mit ausreichender Löslichkeit für C+N. Da Chrom die Diffusion interstitieller Elemente behindert, ist für eine vertretbare Aufstickdauer eine Temperatur zwischen 1050 und 1150°C für das Randaufsticken vorzusehen. In diesem Temperaturbereich dissoziiert N_2-Gas an der Stahloberfläche in ausreichendem Maße, um ein Aufstickgleichgewicht zwischen Gas und Stahloberfläche zu erlauben. Bei gegebener Temperatur und Stahlzusammensetzung hängt der Stickstoffgehalt an der Stahloberfläche allein vom N_2-Druck ab (Bild B.3.12). Das auch als SolNit bekannte Einsatzhärten mit Stickstoff läuft geregelt in einem Vakuumofen bei einem Druck von 0.2 bis 2 bar und nachfolgender Hochdruckgasabschreckung ab.

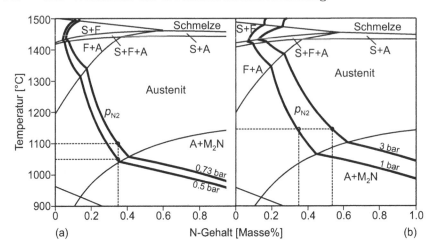

Bild B.3.12 Einsatzhärten nichtrostender Stähle mit Stickstoff: Das Zustandsschaubild Fe - 13 %Cr - 0.2 %C - N beschreibt den Stahl X20Cr13, der einen dem Gleichgewichtsdruck p_{N_2} entsprechenden Stickstoffgehalt in die Oberfläche aufnimmt. (a) Randaufsticken zwischen 1050 und 1100°C auf einen Randstickstoffgehalt von 0.35 %, was beim Direkthärten zusammen mit 0.2 % C eine Härte von 58 bis 60 HRC ergibt. (b) Randaufsticken bei 1150°C, ggf. mit Überstickung bei $p_{N_2} = 3$ bar und Diffusionsausgleich bei 1 bar, Zwischenglühen bei 780°C und Einfachhärten nach (a) (nach F. Schmalt).

Tabelle B.3.2 Stähle für das Einsatzhärten nach DIN EN 10084. Mittelwerte für J aus dem Härtbarkeitsstreuband, $(HL_{max} + HH_{min})/2$.

Stahl	blindgehärtet [1]				Rand [2]
	$J9$		$J20$		Härte
	HRC	MPa	HRC	MPa	HRC
16MnCr5	31.5	1008	23	820	60 bis
20MnCr5	36.5	1155	30	970	64 HRC
20MoCr4	31	995	22	800	bzw.
17NiCrMo6-4	37.5	1185	31	995	700 bis
14NiCrMo13-4	41	1300	37	1170	800 HV10

[1] nach Bild A.3.5 entsprechen $J9$ und $J20$ einer Position nahe dem Rand bzw. Kern eines Rundstabes ⌀ 60 mm, gehärtet in Öl. Zugfestigkeit in MPa aus Härte in HRC nach DIN EN ISO 18265

[2] nach Einsatzhärten und Anlassen bei 150 bis 200°C

B.3.3.2 Werkstoff und Randschicht

(a) Anlieferungszustand

Zu den Einsatzstählen nach DIN EN 10084 gehören unlegierte Sorten wie C15E und legierte wie 16MnCr5 oder 17NiCrMo6-4 (Tab. B.3.2). Zur Verbesserung der Spanbarkeit sind die Stähle mit 0.02 bis 0.04 % S erhältlich (C15R, 16MnCrS5, 17NiCrMoS6-4). Der Anlieferungszustand wird durch angehängte Buchstaben ausgedrückt: U = unbehandelt, S = behandelt auf Scherbarkeit, A = weichgeglüht, TH = behandelt auf Härtespanne, FP = behandelt auf Ferrit-Perlit Gefüge und Härtespanne. Die Oberflächenausführung ist durch weitere Buchstaben festgelegt: HW = warmgeformt, PI = HW + gebeizt, BC = HW + gestrahlt. So bedeutet 16MnCr5 + A + BC, dass der Stahl weichgeglüht und gestrahlt angeliefert werden soll. Die geforderte Härtbarkeit kommt in einem vorgegebenen Streuband des Stirnabschreckversuches nach DIN EN ISO 642 zum Ausdruck. Die Härtespanne reicht z. B. für 16MnCr5 + H im Abstand 11 mm von 37 bis 21 HRC, was sich durch $J\,11/37\text{-}21$ ausdrücken lässt. Daneben können eingeengte Streubänder im oberen oder unteren Bereich vereinbart werden, z. B. 16MnCr5 + HH mit $J\,11/37\text{-}26$ oder 16MnCr5 + HL mit $J\,11/32\text{-}21$.

Um die Neigung zur Grobkornbildung zu prüfen, wird die Größe der ehemaligen Austenitkörner nach dem Einsatzhärten gemessen. Da der Rand in der Regel feinkörniger bleibt als der Kern, reicht auch ein ausgedehnter Blindhärteversuch mit nachfolgender Ermittlung der Abschreckkorngröße. Dabei treten durch eine spezielle Ätzung in Pikrinsäure, versetzt mit einem Entspannungsmittel, die Austenitkorngrenzen hervor. Die Prüfung nach Mc Quaid-Ehn erfolgt dagegen nach Überkohlung bei 925°C und einer Zementitausscheidung zur Sichtbarmachung der Austenitkorngrenzen. Dadurch wird aber deren Beweglichkeit beeinträchtigt und in der Regel ein geringeres Kornwachstum angezeigt. Die Auswertung erfolgt meist nach einer Bildrichtreihe, deren Kennzahl G die Anzahl m der Körner pro mm^2 ausdrückt. Für $G = 1$ ist $m = 16$ so gewählt, dass sich eine Übereinstimmung mit der US Norm ASTM E 112 ergibt. Für $G = 1$ beträgt der mittlere Korndurchmesser 250 µm, was als ausgesprochen grob einzustufen ist. Als feinkörnig gelten einsatzgehärtete Stähle ab $G = 5$. Dies entspricht einem mittleren Korndurchmesser von < 62.5 µm. Für Mischkorn aus einer Grundgröße von z. B. $G = 6$ und einem gewissen Flächenanteil von z. B. $G \approx 2$ sind besondere Vereinbarungen über die Zulässigkeit zu treffen. Gemäß der Beziehung $m = 8 \cdot 2^G$ kann G für extremes Grobkorn auch negative Werte annehmen. Einzelheiten zur Korngrößenbestimmung sind DIN EN ISO 643 zu entnehmen.

(b) Legierung und Wärmebehandlung

Um während des mehrstündigen Aufkohlens bei hoher Temperatur das Kornwachstum einzuschränken, enthalten die Einsatzstähle ungefähr 0.02 bis 0.04 % Al und um 0.01 % N. Bei einer Ziehtemperatur von ≈ 1250°C liegen beide Elemente gelöst vor und beginnen sich gegen Ende der Warmverformung und während der nachfolgenden Glühbehandlung als AlN auszuscheiden. Erreichen die Ausscheidungen dabei die richtige Größe (z. B. 20 bis 40 nm) und eine gleichmäßige Verteilung, so können sie die Austenitkorngrenzen wirksam festhalten. Mit steigender Aufkohlungstemperatur wachsen die AlN Ausscheidungen und verlieren allmählich ihre Wirksamkeit, was um 1000°C eintritt. Gehalte an Chrom und Molybdän, zur Steigerung der Härtbarkeit zulegiert, fördern die Feinkörnigkeit (Beispiel 20MoCr4). Sind die Parameter der Warmumformung und Glühung nicht optimiert gewählt, so kann Grobkorn auch schon unter 950°C auftreten. Die höhere Temperatur der Ferrit/Perlit-Glühung (FP) wirkt sich meist ungünstiger auf die AlN Dispersion aus als die Glühung auf kugeligen Zementit (AC). Für das Hochtemperaturaufkohlen zwischen 1000 und 1100°C laufen Versuche mit temperaturstabileren Ausscheidungen aus MX durch Zugabe von mindestens 0.045 % Nb und 0.01 % Ti ergänzt durch mehr als 0.017 % N und 0.03 % Al. Eine Erhöhung der Aufkohlungstemperatur von 950 auf 1050°C würde die Aufkohlungsdauer mehr als halbieren, was besonders für den Schwermaschinenbau mit Aufkohlungstiefen bis 10 mm interessant wäre.

Die vorstehenden Überlegungen zur Feinkorneinstellung beziehen sich auf das Härten von Aufkohlungstemperatur, was als Direkthärten bekannt ist (Bild B.3.13). Ein anderer Weg besteht darin, beim Aufkohlen Grobkorn zuzulassen und nachträglich zurück zu feinen. Dazu muss von Aufkohlungstemperatur z. B. auf eine Haltetemperatur unterhalb von Ac_1 abgekühlt werden, um eine Ferrit/Perlit-Umwandlung zu erreichen. Nach Wiedererwärmen auf eine Temperatur unterhalb der Aufkohlungstemperatur erfolgt das Härten. Diese zweistufige Behandlung heißt Einfachhärten. Durch Hochtemperaturaufkohlen im Niederdruckverfahren bei z. B. 1100°C ließe sich die Diffusionsdauer so verkürzen, dass - trotz Einfachhärten zur Kornrückfeinung - gegenüber Gasaufkohlen bei 930°C ein Zeitgewinn herausspringt.

Kommt es mehr auf den Verschleißwiderstand an, so kann mit unlegierten Stählen durch die härtbarkeitssteigernde Aufnahme von Stickstoff eine carbonitrierte, martensitische Randschicht über einem ferritisch-perlitischen Kern erzeugt werden. Steigt die mechanische Beanspruchung, so ist eine höhere Kernfestigkeit gefragt, die sich durch martensitisch-bainitische Umwandlung erreichen lässt. Dazu bedarf es einer ausreichenden Einhärtung, die durch Legieren realisiert wird. Der Legierungsgehalt muss mit der Werkstückdicke zunehmen: C16E → 16MnCr5 → 17NiCrMo6-4. Das gilt im Besonderen, wenn die Abkühlgeschwindigkeit vom Gasaufkohlen mit Ölabschreckung zum Niederdruckaufkohlen mit Gasabschreckung abnimmt. Die Norm enthält für das Gasabschrecken CrNiMo-Güten mit ausreichender Härtbarkeit, doch stehen die Legierungskosten dagegen. Als Kompromiss wurde u. a. der Stahl 23MnCrMo5 entwickelt. Bei Durchhärtung wächst die Kernhärte mit dem Kohlenstoffgehalt des Stahles: C10E → 17Cr3 → 28Cr4. Der Randkohlenstoffgehalt liegt meist zwischen 0.6 und 0.8 %. Er wird bei höherem Legierungsgehalt an die untere Grenze gelegt, um zu viel Restaustenit zu vermeiden. Bei mehr als 2.5 % Ni ist in der Randschicht von Biegeproben eine Verschiebung vom Spalt- zum Grübchenbruch zu erkennen. Diese duktilisierende Wirkung von Nickel passt zu seiner Stärkung der ungerichteten interatomaren Bindung durch freie Elektronen (s. Kap. A.4 S. 84). Eine Verbesserung der Zähigkeit ist auch von 0.001 bis 0.005 % B bekannt (16MnCrB5), wenn genügend gelöster Stickstoff vorliegt, um Bornitrid auszuscheiden. Mit der Zugabe von Titan zur Verbesserung der Feinkornbeständigkeit könnte der BN-Effekt wegfallen, aber dafür freies Bor zur Härtbarkeitssteigerung bereit stehen (s. Kap. B.2, S. 191).

(c) Eigenschaften

Im Vergleich zum Randschichthärten ist beim Einsatzhärten das gesamte Volumen von der Wärmebehandlung betroffen. Verglichen mit dem Nitrieren, wird von höherer Temperatur schroffer abgekühlt. Beides läuft der *Maßbeständigkeit* entgegen. Beim Direkthärten erfolgt vielfach eine milde Abkühlung von Aufkohlungs- auf Härtetemperatur, um die Temperaturspanne der raschen Abkühlung und damit den Verzug zu reduzieren (Bild B.3.13). Das wird umso wichtiger, je weiter das Hochtemperaturaufkohlen voran kommt.

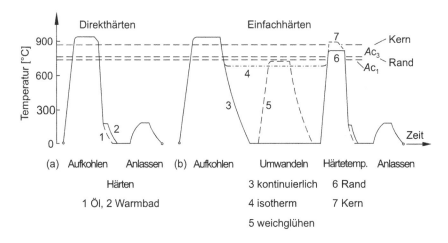

Bild B.3.13 Ablauf des Einsatzhärtens: (a) Direkthärten von Aufkohlungstemperatur (oder nach Absenken auf Härtetemperatur) in Öl oder Warmbad, (b) Einfachhärten mit Rückfeinen der Korngröße durch Abkühlen unter Ac_1 und anschließendes Härten von Rand- oder Kerntemperatur.

Das Hochdruckgasabschrecken geht in der Regel mit geringerem Verzug einher als die Abkühlung in Öl. Das wirkt sich günstig auf die hohen Kosten der Fertigbearbeitung harter Oberflächen aus, so dass höhere Legierungskosten zur Einstellung der Kernhärte weniger ins Gewicht fallen. Zum Einfachhärten ist nach dem Aufkohlen eine vollständige Abkühlung und Nacharbeit zur lokalen Entfernung der Randschicht und Vermeidung der Aufhärtung an unerwünschten Stellen möglich, verbunden mit einer verzugsärmeren Härtung von Härtetemperatur $<$ Aufkohlungstemperatur. Eine langsame Zwischenabkühlung kann bei nickellegierten Einsatzstählen hoher Härtbarkeit zu Rissen in der aufgekohlten Randschicht führen, die perlitisch umwandelt und durch die nachfolgende Bainit-/Martensitumwandlung im Kern unter Zugspannung gerät. Zur Vermeidung bietet sich beim Abkühlen ein mehrstündiges Halten in der Perlitstufe an, um auch den Kern umzuwandeln. Durch $\approx 0.1\,\%$ V lässt sich die Haltedauer verkürzen.

Neben der Verbesserung des Verschleißwiderstandes soll das Einsatzhärten die *Schwingfestigkeit* von Bauteilen wie Zahnrädern oder Kolbenbolzen anheben. In unbearbeiteten Bereichen, wie z. B. am Zahnfuß, wirken sich Oberflächenschädigungen durch Randoxidation nach Gasaufkohlung oder Karbidbildung in Kanten und Manganverlust nach Niederdruckaufkohlung meist nachteilig aus. Als Ausgleich kommt die Einbringung von Druckeigenspannungen durch Kugelstrahlen infrage. Eine ungeschädigte harte Randschicht ohne Weichhaut neigt eher zur Bildung von Spaltrissen in der Oberfläche. Grobe Körner im Mischkorn verlagern die Spaltrissbildung in den Übergangsbereich zum Kern und senken die Schwingfestigkeit. Durch die Ausbildung von Druckeigenspannungen im einsatzgehärteten Rand ergibt sich eine erhebliche Zunahme der Schwingfestigkeit bei vorherrschenden Biege- und Torsionsbelastungen. Die rissauslösenden Zugspannungsanteile der Beanspruchung werden durch die Druckvorspannung spürbar gesenkt, bis unterhalb der Randschicht bereits ein niedrigeres Lastspannungsniveau erreicht ist. Wie aus Bild B.3.14 hervorgeht, führt die Aufkohlung zu einer Verzögerung der Umwandlung beim Direkthärten und zu einer Absenkung der M_s-Temperatur. Betrachten wir als Beispiel die zweitschnellste Abkühlkurve: Die Umwandlung beginnt nach gut 10 s unterhalb der Randschicht und breitet sich in den Kern aus. Durch den Zuwachs an Volumen wird die noch austenitische Randschicht plastisch gedehnt. Zeitlich verzögert wandelt der Rand von innen nach außen um, bis nach ≈ 80 s an der Oberfläche ein gerade noch bainitfreies Martensitgefüge mit einer Härte von 780 HV vorliegt. Die damit verbundene Volumenzunahme bringt die erwünschten Druckeigenspannungen im Rand mit sich. Ist die Abkühlgeschwindigkeit zu schroff, der Kernkohlenstoffgehalt zu hoch und der Kernquerschnitt zu schwach, so erreichen die Druckeigenspannungen nicht die volle Höhe, was sich nachteilig auf die Schwingfestigkeit auswirkt.

Bleibt im Rand Restaustenit zurück, so fällt die Volumenzunahme und damit auch die schwingfestigkeitssteigernde Druckeigenspannung schwächer aus. Eine verformungsinduzierte Restaustenitumwandlung durch Kugelstrahlen kann eine erhebliche Zunahme der oberflächennahen Druckeigenspannungen

bewirken und die Schwingfestigkeit verbessern. Auch durch die Schwingbeanspruchung selbst ist eine gewisse Restaustenitumwandlung zu erwarten, die
mit steigendem Spannungsniveau beim Übergang vom Dauer- in den Zeitfes-
tigkeitsbereich zulegt. Beim Einfluss des Restaustenits auf den Versagensab-
lauf ist zwischen Risseinleitung und -ausbreitung zu unterscheiden. Seine Duktilität scheint die Bildung spröder Spaltrisse im hochharten Martensit zu behindern. Steigt der Anteil des Restaustenits im Randgefüge auf mehr als die
Hälfte an, so gibt seine niedrigere Streckgrenze den Ausschlag in Richtung
einer früheren Rissbildung und niedrigerer Dauerfestigkeit. Für das Wachstum von Mikrorissen bedeutet der duktilere Restaustenit ein Hindernis. Hinzu kommt, dass es in der plastischen Zone vor der Rissspitze zur mechanisch
induzierten Umwandlung von Restaustenit in Martensit kommen kann. Die
damit verbundene Volumenzunahme erzeugt lokale Druckspannungen, die der
Zugspannungsamplitude der äußeren Belastung entgegenwirken und die Rissausbreitung hemmen. Diese Phasenumwandlung verbleibt in den Flanken des
Schwingungsrisses, ist aber wegen der geringen Risstiefe bis zum Restgewaltbruch schwierig zu messen. Das umwandlungsfähige Volumen nimmt mit dem
Restaustenitgehalt bis auf einen Höchstwert zu und oberhalb wegen der wachsenden Austenitstabilität wieder ab. Legierungszusätze erhöhen die Stabilität.
Nickel duktilisiert darüber hinaus den Martensit, was die Spaltrissbildung und
die Rissausbreitung, aber auch die mechanisch induzierte Phasenumwandlung
behindert. Untersuchungen an einsatzgehärteten Stählen und Werkzeugstählen deuten darauf hin, dass mit 25 bis 35 % Restaustenit die höchste Steigerung
der Schwingfestigkeit erreicht werden kann.

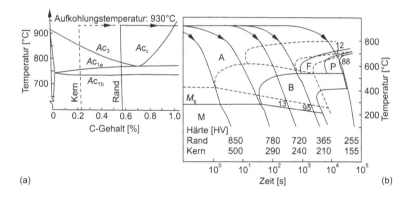

Bild B.3.14 Verlauf der Umwandlung im Einsatzstahl 20MoCr4: (a) gleichgewichtsnahe Temperaturführung beim Aufkohlen gemäß Zustandsschaubild für
Stahl mit 0.56 % Cr und 0.44 % Mo, (b) ZTU-Schaubilder für Kernkohlenstoffgehalt
0.22 % (gestrichelt) und Randstoffgehalt 0.56 % (ausgezogen), ausgewertet nach A.
Rose und H. Hougardy.

Wie in Kap. A.4, S. 106 ausgeführt nimmt der *Verschleißwiderstand* vieler Verschleißarten durch eine steigende Werkstoffhärte zu. Eine hohe Oberflächenhärte durch Einsatzhärten wirkt sich in der Regel günstig auf die Formbeständigkeit verschleißbeanspruchter Werkstücke aus. Nahe der Oberfläche ist durch den höchsten Kohlenstoffgehalt auch mit dem größten Gehalt an Restaustenit zu rechnen, der durch die Verschleißbeanspruchung umwandeln kann, was zu besonders hartem Martensit führt. So haben Restaustenitgehalte bis zu 30 Volumen% bei furchendem Verschleiß oft eine höhere Beständigkeit zur Folge. In Sonderfällen kann durch Überkohlen bei hohem C-Pegel eine karbidreiche Randschicht mit höherem Widerstand gegen Adhäsion und Abrasion eingestellt werden (s. Kap. B.4, S. 257).

B.3.3.3 Anwendungen

Die industrielle Bedeutung des Einsatzhärtens geht aus seinem Marktanteil hervor, der ein Drittel aller Wärmebehandlungen zum Härten ausmacht. Ein wichtiger Anwendungsbereich der Einsatzstähle liegt im Getriebebau. Zahnräder in Kraftfahrzeugen sind in der Regel einsatzgehärtet. Typische Stähle sind 16MnCr5 und 20MoCr4. Nach DIN 3990 erreichen einsatzgehärtete Getrieberäder die höchste Dauerfestigkeit in Zahnfuß und -flanke, gefolgt von nitrierten und randschichtgehärteten Bauteilen. Diese Aussage ist abhängig vom Verhältnis der Randschicht- und Bauteildicke. Biege- und Torsionsspannungen klingen nach innen umso langsamer ab, je größer der Durchmesser. Reibungsfreie Hertz'sche Pressungen steigen dagegen nach innen an. Ihr Maximum verschiebt sich umso weiter unter die Oberfläche, je größer die Radien, d. h. die Bauteile. Lastspannungs-, Eigenspannungs- und Härteverlauf in der Randschicht wirken zusammen. Einsatz- und Randschichthärten ermöglichen gegenüber dem Nitrierhärten größere Härtetiefen bei geringerer Eigenspannung. Dient die harte Randschicht überwiegend dem Verschleißschutz, so sollte die Härtetiefe mindestens dem zulässigen Verschleißbetrag entsprechen. Der kann bei einsatzgehärteten Lochdornen für Steinpressformen oder Schieber in Betonkolbenpumpen 1 mm erreichen, so dass im Vergleich eine Nitrierschicht zu dünn und eine Randschichthärtung weniger hart wäre. Hinzu kommt, dass eine einsatzgehärtete Schicht bei Schlag- und Stoßbelastung weniger zum Abplatzen neigt.

Die in Kraftfahrzeugen erreichte hohe Leistungsdichte einsatzgehärteter Getriebe wird zunehmend auch auf Großgetriebe übertragen, um Platz und Gewicht zu sparen. Bewährt hat sich z. B. für große Stirnräder in Schiffsgetrieben eine Schweißkonstruktion. Ein ringgewalzter Kranz aus 17NiCrMo6-4 von z. B. über 2 m Durchmesser wird mit einer Nabe aus unlegiertem Baustahl, wie z. B. S355, durch Blechronden und Querstreben schweißtechnisch verbunden. Nach dem Spannungsarmglühen und Vorarbeiten werden alle Oberflächen bis auf den Zahnkranz durch kupferabgebende Abdeckpasten gegen Kohlenstoffaufnahme geschützt, um den Verzug beim Einsatzhärten möglichst gering zu halten. Liegt er bei einem Plan- und Rundlauffehler von einigen

Zehntelmillimeter, so lässt sich die Endform wirtschaftlich durch Schleifen herstellen. Bei CHD = 2 mm ist ausreichendes Schleifaufmaß gegeben. Da der Verzug mit dem Raddurchmesser wächst, stößt das Verfahren wegen der Kosten dieser Hartbearbeitung jedoch an eine Grenze.

Ein anderes Anwendungsbeispiel für Einsatzstähle sind Kolbenbolzen, bei denen es auf Schwingfestigkeit und Verschleißwiderstand ankommt. Zum Kaltfließpressen dünner Bolzen eignet sich wegen seiner niedrigen Glühfestigkeit der Stahl 17Cr3 oder bei steigender Wanddicke eine borlegierte Variante. Für spanend gefertigte dickere Bolzen in stationären Dieselmotoren kommt z. B. 17CrNi6-6 zum Einsatz. Bei Temperaturen bis 180°C sind Kolbenbolzen einer langzeitigen Anlassbehandlung im Betrieb ausgesetzt, worunter die Gefüge- und Maßstabilität leiden kann. Nitrierte Bolzen aus 31CrMoV9 zeigen diese Erscheinung nicht. Für Schaltarme in PKW-Getrieben kommen auch Sinterstähle infrage, wie z. B. Sint-D10 (s. Kap. B.1, S. 142). Die Teile werden carbonitriert.

Die Zähigkeitssteigerung durch > 2.5 % Ni ist heute aus Kostengründen schweren Werkstücken vorbehalten, wo auch die Einhärtung durch Nickel zum Tragen kommt. Dazu gehören z. B. große Pendelrollenlager aus 18NiCrMo14-6 (nach DIN EN ISO 683-17 für Wälzlagerstähle), die über 2 m Durchmesser erreichen. Für dicke Kunststoffformen mit hoher Schließkantenstabilität und Verschleißbeständigkeit gegen Füllstoffe eignet sich X19NiCrMo4. In schweren Exzentern oder Kulissen finden wir 14NiCrMo13-4.

Draht und Stabstahl zur Herstellung von Stiften, Bolzen und kurzen Achsen sind vielfach geschwefelt, wenn die Formgebung spanend erfolgt und erhalten eine FP Behandlung. Für die Kaltformgebung kommen die schwefelarmen Güten im Zustand AC infrage. Das trifft auch für Stanzteile aus unlegiertem Band zu, die durch Carbonitrieren mit einer dünnen Randschicht versehen werden. Verschleißteile aus Feinguss für Strick- und Verpackungsmaschinen gewinnen durch Einsatzhärten eine höhere Lebensdauer. Einspritzdüsen für Dieselmotore sollen in der axialen Bohrung hart sein, um Verschleiß durch die in ihr bewegte Dosiernadel zu vermeiden. Beim Gasaufkohlen wurde vielfach nicht die volle Bohrungslänge von der Aufkohlung erreicht, so dass auf den durchhärtenden Stahl 100Cr6 gewechselt werden musste. Dann stieg der Einspritzdruck von z. B. 800 auf 1600 bar und eine weitere Anhebung auf weit über 2000 bar ist in Sicht, um die Zerstäubung und damit die Verbrennung zu verbessern. Mit dem Innendruck steigen die Zugspannungen um die Zuführungskanäle und die Kuppe, so dass in diesen Bereichen Druckeigenspannungen erforderlich werden, die mit einem durchhärtenden Stahl nicht zu erreichen sind. Hier bietet das Niederdruckaufkohlen mit Acetylen eine Möglichkeit die schlanken Bohrungen mit einer Einsatzhärteschicht zu umgeben.

Unterliegen die Einspritzdüsen einer Korrosion durch den Dieselkraftstoff, so kann die Verwendung eines chromreichen Stahles sinnvoll sein. Druckeigenspannungen lassen sich in diesem Fall durch das Einsatzhärten mit Stickstoff einbringen. Eine stetige Dissoziation von N_2 bewirkt die Aufstickung. Nicht von der Oberfläche aufgenommene N-Atome rekombinieren zu

N_2. So bleibt das Gas frisch und unverbraucht, solange der Gleichgewichtsdruck aufrecht erhalten wird. Dadurch ist die Aufstickung schlanker Bohrungen und enger Spalte möglich. Je nach gewünschter Kernfestigkeit bietet sich der ferritisch-martensitische Stahl X12Cr13 oder der martensitische Stahl X20Cr13 an (Bild B.3.12). Das Randaufsticken erlaubt eine Erhöhung des Verschleißwiderstandes nichtrostender Stähle, einschließlich austenitischer und Duplexstähle, in denen sich jedoch keine martensitische sondern eine hochfeste austenitische Randschicht einstellt. Dabei steigt in der Regel der Widerstand gegen Lochkorrosion, was bereits in zahlreichen Anwendungen der Textil-, Nahrungsmittel- und chemischen Industrie genutzt wird. Nichtrostende Formen für die Polymerverarbeitung werden u. a. aus X46Cr13 hergestellt und auf 52 HRC vakuumgehärtet. Die Verwendung von X12Cr13 erleichtert die Zerspanung, verringert die Härterissanfälligkeit und bietet nach dem Randaufsticken im Vakuumofen eine Oberflächenhärte von ≥ 58 HRC.

Schlaghammer zur Mineralzerkleinerung nach dem Einsatz

B.4 Werkzeuge für die Mineralverarbeitung

B.4.1 Beanspruchung und Werkstoffkonzepte

Werkzeuge haben in der Geschichte der Menschheit eine lange Tradition. Bereits 400 000 Jahre v. Chr. benutzte der Homo Erectus als Vorfahre des Homo Sapiens Jagdwerkzeuge aus Holz, für deren Fertigung er Steinwerkzeuge wie Faustkeil, Kratzer und Messer einsetzte. In der Eisenzeit um 800 v. Chr. wurden in Europa Werkzeuge aus Eisen hergestellt, die der Menschheitsgeschichte einen enormen Schub verliehen (s. Kap. C.2, S. 392). Werkzeuge und das Wissen um die dafür geeigneten Werkstoffe sind bis heute ein wichtiger Motor des technischen Fortschritts.

Im Folgenden sollen zunächst einige grundlegende Zusammenhänge bezüglich der Verschleißbeanspruchung von Werkzeugen und den werkstofftechnischen Gegenmaßnahmen vorweg gestellt werden. Sie gelten gleichermaßen für die Werkzeuge der Mineralverarbeitung wie für die im nächsten Abschnitt behandelten Werkzeuge für die Werkstoffverarbeitung.

Werkzeuge sind eine Domäne des Eisens. Sie kommen hauptsächlich in der Aufbereitungstechnik von Erzen, Mineralen und Gesteinen sowie in der Formgebung von Metallen, Polymeren und Keramiken zur Anwendung. Hier unterliegen sie sehr komplexen Beanspruchungen durch hohe mehrachsige und zyklisch auftretende Spannungen, durch Reibung, Verschleiß, Korrosion und dem Einfluss der Temperatur. Sie bewirkt im Kaltbetrieb eine Versprödung durch Unterschreiten der Übergangstemperatur bei hoher Härte und im Warmbetrieb eine Hochtemperaturkorrosion und -kriechverformung bzw. eine thermische Ermüdung. Häufig ist die Werkzeugoberfläche dabei besonders beansprucht, da sie dem mehrfachen Kontakt mit dem zu formenden Werkstoff beziehungsweise dem Angriff mineralischer Partikel unter z. T. hohem Druck und großer Relativbewegung widerstehen muss. Dies erfordert eine systematische Betrachtung eines konkreten Werkzeugeinsatzes sowie eine Analyse der wirkenden Verschleißmechanismen (s. Kap. A.4, S. 105), auf deren Basis zielgerichtet langlebige Werkstoffe ausgewählt werden können.

Die wichtigste werkstofftechnische Gegenmaßnahme gegen die bei Werkzeugen häufig auftretenden Verschleißmechanismen Abrasion, Adhäsion und Oberflächenzerrüttung ist die Erhöhung der Härte z. B. durch martensitisches Härten. Darüber hinaus haben sich insbesondere gegen Abrasion und Adhäsion harte Phasen im Gefüge bewährt. So erhöhen feine, dispers verteilte Karbide in einem Gehalt von 20 Volumen% die Widerstandskraft einer Werkzeugkante beim Stanzen und Schneiden, wohingegen Schotterrutschen durch grobe Karbide oder Boride in Gehalten um 50 Volumen% optimal geschützt werden. Im Umkehrfall würden grobe Karbide schnell Kantenausbrüche herbeiführen, während feine Karbide leicht von grobem Schotter ausgefurcht würden. Somit geht es um die auf einen konkreten Anwendungsfall abgestimmte Menge, Form und Verteilung sowie die Art von harten Phasen und deren Einbindung in eine harte und zähe Metallmatrix mit hoher Stützwirkung, die im Zusammenwirken den Verschleißwiderstand bestimmen.

B.4.1.1 Hartphasen

Die wichtigsten Eigenschaften der Hartphasen (HP) gegen Furchung z. B. durch ein Mineralkorn sind ihre Härte (s. Bild A.4.16, S. 103) und ihre Bruchzähigkeit. Sie müssen härter als das angreifende Abrasiv ($H_{HP} > H_{AB}$) und möglichst mindestens so groß sein wie die Furchenbreite, um sich dem ritzenden Abrasiv als Hindernis entgegenzustellen. Zu feine Hartphasen werden mit dem Span ausgehoben (Bild B.4.1). Ihr Widerstand gegen das Fur-

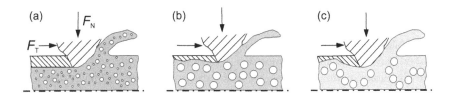

Bild B.4.1 Abrasion: Schematische Darstellung des Verschleißes beim Furchen durch ein Abrasivkorn, (a) HP zu klein, (b) HP wirksam groß, (c) HP ungünstig (netzförmig) verteilt, F_N = Normalkraft, F_T = Tangentialkraft

chen ist daher geringer, es sei denn, sie treten in hohem Gehalt, d. h. geringem Abstand auf, so dass dem furchenden Abrasivkorn das Eindringen in die weichere Matrix erschwert wird. Netzgefüge, wie sie in Gusslegierungen mit untereutektischer Zusammensetzung entstehen, erlauben ein stärkeres Furchen der ungeschützten primären Metallzelle (Bild B.4.1 c). Neben hoher Härte ist auch eine hohe Bruchzähigkeit der Hartphasen gefordert. Wenn $K_{Ic,HP} > K_{Ic,AB}$ ist, wird eher das Mineralkorn brechen als die Hartphase versagen. Bild B.4.2 a zeigt die optimale Wirkungsweise von Hartphasen anhand von Aufnahmen einer verschlissenen Oberfläche am Beispiel des monolitischen Wolframschmelzkarbides (WSC), das mit einer Mikrohärte von $H \approx 2200\,HV0.05$ und einer Bruchzähigkeit von $K_{Ic} \approx 6\,MPa\sqrt{m}$ beide Anforderungen erfüllt. Indentermethoden geben Auskunft über weitere Eigenschaften wie E-Modul, Härte und Ritzwiderstand der Hartphasen auch bei erhöhter Temperatur. Wird die im Mikroritzversuch unter konstanter Normalkraft gemessene Tangentialkraft auf den jeweiligen Furchungsquerschnitt bezogen, ergibt sich die spezifische Ritzenergie e_S als Maß für den Widerstand einer Phase gegen Furchung. Bild B.4.3 kann entnommen werden, dass die Ritzenergie der hier dargestellten Hartphasen bei allen Prüftemperaturen deutlich oberhalb der Ritzenergie verschiedener Fe-Matrices liegt. Somit tragen Hartphasen auch dann zum Verschleißwiderstand bei, wenn sie vom Abrasiv gefurcht werden können. Sind sie härter als das Abrasiv verkürzt ihr steigender Volumengehalt die ritzbare Matrixweglänge und senkt so den Verschleißabtrag durch Mikrospanen. Wird jedoch der Hartphasengehalt zu hoch getrieben, nimmt der Verschleiß durch Ausbrechen (Mikrobrechen) wieder zu.

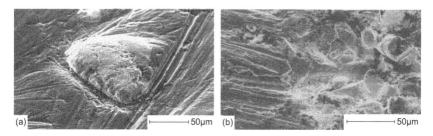

Bild B.4.2 Wirkungsweise von Hartphasen bei Abrasion: (a) Das zähe monolitische WSC ($H_{HP} \approx 2200\,\text{HV0.05}$) wird durch Flint ($H_{AB} \approx 1200\,\text{HV0.05}$) nicht gefurcht, (b) ein sprödes agglomeriertes WC wird ebenfalls nicht gefurcht, bricht aber aus.

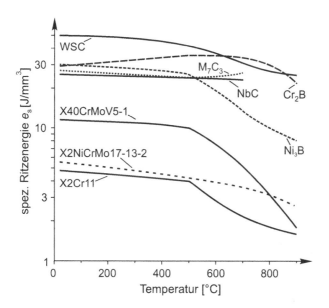

Bild B.4.3 Spezifische Ritzenergie (nach J. Kleff): Temperaturabhängigkeit der spezifischen Ritzenergie $e_S = F_T/A_v$ (F_T = Tangentialkraft, A_v = Furchungsquerschnitt) in Einzelritzversuch für ausgewählte Hartphasen und Metallmatrices (CBN-Indenter, Angriffswinkel $\alpha = 90°$, Flankenwinkel $2\theta = 115°$, $F_N = 0.3\,\text{N}$, Ritzgeschwindigkeit $v = 2\,\mu\text{m/s}$)

B.4.1.2 Metallmatrix

Die Metallmatrix hartphasenhaltiger Eisenlegierungen ist häufig weicher als das Abrasiv und wird von ihm gefurcht (s. Bild A.4.16, S. 103). Der Furchungsquerschnitt geht mit Erhöhung der Matrixhärte zurück, so dass martensitisch gehärtete Matrices zu einem hohen Verschleißwiderstand beitragen. Die Matrix hat darüber hinaus die Aufgabe die Hartphasen zu stützen und im Gefüge einzubinden. Daher wird von ihr neben hoher Härte auch eine hohe Fließgrenze mit einer gewissen Duktilität verlangt. Wird die Fließgrenze durch eine mechanische Belastung bei Raumtemperatur überschritten, wirkt sich eine zusätzliche Verfestigung durch plastische Verformung günstig auf den Verschleißwiderstand aus. Ein Indiz dafür ist die Härte, die auf einer verschlissenen Oberfläche höher gemessen wird als im Inneren des Werkzeuges. Besonders wirksam ist die Umwandlung von Restaustenit in gehärteten Metallmatrices. Er kann in einer schmalen Oberflächenzone verformungsinduziert in Martensit transformiert werden. Dadurch entsteht eine durch den Verschleißprozess selbst generierte harte Randzone auf einem zäheren Untergrund, die sich stets wieder erneuert. In hartphasenhaltigen Eisenlegierungen bringt diese Gefügeumwandlung einen weiteren Vorteil gegenüber der reinen Versetzungsverfestigung mit sich. Die Umwandlung von Restaustenit zu Martensit ist mit einer Volumenvergrößerung verbunden (s. Kap. A.2, S. 42), die in der Randzone Druckeigenspannungen generiert. Sie können den Hartphasen mehr Halt geben und einem sich ausbreitenden Riss in der Metallmatrix entgegenwirken. Eine Vielzahl von Werkzeuganwendungen in der Metall- und Mineralverarbeitung nutzt diesen Effekt (s. S. 257 und Kap. B.5, S. 291).

Mit Erhöhung der Anwendungstemperatur sinkt die Härte der Metallmatrix und es finden Erholungs- und Rekristallisationsvorgänge statt. Die Ritzenergie einer martensitische Metallmatrix (X40CrMoV5-1, 1060°C Öl 620°C) ist bis $\approx 500°C$ etwa doppelt so groß wie die einer ferritischen (X2Cr11) oder austenitischen (X2CrNiMo17-13-2) Matrix (s. Bild B.4.3). Bei höherer Temperatur nimmt jedoch die Ritzenergie der krz Matrix stärker ab als die der kfz Matrix, die oberhalb von 800°C den höheren Ritzwiderstand zeigt.

Neben dem Verschleißangriff auf der Oberfläche müssen Werkzeuge komplexen mehrachsigen Spannungszuständen auch im Inneren widerstehen, so dass die mechanischen Eigenschaften der Werkzeugwerkstoffe von Bedeutung sind. In hartphasenhaltigen Werkstoffen müssen sie als integrale Eigenschaften des Hartphasen/Metallmatrix-Verbundes bestimmt werden. Um die Form von Werkzeugen möglichst lange beibehalten zu können, müssen Werkzeuge häufig eine hohe Härte aufweisen. Sie steigt durch Härten der Metallmatrix und mit dem Volumenanteil an Hartphasen an. Als ein Maß für den Bruchwiderstand von Werkzeugen wird die Biegefestigkeit angesehen, die wesentlich durch die Größe und Verteilung der Hartphasen beeinflusst wird (s. Bild B.4.4). Grobe Hartphasen senken die Biegefestigkeit, weil sie schon bei niedrigerer Belastung brechen oder ablösen. Dagegen bewirkt eine Dispersion grober Hartphasen eine höhere Bruchzähigkeit als eine feine Dispersion gleichen Volumengehaltes, weil in der Spannungskonzentration vor der Rissspitze weniger Teilchen brechen oder ablösen und die Rissablenkung zunimmt. Der Übergang von einem Dispersions- zu einem Netzgefüge senkt die Biegefestigkeit, kann aber durch Rissablenkung die Bruchzähigkeit erhöhen (s. Bild A.2.3, S. 22).

Werkzeuge für die Mineralverarbeitung finden Anwendung bei der Gewinnung, Aufbereitung und Verarbeitung mineralischer bzw. mineralhaltiger Stoffe z. B. in der Bergbau-, Hütten- und Aufbereitungstechnik. Hier sind sie Teile von Komponenten und Maschinen, die für das Brechen, Mahlen, Klassieren, Transportieren und Lagern von mineralischen Gütern eingesetzt werden. In dieser Werkstoffgruppe finden sich die bereits vorgestellten Vergütungsstähle, deren Entwicklungsphilosophien durch Anheben des Kohlenstoffgehalts in Richtung höherer Hartstoffgehalte ausgeweitet werden. Dadurch entstehen Werkstoffe mit einer guten Kombination von Verschleißwiderstand und Bruchsicherheit. Über Menge, Art, Größe, Form und Verteilung der harten Phasen werden die Eigenschaften von metallisch zäh bis keramisch hart in weiten Grenzen variiert. Neben Stabstahl-, Schmiede- und Walzprodukten mit < 20 Volumen% Karbiden und Gussstücken mit < 40 Volumen% Karbiden kommen dicke Schichten (Auftragschweißen, Verbundgießen und Heiß-Isostatisches Pressen) mit Hartphasengehalten bis zu 70 Volumen% auf einem kostengünstigen duktilen Grundkörper zur Anwendung. Darüber hinaus sind das Randschichthärten, Nitrieren und Einsatzhärten, seltener das Borieren, entsprechender Stähle im Gebrauch (s. Kap. B.3, S. 217, 224, und 234).

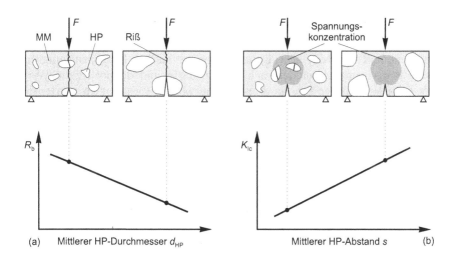

Bild B.4.4 Bruchfestigkeit und -zähigkeit: Schematische Darstellung (a) der Biegebruchfestigkeit R_b und (b) der Bruchzähigkeit K_{Ic} als Funktion von Größe und Abstand der Hartphasen bei konstantem Gehalt

B.4.2 Werkzeuge aus warmgeformtem Stahl

In dieser Gruppe finden wir, angefangen von normalglühten C-armen Baustählen, über perlitische Stähle wie z. B. 90Mn4, federhart vergütete Stähle (z. B. 50Mn7), randgehärtete Stähle (z. B. 16MnCr5) bis hin zu ledeburitischen Chromstählen (z. B. X210Cr12) einige Vertreter aus den bereits vorgestellten Stahlgruppen.

Für Komponenten zur Lagerung und zum Transport mineralischer Güter (Silos, Rutschen, Schurren, Siebe, Lademulden- und Schaufeln eignen sich Mittel - und Grobbleche aus verschleißbeständigen Sonderbaustählen. Vor dem Hintergrund von guter Schweißeignung, Umform- und Bearbeitbarkeit bewähren sich Vergütungsstähle mit einem C-Gehalt $< 0.4\,\%$, die mit Blick auf Härtbarkeit bis zu $1.5\,\%$ Cr, $0.5\,\%$ Mo, $1.5\,\%$ Ni und $0.005\,\%$ B enthalten. Sie werden durch Wasservergütung und Anlassen auf verschiedene Härteniveaus zwischen 300 und 600 HB gebracht. Nach dem Laser- oder Plasmaschneiden können sie unter leichter Vorwärmung mit allen gängigen Verfahren geschweißt werden. Wegen der Erweichung der WEZ am thermischen Trennschnitt ist u. U. nach dem Schweißen ein erneutes Härten nötig. Diese Stähle eignen sich auch als Anschweißspitzen von Baggerzähnen mobiler Hydraulikbagger. Diese Spitzen können alternativ aus 50Mn7 mit höherer Härte an der Spitze als am Einsteckende gefertigt werden.

Der Bohrkopf von Tunnelbohrmaschinen (TBM) im Vollschnitt ist mit einer Vielzahl von Diskenmeißeln bestückt. Die hohe Anpresskraft (bei einem Schilddurchmesser von 10 m ca. 16000 KN) wird auf die Diskenmeißel übertragen, die das Gestein aufgrund ihrer besonderen geometrischen Ausführung beim Abrollen durch lokales Überschreiten der ertragbaren Flächenpressung aufbrechen und so abtragen. Aufgrund dieser spezifischen Beanspruchung sind für die Ringe von Schneiddisken hochfeste harte und dennoch zähe Werkstoffe gefordert. In der Standardausführung werden sie aus dem martensitischen, karbidarmen Stahl X50CrMoV5-1 hergestellt und auf eine Härte von ca. 600 HV (Zugfestigkeit $R_{\mathrm{m}} \approx 2000\,\mathrm{MPa}$) angelassen. Trotz des hohen Legierungsgehaltes können die Ringe mit Außendurchmessern $> 400\,\mathrm{mm}$ und Stückgewichten bis zu 25 kg gesenkgeschmiedet werden. Als Alternative wurden gegossene Ringe aus X155CrVMo12-1 so wärmebehandelt, dass ihre Härte von der Schneide zur Auflage hin abnimmt.

In der Formgebung von Bau- und Feuerfeststeinen sowie Zementplatten und Schleifkörpern begegnen wir je nach Verzuggefahr nitrierten, einsatzgehärteten oder borierten Formrahmen. Beim Borieren diffundiert Bor aus Pulver oder Paste bei 800 bis 1050°C in die Stahloberfläche hinein, wo sich ein Fe-Borid vom Typ Fe_2B mit einer Mikrohärte von $\approx 1800\,\mathrm{HV0.05}$ bildet. Während die Schichtdicke in un- und niedriglegierten Stählen bis zu 200 µm betragen kann, erreicht sie in hochlegierten Stählen wegen eingeschränkter Bordiffusion nur $\approx 20\,\mu\mathrm{m}$. Hier besteht die Gefahr, dass weniger Bor nach innen diffundiert, als an der Oberfläche angeboten wird, und sich in der Folge außen das Monoborid FeB bildet. Da die beiden Boride stark unterschiedliche

Wärmeausdehnungskoeffizienten aufweisen, entstehen beim Abkühlen erhebliche thermische Spannungen, die zum Abplatzen der äußeren FeB-Schicht führen können. Eine wirksame Gegenmaßnahme ist eine Nachdiffusion ohne Borangebot, unter der Bor ins Innere abdiffundiert und FeB in Fe_2B umwandelt. Beim plasmaunterstützten Borieren wird die Stahloberfläche zunächst mit einer dünnen Ni-Schicht (PVD) versehen und anschließend einem borhaltigen Gas (Trimethylborat, $B(OCH_3)_3$) ausgesetzt. Bor bildet zunächst mit Nickel eine M_2B-Schicht, unter der Nickel nach innen und Eisen nach außen diffundiert. So geht das Ni_2B an der Grenzfläche zum Stahl zunehmend in das gewünschte härtere Fe_2B über. Die äußere Ni/Ni_2B-Schicht verhindert die Sauerstoffdiffusion zum Eisen und dessen Oxidation. Dadurch bleibt die Boridschicht porenfrei und die Borierzeit bei 1000°C mit 16 Stunden für eine Schichtdicke von 160 µm kurz.

Pressplatten von 20 mm Dicke für die Kalksandsteinherstellung werden kostengünstig aus Einsatzstahl mit spezieller Einsatzhärtung hergestellt. Ausgangspunkt ist ein zur Steigerung der Härtbarkeit im Chromgehalt angehobener und mit wenig Bor versehener Stahl (16MnCrB5), der einer Einsatzbehandlung unterzogen wird, die den Rand gezielt überkohlt. Durch Methanol/Aceton- Eintropfung in den Ofen gelingt es, einen Randkohlenstoffgehalt von bis zu 3 % C einzustellen. Nach bis zu zehnstündigem Einsetzen bei üblicher Aufkohlungstemperatur (940°C - 980°C) ergibt sich ein Randgefüge, das bis etwa 0.8 mm Tiefe eine dichte Belegung mit feinen Fe_3C-Karbiden aufweist (Bild B.4.5 a). Nach dem Einfachhärten sind sie eingebettet in eine martensitische Matrix mit Restaustenitgehalten um 30 Volumen%. Die Zone geht weiter im Inneren in das bekannte Einsatzhärtegefüge mit abnehmendem Kohlenstoffgehalt und einer Einhärtetiefe von CHD > 2 mm über. Die Ansprunghärte von 66 HRC wird durch Anlassen bei 180°C auf 62 - 64 HRC reduziert. Der dabei nicht umgewandelte Restaustenit wirkt sich sowohl beim - trotz Quettenhärtung - notwendigen Richtvorgang als auch in der Anwendung durch spannungsinduzierte Martensitumwandlung positiv aus. Derartige Pressplatten finden auch Anwendung in vertikalen Formmaschinen, in denen Formsand ohne Formkasten zu einer eng tolerierten Gießform gepresst wird. Beim Formpressen kommen auch ledeburitische Chromstähle wie X210Cr12 zum Einsatz. Nach leicht überhitzter Härtung besitzen sie ebenfalls einen erhöhten Restaustenitgehalt, der den Furchungswiderstand erhöht (s. Bild B.5.4, S. 279).

Brikettier- und Kompaktierwalzen für Kali, Düngemittel, Gips, Stäube und Feinerz bestehen je nach Betriebsbedingung aus einsatzgehärteten Mänteln, aus hochfestem Vergütungsstahl (56NiCrMoV7) und bei korrosiver Umgebung aus nichtrostenden martensitischen Chromstählen (X39CrMo17). Die letztgenannten Stähle werden z. T. zusätzlich auf computergesteuerten Flammhärteanlagen bis zu 30 mm tief randschichtgehärtet, wobei durch Anlassen eine Oberflächenhärte von 52 - 54 HRC eingestellt wird. Zum Brikettieren von Hochofenstäuben und Feinerzen braucht man verschleißbeständigere Oberflächen mit harten Phasen. Geschmiedete Ringe aus dem

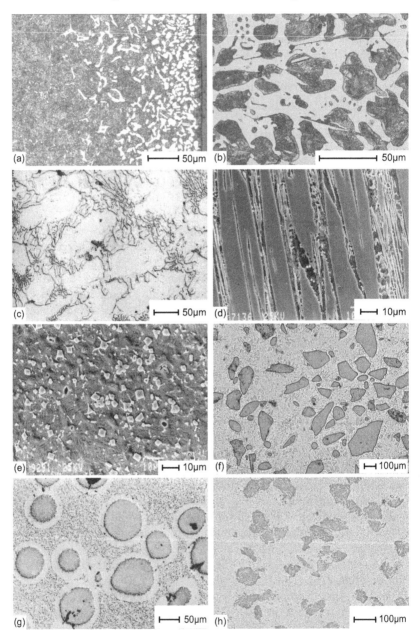

Bild B.4.5 Gefüge verschleißbeständiger Eisenwerkstoffe:
(a) 16MnCr5 Randzone überkohlt: Hartphase M_3C; (b) perlitischer Hartguss: Hartphase M_3C; (c) Weißes Chromgusseisen GX-300CrMo15-3: Hartphase M_7C_3; (d) Schweißgut 500Cr27: Hartphase M_7C_3; (e) Schweißgut 120NbCrNiMoV6-5-2-1: Hartphase MC; (f) Schweißgut: 50NiCrMo7 mit WC/W_2C und $(W,Fe)_6C$; (g) HIP-MMC aus X230CrVMo13-4 und WC/W_2C; (h) Sinter-MMC aus X250CrNiMoV12-2-2 mit WC/W_2C

ledeburitischen Kaltarbeitsstahl X153CrMoV12 kommen nach Randschichthärtung auf 60 HRC dafür in Frage.

Mahlstäbe für Stabmühlen bestehen oft aus naturhartem Stabstahl 100Cr6. Schläger in Schlagmühlen können z. B. aus Flachstahl mit begrenzter Einhärtung hergestellt werden. Bei einer Abmessung von z. B. 350 x 120 x 40 mm entsteht im Stahl 105Cr4 durch Wasserhärten eine ca. 10 mm tiefe harte Schale. Zunächst wird das ganze Werkzeug eingetaucht und kurz darauf am gebohrten Augenende beginnend allmählich wieder aus dem Wasser gezogen. Durch die Restwärme erfährt das Augenende eine höhere Anlasstemperatur als das Schlagende. So entstehen in einem Wärmebehandlungsschritt ein hartes Arbeitsende (64 HRC) und ein zähes Einspannende. Weniger harte Schläger können aus 50Mn7 gefertigt und partiell am Schlagende gehärtet werden. Daneben kommt Manganhartstahl X120Mn12 zur Anwendung, vor allem dann, wenn es sich um Schlaghämmer mit Zapfen handelt. Diese Stahlgruppe besitzt nach dem Lösungsglühen und Abschrecken ein austenitisches Gefüge. In der durch Prall und Stoß verschleißbeanspruchten Randschicht kann die Bildung von Versetzungen mit Stapelfehlern und von geringen Mengen an feinverteiltem Martensit zu einer Kaltverfestigung bis auf 600 HV führen. Dadurch entsteht eine sich selbst erneuernde harte Schale über einem zähen Kern.

B.4.3 Gegossene Werkzeuge

Einige der zuvor genannten verschleißbeständigen Stähle kommen auch als gegossene Werkzeuge vor. Dazu zählen hochfeste Schläger in Schlagmühlen (z. B. G55NiCrMoV6), Mahlkugeln (z. B. G100Cr6) und kleine Brech- und Presswerkzeuge aus ledeburitschen Kaltarbeitsstählen (z. B. GX210Cr12) ebenso wie Manganhartstahlguss (z. B. GX140MnCr17-2). Er findet in der Vorzerkleinerung von Erzen und Naturstein in Backen- und Kegelbrechern sowie für die Schotter- und Splitterzeugung seinen Platz. Da Manganhartstahl schwach magnetisierbar ist, ist die Magnetabscheidung seines Abriebs aus dem Mahlgut nicht möglich. Bestimmte Anwendungen in der Porzellan-, Glas- oder Schleifmittelfertigung gehen daher von niedriglegiertem Vergütungsstahlguss mit ca. 0.7 % Kohlenstoff und Festigkeiten von 1000 bis 1800 MPa aus. Die Arbeitspferde unter den verschleißbeständigen Gusslegierungen sind die weißen Gusseisen (s. Kap. A.2, S.32). Sie entstammen dem System Fe-C bzw. Fe-Cr-C und erstarren mit bis zu 30 % Chrom und 4 % C in der Regel naheutektisch. Ein Siliziumgehalt $< 2\%$ im Zusammenwirken mit Mangan und Chrom stellt die weiße Erstarrung auch in großem Erstarrungsquerschnitt sicher. Der Primärerstarrung der austenitischen Metallzelle folgt die Ausscheidung des Eutektikums bestehend aus eutektischer Hartphase (M_3C oder M_7C_3) und Metallmatrix. Je nach Gehalt an Legierungselementen und Abkühlgeschwindigkeit bildet sich eine perlitische, martensitisch/bainitische, austenitische oder daraus gemischte Metallmatrix aus. Auf der Basis ihrer Gefüge werden die weißen Gusseisen in die Gruppen "perlitischer Hartguss", "ledeburitisch-martensitische Gusseisen" und "Chromgusseisen" unterteilt.

B.4.3.1 Perlitischer Hartguss

Unter Hartguss wird ein un- bzw. niedriglegiertes Gusseisen verstanden, dessen Gefüge aus einem M_3C-Eutektikum in einer perlitischen Matrix besteht (Bild B.4.5 b).

Während sich die alte DIN-Bezeichnung an der chemischen Zusammensetzung orientierte, wird der Hartguss heute nach DIN EN 12513 mit GJN-HV 350 (oder X300MnCr) bezeichnet (s. Kap. C.1, S. 388). Die tatsächliche Makrohärte kann deutlich darüber liegen, wenn bei einem Kohlenstoffgehalt an der oberen Grenze (3.6 % C) der Volumenanteil an M_3C aus der Schmelze hoch (35 %, s. Tab. A.1.3, S. 14) ist. Ein erhöhter Mangangehalt, Legieren mit Chrom und eine schnelle Abkühlgeschwindigkeit produzieren einen feinstreifigen, mischkristallgehärteten Perlit, der eine gute Stützwirkung für den eutektischen Zementit aufweist. Das Gießen in Metallkokillen erzeugt ein gegenüber Sandguss deutlich feineres Erstarrungsgefüge, mit dem eine Makrohärte von bis zu 500 HV erreicht werden kann.

Perlitischer Hartguss kann als Vollform- oder Schalenhartguss ausgeführt werden. Durch Gießen gegen eine in die Sandform eingelegte Metallplatte erstarrt eine speziell im Siliziumgehalt angepasste Fe-C-Schmelze infolge schneller Wärmeabfuhr weiß (s. Kap. A.2, S. 37). Weiter im Inneren geht die weiße Randzone über eine grau/weiß erstarrte Mischzone in die Grauerstarrung über, die dem restlichen Gussstück eine gute Bearbeitbarkeit verleiht.

Während perlitischer Vollhartguss z. B. für segmentierte Kettenrollen von Eimerkettenbaggern und -becherwerken sowie in landwirtschaftlichen Maschinen eingesetzt wird, findet Schalenhartguss als kostengünstiger Werkstoff in der Mahltechnik z. B. als Mühlenauskleidung oder Mahlwerkzeug Anwendung. Schlaghämmer für Kohlemühlen in Kraft- und Zementwerken werden mit einem karbidischen Kopf und einem grau erstarrten weichen Auge ausgeführt.

B.4.3.2 Ledeburitisch-martensitische Gusseisen

Der Verschleißwiderstand des perlitischen Hartgusses kann durch eine martensitische Metallmatrix wesentlich verbessert werden. Die martensitischen Gusseisen enthalten deshalb neben Eisen, Kohlenstoff und Chrom nennenswerte Gehalte an Nickel, wodurch das Austenitgebiet erweitert, die Perlitumwandlung verzögert und die Übergangstemperatur zum Spaltbruch gesenkt wird. Da sich Nickel nicht an der Karbidbildung beteiligt, steht es der Matrixbeeinflussung voll zur Verfügung. Um bereits nach der Abkühlung in der Form eine Metallmatrix aus Martensit und Restaustenit zu erreichen, sind mit dem Querschnitt ansteigend 3.5 bis 5 % Ni erforderlich. Der dadurch wachsenden Neigung zu unerwünschter Graphitbildung wird mit 1.5 bis 2.5 % Cr entgegengesteuert. Die Gehalte an Si und Mn (jeweils bis 0.8 %) sind wegen Graphitisierung einerseits und Restaustenitstabilisierung andererseits niedriger als bei perlitischem Hartguss. Die M_3C-Karbide der ledeburitsch-martensitischen Gusseisen gewinnen durch Lösen von Cr an Härte (bis 1100 HV0.05 gegenüber

850 HV0.05 für Fe_3C) und ihre Menge steigt mit dem C-Gehalt an, der zwischen 2.5 und 3.5 % liegt.

Durch Anlassen bei 275°C zerfällt der Restaustenit zu unterem Bainit und die Härte des Gusszustandes von z. B. 550 HV30 wächst um ca. 100 HV30 an. Gegenüber unlegiertem Hartguss kommt es daher zu einer besseren Stützwirkung der Matrix für die Karbide und der Verschleißwiderstand steigt. Durch Übergang von Sand- zu Kokillenguss wird das Gefüge gefeint und die Härte etwa um weitere 50 HV30 angehoben.

Bereits 1920 wurden zwei Ni- und Cr-legierte Gusseisen entwickelt, die unter den Handelsnamen Ni-Hard 1 und 2 bekannt geworden sind (s. Tab. B.4.1). Ni-Hard 1 ist nach älterer DIN-Bezeichnung ein GX330NiCr4-2 und heute in DIN EN 12513 als GJN-HV520 mit Angabe der Mindesthärte genormt. Ni-Hard 2 (GX260NiCr4-2) wird als GJN-550 HV geführt.

Die Ni-legierten martensitischen Gusseisen überdecken ein breites Anwendungsfeld. Sie bilden die Auskleidungen von Kugel- und Hammermühlen und werden als Brechbacken und -walzen sowie als Schleißplatten in Misch- und Fördereinrichtungen genutzt. Wegen der gegenüber den Chromgusseisen geringeren Verschleißbeständigkeit beschränken sich diese Anwendungen aber auf den Umgang mit mittelharten Stoffen wie Kohle, Kalk und Phosphat.

B.4.3.3 Martensitische Chromgusseisen

Durch Erhöhung des Cr-Gehaltes gelingt es, gegenüber M_3C härtere M_7C_3-Karbide (1300 - 1500 HV0.05) auszuscheiden (s. Bild A.4.16, S. 103). Bei ≈ 5.5 % Ni und ≈ 2 % Si reichen dazu bereits 8.5 % Cr, die eine Graphitbildung ausschließen. Die Absenkung der Ac_1-Temperatur und die Unterdrückung der Perlitbildung durch Nickel erlauben eine spannungsarme Lufthärtung von niedriger Härtetemperatur (≈ 750°C), bei der eine Makrohärte von > 700 HV30 erreicht werden kann. Ein Ni-legiertes Gusseisen mit 9 % Chrom und 5 % Nickel ist unter dem Handelsnamen Ni-Hard 4 bekannt geworden und gehört damit zu den Chromgusseisen. Für diese höherlegierten Gusseisen sieht die Euronorm neben der Mindesthärte die Nennung der ungefähren chemischen Zusammensetzung vor. Die Legierung GX300CrNiSi9-5-2 wird deshalb leider nur unvollständig mit GJN-HV600(XCr11) benannt (Tab. B.4.1).

Tabelle B.4.1 Gegossene Werkzeugwerkstoffe zur Mineralverarbeitung: Gefüge, Richtwert für Einbauhärte, Behandlungsart und Anwendung.

Legierung	Bezeichnung nach DIN-EN 12513	Hartphase Art	Hartphase Anteil [Volumen%]	Metallmatrix	Einbau-zustand	Gebrauchshärte [HRC] von - bis	Anwendungs-beispiel
G55NiCrMoV6		–	–	M	Q + T	55 - 56	Schlaghammer
GX210Cr12		M_7C_3	17	M	Q + T	55 - 65	Presswerkzeug
GX140MnCr17-2		–	–	A	AT	< 20	Brechwerkzeug
GX300MnCr	GJN-HV350	M_3C	28	P	U	35 - 50	Mühlenauskleidung
GX260NiCr4-2	GJN-HV520	M_3C	32	M	(Q) + T	48 - 56	=
GX330NiCr4-2	GJN-HV550	M_3C	42	M	(Q) + T	52 - 62	=
GX300CrNiSi9-5-2	GJN-HV600	M_7C_3	32	M+(RA)	(Q) + T	59 - 63	Mahlwerkzeug
GX300CrMo15-3	GJN-HV600(XCr14)	M_7C_3	33	M+(RA)	Q + T	60 - 65	=
GX260CrMoNi20-2-1	GJN-HV600(XCr18)	M_7C_3	28	M+(RA)	Q + T	62 - 65	=
GX260CrMo27-2	GJN-HV600(XCr23)	M_7C_3	35	M+(RA)	Q + T	62 - 65	Schlagleisten
GX130NbCrMoW-6-4-2-2	nicht genormt	MC	13	M	Q + T	58 - 62	Brikettierwerkzeuge

U = unbehandelt, AT = lösungsgeglüht, Q = abgeschreckt, T = angelassen, M = Martensit, P = Perlit, A = Austenit, RA = Restaustenit

Chrom schnürt das Austenitgebiet ein und erhöht so die Härtetemperatur. Da ein Großteil des Chroms zur Bildung von M_7C_3-Karbiden verbraucht wird, muss die Härtbarkeit für dickere Querschnitte durch Zusätze von 1 bis 3 % anderer Legierungselemente wie Cu, Mn, Mo, Ni angehoben werden. Mn und Mo lösen sich z. T. im Karbid, während Cu und Ni voll wirksam in der Metallmatrix verbleiben. Cu ist preiswerter als Ni, aber im Schrott unerwünscht. In Bezug auf erwünschte Härtbarkeitssteigerung und unerwünschte Restaustenitstabilisierung schneidet Mo weit günstiger ab als Mn, wenn auch zu höheren Legierungskosten. In unlegiertem Hartguss liegt der eutektische Punkt bei ≈ 4.2 % C, fällt aber auf < 3 % zurück, wenn der Chromgehalt auf die übliche Obergrenze von 28 % steigt. Bild B.4.5 c zeigt das Gefüge der Gusslegierung GX300CrMo15-3 (GJN-HV600 (XCr14)).

Eine Erhöhung des C-Gehaltes auf z. B. 3.3 % führt zur Ausscheidung grob stängeliger M_7C_3-Primärkarbide, die einen höheren Widerstand gegen grobe Furchung bieten, aber auch die Zähigkeit beeinträchtigen. Ein steigendes Cr/C-Verhältnis erhöht den Cr-Gehalt im Karbid und in der Matrix, so dass die Karbidhärte und die Härtbarkeit zunehmen. Daraus ergibt sich die Abstufung im Molybdängehalt von 3 bis 1 %. Trotz des hohen Cr-Gehaltes sind die hochchromhaltigen Gusseisen in der Regel nicht rostbeständig, da wegen der großen Karbidmenge zu wenig Cr in der Metallmatrix gelöst bleibt (s. Kap. B.6, S. 346).

Nach der Abkühlung in der Form liegt in der Matrix ein Mischgefüge vor, dessen Restaustenitgehalt mit dem Legierungsgehalt zunimmt. Die hochchromlegierten weißen Gusseisen erhalten ihre Gebrauchshärte daher durch Härten und Anlassen. Die Härtetemperatur steigt mit dem Cr-Gehalt von 950 auf 1100°C. Je nach Legierungsgehalt bringt sie Karbide in Lösung oder destabilisiert sie den Restaustenit durch Ausscheiden von Karbiden. Nach Anlassen um 200°C werden Härtewerte zwischen 750 und 900 HV30 erzielt. Ein Anlassen im Sekundärhärtebereich ist mit geringerer Härte (650 bis 750 HV30), aber auch mit einem Abbau von Eigenspannungen verbunden und bietet Vorteile bei Warmverschleiß.

Für Anwendungsfälle, bei denen die Härte der Abrasivstoffe die Karbidhärte von M_7C_3 übersteigt, wurden Sondergusseisen entwickelt. Sie enthalten als Haupthartphase Monokarbide wie VC (2900 HV0.05) oder NbC (2400 HV0.05), die primär aus der Schmelze ausgeschieden werden. Durch Desoxidation mit Aluminium und späte Zugabe von einigen Zehntelprozent Titan bilden sich zunächst in der Schmelze feine Al_2O_3-Ausscheidungen, an die Titankarbonitride ankeimen, auf denen schließlich die MC-Karbide aufwachsen. Dadurch kommt es neben einer Erhöhung der Karbidhärte zu einer homogeneren Verteilung der Karbide und in der Folge zu einem hohen Verschleißwiderstand. Tab. B.4.1 enthält eine dieser Legierungsvarianten mit Monokarbiden auf Nb-Basis (GX130NbCrMoW6-4-2-2).

Die Chromgusseisen werden im gleichen Anwendungsbereich wie der martensitisch-ledeburitische Hartguss eingesetzt, zeigen aber in der Regel einen vergleichsweise höheren Verschleißwiderstand insbesondere bei härterem, quarzhaltigen Gestein. Ein Beispiel für die Bruchfestigkeit solcher Gussstücke sind die Schlagleisten von Prallmühlen zur Zerkleinerung von Basalt und Diabas. Sie sind auf einem Rotor befestigt, der sich z. B. mit 600 Upm dreht, aus einem Vorbrecher kommende Brocken mit einer Maschenweite von z. B. 300 mm erfasst, gegen Prallkörper schleudert und auf die Stückgröße von Schotter bricht. Er enthält nach diesem Verfahren einen hohen „kubischen" Anteil, wie er vor allem im Gleisbau verlangt wird. Die Schlagleisten mit einem Stückgewicht von über 100 kg werden aus naheutektischem Gusseisen z. B. GX260CrMo27-2 in Sandformen gegossen, an bewegter Luft gehärtet, bei $\approx$ 180°C angelassen und mit einer Härte von 800 bis 900 HV30 eingebaut. In diesem Zustand übertrifft ihre Bruchfestigkeit im Kontakt die des Gesteins. Voraussetzung für einen sicheren Betrieb ist allerdings eine plane Auflage im Rotor, die Vermeidung von Formkerben und ein Aufgabegut ohne verirrte grobe Metallstücke. Wir finden die Chromgusseisen darüber hinaus in vielen Anwendungen der Mahltechnik z. B. als Mahlkugeln und Auskleidungen in Kugelmühlen, als Mahlschüsseln und -rollen in Vertikalmühlen sowie als Walzensegment in Gutbettwalzenmühlen, die in der Zement- und Erzmahlung eingesetzt werden.

B.4.4 Beschichtete Werkzeuge

Da beim mineralischen Verschleiß im Allgemeinen größere Verschleißtiefen zulässig sind und höhere Punktlasten auftreten können als bei den Werkzeugen für die Metallformgebung, finden die dort gebräuchlichen dünnen CVD-, PVD- oder Hartchromschichten hier kaum Anwendung. Vielmehr bewähren sich Millimeter dicke Beschichtungen mit Werkstoffen, deren Hartphasen grob sind, und deren Hartphasengehalt die gießtechnische Grenze von ca. 40 Volumen% deutlich übersteigen können. Sie werden durch Auftragschweißen, durch Verbundgießen oder auf pulvermetallurgischem Wege hauptsächlich unter Anwendung der Heißisostatischen Presstechnik (HIP) hergestellt.

B.4.4.1 Auftragschweißen

Beim Auftragschweißen werden mit verschiedenen Verfahren 2 - 15 mm dicke Verschleißschutzschichten durch mehrlagiges Schweißen auf ein kostengünstiges Substrat aufgetragen. Die Palette zahlreicher Schichtwerkstoffe reicht von Zusammensetzungen einfacher martensitischer Stähle mit 0.3 - 0.5 % C bis zu hochhartphasenhaltigen übereutektischen Legierungen mit bis zu 6 % C, 2 % B, 40 % Cr und weiteren Zugaben metallischer Elemente (Nb, V, W, Mo, Co). Einige Varianten sind beispielhaft in Tab. B.4.2 aufgelistet.

Durch Ausscheidung aus der Schmelze erstarrender M_7C_3-Karbide in Gehalten von bis zu 50 Volumen% erreichen die Auftragungen in der, von der Aufmischung unbeeinflussten, dritten Schweißlage Makrohärten von 70 HRC und mehr. Bild B.4.5 d zeigt die in Richtung des Temperaturgradienten gewachsenen stengligen M_7C_3-Karbide in einem dieser Werkstoffe. Mit einer

Tabelle B.4.2 Verschleißbeständige Legierungen zum Auftragschweißen

Zusammensetzung	Hartphase		Metall-	Härte	Anwendungs-
	Art	Anteil [Volumen%]	Matrix [2]	[HRC]	beispiele
X20CrMo5	–	–	M	42 - 47	Laufrollen
X50CrMoV5-1	–	–	M	54 - 57	Shredderhämmer
X120NbCrNiMoV6-5-2-1	MC	13	M+RA	55 - 59	Zerkleinerungswalzen
X180CrTiMo7-5-2	MC	19	M	56 - 58	Mühlenhämmer
X500Cr27	M_7C_3	55	M+RA	59 - 62	Rutschen, Siebe
X540CrNb22-7 + (B)	M_7C_3 MC	50 15	M+RA	63 - 65	Baggerzähne
X440CrMoNbWV24-7-6-2	M_7C_3	42	M+RA	62 - 65	Roststäbe, Heißsiebe
X380VCrWMo17-13	MC	30	M	61 - 64	Extruderschnecken
50NiCrMo7 + WSC	WSC[1]	60	M	63 - 66	Abraumwerkzeuge

[1] WSC = Wolframschmelzkarbid WC/W_2C

[2] M = Martensit, RA = Restaustenit

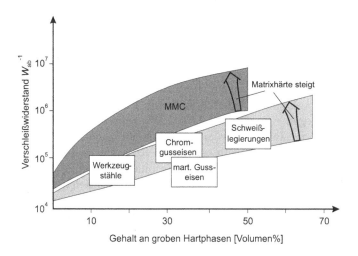

Bild B.4.6 Verschleißwiderstand und Hartphasengehalt: Im Stift-Scheibe-Versuch gegen Schleifpapier mit Flint der Körnung 80, das weicher als die Hartphasen im Werkstoff ist, steigt der Verschleißwiderstand W_{ab}^{-1} mit dem Hartphasengehalt an. Werkzeugstähle, weiße Chromgusseisen und Schweißlegierungen bauen überwiegend auf M_7C_3-Karbid und liegen in einem gemeinsamen Streuband. Die ledeburitisch martensitischen Gusseisen fallen trotz hoher Hartphasengehalte wegen der weicheren M_3C nach unten heraus. MMC mit WC/W_2C und CrB_2 (s. Bild A.4.16, S. 103) sind bei 30-50 Volumen% Hartphasen überragend.

solchen Legierung kann der Verschleißwiderstand der weißen Gusseisen noch übertroffen werden (Bild B.4.6).

Wegen des hohen Hartphasengehaltes sind die Schichten stets rissbehaftet, und deshalb für hohe mechanische insbesondere schlagende Beanspruchung nicht geeignet. Sie finden aber Anwendung bei reiner Abrasionsbeanspruchung (z. B. als beschichtete Bleche für Rutschen, Schurren, Siebe, Bunker). Im Markt sind beschichtete Verschleißplatten erhältlich, die wegen der geringen Aufmischung mittels Plasma-Transfer-Arc-Verfahren (PTA) hergestellt werden.

In zahlreichen Anwendungen werden Schnecken durch Auftragschweißen gepanzert. Während bei Förderschnecken der Schaft und die großflächigen Schneckenblättern mehrlagig beschichtet werden, kann das Auftragschweißen bei Pressschnecken zum Auftragen der Wendel formgebend genutzt werden. Extruder- und Spritzgießschnecken in Kunstoffmaschinen unterliegen wegen hoher Gehalte an abrasiven Füllstoffen (z. B. Quarzmehl, Glasfasern) starkem Verschleiß. Ihre Stege werden deshalb durch 3-lagiges PTA unter induktiver Vorwärmung mit hoch V-haltigen Legierungen (s. Tab. B.4.2) aufgebaut. In Schneckenpressen für die Pflanzenölherstellung und Tierkörperverwertung werden die Schneckenstege bis 50 mm durch mehr als 10 Schweißlagen aus knapp übereutektischen Fe-Cr-C-Legierungen generiert.

Während niedriglegierte Stahlsubstrate, unter Vorwärmung geschweißt, eine gute Schichthaftung garantieren, wird zur Regeneration von Verschleißteilen aus weißen Gusseisen ein anderer Weg beschritten. Die eigentlich nicht schweißgeeigneten verschlissenen Mahlteller und -steine von Vertikalmühlen werden durch viellagiges Aufschweißen mit Fülldraht z. B. aus X500Cr27 automatisiert regeneriert (Bild B.4.5 d). Die Schweißparameter sind so gewählt, dass die Schweißstelle relativ kalt bleibt, so dass sich in der Schicht in regelmäßigen Abständen früh senkrechte Risse (Segmentierungsrisse) ausbilden. Dies sichert meist eine gute Verbindung zum Substrat zwischen den Rissen und bewirkt selbst bei höheren Mahldrücken lange Standzeiten ohne Abplatzen der Schweißschicht. Zerkleinerungswalzen von Gutbettwalzenmühlen für die Zementklinkermahlung sind mechanisch so hoch belastet, dass sie beim dreilagigen Aufschweißen rissfrei bleiben müssen. Zwar werden wegen der Gefahr des Abplatzens karbidfreie, bei der Abkühlung martensitisch umwandelnde Legierungen wie X50CrMoV5-1 verschweißt, jedoch sind die Standzeiten mit z. T. nur 3 Monaten gering. Hier haben sich Legierungen mit Monokarbiden der Elemente Niob, Vanadium und Titan in Gehalten < 20 Volumen% in einer martensitischen Metallmatrix bewährt (Bild B.4.5 e). Die MC-Karbide genießen den Vorteil hoher Härte (2000 - 3000 HV0.05) und erstarren noch vor den Metalldendriten aus der Schmelze, so dass sie im Gefüge dispers verteilt vorliegen. Ein Nickelgehalt um 2 % in 120NbCrNiMoV6-5-2-1 sorgt bei natürlicher Abkühlung an Luft für Restaustenit, dessen plastisches Verformungsvermögen thermische Spannungen abbaut und damit die Risssicherheit erhöht. Anlassen um 500°C bewirkt in Mo- und V-legierten Varianten eine Steigerung der Härte durch

Restaustenitumwandlung und Sekundärkarbidausscheidung, wobei das gesamte Bauteil gleichzeitig spannungsarm geglüht wird.

Baggerschaufeln und Abraumwerkzeuge im Braunkohletagebau und in der Ölschiefergewinnung werden mit Auftragschweißschichten geschützt, deren Schmelzbad Hartstoffe von außen zugegeben werden. Hierzu werden in Ni- oder Fe-Matrices meist Wolframkarbide (WC oder WC/W_2C) verwendet, die beim PTA-Schweißen in Gehalten bis zu 60 Volumen% in den Plasmastrahl bzw. das Schmelzbad eingebracht werden. In Fe-Matrices besteht die Gefahr, dass ein Teil der Karbide an bzw. aufgeschmolzen und als sprödes Fe-Mischkarbid $(W,Fe)_6C$ wieder ausgeschieden wird (Bild B.4.5 f).

B.4.4.2 PM-Beschichten

Größte Flexibilität im Design von Verschleißschutzschichten und damit erstaunliche Erfolge in der Anwendung bietet die pulvermetallurgische Herstellung von dicken Schichten. Beim so genannten HIP-Cladding wird, unter Ausnutzung der Heiß-Isostatischen Presstechnik, ein Hartstoff-Stahlpulvergemisch bei z. B. $T = 1150°C$ und $p = 1000$ bar zu theoretischer Dichte verpresst und gleichzeitig auf ein Stahlsubstrat aufgebracht. Die durch Pulvermetallurgie hergestellten Metal-Matrix Composite (MMC) bieten gegenüber der Schmelzmetallurgie einige entscheidende Vorteile. Während sich das Gefüge der schmelzmetallurgischen Hartlegierungen aus der chemischen Zusammensetzung entsprechend der Erstarrungsreihenfolge einstellt, sind Hartstofftyp und -größe auf der PM-Route nahezu frei wählbar. Darüber hinaus lassen sich durch PM-Beschichtungen höhere Hartphasengehalte in dicken Schichten rissfrei darstellen, wobei die Gefügehomogenität besser ist als beim Auftragschweißen oder dem bei Eisenwerkstoffen selten angewendeten thermischen Spritzen.

Das Gefüge der MMC ist durch die beim Heißkompaktieren ablaufenden Vorgänge der Interdiffusion von Elementen sowie durch das Korngrößenverhältnis beider Pulverkomponenten geprägt (Bild B.4.5 g). Infolge der Annäherung an das thermodynamische Gleichgewicht tritt z. B. bei der Verwendung von Wolframschmelzkarbid (WC/W_2C) während des Heißkompaktierens in der Stahlmatrix ein Diffusionssaum bestehend aus W_2C und weiter außen M_6C um die ursprünglichen Hartstoffe herum auf. Dieser Diffusionssaum wirkt sich positiv auf die Einbettung in der Stahlmatrix aus, weil der Eigenschaftssprung (E, HV, α) an der Grenzfläche Hartphase / Matrix gemildert wird. Die Verteilung der harten Phasen kann über das Korngrößenverhältnis und den Volumenanteil von Hartstoff- und Matrixpulver beeinflusst werden. So können bei Hartstoffgehalten < 30 Volumen% spröde Hartphasennetze entstehen, wenn das Hartstoffpulver deutlich feiner als das Matrixpulver ist. Eine enge Hartstofffraktion in der Größe der mittleren Matrixpulverkorngröße oder darüber liefert dagegen eine zähe Hartphasendispersion.

Die nahezu beliebig dick herstellbaren Schichten aus MMC zeigen einen exzellenten Verschleißwiderstand. Beispielsweise wird mit dem Stahlpulver

X230CrVMo13-4 und einer Hartstoffzugabe von 30 Volumen% an WC/W$_2$C
(150 μm) im Stift-Scheibe-Versuch gegen Flint ein Verschleißwiderstand erreicht, der um den Faktor 40 oberhalb der reinen Stahlmatrix liegt und das
auf 800 HV30 behandelte weiße Gusseisen GX300CrMo15-3 um Faktor 6 überragt (Bild B.4.7). Dies ist neben der hohen Härte der Wolframkarbide auf deren hohe Bruchzähigkeit zurückzuführen. Sie erweisen sich selbst gegen Al$_2$O$_3$
als sehr beständig und verleihen dem Verbundwerkstoff einen gegenüber den
Auftragschweißungen signifikant erhöhten Verschleißwiderstand.

Neben der Möglichkeit, dicke Schichten rissfrei herstellen zu können, bieten MMC gegenüber Auftragschweißungen den Vorteil größerer Zähigkeit

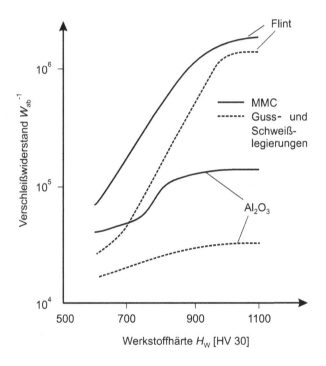

Bild B.4.7 Verschleißwiderstand und Werkstoffhärte: Im Verschleißversuch
nimmt der Verschleißwiderstand W_{ab}^{-1} mit der Werkstoffhärte H_W zu. Sie steigt
mit der Härte der Metallmatrix (H_{MM}) und mit dem Volumenanteil an Hartphasen.
Sind diese weicher als das Abrasiv ($H_{HP} < H_{AB}$) fällt der Anstieg gering aus, wie
der Kurvenverlauf für die Guss- und Schweißlegierungen gegen Al$_2$O$_3$ zeigt. Gegen
Flint ist $H_{HP} > H_{AB}$, so dass W_{ab}^{-1} in die Hochlage (2 Größenordnungen höher)
kommt. Letzteres gilt auch für MMC wobei die Tieflage wegen der groben Hartphasen (> 100 μm) erst bei geringerer Härte erreicht wird. Das besondere Potenzial
der MMC kommt gegen Al$_2$O$_3$ zu Ausdruck, wo nur 30 Volumen% an WC/W$_2$C
($H_{HP} > H_{AB}$) in martensitischer Matrix ausreichen um W_{ab}^{-1} gegenüber den überwiegend M$_7$C$_3$-haltigen Schweiß- und Gusslegierungen ($H_{HP} < H_{AB}$) anzuheben.

und Bruchsicherheit, weil die Matrix im Unterschied zu übereutektischen Auftragschweißlegierungen nicht durch ungünstige Anordnung von eutektischen Hartphasen versprödet wird.

Trotz hoher Fertigungskosten beginnen die PM-Schichten den Markt in der Aufbereitungstechnik zu erobern. Erste Einsätze von MMC als Schutzschicht auf Mänteln für Zerkleinerungswalzen in Gutbettwalzenmühlen zeigen in der Kimberlit- und Kaolinmahlung deutlich höhere Standzeiten als Gusswerkstoffe oder Auftragschweißungen. In der Zementmahlung sind mit einer mehrkomponentigen Walzenoberfläche inzwischen mehrfach Standzeiterhöhungen um Faktor 10 erreicht worden. In Analogie zu dispers verteilten Hartstoffen in einer Metallmatrix auf Gefügeebene werden ca. 35 mm breite und ca. 20 mm dicke hexagonale Platten mit 5 mm breiten Zwischenräumen auf der Walzenoberfläche angeordnet. Da der Werkstoff in den Zwischenräumen eine geringere Härte als die Hexagone aufweist, trägt er sich bevorzugt ab. In diese Vertiefungen wird das Mahlgut gepresst und bildet dort einen autogenen Schutz. Gleichzeitig wird dadurch ein Teil der Walzenoberfläche rauh, so dass sich die Einzugsbedingungen und damit der Durchsatz merklich verbessern.

Vorreiter in der Technolgie des HIP-Claddings ist die kunstoffverarbeitende Industrie. Schnecken und Gehäuse von Extrudern und Spritzgießmaschinen werden seit langem auf den Arbeitsflächen durch PM-Schichten geschützt. Auch hier kommen verschiedene höchstlegierte Werkzeugstahlpulver zur Anwendung, die fallweise mit Hartstoffpulver versetzt werden.

Wegen hoher Investitionskosten der HIP-Anlagen, der aufwändigen Schweißtechnik zur Herstellung druckdichter Schweißnähte an Blechkapseln sowie der Kosten für deren anschließende spanende Entfernung ist das HIP-Cladding trotz der exzellenten Standzeiten der MMC aus Kostengründen nicht immer erste Wahl. Einen Ausweg bietet ein neu entwickeltes Sinterverfahren mit dem Fe-Basis MMC unter Bildung einer Flüssigphase dicht gesintert werden können. Ausgangspunkt sind gasverdüste Kalt- und Schnellarbeitsstahlpulver, deren niedrigschmelzende Eutektika beim Vakuum- oder Schutzgassintern knapp oberhalb der Solidustemperatur ein porenfreies Gefüge herbei führen. Sintern unter Stickstoff führt insbesondere bei hoch Vanadium-haltigen Pulvern zur Stickstoffaufnahme, der in den häufig unterstöchiometrischen VC-Karbiden abgebunden wird. Diese geben Kohlenstoff an die Matrix ab, so dass die Solidustemperatur und damit die optimale Sintertemperatur gegenüber Vakuumsintern um $\approx 20°C$ gesenkt wird.

Während thermodynamisch stabile Hartphasen, wie beispielsweise TiC, problemlos eingesintert werden können, bewirkt die flüssige Phase z. T. heftige Diffusionsreaktionen zwischen WC/W_2C und dem Matrixpulver. Dem lässt sich durch eine Temperaturführung entgegenwirken, bei der die Flüssigphasenbildung nur kurz initiiert und die Sintertemperatur deutlich unter T_{sol} abgesenkt wird. Bild B.4.5 h zeigt das Gefüge eines MMC mit 10 Volumen% WC/W_2C in einer Kaltarbeitsstahlmatrix X250CrNiMoV12-2-2 nach dem Flüssigphasensintern. Mit dieser Methode lässt sich auch ein Stahlsubstrat beschichten, wobei die Grenzfläche eine der HIP-Technologie vergleichbare

Güte aufweist. Die 2 % Nickel in der o. g. Stahlmatrix ermöglichen, dass auch dickwandige Schichtverbunde an ruhender Luft gehärtet werden können.

B.4.4.3 Verbundgießen

Dicke Verschleißschutzschichten können auch durch Verbundgießen hergestellt werden. Bei Hämmern für Hammermühlen wird auf ein gerade erstarrtes Stahlgusssubstrat unter Verwendung eines den Schmelzpunkt lokal reduzierenden Kontaktmittels ein weißes Gusseisen, z. B. GX300CrMo15-3, mit relativ komplizierter Angusstechnik aufgegossen. Einfacher können rotationssymetrische Verbundgussteile durch Schleudergießen gefertigt werden. Eine Mantelschmelze (weißes Gusseisen oder Kaltarbeitsstahlzusammensetzung) wird zuerst in eine horizontal oder vertikal rotierende Kokille eingegossen, wo sie von Außen nach Innen kristallisiert. Kurz vor dem Abschluss der Erstarrung des Mantels wird als Kernwerkstoff eine Sphärogussschmelze mit hohem Sättigungsgrad (geringe Gießtemperatur, s. Gl. A.2.2, S. 34) eingegossen. Die Verbindung beider Legierungen im noch flüssigen Zustand liefert eine hohe Grenzflächenfestigkeit, die den Beanspruchungen als Zerkleinerungs- und Umformwalze standhalten kann.

Zylinder für Extruder und Spritzgießmaschinen werden innen durch Schleudergießen mit einer verschleißbeständigen Schicht unter Zugabe von Hartstoffen versehen. In horizontaler Anordnung wird legiertes Stahlpulver mit Hartstoffzusatz in hohl gebohrte Stahlzylinder aus Vergütungsstahl eingefüllt und rotierend durch magnetische Induktion auf $\approx 1200°C$ erwärmt. Durch Verwendung eines Stahlpulvers mit über 3 % C und 3.5 % B entstehen niedrigschmelzende Eutektika, die die Solidustemperatur der Legierung unter 1200°C drücken. Das Stahlpulver schmilzt auf, wird durch die Zentrifugalkraft an den Innendurchmesser gedrückt und erstarrt nach Abschalten des Induktors. Durch Zugabe von sphärischem Wolframschmelzkarbid (bis 50 Volumen%) entstehen so genannte naturharte Beschichtungen, die wegen des hohen Hartphasengehaltes auch ohne nachfolgende Wärmebehandlung ausreichend verschleißbeständig sind.

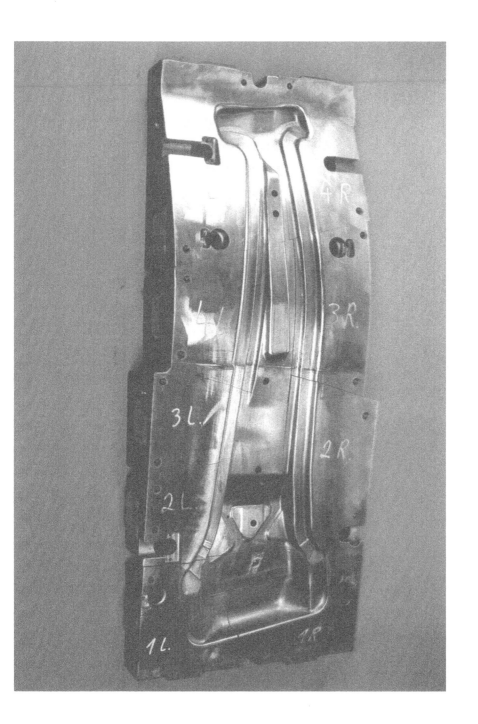

Segmentiertes Ziehwerkzeug aus ledeburitischem Kaltarbeitsstahl

B.5 Werkzeuge für die Werkstoffverarbeitung

Werkzeuge für die Werkstoffverarbeitung bilden das Herzstück der Formgebung durch Urformen (z. B. Druckgießen und Pulvermetallurgie), Umformen (z. B. Schmieden, Strang- und Fließpressen) sowie Trennen (z. B. Schneiden und Spanen). Um ihre Form behalten zu können, werden Werkzeuge in den verschiedenen Anwendungsgebieten in unterschiedlichen Härten eingesetzt. Daraus ergeben sich in der Praxis folgende Anhaltswerte für ihre Gebrauchshärte: reine Polymerverarbeitung 30 bis 35 HRC, Metallverarbeitung (warm) 40 bis 50 HRC (kalt) 55 bis 65 HRC. Steht Verschleiß im Vordergrund, können höhere Härten oder harte Schichten erforderlich werden.

Werkzeuge zur Werkstoffverarbeitung werden hauptsächlich aus Werkzeugstahl hergestellt, dessen Eigenschaften durch Legierung, Erzeugung und Wärmebehandlung eingestellt werden. In Einzelfällen (meist Großwerkzeuge) wird aber auch auf graue Gusseisen zurückgegriffen. Neben der konventionellen Erzeugung durch Block- oder Strangguss kommen Umschmelzverfahren wie das Elektro-Schlacke-Umschmelzverfahren (ESU, s. Bild A.2.16, S. 38) oder das Vakuumumschmelzen zur Verbesserung des Reinheits- und Seigerungsgrades zur Anwendung. Durch vertikale oder horizontale Schmiedung lässt sich die Orientierung der Kernseigerung in scheibenförmigen Werkzeugen beeinflussen. Durch pulvermetallurgische Herstellung oder Sprühkompaktieren wird eine Feinung eutektischer Karbide erreicht und eine Makroseigerung unterdrückt. Niedrige Endtemperaturen bei der Warmformgebung und beschleunigte Abkühlung verhindern die Bildung se-

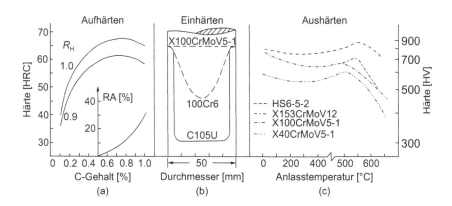

Bild B.5.1 Härten von Werkzeugstählen: (a) Aufhärten eines unlegierten Stahles durch gelösten Kohlenstoff, Minderung der Härte durch steigende Restaustenitanteile (RA) oberhalb von $\approx 0.7\,\%$ C oder durch zu geringe Abkühlgeschwindigkeit mit Härtungsgraden $R_H < 1$, Gl. A.3.2, S. 67. (b) Einhärten durch gelöste Legierungselemente wie Cr, Mo und V. (c) Aushärten (Sekundärhärten) durch Ausscheidung von Sonderkarbiden, wie z. B. MC (V) und M_2C (Mo) beim Anlassen (nach H. Berns).

kundärer Karbidnetzwerke. Für die Werkzeugfertigung bringt ein Weichglühen gute Spanbarkeit (s. Kap. A.3, S. 60). Die Gebrauchshärte wird durch Härten und Anlassen (s. Kap. A.2, S. 64 und 68) erreicht. Dabei bewirken gelöster Kohlenstoff das Aufhärten (Bild B.5.1), gelöste Legierungselemente das Einhärten und beim Anlassen ausgeschiedene Sonderkarbide ein Aushärten (s. Bild A.2.25, S. 49 und B.5.1 c).

Kohlenstoffgehalte, die über den zum Aufhärten benötigten Gehalt von ca. 0.7 % hinausgehen, bleiben als Karbide ausgeschieden im Stahl zurück. Ihre Größe nimmt mit der Ausscheidungstemperatur ab: primäre und eutektische Karbide aus der Schmelze 100 bis 1 µm, sekundäre Karbide aus dem Mischkristall 1 bis 0.1 µm, Anlasskarbide 0.1 bis 0.005 µm. Grobe harte Karbide dienen dem Verschleißwiderstand, feinste Karbide der Aushärtung und Warmfestigkeit.

Die meisten schmiedbaren Werkzeugstähle lassen sich in drei Gruppen einteilen (vgl. DIN EN ISO 4957): Kaltarbeitsstähle (KAS) mit hoher Aufhärtung und ggfs. Karbiden zum Verschleißschutz, Warmarbeitsstähle (WAS) mit erhöhter Warmfestigkeit durch Aushärten sowie Schnellarbeitsstähle (SAS) als Kombination der vorgenannten Gruppen mit Karbiden in warmfest ausgehärteter Matrix. Das Hauptanwendungsgebiet dieser drei Gruppen liegt in der Metall- und Kunststoffverarbeitung.

B.5.1 Kaltarbeitswerkzeuge

Kaltarbeitswerkzeuge arbeiten bei Umgebungstemperatur, können aber durch Reibungswärme oder bei der Polymerverarbeitung Temperaturen bis zu ca. 250°C annehmen. Sie werden überwiegend aus Kaltarbeitsstählen gefertigt, die in drei Untergruppen eingeteilt werden (Tab. B.5.1).

Tabelle B.5.1 Kaltarbeitswerkzeuge: Gruppe 1: 0.4‑0.7 % C, Gruppe 2: 0.8‑1.3 % C, Gruppe 3: > 1.5 % C

Gruppe	Werkstoff	Karbidgehalt Art	Anteil [1)]	Glühhärte [HB]	Gebrauchshärte von‑bis [HRC]	Herstellung	Werkzeug zum / als
1	C60U		< 1	231	56 ‑ 58	U	Handwerkzeuge
	60WCrV8		< 1	229	58 ‑ 62	U	Schneiden, Prägen
	X45CrNiMo4		< 1	260	40 ‑ 53	U, G	Prägen, Fließpressen
	60CrMoV10‑7		< 1	250	50 ‑ 60	G	Umformen
	40CrMnNiMo8‑6‑4		< 1	235	30 ‑ 50	U	Kunststoffform
	X54CrMoV17‑1		< 1	260	54 ‑ 58	U	Kunststoffform
2	C105U	Fe_3C	8	213	56 ‑ 61	U	Schneiden, Umformen
	100Cr6	M_3C	8	223	58 ‑ 62	U	Fließpressen
	X100CrMoV5‑1	M_7C_3	5	223	56 ‑ 62	U, G	Schneiden, Umformen
3	X153CrMoV12	M_7C_3	12	235	63 ‑ 65	U, G	Schneiden, Ziehen
	X210Cr12	M_7C_3	17	255	55 ‑ 65	U, G	Schneiden, Umformen
	X230CrVMo13‑4	M_7C_3 / MC	18 / 4	260	58 ‑ 64	PM	Prägen, Schneiden, Fließpressen, Extrudieren, Kunststoffform
	X190CrVMoW20‑4‑1	M_7C_3 / MC	21 / 2	280	58 ‑ 62	PM	Kunststoffform
	X245VCrMo10‑5‑2	MC	21	270	59 ‑ 64	PM	Prägen, Umformen, Kunststoffform
	GJL‑HB 235	M_3C	2	235	52 ‑ 60[2)]	G	Umformen, Tiefziehen
	GJS‑HB 265	M_3C	1	265	55 ‑ 65[2)]	G	Tiefziehen, Schneiden

U = umgeformt, G = gegossen, PM = pulvermetallurgisch

1) gehärtet (in Volumen%), 2) in randschichtgehärteten Kanten

Die zähen Stähle der Gruppe 1 mit $\approx 0.5\,\%$ C erreichen nicht die volle Martensithärte. Sie werden von Temperaturen oberhalb Ac_3 gehärtet (s. Bild A.2.9, S. 29) und sind praktisch karbidfrei. Die harten Stähle der Gruppe 2 mit ca. 1 % C enthalten dagegen kleine nicht aufgelöste Sekundärkarbide, da ihre Härtetemperatur kurz oberhalb von Ac_{1e} liegt (s. Kap. B.2, S. 204). In den verschleißbeständigen Chromstählen aus Gruppe 3 bilden sich gröbere eutektische Karbide mit höherer Härte (Bild B.5.2). Hinzu kommen

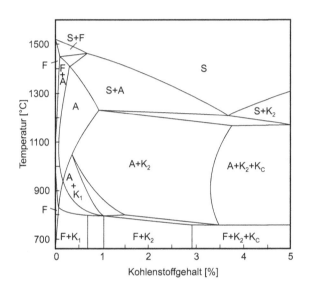

Bild B.5.2 Zustandsschaubild Fe - 13 % Cr - C: In diesem Konzentrationsschnitt bedeuten S = Schmelze, A = Austenit, F = Ferrit, $K_c = M_3C$, $K_1 = M_{23}C_6$, $K_2 = M_7C_3$ (nach K. Bungardt et al., s. Bild B.6.13 b, S. 327).

kleine, nicht aufgelöste Sekundärkarbide. Noch höhere Karbidgehalte beeinträchtigen die Warmumformbarkeit von Blöcken und sind daher auf PM-Stähle und gegossene Werkzeuge beschränkt. Häufig werden auch ursprünglich für die spanende Bearbeitung konzipierten Schnellarbeitsstähle als Kaltarbeitswerkzeug eingesetzt (s. Kap B.4, S. 288). Sie enthalten mit W, Mo und V gebildete Karbide (M_6C, M_2C, MC), die in eine martensitische Metallmatrix eingebettet sind (s. Kap B.5.4, S. 300).

Die in Tab. B.5.1 aufgeführten Gusseisen gehören nach ihrem C-Gehalt zur Gruppe 3, weisen aber ein prinzipiell anderes Gefüge als die zuvor genannten Stähle auf. Mit lamellaren oder sphärolitischen Graphitausscheidungen in perlitischer Matrix sind sie in der Arbeitsfläche zu weich und werden deshalb häufig randschichtbehandelt (Nitrieren, Laser- und Induktionshärten).

B.5.1.1 Eigenschaften

Seigerungen führen im Stabstahl zu Gefügezeiligkeit. Sie tritt in den ledeburitischen Stählen besonders deutlich hervor (Bild B.5.3). Mit zunehmendem Erstarrungsquerschnitt wachsen die eutektischen Karbide. Es handelt sich um Chromkarbide vom Typ M_7C_3, die deutlich härter sind als M_3C-Karbide (s. Bild A.4.16, S. 103) und kostengünstiger als die noch härteren Mo-, W-, V- oder Nb-Karbide. Außerdem verbessert gelöstes Chrom die Härtbarkeit (s. Bild B.5.1 b). Daher enthalten die Stähle in der Gruppe 3 ca. 12 % Chrom. Eine Anhebung der Härtetemperatur bewirkt in den Gruppen 2 und 3 eine verstärkte Auflösung der sekundären Karbide. Dadurch sinkt M_f und der Restaustenitgehalt steigt (Bild B.5.4 a). Enthalten sie ausreichende Gehalte an z. B. W, Mo und V, wie in den Stählen X100CrMoV5-1

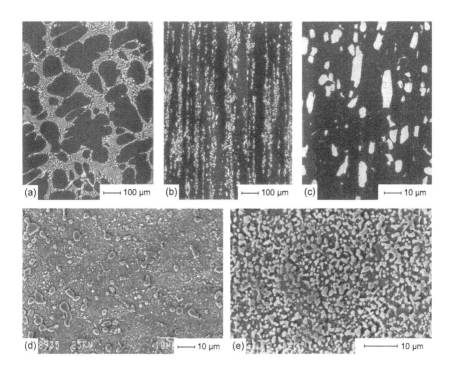

Bild B.5.3 Karbide in ledeburitischen Werkzeugstählen: (a) bis (c) X210CrW12, (d) X153CrMoV12, (e) X230CrVMo13-4, (a) Netzwerk aus eutektischen M_7C_3-Karbiden (hell) um die primär erstarrten Dendriten im Gussblock. (b) Nach der Warmumformung sind die Karbide in Stabachse zeilig gestreckt. (c) Ein hoher Umformgrad bewirkt eine Dispersion ausgerichteter Karbide. (d) Nach dem Sprühkompaktieren und Umformen mit feineren M_7C_3-Karbiden ($< 10\,\mu m$) und wegen des geringen Umformgrades geringer Zeiligkeit. (e) Dispersion von M_7C_3-Karbiden ($< 5\,\mu m$) nach PM-HIP.

und X153CrMoV12, so wird beim Anlassen zwischen 500 und 550°C, eine ausgeprägte Sekundärhärtung ausgelöst. Betriebstemperaturen, die deutlich unter der Anlasstemperatur liegen, werden über längere Zeit ohne Härteabfall ertragen (s. Gl. A.3.3, S. 69). So entsteht durch dieses Aushärten ein Gewinn an Warmhärte für den betrieblichen Einsatz. Er wird darüber hinaus in der Fertigung genutzt, wenn gehärtete Werkzeuge bei ca. 500°C nitriert oder PVD- beschichtet werden sollen, ohne dass die Kernhärte zu sehr leidet. Sekundäres Anlassen kann darüber hinaus der Maßeinstellung dienen. Die Bildung von Restaustenit beim Härten führt zum Schrumpfen der Werkzeuge (s. Bild A.3.7, S.;73), seine Umwandlung beim sekundären Anlassen zum Wachsen. Daraus ergeben sich zwei Möglichkeiten einer maßänderungsarmen Härtung: niedrige Härte- und Anlasstemperatur (geringe Warmhärte), höhere Härte- und Anlasstemperatur (hohe Warmhärte, Bild B.5.4 b). Aufgrund der Zeiligkeit in der Metallmatrix und dem Unterschied im Wärmeausdehnungskoeffizienten zwischen der Matrix und den gestreckten eutektischen Karbiden bildet sich eine Anisotropie der Maßänderung aus, die in Umformrichtung größer ist als quer und senkrecht dazu. Sie kann durch Überkreuzwalzen von Brammen gemildert und durch Verwendung von PM-Stählen weitgehend vermieden werden.

Bei Druckbelastung steigt die Bruchgrenze mit der Härte. Sie fällt jedoch mit zunehmender Mehrachsigkeit oberhalb einer kritischen Härte ab (s. Bild A.4.14, S. 96). Dieser Abfall wird durch rissauslösende Defekte - hier eutektische Karbide und nichtmetallische Einschlüsse - unterstützt. Harte Stähle der Gruppe 2 und insbesondere karbidreiche Stähle der Gruppe 3 eignen sich daher für vorwiegend druckbeanspruchte Werkzeuge. Kommen Kerbzug- und Biegespannungen hinzu, muss die Härte gesenkt und auf die zähen Stähle der Gruppe 1 zurückgegriffen werden, auch wenn der Verschleißwiderstand dadurch abnimmt. Bild B.5.5 a, b zeigt einen Vergleich der mechanischen Eigenschaften im statischen Biegeversuch. Von Gruppe 1 nach 3 werden Festigkeit und Bruchdehnung reduziert. Die Fließgrenze fällt mit zunehmendem Anteil an weicherem Restaustenit. Nimmt die Karbidgröße in Gruppe 3 zu, gehen Bruchgrenze und Bruchdehnung zurück (Bild B.5.5 c). Dass auch die Fließgrenze sinkt, hängt mit wachsenden Restaustenithöfen und Mikroeigenspannungen zusammen, die sich um die größer werdenden Karbide bilden. Bild B.5.6 stellt die für Umformwerkzeuge geeigneten KAS und SAS als einen guten Kompromiss aus Härte und Biegebruchfestigkeit im Vergleich zu anderen Werkstoffen dar.

Unter Schwingbeanspruchung wirkt sich eine steigende Härte günstig auf die Zeitfestigkeit aus, solange Karbide und sonstige Defekte klein bleiben. Gröbere Karbide lösen dagegen frühzeitig Risse aus, die sich in einer härteren Matrix schneller ausbreiten, so dass die Bruchlebensdauer sinkt (Bild B.5.7 a). Die spannungsinduzierte Umwandlung von Restaustenit bringt einen Volumenzuwachs mit sich. Dadurch geht die effektive Biegespannung im Rand zurück und die Anrissbildung verzögert sich. Danach wird auch die Ausbreitung des Schwingungsrisses durch Restaustenitumwandlung vor der Rissspitze

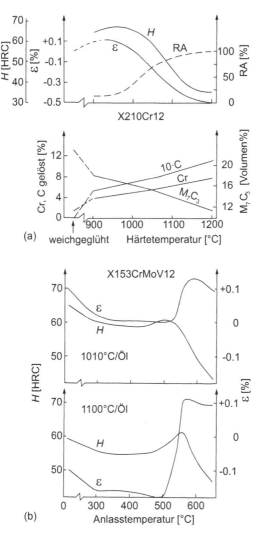

(a) weichgeglüht   Härtetemperatur [°C]

(b)   Anlasstemperatur [°C]

Bild B.5.4 Härten und Anlassen ledeburitischer Chromstähle: (a) Mit steigender Härtetemperatur nimmt der Gehalt an M_7C_3-Karbiden ab und der Gehalt an gelöstem Kohlenstoff und Chrom in der Matrix zu. Dadurch steigen die Aufhärtung H und die Maßänderung ε zunächst an, um dann mit wachsendem Gehalt an Restaustenit RA wieder abzufallen (nach H. Berns, J. Kettel). (b) Nach dem Härten von niedriger Temperatur wird eine Härte H ≈ 60 HRC bei einer Maßänderung $\varepsilon \approx 0$ schon mit einer Anlasstemperatur von ≈ 300°C erreicht. Ein Härten von höherer Temperatur fördert die Sekundärhärte und den Restaustenitgehalt, der erst bei Anlasstemperaturen oberhalb 500°C zerfällt. Für eine geringere Maßänderung bei 60 HRC muss daher um 540°C angelassen werden (nach H. Berns).

gebremst (Bild B.5.7 b). Mit steigender Härte, Karbidmenge und -zeiligkeit nimmt die Bruchzähigkeit K_{Ic} ab. Schon kleine Schwingungs-, Schleif- oder Erodierrisse mit einer Tiefe von z. B. a = 0.1 mm können daher genau wie die inneren   Defekte   in   Bild A.4.15   (S. 97)   die   Bruchgrenze $\sigma_c \approx K_{Ic} / \sqrt{\pi a_c}$ beeinträchtigen. Im Falle von Zug- oder Biegebeanspruchung kommt es bereits bei einer Spannung zum Gewaltbruch, die deutlich unter der einer rissfreien Oberfläche liegt.

Wie in Kap. A.4 (S. 106) ausgeführt wirkt sich eine höhere Härte in der Regel günstig auf den Verschleißwiderstand aus, während Karbide im Stahl je nach vorherrschendem Verschleißmechanismus unterschiedlich wirken

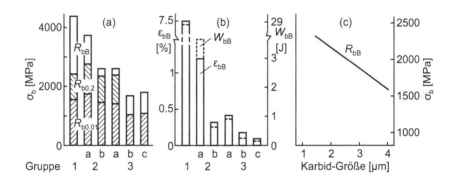

Bild B.5.5 Mechanische Eigenschaften von Kaltarbeitsstählen: Im Dreipunktbiegeversuch an Längsproben mit Dehnungsmessstreifen auf der Zugseite gemessen. Dargestellt sind (a) die Biegebruchfestigkeit R_{bB} und die 0.01- bzw. 0.2 %- Biegedehngrenzen sowie (b) die plastische Biegebruchdehnung ε_{bB} und -arbeit W_{bB} nachfolgender Stähle und Wärmebehandlungszustände. (c) Einfluss der mittleren Karbidgröße ledeburitischer Chromstähle (Gruppe 3) mit RA $\approx 10 \%$, K $\approx 15 \%$ und einer Härte ≈ 770 HV (Druckfestigkeit ≈ 3000 MPa) (nach H. Berns, W. Trojahn)

Gruppe	Beispiel		HT [°C]	AT [°C]	RA [%]	Härte [HV]	K [Volumen%]
1	56NiCrMoV7		860	180	5.1	670	< 1
2	100Cr6	a	820	180	4.0	748	8.8[1]
		b	880	180	12.0	803	6.4
3	X153CrVMo12	a	1020	180	4.0	698	12.5[2]
		b	1080	180	23.0	722	
		c	1080	540	4.0	748	

HT, AT = Härte-, Anlasstemperatur, RA = Restaustenitgehalt, K = Karbidgehalt
[1] mittlerer Karbiddurchmesser 0.86 μm
[2] mittlere Länge bzw. Breite der eutektischen Karbide 8.3 bzw. 4.2 μm
(nach H. Berns)

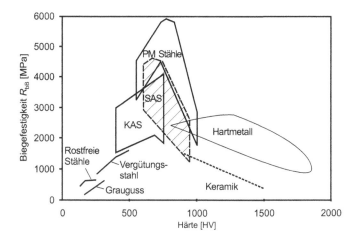

Bild B.5.6 Werkzeugwerkstoffe im Vergleich: Biegefestigkeit verschiedener Werkzeugwerkstoffe über der Härte. Zwischen 400 und 1000 HV erreichen KAS und SAS mit Hartphasengehalten < 20 Volumen% die höchsten Festigkeiten. Hartmetalle und Keramiken sind härter aber weniger fest. PM-KAS und PM-SAS überragen die konventionellen Stahlvarianten (nach L. Westin, H. Wisell).

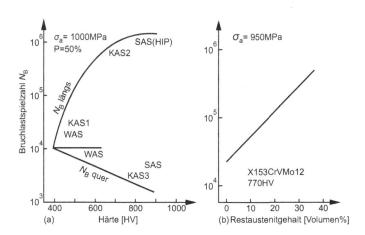

Bild B.5.7 Schwingfestigkeit von Werkzeugstählen: (a) Die Lebensdauer steigt im Umlaufbiegeversuch mit der Härte an, wenn die Karbide klein und rundlich sind (obere Grenzkurve), sie fällt ab, wenn die maßgebliche Karbidgröße ansteigt, wie z. B. in Querproben mit eutektischen Karbiden (untere Grenzkurve für Stähle nach Tab. B.5.1, B.5.4 und B.5.5) (nach H. Berns). (b) Die Lebensdauer wächst mit dem Gehalt an Restaustenit (nach H. Berns, W. Trojahn).

können. Ihre Menge und Größe ist daher der Verschleißart anzupassen. Auf den Verschleißwiderstand bei Korngleit- und Gleitverschleiß, wie er z. B. beim Pulverpressen bzw. beim Biegen und Fließpressen vorliegt, wirken sich grobe harte Karbide in Stählen der Gruppe 3 günstig aus (Bild B.5.8). Im Falle von Wälzverschleiß, wie z. B. bei Walz- oder Rollwerkzeugen, sind dagegen die feineren Karbide in Stählen der Gruppe 2 oder der PM-Stähle aus 3 gefragt.

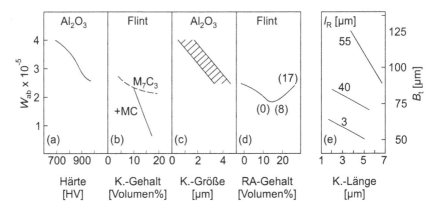

Bild B.5.8 Gefüge und Verschleiß ledeburitischer Chromstähle: Mit 10 bis 14 % Chrom, 1.2 bis 2.7 % C und Zusätzen von Mo, V, Nb und Ti. Verschleißbetrag W_{ab} gegen Schleifpapier 80er Körnung, Freiflächenverschleiß B_t im langsamen Drehversuch an einer Baustahlwelle. (a) X210Cr12 gehärtet von 1000°C/Öl, tiefgekühlt -196°C und angelassen bei 100 bis 400°C. (b) W_{ab} fällt mit dem Gehalt an primären und eutektischen Karbiden insbesondere bei härterem MC. (c) Je mehr sich die mittlere Karbidgröße dem Furchenquerschnitt nähert, umso größer wird der Verschleißschutz durch Karbide. (d) Die Restaustenitumwandlung bremst den Verschleiß. Eine zu hohe RA-Stabilität verhindert seine vollständige Umwandlung (Klammerwerte = RA-Gehalt in der Verschleißfläche). (e) Auch der Metall/Metall-Gleitverschleiß nimmt mit der mittleren Karbidgröße ab, jedoch mit dem Abstand der Karbide bzw. Karbidzeilen zu, da die Ritzlänge l_R in der ungeschützten Matrix wächst (nach H. Berns, W. Trojahn).

B.5.1.2 Beschichtete Werkzeuge

Da die Standzeit von Werkzeugen durch die Eigenschaften ihrer Oberflächen bzw. der oberflächennahen Randzone bestimmt wird, kommen verschiedene Methoden der Oberflächenveredelung zur Anwendung. Neben den seit Jahrzehnten angewendeten Randschichtverfahren (s. Kap. B.3, S. 217) hat sich in den letzten Jahren die Dünnschichttechnologie als Verschleißschutz für Werkzeuge in der Werkstoffverarbeitung durchgesetzt. Dünne Hartstoffschichten ($< 15\,\mu$m) bringen eine hohe Härte und Druckfestigkeit, eine geringe Adhäsionsneigung sowie häufig geringe Reibungskoeffizienten mit und können so die Standzeit von Werkzeugen um ein Vielfaches erhöhen. Sie werden als ein- oder mehrlagige Schichten entweder chemisch durch Chemical Vapor Deposition (CVD) oder physikalisch durch Physical Vapor Deposition (PVD) aus der Gasphase abgeschieden. Die VDI-Richtlinie VDI 3198 gibt Hinweise für die Verwendung von Dünnschichten auf Kaltmassivumformwerkzeugen.

(a) CVD-Beschichtung

Der CVD Prozess beruht auf der Reaktion gasförmiger Metallverbindungen wie Fluoride, Chloride oder Bromide mit Reaktionsgasen wie CH_4, CO_2, N_2, H_2, die in einem geschlossenen Reaktor an einer Stahloberfläche zum Schichtwerkstoff reagieren und sich dort als dünne Hartstoffschicht abscheiden. Beim gebräuchlichen Hochtemperatur-CVD-Verfahren liegt die Reaktionstemperatur bei etwa 1000°C. In Tab. B.5.2 sind die für Werkzeuge gebräuchlichen Schichtkomponenten mit einigen wichtigen Eigenschaften und Anwendungsbeispielen aufgeführt. Die Aktivierungsenergie für diese Reaktion kann durch Heizen des Substrates oder der Reaktorwand, durch Zünden eines Plasmas sowie durch magnetische Induktion oder Laserstrahlen zugeführt werden. CVD-Schichten sind gleichmäßig dick und können, ohne Abschattungseffekte, auch auf komplexe Geometrien aufgebracht werden. Neben Monoschichten werden häufig Mehrlagenschichten abgeschieden. Aus dem breiten Spektrum von Hartstoffbeschichtungen mit Oxiden, Karbiden, Nitriden und Boriden haben sich auf Stahlwerkzeugen etwa 6 - 9 µm dicke TiC-Schichten auf TiN bewährt (Bild B.5.9 a). TiN bringt die bessere Haftung auf Stahl mit und wird bei Mehrlagenschichten als erste Schicht abgeschieden. Eine im C-Gehalt zur Oberfläche ansteigende TiCN-Zwischenschicht bewirkt einen Gradienten in Härte und Druckeigenspannungen, der sich günstig auf die Haftfestigkeit auswirkt. Wegen der hohen Härte wird als oberste Decklage häufig TiC gewählt. Durch mehrfach übereinander geschichtete dünne TiN/TiC-Lagen entstehen Viellagenschichten mit einer Gesamtschichtstärke bis zu 10 µm, die wegen ihrer guten Haftfestigkeit und großen Zähigkeit für hohe lokale Belastungen (z. B. Prägen) geeignet sind. Die gute Haftfestigkeit beruht auf Diffusionsreaktionen zwischen Schicht und Substrat, die bei der hohen Beschichtungstemperatur ablaufen können.

Tabelle B.5.2 Dünnschichten: Gebräuchliche Schichten mit ausgesuchten Eigenschaften für Werkzeuge und Anwendungsbeispiele

Schichtmaterial	Mikrohärte [HV0.01][1]	Reibwert[2]	T_{max}[3] [°C]	Schichtaufbau	Bereich[4]	Anwendungsbeispiele
TiN	2300	0.4	600	Monolage	Z, K, P	Umformen, Spritzguss
TiC	3500	0.2 - 0.3	350	Monolage	Z	Umformen, Gleitflächen
AlCrN	3200	0.35	1100	Monolage	Z, K, W	Schneidplatten, Schmieden, Druckgießen
TiCN	3000	0.4	400	gradiert	Z, K, P	Fräser, Umfomen, Stanzen
CrN	1750	0.5	700	Monolage	Z, K, P,W	Druckgießen, Spritzguss, Umformen
Cr_3C_2	2200	0.35 - 0.4	700	Monolage	P, W	Druckgiessen, Spritzgiessen
Diamant	9000	0.15 - 0.20	600	Monolage	Z	Zerspanung Al und Al-MMC
TiAlN	3300	0.25 - 0.35	900	nanostrukturiert	Z, K	Fräser (HSC, Hartzerspanung)
TiCN + TiN	3000	0.4	400	mehrlagig, gradiert	Z	Fräser, Umformen, Stanzen
TiAlN	3300	0.4	900	Monolage	Z, K, P,W	Fräser (HSC), Druckgießen
AlCr - basiert	3000	0.25	1100	Multilayer	Z	Bohrer (HSC, trocken)
DLC (a-C:H)	2500	0.1 - 0.2	350	Monolage	Z, K, P	Schneidplatten Al und Al-MMC
TiAlN + a-C:H:W	3000	0.15 - 0.20	800	mehrlagig, lamellar	Z, K	Gewindebohrer, Trockenzerspanung
TiNCrN	2100	0.5	700	gradiert	K	Umformen (kalt, halbwarm)

[1] mittlere Härte, [2] gegen Stahl (trocken), [3] maximale Anwendungstemperatur

[4] Z = Zerspanung   K = Kaltarbeit   W = Warmarbeit   P = Polymerverarbeitung

HSC = high speed cutting

Da von Beschichtungstemperatur häufig nur langsam abgekühlt werden kann, ist eine Nachhärtung des Trägermaterials erforderlich. Mit Blick auf Maßtoleranzen eigenen sich dafür besonders sekundär härtende Stähle, weil sie „auf Maß" angelassen werden können (Bild B.5.4).

Beim plasmaaktivierten CVD-Verfahren (PACVD) bewirkt eine gepulste Niederdruckglimmentladung - mit dem Substrat als Kathode - eine höhere innere Energie des Gases als im thermodynamischen Gleichgewicht, so dass die Prozesstemperatur in den Bereich 250 bis 600°C gesenkt werden kann und Werkzeuge im Anschluss an sekundäres Anlassen beschichtet werden können. Um auch bei niedriger Prozesstemperatur eine gute Haftfestigkeit zu erhalten, müssen auf den Grund- und Schichtwerkstoff abgestimmte Prozessparameter gewählt werden. Hier bieten sich durch Variation der Gaszusammensetzung, des Partialdruckes sowie der Glimmentladungsparameter vielfältige Möglichkeiten. Diese Stellgrößen bestimmen letztlich auch die Stöchiometrie und damit eine Streuung der Schichthärte um bis zu 20 %. Bei Schichtwachstumsgeschwindigkeiten von $\approx 1\,\mu m/h$ haben PACVD-Schichten eine dichte kolumnare Struktur mit glatter Oberfläche, die ohne Nachpolitur die für Umformwerkzeuge geforderten niedrigen Reibwerte mit sich bringt. Mit PACVD können auch hochharte Boridschichten (Dicke 1 - 3 µm) abgeschieden

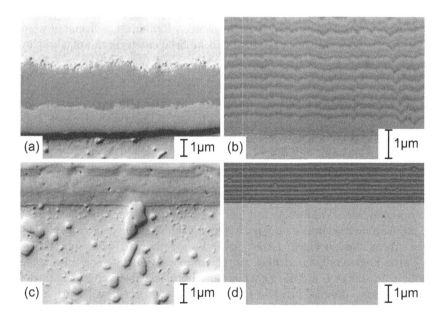

Bild B.5.9 Dünnschichten: (Schichtfolge vom Substrat zur Oberfläche) (a) CVD-TiN/TiCN/TiC-Sandwich, b) PACVD-TiN/TiB₂-Mehrlagen im Wechsel (c) PVD-TiN-TiCN (d) PACVD-a:C:H Mehrlagen, Kohlenstoffschichten hart und weich im Wechsel (nach C. Escher)

werden. Ausgehend von TiN als „Haftvermittler" kann der B-Gehalt über steigende BCl_3-Zugaben zur Oberfläche hin angehoben werden, so dass über TiBN hin zum härteren TiB_2 als Deckschicht eine Gradierung entsteht. Im Einsatz befinden sich auch Mehrlagenschichten aus TiB und TiN und TiBN (s. Bild B.5.9 b). Boridschichten verfügen über eine hohe thermische Stabilität und werden in ihrem Oxidationswiderstand nur von TiAlN-Schichten übertroffen. Eine Verfahrenskombination von Plasmanitrieren und anschließendem PACVD ist geeignet, um auch auf Substraten < 60 HRC belastungsfähige Schichten zu bilden.

In neuerer Zeit finden die in der VDI-Richtlinie 2840 (Entwurf) zusammengefassten kristallinen Diamantschichten und diamantähnlichen Kohlenstoffschichten (DLC) insbesondere wegen ihrer sehr geringen Reibungskoeffizienten gegen verschiedene Feststoffe zunehmend Anwendung. Sie können mittels PACVD oder PVD als hochvernetzte amorphe Kohlenstoffschichten (a-C-Schichten) bei 150 - 250°C abgeschieden werden. Durch den prozessbedingten Einbau von Wasserstoff (10 - 30 Atom%) in a-C:H-Schichten lassen sich über die Verfahrensparameter der Anteil an diamantähnlichen Bindungen und damit die Schichteigenschaften (z. B. Härte, Haftung, Zähigkeit, Reibungswerte) steuern. Darüber hinaus können DLC-Schichten durch Dotierung mit Nichtmetallen wie Sauerstoff, Stickstoff, Bor und Fluor oder Metallen (z. B. a-C:H:Me mit Me = W und Ti) in weiten Grenzen an die jeweiligen Aufgaben angepasst werden. Wegen ihres geringen Reibungskoeffizienten werden sie häufig als Deckschicht auf Mono- und Mehrlagenschichten aufgebracht.

(b) PVD-Beschichtung

Bei der physikalischen Abscheidung von Hartstoffschichten aus der Gasphase werden ein oder mehrere feste Spender in Dampf überführt, der sich ggf. in Synthese mit einem Reaktionsgas (z. B. N_2, CH_4, C_2H_2, CO_2) als Karbid, Nitrid oder Oxid auf dem Substrat niederschlägt. Aus der Vielzahl der heute bekannten PVD-Verfahren haben sich das Kathodenzerstäuben (Sputtern) sowie das Elektronenstrahl- und das Lichtbogenverdampfen als technisch genutzte Verfahren für Hartstoffbeschichtungen herauskristallisiert.

Hierzu werden Werkzeuge mit polierter und fettfreier Oberfläche in eine Vakuumkammer verbracht, die nach dem Evakuieren mit einem inerten Gas, meist Argon, bis zu einem Druck von 5 Pa gefüllt wird. Das Substrat wird als Kathode geschaltet und liegt auf einem negativen Potenzial, das solange erhöht wird, bis sich um die Substrate herum eine selbständige Glimmentladung ausbildet, die das Substrat durch Ionenbeschuss reinigt (Sputterätzen). Anschließend wird bei brennender Glimmentladung das Spendermaterial z. B. durch einen Elektronenstrahl verdampft und auf dem Substrat abgeschieden, wobei die Depositionsrate größer als die Sputterrate sein muss. Der auch während des Schichtwachstums andauernde Beschuss führt zum Eindringen von Ionen, die die Fehlordnungsdichte erhöhen und eine Gefügefeinung und Verdichtung der Schicht mit guter Haftung herbeiführen. Eine gegenüber dem

Elektronenstrahlverdampfer deutlich höhere Ionendichte wird mit dem Lichtbogenverdampfer (Arc-PVD) erreicht. Hierbei läuft ein Lichtbogen unbeeinflusst oder durch ein zusätzliches Magnetfeld geführt in Bahnen über ein oder mehrere beliebig im Raum angeordnete, feste Spendertargets, die in einem kleinen Brennfleck verdampfen.

Das Kathodenzerstäuben ist ein Prozess bei dem Ar-Ionen durch Zünden einer Glimmentladung auf den als Kathode geschalteten Spenderwerkstoff beschleunigt werden. Hier schlagen sie Teilchen heraus, die sich mit Magnetfeldunterstützung (Magnetronsputtern) auf dem gegenüber angeordneten Substrat als Schicht niederschlagen. Auch hier kann durch eine Glimmentladung der Ionenbeschuss des Substrates erhöht werden.

Die Haftfestigkeit und die Abscheidungsrate sind beim Lichtbogenverdampfen größer als beim Kathodenzerstäuben jedoch noch deutlich geringer als beim CVD-Beschichten. Allerdings sind Aufbau und Dicke der Schicht beim Zerstäuben wesentlich homogener als beim Lichtbogenverdampfen.

Als PVD-Beschichtungen von Werkzeugen sind die bereits genannten Hartstoffe (Tab. B.5.2) als Mono-, Sandwich- und Mehrlagenschicht verbreitet (s. Bild B.5.9 c). Wie mit dem PACVD lassen sich auch mittels PVD amorphe diamantähnliche Schichten mit Metalldotierung abscheiden (s. Bild B.5.9 d). Sie kommen als Mono- und Mehrlagenschichten und häufig als Decklage auf Mehrlagenschichten zur Anwendung. Wegen der geringeren Haftfestigkeit, verglichen mit CVD-Schichten, werden PVD-Beschichtungen im Allgemeinen dünner ausgeführt. Dem Vorteil der geringen Substraterwärmung (250 - 500°C) und der dadurch gegebenen Möglichkeit wie bei PACVD sekundär härtende Stähle nach dem Anlassen in der Nähe des Sekundärhärtemaximums beschichten zu können, steht der Nachteil der schlechten Beschichtbarkeit von Flächen außerhalb des unmittelbaren Gasstroms z. B. in Bohrungen (Abschattungseffekt) gegenüber. Die Entwicklung geht in Richtung geringerer Substrattemperaturen. So können mit Vakuum-Lichtbogenverdampfern aufgrund der hohen Teilchenenergien im Lichtbogenplasma bei Substrattemperaturen auch unter 200°C bereits dichte Hartstoffschichten aufgebracht werden. Da die Haftfestigkeit mit sinkender Beschichtungstemperatur abnimmt, wurden Hybridtechnologien z. B. als Kombination von Plasmanitrieren (s. Kap. B.3, S. 227) und Arc-PVD entwickelt. Arc-PVD-Anlagen eignen sich auch zum Plasmanitrieren, so dass Werkzeuge kontinuierlich ohne Fluten des Rezipienten und damit unter Ausschluss atmosphärischer Kontamination zunächst nitriert und anschließend direkt mit TiN beschichtet werden können. Die Nitrierschicht unterhalb der harten TiN-Schicht erhöht die Stützwirkung. Dadurch können auch niedriglegierte Substrate beschichtet werden. Durch geeignete Parameterwahl gelingt es eine mehrphasige Fe_xN-Verbindungsschicht stabil auszubilden und so den Härtesprung von der Diffusionsschicht ($\approx 800\,HV\,0.01$) auf die Schichthärte ($\approx 2300\,HV\,0.01$) abzumildern. Darüber hinaus erhöht ein prozessintegriertes Ionenätzen nach dem Plasmanitrieren die Haftfestigkeit signifikant.

(c) Anwendung von Dünnschichten

Werkzeuge mit dünnen Schichten erreichen oft ein Vielfaches der Standmengen im unbeschichteten Zustand. So lassen sich mit dem ledeburitischen Kaltarbeitsstahl X153CrMoV12 als Zieheinsatz für verzinkete Automobilbleche im unbeschichteten Zustand mit einer Härte von 61 HRC ca. 15.000 Teile formen, während mit einer zusätzlichen CVD- Sandwich-Schicht ca. 600.000 Teile produziert werden können. Die Standzeit von Aufweitdornen aus X165CrMoV12 (62 HRC) für Rohre aus einem nichtrostenden austenitischen Stahl konnte von 4000 Stück im unbeschichteten auf ca. 10.000 Teile mit PVD- CrN-Beschichtung und 180.000 Teile mit CVD-TiC-Schicht angehoben werden. Bei Schneidstempeln aus X153CrMoV12 (60 HRC) für austenitische Bleche mit 0.4 mm Dicke ergab sich ein Standmengengewinn um Faktor 25 nach Beschichtung mit einer PVD-CrN- Beschichtung. Die gleiche Beschichtung brachte in Stanz-Ziehoperation eines austenitschen Verschlussringes eine 33-fache Standmenge, wobei gleichzeitig die Hubfrequenz um 50 % gesteigert und die Schmierstoffmenge je Teil auf ein Sechstel reduziert werden konnte.

Amorphe DLC-Schichten haben sich als Ein- und Mehrlagenschichten auf Tiefziehwerkzeugen und auf Gewinderollen zur Herstellung hochfester Schrauben unter Minimalmengenschmierung mit Standzeiterhöhungen bis zu 200 % bestens bewährt. Besonders erfolgreich sind sie in der Umformung von austenitischen Stahlblechen und Aluminium. Versehen mit hohem kovalenten Bindungsanteil wird die für Kaltverschweißungen verantwortliche Adhäsionsneigung insbesondere gegen kubisch flächenzentrierte Werkstückstoffe erheblich reduziert. So können Getränkedosen aus Aluminium mit deutlich verbesserter Schnittqualität ohne Gratbildung und signifikant erhöhter Werkzeugstandzeit hergestellt werden. Ein modifiziertes Schichtsystem aus CrN und a-C:H:W bringt als Antihaftschicht auf einer Kfz-Reifenform Vorteile in Bezug auf Entformung und Reinigung.

B.5.1.3 Anwendungen von Kaltarbeitswerkzeugen

Beim Scherschneiden von Polymerwerkstoffen, Textilien, Metallen usw. nimmt die Stempelkraft mit der Festigkeit und Dicke des Werkstücks zu. Dadurch steigt die Belastung der Schneidkanten. Ihr Verschleiß wächst mit der Belastung und der Werkstückzahl (Standmenge). Am Beispiel des Lochens von unlegiertem Baustahlblech wird in Bild B.5.10 gezeigt, dass bei dünnem Blech die Standmenge mit dem Karbidgehalt steigt.

Mit zunehmender Blechdicke erreicht die Kantenbelastung die Fließgrenze der Matrix und ein hoher Gehalt an groben Karbiden würde zu Ausbrüchen führen. Nach dem Lochen federt das Werkstück elastisch zurück und behindert den Rückzug des Stempels. Die Rückzugspannung wächst mit dem Verhältnis von Blechdicke zu Lochdurchmesser. Die Druckschwellbelastung geht in eine Druck-Zugbeanspruchung über. Sie löst Schwingungsrisse aus und kann zum Abreißen des Stempels führen. Auch aus diesem Grunde verbieten sich Stähle mit groben Karbiden beim Lochen „dicker Bleche". Für das Hochgeschwindigkeitsschneiden von Elektroblechen sowie dünnen ferritischen und austenitischen nichtrostenden Blechen bewährt sich z. B. HS6-5-3 PM mit nitrierter oder PVD-TiN-beschichteter Oberfläche. Sowohl für das Nitrieren wie auch für das PVD ist eine ausreichende Anlassbeständigkeit des Werkzeugstahles durch Sekundärhärten erforderlich.

Beim Tiefziehen von Stahlblech ist die mechanische Belastung des Werkzeugs geringer als beim Schneiden. Im Vordergrund steht die tribologische Beanspruchung durch Adhäsion und Abrasion. Karbidarme ferritische Tiefziehbleche und austenitische Bleche neigen zur Kaltverschweißung mit dem Werkzeug. Sie wird durch zunehmende Ziehtiefe gefördert, die die Aufrechterhaltung eines Schmierfilmes erschwert. Neben Verschleiß am Werkzeug bilden sich Ziehriefen im Werkstück. Die hohen Karbidgehalte der Gruppe KAS 3, gepaart mit einer Härte von 61 bis 63 HRC wirken sich günstig aus. Weitere Verbesserungen sind durch Nitrieren oder eine CVD-Beschichtung mit TiC zu erreichen. Die Behandlungstemperatur entspricht bei ledeburitischen Chromstählen ungefähr der Temperatur des anschließenden Härtens. Flache Ziehringe für mittlere Standmengen werden aus Schalenhärtern wie C105U

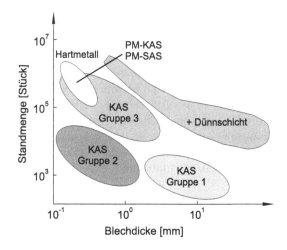

Bild B.5.10 Werkstoffauswahl beim Scherschneiden: Grobe Einordnung von Werkzeugwerkstoffen beim Schneiden von Baustahlblech. Bei geringer Blechdicke wächst die Zahl der je Werkzeug geschnittenen Werkstücke (Standmenge) mit dem Verschleißwiderstand durch steigenden Karbidgehalt. Bei dicken Blechen führen höhere Gehalte an groben Karbiden zum Ausbrechen der Schneidkanten. Zusätzlich aufgebrachte Dünnschichten erhöhen die Standmenge der KAS aus Gruppe 2 deutlicher als die der Gruppe 3. PM-Stähle schließen bei geringer Blechdicke die Lücke zwischen Stahl und Hartmetall.

gefertigt und durch einen Wasserstrahl verzugsarm nur in der Bohrung auf 62 - 64 HRC gehärtet.

Fließpressstempel bedürfen einer hohen Druckfließgrenze, um Ausbauchungen durch Stauchung zu vermeiden. Gleichzeitig kommt es auf Verschleißwiderstand an. Benötigt werden daher ledeburitische Stähle mit niedrigem Restaustenitgehalt. Das lässt sich durch Sekundärhärten von z. B. X153CrMoV12 ($\approx$ 59 HRC) erreichen bzw. durch X220CrVMo12-2 PM ($\approx$ 61 HRC) oder durch einen Schnellarbeitsstahl ($\approx$ 63 HRC). Eine weitere Möglichkeit besteht darin, niedrig angelassene Chromstähle mit 62 bis 63 HRC einzusetzen und geringe Ausbauchungen durch Nachschleifen zu entfernen. Nach der dehnungsinduzierten örtlichen Umwandlung von Restaustenit im Betrieb werden dann meist höhere Belastungen ertragen als nach dem Sekundärhärten. In Fließpressmatrizen entstehen durch den Innendruck tangentiale Zugspannungen, die zum Platzen durchgehärteter Stähle führen können. Durch Verwendung eines Schalenhärters mit geringer Einhärtung, wie z. B. C105U (s. Bild B.5.1 b), bildet sich in der mittels Wasserstrahl gehärteten Innenkontur eine 2 bis 3 mm tiefe harte Randschicht, die unter Druckeigenspannungen steht und auf 62 bis 63 HRC angelassen wird. Diese Vorspannung nimmt die Betriebsspannungen z. B. beim Pressen von Schraubenköpfen und Muttern auf. Für höhere Stückzahlen werden dagegen karbidreiche Stähle der Gruppe 3 oder Sinterhartmetalle verwendet, die über Längs- oder Querpresspassungen mit ein oder zwei Ringen aus hochfestem Vergütungsstahl vorgespannt werden. Bei Verwendung einer Querpresspassung sollte der KAS-Einsatz sekundär gehärtet sein, da sonst durch den $\approx$ 500°C warmen Schrumpfring seine Anlasstemperatur überschritten wird und die Härte fällt. Auch für die Ringe kommt es auf Anlassbeständigkeit an. Sekundärhärtende Warmarbeitsstähle erlauben höhere Festigkeiten als Vergütungsstähle, sind aber teurer. Bei Längspresspassungen stellen sich diese Probleme nicht. Mit Ringen aus hochfesten martensitaushärtenden Stählen (s. Kap. B.2, S. 201) lassen sich Übermaße von 0.7 % und damit hohe Vorspannungen verwirklichen.

Beim Prägen von Flachzeug muss der Werkstückwerkstoff in die Gravur steigen. Das erfordert einen hohen Druck und in der Regel durchgehärtete Werkzeuge. Im Gravurgrund entstehen Kerbspannungen, die vom Werkzeugstahl plastisch abgebaut werden müssen, um frühe Anrisse zu vermeiden. Für Prägewerkzeuge z. B. in der Besteck- und Werkzeugindustrie eignen sich zähe Stähle der Gruppe 1, wie X45NiCrMo4. Sollen die Gravuren durch Kalteinsenken hergestellt werden, bietet sich der Warmarbeitsstahl X32CrMoV3-3 wegen seiner niedrigen Glühhärte an. Durch aufkohlendes Härten wird daraus ein Kaltarbeitsstahl.

Weil die Bearbeitung großer Werkzeuge mehr als die Hälfte der Werkzeugkosten einnehmen kann, sind endformnahe Gussprodukte gefragt. In der Blechverarbeitung der Automobilindustrie werden gegossene Großwerkzeuge zum Tiefziehen, Abkanten und Beschneiden von Karosserie- und Chassisteilen eingesetzt. Da häufig Konturänderungen nötig sind, werden zunehmend auftragschweißbare Werkstoffe gefordert. Für Monoblockwerkzeuge kommen deshalb die karbidfreien Sorten G47CrMn6 oder G59CrMoV18-5 als Vollformguss zur Anwendung. Bei etwas geringerem C-Gehalt werden diese Gusslegierungen durch Anhebung des Mo-Gehaltes sekundär härtbar und eigenen sich für PVD-Beschichtungen. Steht nicht Schweißbarkeit sondern Verschleißwiderstand und Beschichtbarkeit mittels CVD im Vordergrund werden harte Stähle wie z. B. GX100CrMoV5-1 oder GX153CrMoV12 mit Härten von 58 bis 62 HRC verwendet. Sie sind zum Teil aus vollformgegossenen Segmenten zusammengesetzt und auf einen Stahl- oder Graugussrahmen aufgebaut. Das Gussgefüge bietet den Vorteil eines quasiisotropen Maßänderungsverhaltens mit dem die Segmente ohne Spalten eingepasst werden können. Die Schneidkanten lassen sich durch Flamme oder Laser an Luft härten. Für flache Ziehwerkzeuge und für Niederhalter kommt Vergütungsstahlguss zum Einsatz, der an den höher beanspruchten Stellen randschichtgehärtet wird.

Mit Blick auf Werkstoff- und Fertigungskosten wird bei großen Umformwerkzeugen alternativ Grauguss verwendet. Da hoch belastete Kanten teilweise martensitisch randschichtgehärtet werden sollen, kommen nur Güten mit hohem Perlitgehalt in Frage. So ist ein mit wenig Chrom und Molybdän legierter lamellarer Grauguss GJL-HB 255 mit ≈ 2 Volumen% an eutektischem Zementit gut zerspanbar und wird für Ziehwerkzeugteile wie Matrizen, Stempel oder Blechhalter eingesetzt. In die gleiche Anwendung geht eine ebenfalls leicht legierte, duktilere Sphärogussvariante GJS-HB 265, die bei einer Zugfestigkeit von $R_m \approx 750$ MPa und einer Bruchdehnung von $A \approx 2\,\%$ und nachfolgender Randschichthärtung von Kanten für Ziehwerkzeuge in Großserien zur Anwendung kommt. Für dünnwandige schwingend oder stoßend beanspruchte Niederhalter oder Abstreifer wird die ferritische Güte GJS400-15 ohne Kantenhärtung eingesetzt. Bei erhöhter Gefahr von Kaltverschweißungen können die Werkzeuge zusätzlich plasmanitriert (s. Kap. B.3, S. 241) oder hartverchromt werden.

Kaltwalzen für die Feinblecherzeugung werden z. B. aus 85CrMo7 geschmiedet, vergütet und einer induktiven Randschichthärtung unterzogen. Die Oberflächenhärte erreicht bis zu 64 HRC, die Härtetiefe bei dicken Walzen bis zu DS ≈ 50 mm (s. Kap. B.3, S. 218). Biege- und Richtrollen für die Rohrfertigung bestehen dagegen aus Stählen der Gruppe 3. Bei Durchmessern bis ≈ 500 mm werden sie geschmiedet bzw. aus Stabstahl gefertigt, darüber meist gegossen. Um eine Erwärmung von Führungsrollen im Bereich der Hochfrequenzrohrschweißung zu vermeiden, kommt z. B. beim Stahl X210CrW12 ein Härten von $\approx 1200°C$ zur Anwendung, das zu einer nichtmagnetisierbaren Matrix aus Restaustenit führt. Die Härte liegt dann unter 40 HRC, doch bringen die eutektischen Karbide und eine dünne reibungsinduzierte Martensitschicht einen guten Verschleißwiderstand mit sich.

Metallkreissägen bestehen aus Schnellarbeitsstahl, wie z. B. HS6-5-2, gehärtet und angelassen auf 63 bis 65 HRC. Bei Durchmessern bis zu 3 m nietet man partiell gehärtete Zahnsegmente aus Schnellarbeitsstahl auf Stammblätter aus z. B. 75Cr1, vergütet auf 40 bis 45 HRC. Alternativ werden

Hartmetalleinsätze aufgelötet und bei Gesteinssägen diamanthaltige Schneidelemente. Schnellarbeitsstähle und Hartmetall sind auch bei beschichtetem Holz und gefüllten oder verstärkten Polymerwerkstoffen erforderlich. Für Bandsägen hat sich ein Verbund aus Federstahlband, elektronenstrahlverschweißt mit einem Schnellarbeitsstahlband bewährt, dessen Breite die Zahnhöhe knapp unterschreitet. Nach dem Einschleifen der Zähne liegt der Zahngrund im zäheren Federstahl. Für reine Holzbearbeitung, wie z. B. bei Gattersägen, kommt man meist mit niedriger legierten Stählen, wie z. B. 80CrV2 aus, die nur auf 48 bis 50 HRC gehärtet und angelassen sind, um das Stanzen und Schränken der Zähne zu ermöglichen. Die Spitzen können induktiv gehärtet sein.

Steinmeißel aus C70U und Metallmeißel aus 45CrMoV7 erhalten an der Schneide eine höhere Härte (Stein: 58 bis 60 HRC, Metall: 54 bis 56 HRC) als am Schlagende (46 bis 48 HRC) und im Schaft. Schraubenschlüssel werden aus 31CrV3 geschmiedet und auf 35 bis 40 HRC vergütet, Schraubendreher und Schlagschrauber dagegen aus Federstahl wie 50CrV4 mit 45 bis 55 HRC. Für Hämmer eignen sich die Stähle C45U oder C60U, die bei geeigneter Dicke in Wasser nicht durchhärten und auf 40 bis 45 HRC angelassen werden. Für Feilen kommt z. B. der Stahl C125U mit ≈ 65 HRC infrage.

B.5.2 Werkzeuge für die Kunststoffverarbeitung

Die vielfältigen Aufgaben in der Kunststoffverarbeitung verlangen den Werkzeugen z. T. sehr unterschiedliche Eigenschaften ab, die von Stählen aus verschiedenen Stahlgruppen erfüllt werden können. Sie werden unter dem Begriff „Kunststoffformenstähle" zusammengefasst, die in DIN EN ISO 4957 aber nicht als eigene Gruppe geführt werden. Dazu gehören durchhärtende und randschichthärtbare Vergütungsstähle, Kalt- und Warmarbeitsstähle sowie nichtrostende martensitische Chromstähle.

Spritzgießformen in der Kunststoffverarbeitung bestehen aus Vergütungsstählen, wie 40CrMnMo7. Zur Verbesserung der Spanbarkeit kommen Schwefelzusätze hinzu und bei Großformen Nickelzugaben zur besseren Durchvergütung (z.B. 40CrMnNiMo8-6-4). Polymerteile haben in den meisten Fällen dekorative und funktionale Oberflächen an deren Beschaffenheit größte Anforderungen gestellt werden. Die seigerungsarme Erzeugung großer Schmiedeabmessungen mit gutem Reinheitsgrad ist deshalb Voraussetzung für eine einwandfreie Polierbarkeit und für die Anätzbarkeit bei der Narbung von Oberflächen. Die Festigkeit von ≈ 1000 MPa ist erforderlich, um die zum Teil hohen Schließdrücke in der Formteilung aufzunehmen. So wird für große Matrizen mit einer Wandstärke > 400 mm zur Herstellung von Kfz-Instrumententafeln und -Stoßfängern sowie von Stühlen, Müllcontainern und Flaschenkästen eine im C- und Si-Gehalt abgesenkte und im Ni- und Mo-Gehalt angehobene Variante der Zusammensetzung 26MnMoCrNiV6-6-5-4 vergütet auf 31-36 HRC erfolgreich eingesetzt. Bei kleineren Formen kommt dafür auch eine Einsatzhärtung z. B. des lufthärtenden Stahles X19NiCrMo4 infrage. Ist die Einbringung der Gravur durch Kalteinsenken vorgesehen, so wird auf besser glühbare Stähle wie 16MnCr5 oder X6CrMo4 zurückgegriffen. Daneben kommen auch durchhärtende Stähle wie 90MnCrV8 sowie martensitaushärtende Stähle (z. B. X3NiCoMoTi18-9-5, s. Bild B.2.23, S. 202) zur Anwendung. Letztere bieten sich wegen ihrer einfachen und verzugsarmen Wärmebehandlung nach der spanenden Formgebung und wegen ihrer Schweißeignung an. Bei zusätzlicher Korrosionsbeanspruchung, wie z. B. in der PVC-Verarbeitung, helfen nichtrostende martensitische Stähle wie X39CrMo17 und X90CrMoV18 oder drucksticksofflegierte Stähle wie X30CrMoN15-1 mit 0.35 % N (s. Kap.B.6, S. 330). Um die durch Zeiligkeit bedingte Anisotropie der Zähigkeit in warmumgeformten Kunststoffformenstählen zu verringern, sind niedrige Schwefelgehalte erforderlich. Dadurch wird jedoch die Spanbarkeit beeinträchtigt. Durch geringe Kalziumzusätze bei der Desoxidation der Schmelze kann eine kugelige Form und gleichmäßige Verteilung der Sulfide erreicht werden, so dass eine wirtschaftliche Zerspanung auch bei Schwefelgehalten $< 0.005\%$ möglich wird. Neben der Zähigkeit kommt dies auch der Polierbarkeit und Ätzbarkeit zugute.

Auch Werkzeuge der Kunststoffverarbeitung werden fallweise oberflächenveredelt. Gebräuchlich sind neben Hartverchromen und Nitrieren vor allem PVD-Beschichtungen. In der Kfz-Technik kommen sie beispielsweise auf Spritzgießformen für die Polycarbonat-Seitenscheiben von PKW (CrN) oder als TiN-Schicht auf den Formen für Rückleuchten aus Polymethylmethacrylat zur Anwendung. Werkzeuge zum Blasformen erreichen hohe Werkzeugstandzeiten durch Arc-PVD-Beschichtungen mit Multilagen-CrN + a-C:H:W-Schichten in Schichtdicken zwischen 3 und 6 µm. Sie übertreffen TiN, TiCN und TiAlN-Schichten wegen höherer Haftfestigkeit und sehr gutem Gleitverhalten gegenüber Polymermassen.

In Plastifiziereinheiten wie Spritzgießmaschinen und Extrudern werden bei geringem Füllstoffgehalt im Polymer Nitrierstähle wie 14CrMoV6-9 und 31CrMoV9 für Schnecken und Gehäuse eingesetzt, weil die nitrierte Randschicht neben hoher Härte eine hohe Anlassbeständigkeit mitbringt und auch bei etwaigem Metall-Metall-Kontakt der Werkzeuge nur eine geringe Fressneigung zeigt. Al-freie Stähle werden wegen höherer Nitrierhärtetiefe vorgezogen. Für die Verarbeitung von Duromeren und Thermoplasten mit hohem Füllstoffgehalt sind sekundärhärtende ledeburitische Kaltarbeitsstähle wie X153CrMoV12 oder pulvermetallurgische Stähle wie X230CrVMo13-4 im Einsatz. Im Bestreben neben hoher Verschleißbeständigkeit auch Korrosionsbeständigkeit zu realisieren, kommen im Cr-Gehalt angehobene PM-Stähle wie X190CrVMoW20-4-1 (s. Tab. B.5.1) zur Anwendung. Auf der pulvermetallurgischen Fertigungsroute werden diese Werkstoffe durch Heiß-Isostatisches Pressen oft auch als Schicht auf Substrate aus Vergütungsstahl aufgebracht. Mit großem Erfolg werden PM-Stähle mit dem hochharten Vanadiummonokarbid wie X240VCrMo10-5-2 (s. a. Tab. B.5.1) und die korrosionsbeständige Variante X360CrVMo20-10-1 eingesetzt. Die PM-Technologie lässt es darüber hinaus zu, den Stahlpulvern Hartstoffe (Cr_3C_2, WC/W_2C) zu zusetzen und so MMC-Schichten mit höchstem Verschleißwiderstand zu schaffen (s. Bild B.4.6, S. 265).

B.5.3 Warmarbeitswerkzeuge

Warmarbeitswerkzeuge werden bei Werkstücktemperaturen zwischen ≈ 400 und $1200°C$ eingesetzt, wie die Anhaltswerte einiger Prozesstemperaturen in Tab. B.5.3 zeigen. Je länger die Kontaktzeit und je kürzer die relative

Tabelle B.5.3 Formgebungstemperaturen: Anhaltswerte von Prozesstemperaturen bei der Verarbeitung

Werkstückstoff	Gießtemperatur		Umformtemperatur
		[°C]	
Zn-Legierung	400		-
Mg-Legierung	600		-
Al-Legierung	700		500
Cu-Legierung	1000		800
Glas	-	1100[1]	-
Stahl	-		1200

[1] Erweichungstemperatur

Kühldauer umso mehr nähert sich die Oberflächentemperatur der Werkzeuge den Werkstücktemperaturen. Die Kontaktdauer reicht von Millisekunden bei Hammergesenken und Drahtwalzen bis zu Minuten beim Drahtstrangpressen. Je nach Temperaturbeanspruchung werden warm- und hochfeste Vergütungsstähle ohne oder mit ausgeprägter Sekundärhärte eingesetzt (Tab. B.5.4). Für sehr hohe Temperaturen kommen auch warmfeste und zunderbeständige austenitische Stähle und Nickelbasislegierungen infrage, die aufgrund ihrer dichteren Atompackung weniger zu diffusionsabhängigem Kriechen neigen (s. Bild B.5.11).

B.5.3.1 Eigenschaften

Bei den vergüteten Warmarbeitsstählen steigt die Warmdehngrenze mit dem Gehalt an Mo und V. Gleichzeitig macht sich eine Warmversprödung bemerkbar. Die Zeitdehngrenze liegt deutlich tiefer, was auf thermisch aktiviertes Kriechen hinweist. Oberhalb von $550°C$ zeigt der austenitische Stahl seine Überlegenheit gegenüber dem besten vergüteten Stahl (Bild B.5.11).
   Durch thermische Ermüdung aufgrund von Temperaturwechseln entstehen an der Werkzeugoberfläche Thermoschock- oder Brandrisse in meist netzförmiger Anordnung. Die Ursache liegt in ebenen Spannungen durch Wärmeausdehnung und -kontraktion der Oberfläche. Sie rufen mikroplastische

Tabelle B.5.4 Warmarbeitsstähle (Einteilung und Beispiele): 1 mit geringer, 2 mit ausgeprägter Sekundärhärte, vergütet auf 40 bis 50 HRC ($R_m = 1300$ bis 1700 MPa), 3 austenitisch mit 2.1 % Ti und 0.3 % Al, lösungsgeglüht und warm ausgelagert auf $R_m \approx 1000$ MPa

	WAS	Anwendungsbeispiel
1	56NiCrMoV7	Hammergesenke, Matrizenhalter und Pressstempel zum Strangpressen
2	X40CrMoV5-1	Druckgieß- und Strangpresswerkzeuge für Leichtmetalle, W. für Schmiedemaschinen
	X32CrMoV3-3	wie vor, jedoch für Buntmetalle
3	X6NiCrTi26-15	Innenbüchsen für das Strangpressen von Kupferlegierungen, Schmiedesättel für das Freiformschmieden

Verformungen hervor, die an nichtmetallischen Einschlüssen und Seigerungskarbiden Risse auslösen. Die Rissausbreitungsgeschwindigkeit steigt zunächst an, da die nach innen fallende Temperatur die plastische Zone vor der Rissspitze schrumpfen lässt und dadurch den Risswiderstand senkt. Gleichzeitig nimmt die Temperaturdifferenz ab, so dass die Spannung abklingt (vereinfacht: $\sigma = E \cdot \varepsilon = E \cdot \alpha \cdot \Delta T$) und die Risswachstumsgeschwindigkeit wieder fällt

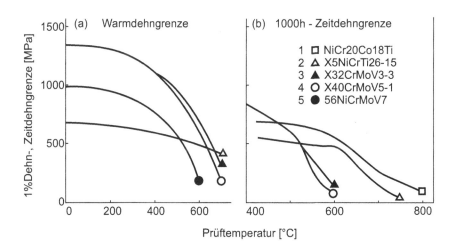

Bild B.5.11 Werkzeugwerkstoffe für den Warmbetrieb: 1 = ausgehärtete Nickelbasislegierung, 2 = ausgehärteter warmfester austenitischer Stahl, 3 bis 5 = vergütete Warmarbeitsstähle, (a) Dehngrenze im Warmzugversuch, (b) 1000 h-Zeitdehngrenze im Zeitstandversuch (nach H. Berns).

(Bild B.5.12). Da der Werkstückwerkstoff in die Thermoschockrisse eindringt, bilden sich diese auf der Werkstückoberfläche ab und die Teile „kleben" am Werkzeug. Auch werden die Risse aufgrund der Keilwirkung weiter ins Innere getrieben und können schließlich Werkzeugbruch auslösen. Durch gute Reinheit und Duktilität bzw. hohe Warmdehn- oder Zeitdehngrenze lässt sich der Rissbeginn hinauszögern. Je höher die Bruchzähigkeit, umso tiefer kann der Riss eindringen, bevor der Bruch des Werkzeuges eintritt. An diesem Kennwert, wie auch an der Schlagarbeit ungekerbter Proben wird der Einfluss der Erzeugung auf die Zähigkeit hochlegierter WAS deutlich (Bild B.5.13).

Durch ESU kommt es zu einer Verringerung und durch CaB zusätzlich zu einer Einformung von Sulfiden. HIP und HIPU stehen für pulvermetallurgisch hergestellten und damit makroseigerungsfreien Stahl. Der Zustand TMB ist diffusionsgeglüht, um Mikroseigerungen abzubauen und Sulfide einzuformen und danach bis zu einer Schmiedetemperatur von $< 850°C$ umgeformt, um ein Korngrenzenkarbidnetz zu vermeiden (s. Bild B.5.14).

Über die chemische und tribologische Beanspruchung liegen vergleichsweise wenige Angaben vor. Der Verschleiß von Schmiedegesenken nimmt mit dem Gehalt an Legierungselementen ab, die sekundäre Karbide bilden und die Warmfestigkeit durch Aushärten fördern. Neben einer Verzunderung durch Luftsauerstoff kann ein chemischer Angriff durch den Werkstückstoff auftreten (Glas-, Aluminiumschmelzen).

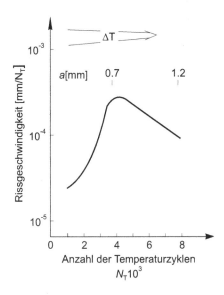

Bild B.5.12 Thermische Ermüdung des Warmarbeitsstahls X40CrMoV5-1: Prüfstandergebnisse, die Risstiefe a wächst mit der Zyklenzahl, die Temperaturschwingbreite ΔT an der Rissspitze fällt mit der Risstiefe (nach H. Berns, F. Wendl).

B.5.3.2 Anwendungen

Das Urformen von teigigen Glasschmelzen erfolgt in Pressformen aus z. B. X23CrNi17, vergütet auf ≈ 950 MPa. Aufgrund seines hohen Chromgehaltes zeichnet sich dieser Stahl durch erhöhten Widerstand gegen Hochtemperaturkorrosion aus. Gießkokillen und Druckgießformen für Kupferlegierungen werden aus X32CrMoV3-3 oder einer Variante mit 3 % Co, vergütet auf 1100 bis 1400 MPa hergestellt. Für Aluminiumlegierungen kommen dagegen Stähle wie X40CrMoV5-1 infrage, vergütet auf 1450 bis 1600 MPa. Legierungsvarianten dieses Stahles zielen auf erhöhte Zähigkeit ab. Eine Verminderung des C-Gehaltes auf ≈ 0.35 % senkt den Karbidgehalt, geringere Gehalte an Spurenelementen bekämpfen die Anlassversprödung. Neuere Stahlentwicklungen setzen auf einen abgesenkten Siliziumanteil von ≈ 0.3 %. Dies führt durch Verzögerung der Karbidausscheidung beim Anlassen zu leicht erhöhter Sekundärhärte aber auch zu schnellerer Karbidauflösung beim Härten. Um Kornwachstum entgegenzutreten empfiehlt sich deshalb ein Absenken der Austenitisierungstemperatur auf 1000°C. Zinklegierungen lassen sich auch mit niedriger legierten WAS verarbeiten. Für Werkzeuge in der Aluminiumverarbeitung finden teure martensitaushärtende Stähle wie X2NiCoMoTi12-8-8 (s. Bild B.2.23, S.202) nach Vakuumumschmelzen Verwendung. Sie sind den konventionellen Sekundärhärtern bezüglich Warmhärte und -zähigkeit deutlich überlegen. Dies und der ausgezeichnete Reinheitsgrad verzögert die Rissbildung unter Thermoschockbeanspruchung und hat im Einzelfall Standzeiterhöhungen von bis zu 300 % gebracht.

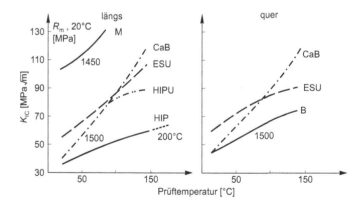

Bild B.5.13 Einfluss der Erzeugung auf die Bruchzähigkeit K_{Ic} des Warmarbeitsstahls X40CrMoV5-1: Vergütet auf $R_m = 1450$ bzw. 1500 MPa, B = übliche Blockerzeugung, CaB = kalziumbehandelt, ESU = elektroschlackeumgeschmolzen, HIP = heißisostatisch gepresst, HIPU = HIP + warmumgeformt, M = thermomechanisch umgeformt (nach F. Wendl).

Beim Umformen von Stahl bestimmt die Kontaktdauer den Werkzeugstahl. Für Warmwalzen kommt u. a. Gussstahl mit $>1\%\,C$ oder Schalenhartguss mit $>3\%\,C$ zur Anwendung, weil hier der Verschleißwiderstand im Vordergrund steht. Schnelllaufende Fertigwalzen in Drahtstraßen sind zum Teil mit Ringen aus Sinterhartmetall ausgestattet. Hammergesenke zum Schmieden von flachen Klingen erwärmen sich ebenfalls nur wenig, so dass zum Teil schalenhärtende KAS mit geringer Anlassbeständigkeit verwendet werden. Steigt die Werkstückdicke, so geht man auf warmfestere Stähle wie 55NiCrMoV6 und bei großem Werkzeugquerschnitt auf 56NiCrMoV7 über,

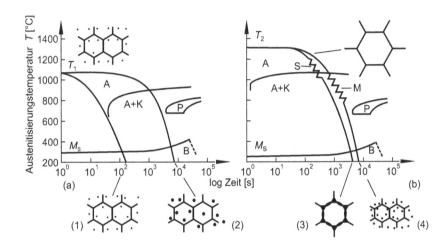

Bild B.5.14 Ausscheidung von Sonderkarbiden im Austenit (schematisch am Beispiel X40CrMoV5-1): (a) Die Härtetemperatur $T_1 = 1060°C$ ist so gewählt, dass rund ein Viertel der Karbidmenge des weichgeglühten Ausgangszustandes nicht aufgelöst wird, um Kornwachstum zu vermeiden. Beim Abkühlen einer dünnen Abmessung bleiben Größe und Verteilung dieser Glühkarbide erhalten (1). Die Abkühlung einer dicken Abmessung führt im Austenit/Karbid-Gebiet (A+K) zum Wachsen der als Keime dienenden Glühkarbide, wobei ihre disperse Verteilung sich nicht ändert (2). Der Austenit wandelt anschließend zu Bainit/Martensit um. (b) Bei Schmiedeanfangstemperatur 1180°C und erst recht bei Diffusionsglühtemperatur $T_2 = 1280°C$ sind die Glühkarbide gelöst und die Körner grob. Der Beginn der Wiederausscheidung von Karbiden ist beim Abkühlen zu höherer Temperatur und kürzerer Zeit verschoben. Dünne und dicke Abmessungen durchlaufen nach dem Schmieden (S) das Gebiet A+K. Da Glühkarbidkeime fehlen, bieten sich die Korngrenzen als Keimstellen an, weil sie Grenzflächenenergie bereitstellen. Es bildet sich ein versprödendes Karbidnetz (3) bevor der grobkörnige Austenit zu Bainit/Martensit umwandelt. Erfolgt dagegen eine thermomechanische Umformung (M, s. a. Bild B.2.1, S. 166) im Gebiet A+K, so kommt es zur Keimbildung in den Körnern. Es entsteht eine feine Dispersion von Karbiden. Der feinkörnige Austenit wandelt anschließend zu Bainit/Martensit um. Die M-Schmiedung vermeidet eine Korngrenzenversprödung durch die Sonderkarbide MC, M_7C_3 und $M_{23}C_6$ (4) (nach H. Berns, F. Wendl).

vergütet auf 1250 bis 1450 MPa. Gerade bei tiefen Gravuren, wie z. B. beim Schmieden von Kurbelwellen bedarf es der Trennmittel, die durch ihren Dampfdruck das Werkstück sofort auswerfen. So lässt sich eine Werkzeugerweichung hinauszögern. Wichtig ist auch eine Vorwärmung von Gesenken und vielen anderen Werkzeugen, um spröde Brüche in anrissbehafteten Gravuren zu vermeiden. Mechanisch oder hydraulisch angetriebene Schmiedemaschinen arbeiten mit längerer Kontaktdauer als Hämmer. Zum Warmfließpressen z. B. von Schrauben oder tiefen Näpfen benötigt man daher hochlegierte WAS wie X32CrMoV3-3 mit 45 HRC oder einem Schnellarbeitsstahl ähnliche Stähle mit Härten um 60 HRC. Der Verschleißwiderstand von Gesenken nimmt mit dem Gehalt an warmfestigkeitsteigernden Elementen zu, wobei Molybdän nach Praxisversuchen fünfmal und Vanadium zwanzigmal so wirksam ist wie Chrom. Für die Sättel hydraulischer Freiformschmiedepressen eignen sich Nickelbasislegierungen, wie z. B. NiCr20Co18Ti, die durch die γ'-Phase (s. Bild B.5.11) ausgehärtet werden.

Beim Schmieden von Messingarmaturen auf einer Exzenterpresse finden wir X32CrMoV3-3 mit Festigkeiten von 1500 bis 1650 MPa. Dieser Stahl wird auch für Strangpressmatrizen bei der Verarbeitung von Kupferlegierungen eingesetzt. Bei einfachen Profilen kommt zum Teil der Stahl X15CrCoMo10-10-5 und für das Drahtpressen z. B. eine Kobalthartlegierung zur Anwendung. Die Innenbüchsen des meist dreiteilig geschrumpften Blockaufnehmers unterliegen einer langen Kontaktdauer. Hier hat sich für die Verarbeitung von Kupferlegierungen der Stahl X5NiCrTi26-15, durch γ'-Phase ausgehärtet auf ≈ 1000 MPa, bewährt. Für das Strangpressen von Leichtmetalllegierungen bedient man sich vorwiegend der 5 % CrMoV-Stähle, wie z. B. X40CrMoV5-1 mit einer Festigkeit zwischen 1400 und 1600 MPa, ggf. mit Zugabe von 0.01 % Nb. Durch MC-Ausscheidungen beim Anlassen verschiebt Niob den Steilabfall zu höherer Temperatur und hält die Größe der Cr-Karbide gering. Dies hat eine Erhöhung der Thermoschockbeständigkeit zur Folge.

Schneidwerkzeuge zum Aufteilen von Warmband oder Knüppelsträngen werden aus X32CrMoV3-3 gefertigt und ggfs. mit einer warmfesten Auftragsschweißung gepanzert. Die Temperaturbelastung von Abgratwerkzeugen hängt von der Verweildauer nach dem Gesenkschmieden ab. Bei rot-warmem Grat wählt man z. B. X32CrMoV3-3, der zur Erhöhung des Verschleißwiderstandes leicht aufkohlend gehärtet werden kann. Wahlweise bringt das Nitrieren einen Lebensdauergewinn, wie bei manch anderen Warmarbeitswerkzeugen auch.

Die Entwicklung von Hybridtechnologien und Duplexschichten durch Plasmanitrieren (PN) und Abscheiden aus der Gasphase macht Dünnschichttechnologie auch auf Warmarbeitswerkzeugen mit vergleichsweise niedrigen Substrathärten möglich. Die Nitrierschicht sorgt für ausreichende Stützwirkung unter der Dünnschicht, die wegen ihrer hohen Härte und ihrer dichten homogenen Struktur einen erhöhten Verschleißwiderstand bietet. In der Praxis werden auf PN-Schichten sowohl Arc-PVD- als auch PACVD-Schichten aufgebracht. Auf einem Substrat aus X38CrMoV5-1 mit PN-Schicht wird nach üblicher Sekundärhärtung zunächst in einem ununterbrochenen Vakuumprozess eine TiN- und darauf eine TiCN-Schicht abgeschieden. Die Decklage bildet schließlich eine TiC-Beschichtung, die wegen ihrer Temperaturstabilität bis ca. 1000°C auf Gesenken zum Präzionsschmieden erfolgreich war. Auch auf Einsätzen und Kernen von Druckgiessformen für Al-Legierungen aus X40CrMoV5-1 wurden versuchsweise PVD- und PACVD-Beschichtungen eingesetzt. Bei den PVD-Schichten brachten Monoschichten mit CrN aufgrund geringerer Anschmelzerscheinungen die besten Ergebnisse. Wegen der mit PVD nur schlecht zu beschichtenden Kühlbohrungen ist die PACVD-Technik derzeit im Versuchsstadium.

Vor dem Hintergrund der industriell zunehmend eingesetzten Halbwarmumformung (600 - 900°C) werden Stähle gebraucht, die an die Warmfestigkeit und den Verschleißwiderstand von Schnellarbeitsstählen (SAS) heranreichen und dabei die Zähigkeit von WAS mitbringen. Stähle wie X55CrMoWVCo4-2-1-1 oder der PM-Stahl X56CrMoWV5-3-2-1 kommen den Matrixzusammensetzungen von Schnellstählen nahe, sind aber karbidarm und damit zäher als SAS. Ein völlig anderes Gefügekonzept kann auf der pulvermetallurgischen Herstellungsroute realisiert werden. Durch Mischen eines karbidfreien WAS-Pulvers (X38CrMoV5-1) mit 15 % groben SAS Pulverkörner (HS6-5-4) entstehen zweistufige Dispersionsgefüge mit dispers verteilten Karbidclustern. Sie weisen gegen Abrasion und Metall-Metall-Verschleiß einen deutlich erhöhten Widerstand auf. Die Bruchzähigkeit K_{Ic} bleibt auf dem hohen Niveau reiner WAS, weil sich ein vorhandener Riss über weite Strecken durch die zähe Matrix arbeiten muss, und weil die Carbidcluster infolge Diffusionsreaktion zwischen WAS und SAS von einem zähen austenitischen Saum umgeben sind.

B.5.4 Werkzeuge für die spanende Bearbeitung

Zur Herstellung von spanenden Werkzeugen aus Stahl sind vorwiegend SAS bestimmt, deren Schneide einer Erwärmung und Verschleißbeanspruchung unterliegt. Sie kommt im durchgehenden und unterbrochenen Schnitt unter hohem Druck mit dem Werkstückstoff in Kontakt, der mit steigender Schnittgeschwindigkeit dem Werkzeug eine hohe Warmhärte, einen hohen Verschleißwiderstand, gute Oxidationsbeständigkeit und geringe Adhäsionsneigung abverlangt. Bei Kohlenstoffgehalten zwischen 0.8 und 1.4 % führen hohe Gehalte an Wolfram, Molybdän und Vanadium zur Bildung primärer und eutektischer Karbide in einer sekundärhärtenden Matrix. Da Wolfram und Molybdän als homologe Elemente ähnlich wirken, können sie unter Berücksichtigung ihres Atomgewichtes (s. Tab. A.1.4, S. 15) im Verhältnis von 2:1 ausgetauscht werden (s. Tab. B.5.5). Oberhalb von 18 bis 20 % (W + 2 Mo) ist keine nennenswerte Steigerung der Spanungsleistung zu beobachten. Daraus ergaben sich ursprünglich folgende Grundzusammensetzungen: Die Wolframstähle HS18-0-1 mit ≈ 0.75 % C und HS12-1-2 mit ≈ 0.95 % C, der Molybdänstahl HS2-9-1 mit ≈ 0.8 % C und der Wolfram-Molybdän-Stahl HS6-5-2 mit

$\approx 0.9\,\%$ C. Durch Erhöhung des Kohlenstoff- und Vanadiumgehaltes wurden ihre Karbidgehalte angehoben und durch Kobalt ihre Warmfestigkeit verbessert. Die starken Schwankungen in den Legierungskosten verschieben die Nachfrage von einer zur anderen Grundzusammensetzung.

Tabelle B.5.5 Schnellarbeitsstähle (DIN EN ISO 4957): Gebräuchliche Schnellarbeitsstähle mit Glüh- und Gebrauchshärte und Herstellungsart

W-Mo-V-Co [%]	C-Gehalt [%]	Glühhärte [HB]	Gebrauchshärte [HRC]	Herstellung
HS6-5-2	0.87	240 - 300	60 - 64	BM, PM
HS6-5-3	1.2	240 - 300	62 - 65	BM, PM
HS6-5-2-5	0.92	240 - 300	62 - 67	BM
HS10-4-3-10	1.3	240 - 300	60 - 64	BM
HS12-1-4-5	1.4	240 - 300	61 - 65	BM
HS18-1-2-5	0.8	240 - 300	63 - 66	BM
HS2-10-1-8	1.1	240 - 300	67 - 69	BM
HS6-5-4	1.3	< 280	64 - 66	PM
HS4-3-8	2.5	< 300	58 - 66	PM
HS6-7-6-10	2.3	< 340	60 - 69	PM

BM = blockmetallurgisch, PM = pulvermetallurgisch

B.5.4.1 Eigenschaften

Bei der Erstarrung (s. Bild A.1.9 b, S. 17) scheiden sich die Karbide M_6C, M_2C und MC netzförmig um die voranwachsenden Metallzellen aus (vergl. Bild B.5.3 a, S. 277). Die Bildung von M_6C wird durch Wolfram, Silizium und Stickstoff gefördert. M_2C-Karbide entstehen bevorzugt durch Molybdän, Kohlenstoff, Vanadium und eine erhöhte Erstarrungsgeschwindigkeit. Die Ausscheidung von MC nimmt mit dem Gehalt an V sowie Nb und Ti zu. Die Solidustemperatur von Wolframstählen liegt etwas höher als bei den Molybdänstählen, und in Seigerungen nur wenig über 1200°C. Daraus ergibt sich ein enger Temperaturbereich für die Warmumformung dieser durch Warmfestigkeit und Karbidgehalt schwer schmiedbaren Stähle. Beim Weichglühen zerfällt feinlamellar erstarrtes M_2C-Karbid zu M_6C und MC, wobei eine geringere Karbidgröße entsteht als bei direkter M_6C-Ausscheidung. Außerdem nimmt das M_6C-Karbid $\approx 35\,\%$ Eisen auf gegenüber $\approx 5\,\%$ im M_2C. Bezogen auf das Karbidvolumen sinken dadurch die Legierungskosten.

Beim Härten müssen Austenitisierungstemperaturen nahe der Solidustemperatur angewendet werden, um die sekundären Legierungskarbide in Lösung zu bringen (Bild B.5.15 a). Chrom erleichtert diesen Vorgang, desgleichen die Karbidfeinung aus dem M_2C-Zerfall. Überhitzungen oder Überzeitungen führen zu Kornwachstum, eckigen Karbiden und schließlich zu Anschmelzungen im Gefüge. Beim Abkühlen bilden sich daraus ledeburitische Gussstrukturen in Netzform, die die Zähigkeit beeinträchtigen. Molybdänstähle sind dafür anfälliger als Wolframstähle. Die Härtbarkeit der SAS ist außerordentlich groß, so dass ein Abblasen mit Druckstickstoff im Vakuumofen auch in dickeren Querschnitten zur Durchhärtung führt. Die Härtung aus einem Warmbad erfolgt meist in ein Warmbad bei $\approx 500°C$, um die Ausscheidung von Korngrenzenkarbid zu vermeiden (Bild B.5.15 b). Danach können schlanke Werkzeuge im austenitischen Zustand warm gerichtet werden, sofern Härteverzug aufgetreten ist, bevor die martensitische Umwandlung bei weiterer Luftabkühlung einsetzt. Beim Ölhärten dicker Querschnitte kann es zur Aufkohlung im Rand kommen. Nach Bild A.1.9 (S. 17) sinkt dadurch die Solidustemperatur, so dass die Gefahr von Anschmelzungen droht. Je höher die Härtetemperatur, umso mehr Restaustenit bleibt zurück (Bild B.5.15 a). Beim Anlassen ist die Aushärtung des Martensits durch MC- und M_2C-Karbide umso ausgeprägter, je höher die Härtetemperatur und damit der Gehalt an gelöstem Molybdän, Chrom und Vanadium in der Matrix (Bild B.5.15 c). Sie bilden nach H. Fischmeister et al. das „Matrixpotential", für die Warmfestigkeit der Matrix. Nach einer Ausscheidung von ≈ 3 Volumen% Karbid beim Anlassen steht noch mehr als die doppelte Menge zur Ausscheidung bei Betriebstemperatur bereit. Karbidausscheidungen im Restaustenit während des Anlassens heben dessen M_f-Temperatur an, so dass beim Abkühlen Martensit entsteht, der durch eine zweite Anlassbehandlung ausgehärtet wird. In Kernseigerungen und kobaltreichen SAS kann nach dem ersten Anlassen noch Restaustenit übrig bleiben,

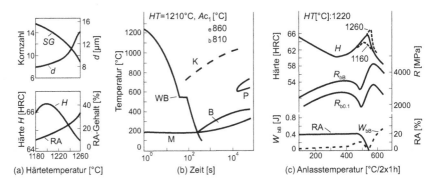

(a) Härtetemperatur [°C]   (b) Zeit [s]   (c) Anlasstemperatur [°C/2x1h]

Bild B.5.15 Wärmebehandlung und Eigenschaften von Schnellarbeitsstahl HS6-5-2: (a) Einfluss der Härtetemperatur auf die Härte H, den Restaustenitgehalt RA, die Snyder-Graff Korngröße SG (Kornzahl auf einer Linie von 127 μm) und den mittleren Korndurchmesser d. (b) Kontinuierliches ZTU-Schaubild nach DIN 17350 mit einem schematischen Abkühlverlauf für Härten im Warmbad WB (Härtetemperatur $HT = 1210°C$, s. a. Bild A.1.9 b). (c) Einfluss des Anlassens auf den Restaustenitgehalt RA, die plastische Biegebrucharbeit W_{bB}, die 0.1-Biegegrenze $R_{b0.1}$, die Biegebruchfestigkeit R_{bB} und die Härte H (a und c nach E. Haberling).

der erst beim zweiten Anlassen zerfällt, so dass in diesen Fällen dreimal angelassen werden muss.

Der Zusammenhang zwischen Legierungszusammensetzung und Eigenschaften lässt sich wie folgt zusammenfassen: Gelöster *Kohlenstoff* ermöglicht die Aufhärtung. In Karbiden ausgeschieden nimmt er folgende Aufgaben wahr: Verschleißwiderstand durch primäre und eutektische Karbide, lösliche sekundäre Karbide für die Härtbarkeit, Anlasskarbide für die Aushärtung und Warmfestigkeit.

Wolfram bildet M_6C-Karbide, beteiligt sich kaum an der Aushärtung und dient der Mischkristallverfestigung der Matrix. Durch *Molybdän* scheiden sich spießige M_2C- Karbide aus, welche die Überhitzungsempfindlichkeit erhöhen und die Schleifbarkeit beeinträchtigen. Daher kommt ihrem Zerfall zu M_6C- und MC-Karbiden besondere Bedeutung zu. Molybdän erhöht das Matrixpotential und trägt zur Aushärtung beim Anlassen bei. Seine Wirkungsweise ist wegen des halben Atomgewichtes gegenüber Wolfram doppelt so groß.

Vanadium bildet MC-Karbide und löst sich im M_2C. Das MC-Karbid ist härter als die übrigen (s. Bild. A.4.16, S. 103), was sich positiv auf den Verschleißwiderstand auswirkt. Durch Erhöhung des Vanadiumgehaltes lässt sich der Gehalt an MC-Karbiden steigern, wenn gleichzeitig Kohlenstoff in ungefähr stöchiometrischem Verhältnis zugegeben wird (Beispiel HS6-5-3 mit $\approx 1.22\,\%$ C). Durch Verwendung von *Niob* als MC-Bildner entsteht ein schwer lösliches Primärkarbid, so dass die verschleißhemmende Karbidmenge unabhängig vom Matrixpotential erhöht werden kann. Die höhere Ausscheidungstemperatur der primären gegenüber eutektischen Karbiden kann unerwünscht grobe MC zur Folge haben, sodass ein Legieren mit Nb, Ti eher der PM Fertigung vorbehalten bleibt. Für ein ausreichendes Matrixpotential zur Aushärtung beim Anlassen ist ein Vanadiumgehalt von mindestens 1 % erforderlich.

Chrom erhöht die Löslichkeit der sekundären Karbide und damit die Härtbarkeit. Es beteiligt sich an der Aushärtung. SAS enthalten daher $\approx 4\,\%$ Chrom.

Kobalt erhöht die Solidustemperatur und damit die mögliche Härtetemperatur. Es verfeinert die Ausscheidungen beim Aushärten und verzögert ihr Wachstum, ohne dass es sich an ihnen beteiligt. Weiter fördert es die Bildung von Clustern (Vorstufe der Ausscheidung) sowie die Mischkristallverfestigung der Matrix. Kobalt kommt in Gehalten bis zu $\approx 10\,\%$ vor.

Schwefel wird zur Verbesserung der Spanbarkeit in Gehalten von 0.06 bis 0.15 % zugegeben (Beispiel HS6-5-2 S). Durch 0.05 % Titan entstehen in der Schmelze feinverteilte Titankarbonitride, die zur Keimbildung von kugeligen Sulfiden beitragen. Deren Härte lässt sich über das Mn/S- Verhältnis steuern. Durch die Beeinflussung der Sulfidform kann die Zähigkeit der schwefellegierten SAS verbessert werden.

Aluminium senkt die Kohlenstofflöslichkeit im Austenit und kommt deshalb in neueren Stahlentwicklungen zur Anwendung. In HS6-5-2 erhöht es den Anteil an M_2C, verringert aber dessen Stabilität. Dadurch kann einerseits das eutektische Netzgefüge beim Schmieden leichter aufgebrochen und andererseits der Gleichgewichtszerfall von M_2C in MC und M_6C erleichtert werden. Al senkt auch die C-Löslichkeit im Martensit und erhöht damit das Potenzial für Sekundärkarbidausscheidung. Dies steigert die Warmhärte, den Verschleißwiderstand und die Thermowechselbeständigkeit.

Im Vergleich zu den karbidreichen KAS erreichen SAS eine höhere Biegefestigkeit (s. Bild B.5.6, S. 281). Die primären und eutektischen Karbide und die Karbidzeilen sind im Mittel etwas feiner als in ledeburitischen Chromstählen (s. Bild B.5.3 d). Bei schwingender Beanspruchung ist die Anrisslastwechselzahl umgekehrt proportional zur Karbidgröße. Im Umlaufbiegeversuch ergibt sich deshalb für SAS eine höhere Lebensdauer als für ledeburitische Chromstähle (s. Bild B.5.7 a). Eine pulvermetallurgische Erzeugung oder Sprühkompaktierung mit anschließender Warmumformung verfeinert die Karbide und trägt zur Erhöhung der Zähigkeit bei. Der Verschleißwiderstand nimmt jedoch im Allgemeinen ab. Als positive Folge ergibt sich eine bessere Schleif- und Funkenerodierbarkeit. Durch die Freiheit von Makroseigerungen wird die Warmumformbarkeit verbessert und die Anisotropie der Maßänderung verringert. PM-Stähle mit insgesamt großer Karbidoberfläche kommen mit niedrigerer Härtetemperatur aus. Zur Erhöhung des Verschleißwiderstandes von PM-Stählen gegenüber konventionellen Stählen kann der Gehalt an Vanadiumkarbid angehoben werden (Beispiel: HS6-7-6-10 PM mit 2.3 % C). Derartige Zusammensetzungen ähneln den PM-KAS die mit hohen Vanadiumgehalten auf das Monokarbid setzen und bei angehobenem Mo und W-Gehalt in die Bereiche der PM-SAS vorstoßen. Eine andere Entwicklung zielt auf den Einsatz von Niob als MC-Karbidbildner unter Einsparung von Wolfram und Molybdän. Der Stahl HS2-3-2 mit 3.2 % Nb und 1.3 % C ist in der Spanungsleistung vergleichbar mit HS6-5-2, aber weniger überhitzungsempfindlich. Wegen der guten Kombination von Festigkeit und Zähigkeit finden wir konventionell und pulvermetallurgisch erzeugte Schnellarbeitsstähle auch in Kaltarbeitswerkzeugen. Da mehr Zähigkeit als Warmfestigkeit gefragt ist, wird die Härtetemperatur bei dieser Anwendung um 50 bis 80°C gesenkt.

B.5.4.2 Anwendungen

Einen Überblick über die gebräuchlichen SAS gibt Tab. B.5.5. Beim Drehen im durchgehenden Schnitt erzielen karbid- und kobaltreiche Stähle wie HS10-4-3-10 oder HS12-1-4-5 die höchste Standzeit. Bei unterbrochenem Schnitt und hoher Werkstückfestigkeit rücken dagegen zähere Stähle wie HS6-5-2-5 an die Spitze. Das gilt auch für Fräser. Mit steigendem Werkzeugquerschnitt nehmen Karbidgröße und Seigerungen zu, der Umformgrad dagegen ab. In Kernseigerungen kann es zu Härterissen kommen (Bild B.5.16).

Zur Vermeidung dieser Fehler und zur Verbesserung der Zähigkeit wird das ESU-Verfahren eingesetzt oder das Werkzeug aus einem zäheren Grundkörper und SAS-Elementen zusammengesetzt (z. B. Stollenfräser oder große Räumwerkzeuge). Für sehr feingliedrige Werkzeuge, wie z. B. Gewindebohrer eignen sich wegen ihrer guten Zähigkeit PM-Stähle. Aufgrund ihrer hohen Fließgrenze kommen sie auch als Feinschneid- oder Kaltstauchstempel zur Anwendung.

Im Vergleich zu Hartmetall, Schneidkeramik, kubischem Bornitrid (CBN) und polykristallinem Diamant (PKD) besitzen SAS weniger Verschleißwiderstand und Warmhärte. Ihre gute Bearbeitbarkeit im geglühten Zustand (Härte 240 - 300 HB) ihre vergleichsweise gute Zähigkeit im gehärteten und angelassenen Zustand und die kostengünstigere Herstellung bieten jedoch einen entscheidenden Vorteil gegenüber den oben genannten nur pulvermetallurgisch herstellbaren Schneidstoffen mit hohem Hartstoffgehalt. Werden Schnellstähle zusätzlich durch Dünnschichten geschützt, erreichen und übertreffen sie sogar die Leistungsfähigkeit von hochhartstoffhaltigen Schneidstoffen. Als Beschichtungen haben sich durch PVD-Verfahren abgeschiedenen Hartstoffschichten bewährt (s. Tab. B.5.2). Das bei hoher Anlasstemperatur liegende Sekundärhärtemaximum erlaubt neben der PVD Beschichtung auch das Abscheiden von PACVD-Schichten deutlich unterhalb der Anlasstemperatur (s. Bild B.5.9 b+d).

Vor dem Hintergrund steigender Temperaturbelastung durch hohe Schnittgeschwindigkeit werden die üblichen TiN-Schichten zunehmend durch komplexere Schichtsysteme ersetzt. Mehrlagige, teilweise gradierte TiAlN-Schichten sind wegen ausgezeichneter Bruchzähigkeit, höherer Härte und thermischer

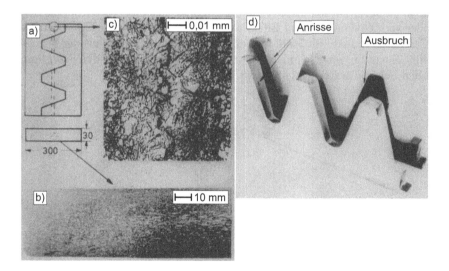

Bild B.5.16 Härterisse durch Seigerungen: Schnellarbeitsstahl HS18-1-2-5 (a) Aussägen von zwei Zahnprofilen aus einem weichgeglühten Flachstab. (b) Makroätzung des halben Stabquerschnittes mit erkennbarer Kernseigerung. (c) Kerngefüge mit Härteriss nach dem Härten 1250°C/Warmbad 540°C/Luft. (d) Lage der Kernrisse auf halber Zahnhöhe im Bereich der Kernseigerung (nach H. Berns).

Stabilität erfolgreich im Einsatz. Bei hoher Al-Konzentration in der Deckschicht bildet sich während des Spanens an der Oberfläche eine vor Oxidation schützende Al_2O_3-Schicht. Alternativ kann eine Al_2O_3-Schicht als Abschluss- und Zwischenschicht aufgebracht werden. Mit Schichtdicken unter 3 µm eignen sich die nanokristallinen Mehrlagenschichten für die Hochleistungszerspanung von Vergütungs- und Werkzeugstählen (auch im gehärteten Zustand) für Gusseisen und für Titan- und Nickellegierungen. Beispielsweise konnte mit einer TiAlN-Schicht die Zahl der Bohrungen in GJL gegenüber TiCN-Schichten bei verschiedenen Schnittgeschwindigkeiten (15 und 33 m/min) um das 2.5 fache gesteigert werden. Die hohe Härte der TiAlN-Schichten ist beim Zerspanen von Zylinderkurbelgehäusen aus GJV (s. Kap. B.1, S. 161) gefordert. Die gewünschte vermiculare Form der Graphitausbildung im GJV erfordert die Zugabe von Titan, das als hochhartes TiC bei nur TiN-beschichtetem Schnellstahl zu starkem abrasivem Verschleiß führt. Beim Bearbeiten von hochsiliziumhaltigen Al-Legierungen, von Titanlegierungen, von kohle- und glasfaserverstärkten Kunststoffen sowie von Schichtverbunden dieser Werkstoffe bewähren sich mehrlagige nanokristalline Diamant-Schichten (s. Tab. B.5.2, S. 284). Zum Beispiel konnte die Werkzeugstandzeit beim Fräsen von AlSi17 um Faktor 5 gegenüber einer TiCN-Schicht erhöht werden.

Bei der Zerspanung calciumbehandelter Stähle mit beschichteten Werkzeugen tritt ein auf chemischen Wechselwirkungen zwischen den nichtmetallischen Einschlüssen im Werkstückstoff und der Beschichtung des Schneidstoffs beruhender verschleißmindernder Effekt auf. Mit einer Sulfidschale (MnS) umhüllte Calziumaluminate im Stahl formen in Reaktion mit Titan aus der Schneidstoffbeschichtung eine schmierende und schützende Schicht, die sich günstig auf den Schneidstoffverschleiß auswirkt.

Chargiergestell aus hitzebeständigem austenitischem Stahlguss

B.6 Chemisch beständige Werkstoffe

Die Matrix dieser Eisenwerkstoffe besteht aus Ferrit, Austenit, Martensit oder einem Gemisch dieser Phasen. Nach dem Ausscheidungszustand des Kohlenstoffs ergeben sich drei Werkstoffgruppen:

- Stähle mit gelöstem Kohlenstoff bzw. geringer Karbidmenge
- Stähle mit feinen Sekundärkarbiden
- Stähle und Gusseisen mit groben eutektischen Ausscheidungen (Karbid, Graphit)

B.6.1 Allgemeine Hinweise

Die chemische Beständigkeit der Eisenmatrix nach Kap. A.4, S. 109 muss durch ein Legierungskonzept auch auf mehrphasige Werkstoffe übertragen werden. Den Matrixeigenschaften kommt eine besondere Bedeutung zu.

B.6.1.1 Legierungskonzept

Die chemisch beständigen Werkstoffe sollen möglichst lange dem korrosiven Einfluss von Witterung, chemischen Substanzen oder heißer Umgebung standhalten. Die Beständigkeit beruht auf der Bildung von Deckschichten, die durch den chemischen Angriff entstehen und die weitere Korrosion erheblich verringern. Bei der Nasskorrosion bildet sich eine dünne Passivschicht (s. Kap. A.4, S. 112) aus Metalloxiden, wie z. B. M_2O_3 mit Anteilen von Metallhydroxiden. Ihre Struktur geht mit zunehmendem Chromgehalt von einer kristallinen in eine dichte amorphe über. Oberhalb eines Gehaltes von $\approx 12\,\%$ prägt Chrom der Matrix seine passivierenden Eigenschaften auf. Wir sprechen von nichtrostenden Stählen. Bei der Hochtemperaturkorrosion trägt Chrom ebenfalls entscheidend zur Sperrwirkung einer dickeren Deckschicht aus Zunder bei, indem es Spinelle $FeCr_2O_4$ und Mischoxide vom Typ $(Cr,Fe)_2O_3$ bildet (s. Kap. A.4, S. 117). Chrom ist daher neben Aluminium, Silizium und Titan auch das wichtigste Legierungselement der hitzebeständigen Stähle (Bild B.6.1). Bei hohem Kohlenstoffgehalt wird Chrom zu chromreichen Karbiden abgebunden und seine passivierende Wirkung auf die Matrix schwindet. Daher kommt bei grauem Gusseisen Nickel zur Anwendung, dessen schützende Deckschicht für die Matrix nicht ganz den Schutz durch Chrom erreicht. Kupfer erhöht die Beständigkeit der Matrix, fördert aber die Graphitausscheidung. Aluminium kann wegen Reaktionen mit Luft und Formstoff kaum in ausreichender Menge genutzt werden. Silizium verbessert die Zunderbeständigkeit der Matrix. Graphit brennt dagegen ab, so dass eine durchgehende Lamellenstruktur eingeformt werden muss. Gegen Nasskorrosion erweist sich diese Phase dagegen als beständig. In verschleiß- und chemisch beständigen Werkstoffen wird die Chromanreicherung in den Karbiden entweder durch einen höheren Chromgehalt ausgeglichen oder durch Zugabe von V, Nb, Ti zu MC verschoben, so dass Chrom in der Matrix verbleibt. Aufgrund der Anreicherung von Cr und Ti sind die Karbide in der Regel beständiger als die Matrix. Für W-, Mo- oder Nb-Karbide kann sich dagegen, gerade bei erhöhter Temperatur, eine unzureichende Beständigkeit ergeben, so dass die Hartphasen zerfallen, bevor sie zum Verschleißwiderstand beitragen können.

Die chemische Beständigkeit mehrphasiger Werkstoffe mit chromreichen Karbiden oder Kugelgraphit hängt von der Matrix ab. Auf ihr kann eine gleichmäßige Deckschicht nur entstehen, wenn die wirksamen Elemente gleichmäßig im Gefüge verteilt, d. h. gelöst sind. Chrom führt zu Ferrit, Nickel zu Austenit (Bild A.1.10, S. 18 und A.2.1, S. 21) oder beide zu Austenit oder Martensit, wobei das Schaeffler-Diagramm nach Bild A.2.24, S. 47 die Legierungsgrenzen für den lösungsgeglühten, abgeschreckten Zustand aufzeigt. Entsprechend ihrer Löslichkeit (Tab. A.1.4, s. S. 21) ist bei Mischgefügen eine leichte Anreicherung von Cr, Si, Mo ... im Ferrit zu beobachten und ein etwas erhöhter Gehalt von Ni, Mn, Cu ... im Austenit/Martensit. Gelöste Gehalte an Kohlenstoff und Stickstoff führen bei Erwärmung durch Fertigung oder Betrieb zur Wiederausscheidung chromreicher Phasen (s. Tab. A.2.1, S. 52), wodurch die Matrix

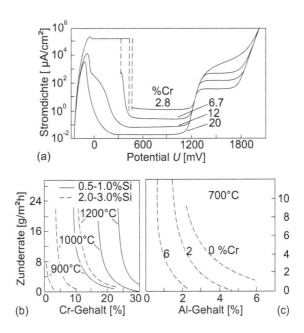

Bild B.6.1 Einfluss der Legierung auf die Bildung korrosionshemmender Deckschichten: (a) Einfluss des Chroms auf die Passivstromdichte und die Erweiterung des Passivbereichs für Nasskorrosion in 10 %iger wässriger Schwefelsäure bei 25°C (nach R. Olivier, s. Bild A.4.19). (b) und (c): Einfluss von Cr, Si und Al auf die Zunderrate bei Hochtemperaturkorrosion an Luft über 120 h (nach E. Houdremont und G. Bandel).

an Chrom verarmt und ihre Beständigkeit und Zähigkeit leidet. Die meisten nichtrostenden Stähle enthalten daher wenig C und N. Aber selbst dann kann es bei Erwärmung in den Bereich der Chromdiffusion zu lokaler Chromverarmung und Korrosionsanfälligkeit kommen. Diese unerwünschte Affinität zwischen dem schützenden Element und Kohlenstoff ist bei nickellegiertem Gusseisen mit austenitischer Matrix nicht gegeben. Eine Ausscheidung von C entzieht der Matrix kein Ni, so dass einige Ursachen von Lokalkorrosion entfallen.

B.6.1.2 Matrixeigenschaften

Durch die unterschiedliche Atomanordnung bilden sich in einer chemisch beständigen Matrix mit krz-Gitter andere Gebrauchs- und Fertigungseigenschaften aus als in einer kfz-Matrix. Dazu werden einige Beispiele vorgestellt.

Korrosionsbeständigkeit: Die kleineren Oktaederlücken (Bild A.1.3, S. 8) des krz-Gitters und der ≈ 100 mal höhere Diffusionskoeffizient (Bild A.1.8, S. 16) steigern im Ferrit die Neigung zur Karbidausscheidung. Dadurch wird in nichtrostenden Stählen die Gefügehomogenität und damit die Beständigkeit gegen gleichmäßig abtragende Korrosion beeinträchtigt. Auch die interkristalline Korrosion (IK) hervorrufende $M_{23}C_6$-Ausscheidung entlang der Korngrenzen(Bild B.6.2) tritt bei ferritischer Matrix rascher ein, d. h. häufig schon während des Abschreckens. Dagegen ist diese Matrix nicht anfällig für

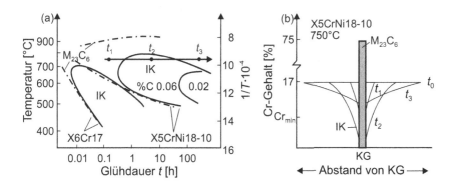

Bild B.6.2 Interkristalline Korrosion (IK, schematisch): (a) Die Sensibilisierung durch Erwärmen erfolgt im ferritischen Stahl X6Cr17 schneller als im austenitischen Stahl X5CrNi18-10. Sie wird durch Absenken des C-Gehaltes auf 0,02 % verzögert. (b) Durch die Ausscheidung des chromreichen Karbides fällt der Chromgehalt neben der Korngrenze KG nach einer Glühdauer t_2 unter den für eine Passivierung nötigen Mindestgehalt Cr_{min}. Durch Nachdiffusion aus dem Korninneren wird die Chromverarmung mit zunehmender Haltedauer wieder ausgeglichen und der Stahl hat bei t_3 seine IK-Anfälligkeit verloren.

anodische Spannungsrisskorrosion, die z. B. beim austenitischen Stahl X5CrNi18-10 auftritt, nicht jedoch bei einem mehr als doppelt so hohen Ni-Gehalt, wie er z. T. auch in Gusseisen vorkommt. Martensitische und instabile austenitische Matrices können durch kathodische Spannungsrisskorrosion geschädigt werden.

Hitzebeständigkeit: Bei gleichem Chromgehalt erreichen ferritische und austenitische Matrices eine vergleichbare Zunderbeständigkeit an Luft. Die größere Wärmeausdehnung der austenitischen Matrix beeinträchtigt die Zunderhaftung bei Temperaturwechseln. Ihr Nickelgehalt wirkt sich bei schwefelhaltigen Gasen ungünstig aus, da niedrigschmelzende Nickelsulfide entstehen können. In kohlenstoffhaltigen Gasen erweist sich Ni dagegen als vorteilhaft, weil es die Aktivität des Kohlenstoffes im Austenit erhöht und seine Löslichkeit senkt. Steigt die Kohlenstoffaktivität im Gas, so kommt es zunächst zur Karbidbildung und bei Überschreiten der Aktivität 1 im Stahl zur Graphitisierung der Karbide. Die geschädigte Randschicht besteht dann aus staubfeinen Stahlpartikeln die von Graphit umgeben sind und sich leicht abreiben lassen. Die Korrosionsart wird als *metal dusting* bezeichnet. Sie entsteht meist durch Verletzung einer schützenden Oxidschicht in kälteren Anlagenteilen mit höherer C-Aktivität (s. Bild B.3.10 a, S. 235).

Festigkeit: Mit nur zwei Gleitrichtungen je Gleitebene (Bild A.1.4, S. 8) besitzt Ferrit in der Regel eine höhere Fließgrenze als Austenit (Tab. B.6.1). Aufgrund der stärkeren Verfestigung (Bild B.6.3) erreicht der Austenit eine höhere Zugfestigkeit. In martensitischer Matrix kommt die in Kap. A.4, S. 95) beschriebene Festigkeitssteigerung durch Fehlordnungen hinzu. Im Warmbetrieb macht sich der Widerstand des dichter gepackten Austenits gegen

Tabelle B.6.1 Eigenschaften eines ferritischen und eines austenitischen Stahles im Vergleich: Prüftemperatur 20°C; α von 20 bis 500°C; *)Tagespreis für 2 mm dicke Blechtafel.

Gefüge	Ferrit	Austenit
Stahl	X6Cr17	X5CrNi18-10
Dehngrenze $R_{p0.2}$ [MPa]	≥ 270	≥ 185
Zugfestigkeit R_m [MPa]	450-600	500-700
Bruchdehnung A [%]	≥ 20	≥ 50
Streckgrenzenverhältnis $R_{p0.2}/R_m$	≈ 0.75	≈ 0.45
Verfestigungsexponent $\bar{n}$	0.2	0.45
senkrechte Anisotropie r_m	1.0-1.2	0.8-1.2
Spez. elektr. Widerstand ρ [Ω ·m]	0.6	0.75
Wärmeleitfähigkeit λ [W/m·°C]	25	15
therm. Ausdehnungsk α [m/m°C]	$12 \cdot 10^{-6}$	$18 \cdot 10^{-6}$
Kosten [€/kg]*)	1.3	2.0

diffusionsgesteuertes Kriechen durch eine höhere Warm- und Zeitstandfestigkeit bemerkbar.

Zähigkeit: Eine krz-Matrix zeigt eine Kaltversprödung unterhalb $T_{\ddot{u}}$ (s. Bild A.4.5, S. 85), eine stabilaustenitische CrNi-Matrix dagegen nicht. Die Versprödung wird durch die Neigung einer umwandlungsfreien ferritischen Matrix zu sekundärer Rekristallisation mit Grobkornbildung und dadurch erhöhter $T_{\ddot{u}}$ verschärft. Die Umwandlung einer martensitischen Matrix bewirkt dagegen eine Kornfeinung, eine Vergütung senkt $T_{\ddot{u}}$. Bei Temperaturen bis $\approx 550^{\circ}$C kommt es in chromreicher ferritischer Matrix zu einer α'-Entmischung, die die sogenannte 475°C-Versprödung nach sich zieht. Nach oben schließt sich die Versprödung durch Ausscheidung der chromreichen σ-Phase bzw. der χ- und Laves-Phase in molybdänreichen Stählen an (Tab. A.2.1, S. 52, Bild B.6.4).

Physikalische Eigenschaften: Eine ferritfreie stabilaustenitische Matrix ist nicht magnetisierbar und besitzt einen höheren elektrischen Widerstand als eine ferritische (s. Kap. A.4, S. 118 und S. 121). Ihre Wärmeleitfähigkeit bleibt deutlich hinter der einer ferritischen Matrix zurück. Aufgrund der dichteren Atompackung zeigt eine austenitische Matrix die größere Wärmeausdehnung (Tab. B.6.1).

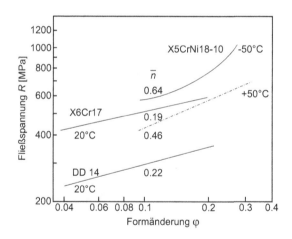

Bild B.6.3 Fließkurven im Vergleich: Gegenüber unlegiertem Tiefziehstahl DD14 liegt die Fließspannung R im nichtrostenden ferritischen Stahl X6Cr17 wegen der Mischkristallhärtung durch Chrom höher. Der austenitische nichtrostende Stahl X5CrNi18-10 besitzt eine niedrigere Fließgrenze als X6Cr17, verfestigt aber stärker, was sich in einem höheren mittleren Verfestigungsexponenten $\bar{n}$ ausdrückt. Durch Absenkung der Umformtemperatur wachsen R und $\bar{n}$ aufgrund höherer Anteile von Verformungsmartensit (nach W. Küppers et al.).

Kaltumformbarkeit: Ferritische Chromstähle erfordern höhere Umform-
kräfte als unlegierter Tiefziehstahl, verfestigen aber ähnlich schwach
(Bild B.6.3). Eine austenitische Matrix besitzt ein geringeres Streckgrenzenverhältnis als eine ferritische (Tab. B.6.1), beginnt früher zu fließen und verfestigt stärker. Mit sinkender Temperatur und wachsender Verformung kann
die Fließkurve örtlich eine Steigung bis zu n = 1.1 erreichen bei einer mittleren Steigung bis zu n̄ = 0.7. Das entspricht einer hohen Gleichmaßdehnung. Durch TRIP (transformation induced plasticity) wird über die Umwandlung kleiner Austenitmengen zu Martensit die höchste Duktilität erreicht
(Bild B.6.5).
Durch Anpassung der Umformtemperatur (Umformwärme, angewärmte Werkzeuge) an die Stahlzusammensetzung lässt sich die Austenitstabilität vielfach
so steuern, dass hohe Umformgrade erreicht werden. Sie gehen allerdings mit
hohen Umformkräften einher, so dass die Werkzeugbelastung wächst.
Schweißeignung: Die höhere Diffusionsgeschwindigkeit führt in einer ferritischen Matrix leicht zu Grobkornbildung, Karbidausscheidungen auf den
Korngrenzen und damit zu Versprödung und IK. Eine austenitische Matrix

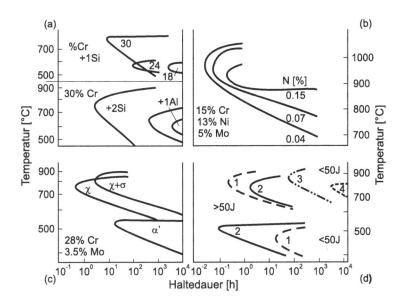

Bild B.6.4 Ausscheidung intermetallischer Phasen: (a) Einfluss von Cr, Si
und Al auf den Ausscheidungsbeginn der σ-Phase in ferritischen Chromstählen (nach
K. Bungardt et al.), (b) Verzögerung der χ-Ausscheidungen durch Stickstoff (nach H.
Thier), (c) Beginn der χ- und σ-Phasenausscheidung sowie der 475°C-Versprödung
durch α' (nach H. Kiesheyer), (d) Versprödung durch Ausscheidung, Grenzkurven
für eine Kerbschlagarbeit von $KV = 50$ J bei Raumtemperatur, 1=X2CrNiMoN22-
5-3, 2=X1CrNiMoNb28-4-2, 3=X2CrNiMoN17-13-5, 4=X5CrNiMo17-12-2 (nach R.
Oppenheim).

ist davon meist weniger betroffen, neigt aber wegen ihrer um 50 % größeren Wärmekontraktion zu Heißrissen. Sie entstehen an der Soliduslinie, wenn das Dendritengerüst mit noch flüssigen Filmen von Restschmelze bei der Abkühlung unter Schrumpfspannungen gerät und reißt. Eine primär ferritische Erstarrung (Bild B.6.6, Beispiel a-c) bringt weniger Schrumpfung mit sich, so dass die Heißrissgefahr gebannt werden kann. Bei einem austenitischen Stahl wie X5CrNi18-10 (Beispiel c) bleibt die nachträgliche δ/γ-Umwandlung allerdings meist unvollständig, weshalb sich kleine Anteile von δ-Ferrit im Schweißgut wiederfinden.

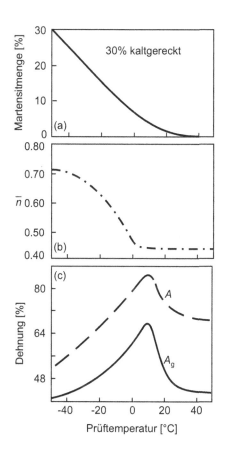

Bild   B.6.5   Verformungsinduzierte   Austenitumwandlung: Stahl X5CrNi18-10 (nach W. Küppers) (a) Eine Abkühlung allein bewirkt keine Umwandlung des Austenits, dagegen führt eine Absenkung der Recktemperatur im Zugversuch zu Verformungsmartensit (s. Bild B.8.3, S. 376). (b) Der mittlere Verfestigungsexponent $\bar{n}$ steigt mit dem Martensitgehalt an. (c) Die Gleichmaßdehnung A_g und die Bruchdehnung A erreichen bei 3 bis 6 % Verformungsmartensit ein Maximum.

Bei martensitischer Matrix kann es mit steigendem Kohlenstoffgehalt zu Kaltrissen kommen, weil die aufhärtende Zone bei weiterer Abkühlung unter Zugspannungen gerät und entlang der Schweißnaht reißt (s. Bild B.7.5, S. 356). Durch Vorwärmung können die Spannungen verringert und ihr Aufbau unterhalb von $T_{\ddot{u}}$ vermieden werden. Die Problemfelder σ-Phase, α'-Entmischung, Grobkorn, Heiß- und Kaltrisse hängen von der Legierungszusammensetzung ab und lassen sich näherungsweise in das Schaeffler-Diagramm eintragen (Bild B.6.7). Zusätzlich ist die Gefahr einer IK-Anfälligkeit zu berücksichtigen (Bild B.6.2). In Gusseisen verschiebt die hohe Abkühlgeschwindigkeit die graue in Richtung einer weißen Erstarrung, sodass sich ein graphitisierendes Glühen empfiehlt. Durch Modifizierung des Schweißzusatzwerkstoffes lassen sich einige Probleme im Schweißgut, kaum aber in der Wärmeeinflusszone (WEZ) abschwächen.

Spanbarkeit: Aufgrund ihres niedrigen C-Gehaltes sind die meisten nichtrostenden Stähle so duktil, dass sie zur Bildung von Fließspänen neigen, die sich durch spanbrechende Ausscheidungen vermeiden lassen. Durch 0,15 bis 0,35 % S und $< 2\,\%$ Mn scheiden sich MnS Einschlüsse aus der Schmelze aus. Sie lösen sich jedoch bereits in schwachen Säuren auf und hinterlassen schlecht passivierbare Krater als Ausgangspunkte weiterer Korrosion. Um diesen Nachteil zu beheben, kann Schwefel mit Ti zu TiS / Ti_2S Einschlüssen abgebunden werden, die korrosionsbeständiger sind, die Spanbarkeit aber nicht ganz so stark verbessern wie MnS. Eine Weiterentwicklung arbeitet mit hexagonalen Titancarbosulfiden $Ti_4C_2S_2$, die ebenfalls korrosionsbeständig sind, aber

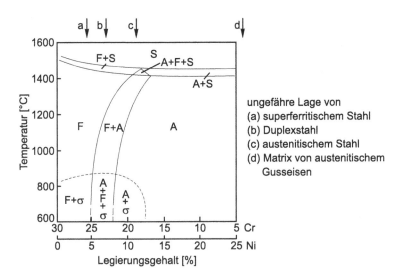

Bild B.6.6 Konzentrationsschnitt durch das Zustandsschaubild Fe-Cr-Ni bei 70 % Eisen: (nach P. Schafmeister und R. Ergang).

weniger Freiflächenverschleiß bewirken als MnS. Die Ti-haltigen Einschlüsse werden bei der Warmumformung aufgrund ihrer höheren Härte weit weniger zu Zeilen gestreckt als MnS und verbessern daher die Kaltstauchbarkeit.

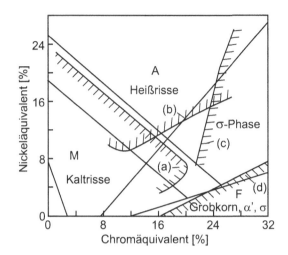

Bild B.6.7 Problemfelder chemisch beständiger Stähle: (nach A. L. Schaeffler, s. Bild A.2.24, S. 47). (a) Kaltrisse bei martensitischen Chromstählen nach dem Warmumformen, Schweißen oder Härten aufgrund hoher Härtbarkeit. (b) Heißrisse bei überwiegend primär austenitischer Erstarrung aufgrund der größeren thermischen Schrumpfung des Austenits. (c) Versprödung durch Ausscheidung von σ-Phase im δ-Ferrit (rasch) und im Austenit (langsam, s. Bild B.6.4 d). (d) Versprödung ferritischer Stähle durch Grobkorn, σ-Phase und die α'-Entmischung bei $\approx 475°C$.

B.6.2 Nichtrostende Stähle

Bei allen chemisch beständigen Werkstoffen ist das wesentliche Ziel, durch eine geeignete Legierungszusammensetzung die Beständigkeit gegen gleichmäßig abtragende Flächenkorrosion zu erhöhen. Sie hängt entscheidend von der chemischen Zusammensetzung sowie von Konzentration, Temperatur und Strömung des angreifenden wässrigen Mediums ab. Beständigkeitsschaubilder geben erste Anhaltspunkte für die Eignung eines Werkstoffes. In Bild B.6.8 finden sich Darstellungen für Säurekorrosion. So ist z. B. für den unter (a) genannten Stahl bei 40°C in 20 % Schwefelsäure mit einem Abtrag von $1\,g/m^2h$ zu rechnen, was ungefähr 1.1 mm Dickenabnahme entspricht (s. Abschn. A.4, S. 113) und die gängige Beständigkeitsgrenze von $0.3\,g/m^2h$ überschreitet.

In nichtrostenden Stählen wird die Legierungszusammensetzung zusätzlich durch zwei Arten von örtlich angreifender Lokalkorrosion geprägt: Loch- und interkristalline Korrosion (Bild B.6.9 und B.6.2). Die erste beruht auf der

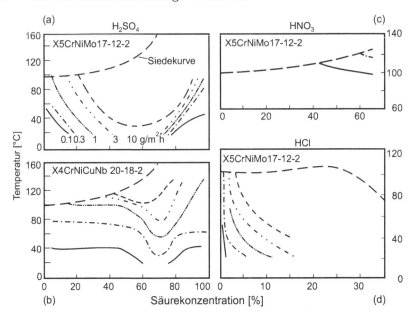

Bild B.6.8 Beständigkeitsschaubilder für Flächenkorrosion in wässrigen Säuren: (nach Werksangaben Böhler AG). (a, b, d) In nicht oxidierenden Säuren wie H_2SO_4 und HCl läuft die Korrosion meist im Aktivbereich ab, und wird durch Cu gebremst. (c) Oxidierende Säuren wie HNO_3 (<65 %) passivieren den Stahl.

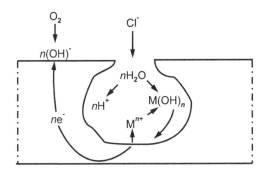

Bild B.6.9 Lochkorrosion nichtrostender Stähle: Örtliche Zerstörung der Passivschicht, häufig durch Chloridionen, aktive Metallauflösung (M) und Lochbildung. Ansäuerung im Loch durch Hydrolyse (Gl. A.4.15, S. 114) besonders ausgeprägt, da z. B. Cr schwer lösliche Hydroxide bildet. pH-Wert und Durchbruchpotential sinken. Der großen Oberfläche für die kathodische Teilreaktion (s. Kap. A.4, S. 109) steht die kleine Anodenfläche der Lochwand mit hoher Auflösungsrate gegenüber.

mechanischen oder chemischen Verletzung der Cr-bedingten Passivschicht, die zweite auf der örtlichen Unterschreitung des zur Passivierung nötigen Cr-Gehaltes. Durch Spülmittel, Streusalz, Meerwasser u. a. sind Chloridionen weit verbreitet und damit auch die Lochkorrosion (Lochfraß) durch Entfernung von Sauerstoffatomen aus der Passivschicht nichtrostender Stähle mittels Chlor. Der Widerstand gegen diese Korrosionsart wird durch die Erhöhung des Chromgehaltes sowie durch Molybdän- und Stickstoff-Zusätze gemäß einer Wirksumme

$$W = \% \, \mathrm{Cr} + 3,3 \cdot \% \, \mathrm{Mo} + a \cdot \% \, \mathrm{N} \qquad \text{(B.6.1)}$$

verbessert, wobei im Schrifttum Angaben für a zwischen 10 und 30 zu finden sind. Im Englischen ist W als $PREN$ (pitting resistance equivalent number) bekannt. Für $PREN > 40$ wird vielfach die Vorsilbe super verwendet, z. B. superaustenitic steel.

Häufig vorkommende Fertigungsschritte wie Schweißen, Spannungsarmglühen u. a. bergen die Gefahr interkristalliner Korrosion. Zu Ihrer Vermeidung gibt es vier Möglichkeiten: 1. Erschmelzen von Stählen mit besonders niedrigem Kohlenstoffgehalt (ELC = extra low carbon), 2. Abbinden des Kohlenstoffs in stabileren MC-Karbiden. Dazu wird der Stahl überstöchiometrisch mit Ti $\leq 7 \cdot \%$ C oder Nb $\leq 12 \cdot \%$ C legiert (stabilisiert), um die Bildung chromreicher Korngrenzenkarbide zu unterdrücken. Titan ist kostengünstiger und leichter. Die leichteren Titankarbide und -karbonitride schwimmen beim Blockguss auf und neigen zur Anlagerung an die Kokillenwand, wodurch die Oberflächengüte von Flachzeug beeinträchtigt werden kann. Auch lösen sie sich oberhalb 1150°C z. B. beim Schweißen rascher auf als Niobkarbide. Da die Ausscheidung von $M_{23}C_6$ schneller verläuft als die des MC, kann das Gefüge bei nachträglicher Wiedererwärmung in den kritischen Bereich z. B. beim Mehrlagenschweißen für IK sensibilisiert werden. Zur Unterdrückung dieser "Messerlinienkorrosion" in einem strichförmig schmalen Bereich entlang der WEZ trägt das überstöchiometrische Stabilisierungsverhältnis M/C bei. 3. Erhöhung des Chromgehaltes. 4. Wärmenachbehandlung in Form einer Ausgleichsglühung. Bei 3. und 4. muss aber der Versprödungsbereich anderer Ausscheidungen, wie z. B. der σ- oder χ-Phase vermieden werden. Um die Vielzahl der nichtrostenden Stähle zu ordnen, ist eine Einteilung nach Gefüge sowie nach Wirksumme und IK-Beständigkeit zweckmäßig.

B.6.2.1 Eigenschaften

Für allgemeine Verwendung sind nichtrostende Stähle in DIN EN 10088 beschrieben. Als Druckbehälterstahl für Schmiedestücke findet sich eine Auswahl in DIN EN 10222-5. Als Kaltstauch- und -fließpressstähle sind sie Gegenstand von DIN EN 10263-5 und als Federband Teil der DIN EN 10151. Für Stahlguss kommen DIN EN 10283 und 10213 sowie SEW410 zur Anwendung.

Wir unterscheiden ferritische und austenitische Stähle sowie Duplex-Stähle, deren Gefüge ungefähr zur Hälfte aus Ferrit und Austenit besteht. Mit Rücksicht auf Schweißeignung und Lokalkorrosion liegt der C-Gehalt in der Regel unter 0.1 %. Bei den martensitischen Stählen reicht er bis über 1 %.

(a) Ferritische Stähle

Die Grundgüte heißt X6Cr13 (Tab.B.6.2). In Ergänzung zu Bild A.1.10 b wird das Phasenfeld des Austenits auch durch C, N und Mn aufgeweitet, so dass zumindest eine teilweise Umwandlung stattfindet (Bild B.6.10). Dies ist erwünscht, da durch Austenitanteile das Kornwachstum des Ferrits bei der Fertigung gebremst wird, was sich günstig auf die Übergangstemperatur $T_\ddot{u}$ auswirkt. Bei rascher Abkühlung entsteht aus dem Anteil an Austenitkörnern Martensit, so dass ein Stabilglühen bei 750 bis 850°C erforderlich wird, um ein Ferritgefüge einzustellen, in dem die geringen Gehalte an C und N als feine Karbide/Nitride ausgeschieden vorliegen. Um interkristalliner Korrosion zu begegnen, werden die interstitiellen Elemente z. B. mit Ti abgebunden. Da es in den Ti-stabilisierten Stählen beim Glühen nicht zur Ausscheidung von Chromkarbid kommt, kann der Chromgehalt des Stahles leicht abgesenkt werden (X6CrNiTi12). Als ELC-Güte gilt X2CrNi12 oder stabilisiert X2CrTi12. Der Zusatz von < 1 % Ni und < 1.5 % Mn weitet das durch den niedrigen C-Gehalt geschrumpfte Austenitgebiet wieder etwas auf

Tabelle B.6.2 Mechanische Eigenschaften einiger ferritischer (I), austenitischer (II) und ferritisch-austenitischer (III) nichtrostender Stähle.

	Kurzbe- zeichnung	$R_{p0.2}$ [1) [MPa]	R_m [MPa]	A [1)2) [%]
	X2CrNi12	260	450-600	20
	X6Cr13	230	400-630	20
I	X6Cr17	240	400-630	20
	X6CrMoS17	250	430-630	20
	X6CrMo17-1	280	440-660	18
	X5CrNi18-10	190	500-700	45
	X6CrNiTi18-10	190	500-700	40
	X8CrNiS18-9	190	500-750	35
II	X5CrNiMo17-12-2	200	500-700	40
	X2CrNiMoN17-11-2	280	580-800	40
	X2CrNiMoN17-13-5	280	580-800	35
	X1CrNiSi18-15-4	210	530-730	40
	X3CrNiCu18-9-4	175	450-650	45
	X2CrNiMoN22-5-3	450	650-880	25
III	X3CrNiMoN27-5-2	460	620-880	20
	X2CrNiMoCuN25-6-3	500	700-900	25

[1) Mindestwerte, Dicke < 160 mm, [2) Längsproben

(Bild B.6.10). Dadurch stellen sich bei der Warmverarbeitung die erwähnten nützlichen Austenitanteile ein, aus denen sich bei Abkühlung zäher Martensit bildet. So kann z. B. ein nichtrostendes Dualphasengefüge mit erhöhter Festigkeit entstehen (s. Bild A.2.2b, S. 22 und Bild B.2.4, S. 169), dessen Übergangstemperatur durch Ni gesenkt wird.

Durch Anhebung des Chromgehaltes auf 17 % steigt die Beständigkeit (X6Cr17, X3CrTi17 oder stabilisiert durch Nb als X3CrNb17). Mit Mo kommt es zu einer Verbesserung der Beständigkeit gegen Lochkorrosion (X6CrMo17-1, X2CrMoTi17-1). Durch 17 % Cr schwindet die Austenitstabilisierung, so dass mit 1.5 % Ni gegengesteuert wird (X6CrNi17-1). Der Zusatz von 0.15 bis 0.35 % S dient der Spanbarkeit (X6CrMoS17, X2CrMoTiS18-2), wobei die letztgenannte Güte durch den hohen CrMo-Gehalt auf Lochkorrosionsbeständigkeit ausgelegt ist. Eine Steigerung bis zum Superferrit finden wir bei den

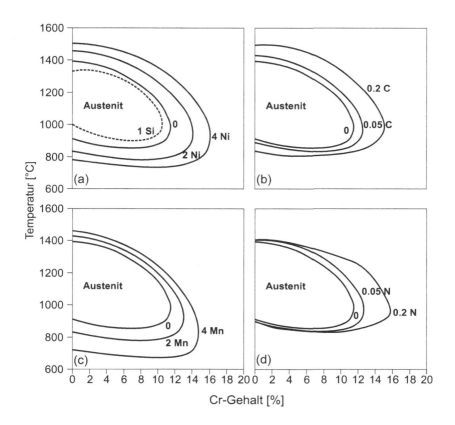

Bild B.6.10 Konstitution von Chromstählen: Das Austenitgebiet wird durch Chrom abgeschnürt und durch Silizium darin unterstützt, während es sich durch Nickel, Mangan, Kohlenstoff und Stickstoff ausdehnt (Legierungsgehalte in %, berechnet mit Thermo-Calc).

Stählen X1CrNiMoNb28-4-2 und X2CrMoTi29-4. Durch niedrigen C-Gehalt und Stabilisieren mit Nb entstehen weniger und rundlichere MC-Karbide als bei der Stabilisierung mit Ti, was sich zusammen mit Ni in einer Absenkung von $T_{ü}$ ausdrückt (Bild B.6.11a). Wie in Kap. B.2 (S. 182) erwähnt trägt Alu-

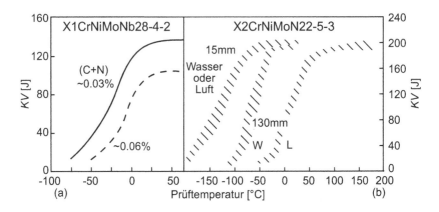

Bild B.6.11 Kaltzähigkeit nichtrostender Stähle: (a) Die Übergangstemperatur des ferritischen Stahles, lösungsgeglüht 1050°C/Wasser nimmt mit dem (C+N)-Gehalt zu (nach R. Oppenheim, KV = ISO-V Kerbschlagarbeit). (b) Im Duplexstahl wird nach dem Lösungsglühen bei 1060°C und rascher Abkühlung eine tiefere Übergangstemperatur als in ferritischen Stählen gefunden, da die bei tiefen Temperaturen in den Ferritkörnern entstehenden Spaltrisse durch die zähen Austenitkörner an ihrer Ausbreitung gehindert werden. Eine langsamere Abkühlung z. B. in dicken Querschnitten führt zu versprödenden Ausscheidungen (nach P. Gümpel, G. Chlibec).

minium zur Passivierung durch Deckschichtbildung bei. Zur Unterstützung der Chromwirkung kommen in ferritischen Stählen bis zu $\approx 2\,\%$ Al zur Anwendung (X2CrAlTi18-2).

Aufgrund der hohen Diffusionsgeschwindigkeit im krz-Gitter (Bild A.1.8, S. 16) neigen die umwandlungsarmen, ferritischen Stähle zu Grobkornbildung und bedürfen der Warmumformung zur Feinkornrekristallisation und $T_{ü}$ - Absenkung. Daher sind sie als Stahlguss nicht gebräuchlich, bis auf verschleißbeständige Sorten nach SEW410 mit ferritischer Matrix und hohem Gehalt an eutektischen Karbiden (GX70Cr29, GX120CrMo29-2), die zu weißem Gusseisen überleiten (s. Kap. B.4, S. 261). Der Cr-Gehalt ist so hoch bemessen, dass nach der Bildung chromreicher $M_{23}C_6$-Karbide noch genug für die Passivierung der Matrix bereit steht. Diese rissempfindlichen Gusswerkstoffe werden nach dem Spannungsarmglühen langsam abgekühlt.

(b) Austenitische Stähle

Laut Schaeffler-Diagramm (Bild A.2.24, S. 47) wird bei 17 bis 18 % Cr mit dem niedrigsten Nickelgehalt, d. h. den geringsten Kosten, ein austenitisches Gefüge erreicht (Grundgüte X5CrNi18-10, Tab. B.6.2). Ein steigendes Chromäquivalent zur Verbesserung der Lochfraßbeständigkeit erfordert ein höheres Nickeläquivalent zur Vermeidung überhöhter Ferritanteile. Molybdän geht in das Chromäquivalent mit dem Faktor 1.4, in die Wirksumme jedoch mit dem Faktor 3.3 ein und erweist sich daher in Bezug auf die Lochfraßbeständigkeit als nickelsparend (X5CrNiMo17-12-2). Die Einstellung der IK-Beständigkeit ist bei Anwendung der Stabilisierung mit einem Gewinn an 0,2-Grenze verbunden (X6CrNiNb18-10), bei ELC Güten dagegen mit einem Verlust (X2CrNi19-11). Zum Ausgleich kommen bis zu 0,22 % N hinzu (X2CrNiN18-10). Durch diese Mischkristallhärtung steigt die Streckgrenze, wobei die Sensibilisierung für IK durch Stickstoff weit geringer ausfällt als durch Kohlenstoff. Deshalb findet man vielfach auch in der Grundgüte X5CrNi18-10 den C-Gehalt an der Untergrenze und zum Ausgleich etwas N. Stickstoff ersetzt auch Nickel im Äquivalent und verzögert die Ausscheidung intermetallischer Phasen, so dass hohe Chrom- und Molybdängehalte ohne Steigerung der Versprödungsneigung genutzt werden können (X2CrNiMoN17-13-5, Bild B.6.4 b). Gleichzeitig steigt die Beständigkeit gegen Lochkorrosion (Bild B.6.12). Hohe

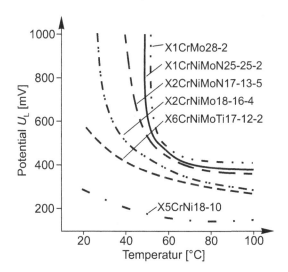

Bild B.6.12 Lochfraß nichtrostender Stähle in künstlichem Meerwasser: (3 % NaCl in belüftetem Wasser, potentiokinetische Messung mit 20 mV/h, Ruhepotential $U_R \approx 400\,mV$). Die Kurven zeigen U_L = Durchbruchspotential für Lochfraß. Beständigkeit besteht für $U_L > U_R$. Aus der Bedingung $U_L = U_R$ ergibt sich die Lochfraßtemperatur oberhalb der ein Stahl anfällig wird (nach P. Gümpel, N. Arlt).

Nickelgehalte senken die Löslichkeit des Austenits für Kohlenstoff, weshalb nur eine ELC-Ausführung infrage kommt (X1CrNi25-21). Die Wärmebehandlung der austenitischen Stähle besteht in der Regel aus einem Lösungsglühen bei 1000 bis 1150°C mit nachfolgendem Abschrecken in Wasser. Die zähen austenitischen Stähle neigen bei der Bearbeitung zur Bildung von Fließspänen. Dem kann durch Zugabe von 0,15 bis 0,35 % S begegnet werden. Bei einem Gehalt von ≤ 2 % Mn bilden sich bei der Erstarrung Mangansulfide, die zu kurzbrechenden Spänen, geringeren Schnittkräften und vermindertem Werkzeugverschleiß beitragen. Da die Schweißeignung bei Automatenteilen nicht im Vordergrund steht, werden bis zu 0,1 % C zugelassen, um Ni zu sparen (X8CrNiS18-9).

Silizium verbessert die Beständigkeit gegen hochkonzentrierte Salpetersäure (HOKO-Säure, > 65 %). Seine ferritstabilisierende Wirkung wird durch eine Anhebung des Ni-Gehaltes ausgeglichen (X1CrNiSi18-15-4). Gegen nichtoxidierende Säuren, wie Schwefelsäure bewährt sich ein Kupferzusatz, der austenitstabilisierend wirkt und Ni einspart (X3CrNiCu19-9-2). Die zunächst aktive Metallauflösung führt zu einem Niederschlag edleren Kupfers, in dessen Folge der Stahl anodisch polarisiert und passiviert. Bei der Verbesserung der Kaltstauchfähigkeit dienen 3 bis 4 % Cu der Stabilisierung des Austenits gegen Verformungsmartensit, der eine zu hohe Verfestigung mit sich bringt (s. Bild B.6.3 und B.6.5). Kupfer löst diese Aufgabe mit geringerer Fließspannung als Mn oder N und ist kostengünstiger als Ni. Die Pressteile bleiben in der Regel unmagnetisch. Dagegen wird Ni in Federbandstahl zur Kostensenkung durch ungefähr die doppelt Menge an Mn ersetzt sowie auch durch C bis 0.15 % und N bis 0.25 %, da Schweißeignung nicht erforderlich ist (X12CrMnNiN17-7-5). Mit dieser mageren Austenitstabilisierung kommt es beim Kaltwalzen zu hoher Verfestigung, auch durch Martensitanteile, und damit zur Federhärte. In Fortsetzung der korrosionsträgen Leichtbaustähle (s. Kap. B.2, S. 182) kann der lösliche Al-Gehalt durch C soweit angehoben werden, dass sich die Passivierung ohne Cr einstellt (GX100MnAlSi30-10). Die erwähnten Probleme durch Al-Abbrand verschärfen sich.

(c) Ferritisch-austenitische Stähle

Während bei austenitischen Stählen eine Erhöhung der Wirksumme durch Cr, Mo mit mehr teurem Ni erkauft werden muss, geht es auch mit weniger Ni, wenn man Ferritanteile zulässt (Bild A.2.24, S. 47). Bei annähernd gleichen Anteilen von Ferrit und Austenit spricht man von Duplexstählen (Bild A.2.2 c und A.2.1 b, S. 21f.). Die Ferrit/Austenit-Phasengrenzen bewirken als zweidimensionale Fehlordnungen (s. Bild A.2.4, S. 23) eine Anhebung der 0.2-Grenze auf 450 bis 550 MPa, d. h. deutlich über das Niveau der Einzelphasen hinaus (Tab.B.6.2). Die Lochfraßbeständigkeit der Grundgüte X2CrNiN23-4 wird durch Mo (X2CrNiMoN22-5-3) oder Cr (X3CrNiMoN27-5-2) angehoben. Wie bei den austenitischen Stählen kommen bei mangelnder Passivierung bis zu 2.5 % Kupfer zur Anwendung (X2CrNiMoCuN25-6-3). Wolfram unterstützt die Wirkung von Mo und so erreicht X2CrNiMoCuWN25-7-4 mit 0.25 % N und je 0.8 % W und Cu als Superduplexstahl *PREN* > 40.

Stickstoff wird in Gehalten bis zu 0,3 % zugegeben, unterstützt die Bildung und Mischkristallverfestigung des Austenits und verzögert die versprödende Ausscheidung intermetallischer Phasen. Die Wärmebehandlung besteht aus einem Lösungsglühen bei 1000 bis 1150°C und einer beschleunigten Abkühlung, meist in Wasser, um Ausscheidungen zu vermeiden. Mit steigender Lösungstemperatur werden zunächst Ausscheidungen gelöst und der Austenit stabilisiert. Darüber hinaus verschiebt sich das Gleichgewicht nach Bild B.6.6 in Richtung eines größeren Ferritanteils. Der guten Beständigkeit gegen Loch-, Spalt- und Spannungsrisskorrosion steht die Neigung zur σ-, α'- und Kaltversprödung gegenüber (Bild B.6.4 d - Stahl 1 und B.6.11 b). Um jede α'-Versprödung auszuschließen, wird eine langzeitige Betriebstemperatur auf $\leq 280°C$ begrenzt. Der niedrige Kohlenstoffgehalt des Stahles wird im Austenit gelöst, d. h. dort ungefähr verdoppelt. Dadurch steigt trotz ELC die Gefahr einer interkristallinen Korrosion. Der hohe Chromgehalt lässt jedoch in der Regel eine Chromverarmung unter den kritischen Mindestwert für IK nicht zu. Außerdem verzögert Stickstoff die $M_{23}C_6$-Ausscheidung, so dass IK-Beständigkeit nach dem Schweißen in der Regel gegeben ist. Die hohe Diffusionsgeschwindigkeit des Stickstoffs fördert beim Schweißen, nach der primär ferritischen Erstarrung, die Austenitbildung, so dass trotz hoher Abkühlgeschwindigkeit auch in der Naht ein Duplexgefüge entstehen kann.

Zur Verbesserung des Verschleißwiderstandes werden Gusssorten mit höherem Kohlenstoffgehalt erzeugt (GX40CrNiMo27-5), was zur Ausscheidung eutektischer $M_{23}C_6$-Karbide führt. Der Austenitgehalt ist niedrig und wächst durch Stickstoffzugabe und Auflösung der Ausscheidungen bei steigender Lösungsglühtemperatur auf rund ein Drittel an. Die Rissempfindlichkeit der karbidischen Sorten lässt eine Wasserabschreckung oft nicht zu, so dass bewegte Luft, ggfs. kombiniert mit einer Ölabkühlung durch den α'-Bereich, angewendet wird. Der in den Karbiden ausgeschiedene Legierungsgehalt verringert die Wirksumme für Lochkorrosion in der Matrix.

(d) Martensitische Stähle

Die Abschnürung des Austenitgebietes durch Chrom nach Bild A.1.10 b, S. 18 kann durch Zugabe von austenitstabilisierenden Elementen wie C oder Ni (Bild B.6.10) überwunden werden, so dass ein härtbarer nichtrostender Stahl entsteht (Tab. B.6.3).

In der Grundgüte X20Cr13 werden geringe Anteile von δ-Ferrit durch etwas N aus der Luft und Ni aus dem Schrott unterdrückt. Die Aufhärtung steigt mit dem C-Gehalt (X30Cr13, X39Cr13, X46Cr13), wobei durch eine Härtetemperatur um 1000°C im letztgenannten Stahl schon nicht mehr alle sekundären Karbide in Lösung gehen (vgl. Bild B.6.13 b). Bei höherer Härtetemperatur bleibt die Härtesteigerung wegen Restaustenit aus, es sei denn, dass er durch Tiefkühlen oder Kaltverformen (Kugelstrahlen, Festwalzen) umgewandelt werden kann. Aufgrund der hohen Einhärtung durch Chrom sind die Stähle bei begrenzter Dicke lufthärtend. Eine Anhebung des Cr-Gehaltes und die Zugabe von $\approx 0.7\,\%$ Mo verbessern die Beständigkeit des Messerstahles X50CrMoV15 gegen Lochkorrosion in der Spülmaschine. Durch $0.15\,\%$ V bleiben beim Austenitisieren feine Karbide zurück, die das Kornwachstum bremsen und den Stahl überhitzungsunempfindlicher machen. Die nicht aufgelösten sekundären $M_{23}C_6$ Karbide verbessern die Schneidhaltigkeit. Durch Anlassen bei $< 200°C$ bleibt die Härte der martensitischen Chromstähle hoch. Bei höherer Anlasstemperatur ist zu berücksichtigen, dass sich oberhalb von 400°C Chrom an der Ausscheidung von Anlasskarbiden beteiligt. Dadurch verarmt die umgebende Matrix an diesem Element, so dass ein schmaler Saum entlang der Phasengrenzfläche zum Karbid korrosionsanfällig wird (Bild B.6.14).

Oberhalb von 600°C beginnt sich, ähnlich wie bei der interkristallinen Korrosion entlang von Korngrenzflächen (Bild B.6.2), die Chromverarmung auszugleichen und die Lokalkorrosion verschwindet wieder. Zum Vergüten sollen martensitische nichtrostende Stähle daher deutlich oberhalb von 600°C angelassen werden. Dabei wird der Kohlenstoffgehalt des Stahles praktisch vollständig als $M_{23}C_6$ ausgeschieden, wodurch der Matrixchromgehalt - jetzt jedoch gleichmäßig - abnimmt. Aus diesem Grund gehen die zum Vergüten gedachten Stähle nicht nur von 13 sondern auch von 16 bis 17 % Cr aus. Um δ-Ferrit zu vermeiden wird Ni zulegiert (X17CrNi16-2) oder der C-Gehalt

Tabelle B.6.3 Mechanische Eigenschaften einiger martensitischer nichtrostender Stähle. I vergütet, II gehärtet, III weichmartensitisch, IV ausscheidungsgehärtet

	Kurzbe- zeichnung	$R_{p0.2}$ [1) [MPa]	R_m [MPa]	A [1)2) [%]	H [3) [HRC]
	X20Cr13	600	800-950	12	45
I	X30Cr13	650	850-1000	10	
	X17CrNi16-2	700	900-1050	12	
	X39CrMo17-1	550	750-950	12	52
	X46Cr13				56
II	X50CrMoV15				57.5
	X70CrMo15				59
	X30CrMoN15-1 [4)				59.5
	X105CrMo17				59.5
III	X3CrNiMo13-4	620	780-980	15	
	X4CrNiMo16-5-1	700	900-1100	16	
IV	X5CrNiCuNb16-4	1000	1070-1270	10	

[1)] Mindestwerte, Dicke < 60 , z. T. < 160 mm, [2)] Längsproben
[3)] gehärtet und niedrig angelassen, gemittelter Richtwert, [4)] mit $0.35\,\%$ N

angehoben (X39CrMo17-1), wobei dieser Stahl auch niedrig angelassen mit hoher Härte Verwendung findet. Eine weitere Steigerung des Kohlenstoffgehaltes erhöht die Menge ungelöster Sekundärkarbide vom Typ $M_{23}C_6$. Bei den Stählen X65Cr14 und X70CrMo15 kommen in Seigerungszeilen gröbere eutektische Karbide hinzu, deren Anteil bis zum Stahl X105CrMo17 wächst und in M_7C_3 übergeht. Die Cr, Mo-Anreicherung in den Karbiden senkt den Matrixgehalt dieser Elemente. Aufgrund des Anteils an harten Karbiden steigt die Stahlhärte und der Widerstand gegen Furchungsverschleiß.

Wird die Austenitisierbarkeit von Chromstählen anstelle von Kohlenstoff mit Nickel erreicht (Bild B.6.10 a), so ergeben sich weichmartensitische

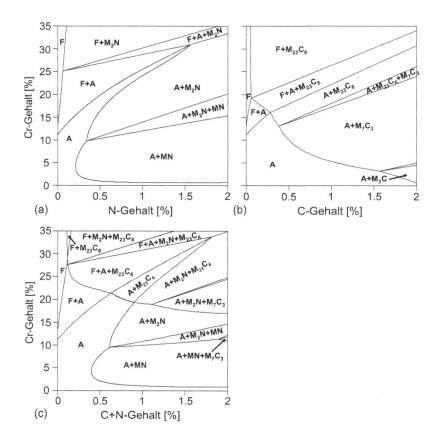

Bild B.6.13 Einfluss von Kohlenstoff und Stickstoff auf das mit Thermo-Calc berechnete isotherme Zustandsschaubild von Chromstählen bei 1050°C: (a) System Fe-Cr-N, (b) System Fe-Cr-C, (c) System Fe-Cr-C-N für C/N=0.85, was ungefähr dem Molverhältnis 1 entspricht.Bei 13 bis 17 % Cr nimmt die maximale interstitielle Löslichkeit des Austenits in der Reihenfolge des Legierens mit C, N, C+N zu.

Stähle wie X3CrNiMo13-4 oder mit erhöhter Korrosionsbeständigkeit X4CrNiMo16-5-1. Nach dem Härten von $\approx 1000°C$ zeigen sie beim Anlassen zwischen 400 und 600°C keine nennenswerte Korrosionsanfälligkeit (Bild B.6.14). Durch den hohen Ni-Gehalt beginnt jedoch schon knapp unterhalb von 500°C die Austenitrückbildung. Mit steigender Anlasstemperatur wächst der Gehalt an Austenit, von dem ein steigender Anteil beim Abkühlen zu Neumartensit umwandelt. Durch Anlassen bei 550 bis 600°C kann eine feine Verteilung von Austenit im angelassenen Martensit bei wenig Neumartensit zu einer exzellenten Kombination von Streckgrenze und Kerbschlagarbeit führen. Der Austenit wandelt dann selbst bei -196°C nicht um und die Tieftemperaturzähigkeit bleibt hoch (Bild B.6.15).

Eine zu hohe Anlasstemperatur fördert über Neumartensit eine mögliche Wasserstoffaufnahme im Betrieb. Einige hundertstel Prozent N tragen zur Vermeidung von δ-Ferrit nach dem Härten bei und unterstützen die Sekundärhärtung beim Anlassen. Ähnlich wie bei den hochfesten martensitaushärtenden Stählen (s. Bild B.2.22, S. 201) kann auch bei den nichtrostenden weichmartensitischen Stählen beim Anlassen eine Ausscheidungshärtung zur Festigkeitssteigerung herangezogen werden. Eine Möglichkeit besteht in der Ausscheidung feinster Kupfermischkristalle aus dem Martensit (X5CrNiCuNb16-4 mit $\approx 4\,\%$ Cu), eine andere in der Ausscheidung intermetallischer Phasen von Al mit Fe und Ni (X7CrNiAl17-7 mit $\approx 1.2\,\%$ Al). Die Stähle sind auch als 17/4 PH bzw. 17/7 PH (precipitation hardening) bekannt. Eine neuere Entwicklung setzt auf die Aushärtung durch Beryllium und Titan. Der martensitaushärtende Stahl X1CrNiMoBeTi13-8-1 mit 0,25 % Be und 0,2 % Ti

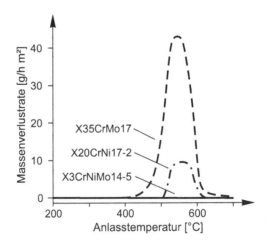

Bild B.6.14 Korrosionsbeständigkeit martensitischer Chromstähle in Abhängigkeit von der Anlasstemperatur: Anlassdauer 2 h, Prüfung in siedender 20 %iger Essigsäure, Prüfdauer 24 h (nach N. Arlt et al.) .

erreicht nach Auslagern bei 470°C z. B. $R_{p0.2} = 1900 \, MPa$, $A = 3\%$, $HV = 600$. Er kommt u. a. für nichtrostende Federn infrage.

Martensitisch-ferritische Stähle ergeben sich, wenn die Austenitstabilisierung gerade ausreicht, um bei Härtetemperatur in das Zweiphasenfeld zwischen Austenit und Ferrit zu gelangen (Bild A.1.10 c S. 18 und B.6.10). Das passiert beim Übergang von X20Cr13 zu X12Cr13, der sich wegen des geringeren C-Gehaltes und der niedrigeren Härte als Kaltstauchgüte eignet. Für die Zerspanung enthält er als X12CrS13 zwischen 0.15 und 0.35 % Schwefel. Mit höherer Korrosionsbeständigkeit bietet sich X14CrMoS17 mit $\approx 0.7\%$ Mo an, dessen Gefüge etwa zur Hälfte aus angelassenem Martensit und Ferrit besteht.

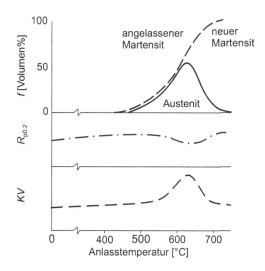

Bild B.6.15 Anlassen weichmartensitischer Stähle: Gefügeanteile f, Dehngrenze $R_{p0.2}$ und Kerbschlagarbeit KV in Abhängigkeit von der Anlasstemperatur (schematisch nach P. Brezina).

(e) Stähle mit hohem Stickstoffgehalt

Die stärkste Mischkristallhärtung des Eisens geht von interstitiell gelösten C- und N-Atomen aus (Bild A.4.12 a, S. 94). Da ihre Löslichkeit im Ferrit gering ist, richtet sich ihre Nutzung auf die höhere Löslichkeit im Austenit, d. h. auf austenitische und martensitische Stähle. In nichtrostenden Güten wird die Löslichkeit des Kohlenstoffs bei Lösungsglüh- oder Härtetemperatur durch den hohen Chromgehalt begrenzt, der die Karbidbildung fördert. Im isothermen Zustandsschaubild Fe-Cr-C (Bild B.6.13 b) nimmt die Phasengrenzlinie Austenit/Austenit + Karbid einen hyperbolischen Verlauf, d. h. je mehr Cr ein Stahl enthält, umso weniger C ist im Austenit löslich. Für N gilt das Umgekehrte, wie aus Bild B.6.13 a hervorgeht. Diese Tendenz bleibt auch erhalten, wenn C + N kombiniert, z. B. im Verhältnis C/N = 0.85, zugegeben werden (Bild B.6.13 c). So wird es möglich, mehr Cr (Korrosionsbeständigkeit) und interstitielle Elemente (Aufhärtung) in Lösung zu bringen als bei den Standardstählen. Grenzen sind durch steigenden Restaustenitgehalt gesetzt, der sich nur z. T. durch Tiefkühlen abbauen lässt. Der Stahl X30CrMoN15-1 mit 0.35 % N muss jedoch durch Druckmetallurgie erzeugt werden, da der Cr,Mo-Gehalt nicht reicht, um bei der primär ferritischen Erstarrung an Luft genügend Stickstoff in Lösung zu halten. Der Aufwand lohnt jedoch, da bis zu 60 HRC erreicht werden, was deutlich über die Härte karbidarmer Standardstähle hinausgeht, und durch den gelösten Stickstoff die Wirksumme für Lochkorrosion erheblich steigt. Als Wälzlagerstahl übertrifft X30CrMoN15-1 den Standardstahl 100Cr6 in der Überrolllebensdauer partikelbelasteter Lager z. B. um eine Größenordnung.

Durch Mössbauer-Spektroskopie lässt sich in krz Stählen ein Bild über die Nachbarschaft von Legierungsatomen zu Eisenatomen gewinnen. Es zeigt sich, dass in einem Stahl mit 15 % Cr und 0.6 % C beide Elemente zur Bildung von Clustern neigen. Diese umfassen Bereiche mit wenigen hundert Atomen, in denen mehr Legierungsatome versammelt sind, als zwischen den Clustern. Diese Entwicklung entsteht im Austenit und ist um mehrere Größenordnungen feiner skaliert als Mikroseigerungen. Durch 0.6 % N kommt es dagegen zu einer gleichmäßigeren Verteilung der Cr-Atome im Sinne einer Nahordnung. Sie nimmt weiter zu, wenn je 0.3 % C und N legiert werden. Die in der Reihenfolge C, N, C + N steigende Nahordnung erhöht die Löslichkeit für interstitielle Elemente (s. Bild B.6.13) und stabilisiert den Austenit, was sich in einem höheren Restaustenitgehalt ausdrückt.

Die Nutzung der Nahordnung zur Steigerung der Löslichkeit und Austenitstabilität bietet sich auch für austenitische Stähle an. Nickel scheidet als Austenitbildner aus, da es die Löslichkeit der Mischkristallhärter C und N im Austenit herabsetzt, während Mangan sie erhöht. Bei einem Stahl mit je 18 % Cr und Mn gibt es mit C kein homogenes Austenitphasenfeld, wohl aber mit N (Bild B.6.16).

Bei Normaldruck lösen sich in der Schmelze $\approx$ 0.55 % N (X8CrMnN18-18). Bei kombinierter Zugabe sind ohne Druckmetallurgie bis zu 1 % C + N erreichbar (X35CrMnN18-18 mit 0.6 % N), was im lösungsgeglühten und abgeschreckten Zustand zu $R_{p0.2}$ > 600 MPa führt. Trotz hoher Kaltverfestigung auf eine wahre Bruchspannung R_B > 2500 MPa werden $\approx$ 70 % Bruchdehnung erreicht. Dieses duktile Verhalten ist auf eine hohe Konzentration s_f an freien Elektronen im Austenit zurückzuführen, die sich an paramagnetischen Werkstoffen durch Messung der Elektronen-Spin-Resonanz ermitteln lässt. In binären Eisenlegierungen steigt s_f durch Elemente mit höherer Ordnungszahl wie Ni oder Co, und sinkt bei geringerer Ordnungszahl als Fe wie z. B. durch Cr oder Mn. Der genannte CrMnCN-Stahl ist daher auf die Kombination interstitieller Elemente angewiesen, um den metallisch duktilen Bindungscharakter durch freie Elektronen zu stärken.

Wie die Messergebnisse in Bild B.6.17 zeigen, nimmt C wenig Einfluss, während s_f durch N deutlich angehoben wird, aber oberhalb von $\approx 0.5\,\%\,\text{N}$ wieder abfällt. Die höchsten Werte ergeben sich bei kombinierter Zugabe von C + N und zwar bei geringerem Cr-Gehalt. Das s_f-Maximum N-legierter Stähle verschiebt sich durch Legieren mit C+N zu höherer interstitieller Konzentration. Dies bedeutet, dass ein durch freie Elektronen gestärktes metallisch duktiles Verhalten mit hoher Mischkristallverfestigung einhergeht. So entsteht ein hochfester und dennoch zäher austenitischer Stahl.

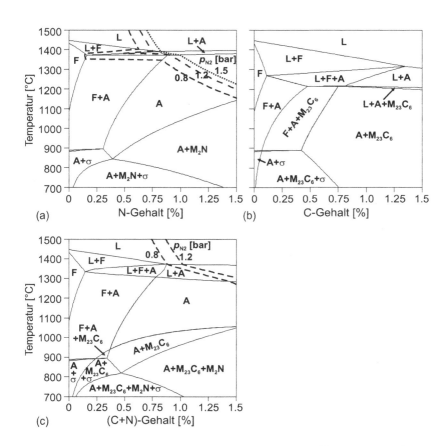

Bild B.6.16 Zustandsschaubilder für Eisen mit 18 % Cr und 18 % Mn: (a) legiert mit Stickstoff, (b) legiert mit Kohlenstoff und (c) legiert mit beiden für C/N=0.6 (berechnet mit Thermo-Calc). Die Löslichkeit für Stickstoff wird durch den Gleichgewichtspartialdruck p_{N_2} begrenzt.

B.6.2.2 Anwendung

Bei der Anwendung nichtrostender Stähle geht es um die Einhaltung einer geringen Flächenkorrosion und die Vermeidung von Lokalkorrosion. Gleichmäßig abtragende Flächenkorrosion tritt in Säuren und starken Laugen auf. Dabei spielt der Verlauf der kathodischen Teilstromdichte-Potential-Kurve bezogen auf den Passivbereich des Stahles eine wesentliche Rolle (Bild B.6.18). Bei niedrigem pH-Wert setzt in nicht oxidierenden Säuren, wie Schwefel- oder Phosphorsäure, eine Säurekorrosion nach Fall (a) ein. In oxidierenden Medien mit höherem Redoxpotential U_{Red} kommt es zu metastabiler oder stabiler Passivierung nach Fall (b) bzw. (c). Bei einer stark oxidierenden Säure, wie HOKO-Salpetersäure, kann das Ruhepotential U_R im transpassiven Bereich liegen (Fall d). In neutralem, ggfs. belüftetem Wasser liegt das Aktivierungspotential U_{Ak} tiefer als in saurer Umgebung und zwar unterhalb der zugehörigen Redoxpotentiale $U_{Red} = 0\,V$ (H^+ Reduktion) bzw. $U_{Red} = 0,41\,V$ (O_2 Reduktion, Tab. A.4.3). Nichtrostende Stähle sind unter diesen Bedingungen beständig gegen Flächenkorrosion. Es bleibt aber die Gefahr einer Lokalkorrosion durch Verunreinigungen im Wasser. Sie können durch nass/trocken-Wechsel in Krusten und Spalten angereichert werden. Konzentration, Temperatur und Strömungsgeschwindigkeit des angreifenden

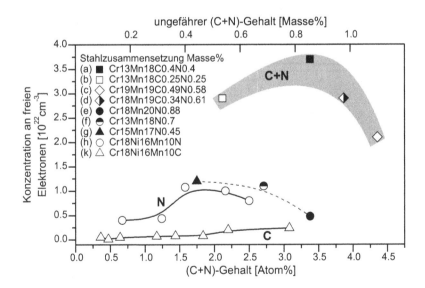

Bild B.6.17 Konzentration an freien Elektronen im kfz-Gitter nichtrostender austenitischer Stähle: Sie steigt in der Reihenfolge des Legierens mit C, N und C+N (nach V.G. Gavriljuk et al.).

Mediums beeinflussen die Flächen- und Lokalkorrosion. Mit zunehmender Oberflächengüte (gebeizt oder gestrahlt, geschliffen, gebürstet, poliert) ist ein Gewinn an Beständigkeit verbunden.

Für die Anwendung der nichtrostenden Stähle ergeben sich drei Bereiche:

a) Chemieanlagen mit Flächen- und Lokalkorrosion,
b) menschliches Umfeld ohne nennenswerte Flächenkorrosion, aber mit Gefährdung durch Lokalkorrosion aufgrund von Witterungseinflüssen, Nahrungs- und Reinigungsmitteln,
c) Maschinen- und Fahrzeugbau mit besonderen Anforderungen an Festigkeit und Konstruktionsgewicht.

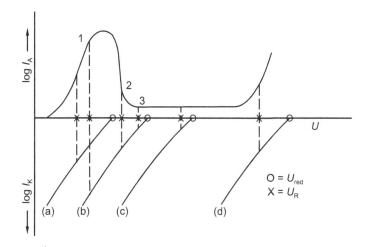

Bild B.6.18 Lage der kathodischen zur anodischen Teilstromdichte-Potential-Kurve (schematisch, s. Bild A.4.19): (a) Das freie Korrosions- bzw. Ruhepotential U_R liegt im Aktivbereich. (b) Von drei möglichen U_R können 1 und 3 dauerhaft eingenommen werden. Diese metastabile Passivität bedeutet, dass eine passivierte Oberfläche nach zwischenzeitlicher Aktivierung nicht repassiviert. (c) U_R liegt im Passivbereich. (d) U_R liegt im Transpassivbereich.

(a) Chemieanlagen

Durch Cr, Ni, Mo und Cu sinkt die Passivierungsstromdichte I_{Pa} und damit die Geschwindigkeit der Flächenkorrosion im Aktivbereich. Auch wird die Passivierung erleichtert (Bild B.6.18 b, c). Aus diesem Grunde haben sich in der chemischen Industrie für Behälter und Rohrleitungen zur Handhabung von Schwefel- und Phosphorsäure die austenitischen Stähle X1NiCrMoCu25-20-5 oder X1NiCrMoCu31-27-4 bewährt und für höherfeste Pumpenteile und

Armaturen der ferritisch-austenitische Stahl GX2CrNiMoCuN26-6-3-3. Diese Werkstoffe neigen bei oxidierenden Zusätzen zur Passivierung und weisen gegenüber Verunreinigung durch Chlor- oder Fluorionen eine gute Beständigkeit auf. In Salzsäure ist die Passivierung erschwert und nur bei niedriger Konzentration und Temperatur für hochlegierte Stähle eine ausreichend niedrige Korrosionsrate zu erwarten (Bild B.6.8 d).

Das Potential einer siedenden 65 % HNO_3 liegt am Übergang passiv/ transpassiv (Huey-Test). Bis dahin wirkt Salpetersäure passivierend. Der austenitische Stahl X2CrNi19-11 mit niedrigen Gehalten an C, Si, B, Mo, P und S zeigt beim Huey-Test eine gute Beständigkeit. Vorteile bei der 0,2-Grenze bringt der molybdänfreie Duplexstahl X2CrNiN23-4. Hochkonzentrierte Salpetersäure führt zu Korrosion im transpassiven Bereich. Hier wirkt sich Silizium günstig aus (X1CrNiSi18-15-4). In starken Laugen wie NaOH und KOH treten Flächen- und Spannungsrisskorrosion auf. Sie gehen mit steigendem Nickelgehalt zurück.

Neben den genannten aggressiven Grundsubstanzen gibt es in der Chemietechnik eine Vielzahl von organischen und anorganischen Stoffen, die aufbereitet (zerkleinert, gesiebt, gemischt oder separiert) werden müssen. Neben Korrosion tritt auch Verschleiß auf, dem mit hartmartensitischen Stählen oder karbid- und boridhaltigen Auftragschweißlegierungen auf Eisen-, Kobalt- oder Nickelbasis begegnet wird (s. Kap. B.4, S. 264). Für die chemische Verfahrenstechnik sind Druckbehälter, Destillierkolonnen, Absorber, Wärmetauscher, Heizschlangen, Meßgeräte und vieles mehr in Gebrauch, für die eine Vielzahl von Stählen als Flachzeug, Stabstahl, Rohre, Guss- und Schmiedestücke zur Anwendung kommen.

Neben der Flächenkorrosion muss vor allem die Lochkorrosion in konzentrierten Chloridlösungen durch eine hohe Wirksumme (s. Gl. B.6.1, S. 319) beherrscht werden. Betroffen sind Anlagen der Zellstoffindustrie im Bereich der Bleicherei. Hier kommen unter anderem die Stähle X2CrNiMoN17-13-3 und X2CrNiMoN22-5-3 zum Einsatz, in saurer Umgebung auch Titan. Ähnliche Bedingungen und Stähle finden wir in der Textil- und Lederindustrie sowie in Anlagen der Salzgewinnung und der Meerwasserentsalzung. Bei Temperaturen bis 180°C und erhöhtem Druck sind im letzten Fall Stähle mit höchster Wirksumme und Streckgrenze erforderlich (X1NiCrMoCuN25-20-7). Als Alternative zu austenitischen und ferritisch-austenitischen Stählen kann der Superferrit X1CrNiMoNb28-4-2 z. B. für den Wärmetauscher der Enderhitzung eingebaut werden. Hohe Nickeläquivalente im Austenit oder ein ferritisches Gefüge fördern die Beständigkeit gegen Spannungsrisskorrosion.

Eine ganz andere Zielrichtung hat der Einsatz des Stahles X2CrNi12 im Anlagenbau. Zur Verringerung der Wartungskosten dient er in wichtigen rostgefährdeten Anlagenteilen als Konstruktionsstahl. Dabei ersetzt er Stähle wie S355 oder auch wetterfeste Stähle wie S355WP (s. Kap. B.1, S. 127), die in Industrieluft keinen ausreichenden Rostschutz bieten. Noch höher sind die Wartungs- und Instandsetzungskosten in der Offshore-Technik. Wegen des Chloridgehaltes im Meerwasser kommen molybdänlegierte, gut schweißbare

Stähle wie z. B. X2CrNiMo17-12-2 infrage. Für Halteseile eignen sich Drähte aus stabilaustenitischen Stählen mit hoher Beständigkeit gegen Spaltkorrosion wie z. B. X3CrNiMnMoNbN23-17-5-3, die kaltgezogen werden auf eine Festigkeit von ≈ 1500 MPa.

In Rauchgasentschwefelungsanlagen (REA) herrschen im unteren Teil des Wäscherturms bei Temperaturen von 120°C und pH-Werten bis herunter zu eins in Gegenwart von Chlorionen so aggressive Bedingungen, dass Nickelbasislegierungen wie NiCr22Mo9Nb (Inconel 625) oder GNiCr20Mo15 verwendet werden müssen. Nach oben nehmen Konzentration und Temperatur ab, so dass die Stähle X1NiCrMoCu25-20-5 und X2CrNiMoN17-13-3 zum Einsatz kommen. Aus dem SO_2 des Rauchgases entsteht mit Wasser und Kalk unter Luftzufuhr Gips $CaSO_4$. Die strömenden Feststoffpartikel der Gipssuspension rufen in der aggressiven Umgebung Erosionskorrosion hervor. Bei dieser Beanspruchung bewähren sich meist ferritisch-austenitische Stähle wie X2CrNiMoN22-5-3 für Rohrleitungen und Gusssorten wie GX2CrNiMoCuN26-6-3-3 für Pumpen und Armaturen. Brikettierwalzen werden z. B. mit randschichtgehärteten Ringen aus X40Cr13 bestückt.

(b) Menschliches Umfeld

Im Innenausbau werden für Verkleidungen, Aufzüge, Rolltreppen, Türen, Theken, Schließfächer usw. ferritische und austenitische Stähle wie X6Cr17 und X5CrNi18-10 herangezogen. Für Außenfassaden und Dächer sind dagegen molybdänhaltige Stähle wie X5CrNiMo17-12-2 in Gebrauch. Bei Schweißkonstruktionen wird auf stabilisierte Güten zurückgegriffen. Dabei wird Niob wegen der besseren Oberflächengüte bei polierten Sichtteilen gegenüber Titan meist der Vorzug gegeben. Schornsteinauskleidungen aus X5CrNiMo17-12-2 verhindern feuchtes Mauerwerk durch Kondensatbildung im oberen Teil des Zuges. Heizkessel bestehen heute z. B. aus X3CrTi17 oder X6CrNiMoTi17-12-2.

In der Lebensmittelindustrie sind nichtrostende Stähle weit verbreitet, da sie sich gut reinigen lassen und praktisch keine Metallionen an die Produkte abgeben. Die Nahrungs- und Genussmittel selbst üben in der Regel nur eine geringe Korrosionsbeanspruchung aus, wohl aber die chloridhaltigen Spülmittel oder Salzzusätze wie in Wurstwaren und Fischlake. Neben X6Cr17 und X5CrNi18-10 sind daher auch die molybdänhaltigen Güten wie X6CrMo17-1 und X5CrNiMo17-12-2 sowie ihre stabilisierten Varianten weit verbreitet. Beispiele sind Milch-, Wein- und Wassertanks oder Bäckerei- und medizinische Einrichtungen. Für Bierfässer kommt neben Aluminiumlegierungen der Stahl X5CrNi18-10 oder zur Gewichtseinsparung der höherfeste ferritisch- martensitische Stahl X5CrNiMoTi15-2 zum Einsatz. Haushaltswaren wie Töpfe, Schüsseln, Kannen, Spülen und Bestecke werden aus kaltgewalzten Bändern und Blechen der Sorten X6Cr17 und X5CrNi18-10 hergestellt. Billigere Bestecke aus X6Cr13 sind meist nicht spülmaschinenfest. Das gilt auch für Klingen aus molybdänfreien martensitischen Stählen wie X46Cr13. Daher wird auf die Stähle X50CrMoV15 oder X39CrMo17-1 zurückgegriffen, von denen der erste härter und schneidhaltiger, der zweite aber korrosionsbeständiger ist. Die höchste Härte und Spülmaschinenbeständigkeit erreichte bei geschmiedeten und bei gestanzten Klingen in Versuchsserien der Stahl X30CrMoN15-1 mit 0,35 % N. Dieser Werkstoff kommt auch bei medizinischen Instrumenten und für Schneid- und Zerkleinerungswerkzeuge in der Lebensmittelverarbeitung infrage. Er wird dort durch den karbidhaltigen Stahl X90CrMoV18 mit erhöhtem Verschleißwiderstand ergänzt. Nickelfreie austenitische Stähle mit hohem Stickstoffgehalt wie z. B. X5CrMnMoN16-14-3 vermeiden bei Brillengestellen oder Armbändern eine Nickelallergie der Haut.

(c) Maschinen- und Fahrzeugbau

Für einige nichtrostende Maschinenelemente bestehen Werkstoffnormen. Federn werden aus kaltverformten und ggfs. warmausgelagerten Stählen wie X10CrNi18-8 und X7CrNiAl17-7 hergestellt. Wälzlager bestehen u. a. aus X108CrMo17. Bei Lochfraßgefahr erweisen sich druckstickstofflegierte Stähle wie X30CrMoN15-1 mit 0.35 % N als beständiger. Für kaltgeformte Schrauben stehen neben dem ferritischen Stahl X6Cr17 und dem ferritisch- martensitischen Stahl X12Cr13 eine Reihe von austenitischen CrNi- und CrNiMo-Stählen zur Verfügung. Wellen und andere spanend bearbeitete Formteile werden vielfach aus nichtrostenden Automatenstählen hergestellt, die MnS- oder TiS-Einschlüsse enthalten. Im Bereich der Wasserkraftmaschinen haben sich weichmartensitische Stähle durchgesetzt. Als Beispiel sei ein schweres Peltonrad aus GX4CrNiMo13-4 angeführt, das durch Anlassen bei $> 600°C$ auf $R_{p0.2} > 520\,MPa$ kommt. Bei Pumpen- und Verdichterrädern wird in der Regel durch Anlassen bei $< 600°C$ eine 0.2-Grenze von $> 800\,MPa$ eingestellt.

Für die Außenhaut von Schienenfahrzeugen kommt z. T. der Stahl X5CrNi18-10 zum Einsatz und für rostgefährdete Konstruktionsteile X2CrNi12. Beim Transport von Schüttgütern wird die Haltbarkeit des Laderaumes von Schienen- und Nutzfahrzeugen durch Verwendung dieses Stahles erheblich verlängert. Mit einer Stabilisierung durch Ti kann interkristalline Korrosion vermieden werden und durch Ni und Mn eingestellte Martensitanteile erhöhen die Streckgrenze (z. B. X2CrNiTi12 mit $R_e > 380\,MPa$). Die Behälter von Tankwagen bestehen meist aus dem Stahl X6CrNiMoTi17-12-2. S-Bahnwagen wurden bereits fast vollständig in „rostfrei" und zwar zur Gewichtseinsparung aus dem höherfesten ferritisch-martensitischen Stahl X5CrNiMoTi15-2 gefertigt. Busse erhalten durch Bodengruppen aus X5CrNi-18-10 und Radkästen aus X2CrNi12 eine längere Lebensdauer.

Der Stahl X8CrMnN18-18 mit 0.55 % N ist unempfindlich gegenüber chloridinduzierter anodischer *Spannungsrisskorrosion*. Das wird auch bei Stählen mit > 22 % Nickel und bei Nickelbasislegierungen beobachtet. Den genannten Legierungen ist eine hohe Austenitstabilität selbst bei Kaltverformung gemein. Darin unterscheiden sie sich von den Standardstählen, wie z. B. X5CrNi18-10, wo in der plastischen Zone vor der Rissspitze Anteile von Martensit entstehen können (s. Bild B.6.3 und B.6.5). Dieser Gefügebestandteil unterliegt der wasserstoffinduzierten kathodischen Spannungsrisskorrosion. Im Schrifttum wird darauf hingewiesen, dass aus wachsenden Rissen Wasserstoff austritt, was auf Säurekorrosion im Riss schließen lässt, die durch Hydrolyse angetrieben wird (s. Gl. A.4.15, S. 114). SpRK stellt u. a. im Bauwesen ein Problem dar, wo hochbeanspruchte Verbindungselemente durch feucht/trocken Wechsel mit aufkonzentrierender Belagbildung Spalt- und Lochkorrosion erleiden, die zu lokaler Spannungsüberhöhung führen.

Für hochfeste Maschinenbauteile bieten sich die weichmartensitischen Stähle an, die nach DIN EN 10088 $R_{p0.2} > 800$ MPa erreichen oder die ausscheidungsgehärteten Varianten 17/4 PH bzw. 17/7 PH mit $R_{p0.2} > 1000$ MPa. Laut Schaeffler-Diagramm (Bild A.2.24, S. 47) ist der CrMo-Gehalt martensitischer Stähle durch Restaustenit oder δ-Ferrit begrenzt und damit auch der Korrosionswiderstand. Duplexstähle zeigen diesen Nachteil nicht, kommen aber nur auf $R_{p0.2} > 530$ MPa. Unter N_2-Druck umgeschmolzene austenitische Stähle wie X5CrMnMoN16-14-3 mit 0.9 % N erreichen $R_{p0.2} > 550$ MPa und auch eine hohe Beständigkeit gegen Lochkorrosion. Durch Kaltverformung lässt sich die 0.2-Grenze mehr als verdoppeln. Durch höchsten CrMn-Gehalt löst der Stahl X5MnCrNiN23-21-2 ohne Druckerschmelzung 0.85 % N und wird für nichtmagnetisierbare Schwerstangen eingesetzt. Sie nehmen als Teilstücke des Bohrgestänges magnetfeldabhängige Ortungsmesstechnik zur Ansteuerung von Erdöl/Erdgas-Lagerstätten auf und unterliegen hoher mechanischer und chemischer Beanspruchung, die sich durch den tiefenabhängigen Temperaturanstieg verschärft. Potentielle Anwendungen des neuen Stahles X35CrMnMoN18-18 mit 0.6 % N werden bei Pumpen und korrosiv beanspruchten Werkzeugen der mineralischen Aufbereitungstechnik gesehen. Nichtmagnetisierbare Wälzlager könnten durch Randschichtverformung auf ausreichende Härte gebracht werden. Kaltaufgeweitete Kappenringe versprechen eine höhere 0.2-Grenze als der bisher verwendete X8CrMnN18-18 mit 0.55 % N. Sie werden auf die Enden von Generatorwellen aufgeschrumpft und halten dort die Wicklungsenden gegen die Fliehkraft fest.

B.6.3 Hitzebeständige Stähle

Die hitzebeständigen Walz- und Schmiedestähle nach DIN EN 10095 sind für Betriebstemperaturen oberhalb 550℃ gedacht (s. Wüstit in Kap. A.4, S. 115). Für Stahlguss gilt DIN EN 10295.

B.6.3.1 Eigenschaften

Die hitzebeständigen Stähle sind den nichtrostenden in vielem ähnlich, so dass ein Teil des in Abschn. B.6.1 Gesagten sinngemäß übernommen werden kann. Bei hitzebeständiger Anwendung erfährt das Gefüge jedoch während des Betriebes eine Annäherung an das Gleichgewicht. Ein Lösungsglühen und Abschrecken wie bei nichtrostenden Superferriten und Austeniten bringt hier allenfalls Vorteile für die Verarbeitung. Kohlenstoff und Stickstoff werden je nach Temperatur im Betrieb ausgeschieden und taugen nicht zur Stabilisierung des Austenits. Die Vermeidung von δ-Ferrit in austenitischen Stählen erfordert daher einen ausreichend hohen Nickelgehalt. Martensitische Stähle sind nicht gebräuchlich, da die Volumenänderung durch Phasenumwandlung bei Temperaturwechseln zur Ablösung der Zunderdeckschicht beiträgt. Durch Erhöhung des Nickelgehaltes geht die größere Wärmeausdehnung der austenitischen Stähle zurück (Bild A.4.23, S. 121). Zusätze von Cer/Lanthan verbessern die Haftung des Zunders.

Ferritische Walzstähle sind mit Cr, Al, Si legiert, Stahlguss dagegen mit Cr und Si, da Aluminium Oxidhäute und -einschlüsse im Gussstück hervorrufen kann (Tab. B.6.4). Ferritische Stähle neigen zu Grobkornbildung sowie zur σ-, 475°C- und Kaltversprödung.

Tabelle B.6.4 Hitzebeständige Stähle Einordnung nach der Grenztemperatur $T_{\max}$ für Zunderbeständigkeit an Luft bei einer Versuchsdauer von 120 h mit vier Zwischenkühlungen nach DIN EN 10095. Der Masseverlust beträgt bei $T_{\max} \leq$ 1 g/m^{2}h und bei $T_{\max} + 50$°C ≤ 2g/m^{2}h

$T_{\max}$	ferritische Stähle		austenitische Stähle	
[°C]	gewalzt	gegossen	gewalzt	gegossen
850	X10CrAlSi13		X8CrNiTi18-10	
		GX40CrSi13		
900		GX40CrSi17		GX25CrNiSi18-9
950				GX25CrNiSi20-14
1000	X10CrAlSi18		X15CrNiSi20-12	
1100				GX40CrNiSi25-20
1150	X10CrAlSi25		X15CrNiSi25-21	
		GX40CrSi28		GX40NiCrSi35-26
1100		GX40CrNiSi27-4	X15CrNiSi25-4	
		ferritisch-austenitische Stähle		

Austenitische Walz- und Stahlgusssorten auf Cr, Ni (Si)-Basis verspröden langsamer und insgesamt weniger. Sie eignen sich eher für eine Verarbeitung durch Kaltumformen und Schweißen. Ihre Zeitstandfestigkeit übertrifft die der ferritischen Stähle (Bild B.6.19). Ein grobes Gusskorn wirkt sich dabei günstig, δ-Ferrit dagegen ungünstig aus.

Chrom wird durch Eindiffusion von C, N und S abgebunden, so dass es zum Schutz der Matrix fehlt. Die Vorgänge laufen in ferritischen Stählen rascher ab als in austenitischen. *Nickel* verringert die Löslichkeit für C und N, wodurch die Aufkohlung gebremst wird (Bild B.6.20). Die Bildung niedrigschmelzender Nickelsulfide senkt die Beständigkeit austenitischer Stähle in reduzierenden schwefelhaltigen Gasen. Stähle mit 15 bis 20 % Chrom und über 30 % Nickel zeigen kaum eine Versprödung durch

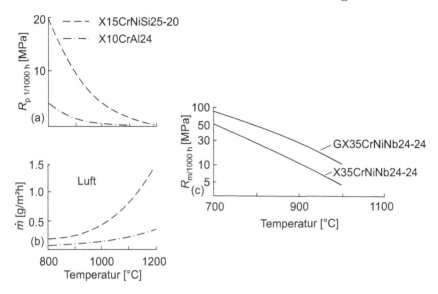

Bild B.6.19 Zunder- und Zeitstandverhalten hitzebeständiger Stähle: (a) Vergleich der 1000 h-1 %- Zeitdehngrenze eines ferritischen und eines austenitischen Stahles. (b) Vergleich ihrer Zunderrate. (c) Vergleich der 1000 h Zeitstandfestigkeit eines gegossenen mit einem geschmiedeten Stahl. (a und c nach W. Steinkusch).

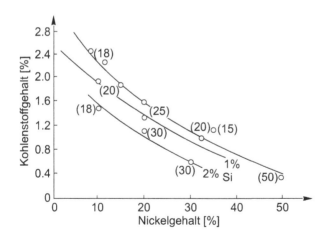

Bild B.6.20 Aufkohlung hitzebeständiger austenitischer CrNi(Si)-Stähle: Kohlenstoffgehalt im Stahl nach einer Glühung von 200 h bei 1000°C in Kohlegranulat, Chromgehalt der Stähle in Klammern (nach U. W. van den Bruck und C. M. Schillmöller).

σ-Phase. *Aluminium* verbessert die Haltbarkeit in Luft und schwefelhaltigen Gasen. Die Wirkung geht jedoch in N-haltiger Umgebung durch Bildung von AlN-Nitriden verloren. N_2-Gas dissoziiert oberhalb von rund 800°C soweit, dass im technischen Rahmen eine Aufstickung messbar wird (s. Kap. B.3, S. 239). In nickelreichen Stählen vermag Al die Ausscheidung der γ'-Phase Ni_3Al hervorzurufen (s. Tab. A.2.1), deren aushärtende Wirkung unerwünscht sein kann. Al verzögert in ferritischen Stählen die Ausscheidung der σ-Phase (Bild B.6.4 a) und beschleunigt die 475°C-Versprödung. *Silizium* hebt den Oxidationswiderstand und unterstützt Nickel in der Eindämmung von Aufkohlung und Aufstickung (Bild B.6.20). Bezüglich σ-Phase und 475°C-Versprödung in ferritischen Stählen wirkt es umgekehrt wie Al. *Niob* bindet in austenitischen Stählen unter aufkohlenden Bedingungen den eindringenden Kohlenstoff ab, so dass der Matrix weniger Chrom entzogen wird.

B.6.3.2 Anwendung

Hitzebeständige Stähle werden vorwiegend für Bauteile verwendet, die heißer Luft und heißen Prozessgasen ausgesetzt sind. Neben der Beständigkeit gegen Hochtemperaturkorrosion ist - z. B. bei drucktragenden Komponenten - auch die Warmfestigkeit von Bedeutung. Im diskontinuierlichen Betrieb kann während der Kaltphase Naßkorrosion durch Kondensat hinzukommen.

Für den Bau und Betrieb von *Industrieöfen* zur Wärmebehandlung von Metallen und zum Brennen von Zementklinker und Tonkeramik werden in großem Umfang hitzebeständige Stähle benötigt. Gehäuse, Türen, Schieber, Klappen, Transportrollen und -bänder sowie Brenner, Aufhängungen, Hubbalken und Ventilatoren bestehen aus Walz- oder Gussstahl, dessen Zusammensetzung sich aus der Betriebstemperatur, der Gaszusammensetzung und der geforderten Warmfestigkeit ergibt. Den geringeren Legierungskosten der ferritischen Stähle und ihrer erhöhten Beständigkeit in schwefelhaltigen Verbrennungsgasen stehen die größere Warmfestigkeit, die geringere Neigung zur Aufkohlung und zur σ- bzw. α'-Versprödung sowie die bessere Schweißeignung der austenitischen Stähle gegenüber. Der höhere Kohlenstoffgehalt der Gusslegierungen dient der Steigerung des Verschleißwiderstandes.

Feuerungsroste in Braunkohlekraftwerken oder Müllverbrennungsanlagen bestehen aus parallel zu Reihen geordneten Roststäben, zwischen denen die Verbrennungsluft eingeblasen wird. Die Reihen sind kaskadenförmig angeordnet und reiben mit den Stabenden gegeneinander, da jede zweite Reihe eine Vor- und Zurückbewegung in Richtung des Brenngutgefälles ausführt. Die Roststäbe sind aus den Stählen GX40CrSi17 oder GX40CrSi23 gegossen. Zur Erhöhung des Verschleißwiderstandes kommen im letztgenannten Stahl Kohlenstoffgehalte bis 0.7 % vor. Schwefel aus der Braunkohle löst sich im Karbid $M_{23}C_6$, wodurch der Matrix Chrom entzogen und ihre Zunderbeständigkeit verringert wird. Außerdem entstehen durch natriumhaltige Asche niedrigschmelzende Zunderbereiche, was den Abtrag fördert. Bei der Müllverbrennung tritt neben Schwefel und Chlor auch ein Angriff durch metallisches

Aluminium auf, das aus Verpackungsabfällen stammt. Die aluminothermische Reaktion mit dem Zunder im Reibkontakt führt bis zu Anschmelzungen in der Stahloberfläche.

Die Anlagen der *Petrochemie* sind ebenfalls auf hitzebeständige Stähle angewiesen. So bestehen die Einbauten in Öfen zur Gewinnung von Wasserstoff durch thermische Zersetzung von z. B. Wasserdampf/Erdgas-Gemischen aus schleudergegossenen Rohren des Stahles GX30CrNiSiNb24-24 oder einer entsprechenden Legierung mit je 30 % Cr und Ni. Sie erlauben z. T. Betriebstemperaturen von $\geq 925°C$, die um 30 bzw. 50°C über der des Stahles GX40CrNiSi25-20 liegen, wodurch der Wirkungsgrad des Prozesses gesteigert wird. Der letztgenannte Stahl wurde auch in Pyrolyseöfen zur Äthylengewinnung durch Spalten von Kohlenwasserstoffen bei Temperaturen von 900 bis 1000°C eingesetzt. Durch Verwendung des Stahles GX50CrNi30-30 konnte die Prozesstemperatur auf über 1000°C gesteigert werden. Er enthält $\approx 2,5$ % Si, wodurch die Aufkohlung verzögert und die Zunderneubildung beim Ausbrennen verkokter Beläge erleichtert wird. Bei der Kohlevergasung soll in einem Gasgenerator aus feingemahlener Kohle und Wasserdampf unter Zufuhr nuklearer Prozesswärme bei 750 bis 950°C und 40 bar ein Rohgas aus H_2, CH_4 und CO gewonnen werden, das auch CO_2 und H_2S enthält. Obwohl zur Zeit keine Kostendeckung in Sicht ist, wurde die Werkstoffentwicklung für den Tauchsieder vorangetrieben, der die Wärme des Hochtemperatur-Reaktorheliums auf das Prozessgas übertragen soll. Dazu ist im Stahl X10NiCrAlTi32-20 durch Begrenzung der Elemente Si, Al und Ti die innere Oxidation unterdrückt und durch Erhöhung des Chromgehaltes auf 25 % und Zusätze von Cer die Haftung und Ausheilung der schützenden Deckschicht verbessert worden.

In den PKW der USA besteht das Gehäuse eines geregelten *Katalysators* und die davor liegende Auspuffleitung meist aus dem ferritischen Stahl X6CrTi12, der Temperaturen bis 750°C ausgesetzt ist. Wegen der höheren Fahrgeschwindigkeiten werden in Europa höhere Abgastemperaturen erreicht und vielfach austenitische Stähle wie X6CrNiTi18-10 oder X15CrNiSi20-12 verwendet, die aber eine größere Wärmeausdehnung erfahren. Um diesem Nachteil zu begegnen wurde der ferritische Stahl X2CrNbTi18 entwickelt, der im Vergleich zu X6CrTi12 durch höhere Gehalte an Cr und freiem Ti bis zu 950°C zunderbeständig und durch $\approx 0,7$ % Nb warmfester ist. Im Kat-Gehäuse sitzt ein wabenförmiger Keramikkörper, der auf einer porösen Zwischenschicht (wash coat) eine hauchdünne Pt/Rh-Schicht trägt. Alternativ werden Metallträger aus einem auch als Heizleiter bekannten Stahl mit 20 % Cr und 5 % Al verwendet, der als gewellte Folie zu einem durchlässigen Körper gewickelt wird. An der Stahloberfläche entsteht bei einem Al-Gehalt > 4 % durch Oxidation eine sehr beständige äußere Al_2O_3-Schicht, die dem keramischen Träger nahe kommt. Al-Gehalte > 5 % würden die Haltbarkeit der Deckschicht erhöhen, führen aber zu Schwierigkeiten bei der Stahlverarbeitung, da sich zunehmend versprödende Fe-Al- oder Cr-Al-Ausscheidungen bilden. Hier wurde versucht, durch Schmelzspinnen in einem Arbeitsgang auf eine Foliendicke

< 50 µm zu kommen und gleichzeitig eine Versprödung durch die hohe Ab-
kühlgeschwindigkeit zu unterdrücken.

Der steigende Legierungsgehalt austenitischer hitzebeständiger Stähle mündet schließlich in Ni-Basislegierungen wie NiCr20Ti, GNiCr28W oder GNi-
Cr50Nb, um die geringe Löslichkeit des Nickels für die interstitiellen Elemente
C und N in aufkohlenden bzw. aufstickenden Gasen voll zu nutzen. Die karbid-
bzw. nitridbildenden Elemente Cr, W, Nb, Ti binden C und N in der Randschicht ab, wobei ihr weiteres Eindringen durch die Ausscheidungen behindert
wird.

B.6.4 Gusseisen

Die allgemeine atmosphärische Korrosion von unlegiertem Gusseisen mit
Lamellen- oder Kugelgraphit ist mit der von unlegierten Stählen vergleichbar. Bei Hochtemperaturkorrosion kommt es in Gusseisen aber bereits unterhalb der Wüstittemperatur (s. Kap. A.4, S. 115) zu einer Graphitisierung
des Zementits im Perlit (s. Kap. A.2, S. 51). Sie beginnt bei ungefähr 450°C,
ist mit einer Festigkeitsabnahme und Volumenzunahme verbunden und tritt
in unlegiertem Stahl nicht auf. Durch geringe Zugaben von Cr, Cu, Sn kann
die Perlitstabilität zwar bis auf etwa 550°C angehoben werden, doch macht
sich bei GJL bereits das Eindringen von Sauerstoff entlang der Grenzfläche Matrix/Graphitlamelle bemerkbar, der nach dem Richardson-Ellingham-
Diagramm unterhalb von ≈ 700°C an Luft zur Oxidation des Eisens führt. Diese innere Oxidation wird durch Zwischenkühlungen mit Aufreißen der Grenzflächen beschleunigt. Oberhalb von dieser Temperatur brennt dann bevorzugt
Graphit ab. Die beginnende Ferrit/Austenit-Umwandlung bewirkt bei zykli-
scher Temperaturführung eine wiederholte Volumenänderung im Substrat, die
zur Ablösung des Zunders beiträgt. Zieht man noch die mit steigender Temperatur schwindende Warmfestigkeit in Betracht, so ergibt sich für unlegierte
Eisenwerkstoffe als ungefähre Grenztemperatur: GJL = 500°C, Stahl = 550°C,
GJS (mit ≈ 2.5 % Si) = 600°C.

Für die Anhebung der chemischen Beständigkeit von grauem Gusseisen
kommen zwei Wege in Frage: Legieren mit Si oder Legieren mit Ni. Der erste führt zu ferritischem Gusseisen mit erhöhter Zunderbeständigkeit durch
≈ 5 % Si oder zu besonderer Säurebeständigkeit durch ≈ 15 % Si. Der zweite zielt auf austenitisches Gusseisen mit hoher Beständigkeit gegen Nass-
und/oder Hochtemperaturkorrosion. Die Bezeichnung dieser hochlegierten
Sorten setzt sich zusammen aus GJ für Gusseisen, L oder S für lamellaren oder
sphärolitischen Graphit, F oder A für ferritische oder austenitische Matrix,
X für hochlegiert, den Legierungselementen und -gehalten in Masseprozent.
Kommt zur chemischen Beanspruchung noch Verschleiß hinzu, so werden weiß
erstarrte, karbidreiche Gusseisen oder Stähle eingesetzt.

B.6.4.1 Ferritische Gusseisen

Durch Steigerung des Si-Gehaltes in Gusseisen mit Kugelgraphit von üblicherweise 2.5 % Si auf 4 bis 6 % wird die Zunderbeständigkeit deutlich erhöht. Auch die Ferrit/Austenit-Umwandlungstemperatur steigt auf über 800°C, so dass eine Betriebstemperatur von ≤ 800°C möglich wird. Durch 1 % Mo erhöht sich die Warmfestigkeit. Um ein Wachsen im Betrieb zu vermeiden, muss ein perlitarmes Gefüge, ggf. durch Glühen, eingestellt werden. Aufgrund des hohen Si-Gehaltes und der Größe der ferritischen Gusskörner steigt $T_ü$ im Kerbschlagversuch über Raumtemperatur an. Selbst die Bruchdehnung liegt meist unter 10 % (vgl. Nr. 1 in Tab.B.6.5).

Tabelle B.6.5 Gusseisen mit erhöhter chemischer Beständigkeit. Nr.1 mit ferritischer Matrix, Nr.2 bis 8 mit austenitischer Matrix nach DIN EN 13835.

Nr.	Kurzbe-zeichnung	C [%]	$R_{p0.2}$ [MPa]	R_m [MPa]	A [%]	ISO-V [J]
1	GJSF-XSiMo5-1	< 3.8	360	450	4	-
2	GJLA-XNiCuCr15-6-2	< 3.0	-	170	-	-
3	GJSA-XNiCr20-2	< 3.0	210	370	7	13
4	GJSA-XNiCrNb20-2	< 3.0	210	370	7	13
5	GJSA-XNiMn23-4	< 2.6	210	440	25	24
6	GJSA-XNiMn13-7	< 3.0	210	390	15	16
7	GJSA-XNi35	< 2.4	210	370	20	-
8	GJSA-XNiSiCr35-5-2	< 2.0	200	370	10	-

Ein wichtiges Anwendungsgebiet der SiMo-Gusseisen sind Abgaskrümmer und Turbinengehäuse in Abgasturboladern von Verbrennungsmotoren (Bild B.6.21). Eine DIN EN ist in Vorbereitung. Diese Werkstoffe sind auch mit Vermiculargraphit in Gebrauch, der die innere Oxidation ähnlich wie Kugelgraphit unterbricht, aber zu etwas geringerer Steifigkeit, höherer Wärmeleitfähigkeit und damit zum Spannungsabbau bei Thermozyklen beiträgt.

Um Beständigkeit gegen Nasskorrosion zu erreichen, wurden schon in den 1920er Jahren Eisengusslegierungen mit 13 bis 17 % Si und 1 bis 0.3 % C entwickelt. Im System Fe-Si kommt es bei 1.7 % Si zur Abschnürung des Austenitbereiches (s. Tab. A.1.4, S. 15) und bei 21 % Si und 1200°C zu einem Eutektikum, das durch C zu niedrigerem Si-Gehalt verschoben wird. Nach ASTM 518 enthält eine Eisengusslegierung 14.5 % Si und 0.85 % C. Thermodynamische Rechnungen deuten an, dass diese Zusammensetzung der eutektischen entspricht, sich aus der Schmelze Ferrit und Graphit ausscheiden und bei weiterer Abkühlung SiC auftreten kann. Wahlweise kommen 4 % Cr oder 3.5 % Mo hinzu. Bei einer Härte von 520 HB weist die Zugfestigkeit von nur

110 MPa auf hohe Sprödigkeit hin. Der Vorteil dieser Werkstoffe liegt u. a. in ihrer guten Säurebeständigkeit durch Ausbildung einer Si-Deckschicht. Als Beleg mögen drei Schrifttumsangaben im Vergleich zu Bild B.6.8 dienen: $H_2SO_4/70\%$/siedend < 1 g/m^{2}h, HCl/30 %/20°C< 1 g/m^{2}h, siedende gesättigte Kochsalzlösung < 0.1 g/m^{2}h, $HNO_3/{\leq}65\%$/siedend < 0.1 g/m^{2}h. Die Anwendung betrifft Behälter, Rohrleitungen, Eindampfschalen, Pumpenteile, Kühler u. ä. für die Säurefabrikation oder Beizereien. Durch Fertigungsprobleme (Gießbarkeit, Risse, Spanbarkeit) und unzureichende mechanische Eigenschaften einerseits und die Weiterentwicklung der nichtrostenden Stähle ist die Verwendung von FeSi15 eingeschränkt.

B.6.4.2 Austenitische Gusseisen

Diese Werkstoffe werden gegen Nass- und Hochtemperaturkorrosion eingesetzt, sind aber auch für kaltzähe oder nichtmagnetisierbare Bauteile in Gebrauch. Entsprechend unterscheidet sich ihre chemische Zusammensetzung. Rund 20 % Ni sorgen für die Einstellung einer austenitischen Matrix. Wie bei Stählen (s. Bild A.2.24, S. 47) unterstützt Cr diesen Vorgang, bleibt aber

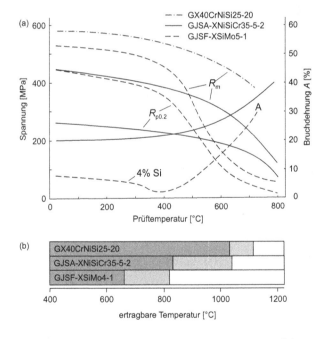

Bild B.6.21 Vergleich hitzebeständiger Eisenwerkstoffe: (a) mechanische Eigenschaften bei erhöhter Temperatur (aus einer Übersicht von K.Röhrig), (b) ertragbare Temperatur für Abgaskrümmer und Turboladergehäuse (nach W. Kallen und K. Röhrig, hellgrau = Streuband).

wegen Karbidbildung auf $< 3\%$ begrenzt (s. Tab. B.6.5, Nr. 3, 4 und 8). Die ferromagnetischen Karbide stören bei nichtmagnetisierbarer Anwendung. Chrom wirkt sich vorteilhaft auf die Dichtheit des Gussstückes, die Festigkeit und die chemische Beständigkeit aus. Wird Ni z. T. durch Cu ersetzt, so bildet sich der Graphit lamellar aus, was der erhöhten Beständigkeit gegen Nasskorrosion nicht schadet (Nr. 2). Wegen höherer Duktilität und/oder Zunderbeständigkeit werden die übrigen Sorten in der Regel mit Kugelgraphit erzeugt. Durch Zusatz von 4% Mn steigt die Austenitstabilität, so dass eine kaltzähe Anwendung bei Tieftemperatur möglich wird (Nr. 5). Ein partieller Austausch von Ni durch 7% Mn schafft eine kostengünstige nichtmagnetisierbare Legierung (Nr. 6) und vermeidet, ähnlich wie Cu, das Gebiet des ferromagnetischen Austenits bei hohem Ni-Gehalt (s. Bild A.4.22, S. 119). Durch Legieren mit 5% Si erhöht sich die Zunderbeständigkeit, doch muss der Ni-Gehalt auf $> 30\%$ angehoben werden, um eine Langzeitversprödung zu unterdrücken (Nr. 8). Nickel und Silizium verschieben das Graphiteutektikum zu niedrigerem C-Gehalt, so dass die austenitischen Gusseisen nur $< 3\%$ C enthalten. Beide Elemente verringern auch den in der Matrix löslichen C-Gehalt, weshalb seine Wirkung auf Austenitstabilität und Streckgrenze eingeschränkt bleibt. Eine Zugabe von 0.12 bis 0.2 % Niob dient der besseren Schweißeignung (Nr. 4). Um 1% Mo hebt die Warmfestigkeit von Nr. 3. Bei 35% Ni stellt sich eine geringe Wärmeausdehnung ein (Nr. 7, s. Bild A.4.23, S. 121).

Für die Anwendung bei erhöhter Temperatur (Bild B.6.21) wird nach DIN EN 13835 (außer für Cu-legierte Sorten) ein Glühen zwischen 875 und 900°C zur Gefügestabilisierung empfohlen, das einer Maßänderung im Betrieb durch Karbidzerfall vorbeugt. Bei Temperaturen bis über 1000°C werden Silizide in Lösung gebracht. Durch eine beschleunigte Abkühlung bleibt mehr C in Lösung, so dass die Festigkeitskennwerte steigen. Durch ein Spannungsarmglühen zwischen 625 und 650°C klingt dieser Zuwachs wieder ab, doch bleiben eigenspannungsbedingte Maßänderungen bei der Zerspanung aus. Wichtig ist der Abbau von Eigenspannungen auch für die Vermeidung von Spannungsrisskorrosion z. B. in tropisch warmem Meerwasser. Legierung Nr. 3 nach Tab. B.6.5 verfügt z. B. über ein breites Anwendungsgebiet, das Nasskorrosion und Hitzebeständigkeit umfasst: Pumpen, Ventile, Kompressoren, Buchsen, nichtmagnetisierbare Gehäuse, Turboladergehäuse und Abgaskrümmer für höhere Betriebstemperatur als bei ferritischem Gusseisen. Bezüglich Nasskorrosion erreicht GJLA-XNiCuCr15-6-3 vielfach höhere Beständigkeit gegen Lochfraß als der austenitische Standardstahl X5CrNi18-10, bleibt aber in der Flächenkorrosion dahinter zurück. Die anderen Legierungen haben folgende Anwendungsschwerpunkte: (Nr.2) Alkalien, verdünnte Säuren, Meerwasser, (Nr. 4) wie Nr. 3, aber mit verbesserter Schweißeignung, (Nr. 5) Kältetechnik bis -196°C, (Nr. 6) nichtmagnetisierbare Gussstücke z. B. für Schaltanlagen, (Nr. 7) maßbeständige Werkzeugmaschinen, Instrumente, (Nr. 8) hochhitzebeständige Anwendungen, wie z. B. Gehäuseteile für Gasturbinen.

B.6.4.3 Weiße Gusseisen / karbidreiche Stähle

Nach DIN EN 10295 ist GX130CrSi29 mit $\approx 2\,\%$ Si unter hitzebeständigem Stahlguss eingeordnet, der aufgrund eutektischer $M_{23}C_6$ Karbide in ferriti-scher Grundmasse über einen erhöhten Verschleißwiderstand verfügt. Das ist bei Reibpaarungen wie z. B. in Durchstoßöfen oder zwischen Roststäben in Feuerungen von Vorteil. Vom Gefüge her leitet dieser Werkstoff zu untereu-tektischem weißen Gusseisen über. Das trifft auch auf GX160CrSi18 zu, der eutektische M_7C_3 Karbide in härtbarer Matrix enthält, die aber durch die An-lasswirkung der erhöhten Betriebstemperatur kaum genutzt werden kann. Für die Kombination von Verschleiß und Nasskorrosion empfiehlt sich die Einbet-tung von Karbiden in eine harte martensitische Matrix (s. Kap. B.4, S. 261). Ein verschleißbeständiges weißes Gusseisen wie z. B. GX260CrMo27-2 ist zwar härtbar aber trotz des hohen Cr-Gehaltes nicht ausreichend korrosionsbestän-dig, da der Matrix durch die M_7C_3 Karbide zuviel Cr entzogen wird. Die naheliegende Erhöhung des Cr-Gehaltes kann aber zu δ-Ferrit führen und die Matrixhärte senken. Ein Ausweg besteht in der Zugabe von V, Nb, Ti, die primäre MC Karbide bilden. Dadurch wird die nachfolgend ausgeschiede-ne Menge von Chromkarbid reduziert und der Matrixchromgehalt steigt wie z. B. in GX145CrNbMoTi15-6-2. Die Anwendung liegt in der Aufbereitungs-technik und im Werkzeugbau. Speziell für den Pumpenbau wurde der Triplex-Werkstoff GX150CrNiMo40-6 entwickelt, dessen Gefüge zu je einem Drittel aus Chromkarbid, Ferrit und Austenit besteht. Die Duplex-Matrix bringt ei-ne höhere Festigkeit zur Abstützung der Karbide mit als eine ferritische und entspricht in ihrer chemischen Beständigkeit einem Duplexstahl. Auch dieser Stahlguss grenzt an weißes Gusseisen.

Komponenten einer Gasturbine aus einem warmfesten martensitischen Stahlguss

B.7 Warmfeste Werkstoffe

In warmgehenden Arbeitsmaschinen und Anlagen wie z. B. in der Energietechnik werden warmfeste Werkstoffe eingesetzt. Sie sollen bei erhöhter Temperatur möglichst hohe Belastungen aufnehmen und einen ausreichenden Widerstand gegen Hochtemperaturkorrosion besitzen. Im Unterschied zu den hitzebeständigen stehen bei den warmfesten Werkstoffen die mechanischen Eigenschaften im Vordergrund.

Mit steigender Prüftemperatur und -dauer wächst in der Matrix der Einfluss thermisch aktivierter Prozesse. Sie führen zur Senkung der Fließgrenze, die bei kurzer, schlagartiger Beanspruchung höhere Werte erreicht (Bild B.7.1). Bei tiefer Temperatur werden Belastungen unterhalb der im

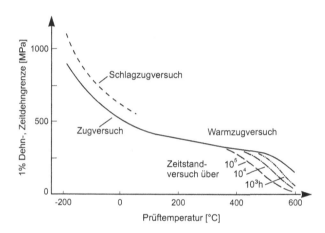

Bild B.7.1 Einfluss von Prüftemperatur und –dauer auf die Dehngrenze: Angenäherte Wiedergabe des Verhaltens eines niedriglegierten Baustahles. Die mit der Prüftemperatur zunehmende thermische Aktivierung der Gleitung senkt die Dehngrenze im Zug– und Warmzugversuch. Eine Erhöhung der Abzugsgeschwindigkeit um mehrere Größenordnungen im Schlagzugversuch verkürzt die Einwirkdauer der Prüftemperatur und erhöht die Dehngrenze. Durch die Verlängerung der Prüfdauer im Zeitstandversuch um einige Größenordnungen fällt oberhalb von $\approx 350°C$ die Zeitdehngrenze aufgrund des thermisch aktivierten Kriechens gegenüber der Warmdehngrenze ab.

langsamen Zugversuch gemessenen Fließgrenze über lange Zeit ohne plastische Verformung ertragen. Oberhalb Raumtemperatur kommt die Diffusion interstitieller Elemente in Gang (Bild A.1.8, S. 16), und es wird vor allem für Spannungen oberhalb der Fließgrenze eine zeitabhängige bleibende Verformung ε beobachtet:

$$\varepsilon = \varepsilon_0 + a \cdot \log t \tag{B.7.1}$$

Dieser Vorgang ist als logarithmisches Kriechen bekannt. Die Kriechgeschwindigkeit nimmt mit $\dot{\varepsilon} \sim t^{-1}$ stetig ab. Klettert die Temperatur auf $\approx 350°C$, so beginnen auch die Metallatome zu diffundieren. Versetzungen erhalten die Möglichkeit ihre Gleitebenen zu verlassen. Diese, auch als Klettern bezeichneten, nichtkonservativen Versetzungsbewegungen verringern die Dichte der Versetzungen, die sich in Netzwerken (Subkorngrenzen) ordnen. Diese Erholung erleichtert die Gleitung. Mit steigender Temperatur reichen immer geringere Spannungen aus, um ein messbares Kriechen zu bewirken. Die durch diese Kriechverformung hervorgerufene Verfestigung kann die Gleitung nicht aufhalten, so dass eine konstante Spannung unterhalb der Warmfließgrenze nach einer gewissen Einwirkdauer zum Bruch führt.

Die Aufnahme von Zeitdehnlinien im Zeitstandversuch (Bild B.7.2 a) lässt für das Hochtemperaturkriechen meist drei Bereiche des Kriechverlaufes erkennen (Bild B.7.2 b). Im primären Bereich (Übergangskriechen) beginnt der Stahl nach Aufgabe einer konstanten Kraft oder Spannung gemäß $\varepsilon \sim t^m$ mit $m < 1$ zu kriechen. Die resultierende Verfestigung senkt die Kriechgeschwindigkeit auf einen minimalen Wert $\dot{\varepsilon}_{\min}$, der im sekundären Bereich weitgehend konstant bleibt, weil verformungsbedingte Verfestigung (Erhöhung der Versetzungsdichte) und thermisch bedingte Entfestigung (Erholung, Abbau der Versetzungsdichte) sich die Waage halten (stationäres Kriechen). Der Durchmesser der Subkörner ist der anliegenden Spannung umgekehrt proportional. Für niedrige Spannung bzw. lange Beanspruchungsdauer ergibt sich aus Bild B.7.2 e das Norton'sche Kriechgesetz:

$$\dot{\varepsilon}_{\min} \sim \sigma^n \qquad (B.7.2)$$

Für hohe Spannungen trifft dagegen eher ein Exponentialansatz zu

$$\dot{\varepsilon}_{\min} \sim e^{\alpha\sigma} \qquad (B.7.3)$$

Bereits gegen Ende des primären Kriechbereiches kann es durch Diffusion an Korngrenzen zur Bildung von Poren kommen. Sie wachsen allmählich zusammen, so dass gegen Ende des sekundären Bereiches Anrisse von der Länge eines Korndurchmessers anzutreffen sind. Durch diese innere Schädigung wie auch durch äußere Einschnürung nimmt die Kriechgeschwindigkeit im tertiären Bereich bis zum Bruch wieder zu. Zwischen den drei Kriechbereichen bestehen empirische Beziehungen:

$$m \sim \dot{\varepsilon}_{\min} \qquad (B.7.4)$$

$$\dot{\varepsilon}_{\min} \cdot t_B = const \qquad (B.7.5)$$

Für die technische Anwendung ist eine starke Verfestigung nach geringer primärer Dehnung $(\varepsilon_\mathrm{I} \downarrow)$ auf ein niedrigeres Niveau von $\dot{\varepsilon}_{\min}$ wünschenswert, das über möglichst lange Zeit $(t_\mathrm{II} \uparrow)$ erhalten bleibt. Zur Erhöhung des Kriechwiderstandes bieten sich Fehlordnungen an (Bild A.2.4, S. 23). Während die

Mischkristallhärtung durch interstitielle Elemente bis 400°C besonders wirksam ist, bedarf es bei höheren Temperaturen mehr der langsamer diffundierenden substituierten Legierungsatome. Ihre Wirkung bleibt praktisch bis zur Schmelztemperatur erhalten. Eine Kalt- oder Halbwarmverfestigung durch

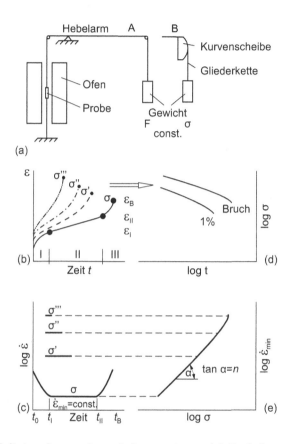

Bild B.7.2 Zeitstandversuch und Auswertung: (a) Zugbelastung einer Probe bei gegebener Prüftemperatur mit einer konstanten Kraft F (vgl. A) oder Spannung (vgl. B). Für B verkürzt sich der Hebelarm durch eine Kurvenscheibe mit wachsender Probendehnung so, dass die Kraft dem verringerten Probenquerschnitt folgt. (b) zeigt vier Zeitdehnlinien für jeweils konstante, von σ bis σ''' steigende Spannung. Vereinfacht gilt $\varepsilon \sim t^m$ mit $m < 1$ im primären (I), $m = 1$ im sekundären (II) und $m > 1$ im tertiären (III) Kriechbereich. (c) Aus der ersten Ableitung der Zeitdehnlinie ergibt sich die minimale Kriechgeschwindigkeit $\dot{\varepsilon}_{min}$ je Spannung und daraus (e) das Norton'sche Kriechgesetz nach Gl. B.7.2, das bei hohen Spannungen seine Gültigkeit verliert. Bei der Auswertung von (b) nach (d) werden den Zeitdehnlinien nur die 1 %–Dehngrenzlinie und die Zeitbruchlinie entnommen, aus denen sich die 1 %–Zeitdehngrenze und die Zeitstandfestigkeit für eine gegebene Prüfdauer abgreifen lassen.

Versetzungen wird z. B. bei austenitischen Stählen angewendet. Diese Verfesti-
gungsart ist aber höchstens bis zur Rekristallisationstemperatur wirksam. Eine Feinkornhärtung wie bei Raumtemperatur tritt im Hochtemperaturbereich
nicht auf. Im Gegenteil führen Korngrenzen als gestörte Gitterbereiche mit
erhöhter Diffusionsgeschwindigkeit zum Abgleiten der Körner gegeneinander.
Dieses Korngrenzengleiten belässt die Körner selbst weitgehend unverformt.
Es kann durch Grobkorn und eine Korngrenzenhärtung mittels Ausscheidungen gebremst werden. Die Ausscheidungshärtung wird in großem Umfang auch
zur Verfestigung der Körner selbst angewendet. Da sich die Ausscheidungen
durch die Zeitstandbeanspruchung allmählich vergröbern oder wieder auflösen
und damit an Wirksamkeit verlieren, gibt es auch für die Anwendung dieses
Verfestigungsmechanismus eine obere Grenztemperatur. Wegen der geringeren
Diffusionsgeschwindigkeit im kfz-Gitter zeigen die austenitischen Werkstoffe
bei Temperaturen über 650°C einen deutlich höheren Kriechwiderstand als die
normalgeglühten oder vergüteten krz-Werkstoffe. Neben dem bisher erörterten
Kriechen durch Gleiten tritt bei hoher Temperatur und niedriger Spannung
Kriechen durch Diffusion ohne Versetzungsbewegung auf (Nabarro-Herring-
Kriechen). Erfolgt der Stofftransport bevorzugt entlang der Korngrenzen, so
handelt es sich um Korngrenzenkriechen (Coble-Kriechen).

In Gusseisen kommt Graphit als Gefügebestandteil hinzu, der zur Verbesserung der mechanischen und chemischen Eigenschaften in der Regel sphäroli-
tisch eingestellt wird. Durch Kriechen löst sich die Matrix im Zeitstandversuch
von den Graphitkugeln ab, so dass bereits früh relativ große Poren vorliegen,
die die Schädigung des dritten Kriechbereiches vorziehen. Der Bruch erfolgt
früher als in Stählen mit vergleichbarer Matrix.

Aus den metallkundlichen Bedingungen ergeben sich vier Gruppen von
warmfesten Werkstoffen: 1. *Niedriglegierte warmfeste Baustähle*, die normalgeglüht oder vergütet eingesetzt werden. Sie sind durch Karbide und Karbonitri-
de der Elemente Cr, Mo, V, W, Nb verfestigt. 2. *Hochwarmfeste Chromstähle*,
die vergütet und in gleicher Weise verfestigt werden. Durch einen Chromgehalt von 9 bis 12 % besitzen sie eine verbesserte Zunderbeständigkeit. 3.
Hochwarmfeste austenitische Cr-Ni-Stähle, die z. T. halbwarmverfestigt oder
ausscheidungsgehärtet zum Einsatz kommen. 4. *Hochlegierte Gusseisen*. Angaben über warmfeste und hochwarmfeste Werkstoffe sind in DIN EN 10216-2
(nahtlose Rohre), 10222-2, -5 (Druckbehälter), 10269 (Befestigungselemente),
10213 (Stahlguss), 13835 (Gusseisen) enthalten.

B.7.1 Eigenschaften

B.7.1.1 Normalgeglühte und vergütete Stähle

In unlegierten warmfesten Baustählen, wie z. B. P235GH+N nach Tab. B.7.1
lässt sich die Kriechgeschwindigkeit durch gelösten Stickstoff verringern. Wird
dieser Gehalt z. B. von 0.002 auf 0.015 erhöht, so kann sich die 10^5h-Zeitstand-
festigkeit bei 400°C verdoppeln. Entsprechend bindet eine Beruhigung mit

Tabelle B.7.1 Warmfeste Werkstoffe. Die aus der Kurzbezeichnung nicht ablesbaren Legierungsgehalte in % sind in Klammern gesetzt. Mindeststreck- bzw. 0.2-Dehngrenze R_e und Wärmeleitfähigkeit λ bei Raumtemperatur. Mittlerer thermischer Ausdehnungskoeffizient α zwischen 20 und 600°C (Gusseisen zwischen 20 und 200°C).

Gruppe	lfd. Nr.	Werkstoff	Wärmebe- handlung	R_e [MPa]	α [µm/m·K]	λ [W/m·K]
warmfester Baustahl	1	P235GH	normal- geglüht	225	14.5	55
	2	13CrMo4-5	vergütet	290	14.5	44
	3	10CrMo9-10	vergütet	280	14.0	35
hochwarm- fester Chromstahl	4	X20CrMoV11-1[1] (0.3 V, 0.6 Ni)	vergütet	490	12.3	24
	5	X10CrMoVNb9-1 (0.2 V, 0.08 Nb, 0.05 N)		450	–	–
hochwarm- fester austenit. Stahl	6	X6CrNi18-10 (≤ 0.11 N)	lösungs- geglüht	190	18.5	16
	7	X3CrNiMoBN17-13-3 (0.003B, 0.15 N)		260	18.5	16
Nickel- basis Legierung	8	NiCr20TiAl (2.3 Ti, 1.4 Al)	lösungsge- glüht und warmaus- gelagert	600	15.2	13
Guss- eisen	9	GJSA-XNiCr20-2	geglüht	210	18.7	12.6

[1] bisher unter gleicher Werkstoffnummer 1.4922 als X20CrMoV12-1, daneben X22CrMoV12-1 (1.4923)

Aluminium zur Einstellung der Alterungsbeständigkeit (s. Kap. B.1, S. 130) den Stickstoff als AlN ab und senkt damit die Zeitstandfestigkeit. Neben Mangan wirken sich unbeabsichtigte Gehalte z. B. an Chrom und Molybdän aus dem Schrotteinsatz günstig auf die Zeitstandfestigkeit aus.

Die vergüteten Stähle nach Tab. B.7.1 ziehen ihre Zeitstandfestigkeit (Bild B.7.3) aus einer Dispersion von Anlasskarbiden (und -nitriden) der Elemente Cr, Mo, W, V und Nb sowie aus deren gelöstem Rest. Die inkohärenten harten Teilchen (s. Tab. A.2.1) können von Versetzungen nicht geschnitten werden. Das diffusionsabhängige Überklettern dieser Hindernisse erfordert Zeit, woraus eine Bremswirkung entsteht. Bei gegebenem Ausscheidungsvolumen von < 3 % nehmen Teilchendurchmesser und -abstand mit der Anlasstemperatur durch Ostwald-Reifung zu (s. Kap. A.2, S. 48). So lässt sich eine optimale Ausgangsgröße der Ausscheidungen einstellen. Dieses Ausgangsgefüge bleibt aber im Betrieb nicht erhalten (Bild B.7.4).

Die Ostwald-Reifung geht weiter und wird durch die Kriechverformung beschleunigt. Außerdem streben die Karbide ihrem Gleichgewichtszustand zu,

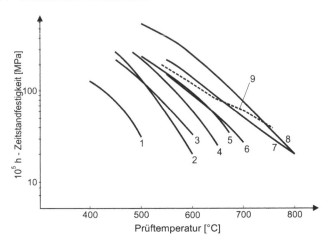

Bild B.7.3 Zeitstandfestigkeit warmfester Werkstoffe: nach Tab. B.7.1, Anhaltswerte von Stählen nach DIN EN für 10^5 h Prüfdauer und von austenitischem Gusseisen für 10^3 h Prüfdauer.

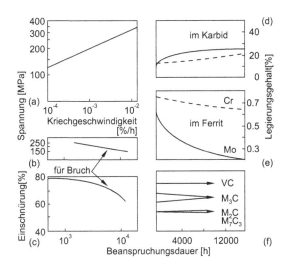

Bild B.7.4 Gefüge und Zeitstandverhalten: bei 550°C am Beispiel eines Stahles mit 0.24 % C; 1.15 % Cr; 0.86 % Mo und 0.28 % V ($\approx$ 21CrMoV5-11), vergütet 960°C 15 min/Öl + 730°C 1 h/Luft auf $R_{eL} = 644$, $R_m = 751$ MPa, $Z = 67$%. (a) mittlere minimale Kriechgeschwindigkeit $\dot{\varepsilon}_{min}$ (b) Zeitbruchlinie, (c) Zeitbrucheinschnürung, (d) und (e) Ausscheidung von Cr und Mo in die Karbide, (f) qualitative Änderung der Menge einzelner Karbidarten. Der Gehalt an eisenreichem M_3C–Karbid geht zugunsten der Sonderkarbide M_2C und M_7C_3 zurück (nach D. Horstmann et al.).

was Umlösung und Neuausscheidung zur Folge hat (s. Gl. A.2.3, S. 50). Dabei kann die Kriechverformung die Keimbildung der Neuausscheidung erleichtern. Eine Ausscheidung auf Korngrenzen hemmt zwar die Korngrenzengleitung begünstigt aber die Poren- und Rissbildung. Ausscheidungsfreie Korngrenzensäume lokalisieren die Gleitung. Darunter leidet die Duktilität (Bild B.7.4 c). Es kommt zu einer Zeitstandversprödung. Alle Gefügeveränderungen ergeben sich, obwohl die Anlasstemperatur bei warmfesten Stählen um 150 bis 200°C über der Betriebstemperatur gewählt wird. Man würde erwarten, dass die Annäherung an das Gefügegleichgewicht damit vorweggenommen wäre. Eine grobe Abschätzung nach Gl. A.3.3, S. 69 zeigt aber, dass eine Betriebsdauer von 10^5 h eine mindestens ebenso große „Anlasswirkung" P_A besitzt wie das Anlassen selbst. Hinzu kommt die Beschleunigung durch die Kriechverformung. Die gegenüber Vergütungsstählen höhere Anlasstemperatur ergibt für die warmfesten Stähle bei Raumtemperatur eine vergleichsweise niedrige Dehngrenze.

Mit steigendem Bauteilquerschnitt nimmt die Abkühlgeschwindigkeit beim Härten ab. Das hat folgende Auswirkungen: Bei den niedriglegierten Stählen geht das Martensit- in ein Ferrit/Bainit-Gefüge über, was nach dem Anlassen zu einer ungleichmäßigen Verteilung der Anlasskarbide führt. Ein steigender Legierungsgehalt verbessert zwar die Einhärtung, doch kann es bereits während der Abkühlung zur Ausscheidung von Sonderkarbiden kommen. Im Stahl 10CrMo9-10 finden wir nach langsamer Abkühlung lamellares M_2C-Karbid und im Stahl X22CrMoV12-1 das Karbid $M_{23}C_6$ auf den ehemaligen Austenitkorngrenzen. Diese Ausscheidungsformen beeinträchtigen die Duktilität. Bei den Stählen mit 12 % Chrom kann, ähnlich wie bei den Warmarbeitsstählen (s. Bild B.5.14, S. 298), bei langsamer Abkühlung dicker Bauteile von der Schmiedetemperatur das Karbidnetz auf den Korngrenzen so breit werden, dass es beim Härten nicht mehr in Lösung geht und eine Versprödung zurückbleibt. Die niedrige M_s-Temperatur dieser Stähle birgt zusätzlich die Gefahr von Kaltrissen beim Abkühlen von Schmiede- oder Härtetemperatur. Die hohe Härtbarkeit und niedrige M_s-Temperatur erfordern beim Schweißen warmfester Stähle mit 12 % Chrom besondere Vorkehrungen. Dazu gehören eine Vorwärmung und die Kontrolle der Zwischenlagentemperatur (Bild B.7.5).

Beim Wiedererwärmen zum Spannungsarmglühen kann es in der Wärmeeinflusszone niedriglegierter warmfester Stähle zu interkristallinen Ausscheidungsrissen kommen (stress relief- oder reheat cracking). Die Ursache liegt in der Ausscheidung von Sonderkarbiden, die zum einen den Abbau der Schweißeigenspannungen (Relaxation) behindern und zum anderen die Körner im Sinne einer Sekundärhärtung verfestigen, so dass sich die Gleitung auf ausscheidungsarme Zonen entlang der Korngrenzen konzentriert. Die ungefähren Rahmenbedingungen für diese Fehler sind: 1. hohe Eigenspannungen, wie sie in Schweißverbindungen mit > 70 mm Dicke auftreten, 2. Grenzkonzentrationen für die Elemente Cr, Mo, V, Nb, 3. hohe Versetzungsdichte nach dem Schweißen zur Keimbildung der Ausscheidung (Martensit $>$ Bainit $>$ Ferrit/Perlit).

Eine Anlassversprödung (s. Kap A.2, S. 48) kann bei langsamer Abkühlung schwerer Wellen von der Anlasstemperatur auftreten. In Bild B.2.19, S. 198 wird als Beispiel die Korngrenzenseigerung des Phosphors in der krz-Matrix dargestellt. Gelöste Kohlenstoff- und Boratome verdrängen Phosphor aus der Korngrenze und verringern die Anlassversprödung. Nickel erhöht die Aktivität des Kohlenstoffs, während Chrom ihn abbindet. In der Matrix gelöstes Molybdän verringert die Phosphorseigerung und damit die Versprödung.

Steigt die Temperatur der Langzeitbeanspruchung über die Wüstittemperatur (570°C) im System Fe-O, (s. Kap. A.4, S. 115), so wird der Chromgehalt zum Schutz gegen Hochtemperaturkorrosion umso wichtiger. Lange Zeit lag die Grenze bei $\approx$ 12 %, da bei weiterer Anhebung auch der Kohlenstoffgehalt erhöht werden muss, um δ-Ferrit zu vermeiden (Bild B.6.10). Diese Phase enthält nicht die Dispersion feiner Ausscheidungen, die sich beim Anlassen des martensitischen Grundgefüges einstellt und beeinträchtigt daher den Kriechwiderstand. Da die hohe Anlasstemperatur zu einer weitgehenden Ausscheidung des Kohlenstoffs führt, steigt mit seinem Gehalt auch die Karbidmenge. Das kann zu einer Verdünnung des darin gelösten Cr, Mo – Anteils beitragen, worunter die Stabilität der Ausscheidungen gegen unerwünschte Vergröberung im Betrieb leidet. Hinzu kommt, dass bei zu großer Ausscheidungsmenge die Schädigung durch Porenbildung früher einsetzt. Das gab Anlass zur Absenkung des C-Gehaltes begleitet von einer Mo, W, V, Nb-Anreicherung in der geringeren Karbidmenge und war zur Unterdrückung von δ-Ferrit mit einer Verringerung des Cr-Gehaltes auf $\approx$ 9 % und einer Zugabe von Kobalt

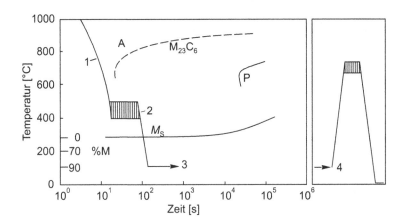

Bild B.7.5 Wärmeführung beim Schweißen des Stahles X20CrMoV12-1:
(1) Abkühlen einer Schweißraupe, (2) Zwischenlagentemperatur zwischen Karbidausscheidung und Martensitbildung, (3) Abkühlen der Schweißverbindung nicht unter 100°C und (4) sofortiges Anlassen. Bei höherem Restaustenitgehalt: Wiederholen des Anlassens.

verbunden. Ein teilweiser Austausch von C durch N, dessen Löslichkeit in der Schmelze durch Cr verbessert wird, diente der Feinung und Stabilisierung der Ausscheidungen. Bei der neueren Entwicklung borlegierter Stähle mit 9 bis 12 % Cr wird der Stickstoffgehalt dagegen zur Vermeidung von Bornitrid begrenzt. Bor ersetzt einen Teil des Kohlenstoffs im $M_{23}C_6$, verzögert die Vergröberung dieser Ausscheidungen und damit auch die Vergröberung der Versetzungsstruktur. Wie aus Bild B.7.6 hervorgeht, steigt die Bruchzeit erheblich an, wenn der Borgehalt um 0.01 % beträgt. Bei der doppelten Menge bilden sich grobe Wolframboride, die der Matrix W entziehen und die Porenbildung unterstützen. Die Entstehung von Zeitstandrissen in der Feinkornzone von Schweißverbindungen wurde in borlegierten Stählen nicht beobachtet. Ein

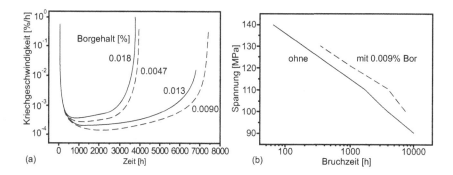

Bild B.7.6 Einfluss von Bor auf das Kriechverhalten des Stahles X8CrCoWVNbB9-3-3 bei 650°C: nach S.K. Albert et al. (a) Kriechgeschwindigkeit $\dot{\varepsilon}$ bei einer Spannung von 100 MPa mit den Kriechbereichen primär (Verfestigung), sekundär, tertiär (Entfestigung, Schädigung), (b) Bruchzeit t_B in Abhängigkeit von der angelegten Spannung (s. a. Bild B.7.2 c, d, S. 351).

Stahl mit nur 9 % Cr wie z. B. X8CrCoWVNbB9-3-3 mit 0.2 % V, 0.05 % Nb und 0.01 % B bringt uns jedoch zum Zunderproblem zurück. So zeigen Versuche von Grabke u. a. bei 600°C in H_2-2.5 % H_2O nach 100 h bei einem 11 % Cr-Stahl eine dickere Cr-reiche Deckschicht und eine geringere Cr-Verarmung der Randschicht (auf 8 % Cr) als bei einem 9 % Cr-Stahl (auf 5 % Cr). Bei Verletzung der Zunderschicht durch Temperaturschwankungen oder partikelbeladene Gase fehlt es bei nur 5 % Cr in der Oberfläche an der Fähigkeit zur Ausheilung. Gerade zu Anfang wird die Verzunderung nicht allein durch Diffusion in der Deckschicht bestimmt, sondern auch durch die Nachdiffusion von Chrom in der Randschicht. So wird dann auch weiter an 12 % Cr-Stählen mit abgesenktem C-Gehalt gearbeitet, die durch mehr Kobalt frei von δ-Ferrit bleiben, z. B. X12CrCoWMoVNbB12-5-2.

B.7.1.2 Austenitische Stähle

In hochwarmfesten austenitischen Stählen muss δ-Ferrit, insbesondere als Korngrenzennetzwerk, vermieden werden, da er einen geringeren Kriechwiderstand aufweist als Austenit und rascher versprödet. Nickel ermöglicht die Einstellung eines vollaustenitischen Gefüges (s. Bild B.6.6). Kohlenstoff und Stickstoff tragen nicht dauerhaft zum Nickeläquivalent (s. Bild A.2.24, S. 47) bei, da sie im Betrieb z. T. ausgeschieden werden. Mit einer Absenkung des Chromgehaltes wird eine Versprödung des Austenits durch σ-Phase während des Langzeitbetriebes verzögert. So ergibt sich ein warmfester Austenit mit 16 % Chrom und 16 % Nickel (X7CrNiMoBNb16-16).

Dieser Stahl enthält Niob, um eine Sensibilisierung im Betrieb mit interkristalliner Korrosion (IK) während der Betriebspausen zu vermeiden. Im Vergleich zu Titan ergibt sich bei einer Stabilisierung (s. Kap. B.6, S. 319) mit Niob ein größerer Gewinn an Zeitstandfestigkeit durch MC-Ausscheidungen innerhalb der Körner während des Betriebes. In der WEZ geschweißter Bauteile kann die Ausscheidungshärtung jedoch so groß werden, dass es im Betrieb zu Korngrenzenrissen kommt. Auch ist mit einer Zeitstandversprödung durch Niob zu rechnen (Bild B.7.7). Eine Vermeidung der IK-Anfälligkeit durch einen niedrigen Kohlenstoffgehalt (ELC) ist mit einem Verlust an Zeitstandfestigkeit verbunden. Er lässt sich durch Stickstoffzugabe mehr als ausgleichen (X3CrNiMoBN17-13-3). Stickstoff bremst die Ausscheidung intermetallischer Phasen und hebt die niedrige Raumtemperaturdehngrenze austenitischer Stähle an. Oberhalb von ≈ 0.18 % Stickstoff kann eine Zeitstandversprödung durch die Ausscheidung von Cr_2N im Betrieb die Vorteile wieder aufheben. Neben Chrom und Nickel tragen Zusätze von Molybdän ($< 4\,\%$), Wolfram ($< 4\,\%$) und Kobalt ($< 20\,\%$) zur Steigerung der Mischkristallhärte bei. Dadurch wird auch die Rekristallisationstemperatur zu höheren Temperaturen verschoben. Molybdän und Wolfram bilden χ- und Laves-Phase (s. Tab. A.2.1, S. 52). Letztere kann zur Ausscheidungshärtung im Betrieb beitragen. Kobalt erhöht die Löslichkeit des Austenits für Kohlenstoff. Das erlaubt höhere Kohlenstoffgehalte im Stahl und bewirkt eine Verfestigung durch verstärkte Karbidausscheidung im Betrieb (X40CrNiCoNb13-13). Bor ($< 0.1\,\%$) löst sich bevorzugt in Korngrenzen und senkt deren Energie. Dadurch wird die Neigung zu Korngrenzenausscheidungen abgebaut. Durch Behinderung der Diffusion setzt Bor das Korngrenzengleiten herab. Als Nachteil ist eine Rissbildung in der WEZ beim Schweißen borhaltiger Stähle durch Anschmelzung der Korngrenzen zu nennen.

Eine Kalt- und Halbwarmumformung um 5 bis 20 % nimmt einen Teil des primären Kriechens vorweg, ε_i wird deutlich gesenkt. An den eingebrachten Versetzungen scheiden sich im Betrieb Karbide aus. Dadurch nimmt auch $\dot{\varepsilon}_\mathrm{min}$ ab und t_B verlängert sich. Dieser Vorteil ist bei einer Prüftemperatur von 650°C besonders ausgeprägt und verschwindet oberhalb von 700°C wieder. Der breiten Anwendung einer Kaltverfestigung durch Vorverformung steht die begrenzte Durchführbarkeit vor allem bei dickeren Abmessungen entgegen. Die Einstellung einer Dispersion von Karbiden zur Erhöhung des Kriechwiderstandes wie bei den vergüteten Stählen bereitet Schwierigkeiten, weil die hohe Versetzungsdichte des Martensits fehlt, um die wenig kohärenten (s. Tab. A.2.1, S. 52) Karbide durch Warmauslagern dispers anzukeimen. Die Einbringung von Fehlordnungen durch Kaltumformen ist aber, wie erwähnt, nur begrenzt möglich. Ohne Vorverformung bieten sich die Korngrenzen beim Warmauslagern als Ausscheidungsort an. Die bevorzugt netzförmige Karbidanordnung bremst zwar das Korngrenzengleiten, senkt aber die Duktilität. Um dies zu vermeiden, wird mit dem lösungsgeglühten Zustand begonnen und die Ausscheidung im Betrieb abgewartet. Sie erfasst aufgrund der Kriechdehnung verstärkt das Korninnere.

Neben den nicht schneidbaren harten Karbiden lassen sich schneidbare γ'-Ausscheidungen vom Typ $Ni_3(Al,Ti)$ zur Verfestigung nutzen. Sie werden bei üblicher Teilchengröße von Versetzungen nicht überklettert, sondern durch Versetzungspaare geschnitten: Die erste Versetzung erzeugt bei Raumtemperatur im kohärenten Teilchen eine Antiphasengrenze, die zweite stellt

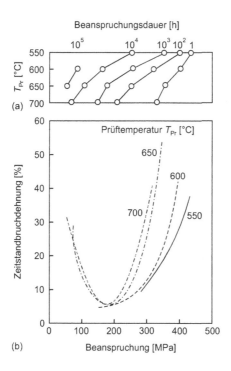

Bild B.7.7 Zeitstandversprödung: Niobstabilisierter austenitischer Stahl. (a) Prüftemperatur T_{Pr} und Beanspruchungsdauer bis zum Bruch, die in Abhängigkeit von der Beanspruchung erreicht wurde, (b) Minimum der Zeitstandbruchdehnung (nach J.D. Murray).

lediglich die ursprüngliche Atomanordnung wieder her. Ihr Beitrag zur Fließgrenze bleibt gering. Bei hoher Temperatur kann die Antiphasengrenze durch Diffusion gestört werden, so dass auch die zweite Versetzung eine Schneidarbeit leisten muss. Dadurch steigt der Kriechwiderstand, und zwar mit dem Volumenanteil der γ'-Phase. Er wächst mit der Menge an Aluminium und Titan. Voraussetzung ist aber ein Mindestgehalt an Nickel (z. B. X5NiCrTi26-15 mit 2.1 % Ti; 0.3 % Al und $\approx$ 4 Vol.-% γ'). Nickelbasislegierungen lassen höhere Volumenanteile der γ'-Phase zu als Stähle (z. B. NiCr20TiAl nach Tab. B.7.1 mit $\approx$ 18 Vol.-%γ'). Bei je 5 % an Aluminium und Titan steigt der γ'-Anteil auf $\approx$ 60 Vol.-%. An der Entwicklung von Hochtemperaturwerkstoffen, die allein aus intermetallischen Phasen bestehen, wird gearbeitet. In Stählen und Nickellegierungen werden γ'-Ausscheidungen durch Warmauslagern bei 700 bis 750°C erzeugt. Je höher die Betriebstemperatur darüber liegt, umso mehr ist mit einer Vergröberung und schließlich einer Auflösung der Teilchen zu rechnen. Dadurch fällt die Zeitstandfestigkeit ab (Bild B.7.3, NiCr20TiAl), und zwar oberhalb von 800°C unter die eines lösungsgeglühten, vorwiegend mischkristallverfestigten Stahles (X3CrNiMoBN17-13-3 oder X10NiCrAlTi32-20). Die Vermeidung von δ-Ferrit durch einen hohen Nickelgehalt bringt bei artgleicher Schweißung eine primär austenitische Erstarrung des Schweißgutes mit sich (s. Bild B.6.6, S. 316) und damit die Neigung zu Heißrissen (s. Kap. B.6, S. 315). Eine Möglichkeit zur Vermeidung dieses Fertigungsfehlers besteht in der Verwendung eines Schweißzusatzwerkstoffes mit geringerem Nickelgehalt, der nach Aufmischung zu einer primär ferritischen Erstarrung und nach der Abkühlung zu < 6 % δ-Ferrit führt. Damit wird ein geschlossenes Ferritnetzwerk um die Austenitkörner vermieden, das sich besonders ungünstig auf das Zeitstandverhalten auswirken würde. Aber auch kleine Gehalte an δ-Ferrit beschleunigen die Zeitstandversprödung durch Ausscheidung der σ-Phase. Die zweite Möglichkeit zur Vermeidung von Heißrissen besteht in der Senkung des Gehaltes an Verunreinigungen, wie z. B. Schwefel und Phosphor, die zu niedrigschmelzenden Korngrenzenfilmen beitragen. Mangangehalte von 3 bis 5 % binden den Schwefel im Schweißbad ab und verbessern die Heißrisssicherheit. Niob erhöht, Molybdän senkt die Rissanfälligkeit. Die metallurgischen Maßnahmen müssen mit schweißtechnischen einhergehen, die zur Senkung der Schweißspannungen beitragen: geringe Wärmeeinbringung, dünne Elektroden, geringe Stromstärke, niedrige Zwischenlagentemperatur und schmales Pendeln.

B.7.1.3 Gusseisen

In Kap. B.6, S. 342 wurde der Einsatz von Gusseisen bei erhöhter Temperatur unter dem Gesichtspunkt der Beständigkeit gegen Hochtemperaturkorrosion betrachtet. Über das mechanische Langzeitverhalten liegen vergleichsweise wenig Untersuchungen vor. DIN EN 13835 aus dem Jahr 2003 beschränkt sich auf die 1000 h Zeitstandfestigkeit einiger austenitischer Gusseisen mit Kugelgraphit, die auf einer Jahrzehnte zurückliegenden Untersuchung beruhen. Wie in Bild B.7.3 zu erkennen, bewegen sich die 10^3 h Werte im Bereich der 10^5 h Werte austenitischer Stähle. Die frühe Schädigung durch Ablösen der Graphitkugeln schränkt den Langzeitbetrieb von Gusseisen im Kriechbereich deutlich ein.

B.7.2 Anwendungen

Die Entwicklung der Energietechnik hängt eng mit der Entwicklung der warmfesten Stähle zusammen. Im Vordergrund stehen die Erzeugung von elektrischem Strom und die Gewinnung und Nutzung von Kraftstoffen.

B.7.2.1 Dampfkraftwerk

In einem fossil befeuerten Dampfkraftwerk werden Temperatur und Druck des Heißdampfes (z. B. 540°C, 250 bar) durch die Zeitstandfestigkeit der Stähle mit krz-Kristallgitter begrenzt. Im *Dampfkessel* findet man u. a. folgende Stähle: Siederohre aus 15Mo3, Sammler aus 13CrMo4-5, Zwischenüberhitzer aus 10CrMo9-10, Überhitzer und Heißdampfleitung aus X22CrMoV12-1. Der Stahl 13CrMo4-5 wird luftgehärtet und angelassen verwendet, mit einem Gefüge aus Ferrit und Bainit. Beim Stahl 10CrMo9-10 führt eine isotherme Umwandlung bei ≈ 700°C zu einem Gefüge aus Ferritkörnern mit M_2C-Säumen, wodurch die Zeitstandfestigkeit steigt. In der Dampfturbine geht es neben der Zeitstandfestigkeit auch um die zulässige Dehnung. Sie liegt in einer eng tolerierten Arbeitsmaschine naturgemäß niedriger als bei einem Kesselrohr.

Mit einer Anhebung der *Dampftemperatur* auf 600°C lässt sich der Wirkungsgrad der Energieumwandlung verbessern. Dazu bietet die Verwendung austenitischer Stähle eine Möglichkeit. Sie bringen aufgrund ihres kfz Gitteraufbaus auch bei Temperaturen von > 600°C eine ausreichende Zeitstandfestigkeit mit sich. Ihre gegenüber krz Stählen geringere Wärmeleitfähigkeit lässt aber wegen der größeren thermischen Spannungen nur ein langsameres Anfahren der Anlage zu. Auch wirken sich die größere Wärmeausdehnung und die höheren Kosten nachteilig aus. Daher werden austenitische Stähle nur in begrenztem Umfang für Dampfkraftwerke, z. B. im Bereich des Kessels (Überhitzerharfe) herangezogen. Wegen der besseren Schweißeignung eignen sich z. T. auch titanstabilisierte Stähle oder eine ELC-Güte wie X3CrNiMoBN17-13-3.

In der Dampfturbine kommt die oben beschriebene Entwicklung hochwarmfester krz Chromstähle zur Anwendung. Eine Absenkung des Chromgehaltes erlaubt bei ausreichender Zunderbeständigkeit eine Verringerung des Kohlenstoff- bzw. Karbidgehaltes, ohne dass beim Schmieden oder Vergüten δ-Ferrit auftritt. Die Karbide werden legierungsreicher und stabiler. Durch Erhöhung des Stickstoffgehaltes bis nahe an die Löslichkeitsgrenze der Schmelze treten stabilere Nitride hinzu. Durch einen teilweisen Austausch von Vanadium gegen Niob wird die Stabilität der Ausscheidungen nach dem Vergüten weiter gesteigert. Voraussetzung ist aber eine Anhebung der Härtetemperatur, um die Teilchen vorab in Lösung zu bringen. So findet man Stähle mit

9 bis 11 % Cr, bis 2 % Mo+W, 0.2 bis 0.3 % V und z. B. 0.08 % Nb, 0.06 % N
oder 0.01 % B. Ein Auslegungsbeispiel ist in Tab. B.7.2 wiedergegeben. Eine

Tabelle B.7.2 Einsatz warmfester Stähle in einer Dampfturbine: Beispiel
eines dreiteiligen Stranges mit einer Leistung von $\approx$ 1000 MW bestehend aus HD,
MD, ND = Hoch-, Mittel-, Niederdruckteil mit Zwischenüberhitzung.

	HD	MD	ND
Dampfeintritt			
Druck [bar]	270	70	15
Temperatur [°C]	600	600	400
Welle			
Durchmessser [mm]	850	1100	1600
Stahl	X12CrMoWVNbN10-1-1		26NiCrMoV14-5
Schaufeln	X12CrMoWVNbN10-1-1		X20Cr13
Gehäuse			
innen	X12CrMoWVNbN10-1-1		warmfestes
außen	G17CrMo5-10		Blech
Schrauben	X19CrMoNbVN11-1		

höhere Dampftemperatur hebt das Temperaturniveau einer ganzen Anlage.
Somit kann auch die Erwärmung von Turbinenwellen im Niederdruckteil auf
über 350°C ansteigen und das Zeitstandverhalten ist zu berücksichtigen. Die
von der Anlassversprödung bekannte Korngrenzendiffusion der Elemente P,
Sn, As, Sb (s. Bild A.2.19, S. 42) läuft dann während des Langzeitbetriebes
ab. Um die damit verbundene Versprödung zu verringern, werden die schäd-
lichen Elemente sowie auch die unterstützenden Elemente Mangan und Silizium durch Schrottauswahl und Pfannenmetallurgie auf extrem niedrige Gehalte begrenzt (clean steels). Damit geht auch eine Verringerung des Gehaltes
an nichtmetallischen Einschlüssen einher. Hochreine Ni-Cr-Mo-V-Stähle, wie
z. B. 26NiCrMoV14-5 zeigen eine verbesserte Zähigkeit, die auch im Betrieb
weitgehend erhalten bleibt. Das Problem der Spannungsrisskorrosion in Nie-
derdruckläufern (Durchmesser z. B. 1.6 m) scheint durch hochreine Stahler-
zeugung nicht behoben zu sein. Dampfreinheit, verringerte Streckgrenze und
konstruktive Maßnahmen zur Absenkung der Spannung tragen zur Abhilfe
bei.

B.7.2.2 Gasturbine

Stationäre Gasturbinen sind als kleinere Antriebsmaschinen in der chemischen Industrie und der Petrochemie geläufig. Im Rahmen des GuD-Konzeptes

werden große Gasturbinen (G) von über 300 MW Leistung einer Dampfturbine (D) vorgeschaltet. Die Gasturbine nutzt den hohen Temperaturbereich (Gaseintrittstemperatur bei Erdgasfeuerung bis 1350°C). Ihre heißen
Abgase erzeugen Dampf für die Dampfturbine. Dadurch kann der Wirkungsgrad von gut 40 % für D auf über 60 % für G und D gesteigert werden.
Die innen gekühlten Schaufeln und das Heißgasgehäuse bestehen aus Nickel-
Basislegierungen. In den vorderen Reihen mit der höchsten Temperatur finden
sich Einkristallschaufeln (z. B. 250 mm lang) oder gerichtet erstarrte Schaufeln mit einer Streckung der Körner in Fliehkraftrichtung. Beide Maßnahmen
zielen auf die Ausschaltung des Korngrenzengleitens. Hinzu kommt eine keramische Beschichtung, die als Thermobarriere wirkt. Für Rotorscheiben werden hochwarmfeste Chromstähle verwendet. Neben Erdgas und -öl ist auch
an die Vorschaltung einer Kohlevergasung zur Befeuerung gedacht. Ein direk-
tes Einblasen von Kohlestaub in die Gasturbine verursacht einen zu hohen
Verschleiß durch Flugasche. Manche Prozessgasturbinen in der Petrochemie
sind dieser Beanspruchung aber ausgesetzt, was besondere Schutzschichten auf
den Schaufelkanten erfordert. Flugturbinen arbeiten mit Gastemperaturen bis
≈ 1500°C. Der höheren thermischen Beanspruchung der Turbinenschaufeln begegnet man ebenfalls durch Einsatz von hochlegierten Nickelbasislegierungen
mit gerichteter Erstarrung oder als Einkristallschaufel. Als weitere Maßnahme
wird die Innenkühlung der Schaufeln verstärkt. Die extreme Oberflächentemperatur erfordert einen hohen Widerstand gegen Heißgaskorrosion, der durch
Beschichtungen erreicht wird, die auch als Thermobarriere wirken. Insgesamt
muss die höhere thermische Belastung der Flugturbine mit einer kürzeren
Lebensdauer der Bauteile im Vergleich zur stationären Gasturbine bezahlt
werden. Die Fortschritte in der Werkstoffentwicklung lassen sich wegen des
Abmessungssprunges nur zum Teil von einer Flugturbine auf eine große stationäre Turbine übertragen. Auf pulvermetallurgischem Wege wurden ODS-
(oxide dispersion strengthened) Legierungen entwickelt, in denen sehr stabile Oxidteilchen die Rolle von Ausscheidungen übernehmen. So wird z. B.
Y_2O_3 mit Legierungspulver vermahlen und dabei innig vermengt. Nach dem
heißisostatischen Pressen dieses mechanisch legierten Pulvers liegt eine feine Dispersion von Teilchen vor, die sich im Gegensatz zu Ausscheidungen
im Betrieb nur wenig verändert. Dadurch bleibt der Kriechwiderstand erhalten. Dieser PM-Werkstoff konnte sich gegen gegossene Schaufeln bisher nicht
durchsetzen.

B.7.2.3 Lebensdauerabschätzung

Der raschen Anwendung neuentwickelter Stähle steht die lange und teure Prüfdauer entgegen. Sie muss erst erweisen, ob die anfängliche Gefügestabilität
wirklich über die Auslegungsdauer erhalten bleibt und vorzeitiges Erweichen
oder Verspröden auszuschließen sind. Als Auslegungsdauer kommen infrage:
$3 \cdot 10^3$ bis 10^4 h für zivile Flugtriebwerke, 10^4 bis $3 \cdot 10^4$ h für stationäre Gasturbinen und 10^5 bis $3 \cdot 10^5$ h für Dampfkraftwerke. Mit Extrapolationsverfahren

wird deshalb versucht, Lang- aus Kurzzeitwerten abzuschätzen. Eine Möglichkeit bietet die Monkman-Grant-Beziehung (Gl. B.7.5). Eine andere bringt auch die Temperaturabhängigkeit der Kriechgeschwindigkeit ins Spiel .

$$\dot{\varepsilon}_{min} = A\sigma^n \cdot \exp\left(Q/RT\right) \qquad (B.7.6)$$

Bei konstanter Spannung ergibt $\log \dot{\varepsilon}_{min} \approx (1/T)$ eine Gerade, die begrenzt zu niedrigeren Temperaturen extrapoliert werden kann. Über Gl. B.7.5 ist dann ein Rückschluss auf längere Bruchzeiten (t_B) möglich. Eine unmittelbare Abschätzung folgt aus der Auftragung von t_B über der Prüftemperatur bei konstanter Spannung im iso-stress-Diagramm (Bild B.7.8). Es lässt z. B. auch die Wirkung des kombinierten Legierens mit C+N und V+Nb auf die Stabilität der Ausscheidungen und die Bruchzeit erkennen. Liegen Messwer-

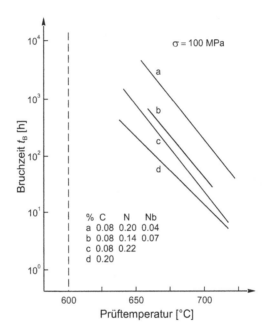

Bild B.7.8 Iso-stress Zeitstanddiagramm: für den Stahl X20CrMoV12-1 modifiziert durch Druckstickstofflegieren und Niobzusatz. Nach Lösungsglühen bei 1250°C, thermomechanischer Umformung, Abkühlung auf Raumtemperatur und Anlassen bei 750°C, geprüft unter konstanter Spannung $\sigma = 100$ MPa (nach F. Krafft). Je niedriger die Prüftemperatur, umso länger wird t_B und die Zuverlässigkeit einer Extrapolation auf z. B. 600°C.

te für unterschiedliche Prüftemperaturen und -spannungen vor, so führt die Auftragung von $\log \sigma$ über dem Larson-Miller-Parameter

$$P_{LM} = T(C + \log t_B) \qquad (B.7.7)$$

zu einer Kurve, die begrenzt zu niedrigerer Spannung extrapoliert werden kann (s. Anlassparameter P_A n. Gl. A.3.3, S. 69). All diese und ähnliche empirische Verfahren kranken an ihrem Unvermögen, Gefügeänderungen richtig einzubeziehen. Neuere Extrapolationsmethoden basieren daher verstärkt auf physikalischen Gesetzmäßigkeiten und schließen die Veränderung der Ausscheidungsgröße ein. Dies ist auch für die Abschätzung der Restlebensdauer von Komponenten wichtig, die ihre Auslegungsdauer von z. B. 10^5 h überschritten haben. Durch ambulante Metallografie werden Aussagen über den Gefügezustand eingeholt. So konnte in Einzelfällen die Betriebsdauer auf $3.5 \cdot 10^5$ h d. h. auf ≈ 40 Jahre verlängert werden. Gerade bei krz Stählen zeigt die Erfahrung, dass eine höhere Kurzzeitfestigkeit zu einer niedrigeren Langzeitfestigkeit führt, d. h. je feiner die Ausscheidungen zu Beginn der Zeitstandbeanspruchung umso rascher vergröbern sie. Neuere Überlegungen zielen deshalb darauf ab, die treibende Kraft der Gefügevergröberung vorher zu minimieren, indem die freie Energie des Werkstoffs durch gleichgewichtsnahe Ausscheidungen ausreichender Größe (geringe Grenzflächenenergie) gesenkt wird. Vorstufen der Karbid- und Nitridausscheidung wie in Gl. A.2.3, (s. S. 50 oder Bild B.7.4 f) werden für den Langzeitbereich vermieden. Bei der Lebensdauerabschätzung ist oft eine überlagerte Schädigung durch zyklisch thermische oder zyklisch mechanische Beanspruchung zu berücksichtigen. Sie tritt z. B. beim An- und Abfahren einer Anlage auf. Die Zyklenzahl liegt in diesem Falle unter $5 \cdot 10^4$ und damit im Bereich der LCF (low cycle fatigue) Ermüdung des Werkstoffes. In schnelllaufenden Bauteilen führen hochfrequente Schwingungen zur HCF (high cycle fatigue) Ermüdung. Die Lebensdauervorhersage für warmgehende Bauteile unter Kriechermüdung gehört zu den anspruchsvollsten Problemen der Werkstoffmechanik, zumal dreidimensionale Temperatur- und Spannungsverteilungen zu berücksichtigen sind.

B.7.2.4 Petrochemie

In Kap. B.6, S. 340 wurde die Anwendung hitzebeständiger Stähle erörtert, die gleichzeitig auch kriechfest sein müssen. Daneben gibt es in diesem Industriezweig eine Vielzahl von Anwendungen warmfester Stähle für Rohrleitungen, Armaturen, Wärmetauscher und Druckbehälter, bei denen die Zeitstandfestigkeit im Vordergrund steht. Prozessgase mit einem hohen Wasserstoffpartialdruck können in warmgehenden Anlagen eine Wasserstoffschädigung bewirken, die sich von der in der Kap. A.4, S. 114 (Nasskorrosion) erwähnten unterscheidet. Druckwasserstoff dringt atomar in den Stahl ein und zersetzt Eisenkarbide unter Bildung von Methan. Die CH_4-Moleküle können nicht aus dem Stahl diffundieren, so dass sich am Entstehungsort ein innerer Druck aufbaut, der schließlich zu Anrissen im Gefüge führt. Das Bauteil versprödet. Als Gegenmaßnahme kommt eine Stärkung der M-C-Bindung im Karbid durch Cr, Mo, V-Zusatz infrage. Aus Fe_3C entsteht das stabilere M_3C und die Methanbildung beginnt erst bei höheren Temperaturen und/oder Drücken. Die niedriglegierten warmfesten Baustähle besitzen daher im Vergleich zu unlegierten Stählen schon eine erhöhte Druckwasserstoffbeständigkeit. Eine weitere Verbesserung stellt sich ein, wenn die Legierungszusätze so hoch gewählt werden, dass Sonderkarbide wie M_7C_3, M_2C oder MC entstehen (s. Tab. A.2.1, S. 52). Nach SEW590 ist der warmfeste Stahl 20CrMoV13-5 mit M_7C_3 Karbid bei einem Wasserstoffdruck ≤ 700 bar bis $\approx 480°C$ anwendbar. Für höhere Temperaturen werden die hochwarmfesten Stähle X20CrMoV11-1 oder X7CrNiMoBNb16-16 genannt.

B.7.2.5 Ventile

In Verbrennungsmotoren werden Einlassventile durch das angesaugte Gemisch gekühlt. Auslassventile sind thermisch höher belastet und erreichen Temperaturen zwischen 500 und 1000°C. Hinzu kommt die Hochtemperaturkorrosion durch den Verbrennungsprozess und eine HCF-Ermüdung. Dieser komplexen Beanspruchung des Ventiltellers steht der Verschleiß des kalten Schaftendes durch den Stößel gegenüber. Für Einlass- und niedrigbeanspruchte Auslassventile kommt der Ventilstahl X45CrSi9-3 vergütet auf $R_m \approx 1200$ MPa infrage. Das Schaftende wird induktiv auf ≈ 56 HRC gehärtet. Bei höherer Beanspruchung finden austenitische Stähle Anwendung. Ihre Schwingfestigkeit lässt sich durch eine hohe Fließgrenze verbessern. Dazu wird im Stahl X53CrMnNiN21-9 neben Kohlenstoff auch $\approx 0.4\%$ Stickstoff weitgehend in Lösung gebracht. Der teilweise Austausch von Nickel durch Mangan verbessert die Stickstofflöslichkeit der Schmelze. Zusätze von Mo, V, Nb steigern die Warmfestigkeit (X60CrMnMoVNbN21-10), Mo und V allerdings nicht die Oxidationsbeständigkeit. Dagegen führt der Verzicht auf Ni zu erhöhter Beständigkeit gegen Schwefel im Brennstoff. Eine hohe Lösungsglühtemperatur ($\approx 1150°C$) steigert die 0.2-Dehngrenze auf über 500 MPa. Nach dem Warmauslagern bei $\approx 750°C$ sorgen Karbid- und Nitridausscheidungen für einen leichten Anstieg der 0.2-Dehngrenze. Im Betrieb nimmt die Ausscheidungsmenge zu, die Zähigkeit ab. Für höchste Beanspruchung kommen Nickelbasislegierungen wie z. B. NiCr20TiAl zum Einsatz. In hohler Ausführung mit Natrium gefüllt erfolgt eine Innenkühlung durch Wärmetransport aufgrund einer Na-Strömung vom Teller zum Schaft. Der Korrosions- und Verschleißwiderstand des Tellers kann durch eine Auftragschweißung des Sitzes mit einer Kobaltbasis-Hartlegierung wie z. B. CoCr26W12 mit 1.6 % C verbessert werden. Nicht härtbare hochwarmfeste Teller können durch Reibschweißen mit einem härtbaren Schaft aus X45CrSi9-3 verbunden werden, um die Warmformgebung zu erleichtern und die induktive Härtung des Schaftendes zu ermöglichen.

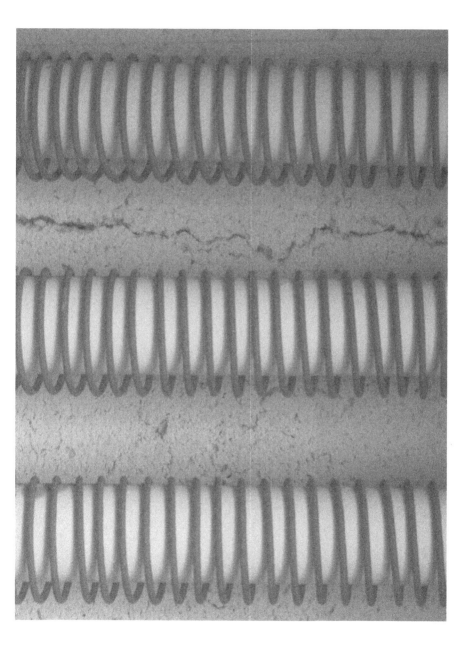

Wendel aus Heizleiterdraht in einem Muffelofen

B.8 Funktionswerkstoffe

Die bisher behandelten Eisenlegierungen sind als Strukturwerkstoffe im Einsatz, d. h. als kraftübertragende Bauteile, bei denen es neben den tribologischen und chemischen auch auf die mechanischen Eigenschaften ankommt. Im folgenden werden Eisenwerkstoffe und verwandte Legierungen behandelt, bei denen aufgrund besonderer physikalischer Effekte bestimmte Funktionen im Vordergrund stehen.

B.8.1 Weichmagnetische Werkstoffe

Eine schmale Hysteresekurve (s. Bild A.4.21, S. 119) mit kleiner Koerzitivfeldstärke H_c und hoher Sättigungspolarisation J_s zeigt an, dass der Werkstoff bereits auf eine kleine magnetische Feldstärke H mit großer Polarisation J (bzw. magnetischer Flussdichte $B = J + \mu_0 H$) antwortet. $\mu_0 = 4\pi 10^{-7} \mathrm{Hm}^{-1}$ (Einheit H = Henry) ist die magnetische Feldkonstante für den leeren Raum, $\mu = B/H$ die Permeabilität, d. h. die Steilheit der Hysterese. Als weichmagnetisch gelten Werkstoffe mit $H_c < 1000\,\mathrm{A/m}$ (Tab. B.8.1).

Ihre vielfältige Anwendung lässt sich grob in zwei Bereiche einteilen: (a) Signalwandlung, z. B. durch Relais in elektrischen Schaltungen oder durch Magnetköpfe in Schwingkreisen, (b) Energiewandlung in elektrischen Generatoren, Transformatoren und Motoren.

(a) Signalwandlung

Die Magnetqualität ist nach DIN IEC 60404-8-6 durch die maximale Koerzitivfeldstärke festgelegt, die je nach Werkstoff zwischen 2 und 300 A/m beträgt. Von Interesse sind weiter die Mindestwerte der magnetischen Polarisation (in T = Tesla) und Permeabilität (in H/m). Sie werden für Gleichstromrelais statisch gemessen und für Schwingkreise im Wechselfeld bis 100 kHz. Zur statischen bzw. dynamischen Messung sieht die Norm vier Messproben vor (ES, LR, SR, SW), die sich durch ihren Aufbau (stabförmig, laminiert) oder ihre Form (Ring, Stab) unterscheiden. Es gibt vier Legierungsklassen: (A) Reineisen, (C) Fe-Si, (E) Fe-Ni, (F) Fe-Co (Tab. B.8.1). Die Kurzbezeichnung setzt sich z. B. wie folgt zusammen: E3 = Legierung mit 42 bis 49 % Ni, 1 = runde Hysterese (nicht orientiert), 10 = Mindestpermeabilität dividiert durch 1000. Sie lautet E31-10. Liegt durch Textur oder Wärmebehandlung im Magnetfeld eine rechteckige Hystereseschleife vor, so heißt der Kennbuchstabe 2. Um einer Alterung der magnetischen Eigenschaften im Betrieb vorzubeugen, kann eine Wärmebehandlung, z. B. bei 100°C, vorgesehen werden.

Durch einen geringeren Gehalt an Begleitelementen, nichtmetallischen Einschlüssen und Fehlordnung nimmt die Blochwandbeweglichkeit und damit die Magnetisierbarkeit von Eisen zu. Eine möglichst reine Erschmelzung sowie ein Grobkorn- und Spannungsarmglühen tragen dazu bei. Durch Zugabe von 40 bis 80 % Ni lässt sich H_c senken. Das Legieren mit 25 bis 50 % Co dient

Tabelle B.8.1 Werkstoffe mit besonderen magnetischen Eigenschaften: H_c = Koerzitivfeldstärke, J_s = Sättigungspolarisation für H = 4000 bzw. 5000 A/m, P = Ummagnetisierungsverlust bei 50 Hz für eine Polarisation von 1.5 T, $(BH)_{max}$ = statisches Energieprodukt, Raumtemperatur. I = weichmagnetisch, Relaiswerkstoffe A, E, F nach DIN IEC 60404-8-6 und Elektroblech M nach DIN EN 10106, 10107. II = hartmagnetisch, Dauermagnete nach DIN IEC 60404-8-1. III = unmagnetisch, nichtmagnetisierbarer Stahl nach SEW 390 und Gusseisen nach DIN EN 13835.

	Bezeichnung	Hauptelemente	H_c	J_s	P	$(BH)_{max}$
		Anhaltswerte [%]	[A/m]	[T]	[W/kg]	[kJ/m³]
	A60	Fe	60	1.6		
	E41	Fe-38Ni	3	1.2		
I	F11	Fe-48Co	60	2.25		
	M235-35A[1]	Fe mit		1.6	2.35	
	M125-35P	< 4.5 Si(+Al)		1.88	1.25	
	AlNiCo 9/5	Fe mit Co, Ni	$47 \cdot 10^3$			9
	AlNiCo 72/12	Al, Cu, Nb/Ti	$12 \cdot 10^4$			72
II	CrFeCo 35/5	Fe-30Cr-20Co	$50 \cdot 10^3$			35
	RE₂Co₁₇ 220/70	Fe-50Co-25Sm	$70 \cdot 10^4$			220
	REFeB380/100[2]	Fe-30Nd-2B	$10 \cdot 10^5$			380
III	X2CrNiMnMoNNb23-17-6-3		≈ 0	< 0.01	$\mu_r \approx 1.003$	
	GJSA-XNiMn13-7				$\mu_r \approx 1.02$	

[1] Dicke 0.35 mm, A = nicht kornorientiert, P = kornorientiert mit hoher Permeabilität; [2] RE = rare earth, Seltenerdmetall

vor allem der Erhöhung von J_s. Zu den Anwendungsgebieten gehören neben hochempfindlichen Relais, Drosseln und Übertragern in der Leistungselektronik, Magnetkerne in der Datentechnik sowie Schalt- und Abschirmsysteme. Großmagnete für Teilchenbeschleuniger mit Stückgewichten bis 100 t werden als Guss- oder Schmiedestücke aus vakuumgastem Eisen mit < 0.01 % C hergestellt. Hier geht es besonders um eine hohe Innengüte und Gleichmäßigkeit der Eigenschaften. Bei schweren gegossenen Magnetkernen wird z. B. $H_c \approx 50$ A/m erreicht.

(b) Energiewandlung

Beim Einsatz in magnetischen Wechselfeldern kommt es neben den genannten Eigenschaften auf einen niedrigen Ummagnetisierungsverlust P an. Er setzt sich aus dem Hystereseverlust P_H im Gleichfeld und dem Wirbelstromverlust P_W zusammen, der wiederum aus dem klassischen P_{WC} und dem anomalen

Verlust P_A besteht: $P = P_H + P_{WC} + P_A$. Silizium senkt den Verlust, führt aber oberhalb von $\approx 3.5\,\%$ zu Schwierigkeiten bei der Kaltverarbeitung. Aluminium wirkt sich ebenfalls günstig auf P aus, so dass kaltgewalzte Bleche mit $< 4.5\,\%$ (Si + Al) hergestellt werden. Da P_W quadratisch mit der Werkstoffdicke ansteigt, wird der magnetische Fluss auf dünne Elektrobleche aufgeteilt, die durch Isolierschichten getrennt und zu Paketen geschichtet die Kerne von Motoren, Generatoren und Transformatoren bilden (Bild B.8.1 a). Einer Verringerung der Blechdicke sind jedoch Grenzen gesetzt, da eine unerwünschte innere Oxidation der Randzonen vom Glühen stärker ins Gewicht fällt und P_H durch diese Oberflächenschädigung steigt. In Motoren und Generatoren

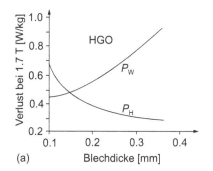
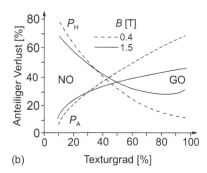

(a)   Blechdicke [mm]   (b)   Texturgrad [%]

Bild B.8.1 Anteile von Ummagnetisierungsverlusten in Elektroblech: (a) Anstieg des Wirbelstromverlustes P_W mit der Blechdicke, Zunahme des Hystereseverlustes P_H mit abnehmender Blechdicke durch innere Oxidation und dadurch behinderte Blochwandbeweglichkeit (HGO = high permeability grain oriented nach F. Bölling et al.), (b) hoher P_H Anteil aber geringer Einfluss der magnetischen Flussdichte in nicht kornorientiertem (NO) Blech, jedoch hoher Anteil des anomalen Verlustes P_A in kornorientiertem (GO) Blech, der mit steigender Flussdichte abnimmt (nach A.J. Moses und W.A.Pluta).

sind wegen der umlaufenden magnetischen Flussrichtung Elektrobleche mit möglichst isotropen Eigenschaften erwünscht. Da bei der Herstellung durch Kaltwalzen und Glühen eine Textur (s. Bild A.2.6, S. 25) nicht zu vermeiden ist, wird auf die günstigste d. h. die Würfelflächentextur hingearbeitet. Hierbei liegt bevorzugt die {100}-Ebene (s. Bild A.1.4, S. 8) der Körner in der Blechebene. Die Richtung der Würfelkante <100> ist jedoch von Korn zu Korn unterschiedlich. Die optimale Korngröße beträgt ≈ 0.1 mm. DIN EN 10106 beschreibt dieses nichtkornorientierte Elektroblech. Als Beispiel sei die Sorte M250-35A herausgegriffen: M steht für Elektroblech und -band, 250 für das Hundertfache des festgelegten Höchstwertes für den Ummagnetisierungsverlust bei 1.5 T und 50 Hz in W/kg und 35 für das Hundertfache der Nenndicke in mm. A bedeutet nichtkornorientiert, schlussgeglüht. Der nicht schlussgeglühte Zustand trägt nach DIN EN 10341 den Kennbuchstaben K, z. B. M260-50K.

In Transformatoren dreht die Flussrichtung sich nicht und anisotrope Blecheigenschaften sind erwünscht. Bei der Herstellung wird eine Goss-Textur angestrebt, bei der die diagonale Ebene {110} des krz Würfels mit der Blechebene zusammenfällt. Eine Ausrichtung der einzelnen Körner in Richtung der Würfelkante gibt diesem kornorientierten Elektroblech eine Vorzugsrichtung für den Einbau. Die Orientierungsschärfe der Textur nimmt mit dem Kaltwalzgrad zu, doch steigt mit abnehmender Blechdicke s die Neigung zu unvollständiger Sekundärrekristallisation. Es verbleiben Feinkornzonen ohne Goss-Textur und P_H wächst (Bild B.8.1 b).

Mit zunehmender Korngröße d steigt die Orientierungsschärfe. So wird heute zwischen den Güten RGO (regular grain oriented, d < 5 mm) und HGO (high permeability grain oriented, d < 20 mm) unterschieden. Dass Silizium zu einem umwandlungsfreien ferritischen Stahl führt, erleichtert die Grobkorneinstellung. Da der Blochwandabstand l proportional zu d ist, P_A aber mit dem Verhältnis l/s zulegt, muss l von grobkörnigen HGO-Sorten durch eine Laserbehandlung reduziert werden. Dazu führt man einen feinen Strahl in kurzen Abständen quer zur Walzrichtung über das Blech. Durch die eingebrachten Eigenspannungen entstehen kürzere Domänen (Domänenverfeinerung). Ein Ritzen der Bleche zeigt den gleichen Effekt. Die Kurzbezeichnung nach DIN EN 10107 unterscheidet sich von der o.a. nur im letzten Buchstaben. Er bedeutet z. B. in M150-35S: normale kornorientierte Erzeugnisse (RGO), schlussgeglüht. In M90-27P steht er für kornorientierte Erzeugnisse mit hoher Permeabilität (HGO), schlussgeglüht. Für Nenndicken bis herunter zu 0.05 mm und Frequenzen von 400 bis 1000 Hz enthält DIN EN 10303 Angaben für nicht (NO) und kornorientierte (GO) Bänder. In Bild B.8.2 werden beide Erzeugnisse bei Netzfrequenz verglichen. Einer Verringerung des Ummagnetisierungsverlustes kommt in der Energietechnik große wirtschaftliche Bedeutung zu. Die Entwicklung zielt auf eine Verbesserung von Randzone und Sekundärrekristallisation, so dass die optimale Blechdicke in Bild B.8.1 und der Verlust P abnimmt. Eine Forschungsrichtung versucht, Eisen-Bor-Silizium-Schmelzen durch Aufspritzen auf einen rotierenden Kühlring aus Kupfer so rasch abzuschrecken, dass keine Zeit für die übliche Kristallisation bleibt, sondern dünne, amorphe, d. h. glasartige Bänder entstehen (Schmelzspinnen). Die Dicke dieser metallischen Glasbänder liegt um etwa eine Größenordnung unter der von Elektroblechen und bietet damit sehr niedrige Wirbelstromverluste. Das Fehlen von Kristallanisotropie und Korngrenzen trägt zu den ausgezeichneten weichmagnetischen Eigenschaften dieser metallischen Gläser bei. Neben einer niedrigen Sättigungspolarisation stehen Fertigungs- und Kostenprobleme der raschen Einführung entgegen. Eine etwas geringere Erstarrungsgeschwindigkeit liefert mikrokristalline Bänder. Auf diese Weise können Siliziumgehalte bis 6.5 % eingebracht werden, ohne dass die Kaltverarbeitbarkeit verlorengeht. In korrosiver Umgebung werden ferritische Chromstähle eingesetzt (s. Kap. B.6, S. 320), deren C-Gehalt von < 0.03 % durch Ti/Nb abgebunden wird, um die Blochwandbeweglichkeit zu erhöhen. Da die Sättigungsmagnetisierung von Eisen mit jedem % Cr um rund 1.4 % abnimmt, wird

Stahl mit 13 % Cr bevorzugt und Stähle mit 18 bzw. 28 % Cr nur verwendet, wenn aggressive Medien es erforderlich machen. Als Spanbrecher verbessern MnS, TiS oder $Ti_4C_2S_2$ Ausscheidungen die Spanbarkeit.

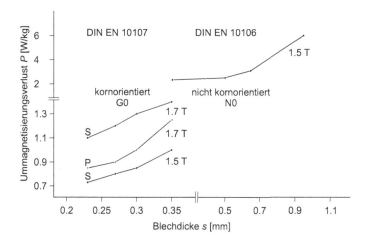

Bild B.8.2 Ummagnetisierungsverlust nach DIN EN: Obergrenze für die verlustärmsten Güten schlussgeglühter Elektrobleche bei einer Polarisation von 1.5 bzw 1.7 T und einer Frequenz von 50 Hz. S = normale Erzeugnisse (Standard), P = Erzeugnisse mit hoher Permeabilität und ggf. Domänenverfeinerung.

B.8.2 Hartmagnetische Werkstoffe

Diese Werkstoffgruppe ist durch eine stark aufgeweitete Hystereseschleife mit Koerzitivfeldstärken H_c von meist $> 10000\,A/m$ gekennzeichnet. Erwünscht ist neben einer hohen Sättigungspolarisation J_s ein möglichst großer Wert von $(BH)_{max}$. Er beschreibt die größte Rechteckfläche unter der Entmagnetisierungskurve im zweiten Quadranten der Hysterese und wird als statisches Energieprodukt in kJ/m^3 angegeben (Tab. B.8.1). Es besteht die Forderung nach möglichst hoher thermischer Stabilität der magnetischen Eigenschaften im Temperaturbereich der Anwendung. Das verlangt nach stabilem, alterungsfreiem Gefüge.

Aus der Vielzahl der verwendeten Werkstoffe sollen hier nur einige eisenhaltige vorgestellt werden. In ihnen hebt Kobalt J_s an. Sein austenitstabilisierender Einfluss wird durch Zugabe von Cr, Mo, W, V und Al kompensiert. Silizium wirkt ähnlich, senkt aber H_c. In härtbaren Stählen mit $\approx 1\,\%$ C wurde die Blochwandbeweglichkeit durch feine Karbidausscheidungen beim Anlassen eingeschränkt. Wegen zu geringer Werte von H_c und $(BH)_{max}$ sowie unzureichender Gefügestabilität kommen diese Stähle kaum noch zur Anwendung. In

AlNiCo- und CrCoMo-Legierungen mit Eisen tritt eine Mischungslücke auf, die zu einer spinodalen Entmischung genutzt wird. Nach dem Lösungsglühen im Ferritgebiet und rascher Abkühlung zerfällt der Mischkristall bei Temperaturen von 500 bis 650°C ohne Keimbildung entsprechend $\alpha \rightarrow \alpha + \alpha'$. Die mit der Al- bzw. CrMo-reichen α'-Matrix kohärenten α–Fe–Co–(Ni)-Teilchen lassen sich durch Wärmebehandlung im Magnetfeld mit einer Vorzugsrichtung versehen. FeCoVCr-Legierungen wandeln nach dem Lösungsglühen im Austenitgebiet durch Anlassen bei $\approx 600°C$ zu einem lamellaren $\alpha + \gamma$–Gefüge um. Eine Vorzugsrichtung kann durch Kaltwalzen eingestellt werden. Sowohl $\alpha + \alpha'$ – wie auch $\alpha + \gamma$–Gefüge verfolgen das Ziel, separate α–Domänen in eine schwach magnetisierbare Matrix einzubetten, um Blochwände zu vermeiden.

Neben diesen Legierungen werden hartmagnetische Oxide z. B. mit Barium oder Strontium und Borphasen mit Seltenerdmetallen wie Neodym eingesetzt. Die oxidischen Hartferrite vom Typ $BaFe_{12}O_{19}$ oder $SrFe_{12}O_{19}$ und der borhaltige Werkstoff $Nd_2Fe_{14}B$ erreichen hohe Koerzitivfeldstärken und $(BH)_{max}$-Werte. Für die Werkstoffauswahl kommen außer den magnetischen Kennwerten die Herstellbarkeit und die Kosten in Betracht. Bei geringerem Legierungsgehalt können die metallischen Werkstoffe kostengünstig durch Gießen und Umformen gefertigt werden. Durch gerichtete oder einkristalline Erstarrung lassen sich anisotrope Eigenschaften mit ausgeprägter Vorzugsrichtung einstellen. Bei einigen hochlegierten Sorten sowie bei den oxidischen und borhaltigen ist ein pulvermetallurgischer Fertigungsgang erforderlich oder ein Schmelzspinnen wie für NdFeB. Daneben wird hartmagnetisches Pulver in Polymerwerkstoff eingebettet (P-Magnete). Nach DIN IEC 60404-8-1 sind die einzelnen hartmagnetischen Werkstoffgruppen an einer Codenummer zu erkennen (Tab. B.8.2). Eine zweite Anhängezahl weist auf isotrope (0) oder anisotrope (1) Eigenschaften und eine dritte dient als Sortennummer, z. B. R1-1-3 für anisotrop gegossenes AlNiCo44/5. Die Zahl vor dem Schrägstrich steht für $(BH)_{max}$ in kJ/m^3 und die Zahl dahinter für ein Zehntel der Koerzitivfeldstärke in kA/m.

Die Dauer- bzw. Permanentmagnetwerkstoffe werden technisch in statisch oder dynamisch beanspruchten Magnetkreisen genutzt. Zur ersten Gruppe gehören Haftmagnete in Möbel- und Kühlschranktüren oder in Spannplatten, Kupplungen und berührungslosen Lagern des Maschinenbaus sowie Dauermagnete in Messgeräten. Die zweite Gruppe erfasst den Einsatz in Gleichstrommotoren und -generatoren sowie in Lautsprechern. Seltenerd-Magnete verleihen z. B. dem Synchronmotor in einer mechatronischen Servolenkung bei kompakter Bauweise ein hohes Drehmoment.

B.8.3 Nichtmagnetisierbare Werkstoffe

Bei dieser Gruppe handelt es sich um Strukturwerkstoffe, die ein magnetisches Feld unbeeinflusst lassen und in starken magnetischen Wechselfeldern keine Erwärmung durch Wirbelströme erfahren. Zum Einsatz kommen vorwiegend

Tabelle B.8.2 Codenummern hartmagnetischer Werkstoffe: Legierungen sowie keramische oder in Polymer gebundene Werkstoffe nach DIN IEC 60404-8-1. RE steht für rare earth = Seltenerdmetall.

Legierungen (R)		gebundene Werkstoffe (U)
AlNiCo	R1	U1
CrFeCo	R6	
FeCoVCr	R3	
RECo	R5	U2
REFeB	R7	U3
Keramik (S)		
Ferrite	S1	U4

austenitische Stähle ohne δ-Ferrit, die im Betrieb auch durch Kaltumformung keine Martensitumwandlung erleiden. Als Maß für die Nichtmagnetisierbarkeit dient die relative Permeabilität $\mu_r = \mu / \mu_o$, deren Wert bei den meisten Sorten < 1.01 beträgt. Nähere Angaben machen SEW 390 (Stähle) und SEW 395 (Stahlguss).

Kostengünstig sind Manganstähle vom Typ X40MnCr18, die für kaltaufgeweitete Kappenringe angewendet wurden, inzwischen aber durch nichtrostende Stähle, wie z. B. X8CrMnN18-18 mit 0.55 % N abgelöst sind, die sich als beständiger gegen Spannungsrisskorrosion erweisen. In Behältern von Kryostaten und in Kühlsystemen der Supraleitung wird auf schweißbare Stähle wie X2CrNiMnMoNNb23-17-6-3 mit ≈ 0.4 % N zurückgegriffen (Bild B.8.3). Nach Bild A.4.22 (s. S. 119) steigt oberhalb von 20 % Ni die Curietemperatur an, sodass Mn und N zur Stabilisierung des para- bzw. antiferromagnetischen Zustandes bei tiefer Temperatur herangezogen werden.

Bei Tieflochbohrungen enthalten die Gestänge nichtmagnetisierbare Abschnitte zur Aufnahme von magnetischen Messgeräten, mit denen die Lage der Bohrung im Erdmagnetfeld bestimmt wird. Für diese bis 10 m langen Schwerstangen eignet sich z. B. X5CrMnNiN21-23 mit 0.85 %N.

Bereits in Kap. B.6 (S. 345) wurde auf nichtmagnetisierbares Gusseisen hingewiesen, dass nach DIN EN 13835 sowohl mit lamellarem als auch mit kugeligem Graphit vorkommt (GJLA-XNiMn13-7, GJSA-XNiMn13-7). Dieses austenitische Gusseisen erreicht $\mu_r \approx 1.02$ und wird z. B. für Druckdeckel in Turbogeneratoren, Gehäuse in Schaltanlagen und Isolierflansche eingesetzt.

B.8.4 Werkstoffe mit besonderer Wärmeausdehnung

Bei einer gegebenen Prüftemperatur entspricht der thermische Ausdehnungskoeffizient α der relativen Längenänderung für eine Temperaturänderung von

1°C. Vielfach ist der mittlere Ausdehnungskoeffizient zwischen Raumtemperatur und der Prüftemperatur von Interesse, der in Tab. B.8.3 für Eisenlegierungen mit besonderer Wärmeausdehnung aufgeführt ist.

Tabelle B.8.3 Legierungen mit besonderer Wärmeausdehnung: (nach SEW 385 und Int. Nickel Co.).

Zusammensetzung	E-Modul bei 20°C [GPa]	mittlerer therm. Ausdehnungskoeffizient $[10^{-6}/°C]$ zwischen 20°C und				
		100	200	300	400	600°C
Fe-36 % Ni	140	1.2	2.2	4.5	7.5	10.7
Fe-49 % Ni	157	9.1	9.1	9.1	8.9	10.7
Ni-42 % Fe-6 %Cr	147	6.9	7.2	8.3	10.1	12.4
Fe-29 % Ni-18 %Co	157	5.8	5.3	5.0	4.9	7.6
Fe-20 % Ni-6 %Mn	196	19.8	19.9	20	20.1	20.3

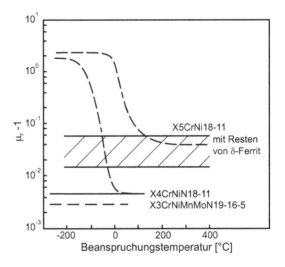

Bild B.8.3 Relative magnetische Permeabilität μ_r austenitischer Stähle (nach W. Weßling u. W. Heimann). Gemessen wurde bei Raumtemperatur nach Halten auf Beanspruchungstemperatur (ausgezogene Linien und Streubereich) oder nach Zugversuch bei dieser Temperatur (gestrichelte Linien). Bei den Stählen mit 18 % Cr und 11 % Ni führt eine Tieftemperaturumformung im Zugversuch zur Bildung von ferromagnetischem Martensit. Dagegen erfährt der Stahl mit 19 % Cr und 16 % Ni eine antiferromagnetische Umwandlung.

Wie aus Bild A.4.23, S. 121 hervorgeht lassen sich im System Eisen-Nickel sehr unterschiedliche α einstellen. In Bild B.8.4 sind Fe-Ni-Legierungen mit Stählen verglichen. Bei steigender Prüftemperatur wird die Wärmeausdehnung von kfz Fe-Ni-Legierungen mit Annäherung an die Curie-Temperatur durch Magnetostriktion (s. Kap. A.4, S. 120) weitgehend kompensiert (Bild B.8.4 b). Eisen mit 36 % Nickel erreicht im Prüfbereich von -100 bis

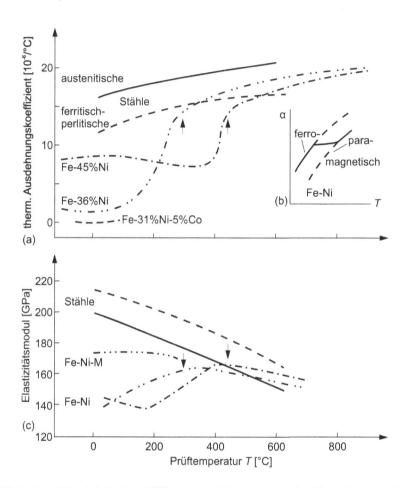

Bild B.8.4 Vergleich der Wärmeausdehung und Steifigkeit von Stählen und Eisen–Nickel–Legierungen (nach Schrifttumsangaben). (a) Anomalie des thermischen Ausdehnungskoeffizienten α von Fe–Ni–Legierungen unterhalb der Curie-Temperatur, die durch einen Pfeil angedeutet ist. (b) Ausdehung von kfz Fe–Ni–Legierungen beim Übergang vom para- zum ferromagnetischen Zustand (Magnetostriktion, schematisch). (c) Anomalie des Elastizitätsmoduls von Fe–Ni–Legierungen. In Fe–Ni–M steht M für Chrom oder Molybdän sowie für die zur Ausscheidungshärtung führenden Elemente Beryllium, Aluminium und Titan.

$+100°C$ einen Wert von $\alpha < 2 \cdot 10^{-6}[°C^{-1}]$. Der Austausch von $\approx 5\%$ Nickel gegen Kobalt führt zu $\alpha \approx 0$ (Bild B.8.4 a). Durch Variation des Nickelgehaltes und Zusatz von Kobalt oder Chrom kann die Curie-Temperatur verändert und z. B. eine Annäherung an den Ausdehnungskoeffizienten anderer Werkstoffe erreicht werden. Nach einem Lösungsglühen sichern Anlassbehandlungen die Alterungsbeständigkeit, d. h. die Maßstabilität der Legierungen über längere Dauer.

Auf Magnetostriktion beruht auch die Anomalie der Steifigkeit von Fe-Ni-Legierungen im Vergleich zu Stählen (Bild B.8.4 c). Durch Zugabe weiterer Legierungselemente steigt der E-Modul zwar, doch wird eine weitgehende Temperaturunabhängigkeit im klimabedingten Temperaturbereich möglich (Fe – 36 % Ni – 12 % Cr oder Fe – 40 % Ni – 10 % Mo). Sie lässt sich durch eine Kaltverfestigung oder eine Ausscheidungshärtung mittels Aluminium-, Titan- oder Bor-Zusätzen verbessern.

Eine geringe Wärmeausdehnung ist bei Urmaßen, Messbändern und -linealen, sowie Uhrpendeln, Waagebalken und Messgeräten gefragt. Hier kommen Legierungen wie Fe - 36 % Ni und Fe - 31 % Ni - 5 %Co infrage. Als elektrische Stromdurchführung (z. B. in Glühlampen) werden Legierungen wie Fe - 49 % Ni oder Ni - 42 % Fe - 6 % Cr in Weichgläser und Fe - 29 % Ni - 18 % Co in Hartgläser eingeschmolzen. Da sie eine dem Glas vergleichbare Wärmeausdehnung besitzen, bleiben die Abkühlungsspannungen gering und die Verbindung dicht. Werden Legierungen von geringer Wärmeausdehnung durch Walzplattieren mit austenitischen Stählen oder z. B. einer Fe - 20 % Ni - 6 % Mn- Legierung verbunden, so entstehen Thermobimetalle, die als Thermometer und Temperaturregler Verwendung finden. Legierungen mit konstantem E-Modul finden wir bei Unruhfedern von Uhren und als Federn in Federwaagen. Manometermembrane, Elemente in Kraftmessdosen, Aufhängungen in Präzisonsinstrumenten und Schwinggabeln mit bestimmter Eigenfrequenz sind weitere Anwendungsgebiete.

B.8.5 Werkstoffe mit Formgedächtnis

Spezielle Legierungen mit martensitischer Umwandlung zeigen einen Formgedächtniseffekt. Wird z. B. eine Rohrmuffe unterkühlt und im martensitischen Zustand aufgeweitet, so „erinnert" sie sich bei der Rückumwandlung durch Erwärmen an ihre vorherige Form und schrumpft auf die Rohrenden auf. Dieser Einwegeffekt kann durch Abstimmung der Legierung für einen gewünschten engen Temperaturbereich ΔT eingestellt werden. Beim Zweiwegeffekt wird dem Werkstück durch mehrmaliges Hin- und Rückverformen ein Formgedächtnis antrainiert, das durch Erwärmen und Abkühlen im Bereich ΔT zu wiederholbaren Änderungen der Form führt. Wird die Formänderung behindert, so baut sich eine Kraft auf. Das macht Formgedächtnislegierungen z. B. als Stellglieder zur Regelung geeignet: Fenster in Glashäusern werden bei Erreichen einer Grenztemperatur aufgestellt und nach Abkühlen wieder geschlossen. Als weiterer Effekt kann Pseudoelastzität auftreten.

Der Werkstoff reagiert auf eine steigende Spannung zunächst mit elastischer und anschließend mit pseudoplastischer Verformung, die beim Entlasten wieder zurückgeht. Dieses gummiartige Verhalten äußert sich in großer Verformung bei kleiner Spannungsänderung. Die genannten Effekte lassen sich im Spannungs- Dehnungs-Temperatur-Schaubild darstellen (Bild B.8.5). Die treibende Kraft des Formgedächtnisses hat thermodynamische und mechanische Ursachen. Die Hin- und Rückumwandlung von Martensit und Austenit erfolgt diffusionslos. Der Anwendungsbereich wird dadurch zwar zu hohen, nicht aber zu tiefen Temperaturen begrenzt. Geringe Volumenänderungen verringern die

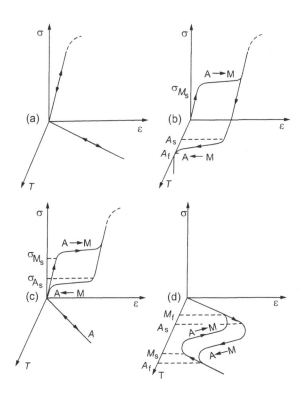

Bild B.8.5 Kennzeichnung des Formgedächtnisses (a) Konventionelles Verhalten, Spannung σ und Temperatur T wirken unabhängig voneinander auf Dehnung ε. (b) Einwegeffekt, die spannungsbedingte Austenit (A) → Martensit (M) Umwandlung oberhalb der Martensitspannung σ_{Ms} und die temperaturbedingte Rückumwandlung zwischen Austenitstart- und -finishtemperatur (A_s, A_f) ergeben zusammen einen Dehnungswechsel. (c) Pseudoelastizität, oberhalb σ_{Ms} beginnt eine umwandlungsbedingte Dehnung, ihre Rückbildung setzt unterhalb der Austenitstartspannung σ_{As} ohne Temperatureinwirkung ein. (d) Zweiwegeffekt, ohne Spannungswirkung stellt sich in Abhängigkeit von der Temperatur eine umwandlungsbedingte Dehnungshysterese ein (nach E. Hornbogen, N. Jost).

Umwandlungsarbeit. Daher wirkt sich die Magnetostriktion günstig aus, so dass Fe-Ni-Co- Legierungen von Interesse sind. Eine bewegliche Phasengrenze zwischen Austenit und Martensit ist eine wichtige Voraussetzung für das Formgedächtnis. Eine Ausscheidungshärtung des Austenits lässt sich durch Zugaben von Aluminium und Titan erreichen. Die Ausscheidungen führen durch Behinderung des Dickenwachstums zu dünnen Martensitplatten und stellen nach der Scherung im Martensit elastisch gespeicherte Energie für die Rückumwandlung in Austenit zur Verfügung. So sind Formgedächtnislegierungen vom Typ Fe - 30 % Ni - 10 % Co - 4 % Ti in Untersuchung, in denen sich der Umwandlungsbereich zwischen A_f- und M_f-Temperatur durch Legierungsabwandlung verschieben lässt. Der Martensit besitzt eine kubische Struktur. In Fe - 30 % Mn - 1 % Si-Legierungen bildet sich dagegen hexagonaler ε-Martensit. Wichtige Entwicklungsziele sind: 1. Einstellung einer großen Dehnungshysterese in Zweiweglegierungen mit einem engen, der Verwendung angepassten Temperaturbereich der Umwandlung, 2. hohe mechanische Festigkeit zur Erzeugung großer Stellkräfte, 3. Beständigkeit gegen Ermüdung und gegen Abbau des Formgedächtniseffektes. Eisenbasislegierungen lassen hier Vorteile gegenüber den heute verwendeten Cu-Zn-, Cu-Zn-Al- oder Ni-Ti-Legierungen erwarten.

Als Anwendungen für die Werkstoffe mit Formgedächtnis werden im Schrifttum Beispiele genannt. Einweg: Rohrverbindungen, Spreiznieten, Steckverbindungen für Schaltkreise, Implantate, Versteifung von Bekleidung. Zweiweg: Ventilsteuerungen, Öffnen und Versenken von Kfz-Scheinwerfern, Roboterglieder, Endoskopsteuerung. Pseudoelastizität: Dichtungen, Brillenrahmen, hochdämpfende Bauteile, Zahnspangen. Ganz neue Verwendungen kommen hinzu, wenn der Formgedächtniseffekt nicht über die Temperatur sondern durch ein elektromagnetisches Feld gesteuert wird. Daran wird gearbeitet (s. a. Kap. A.2, S. 41).

B.8.6 Heizleiterlegierungen

Diese Werkstoffe haben die Aufgabe, elektrischen Strom in Wärme umzusetzen. Wir finden sie nach DIN 17470 als gewickelte Spiraldrähte in Heizlüftern, Haartrocknern und industriellen Ofen- und Tiegelheizungen oder als Heizbänder in Bügeleisen, Toastern und großflächigen Industrieheizsystemen. Wegen des kleineren Verhältnisses von abstrahlender Oberfläche zu Heizquerschnitt werden Drähte bei gleicher Belastung heißer als Bänder. Um ein Kriechen durch Eigengewicht zu verhindern, sind Heizleiter meist durch Keramik gestützt. Eine Reaktion mit dem Trägerwerkstoff und der umgebenden Luft oder anderen Gasen muss durch Deckschichtbildung vermieden werden. Für die Beständigkeit gegen Hochtemperaturkorrosion und Kriechen gelten ähnliche Überlegungen wie bei den hitzebeständigen Stählen (s. Kap. B.6, S. 337). Austenitische Werkstoffe nutzen die Deckschichtbildung durch Chrom. Sie sind kriechfester und neigen weniger zu Grobkornbildung sowie Versprödung. Auf ferritischen Chromstählen mit ≈ 5 % Aluminium entsteht eine

Al_2O_3-Deckschicht (Tab. B.8.4). Sie sind daher in ihrer Zunderbeständigkeit den austenitischen Stählen überlegen. Aluminium drängt auch die Versprödung durch die σ-Phase zurück (s. Bild B.6.4 a, S. 342). Kleine Zusätze von Seltenerdmetallen und Magnesium verbessern die Zunderhaftung bei Temperaturwechseln.

Tabelle B.8.4 Heizleiterlegierungen (nach DIN 17470): A = austenitische Legierung (verminderte Biegbarkeit zwischen 500 und 900°C), F = ferritische Legierung (Kaltsprödigkeit durch α' nach Betrieb zwischen 400 und 500°C bzw. Versprödung nach Betriebstemperaturen > 1000°C wegen Grobkorn), ρ = spezifischer elektrischer Widerstand, $R_{p1/1000} = 1\,\%$ Zeitdehngrenze für 1000 h, T_{zul} = höchste Gebrauchstemperatur an Luft.

	Bezeichnung	$\rho\ [\Omega\ mm^2/m]$		$R_{p1/1000}$	T_{zul}
	Zusammensetzung	20°C	1200°C	1100°C [MPa]	[°C]
A	NiCr8020	1.12	1.17	1.5	1200
	Ni-20 %Cr				
A	NiCr3020	1.04	1.34	1.5	1100
	Fe-30 %Ni-20 %Cr				
F	CrAl25 5	1.44	1.49	0.3	1300
	Fe-25 %Cr-5 %Al				

Dies wird durch den Umstand unterstützt, dass die gebräuchlichen Legierungen keiner Umwandlung unterliegen. Durch den hohen Legierungsgehalt stellt sich ein erhöhter elektrischer Widerstand R ein, der allmählich mit der Temperatur ansteigt. Bei den Nickellegierungen wird eine leichte Unstetigkeit durch die magnetische Umordnung unterhalb der Curie-Temperatur beobachtet. Fließt ein Strom I, so ist die abgegebene Wärmeleistung I^2R. Die Heizleitertemperatur steigt und stabilisiert sich selbst. In schwefelhaltiger oder aufkohlender Umgebung sind die ferritischen Stähle im Vorteil. In sauerstoffarmer Stickstoffatmosphäre bewähren sich die Austenite besser. Gegenüber Ammoniak, chlorhaltigen Gasen und Schwermetalldämpfen sind beide Legierungsgruppen kaum beständig.

C

Anhang

C.1 Bezeichnung von Stahl und Gusseisen

C.1.1 Regelwerke

Seit der 2. Auflage dieses Buches (1993) hat sich die Normung der Eisenwerkstoffe nicht nur durch technischen Fortschritt verändert, sondern vor allem durch den Übergang von nationalen zu internationalen Normen. Dass er gut vorangekommen ist, erleichterte bereits die 3. Auflage, da ein neues Bezeichnungssystem für Eisenwerkstoffe verwendet werden kann. Es ermöglicht eine zweifelsfreie Kommunikation zwischen dem Werkstoffhersteller und Verarbeiter sowie dem Konstrukteur und Bauteilanwender.

Die ersten beiden Auflagen stützten sich auf die DIN Normen des Deutschen Instituts für Normung e.V. Berlin, die im Beuth Verlag, Berlin, erschienen, sowie auf Stahl-Eisen-Werkstoffblätter, -Prüfblätter, -Einsatzlisten (SEW, SEP, SEL), die vom Stahlinstitut (VDEh), Düsseldorf, herausgegeben wurden, auf Leistungsblätter der Deutschen Luftfahrt und auf Richtlinien des Vereins Deutscher Ingenieure (VDI) oder Gießereifachleute (VDG). Soweit neue Europäische Normen (EN) oder Normen der International Standards Organisation (ISO) noch fehlen, wird auf die genannten deutschen Regelwerke zurückgegriffen.

In der letzten Dekade vollzog sich ein rascher Ausbau der EN Normung von Eisenwerkstoffen durch das Europäische Komitee für Normung (CEN) in Brüssel. Da die EN-Normen auch den Status einer deutschen Norm besitzen, bilden sie als DIN EN + Nummer das grundlegende Regelwerk zu diesem Buch. In wenigen Fällen gibt es auch eine Übereinstimmung mit dem weltweiten Regelwerk, das dann durch DIN EN ISO + Nummer ausgedrückt wird. Bei magnetischen Werkstoffen greift DIN auf die Vorgaben der International Electrotechnical Commission zurück (DIN IEC + Nummer). Einige der zitierten Normen befinden sich noch im Entwurfstadium. Daher wird der Leser gebeten, sich vor einer Anwendung über den aktuellen Stand zu informieren.

C.1.2 Bezeichnung für Stahl und Stahlguss

Stahl und Stahlguss werden entsprechend der in Europa gültigen Normen DIN EN 10027 mit Kurznamen oder Werkstoffnummer bezeichnet. Die Bezeichnung mit Kurznamen hat im täglichen Gebrauch gegenüber der Bezeichnung mit Werkstoffnummern den Vorteil, dass anhand der Buchstaben- und Zahlenkombination entweder wichtige Eigenschaften oder die chemische Zusammensetzung der Stähle erkannt werden können. Die Bezeichnung nach Kurznamen kann in zwei Hauptgruppen unterteilt werden:

Gruppe 1

Kurznamen der Gruppe 1 geben Hinweise auf Verwendung, sowie die mechanischen und physikalischen Eigenschaften der Eisenwerkstoffe. Aus diesem Grund wurde diese Bezeichnungsart für einfache Baustähle gewählt. Nach DIN EN 10027-1 setzt sie sich aus Haupt- und Zusatzsymbolen zusammen. Zum Hauptsymbol gehört ein Kennbuchstabe für die Stahlgruppe sowie die darauf folgende Angabe der Mindeststreckgrenze in MPa für die kleinste Erzeugnisdicke (Tab. C.1.1). Ausnahmen bilden die Stahlgruppen Y und B, bei denen die Mindestzugfestigkeit sowie die Gruppe M, bei der die höchstzulässigen Magnetisierungsverluste angegeben werden. Bei Stahlguss wird dem Kennbuchstaben für die Stahlgruppe ein G vorangestellt.

Tabelle C.1.1 Bildung von Kurznamen der Gruppe 1 nach DIN EN 10027-1 und DIN V 17006-100 (ausgesuchte Zusatzsymbole)

Hauptgruppe Kennbuchstabe	Kennzahl	Zusatzsymbole		

Hauptgruppe Kennbuchstabe	Kennzahl
S = Stahlbau	Streckgrenze in MPa
E = Maschinenbau	"
P = Druckbehälter	"
L = Rohrleitungsbau	"
H = kaltgewalzte Flacherzeug– nisse in höherfesten Ziehgüten	"
D = Flacherzeugnisse aus weichen Stählen zum Kaltumformen	"
T = Feinst–, Weißblech und –band	"
B = Betonstähle	Zugfestigkeit in MPa
Y = Spannstähle	"
M = Elektroblech und –band	Magnetisie– rungsverluste
(bei Gusswerkstoffen wird dem Kennbuchstaben ein G vorangestellt)	

Zusatzsymbole

Kerbschlagarbeit			T in °C
27 J	45 J	60 J	
JR	KR	LR	RT
J0	K0	L0	0
J1	K1	L1	-10
J2	K2	L2	-20
J3	K3	L3	-30
J4	K4	L4	-40
J5	K5	L5	-50

M = thermomech. gewalzt	
N = normalgeglüht, norm. gewalzt	+Z = feuerverzinkt
Q = vergütet	+ZE = elektrolyt. verzinkt
bei Feinkornstählen	
A = ausscheidungsgehärtet	+A = feueraluminiert
B = bake hardening	
P = Phosphor–legiert	+S = feuerverzinnt
X = Dualphase	
Y = interstitial–free	
C = besondere Kaltumformbarkeit	+H = mit besonderer Härtbarkeit
D = für Schmelztauchüberzüge	
W = wetterfest	+N = normalgeglüht
G1 = nicht desoxidiert vergossen	
G2 = desoxidiert vergossen	+QT = vergütet

Dem Hauptsymbol folgt ein Zusatzsymbol, das Aufschluss über die Güte-gruppe der Stähle gibt. (z. B. Schweißeignung, Behandlungszustand oder die Mindest-Kerbschlagarbeit). So wird der unter der alten DIN-Bezeichnung be-kannte unlegierte Baustahl St 52-3 nach DIN EN 10025 heute z. B. bezeichnet mit:

S355J0 C+N

S	Stahl für allgemeinen Stahlbau
355	Mindeststreckgrenze = 355 MPa
J0	Kerbschlagarbeit 27 J bei 0°C
C	mit besonderer Kaltumformbarkeit
+N	normalgeglüht bzw. normalisierend gewalzt

Die neue Bezeichnung hat den Vorteil, dass die für den Konstrukteur sinn-vollere Streckgrenze direkt ablesbar ist.

Gruppe 2

Die Kurznamen der Gruppe 2 orientieren sich an der chemischen Zusammen-setzung und damit an der alten DIN, wobei in der EN alle Leerzeichen aus Platzgründen entfallen. Die Stähle werden in vier Untergruppen unterteilt, die sich hinsichtlich des Gehaltes an Legierungselementen unterscheiden lassen:

- unlegierte Stähle mit einem mittleren Mn-Gehalt < 1 %
- legierte Stähle mit einem mittleren Gehalt einzelner Legierungselemente unter 5 % bzw. unlegierte Stähle mit einem mittleren Mn-Gehalt > 1 %
- hochlegierte Stähle
- Schnellarbeitsstähle

Legierte und unlegierte Stähle unterscheiden sich anhand der in DIN EN-10020 festgelegten Grenzgehalte. Eisenwerkstoffe, die nur Kohlenstoff enthal-ten gelten als unlegiert. Hochlegierte Eisenwerkstoffe enthalten mindestens ein Legierungselement in einer Konzentration > 5 %.

Unlegierte Stähle Da die Eigenschaften der unlegierten Stähle überwiegend vom C-Gehalt bestimmt werden, wird als Hauptsymbol C gefolgt vom 100-fachen des mittleren C-Gehaltes angegeben. Dem Hauptsymbol kann ein Zu-satzsymbol angehängt werden, das weitere Angaben zur Verwendung bzw. zum Gehalt weiterer Elemente macht. Die Bezeichnung C70D steht beispiels-weise für einen unlegierten Stahl nach DIN EN 10016-2 mit 0.7 % C, einem P- und S-Gehalt < 0.035 % und eignet sich als Werkzeugstahl.

Legierte Stähle Das Hauptsymbol dieser Stahlgruppe besteht aus einer Zahl, die dem 100-fachen des mittleren Kohlenstoffgehaltes entspricht. Ihr folgen Legierungselemente entsprechend ihrer Abkürzung im Periodensystem, deren Legierungsgehalt den nachgestellten durch Bindestrich getrennten Zahlen ent-nommen werden kann. Dabei bezieht sich die erste Zahl auf das erste Element, die zweite Zahl auf das zweite, usw. Um ganze Zahlen in der Bezeichnung zu erhalten, sind die verschiedenen Elemente mit Multiplikatoren belegt:

Multiplikator 4	Cr, Co, Mn, Ni, Si, W
Multiplikator 10	Al, Be, Cu, Mo, Nb, Pb, Ta, Ti, V, Zr
Multiplikator 100	C, N, P, S, Ca
Multiplikator 1000	B

Auch bei dieser Bezeichnungsart kann ein Zusatzsymbol zur Beschreibung des Zustandes oder der Behandlungsart hinzugefügt werden (Tab. C.1.2).

Tabelle C.1.2 Ausgewählte Zusatzsymbole für Stahlbezeichnungen nach Gruppe 2

Zusatzsymbole		
heute	früher	Behandlung
+A	G	weichgeglüht
+AC	GKZ	geglüht auf kugeligen Zementit
+C	K	kaltverfestigt
+CR	K	kaltgewalzt
+FP		behandelt auf Ferrit/Perlit
+M		thermomechanisch gewalzt
+N		normalgeglüht und normalisierend gewalzt
+P		ausscheidungsgehärtet
+Q	H	abgeschreckt
+QT	V	vergütet
+S	C	vergütet auf Kaltumformbarkeit
+T	A	angelassen
+U	U	unbehandelt

Die Bezeichnung **50CrV4+QT** meint demnach einen legierten Vergütungsstahl mit 0.5% C, 1% Cr und < 1% V, der im vergüteten Zustand (QT) vorliegt.

Hochlegierte Stähle Hochlegierte Stähle, bei denen mindestens ein Element in einem Gehalt > 5% vorhanden ist, werden im Hauptsymbol durch ein vorangestelltes X gekennzeichnet. Dem X folgt eine Zahl, die den 100-fachen Kohlenstoffgehalt wiedergibt, sowie die Angabe der enthaltenen Legierungselemente in ganzen Prozent. Der hochlegierte Warmarbeitsstahl X40CrMoV5-1 nach DIN EN 10088 enthält somit 0.4% C, 5% Cr, 1% Mo und < 1% V.

Schnellarbeitsstähle Die vierte Kategorie der Kurznamengruppe 2 gehört ebenfalls zu den hochlegierten Stählen und wird durch die Schnellarbeitsstähle repräsentiert. Im Hauptsymbol folgen den Buchstaben HS (high speed) durch Bindestrich getrennt Zahlen, die den Elementgehalt in der Reihenfolge Wolfram, Molybdän, Vanadium und Kobalt angeben. Der Bezeichnung des

Schnellarbeitsstahles HS6-5-3 können 6 % W, 5 % Mo und 3% V nicht aber die ebenfalls enthaltenen 4 % Cr und 1.3 % C angesehen werden.

Neben der Bezeichnung mit Kurznamen ist die Bezeichnung mit Werkstoffnummer gemäß DIN EN 10027-2 eingeführt. Die Werkstoffnummern bestehen aus einer Zahl für die Werkstoffhauptgruppe gefolgt von einem Punkt, einer Stahlgruppen- und einer Zählnummer.

Werkstoffhauptgruppe

0	Roheisen, Ferrolegierungen, Gusseisen
1	Stahl oder Stahlguss
2	Schwermetalle außer Eisen
3	Leichtmetalle

Stahlgruppennummer

00 und 90	unlegierte Grundstähle
01 - 07 und 91 - 97	unlegierte Qualitätsstähle
10 - 19	unlegierte Edelstähle
08 und 09, 98 und 99	legierte Qualitätsstähle
20 - 29	Werkzeugstähle
30 - 39	verschiedene Stähle
40 - 49	chemisch und temperaturbeständige Stähle
60	Gusseisen
50 - 80	Bau-, Maschinenbau- und Behälterstähle

Der o. g. Stahl X40CrMoV5-1 gehört zu den Werkzeugstählen, trägt die Zählnummer 44 und deshalb die Bezeichnung **1.2344**.

C.1.3 Bezeichnung von Gusseisen

Für Gusseisen wurde mit der DIN EN 1560 ebenfalls ein neues Bezeichnungssystem mit Kurzzeichen und Werkstoffnummern eingeführt.

Die Kurzzeichen für Gusswerkstoffe setzen sich aus bis zu sechs Positionen zusammen (Tab. C.1.3). Der vorangestellten Buchstabenkombination EN folgt die Buchstabenkombination GJ (für Gusseisen) gefolgt von einem Buchstaben zur Ausbildung des Graphits und ggf. einem weiteren zu Gefügestruktur. Lamellarer Grauguss wird demnach mit EN-GJL (früher GG), Grauguss mit sphärolitischer Graphitausbildung mit EN-GJS (früher GGG) bezeichnet. Dem sich daran anschließenden Bindestrich folgt eine Kennzahl für mechanische Eigenschaften oder chemische Zusammensetzung. Angaben zum Zustand (z. B. H = wärmebehandeltes Gussteil) können in Buchstabenform ebenfalls angehängt werden. Unter der Bezeichnung **EN-GJS-400-18-H** wird somit ein wärmebehandelter Sphäroguss verstanden, der eine Mindestzugfestigkeit von 400 MPa bei einer Bruchdehnung von mindestens 18 % aufweist. Weil bei

Angabe von mechanischen Eigenschaften die Herstellungsmethode der Prüfstücke bedeutend ist, können die folgenden Kennbuchstaben angehängt werden:

S	getrennt gegossenes Probestück
U	angegossenes Probestück
C	einem Gussstück entnommenes Probestück

Die austenitischen Gusseisen werden z. B. bei sphärolitischer Graphitausbildung mit GJSA-XNiCuCr15-6-2 unter Angabe der charakteristischen Legierungselemente in ganzen Prozent bezeichnet.

Tabelle C.1.3 Gesamtaufbau der Bezeichnung von Gusseisenwerkstoffen durch Kurzzeichen nach DIN EN 1560

1 obligatorisch Vorsilbe	Zeichen	2 obligatorisch Metallart	Zeichen	3 wenn erforderlich Graphitstruktur	Zeichen	4 wenn erforderlich Mikro- oder Makrostruktur	Zeichen	5 obligatorisch a) oder b) ist zu wählen — a) Mechanische Eigenschaften	Zeichen	b) Chemische Zusammensetzung	Zeichen	6 wenn erforderlich Zusätzliche Anforderungen	Zeichen
EN-	EN-	Guss-eisen	GJ	lamellar	L	Austenit	A	aa) Zugfestigkeit 3- oder 4stellige Zahl für den Mindestwert in MPa	z.B. 350	ba) Buchstaben-symbol, das Bezeichnung durch chem. Zusammensetzung anzeigt	X	Gussstück im Guss-zustand	D
				kugelig	S	Ferrit	F	ab) Dehnung Bindestrich und 1- oder 2-stellige Zahl für den Mindestwert in %	z.B. 19	bb) Kohlenstoff-gehalt in %·100, jedoch nur, wenn der Kohlenstoffgehalt signifikant ist	z.B. 300	wärmebe-handeltes Gussstück	H
				Temperkohle	M	Martensit	M	ac) 1 Buchstabe für die Proben-stückherstellung —getrennt gegossenes Probenstück	S	bc) chem. Symbol der Legierungs-elemente	z.B. Cr	Schweiß-barkeit für Fertigungs-schweißen	W
				vermikular	V	Perlit	P	—angegossenes Probenstück	U	Prozentsatz der Legierungsele-mente, durch Bindestrich voneinander getrennt	z.B. 9-5-2	zusätz-liche An-forderungen in der Bestellung festgelegt	Z
				graphit-frei (Hartguss) lede-buritisch	N	Ledeburit	L	—einem Gussstück entnommenes Probenstück	C				
				Sonder-struktur in der speziellen Werkstoff-norm ausge-wiesen	Y	abgeschreckt	Q	ad) Brinellhärte 1-Buchstabe und eine 3-stellige Zahl für die Härte	z.B. H155				
						vergütet	T	ae) Kerbschlagwert Bindestrich und 2 Buchstaben für die Prüftemperatur —Raumtemperatur	RT				
						schwarz	B	—Tieftemperatur	LT				
						weiß	W						

Während die verschleißbeständigen Gusseisen entsprechend den hochlegierten Stählen anhand ihrer chemischen Zusammensetzung bezeichnet wurden, sieht die DIN EN 12513 die Unterscheidung nach Makrohärte vor, die der Buchstabenkombination EN-GJN (N für keine Graphitausscheidung) nachgestellt wird. Demnach wird das unter dem Handelsnamen Ni-Hard IV bekannte weiße Gusseisen GX300CrNiSi9-5-2 heute unter Angabe der Mindesthärte mit **EN-GJN-HV600** bezeichnet.

Da das Härtekriterium von allen Chromgusseisen erfüllt werden kann, erfolgt ein Zusatz, der auf den ungefähren Cr-Gehalt hinweist. Der nach alter DIN 1695 bezeichnete Werkstoff GX300CrMo27-1 trägt nach DIN EN 12513 die Bezeichnung GJN-HV600 (XCr23). Tab. C.1.4 stellt ausgesuchte Fe-Werkstoffe in der heutigen und früheren Bezeichnung gegenüber.

Tabelle C.1.4 Vergleich der Bezeichnungsweisen an ausgesuchten Stählen und Gusslegierungen

EN–Norm	DIN–Normen	Werkstoff
S235JR	St–37–3	unlegierter Baustahl mit Streckgrenze 235 MPa
S355W	WSt 355	wetterfester Baustahl mit Streckgrenze 355 MPa
2C45	Ck45	Kohlenstoffstahl mit 0.45 % C
10CrMo9–10	10 CrMo 9 10	warmfester Stahl mit 0.1 % C, 2.75 % Cr, 1.0 % Mo
X5CrNiMo18–10	X5 CrNiMo 18 10	rostfreier Stahl mit 0.05 % C, 18.0 % Cr, 10.0 % Ni und < 1.0 % Mo
HS6–5–2–5	S6–5–2–5	Schnellarbeitsstahl mit 6.0 % W, 5.0 % Mo, 2.0 % V, 5.0 % Co

EN–Normen	DIN–Normen	Werkstoff
GJS–400	GGG–40	Grauguss mit Kugelgraphit, Zugfestigkeit 400 MPa
GJL–200	GG–20	Grauguss mit Lamellengraphit, Zugfestigkeit 200 MPa
GJMW–350	GTW–35	Weißer Temperguss, Zugfestigkeit 350 MPa
GJMB–600	GTS–60	Schwarzer Temperguss, Zugfestigkeit 600 MPa
GJS–1000	GGG–100	Bainitischer Sphäroguss (ADI), Zugfestigkeit 1000 MPa

In der Bezeichnung mit Werkstoffnummer entsprechen die ersten drei Positionen der Bezeichnung nach Kurzzeichen. Es schließt sich eine Zahl für das Hauptmerkmal (1 = Zugfestigkeit, 2 = Härte, 3 = chemische Zusammensetzung) sowie eine zweistellige Zählnummer an. Die letzte einstellige Zahl macht Angaben über besondere Anforderungen. Der Sphäroguss EN-GJS-400-18 wird demnach mit **EN-JS1022** bezeichnet, wobei die letzte Ziffer „2" für ein angegossenes Probestück steht.

C.2 Zur Geschichte des Eisens

Eisen gehört nicht zu den edlen Metallen und kommt deshalb in der Natur kaum in gediegener Form sondern als Erz vor. Seine Geschichte beginnt mit der Reduktion von Erz zu Eisen. Neben oxidischen Erzen wie Hämatit Fe_2O_3 und Magnetit Fe_3O_4 sind auch Carbonate (Spate), Hydroxide und Sulfide bekannt, die durch Erhitzen an Luft (Rösten) in Oxide überführt werden können. Archäologische Funde deuten darauf hin, dass der Sauerstoff des Eisenoxids in einer Holzkohleglut entfernt wurde.

C.2.1 Vom Renn- zum Schachtofen

In einer Mulde von z. B. 0.5 m Durchmesser mag das Holzkohlefeuer, auf einem Hügel durch Wind angefacht, die eingelegten Erzstücke auf 900 bis 1000°C erhitzt haben. Über der glühenden Kohle bildete sich ein Gasgemisch aus CO und CO_2, das mit dem Eisenoxid reagierte. Bild C.2.1 zeigt, was aus heutiger Sicht beim Zusammentreffen von Eisen, Sauerstoff und Kohlenstoff zu erwarten war. Im genannten Temperaturbereich hätte das Boudouard-Gleichgewicht (Kurve a-b) den CO-Gehalt auf $> 95\,\%$ getrieben und damit das Erz zu leicht aufgekohltem Eisenschwamm reduziert. Die Holzkohle diente aber nicht nur als Reduktionsmittel sondern auch als Brennmaterial zur Temperaturerhöhung. Das dazu nötige Anfachen erhöhte den CO_2-Gehalt, der bei mehr als 30 % den Wüstit FeO stabilisiert, d. h. die Eisengewinnung verhindert. Das dem Wind zugewandte, heißere und CO_2-reichere Feuer bedeckte ruhigere und CO-reichere Zonen, in denen sich Erz- in Eisenschwammstücke verwandelten, die noch Gesteinsreste (Gangart) enthielten. Sie wurden durch Schmieden verdichtet und miteinander durch Feuerschweißen zu etwas größeren Stücken verbunden, die für ein Messer oder eine Pfeilspitze gereicht haben mögen. Die frühe Direktreduktion von Eisen im festen Zustand dürfte gleich links von der Linie c-d stattgefunden haben, da entsprechende Funde auf praktisch kohlenstofffreien Schweißstahl weisen.

Mit der Entwicklung des Blasebalges ließen sich höhere Schüttungen aus Holzkohle und Erz durchdringen und so hohe Temperaturen erreichen, dass die Gangart als flüssige Schlacke austrat. Ihr Rinnen (Rennen) prägte den Namen Rennfeuer oder Rennofen. Die Wechselwirkung mit der Schlacke ist in Bild C.2.1 nicht berücksichtigt und auch die Verdünnung der Gasphase durch Stickstoff fehlt, die zu einer geringen Absenkung der Boudouard-Kurve führt. Trotzdem liefert das Bild eine grobe Beschreibung der Direktreduktion im Rennofen. Die Verflüssigung der Gangart, auch mit Hilfe von schmelzpunktsenkenden Zuschlagstoffen, machte den aus Eisenschwamm gewonnenen Schweißstahl sauberer und durch nachträgliche Aufkohlung in einer Lehmhülle härtbar. Als der Schacht über dem Feuer weiter in die Höhe wuchs, kam es in CO-reichen Zonen zur Aufkohlung des gerade reduzierten Eisenschwamms bis zu untereutektischen Schmelzanteilen, die nach unten tropften und zusammenliefen. Dabei verloren sie in der CO_2-reichen Umgebung einen

Teil des aufgenommenen Kohlenstoffs, was als Frischen bezeichnet wird. So entstanden kohlenstoffreiche Luppen, die mit kohlenstoffarmem Stahl zu Verbundstahl mit härtbaren Lagen verschmiedet wurden (Schweißdamast). Die Rennöfen wanderten von den windigen Höhen in die Täler zur Wasserkraft, die zum Antrieb von Blasebälgen (später auch Zylinderpumpen) und Schmiedehämmern diente. In Bild C.2.2 sind einige Entwicklungsstufen skizziert und in das Zustandsschaubild Fe-C eingetragen.

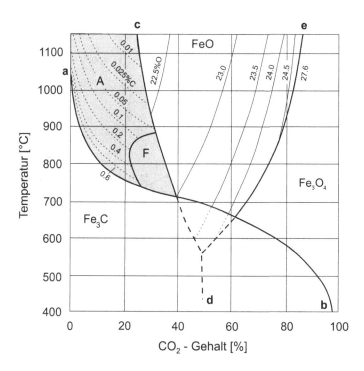

Bild C.2.1 Reduktion von Eisenoxid: Die S-förmige Kurve a-b des Boudouard-Gleichgewichtes $2CO=CO_2+C$ beschreibt die Reduktion des CO_2 mit steigender Temperatur durch festen Kohlenstoff. Die Heugabelkurve c-d-e gibt die Reduktion von Eisenoxid durch steigenden CO-Gehalt wieder (Gasgemisch aus $CO+CO_2$ bei 1 bar, A = Austenit, F = Ferrit, nach E. Schürmann).

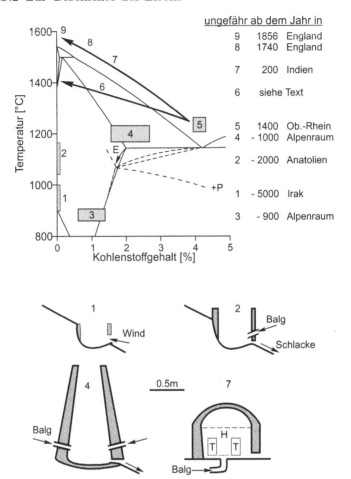

Bild C.2.2 Entwicklungsstufen der Eisenerzeugung eingetragen ins Zustandschaubild Fe-C (s. Bild A.1.6, S.10) und als Ofenskizzen: (1) Rennfeuer in Hanglage mit natürlichem Wind, (2) Rennofen mit Blasebalg und flüssiger Schlacke, (3) Aufkohlen von Schweißeisen, (4) teilflüssiger Eisenaustrag im Schachtofen, (5) Roheisen (Gusseisen) im kontinuierlich beschickten Hochofen, (6) Verarbeitung des Roheisens im Frischfeuer oder Puddelofen und Schmieden im teigigen Zustand, (7) Tiegelstahl wootz im Kuppelofen mit Tiegeln (T) in Holzkohle (H), (8) Tiegelstahl, (9) Flussstahl (Blasstahl, SM-Stahl). Phosphorreiche Erze verschieben Punkt E und senken die Solidustemperatur von Roheisen z. B. auf 1050°C (gestrichelt). Dadurch werden Flüssiganteile bereits bei niedrigerer Temperatur erreicht.

C.2.2 Die Ausbreitung der Eisengewinnung

Die Ausgrabung alter Ofenanlagen und der Schmelzbetrieb in Nachbauten sind wichtige Informationsquellen, denn Eisenstücke sind wegen der Rostanfälligkeit umso seltener zu finden, je früher ihr Herstellungsdatum liegt. Setzen wir den Beginn der Zeitrechnung zu null Jahre, so datiert der älteste Eisenfund in Samarra (Irak) bei -5000. Bis -3000 kommen 13 Objekte hinzu und bis -2000 mehr als 20. Die erste schriftliche Erwähnung des Eisens fällt in die Zeit der Sumerer um -2300. Die zufällige Reduzierung von Eisen an Feuerstellen oder bei Waldbränden erscheint unwahrscheinlicher als seine Entdeckung im Zusammenhang mit reduzierenden Atmosphären in Keramik-Brennöfen oder bei der Verhüttung eisenhaltiger Kupfererze oder Zuschläge. Einige alte Eisenfunde enthalten $\approx 8\,\%$ Ni, was auf Meteoreisen hindeutet. Es kann gediegen vorgelegen haben oder aus nickelhaltigen Erzen um Meteoreinschläge stammen. Um -9600 war in Göbekli Tepe bei Urfa (Türkei) die Landwirtschaft erfunden und der Übergang zur Jungsteinzeit eingeläutet worden. Die Sesshaftigkeit scheint die technologische Entwicklung in dieser Region gefördert zu haben, da das nördliche Mesopotamien heute als Wiege der Eisenverhüttung gilt. Von dort aus entfaltete sich eine erste Blütezeit unter den Hethitern nach -1800 in Kleinasien. In Mitteleuropa weist der erste Eisenfund in der Slowakei auf das -17. Jahrhundert. Im -12. Jahrhundert taucht das erste gehärtete Objekt auf. Um -1000 reicht die Ausbreitung des Eisens vom Balkan bis nach Skandinavien. In der Hallstattkultur zwischen -750 und -500 pflegten die Kelten vom Balkan über den Alpenbogen bis nach Nordfrankreich die Herstellung von härtbarem Stahl. An diese ältere Eisenzeit, benannt nach Hallstatt in Österreich, schloss sich von -500 bis -100 die jüngere Eisenzeit an, benannt nach La Téne in der Schweiz. Das keltische Wissen wurde von den Römern vereinnahmt und u. a. zur Ausrüstung großer Heere genutzt. Ausgehend vom Ursprung im nahen Osten kam es auch zur Ausbreitung der Eisenzeit nach Norden und nach Osten über Persien, Indien bis nach China und Japan. In Afrika begann im -3. Jahrhundert am Viktoria See eine eigenständige oder durch die Phönizier initiierte Eisengewinnung. In Amerika fanden die spanischen Eroberer kein Eisen vor. Mit dem Bau der ersten Eisenhütte wurde 1621 in North Carolina begonnen.

C.2.3 Gusseisen und Frischfeuer

Die im 11. Jahrhundert einsetzende Nutzung der Wasserkraft fand im 12. Jahrhundert verstärkte Anwendung für die Eisengewinnung. Winddruck, Schachthöhe und Temperatur nahmen zu, so dass im 14. Jahrhundert bei 1300°C ein naheutektisches, flüssiges Roheisen erschmolzen werden konnte. Dadurch stiegen das Eisenausbringen und die produzierte Menge erheblich an. War es im frühen Rennfeuer ein Problem, genügend Kohlenstoff zum Härten in den Schweißstahl zu bekommen, so trug die indirekte Reduktion im Schachtofen einen sehr hohen Kohlenstoffgehalt in das Roheisen ein. Eine Möglichkeit damit umzugehen, bestand im Vergießen der Schmelze zu endformnahen

Gussstücken. So wurden am Oberrhein um 1400 Kanonenkugeln aus Gusseisen hergestellt und bis 1500 sind mehr als 10 Büchsen- und Hüttenmeister verzeichnet, die auch Kanonenrohre, Öfen, Glocken, Kaminplatten und Leitungsrohre erzeugten. In Anlehnung an den bekannten Bronzeguss wurden Hinterschneidungen im Wachsausschmelzverfahren und später auch mit Kernen geformt. Der Lehm- oder Sandguss erfolgte zunächst durch Umschmelzen von Roheisen im Kuppelofen und gegen Ende des 14. Jahrhunderts auch aus dem kontinuierlich bestückten Hochofen. Die im Bruch erkennbare weiße Erstarrung dürfte schon bald als Hartguss oder Schalenhartguss z. B. für Pochstempel zur Erzzerkleinerung genutzt worden sein. In China sind große gusseiserne Plastiken aus dem 7. bis 10. Jahrhundert erhalten.

Die zweite Möglichkeit, das im Hochofen erschmolzene Roheisen zu verarbeiten, bestand im Frischen. Durch den Entzug von Kohlenstoff stieg jedoch die Schmelztemperatur. Die Spanne von fast fünf Jahrhunderten zwischen dem ausgehenden Mittelalter und der Erfindung des Blasstahles 1856 war von dem Bemühen gekennzeichnet, durch höhere Temperatur kohlenstoffärmeres Roheisen zu verarbeiten. Zunächst wurde das Roheisen zur Massel vergossen, die zerkleinert im Frischfeuer aufgeschmolzen, unter Zusatz von Zunder gefrischt, als Luppe (Schrey, Deul) dem Hammer zugeführt wurde. Das Abschrecken der Stähle aus der Schmiedehitze erlaubte eine Sortierung von z. B. 250 mm langen Bruchstücken nach dem Bruchaussehen, d. h. nach dem Kohlenstoffgehalt. Durch erneutes Ausschmieden und Brechen stellte man Pakete (Garben) aus passenden Stäben zusammen, die durch Schmieden zu Schweißstahl verarbeitet wurden. So entstand aus den unterschiedlichen Kohlenstoffgehalten innerhalb eines oder zwischen mehreren Deuls eine Auswahl unterschiedlicher Gärbstähle.

Durch die steigende Produktion von Gusseisen und Stahl kam es im 17. Jahrhundert trotz sorgfältiger Forstwirtschaft zu einer Verknappung der Holzkohle. Die Schachtöfen waren bereits auf 5 bis 7 m Höhe angewachsen und Steinkohle dem Druck der Schüttung nicht gewachsen. Abraham Darby gelang es durch Verkoken Festigkeit und Porosität der Kohle so zu erhöhen, dass er vermutlich schon 1709 in England das erste Roheisen mit Koks erschmelzen konnte. Auch das mit Holzkohle betriebene Frischfeuer ging in den koksbeheizten Puddelofen über, für den Henry Cort 1784 ein englisches Patent erhielt. Im Zweiphasengebiet Austenit/Schmelze konnten durch Rühren (puddling) größere Mengen teigigen Stahls erzeugt und durch Warmumformen verarbeitet werden. Dazu nahm Cort im gleichen Jahr das erste dampfgetriebene Walzwerk in Betrieb. Benjamin Huntsman erreichte 1740 eine so hohe Temperatur, das in graphithaltigen Tiegeln Stahl mit rund 1 % C vollständig schmolz. So konnten Schlackereste aufsteigen und dieser Tiegelstahl war bis zum Beginn des 20. Jahrhunderts wegen seiner Reinheit als Werkzeugstahl begehrt, aber nur in begrenzter Menge verfügbar. Als Vorläufer gilt der Tiegelstahl *wootz* oder *bulat* mit 1.4 bis 1.8 % C, der im 2. Jahrhundert in Indien auftauchte. Eine geringe Verunreinigung mit starken Karbidbildnern wie V und Mo wird beim Reckschmieden zu wirksamen Zeilen gestreckt, an

denen sich durch mehrfaches Pendelglühen um Ac_1 Bänder aus übereutektoiden Zementitausscheidungen bilden. Dieses Zeilengefüge ist die Grundlage
des echten Damaszener Stahles, dessen Herstellung um das Jahr 1000 auch in
Turkmenistan belegt ist.

In begrenztem Umfang kam auch eine dritte Möglichkeit der Roheisenver-
arbeitung zur Anwendung, das sogenannte Trockenfrischen. Es geht auf einen
Bericht von R.A.F. de Réaumur aus dem Jahr 1722 zurück, der in Paris weißes Gusseisen durch Tempern weich machte. Noch im 18. Jahrhundert kamen
dünnwandig *adoucierte* Gussstücke mit stahlähnlichen Eigenschaften auf den
Markt, die den weißen Temperguss vorwegnahmen, der ab 1827 in der Schweiz
gefertigt wurde.

C.2.4 Flussstahl

Neue Industrien verlangten nach Stahl: Dampfmaschinen- und Kesselbau ab
1769, Stahlschiffe ab 1787, Spinn- und Webmaschinen ab 1820 in Serie, Ei-
senbahnbau ab 1829 in England und 1835 in Deutschland. Die Erzeugung von
Schweißstahl aus dem Puddelofen stieß an ihre Grenzen. Da hatte 1856 Henry
Bessemer die Idee, Luft durch die Roheisenschmelze zu blasen, um so in kurzer
Zeit den überschüssigen Kohlenstoffgehalt zu verbrennen und dadurch die nö-
tige Temperaturerhöhung auf 1600°C zu erzielen, die auch kohlenstoffarmen
Stahl völlig flüssig werden lässt. S.G. Thomas und P.C. Gilchrist ersetzten
1878 die kieselsaure Auskleidung des Bessemerkonverters durch ein basisches
Futter aus Kalk und Magnesit. Neben den Konvertern ging 1864 auf saurem
Herd mit Regenerativfeuerung und 1880 auf basischem Herd der Siemens-
Martin-Ofen in Betrieb. Damit standen zwei Blasstahlkonverter und Herdö-
fen bereit, um große Mengen Flussstahl zu erzeugen. Die Hochöfen hatten
inzwischen eine Höhe von 15 m erreicht und die Winderzeugung erfolgte mit
Dampfkraft. Bis 1925 stieg die Welterzeugung auf rund 100 Mio t und in den
folgenden 50 Jahren auf rund 700 Mio t. Ab 1950 vollzog sich beim Blasstahl
die Umstellung von Luft auf Sauerstoff, um der Alterung durch Stickstoff (s.
Abschn. B.1, S. 130) zu entgehen. Um 1960 begann der Übergang vom Block-
zum Strangguss. Heute werden weltweit über 1,3 Milliarden Tonnen Eisenwerkstoffe erzeugt. Zwar legt die Geschichtsschreibung die *Eisenzeit* in das
erste Jahrtausend vor der Zeitrechnung, doch richtig in Schwung kam sie erst
gegen Ende des 2. Jahrtausends danach.

C.2.5 Eisenwerkstoffe

Mit dem Wechsel von Schweiß- zu Flussstahl begann das Legieren. Im Schweißstahl waren geringe Gehalte von Mn und Si sowie gelegentlich auch Cu oder Ni
aus dem jeweiligen Erz enthalten, bewusstes Legieren war aber wegen des un-
vollständigen Aufschmelzens nicht möglich. Beim Gusseisen war das Legieren
nicht in Gebrauch, weil die einzelnen Elemente noch nicht als Ferrolegierung

zur Verfügung standen. Das änderte sich rasch nach Einführung des Flussstahls, was an folgenden Beispielen abzulesen ist: Manganstahl durch R. Had-
field 1888, Nickel-Einsatzstahl durch Fa. Krupp 1888, Wälzlagerstahl durch
R. Striebeck 1901, Schnellarbeitsstahl durch F.W. Taylor 1906 und nichtrostender Stahl durch Fa. Krupp 1912.

Bevor es vom Flussstahl zurückgedrängt wurde, erlebte das Gusseisen eine
Blütezeit, die u. a. durch die Iron Bridge über den Fluss Severn (1779) und die
tragende Gusseisenkonstruktion des Kristallpalastes zur Londoner Weltaus-
stellung (1851) markiert wird. Ein Jahrhundert später erfuhr das Gusseisen neuen Auftrieb durch die Erzeugung von Kugelgraphit. Seine Einstellung
durch Magnesiumbehandlung wurde 1947 in den USA zum Patent angemel-
det. Im Jahr darauf folgte die Anmeldung dessen, was heute als Gusseisen mit
Vermiculargraphit bekannt ist. Die Produktion von hochfestem, bainitischem
Sphäroguss begann um 1972. Inzwischen ist die weltweite Erzeugungsmenge
von Gusseisen auf über 65 Millionen Jahrestonnen angewachsen.

In Mitteleuropa wurde Gusseisen mehr als 2000 Jahre später eingeführt
als Schweißstahl, weil die Erhöhung des Temperaturniveaus eine lange Ent-
wicklungszeit brauchte. Dann vergingen noch einmal rund 450 Jahre bis zur
Herstellung von Flussstahl, die ebenfalls vom Kampf um die Anhebung der
Prozesstemperatur geprägt waren. Tiegelstahl galt als Vorstufe und war wegen seiner hohen Güte Ansporn zur Ablösung des Schweißeisens. Festzuhalten
ist aber, dass schon in der ersten Hälfte des 19. Jahrhunderts, vor Einführung
des Flussstahls, Dampfkessel, Schmiedehämmer, Werkzeugmaschinen, Lokomotiven und andere Investitionsgüter aus Schweiß- und Gusseisen in Betrieb
gingen, die die Industrialisierung einläuteten.

In ihrer sechshundertjährigen gemeinsamen Geschichte waren sich Stahl
und Gusseisen in der Verhüttung nah, im weiteren Formgebungsverfahren
lagen Schmied und Gießer aber weit auseinander. Das ist bis heute zu spüren:
wir sprechen von einer Stahlindustrie und von einer Gießereiindustrie, die
aber mehr als nur das Gusseisen umfasst. In vielen Ländern sind Stahl und
Gusseisen in getrennten Industrieverbänden und Fachvereinen organisiert, die
jeweils eigene Zeitschriften herausgeben, Institute unterstützen, aber wenig
übergreifende Literatur aufzuweisen haben. So sind *Eisenwerkstoffe* bisher
nicht zu einem stehenden Begriff geworden. Das zu ändern ist ein Ziel dieses
Buches, das Stahl und Gusseisen nicht in getrennte Kapitel aufspaltet sondern
versucht, in jedem Kapitel beiden gerecht zu werden.

Aus jetziger Sicht wird die Geschichte der Eisenwerkstoffe weitergehen.
Das liegt an den bemerkenswerten Vorzügen des Grundelementes Eisen, die
z. T. schon früh geschätzt wurden und die wir heute benennen können: (a)
Eisen ist mit mehr als 4 % in der Erdkruste vertreten, mit Koks leicht re-
duzierbar und damit der preiswerteste metallische Grundwerkstoff bei hoher
Verfügbarkeit. (b) Der hohe Schmelzpunkt des Eisens geht mit großer Steifigkeit und Warmfestigkeit einher. (c) Die kubische Kristallstruktur verleiht
dem Eisen eine gute plastische Verformbarkeit und seine beiden Modifikatio-
nen erweitern die Möglichkeiten des Legierens und Wärmebehandelns bis hin

zum Härten. (d) Der Ferromagnetismus des Eisens gestaltet unsere Nutzung der Elektrizität und die Magnetabscheidung erleichtert die Rezyklierung von Schrott. (e) Eisen ist Bestandteil des Blutes und kann in der Regel als nicht toxisch eingestuft werden.

Bücher zur Geschichte des Eisens

1. L. Beck: Geschichte des Eisens, Verlag Vieweg, Braunschweig, 1897.
2. O. Johannsen: Geschichte des Eisens, Verlag Stahleisen, Düsseldorf, 1953.
3. C.S. Smith: A History of Metallography, The MIT Press, Cambridge, Ma, 1988.
4. R. Pleiner: Iron in Archaeology, Archeologicky ustav AV CR, Prag, 2000, (ISBN 80-86124-26-6, mit rund 950 Literaturhinweisen).
5. H. Berns: Die Geschichte des Härtens, herausgegeben von Härterei Gerster, CH-4622 Egerkingen, Verlag Ditschi AG, CH-4601 Olten, 2002.

C.3 Schriftumsangaben zu Bildern und Tabellen

Bilder

A.1.1b J. appl. Phys. (1965) S. 616. **A.1.1c** Z. Metallkd. (1969) S. 322.
A.1.9a nach Thermo-Calc, Users Guide, Royal Inst. of Technol., Stockholm.
A.1.9b DEW-Techn. Ber. (1971) S. 147.
A.2.17 Atlas der Wärmebehandlung der Stähle Bd. 1, Verlag Stahlei-sen, Düsseldorf, 1961. **A.2.18** K. Röhrig, W. Fairhurst: ZTU - Schaubilder, Gießerei-Verlag, Düsseldorf, 1979. **A.2.24** Weld. Res. (1947) S. 601s, (1973) S. 281s, (1974) S. 273s.
A.3.3 Atlas der Wärmebehandlung der Stähle Bd. 3, Verlag Stahlei-sen, Düsseldorf, 1973. **A.3.6a** wie Bild A.2.17. **A.3.7a** Distortion in Tool Steels, Verlag ASM, Metals Park, 1959. **A.3.8** Dissertation Ruhr-Universität Bochum, s. a. VDI-Fortschr.-Ber., Reihe 5, Nr. 141, VDI-Verlag, Düsseldorf, 1988.
A.4.6 Dissertation Ruhr-Universität Bochum, s. a. Fortschr.- Ber. VDI-Z Reihe 5, Nr. 91, VDI-Verlag, Düsseldorf, 1985. **A.4.12** Z. Metallkde. (1968) S. 29. **A.4.13** Stahl und Eisen (1979) S. 841. **A.4.20** Chemical metallurgy of iron and steel, ISI Publ. 146, London, 1973, S. 395 u. 419. **A.4.22** J. Phys. Ser. F (1981) S. 57. **A.4.23** Trav. Mem. Bur. Int. Poids et Mesures, (1927) S. 1.
B.1.3c Schweißen und Schneiden (1981) S. 363. **B.1.4** Archiv Eisenhüt-tenwes. (1975) S. 119. **B.1.5** Estel Ber. (1976) S. 139. **B.1.7** Konstruieren und Giessen 25 (2000) H.2 S. 23, 53. **B.1.8** Hochwertiges Gusseisen, Springer Verlag, Berlin, 1951 S. 585. **B.1.9a** Stahlguss und Gusslegierungen, Dt. Ver-lag für Grundstoffindustrie, Leipzig/Stuttgart, 1992. **B.1.9b** Gieß. Forsch. 37 (1985) H.1 S. 17. **B.1.10** Metals Handbook - 9th Edition, ASM, Metals Park Ohio, 1978, S. 40. **B.1.11** Konstruieren + Gießen 16 (1991) S. 7. **B.1.12** Kon-struieren + Gießen 20 (1995) 2 S. 9. **B.1.14** Age Strengthening of Gray Cast Iron - Phase III, Technical Report, University of Missouri-Rolla, Metallurgical Engineering Dept., 2003.
B.2.2a Acta Met. (1981) S. 111. **B.2.3** Thyssen Edelstahl Techn. Ber. (1987) S. 89. **B.2.5** Proc. Int. Conf. on TRIP-Aided High Strength Fer-rous Alloys, Gent, Juni 2002, S. 13-23. **B.2.6** steel research 73 (2002) S. 392. **B.2.7** steel research 75 (2004) S. 139. **B.2.10** Stahl u. Eisen (1987) S. 585. **B.2.11** Max Planck Institut für Eisenforschung, Annual Report, Düsseldorf, 2004, S. 105-108. **B.2.12** J. Phys. IV France 7 (1997) C5 S. 383. **B.2.13** Konstruktion (2005) S. IW6. **B.2.14c** Advanced Engineering Mat. 2 (2000) S. 261. **B.2.14d** steel research 68 (1997) S. 534. **B.2.14e** steel research 58 (1987) S. 369. **B.2.14f** ATZ Automobiltechn. Z. 100(1998) S. 918. **B.2.15** HTM (1968) S. 85. **B.2.16** Techn. Rundsch. Sulzer Forsch. Heft (1970) S. 1. **B.2.18** Stahl und Eisen (1973) S. 1164 u. (1978) S. 157. **B.2.19** steel rese-arch (1986) S. 178. **B.2.20** Dissertation Ruhr-Universität Bochum, s. a. VDI-Fortschr. Ber., Reihe 18, Nr. 29, VDI-Verlag, Düsseldorf, 1986. **B.2.22** Metall-

urg. Trans. A (1977) S. 1025. **B.2.25** Wälzlagertechn. (1987) S. 14. **B.2.26**
Duktiles Gusseisen, Verlag Schiele & Schön, Berlin, 1996, S. 178. **B.2.27a**
wie Bild B.2.26, S. 179. **B.2.27b** Gießerei-Praxis 19 (1982) S. 203. **B.2.29**
Gießereitechnik 19 (1973).

B.3.2 wie Bild A.3.3. **B.3.5** HTM 58 (2003) S. 191. **B.3.7** HTM 59 (2004)
S. 25. **B.3.8** HTM 53 (1998) S. 359. **B.3.10b** HTM (1968) S. 296. **B.3.10d**
HTM (1968) S. 101. **B.3.11** HTM 60 (2005) S. 233. **B.3.14** Atlas der Wär-
mebehandlung der Stähle, Verlag Stahleisen, Düsseldorf, 1972. **B.3.12** Disser-
tation Ruhr-Universität Bochum, s. a. VDI-Fortschr.-Ber., Reihe 5, Nr. 702,
VDI-Verlag, Düsseldorf, 2005.

B.4.1 Hartlegierungen und Hartverbundwerkstoffe, Springer Verlag, Berlin Heidelberg, 1996, S. 24. **B.4.3** Dissertation Ruhr-Universität Bochum,
s. a. Fortschr.-Ber. VDI Reihe 5, Nr. 340, VDI-Verlag, Düsseldorf 1994.
B.4.4 Hartlegierungen und Hartverbundwerkstoffe, Springer Verlag, Ber-
lin/Heidelberg, 1996, S. 24.

B.5.1 AWT Seminar Werkzeugstähle, Berlin, 1984. **B.5.2** Arch. Eisenhüt-
tenwes. (1958) S. 193. **B.5.4a** Arch. Eisenhüttenwes. 47 (1976) S. 391. **B.5.4b**
HTM 29 (1974) S. 236. **B.5.5c** Metals and Mat. (1986) S. 421. **B.5.6** Process
Developments and Applications for New PM-High Speed Steels, Proc. 5th In-
tern. Conf. on Tooling 1999, Inst. für Metallkd. Montanuniversität Leoben,
Östereich, S. 525. **B.5.7a** 3. Int. Conf. Fatigue, Charlottsville, USA, 1987.
B.5.7b VDI-Z 127 (1985) S. 885. **B.5.8** Metals and Mat. (1986) S. 421. **B.5.9**
Schichtherstellung Dörrenberg Edelstahl. **B.5.11** AWT Seminar Werkzeug-
stähle, Berlin, 1984. **B.5.12** HTM 42 (1987) S. 25. **B.5.13** DEW-Techn. Ber.
(1971) S. 178. **B.5.14** steel research 56 (1985) S. 433. **B.5.16** Radex Rundsch.
(1989) S. 40.

B.6.1a Dissertation Universität Leiden, 1955. **B.6.1b,c** Archiv Eisenhüt-
tenwes. (1937/38) S. 131. **B.6.3** Thyssen Edelst. Techn. Ber. (1986) S. 3.
B.6.4a Archiv Eisenhüttenwes. (1963) S. 465. **B.6.4b** Dissertation RWTH
Aachen, 1974. **B.6.4c** Dissertation RWTH Aachen, 1967. **B.6.4d** Nichtrosten-
de Stähle, Verlag Stahleisen, Düsseldorf, 1989. **B.6.5** Thyssen Edelst. Techn.
Ber. (1982) S. 153. **B.6.6** Archiv Eisenhüttenwes. (1938/39) S. 459. **B.6.7**
Metal. Progr. (1949) S. 680 und 680B. **B.6.11a** Thyssen Edelst. Techn. Ber.
(1982) S. 97. **B.6.11b** Thyssen Edelst. Techn. Ber. (1985) S. 3. **B.6.12** wie
Bild B.6.4d. **B.6.14** Thyssen Edelst. Techn. Ber. (1989) S. 1. **B.6.15** HTM
38 (1983) S. 197 u. 251. **B.6.17** Mat. Sci. Eng. (2006) S. 47. **B.6.19** Archiv
Eisenhüttenwes. (1976) S. 241. **B.6.20** Proc. Int. Corrosion Forum, Boston,
1985. **B.6.21a** Konstruieren + Giessen 29 (2004) S. 2. **B.6.21b** Konstruieren
+ Giessen 26 (2001) S. 17.

B.7.4 Archiv Eisenhüttenwes. (1974) S. 263 u. 711. **B.7.6** Metallurg. and
Mat. Trans 36A (2005) S. 333. **B.7.7** Iron and Steel (1961) S. 634. **B.7.8**
Dissertation Ruhr-Universität Bochum, s. a. VDI-Fortschr. Ber. Reihe 5, Nr.
222, VDI-Verlag, Düsseldorf, 1991.

B.8.1a Stahl und Eisen (1987) S. 1119. **B.8.1b** steel research int. 76,
(2005) S. 450. **B.8.3** Wertstoffkunde Stahl Bd. 2, Verlag Stahleisen,

Düsseldorf, 1985, S. 551. **B.8.4a,b** Physikalische Eigenschaften von Stählen, Verlag Stahleisen, Düsseldorf, 1983 u. Int. Nickel Publ., 1966. **B.8.4c** Z. Metallk. (1943) S. 194. **B.8.5** Kontakt und Studium Bd. 259, Expert Verlag, Ehningen, 1988, S. 1.

C.2.1 Stahl u. Eisen 78 (1958) S. 1297.

Titelbilder

Kap. A.1 SCHMOLZ + BICKENBACH Distributions GmbH, Düsseldorf, Deutschland. **Kap. A.2** SCHMOLZ + BICKENBACH-Gruppe. **Kap. A.3** SCHMOLZ + BICKENBACH Guss GmbH & Co. KG, Krefeld, Deutschland. **Kap. A.4** Deutsche Edelstahlwerke GmbH, Witten, Deutschland. **Kap. B.1** Steeltec AG, Emmenbrücke, Schweiz. **Kap. B.2** SCHMOLZ + BICKEN-BACH Distributions GmbH, Düsseldorf, Deutschland. **Kap. B.3** Deutsche Edelstahlwerke GmbH, Witten, Deutschland. **Kap. B.4** SCHMOLZ + BICKENBACH Guss GmbH & Co. KG, Krefeld, Deutschland. **Kap. B.5** Deutsche Edelstahlwerke GmbH, Witten, Deutschland. **Kap. B.6** SCHMOLZ + BICKENBACH Guss GmbH & Co. KG, Krefeld, Deutschland. **Kap. B.7** SCHMOLZ + BICKENBACH Guss GmbH & Co. KG, Krefeld, Deutschland. **Kap. B.8** Ugitech S.A., Ugine, Frankreich.

Tabellen

A.1.2 Archiv Eisenhüttenwes. 50 (1979) S. 185. **A.2.1** Ausscheidungsatlas der Stähle, Verlag Stahleisen, Düsseldorf, 1983. **A.3.2** Material Science and Engineering A, Article in Press, doi:10.1016/j.msea.2006.11.181. **A.4.4** Materials and Corrosion 55 (2004) S. 341. **B.2.1** VDI-Ber. 428, VDI-Verlag, Düsseldorf, 1981, S.35. **B.8.3** Eisen-Nickel-Legierungen, Schrift der Int. Nickel Deutschland GmbH, Düsseldorf, 1972.

Schlagwortverzeichnis

A1, A2 ... Temperaturen   29
Abkühlung
-, beim Härten   64, 73
-, beim Walzen   13
-, der Schmelze   12
-, im Vakuumofen   238, 302
-, kontinuierliche   45
-, langsame   12, 26, 29, 30, 45, 355
-, rasche   36, 38, 48, 73, 345
Abkühlverlauf   40, 66, 302
Abrasion   106, 251, 266, 289, 300
Adhäsion   104, 107, 127, 251, 283, 288
ADI   208
AFP-Stähle   189, 219, 233
Aktivgitter   227
α'-Versprödung   188, 313, 316, 340
Alterung   130, 139, 158, 397
Aluminieren   137
Amorphe Zone   23
-, Bänder   372
-, Schicht   286, 288, 309
Anisotropie   24, 92, 131, 293
-, Maßänderung   278, 304
-, ebene   134
-, senkrechte   131, 312
Anlass-
-, parameter   69
-, schaubild   68, 273, 302
-, versprödung   50, 69, 198, 208, 356
Anlassen   48, 68, 188, 263, 329
-, Selbstanlassen   44, 186
-, Werkzeuge   273, 278, 302
-, mehrfach   303

-, partielles   199
-, weichmartensitische Stähle   329
Anwendungen
-, AFP-Stähle   190
-, Dünnschichten   288
-, Einsatzstähle   246
-, Feinkornstähle   179
-, Gusseisen   157
-, Heizleiterlegierungen   380
-, Kaltarbeitsstähle   288
-, Kunststoffformenstähle   292
-, Mehrphasenstähle   180
-, Nitrierstähle   232
-, Schnellarbeitsstähle   304
-, Warmarbeitsstähle   297
-, Werkstoffe mit
-, Formgedächtnis   380
-, besond. Wärmeausdehng.   378
-, Werkzeuge
-, für Mineralverarb.   255, 259, 262
-, für Werkstoffverarbeitung   273
-, aus der Schmiedehitze behandelte
   Stähle   184
-, hartmagnetische Werkstoffe   374
-, hitzebeständige Stähle   340, 365
-, höchstfeste Stähle   178, 194
-, nichtmagnetisierbare Stähle   375
-, nichtrostende Stähle   332
-, perlitische Stähle   184
-, randschichthärtende Stähle   223
-, schweißgeeignete Stähle   175
-, unlegierte Baustähle   134
-, warmfeste Stähle   361

-, weichmagnetische Stähle   369
Atom-
-, durchmesser   5, 182
-, gewicht   7
-, volumen   7
Aufhärtbarkeit   66, 219
Aufhärten   273, 274
Aufkohlen   235
-, Einsetzen   290
-, hitzebeständig   339, 381, 394
Auftragschweißen   255, 264
Ausdehnungskoeffizient
-, Eisen-Nickel   121
-, Gusseisen   149
-, besondere Werkstoffe   121, 376
-, warmfeste Stähle   353
Ausscheidungen   15, 24, 33, 52, 85
-, Arten   15, 22
-, Gestalt   22
-, Graphit   145, 156
-, Kohärenz   24, 188
-, versprödend   208, 322
Ausscheidungshärten (Aushärten)
-, Werkzeuge   274, 278, 296
-, höchstfest   212
-, mikrolegiert   189, 208
-, nichtrostend   311, 314
-, warmfest   323
-, zunderbeständig   314
Ausscheidungsschicht   226
Austempered Ductile Iron, (ADI)   209
Austempered Grey Iron, (AGI)   213
Austenit   9, 18, 47
-, Gefügebild   21
-, Rückbildung   202, 328
-, Stabilisierung   70, 325
-, Umwandlung   38
-, homogen, inhomogen   65
-, umwandlung   315
Austenitformhärten   203
austenitische Stähle   63
-, Heizleiter   381
-, hitzebeständig   338
-, nichtmagnetisierbar   375
-, nichtrostend   323, 330
-, warmfest   358
Austenitkorngröße   241
Austenitumwandlung   29, 38, 41
Automatenstähle   139

Bainit   39, 45, 200
-, Baustahl   168
-, Gefügebild   44
-, Gusseisen   71, 208
-, Wälzlagerstahl   71, 204
-, isothermer   204
-, stufe   70, 208
bake hardening   131, 172, 180
Bauschinger-Effekt   180
Baustähle   26, 125, 352, 384
-, für durchgreif. Wärmebeh.   190
Beanspruchung   79, 88, 106
Begleitelemente   4, 144, 415
Beschichtungen   72
-, Band   134
-, Dünnschichten   285, 291, 305
-, Emaillieren   72, 137
-, Korrosion   363
-, Lackieren   72, 136
-, Schmelztauchen   72, 128, 136
-, Verschleiß   264, 267
-, galvanisch   107, 140, 175
-, organisch   137
Bessemer-Stahl   397
Betonstähle   135, 139, 385
Bezeichnung
-, von Gusseisen   388
-, von Stahl   383
Biegefestigkeit   255, 280, 302
Binnendruck   4
Blankstahl   140, 197
Blasstahl   394
Blauversprödung   50, 199
Bleche   134, 143, 168, 371
Blochwände   118, 374
Blockguss   37
Boride   15, 256
Borieren   256
Boudouard-Gleichgewicht   225, 392
Brandrisse   294
Bruch   85
Brucharbeit   84, 88, 98, 100, 182
Bruchgrenze   73, 90
Bruchsicherheit   190, 269
Bruchzähigkeit   85, 89, 98, 201, 210

CADI   213
Carbonitrieren   238, 247
Chemieanlagen   333

chemisch beständige Werkstoffe   309
Chromäquivalent   47, 323
Chromgusseisen   261, 265
clean steels   197, 362
Curie-Temperatur   118, 120
CVD-Beschichtung   283

Dämpfungsfähigkeit   32, 100, 213
Damaszener Stahl
-, Schweißdamast   393
-, echter   397
Dampfkraftwerk   361
Dampfturbine   362
Dauerfestigkeit   114, 211, 246
dauermagnetisch   s. hartmagnetisch
Deckschicht
-, chemisch beständig   112, 182, 309,
   341, 357, 381
-, verschleißbeständig   286
Defekte   97, 278
Dehngeschwindigkeit   84, 183
Dehnung   70, 90, 130, 177, 183
Delamination   106
Dendriten   26, 147, 277
Desoxidation   138, 293
Dichte   7
Diffusion   16, 51, 115, 235
-, Aufkohlen   242, 339, 394
Diffusionsglühen   26, 63
Diffusionsschicht   226, 230
Diffusionszone   230, 236
Direkthärten   240, 243
Direktreduktion   392
Dispersion   165, 254, 277, 298
Draht   247
-, unlegiert   139, 195
-, vergütet   185
Dressieren   135
Druckfestigkeit   99, 102, 283
Druckmetallurgie   207, 330
Druckwasserstoffbeständigkeit   366
Dualphasengefüge   22, 125, 169, 321
Dualphasenstahl   169, 171, 181
Duktilität   71, 84, 89
Duplexgefüge   21, 125, 182, 325
Duplexstahl   22, 322, 334, 346

Eigenschaften der Stähle
-, chemische   72, 109

-, magnetische   41, 118
-, mechanische   79, 91, 95, 100
-, physikalische   79, 118
-, tribologische   103
Eigenspannungen   114, 372
-, in Randschicht   229, 244
-, in Zunder   117
-, nach Härten   41, 73
-, nach Kugelstrahlen   199
-, nach Schweißen   58, 355
-,nach Bainitisieren   204
-,nach Härten   204
Eigenspannungsabbau   58, 74, 201, 263
Einfachhärten   242, 257
Einhärten   273
Einhärtungstiefe   67
Einheitszelle   6
Einsatzhärten   217, 234, 237, 244, 255
-, Tiefe   217
-, in Oxidschicht   117
-, in Randschicht   199, 244
Einsatzhärtungstiefe   217
Einsatzstähle   234, 240, 245
-, Getriebeteile   246
-, Verschleißteile   257
-, Wälzlager   206
-, Werkzeuge   256
Einschlüsse   28, 38
-, Bruchgrenze   97, 107
-, Ermüdung   204, 206
-, Polieren   229
-, Umformung   138, 317
-, Vermeidung   191
Eisen
-, α-, δ-, ε-, γ-Fe   5
-, Eigenschaften   7, 94, 398
-, Erz   9, 142, 392
-, Geschichte   392
-, Jahreserzeugung   150, 397
-, Konstitution   5
-, Kristallgitter   6
-, Schwamm   392
-, Verfestigung   94
-, chemische Beständigkeit   109
-, gewinnung   395
-, zeit   251, 395
Elastizitätsmodul   7, 82, 100, 120
ELC-Stähle   319, 358, 361
Elektroblech   370, 371

Elektronenstrahlhärten   217
Endogas   234, 236
Energieprodukt   370, 373
Energiewandlung   370
Entgasen   197
Entkohlung   75, 156, 185, 220, 223
Erholung
-, beim Kriechen   350
-, im Martensit   48, 60, 254
Ermüdung   205, 251, 294, 365, 380, s.
   a. *Schwingfestigkeit*
-, HCF   365
-, LCF   365
Erosion   108
Erstarrung   9, 12, 26, 31
ESU, Elektro-Schlacke-Umschmelzen
   38, 296, 304
expanded austenite   233
Extrapolation   364

Faser   22, 91
Federstähle   198
Fehlordnungen   23, 25
-, Abbau   57
-, Festigkeitssteigerung   57, 90, 94
Fehlpassungen   24
Feinblech   136, 171
Feinkorn   182
-, Einfluss auf $T_ü$ 185
-, Einfluss auf die Festigkeit   168
-, Einsatzhärten   241
-, Kaltzähigkeit   195
-, Umformen   28, 165, 203
-, Vergüten   69, 194
-, durch Normalglühen   126
Feinkornstähle   85, 165, 177
Feinstblech   134
Ferrit   9, 18, 47
-, Eigenschaften   311
-, Gefügebild   21, 126
-, Netz   22
ferritisch-austenitische Stähle   324
ferritisch-martensitische Stähle   248,
   329
ferritisch-perlitische Gusseisen   146,
   151, 211
ferritisch-perlitische Stähle   127, 188
-, aushärtend   184
ferritische Werkstoffe

-, Gusseisen   99, 147, 150, 161, 343
-, Heizleiter   381
-, hitzebeständig   338
-, nichtrostend   320
-, weichmagnetisch   372
Ferritisieren   62
Festigkeit   90, 151, 312
Festigkeitssteigerung   94
Festwalzen   72, 211, 325
Fischschuppen   137
Flacherzeugnisse   134, 176, 385
Flächenkorrosion   113, 318, 332
Flammhärten   36, 72, 217, 223, 291
Fließfiguren   134
Fließgrenze   90
-, Einfluss T, $\dot{\varepsilon}$ 92, 349
Fließkurve   90, 313
-, Baustahl   196
-, nichtrostender Stahl   313
Fließspannung   91
Flocken
-, Vermeidung   58, 197
Flussstahl   394
Formänderung b. Härten   73, 223, 232
Formfüllungsvermögen   157
Formgebung   37, 57, 140, 190, 247, 251
Formgedächtnis   45, 378
Frischen   393
Frischfeuer   395
Funktionswerkstoffe   369

G-Phase   52, 188
Gangart   392
Gasaufkohlen   234
Gasnitrieren   188, 224, 227, 228
Gasturbine   362
Gefüge   21
-, Aufbau   21
-, Einfluss auf $T_ü$ 85
-, Einfluss auf Festigkeit   91
-, Mikrohärte von Phasen   103
-, Morphologie   21
-, Zeiligkeit   21
-, anisotrop   25, 93, 126
-, gleichgewichtsfern   36
-, gleichgewichtsnah   26
Gerüst   22, 74, 102
Gesamtflächenhärten   217
Gewaltbruch   89, 280

Gitter
-, ebenen   82
-, hd   6, 45
-, kfz, krz   6
-, lücken   8
-, parameter (-konstante)   5
-, scherung   42
-, trz   43
GKZ-Glühung   60, 387
Gleichgewicht   26, 36, 48, 115, 225, 393
Gleitbruch   86, 100
Gleiten   42, 82, 352
Gleitreibung   104, 108
Glimmentladung   227, 286
Glühen   34, 58, 131, 154
Graphit
-, Morphologie   53
-, ausbildung   33, 145, 153, 388
-, einlagerungen   145, 157
-, entartung   152
Graphitisierung   70, 156, 260, 312, 342
Grenzfläche   24, 117
-, Energie   104
-, Phasen   22, 24
-, Reibpartner   104, 107
Grenzhärte   217
Grobblech   138
Grobkorn   87, 129, 242
-, chemisch beständigen   316
-, warmfesten   352
-, weichmagnetischen Stählen   369
Gusseisen   31, 342, 360, 388
-, Temperguss   154
-, schwarz   155
-, weiß   156
-, austenitisches   344
-, chemisch beständig   342
-, ferritisches   343
-, graues   99, 144, 207
-, mit Kugelgraphit   150
-, mit Lamellengraphit   147
-, mit Vermiculargraphit   152
-, weißes   102, 259, 346

Hämatit   116, 392
Härtbarkeit   64, 190, 208, 242
-, Kosten   192
Härte von
-, Dünnschichten   284

-, Gefügebausteinen   103
-, Mineralien   103, 252
Härten   42, 64, 73
-, aus der Schmiedehitze   184
-, von Werkzeugen   254, 273
Härtungsgrad   67
Haftreibung   104
Halbwarmumformen   186, 233
Hallstatt-Zeit   395
harte Stähle   204
Hartguss   102, 120, 259
hartmagnetische Werkstoffe   373
Hartphasen
-, Härte   103
-, Rissbildung   86, 204
-, Typ   52
-, Verschleißbeständigkeit   252, 265
-, Verteilung   22, 107
Haspeltemperatur   173
Heißrisse   27, 317
Heizleiterlegierungen   380
HIP-Verfahren   264, 267, 297
hitzebeständige Stähle   337
Hitzebeständigkeit   312, 345
Hochlage   85, 95, 132, 151, 268
Hochofen   394
Hochtemperaturkorrosion   115, 309,
       344, 380
-, Kinetik   115
-, Legierungseinfluss   117
höchstfeste Stähle   200
höherfeste Werkstoffe   165
Holzkohle   392
HSLA-Stähle   165, 175, 180
Hydrolyse   128, 318, 337
Hysteresekurve   369

IF-Stähle   135, 138, 181
Impfen   147, 157
Induktion, magnetische   217, 283
Induktionshärten   72, 217, 220, 366
Inkohärenz   24, 51
Interkritische Gefügeeinstellung   169
interstitial free   s. IF-Stähle
interstitielle Elemente   15, 327, 349
Interstition   9, 14
Invarlegierung   120
Ionenimplantieren   72

Kaltarbeitsstähle   274, 293
Kaltband   136, 197, 198
Kaltrissneigung   166
Kaltumformbarkeit   136, 314, 385
Kaltverfestigung   211, 259
kaltzähe Stähle   18, 194
-, nicht rostend   322, 344
Karbide   15
-, Anordnung   22
-, Arten   48, 50, 52, 184
-, Gefügebilder   34, 44, 258, 282
-, Mikrohärte   103
-, Morphologie   53
-, nach Abkühlen   33
-, nach Anlassen   48, 50
Karbidglühen   62
Keimbildung
-, Fehlordnung   30, 48, 51, 68
-, Kriechen   355
-, Umwandlung   62
-, Unterkühlung   36
-, heterogene   26
Kerbwirkung   81
-, Bruch   86, 100
-, Bruchgrenze   92
-, Einfluss auf $T_\ddot{u}$ 85
-, Mehrachsigkeit   79, 88, 97
-, innere   82, 99
Kinetik
-, Hochtemperaturkorrosion   115
-, Nasskorrosion   111
Kleben   176
Knautschzone   180
Körner   21, 234
-, gestreckt   21, 24, 25, 126
-, gleichachsig   21
Koerzitivfeldstärke   369
Kohärente Teilchen   24, 51
Kohärenz   24, 51
Kohlenstoff   9, 14
-, äquivalent   31, 129, 138, 165, 176
-, aktivität   31, 144, 234
-, pegel   234
Kohlenstoffstähle   13, 135
Konstitution   3, 132, 321
Kontaktkorrosion   113
Konzentrationsschnitt   17, 29, 276, 316
Koordinationszahl   5
Korngrenzen   21, 23

-, gleiten   86, 352, 358
-, karbid   30
-, seigerung   50, 113, 198
Korrosion   109
-, Baustahl   127
-, nichtrostender Stahl   318
Korrosionsbeständigkeit   109, 127, 178,
    311, 328
Kriechen   74, 89, 295, 349, 358
-, Coble   352
-, Nabarro-Herring   352
Kristallaufbau   6
kubische Gitter   5, 42
Kugelstrahlen   72, 199, 244
Kunststoffformenstähle   292

La Téne-Zeit   395
Langerzeugnisse   139
Larson-Miller-Parameter   364
Laseranwendung
-, Härten   217, 291
-, Umschmelzen   72
latente Wärme   4, 39
Laves-Phase   52
Lebensdauer   89, 113
-, Federn   199
-, Kriechwiderstand   350, 363
-, Wälzlager   206
-, Werkzeugstähle   281, 304
ledeburitische Werkstoffe   233, 260, 279
Leerstelle   23
Legierungseinfluss   46
Legierungselemente   15, 45, 234, 415
-, Geschichte   397
-, Verbleib im Stahl   14
-, austenitstablisierend   47, 324, 373
-, ferritstablisierend   47, 324
-, korrosionshemmend   159, 310
-, verfestigend   94, 168
Legierungskosten   192, 312
Lehrer-Diagramm   225
Leitfähigkeit   84, 121
Lochfraß   s. Lochkorrosion
Lochkorrosion   114, 233, 248, 318
Löslichkeit   9, 15
Lösungsglühen   63, 130, 259
Lokalkorrosion   113, 317, 332
Lücken   5, 8, 16
Lüders-Dehnung   90, 130, 179

Lunker   28, 102
Luppe   396

Magnesiumbehandlung   32, 150, 398
magnetische Eigenschaften   118, 370
magnetische Feldkonstante   369
magnetische Flussdichte   369
magnetische Permeabilität   369, 376
Magnetit   75, 116, 392
Magnetostriktion   13, 377
Manganhartstahl   43, 259
Martensit   38, 42, 64
-, ε-Martensit   7, 45
-, Festigkeit   95
-, Gefügebilder   43
-, Härte   103
-, Verform.martensit   170, 182, 254
martensitaushärtende Stähle
-, Werkzeuge   293
-, hochfest   202, 290
-, nichtrostend   49, 328
Martensitphasenstähle   180
Maßänderung   52, 68, 74, 204, 278, 378
maßgebliche Dicke   141, 191
maßgebliche Randschichtdicke   217
Maßstabilität   74, 204
Matrix   22, 40, 99, 267
Matrixpotential   302
mechanische Eigenschaften   100, 193, 209, 212, 280, 344
Mehrachsigkeit   79, 88, 96, 97
Mehrphasenstähle   180
Mehrstoffsystem   17, 276, 316
metal dusting   312
metastabile Erstarrung   33
metastabiles System   10
Meteoreisen   395
M_f-, M_s-Temperatur   39, 47, 222, 302
mikrolegierte Stähle   165
Mischkristall   9
Mischkristallhärtung   94, 147, 313, 351
Morphologie   42, 53

Nachwalzen   136
Nasskorrosion   109, 310, 317
-, Kinetik   111, 113
-, Lokalkorrosion   113
-, Thermodynamik   110
Nebenwirkungen   73

-, thermische   73
-, thermochemische   74
Néel-Temperatur   118
Netzgefüge   22, 255, 304
nichtmagnetisierbare Stähle   118, 370, 374
nichtmagnetisierbare Werkstoffe   374
nichtmetallische Einschlüsse
    s. Einschlüsse
nichtrostende Stähle   240, 317
-, Stähle mit hohem N-Gehalt   329
-, austenitische   323
-, ferritische   320
-, martensitische   325
Nickeläquivalent   47, 317, 358
Nickelbasislegierung   295, 342
Niederdruckaufkohlen   237, 239
Nieten   176
Nihard   102
Nitride   15, 225
-, Ausscheidung   46, 52, 320
-, Mikrohärte   103
-, Randschicht   225
-, Verzug   229
-, Werkzeuge   286
Nitride/Ausscheidung   165
Nitrieren   72, 224
-, Mikrohärteverlauf   228
-, Niedertemperatur   233
-, Verzug   229
-, Werkzeuge   286
-, im Plasma   227
Nitrierhärtetiefe   217, 293
Nitrierkennzahl   226
Nitrierschicht   226, 231, 287
Nitrierstähle   224, 293
Nitrocarburieren   225, 233
Normalglühen   62
-, Baustähle   126, 138, 166
-, höherfeste Stähle   178
-, randschichthärtende Stähle   220
-, warmfeste Stähle   352

Oberflächenzerrüttung   106, 251
ODS-Legierung   363
Ostwald-Reifung   48, 60, 353
Oxidation   75, 342, s. a. Zundern
-, Einsatzhärte   237
-, Elektroblech   371

-, innere   236, 371
Oxidschicht   116, 148
Oxinitrieren   225, 233

Passivierung   112, 182, 322, 333
Patentieren   63, 140
Pendelglühen   60, 220, 397
Perlit   30
-, Eigenschaften   95, 101, 127, 154
-, Gefügebild   30, 126, 258
-, Verschleißwiderstand   127, 139, 149
-, isotherm gebildet   46, 200
-, kontinuierlich abgekühlt   39, 40
-, normalgeglüht   62
perlitische Gusseisen   149, 220, 276
perlitische Stähle   139, 184
perlitischer Hartguss   34, 258, 260
Permeabilität   s. magn. Permeabilität
Petrochemie   365
Pfannenmetallurgie   362
Phasen   3, 23, 82
-, Ausscheidung in   50
-, höchstfesten Stählen   202, 328
-, nichtrostenden Stählen   314
-, warmfesten Stählen   360
-, Complexphasenstähle   172
-, Dualphasenstähle   171
-, Grenze   23
-, Mehrphasenstähle   168
-, Morphologie   3, 25
-, grobe   25
-, harte   107, 252
-, intermetallische   22, 52
Phosphideutektikum   222
phosphorlegierte Stähle   181
Plasmaaufkohlen   238
Plasmanitrieren   227, 286
Polierschwänze   229
Porensaum   229
Potential   110, 112
Primärkorngröße   37
Probenentnahme   101
Profile   57, 139
Prüftemperatur, Einfluss auf
-, Festigkeit   91, 349, 354
-, Härte   92
-, Kriechen   354, 364
-, Wärmeausdehnung   377

-, Zähigkeit   85
Prüfverfahren   97
Puddelofen   394
Pulvermetallurgie   28, 374
-, Baustähle   142
-, Gefüge   273, 277
-, Werkzeuge   267, 275, 297, 304
Punktschweißen   176

quasiisotrop   24

r-Wert   133
Randaufsticken   239, 247
Randhärtetiefe   217, 221
Randschicht   32, 219, 228, 237
-, behandlung   217, 239
-, entkohlt   198, 223
-, härten   71, 217, 220
-, umschmelzen   71
-, weiße Erstarrung   32, 161
randschichthärtende Werkstoffe   219, 228, 241
Rauheit   104
Reduktion
-, Fe-Erz   142, 393
-, Nasskorrosion   109
Regelwerke   383
reheat cracking   355
Reibung   104
-, innere   101, 134
Reibungskoeffizient   105
Reinheitsgrad   98, 205
-, Baustahl   140
-, Heißrisse   179
-, Lebensdauer   206
-, Pfannenmetallurgie   197
-, nichtmetallische Einschlüsse   28, 38, 138, 229, 316
Rekristallisation
-, Austenit   37, 165
-, Behinderung   165
-, Martensit   48
-, Umformen   28
-, sekundäre   313
Rennofen   392
Restaustenit   43, 67
-, Einsatzstahl   210
-, Gefügebild   43, 47
-, Gusseisen   70, 210, 261

-, Mehrphasenstähle   171
-, Umwandlung   174, 206, 254, 278
-, Verschleißwiderstand   278
-, Wälzlagerstahl   67, 204
-, Werkzeuge   254, 257, 302
Rissausbreitung   87, 211, 245, 296
Rissbildung durch
-, Belastung   79, 88, 98, 190
-, Ermüdung   107, 204, 245
-, Härten   64, 73, 221, 305
-, Karbide   86, 131, 204, 278
-, Korrosion   114, 116, 179
-, Martensitplatten   44
-, Nitrieren   229
-, Oxidation   75, 76, 116
-, Randschichthärten   206
-, Schweißen   266
-, Seigerung   86
-, Thermoschock   297
-, Wasserstoff   58, 114, 178
Ritzenergie   253
Rösten   392
Roheisen   154, 394
Rohguss   154
Rohre   141, 176, 203, 207, 334
Rühren   28, 396

S-Phase   233
Sättigungsgrad   34, 147, 270
Sättigungspolarisation   369
Salzbadnitrocarburieren   227, 228
Sauerstoffsonde   236
Schachtofen   392
Schaeffler-Diagramm   47, 316
Schalenhärter   74, 290
Schalenhartguss   13, 33, 37, 260
Scherschneiden   289
Schienen   135, 139, 184
Schmelzen
-, Roheisen   394
-, Stahl   396, 397
Schmelzenbehandlung   150
schmiedemartensitisch   188
Schmieden   184, 187
schmiedeperlitische Stähle   189
Schmiedestücke   141
Schnellarbeitsstähle   274, 301
Schnellerstarrung   9, 372
Schublippe   88

schweißbare Baustähle   26
Schweißeignung
-, Gusslegierungen   161
-, hochlegiert   256, 293, 314
-, niedriglegiert   128, 138, 165
Schweißen   129, 140, 162, 166, 175, 356
Schweißstahl   392
Schwingfestigkeit
-, Federn   198, 199
-, Stahlcord   140
-, Wälzlager   206
-, Werkzeuge   281
Schwingungsrisskorrosion   114
Seigerung   24, 26
-, Abbau   38, 63, 64
-, Alterung   130
-, Anlassversprödung   198, 356
-, Entstehung   27
-, Korrosion   113
-, Rissbildung   305
-, lokale   28
Sekundärgraphit   53
Sekundärhärten   49
-, Nitrier-   228, 233
-, Wälzlager   330
-, Werkzeugstähle   273, 278, 287
-, hochfeste   201, 207
-, nichtrostende   207
Selbstabschreckung   128, 217, 223
Selbstanlassen   44, 186
Sensibilisierung   311, 323, 358
Separations   168
Siemens-Martin-Stahl   397
Sigma-Phase   52, 313, 316, 340
Signalwandlung   369
Sinter-MMC   258, 269
Sinterstahl
-, Anwendung   194, 247
-, Herstellung   142
Sonderkarbide   50, 274, 298, 354
Spaltbruch   80, 83, 89, 99, 129
Spalten   82
Spanbarkeit   60
-, Baustähle   131, 316, 321
-, Funktionswerkstoffe   321
-, Gusseisen   62
-, Werkzeugstähle   292, 303
Spannungsarmglühen   58, 187
Spannungsintensität   80, 89

Spannungsrisskorrosion   114, 115
-, Abbau   59
-, Baustähle   178
-, nichtrostende Stähle   312, 334, 336
Spannungszustand   79–81, 99
Spinell   75, 117, 309
Spinodale Entmischung   182, 374
Sprödbruch   80, 89, 99, 130
Sprühkompaktieren   273, 304
Spühlen   197
stabiles System Fe-C   9
Stabilisieren   322
Stabstahl   139
Stähle
-, Bezeichnung   384
-, Geschichte   392
-, Nachbehandlung   191, 197
-, für das Flamm- und Induktionshärten   219
Stahlcord   140, 184
Stahlguss   142, 259, 319, 338, 384
Standardpotentiale   110, 111
Stapelfehler   45, 90, 182, 259
Steadit   s. Phosphideutektikum
Steifigkeit   101, 160, 377, 378
stickstofflegierte Stähle   46, 293, 329
-, Anlassen   48
-, Herstellung   329
-, Wälzlager   336
-, Werkzeuge   336
-, nichtrostende   319, 323
-, warmfest   361, 366
Stirnabschreckprobe   65, 68
Strangguss   28, 37, 161, 397
stress relief cracking   355
Stromdichte-Potential-Kurve   112
-, Beständigkeit   333
-, Chromeinfluss   310
Substitution   14
Sulfide   15, 32
Sulfidformbeeinflussung
-, Anisotropie   132
-, Erschmelzung   197
-, Umformbarkeit   247
-, Wasserstoffschädigung   178
-, Zähigkeit   177
Superferrit   316, 334

$t_{8/5}$-Zeit   38, 45, 66, 208

tailored blanks   180
tailored rolled blanks   180
tailored strips   181
tailored tubes   180
Temperguss   34, 63, 155
-, schwarzer   155
-, weißer   156
Temperkohle   34, 146
Terassenbruch   132
tetragonale Gitterverzerrung   42, 43
Textur   24, 25
-, Elektroblech   371
-, Tiefziehblech   96
-, Verfestigung   133
thermische Aktivierung   84, 349
thermische Randschichtbeh.   72, 217
-, Nebenwirkungen   73
Thermobimetalle   120, 378
thermomechanisches Umformen   37, 60, 165, 177, 186, 187
Thermoschockrisse   294, 296
Thomas-Stahl   397
Tieflage   85, 97, 198, 268
Tiefziehen   133, 180, 275, 289
Tiefziehfähigkeit   133
Tiegelstahl   394
Trägergas   234, 239
tribochemische Reaktion   105, 108
Tribologie   103
tribologisches System   108
TRIP-Stähle   181, 183
TRIPLEX-Stähle   181, 183
TWIP-Stähle   181, 183

überaltern   202
übereutektoide Stähle   29, 67, 220
Übergangstemperatur   84, 96
-, Feinkornstähle   165, 168
-, Gusseisen   151, 211
-, Vergütungsstähle   193, 198
-, nichtrostende Stähle   322
Überkohlen   235, 246
Umformen   28, 187
-, Einfluss auf Gefüge   28
-, normalisierendes   166, 177, 386
-, thermomechanisches   186, 201
Ummagnetisierungsverlust   370, 373
Umwandlung   10
-, Volumenänderung   3, 73

-, bei Abkühlung   12
-, bei Erwärmung   65
-, diffusionsabhängig, -los   42
-, diskontinuierlich   12, 30
-, eutektisch   12
-, eutektoid   12, 29
-, gekoppelt   12
-, gleichgewichtsfern   26, 36
-, isotherm   36, 39, 46, 70
-, lamellar   30
-, latente Wärme   36, 39
umwandlungsfreie Stähle   18, 311
Unfallcrash   170, 180
unlegierte Stähle   48, 125
unmagnetisch   *s. nicht magnetisierbare*
   Stähle
untereutektoide Stähle   30
Unterkühlung   36, 45

V-Schmiedung   273
Vakuum
-, aufkohlen   237
-, härten   238, 302
-, sintern   269
Ventile   345, 366
Verbindung   15
Verbindungsschicht   224, 287
Verbindungszone   128
Verbundgießen   270
Verfestigung   94
-, Gusseisen   100
-, Mechanismen   94
Verfestigungsexponent   134, 312, 315
Verformung   82
Verformungsgeschwindigkeit   80, 84, 91
-, Festigkeit   90
-, Übergangstemperatur   84
Verformungsmartensit   313
Vergütbare Gusseisen   207
Vergüten   69
Vergütungsstähle   190, 193
-, warmfest   353
Verschleiß   105
-, ADI   213
-, Arten   108
-, Duplex   325
-, Ferrit-Perlit   127
-, Mechanismen   106

verschleißbeständige Eisenwerkstoffe
   258
Verschleißwiderstand   127
Versetzungen   23
-, Aufstau   83, 85
-, durch Verformungen   51
-, im Martensit   42
Versprödung durch
-, Bestrahlung   194
-, Erwärmen auf 300°C   50
-, Erwärmen auf 475°C   59, 313, 314
-, Erwärmen auf 500°C   50, 197
-, Korngrenzenkarbide   298
-, Tieftemperatur   85, 195
-, Wasserstoff   114
-, Zeitstandbelastung   355, 359
-, intermetallische Phasen   314
verzinkter Stahl   111, 136, 180
Verzug   73
-, Verringerung   58, 64, 302
-, beim Einsatzhärten   243
-, beim Härten   73, 189, 192, 279
-, beim Nitrieren   229
Verzunderung   75, 115
Vielkristall   24
Volumenänderung   42, 73
Vorschubhärten   218
Vorwärmung   129, 256, 299

Wachsen   52, 73, 148, 278
Wälzlagerstähle   204, 330
Wärmeausdehnung   7, 120, 375
Wärmebehandlung   57, 187
-, Nebenwirkungen   73
-, aus der Schmiedehitze   165, <u>184</u>
Wärmeeinflusszone   128
Wärmeleitfähigkeit   121, 148, 312, 353
Walzwerke   167
Wanddickeneinfluss   147
Warmarbeitsstähle   354
-, Diffusionsglühen   63
-, Sekundärhärten   49
Warmband   135, 143, 166, 170, 299
warmfeste Stähle   274, 295, 349
warmfeste Werkstoffe   349
Warmhärte   230, 278, 304
Warmumformung   25, <u>28</u>, 59, 165, 184,
   277
-, Einfluss auf das Gefüge   28, 165

Wasserstoff
-, Schädigung   114, 178, 365
-, Schweißen   129
-, armglühen   58
wasserstoffinduzierte SpRK   179
wasservergütete Stähle   194, 256
Weichglühen
-, von Gusseisen   60
-, von Stahl   59, 243
Weichhaut   76, 223
weichmagnetische Werkstoffe   118, 369
weichmartensitische Stähle   326, 336
Werkzeugstähle   265, 273, 388
wetterfeste Stähle   127, 135, 385
Wiedererwärmen   48
Wirksumme   319, 324
Wüstit   75, 115

Zähigkeit   84, 88, 313
-, Feinkornstähle   177
-, Hoch-/Tieflage   85
-, kaltzähe Stähle   195
-, nichtrostende Stähle   322
Zeiligkeit   21, 24, 93
-, Baustahl   125
-, Werkzeugstahl   280
Zeitbruch   89
Zeitstandverhalten   339, 349, 352, 354
-, Lebensdauer   363
-, Prüfung   351
-, Versprödung   359
-, Warmarbeitsstähle   295
-, warmfeste Stähle   349
Zementit   9, 11, 53
-, Zerfall   51
-, kugeliger   60
-, menge   10
Zementitausscheidung   53
-, Abkühlung   30
-, Anlassen   48
Zerspanbarkeit   157

Zerspanung   293, 306, 329
Zipfelbildung   134
ZTA-Schaubild   64, 129
-, 42CrMo4   65
-, 50CrMo4   220
-, Randschichthärten   217
ZTU-Schaubild   129
-, 42CrMo4   39
-, 56NiCrMoV7   45
-, Einsatzstahl   245
-, Gusseisen mit Kugelgraphit   40
-, HS6-5-2   302
-, Legierungseinfluss   47
-, Mehrphasenstähle   171
-, S355   129
-, Schweißen   129
-, isothermes   46
-, kontinuierliches   302
Zugversuch   90
zunderbeständige Stähle   309
-, Heizleiter   380
Zundern   75, 76, 339
Zustandsschaubild
-, Fe   4
-, Fe-13 % Cr-0.2 % C-N   245
-, Fe-13 % Cr-C   276
-, Fe-18 % Cr-18 % Mn-C-N   331
-, Fe-30 % (CrNi)   316
-, Fe-C   10
-, Fe-C-X   18
-, Fe-Cr   18
-, Fe-Cr-4 % Ni   18
-, Fe-Cr-C   17
-, Fe-Fe$_3$C   10
-, Fe-N   231
-, Fe-Ni   18
-, Fe-Si-C   31
-, HSS   17
Zwillingsbildung   8, 42
Zwillingslinien   21

Liste der Legierungs- und Begleitelemente

Aluminium 15
Alterung 131, 136, 172, 353 ◇ Automatenstahl 132 ◇ Desoxidation 132, 263 ◇ Einsatzstähle 242 ◇ Feinkorn 165 ◇ Funktionswerkstoffe 370 ◇ Heizleiter 341 ◇ hitzebeständige Stähle 309, 338 ◇ Impfen 150 ◇ leichte Stähle 182 ◇ martensitaushärtende Stähle 200 ◇ nichtrostende Stähle 322, 324 ◇ Nitrid 242, 284, 340 ◇ Nitrierstahl 221, 228 ◇ Oxid 182, 263, 268 ◇ Schienenstahl 184 ◇ Schnellarbeitsstähle 303 ◇ Schutzschicht 136 ◇ Walztextur 131 ◇ warmfester Austenit 295, 339 ◇ γ'-Phase 359 ◇ σ-Phase 314

Antimon 15
Graphitformbeeinflussung 145 ◇ Anlassversprödung 50, 197, 208, 362

Arsen 15
Anlassversprödung 50, 197, 208, 362

Blei 15
Spanbarkeit 132 ◇ Verunreinigungen 137 ◇ Graphitformbeeinflussung 145

Bor 15
Anlassversprödung 192 ◇ Boride 15, 251, 256 ◇ Borieren 256 ◇ Einsatzstahl 243, 257 ◇ Härtbarkeit 179, 190, 195, 256 ◇ Kaltstauchstähle 196 ◇ Kriechwiderstand 357 ◇ Vergütungsstähle 191, 196 ◇ warmfeste Stähle 357 ◇ weichmagnetische Werkstoffe 372

Chrom 15
Äquivalent 47 ◇ Einsatzstahl 242 ◇ Ferritstabilisierung 18, 47 ◇ Härtbarkeit 190, 204, 242, 256, 273, 277, 303 ◇ Heizleiter 121, 380 ◇ hitzebeständige Gusseisen 345 ◇ hitzebeständige Stähle 309, 338 ◇ Kaltarbeitsstähle 277, 279 ◇ Karbide 50, 103, 106, 144 ◇ nichtrostende Stähle 309, 311, 321 ◇ Nitrierstahl 228, 233 ◇ Passivierung 112, 310 ◇ perlitische Stähle 184 ◇ Schnellarbeitsstähle 303 ◇ Sekundärhärte 50, 273, 302 ◇ σ-Phase 313, 317, 358, 360 ◇ Vergütungsstähle 94, 193 ◇ Wälzlagerstähle 204, 330 ◇ Warmarbeitsstähle 294 ◇ warmfeste Gusslegierungen 148 ◇ warmfeste Stähle 353 ◇ Weiße Gusseisen 259 ◇ wetterfeste Baustähle 127

Kobalt 15
Aushärtung 202 ◇ Co-Basislegierungen 366 ◇ Invareffekt 120 ◇ martensitaushärtende Stähle 49, 200, 293 ◇ Ni-Basislegierungen 295 ◇ Sättigungspolarisation 373 ◇ Schnellarbeitsstähle 301 ◇ Warmarbeitsstähle 297 ◇ Warmfestigkeit 295, 303, 357 ◇ Werkstoffe mit besonderen magnetischen Eigenschaften 370 ◇ Werkstoffe mit besonderer Wärmedehnung 376

Kohlenstoff 15
Aufhärtung 66, 273 ◇ Aufkohlung 234 ◇ Graphit 33 ◇ Karbide 52, 103 ◇ Reduktion 393 ◇ in den meisten Eisenwerkstoffen von Bedeutung

Kupfer 15
Ausscheidung 50, 328 ◇ Austenitstabilisierung 324 ◇ hochfest 337 ◇ höherfeste Stähle 188, 207 ◇ im Gusseisen 144, 151, 263, 208, 309, 343 ◇ Kaltstauchen 324 ◇ korrosionsbeständig 318, 324 ◇ nichtrostende Stähle 333 ◇ wetterfeste Baustähle 127

Mangan 15
Abdampfen 238 ◇ Anlassversprödung 192, 362 ◇ Austenitstabilisierung 169, 321, 330 ◇ Automatenstähle 131, 135 ◇ Gusseisen 32, 144 ◇ Härtbarkeit 190, 204, 263 ◇ nichtmagnetische Stähle und Gusslegierungen 337, 344, 370, 374 ◇ nichtrostende Stähle 330, 337 ◇ schweißgeeignete Stähle 126 ◇ Sulfid 13, 132 ◇ warmfeste Stähle 353 ◇ Werkzeuge für Mineralverarbeitung 45

Molybdän 15
Anlassversprödung 192 ◇ Gusseisen 70 ◇ Härtbarkeit 208, 242, 263 ◇ Karbid 263 ◇ Korrosionsbeständigkeit 319, 323 ◇ Sekundärhärte 50, 302 ◇ Warmfestigkeit 299, 353, 358

Nickel 15
Äquivalent 47, 323 ◇ austenitische Gusseisen 309 ◇ austenitische Stähle 322 ◇ Austenitstabilisierung 70, 321, 325 ◇ Einsatzstähle 206, 219, 398 ◇ freie Elektronen 84, 331 ◇ Funktionswerkstoffe 370, 378 ◇ Gusseisen 151, 208 ◇ Härtbarkeit 190, 208, 256, 263 ◇ Heißrisse 317 ◇ Kaltzähigkeit 195, 322, 344 ◇ martensitaushärtende Stähle 49, 202 ◇ Meteoreisen 395 ◇ nichtmagnetisierbare Stähle und Gusseisen 344, 375 ◇ Übergangstemperatur 322 ◇ Vergütungsstähle 190, 257 ◇ weichmartensitische Stähle 337 ◇ Weiße Gusseisen 261

Niob 15
Feinkorn 168, 184 ◇ interkristalline Korrosion 319, 358 ◇ Karbide 103, 106, 165, 266 ◇ Nitride 165, 361 ◇ Perlitaushärtung 184 ◇ Sekundärhärte 299 ◇ Verschleißwiderstand 106

Phosphor 15
Anlassversprödung 50, 197, 208, 356 ◇ Baustähle 127 ◇ Gusseisen 127, 152, 394

Schwefel 15
Gusseisen 144 ◇ Rissbildung 132 ◇ Spanbarkeit 135, 241, 292, 303, 321, 329 ◇ Sulfide (Mn, Ti) 132 ◇ Zähigkeit 177 ◇ Zeiligkeit 132

Silizium 15
ADI 210 ◇ Anlassversprödung 192, 201, 362 ◇ Bainit/Austenit 71, 170 ◇ Entkohlung 75, 339 ◇ Erstarrung 31 ◇ Federstahl 201 ◇ Ferritstabilisierung 18, 47, 85 ◇ Gusseisen 35, 51, 144, 152 ◇ Härtbarkeit 190 ◇ hartmagnetische Werkstoffe 373 ◇ hitzebeständiger Stähle 117, 309, 338, 310 ◇ hitzebeständige Gusseisen 75, 342 ◇ hochfeste Stähle 50, 201 ◇ Kohlenstoffaktivität 75, 144 ◇ Kohlenstoffäquivalent 31 ◇ Mehrphasenstahl 170 ◇ nichtrostende Gusseisen 342 ◇ nichtrostende Stähle 324, 334 ◇ Sättigungsgrad 34, 345 ◇ Übergangstemperatur 85, 151 ◇ Verzunderung 76 ◇ Weichglühen 59 ◇ weichmagnetische Werkstoffe 120 ◇ Weiße Gusseisen 33 ◇ Werkzeugstähle 233

Stickstoff 15
Alterung 52, 130, 158 ◇ interstitial free 138 ◇ Kornstabilität 167 ◇ Laserbehandlung 160 ◇ Martensit 46 ◇ nichtrostende Stähle 207, 314, 323, 331 ◇ Nitride 46, 52 ◇ Nitrieren 224 ◇ Schutzgas 269 ◇ Zeitstandversprödung 358

Tellur 15
Spanbarkeit 131

Titan 15
Ausscheidungshärten 328, 360, 377 ◇ Dünnschichten 284 ◇ Einsatzstähle 243 ◇ Feinkorn 168 ◇ Funktionswerkstoffe 380 ◇ Graphitformbeeinflussung 145 ◇ hitzebeständige Stähle 309 ◇ interkristalline Korrosion 319 ◇ interstitial free 136 ◇ Karbide 103, 266, 306 ◇ nichtrostende Stähle 319, 328 ◇ Nitride 103, 205, 284 ◇ Oxidationsbeständigkeit 309 ◇ Schweißen 165 ◇ Spanbarkeit 303, 306, 316, 373 ◇ Verschleißwiderstand 266 ◇ warmfeste Stähle 360

Vanadium 15
AFP-Stähle 184 ◇ Feinkorn 168, 184 ◇ Härtbarkeit 190 ◇ Karbid 103, 106, 165, 266 ◇ Nitrid 165, 361 ◇ Perlitaushärtung 184 ◇ Perlitfeinung 95 ◇ Sekundärhärte 273, 302 ◇ Verschleißwiderstand 106, 266 ◇ Werkzeugstähle 273

Wasserstoff 15
Dünnschichten 286 ◇ Emaillieren 137 ◇ Flocken 197 ◇ Galvanik 58, 128 ◇ Korrosion 109, 179, 337 ◇ Rissbildung 114, 178 ◇ Schweißen 58 ◇ Versprödung 58, 114, 178

Wolfram 15
ferritisch-austenitische Stähle 324 ◇ Karbid 267, 295, 301 ◇ Schnellarbeitsstähle 251 ◇ Sekundärhärte 50, 302 ◇ Warmarbeitsstähle 300 ◇ warmfeste Stähle 357, 358 ◇ Warmfestigkeit 357

Zinn 15
Anlassversprödung 197, 362 ◇ Gusseisen 35, 144, 161, 342 ◇ Weißblech 135